通訊系統(第五版)(國際版)

COMMUNICATION SYSTEMS, 5/E

SIMON HAYKIN
MICHAEL MOHER 原著

翁萬德・江松茶・翁健二 編譯

WILEY

全華圖書股份有限公司

國家圖書館出版品預行編目資料

通訊系統 / Simon Haykin, Michael Moher 原著 ；
翁萬德, 江松茶, 翁健二編譯. -- 初版. -- 臺
北縣土城市 : 全華圖書, 2010.06
面 ； 公分
含參考書目
譯自 : Communication systems, 5th ed.
ISBN 978-957-21-7645-0(平裝)
1.CST: 通訊工程
448.72 99008747

通訊系統(第五版)(國際版)
COMMUNICATION SYSTEMS, 5/E

原著 / Simon Haykin・Michael Moher
編譯 / 翁萬德、江松茶、翁健二
執行編輯 / 張峻銘
發行人 / 陳本源
出版者 / 全華圖書股份有限公司
郵政帳號 / 0100836-1 號
印刷者 / 宏懋打字印刷股份有限公司
圖書編號 / 06138
初版八刷 / 2023 年 2 月
定價 / 新台幣 680 元
ISBN / 978-957-21-7645-0
全華圖書 / www.chwa.com.tw
全華網路書店 Open Tech / www.opentech.com.tw
若您對書籍內容、排版印刷有任何問題，歡迎來信指導 book@chwa.com.tw

臺北總公司(北區營業處)
地址：23671 新北市土城區忠義路 21 號
電話：(02) 2262-5666
傳真：(02) 6637-3695、6637-3696

南區營業處
地址：80769 高雄市三民區應安街 12 號
電話：(07) 381-1377
傳真：(07) 862-5562

中區營業處
地址：40256 臺中市南區樹義一巷 26 號
電話：(04) 2261-8485
傳真：(04) 3600-9806(高中職)
(04) 3601-8600(大專)

Preface

COMMUNICATION SYSTEMS 5th Edition

原著序

在這本新版的《**通訊系統**》中，編排及內容都做了大幅的修訂，如以下兩點所述：

1. 著重在對類比通訊的處理，因為它是要瞭解數位通訊的必要基礎。
2. 本書的結構經過大幅修訂。在以前版本使用過的補充教材項目現在可以在網址 www.wiley.com/go/global/haykin 上查到。新版的十章內容簡述如下：

   - 第 1 章是通訊系統的簡介。
   - 第 2 章詳細討論信號的傅立葉分析，並介紹帶通信號的複數基頻表示式。
   - 第 3、4 章分別涵蓋振幅調變及角度調變的理論和應用。
   - 第 5 章簡單複習機率以及隨機程序，它們對處理通訊系統(不管是類比還是數位式)中的雜訊是相當重要的。
   - 第 6 章說明通道雜訊如何影響連續波調變(振幅及角度調變)系統的效能。
   - 在第 7 章，藉由描述將類比訊號轉為數位形式的問題，我們開始將注意力由類比通訊轉移到數位通訊。事實上，本章即在討論類比到數位通訊的轉變。
   - 第 8 章介紹數位基頻通訊，並討論兩種重要損害所造成的結果：雜訊以及符間干擾。這兩種損害會分開考量。處理過程中的主要假設包括雜訊為白色，以及通道為線性非時變。
   - 第 9 章介紹數位帶通通訊。處理方式包括帶通及複數基頻分析。其中，有關通道雜訊對效能影響的討論，證明了後者的重要。尤其是它還能導出各種調變技術的信號空間表示法。
   - 最後，第 10 章簡單介紹了消息理論及編碼。特別是使用編碼能夠在設計者的控制下，有效地改善通道雜訊在數位通訊系統中的影響(亦即，在接收端檢測訊號的錯誤)。

我們盡可能的做到讓本書易讀，並讓數學容易理解。此外，為了說明通訊系統的歷史沿革，每一章都至少包含一個專欄(**編註：中譯本仿原文以灰底呈現該專欄，並多加上相關人物之圖照片**)，用以強調在該章所討論的主題中，曾經做出巨大改革的研究先驅們的貢獻。

本書另一個特點為各章均專闢有小節「主題範例」(**編註：原文小節名 Theme Example，共計 1.3、2.14、3.6、4.7、5.12、6.7、7.7、7.11、8.9、9.6、10.5 等十一個小節**)，它主要用來討論書內理論之應用。

最後，但也很重要的一點，就是書中包含了設計好的一般範例題、電腦實驗、及豐富的章末習題，用來加強讀者對內容的理解。使用本書當做大學部通訊系統教材的教師則可向出版商索取教師解答手冊。

賽門・黑肯(Simon Haykin)
邁可・莫賀(Michael Moher)

Editorial

COMMUNICATION SYSTEMS 5th Edition

編輯部序

本書譯自 Simon Haykin 及 Michael Moher 合著之

《*Communication Systems*》

第五版，國際版，ISBN：978-0-470-16996-4 (13 碼)

本書原文誠如原著序所言，編排經大幅修訂，篇幅減至前版約一半。一方面亦為電機工程教育在近幾十年有很大改變，以及通訊科技的進步一日千里等所致。蓋隨通訊、電腦與民生 3C 科技等相結合成一個整合的服務項目，日益吸引帶動眾多學者及業界人士紛紛投入研發行列；而需求與研發成果互相刺激下，新技術及新知識的發展便如滾雪球般成長。在這股洪流中，全華秉持出版專業態度，將此經典教科書譯為中文，提供訓練通訊人材必備的工具，盼能嘉惠學子，提升產業水平，為國家稍盡棉薄之力。

本書適合公私立大學、科技大學與技術學院等，一般理工科系的「通訊系統」、「訊號與系統」、「數位與類比通訊」等相關課程使用；亦可供作高中數理資優生的進階參考教材。同時，為了使您能有系統且循序漸進研習相關方面的叢書，我們於下頁以**流程圖**方式，列出相關圖書的閱讀順序，以減少您研習此門學問的摸索時間，並能對這門學問有完整的知識。

最後，在各方面有任何問題時，歡迎隨時連繫，我們將竭誠為您服務。

- **客服信箱**：service@ms1.chwa.com.tw
- **免費服務電話：0800-000-300**
- **傳真：(02)2262-8333**

全華編輯部　謹致

相關叢書介紹

書號：0591602
書名：無線區域網路(第三版)
編著：簡榮宏.廖冠雄
20K/576 頁/550 元

書號：06486
書名：物聯網理論與實務
編著：鄒耀東.陳家豪
16K/400 頁/500 元

書號：0501908
書名：電磁干擾防治與量測
(第九版)
編著：董光天
16K/656 頁/720 元

書號：0553602
書名：行動通訊與傳輸網路(第三版)
編著：陳聖詠
16K/336 頁/400 元

書號：06467007
書名：Raspberry Pi 物聯網應用
(Python)(附範例光碟)
編著：王玉樹
16K/344 頁/380 元

書號：0642801
書名：物聯網概論(第二版)
編著：張博一.張紹勳.張任坊
16K/432 頁/500 元

書號：10432
書名：雲端通訊與多媒體產業
編著：曲威光
16K/432 頁/400 元

◎上列書價若有變動，請以
最新定價為準。

流程圖

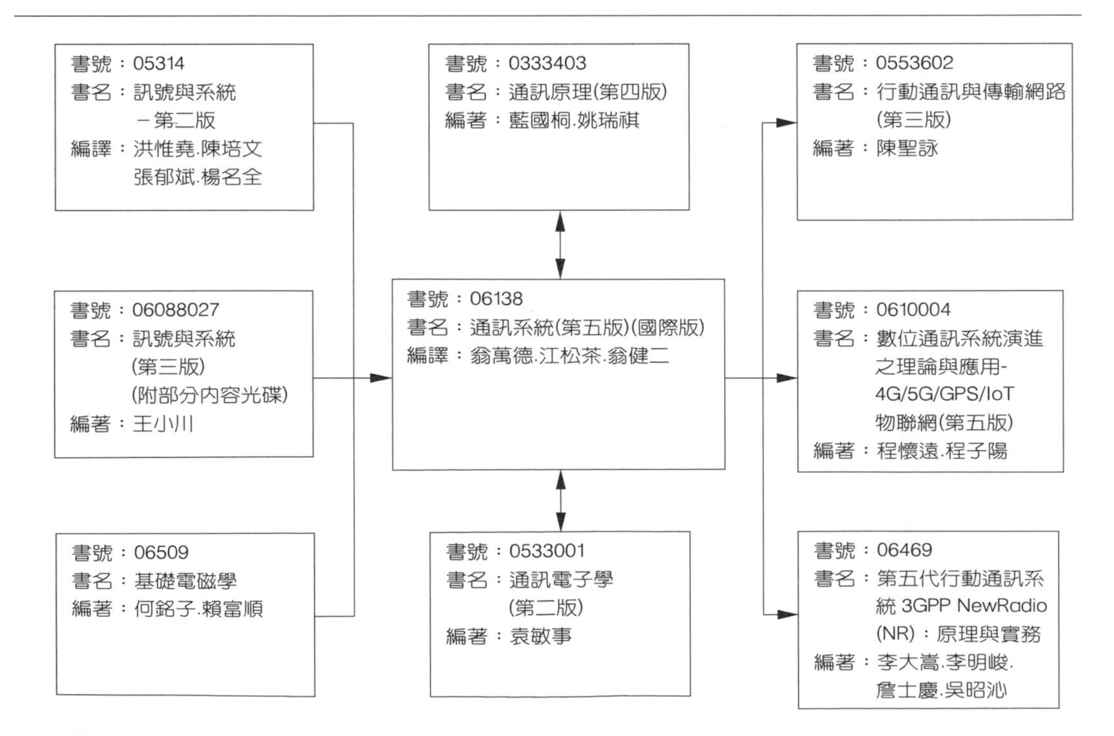

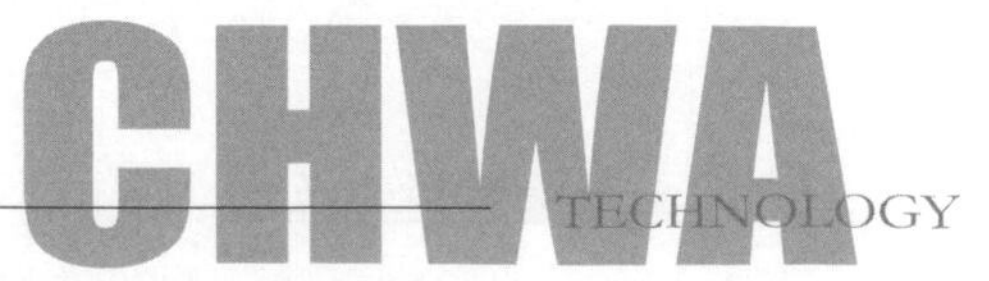

目錄

3 調幅 3-1

4 相位與頻率調變 4-1

5 隨機變數及程序 5-1

6 類比調變中之雜訊 6-1

7 類比信號之數位表示 7-1

8 數位信號之基頻帶傳輸 8-1

9 數位信號之帶通傳輸 9-1

10 資訊與前向錯誤更正 10-1

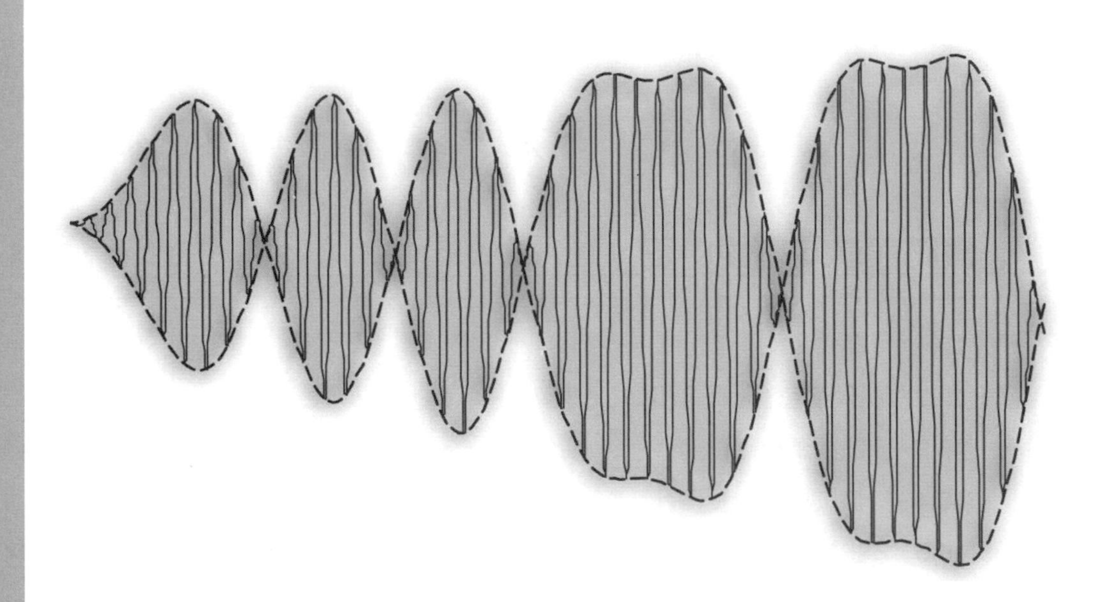

Chapter 1

PROLOGUE

前言

1.1 通訊程序

通訊這個名詞涵義極廣，而且包含了相當多的領域，從符號的使用到社交的暗示及影響都是。通訊一詞在本書則專指在兩點之間的**資訊傳輸**。之前通訊曾被稱為**電信**(telecommunications)，它採用了希臘文的字首「tele-」代表「遠方」的意思。然而，在本書中提到很多技術的應用，其實傳輸範圍都很短，例如免持式的藍芽耳機、或是無線區域網路 WiFi。

通訊在日常生活中無所不在，以致於我們反而很容易忽視它的存在。利用手上的電話、客廳裡的收音機和電視、以及辦公室和家裡連到網際網路的電腦終端機，我們能夠與世界任一個角落通訊。通訊能將資訊提供給航行於外海的船隻、空中的飛機、以及外太空的火箭與人造衛星。通訊可將由許多感測器測量到的數據傳給天氣預報人員。實際上，如果要列出所有與通訊相關的應用，那幾乎是無窮盡的。

通訊系統如何組成？

根據以上對通訊的解釋，一個通訊系統可以分解為幾個部份，如圖 1.1 所示。

- 首先是**資訊源**。我們用於通訊的明顯例子為：語音、音樂、圖片、視訊、或資料檔。
- 在圖 1.1 中第二個未塗灰色的部份代表**發射器**。發射器這個詞是個統稱。它對訊號源所提供的資訊進行處理，將之轉變為適合在**通道**中傳送的形式。例如音樂訊號被轉變成調頻(FM)，以在無線電系統中傳送。
- 在圖 1.1 中第三個未塗灰色的部份代表傳輸介質。傳輸介質可以是電纜或光纖，而當使用無線電或紅外線傳輸時，介質就是自由空間。
- 在圖 1.1 中第四個未塗灰色的部份代表**接收器**。接收器也是個統稱，它將由通道傳遞過來的訊號轉換為目的端能夠辨識的形式。通常接收器的功能不僅是發射器的反操作而已。接收器有時也必須要補償由通道引進的失真，以及負擔其他功能，例如對發射器的同步。
- 最後一個部份是資訊傳輸的目的地。

圖 1.1 有兩個塗成灰色，標示為**網路**及**控制層**的部份。對於只有一個發射器及一個接收器的簡單系統，多半不需要網路及控制層。然而大多數的通訊系統，例如網際網路和行動通訊系統，都有大量的發射器和接收器必須共用傳輸介質。網路及控制層能讓多個終端機可靠而且有效率地共用傳輸介質。

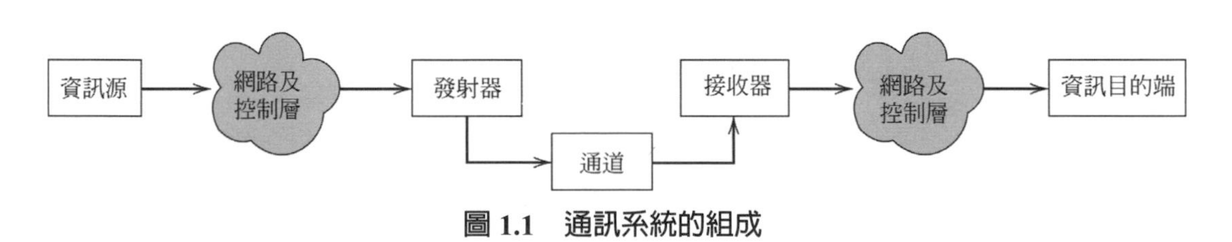

圖 1.1　通訊系統的組成

1.2 分層的方式

現代的通訊系統是以分層來分析的。通訊系統分層的觀念最適合用**電腦通訊**的開放系統連結(OSI)模型來說明[1]。此七層的模型示於圖 1.2；就本書的目的而言，讀者並不需要了解在 OSI 模型中各層的功能，重點在於認識圖 1.2 中，左右兩邊之分頁**堆疊**，它們分別代表兩個通訊節點，例如發射和接收端。堆疊的每一層代表一組**協定**。此協定在與他上層和下層之間都有定義良好的介面，但是他所執行的功能只與其在接收端的相對**同層**有關。層間的通訊事實上先在一端的堆疊中往下傳，再通過傳輸介質，然後在另一端的**堆疊**中向上傳。只有在實體層式直接對傳的。因此我們可以取代或修改某一層的協定，而不會影響 OSI 模型的其他層。

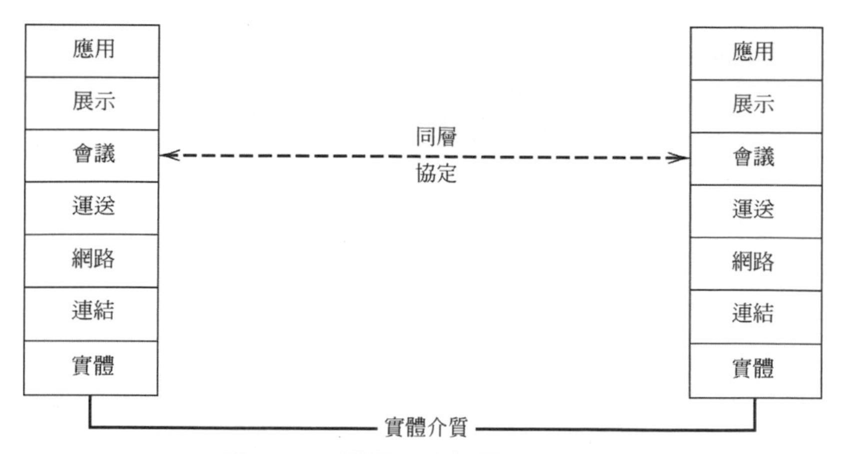

圖 1.2　電腦通訊的七層 OSI 模型

OSI 模型的重要特性之一，是它簡化了通訊系統的設計，並且容許獨立發展不同的功能。分層模型最適用於數位資料的通訊，對於類比資訊則較不適合[2]。有很多數位系統適用的層數少於圖 1.2 所示之七層結構。

在圖 1.1 中央的三個方塊：發射器、通道、以及接收器，通常被合稱爲通訊系統的實體層，或簡寫爲 PHY。本書內容將完全鎖定在通訊程序之**實體層**，網路及控制層本身就已經相當複雜，因此不列爲本教材的主題。

在本書中，我們討論對類比與數位資訊源的通訊方式。它們通常被區分爲**類比通訊**及**數位通訊**。數位通訊這個名詞有時會被認爲是誤用。由於實際上，所有通訊都必須藉助於連續信號，因此通訊的本質是類比的。因此應根據傳輸資訊本身是類比還是數位來區分。由於目前大部份的通訊是「數位」的，因此一般對類比通訊的注意正持續降低。然而，根據以下三個原因，還是適度敘述類比技術：(a)爲了認識傳統的系統；(b)許多數位通訊技術是由類比技術引發構想，以及(c)在「數位傳輸」系統中觀察到的失眞，很多都是類比的。而最重要的是，徹底瞭解類比調變系統可以提示我們如何辨認及補償這些失眞。

總之，本書主要討論通訊程序的實體層。對於類比資訊，實體層與其他層之間的邊界會顯得有些模糊。

克洛・謝能 (Claude E. Shannon，1916-2001)

（圖片來源：維基百科）

謝能被尊稱為消息理論之父，這主要是由於他在 1940 末期和 1950 初期所發表的幾篇論文。這幾篇論文的潛力就足以衍生出整個通訊領域。在 1948，他在一篇名為《通訊的數學理論》的論文中奠定了數位通訊的理論基礎，值得一提的是在這篇論文發表之前，一般人都認為在通道中增加資訊的傳輸速率，也會增加錯誤機率。令通訊界驚訝的是，謝能證明了只要傳輸速率低於通道容量，這就不是真的。

在 1948 之前，謝能曾對數位電路設計方面做出極大貢獻，他常被歸功於把取樣定理引入系統，並把電路設計由類比移向數位的世界。他是第一個證明布林代數能夠用於簡化數位電路設計的人。

謝能還有一些為人熟知的嗜好，如魔術、騎獨輪車和下棋，而他有一些聰明的發明也與這些嗜好有關。其中一項是一隻名為「希修斯」的電子鼠，他能在迷宮中尋得獵物。謝能在 1950 製造的電子鼠是同類產品中第一個具有學習力的。

1.3 主題範例—無線通訊[3]

我們在本書的第一個主題範例中先考慮無線通訊系統。以下描述適用於一般的通訊系統，不過我們會適時提供一些特定系統的細節。在圖 1.3 中畫了一個由四個主要部份組成之發射器的簡化方塊圖：

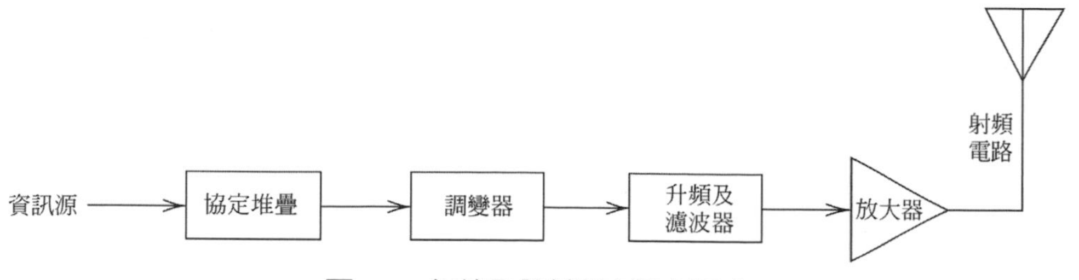

圖 1.3 無線電發射器之基本組成

- 方塊圖的第一個部份是我們之前提過的**協定堆疊**。它將資料包裝，使其在通過無線連結後，能夠準確地達到預定的目的地。在**點對點**或是**廣播無線電**系統，由於沒有目的地的資訊，這個部份可以省略。事實上，很多早期的系統都是以這種方式運作。調幅和調頻廣播就是仍以這種方式運作的例子。爲了增加頻帶的使用效率，最近多數的系統都採用某些形式來**共用通道**。將很多訊號在同一個無線電通道上進行**多工**，就需要使用適當的協定。
- 方塊圖的第二個部份是**調變器**。資訊在這裡會被用某些方式引入載波頻率，使資訊在接收端能夠恢復回來。
- 第三個部份是**升頻電路**。訊號在此被調至最終的射頻(RF)，也就是其將發射的頻率。有些無線電能在不同的頻率發射，因此先用共同的頻率調變，然後再調到最終的射頻，通常是比較好的方式。不過，由於數位訊號處理及相關科技的進步，此升頻電路可被一種稱爲**直流到射頻轉換**(direct-to-RF)的調變器取代。
- 第四個部份是**射頻電路**。訊號在這裡被放大到適當的功率，並且透過天線送出，也就是說，代表訊息的電氣訊號被轉變成電磁波。輸出功率隨著預定的傳送範圍而變，從短距離無線應用之小於 1 毫瓦(mW)到有些電視訊號發射器的實際輻射功率會超過 1 百萬瓦(MW)。天線的形式與操作頻率及應用有關；可能的形式包括鞭形、碗碟狀、號角形、雙極、及片狀天線。

在近代的系統中，調變器通常使用數位訊號處理技術製作。這些技術包括數位訊號處理器、可程式閘陣列(FPGA)、及針對大型應用的積體電路。而雖然如之前提到的，用數位方式實現升頻電路已經相當可行，在解調器之後的部份還是多半用類比方式製作。

無線電系統的射頻部份通常與其應用密切相關。手持設備通常需要低功率放大器和小型天線，而廣播發射器則常爲高功率，且其天線常會安裝於數百呎高的塔上。其它系統的功率放大器和天線則多半介於兩者之間。然而，同樣的調變技術是有可能用於上述任一種應用的。另外，設計良好的升頻器及射頻電路也可用於多種調變技術的傳輸。這就是所謂**軟體定義無線電**(software-defined radio)的基礎[4]。因此，從某個角度而言，調變技術可視爲多種不同應用的通稱。過去選擇調變方式的主要考量是製作的難易。而以現在技術之發達，主要考量變成其效能以及對抗通道損害的能力，如下述。

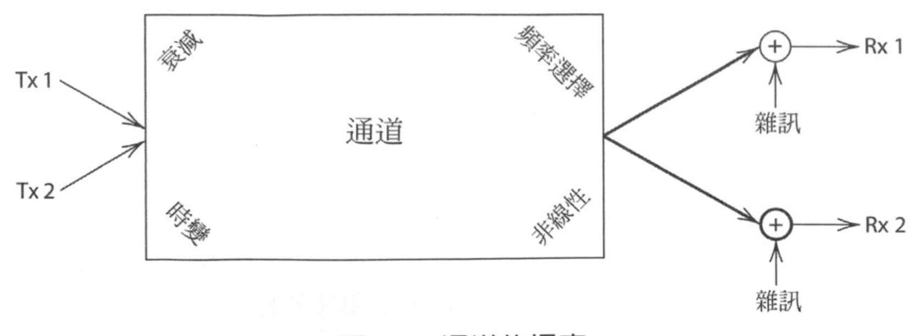

圖 1.4 通道的損害

我們用圖 1.4 所示之通道圖來說明通道的特性。其中比較重要的有：

- **傳輸損耗**。通訊通常意味著長距離傳送資訊，隨著距離增加就無可避免地造成訊號強度的損耗。在無線通道中的自由空間傳輸，接收功率會隨著距離平方而減低。而在其它通道，例如光纖，訊號功率的衰減量只隨距離線性增加。
- **頻率選擇性**。通訊通道在介質上操作。而很多介質只能在小範圍的頻率中正常傳導。例如光纖在光頻的一小部份中傳導良好，但是卻不能用於無線電波。而即使是在介質的正常傳輸頻帶中，不同頻率的傳輸狀況也大相逕庭。這種差異稱爲**頻率選擇性**。
- **時變性**。有些通道具有時變性 (也就是說，它們的特性隨時間而變)。行動通訊通道是這種現象的最佳例子。地面無線電波的傳遞受到發射器與接收器之間的地形、建築物、及植物影響很大。當發射器與接收器移動時，通道會改變並影響效能；常見的例子爲**遮蔽**(shadowing)及**衰減**(fading)。
- **非線性**。理想的通道應該是線性的，以減少傳輸信號的失真。然而通道中有可能含有非線性元件，例如中繼器裡操作於飽和區附近的放大器。這種情況發生於人造衛星通道，人造衛星收到來自地面站的信號，會先放大後再廣播到其涵蓋範圍。
- **共用**。爲了讓通道的使用更有效率，通道常被不同使用者共用。依據共用方式的不同就發展出各種**多工**技術。例如手機使用者利用各種方式分時或分頻段合用同一個通道。如果使用者之間沒有做好良好的隔離，多工技術可能導致使用者之間的互相**干擾**。
- **雜訊**。會讓任何通訊系統都無法用最小的功率傳訊到最遠的距離的，就是無可避免的雜訊。最常見的雜訊來源，是在接收器電路裡面的**電子隨機運動**，此時訊號最爲微弱，因此它通常會造成效能的限制。

以上所有性質都是選擇調變方式時的考量。事實上，對於上述任何一種**危害**，我們幾乎都可以找到一個在此危害存在的情況下，能夠運作良好的調變方式。而實際上，這些危害通常會伴隨出現，因此系統設計者必須熟悉各種技巧，視情況選擇最適當的調變方式。

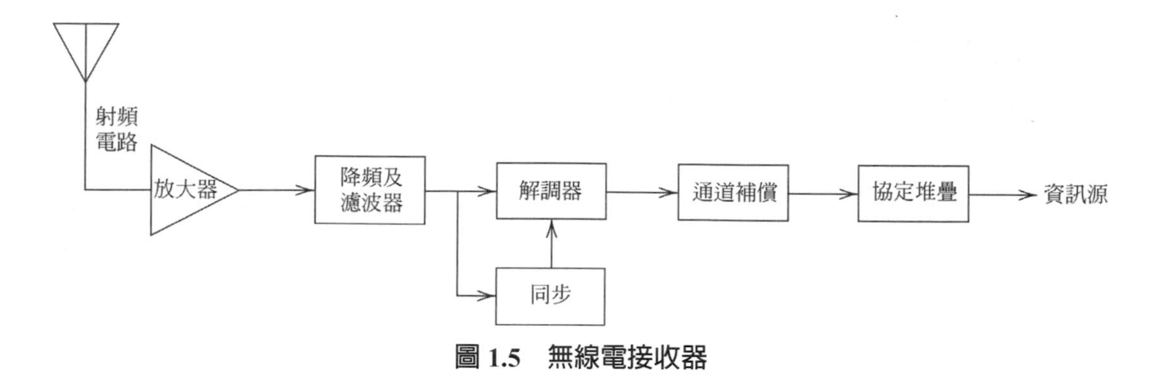

圖 1.5　無線電接收器

圖 1.5 是通訊連結的最後一個部份，也就是**接收器**。接收器中多數成份負責執行發射器的反運算。列述如下：

- **射頻電路**。天線收集預定頻帶內的射頻能量。天線的特性是除了收集想要的訊號，也會收到原先不想要的訊號。射頻電路裡第一個放大器通常稱爲**低雜訊放大器**，它會小心地放大訊號，使得訊號能夠容易處理，而又盡量減低雜訊。
- **降頻**。射頻訊號在此濾波並移頻到比較容易解調的頻帶。近來很多接收器都直接把訊號移至**基頻**，這種就稱爲**直接降頻轉換**。
- **解調**。這是復原原始訊息的地方。在傳統的接收器中，解調通常是由一串線性濾波器組成。而拜數位訊號處理器及電子技術發達所賜，在近代的接收器裡，調變器通常製作得更複雜以增進效能。
- **同步**。由於發射器與接收器所使用的**時間**和**頻率**會有誤差，因此幾乎所有通訊系統都需要某種形式的同步。視調變與多工方式的不同，達到同步的方法有可能變得相當複雜。不過，有一類稱爲**鎖相迴路**的電路在多數方法中都扮演重要的角色。
- **通道補償**。其目的是抵消在通道中受到的危害。即使在解調階段就能抵消某一些危害，接收器的額外處理通常還能夠更提升效能。通道補償技術通常難度較高，它包括對頻率選擇通道的**等化**，以及**前向錯誤更正編碼**。
- **協定堆疊**。在數位系統中，接收器通常只在這裡決定偵測到的訊號是否以此爲目的地。

從以上的討論，很顯然的，由於接收器要面對比較多的變數，而且信號通常比在發射端弱很多，因此接收器通常也比發射器複雜得多。與發射器類似，接收器射頻和降頻電路的設計通常也與其應用有關。調變器與解調器的選擇很顯然是對抗通道危害的要素。隨著數位訊號處理技術的進步，在這方面的能力也隨之改善。因此，本書第 3 到 7 章提到的調變與解調，在通訊系統的研習中便扮演著關鍵的角色。然而，在進入調變這個主題之前，我們需要先瞭解信號與系統的表示法，這些是第 2 章的主題。

註解及參考文獻 *Notes and References*

[1] OSI 參考模型是由國際標準組織(ISO)所屬之委員會於 1977 年推出。有關制訂出七層 OSI 模型的原理，以及各層的描述，請參閱坦能邦(Tanenbaum)的論文(2005)。

[2] 有關電信的歷史，參閱黑肯及莫賀(Haykin and Moher)合著之《類比與數位通訊簡介》(*Introduction to Analog and Digital Communications*)，第二版(2007)。

[3] 有關無線通訊的更多資訊，參閱黑肯及莫賀(Haykin and Moher)之論文(2005)。

[4] 軟體定義無線電(SDR)是一個利用軟體控制的可程式硬體所組成的通訊系統。載入不同的軟體可使元件得到不同的功能，例如不同的調變型式及能力。有關 SDR 的細節，參閱里德(Reed)的書籍(2002)。

Before God we are all equally wise — and equally foolish.

Albert Einstein

Chapter 2

FOURIER THEORY AND COMMUNICATION SIGNALS

傅立葉理論及通訊信號

2.1 簡介

對於波形能完全定義爲時間函數的訊號，我們稱之爲**確定訊號**(或非隨機訊號，deterministic signals)。本章將利用能連結訊號時域和頻域表示法的**傅立葉轉換**，來研習此類訊號的數學描述式。訊號的波形和頻譜(亦即頻率成分)是研習此類訊號時的兩個慣用的工具。

本章另一個討論的主題是線性非時變系統的表示法，我們也將發現傅立葉轉換在此扮演著關鍵的角色。有多種濾波器及某些通訊通道都是這類系統的例子。

我們先從傅立葉轉換的正式定義開始，再接著討論它的一些重要性質。

2.2 傅立葉轉換[1]

令 $g(t)$代表一個**非週期性的確定訊號**，並表示成時間 t 的函數。根據定義，$g(t)$的傅立葉轉換寫爲以下積分

$$G(f)=\int_{-\infty}^{\infty} g(t)\exp(-j2\pi ft)dt \tag{2.1}$$

其中 $j=\sqrt{-1}$ ，變數 f 代表**頻率**。若已知傅立葉轉換 $G(f)$，則其原始訊號 $g(t)$可由下列**反傅立葉轉換**公式得到：

$$g(t)=\int_{-\infty}^{\infty} G(f)\exp(j2\pi ft)df \tag{2.2}$$

請注意在式(2.1)和(2.2)中我們用小寫字母表示時間函數，而用大寫字母表示頻率函數。函數 $g(t)$和 $G(f)$稱爲一組傅立葉轉換對。在附錄 1 中列出了一些傅立葉轉換對。

訊號 $g(t)$之傅立葉轉換存在的充分非必要條件，是 $g(t)$需滿足以下的**杜力克條件**(Dirichlet's conditions)。

1. $g(t)$爲單一數值的函數，且在任何有限的時段中，都只能有有限個極大值和極小值。
2. 函數 $g(t)$在任何有限的時段中，都只能有有限多個不連續點。
3. 函數 $g(t)$是可絕對積分，也就是

$$\int_{-\infty}^{\infty} |g(t)|\, dt<\infty$$

當 $g(t)$是一個實際上可實現的訊號時，我們可以放心地忽略這個時間函數的傅立葉轉換是否存在的問題。換句話說，實際的可實現是傅立葉轉換存在的充分條件。其實，我們可以更進一步說：所有的能量函數，也就是所有滿足下式的 $g(t)$

$$\int_{-\infty}^{\infty} |g(t)|^2\, dt<\infty$$

都是可傅立葉轉換的[2]。

金・約瑟・傅立葉 (Jean Baptiste Joseph Fourier，1768-1830)

(圖片來源：維基百科)

傅立葉在 1768 年生於法國的一個裁縫之家。年幼時成為孤兒，後來由教會養育長大。由於在法國大革命中的卓越貢獻，傅立葉在 1795 年獲聘為數學老師。

後來傅立葉隨著拿破崙東征，並於 1798 年被任命為下埃及省的地方長官。此時，他除了建立軍火工廠以支援對英國的戰爭外，還在由拿破崙在開羅創設的數學協會中發表了許多篇論文。在法國被英國打敗後，傅立葉遷回法國並進行熱傳導的實驗。根據實驗結果，他主張大多數的函數都可以用一序列的弦波來表示。傅立葉在 1807 年將熱傳導方面的成果投稿到巴黎科學院，不過在拉格蘭吉(Lagrange)、拉普拉斯(Laplace)、及列堅德(Legendre)等人審查後予以拒絕。但即使被同時代的人批評為不夠嚴謹，傅立葉仍然持續發展其構想。

傅立葉在 1827 年發表的論文，也讓他被歸功於觀察到空氣有可能增高地表溫度，而這也被稱為**溫室效應**。

符號

式(2.1)和(2.2)傅立葉轉換和反傅立葉轉換的公式中有兩個變數：時間單位爲秒(s)，而頻率單位爲赫(Hz)。頻率 f 與**角頻率** ω 的關係爲

$$\omega = 2\pi f$$

其單位爲**弳度每秒**(rad/s)。如果把式(2.1)和(2.2)積分式指數中的 f 用 ω 取代，就可以簡化式子，但是基於以下兩個理由，用 f 表示還是比用 ω 好。首先，使用頻率的話，就很自然地形成式(2.1)和(2.2)彼此間的**對稱性**；其次，通訊訊號(亦即語音和視訊訊號)的頻率成份通常是用赫來表示。

式(2.1)與(2.2)的轉換式可以簡寫爲

$$G(f) = F[g(t)] \tag{2.3}$$

及

$$g(t) = F^{-1}[G(f)] \tag{2.4}$$

其中 $F[\,]$ 和 $F^{-1}[\,]$ 扮演**線性算子**的角色，如圖 2.1 所示。

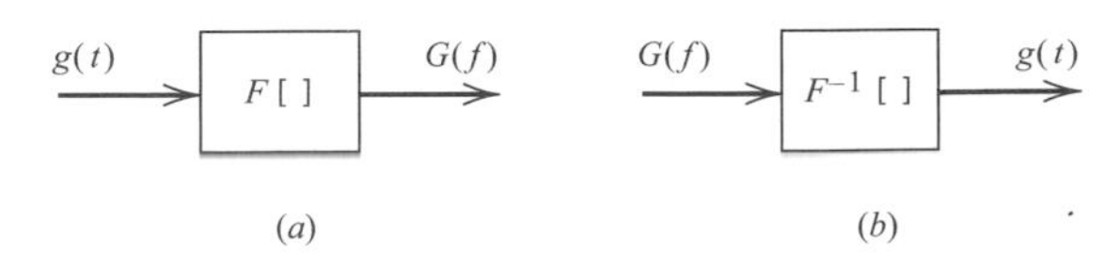

圖 2.1　以線性運算形式呈現　(a)傅立葉轉換；(b)反傅立葉轉換

$g(t)$與 $G(f)$組成的**傅立葉轉換對**，有另一個簡便的符號如下

$$g(t) \rightleftharpoons G(f) \tag{2.5}$$

這些從(2.3)到(2.5)的數學符號，在本書中會視文章需要而選用。

連續譜

在利用傅立葉轉換式時，能量有限的脈波訊號 $g(t)$會被表示成頻率自$-\infty$到∞的指數函數之連續級數和。頻率爲f成份的振幅與 $G(f)$成正比，其中 $G(f)$是 $g(t)$的傅立葉轉換。換言之，在任何頻率f上的指數函數 $\exp(j2\pi ft)$都被加權 $G(f)df$倍，這其實也就是 $G(f)$在一個以f爲中心之很小區間內的貢獻。因此我們可以把 $g(t)$表示成這些微小成份的連續和，如以下積分式

$$g(t)=\int_{-\infty}^{\infty} G(f)\exp(j2\pi ft)df$$

傅立葉轉換提供了一個將已知訊號分解爲頻率從$-\infty$到∞之複指數成份的工具。尤其是傅立葉轉換能在頻域上定義一個訊號，亦即它能顯示訊號在不同頻率成份之相對幅度。而相對的，在時域中，我們是對所有時間 t 都定義函數 $g(t)$的值。訊號的這兩種表示法都是唯一的。

通常傅立葉轉換 $G(f)$是頻率的複數函數，因此可以寫爲

$$G(f)=|G(f)|\exp[j\theta(f)] \tag{2.6}$$

其中$|G(f)|$稱爲 $g(t)$的**連續振幅譜**，而$\theta(f)$稱爲 $g(t)$的**連續相位譜**。在這裡，頻譜是**連續**的，因爲 $G(f)$的幅度與相位是定義於所有頻率。

對於實數函數 $g(t)$之特例而言，傅立葉轉換有以下特性

$$G(-f)=G^*(f)$$

其中星號代表共軛複數。所以如果 $g(t)$是時間 t 的**實數函數**，那麼

$$|G(-f)|=|G(f)|$$

及

$$\theta(-f)=-\theta(f)$$

由此，我們可以對實數訊號的頻譜做出兩點敘述：

1. 訊號的振幅譜是頻率的偶函數，也就是振幅譜對縱軸**對稱**。
2. 訊號的相位譜是頻率的奇函數，也就是相位譜對縱軸呈**奇對稱**。

以上兩點合在一起，就稱一個實數訊號呈現**共軛對稱**。

範例 2.1 矩型脈波

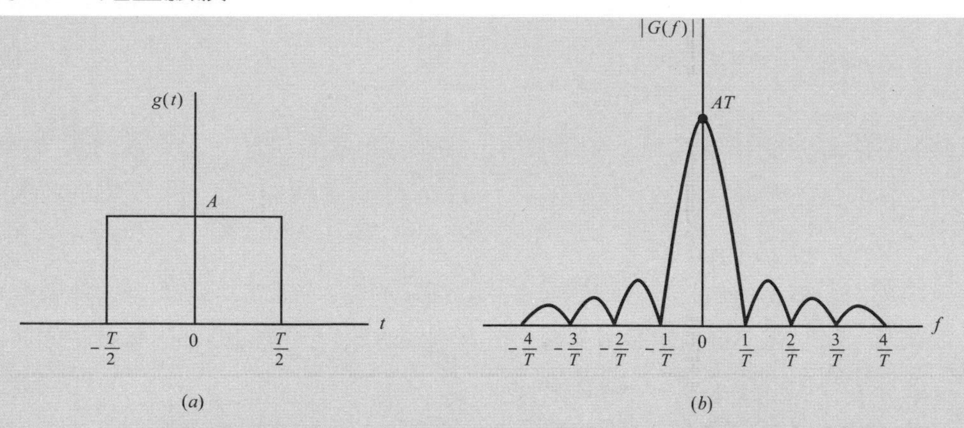

圖 2.2 (a)**矩形脈波**；(b)**振幅譜**

考慮一個時寬為 T，幅度為 A 的**矩形脈波**，如圖 2.2a 所示。爲了更方便用數學定義此類函數，我們採用以下符號

$$\operatorname{rect}(t)=\begin{cases}1, & -\dfrac{1}{2}<t<\dfrac{1}{2}\\[2ex] 0, & |t|\geq\dfrac{1}{2}\end{cases} \tag{2.7}$$

它代表幅度與時寬皆爲 1，以 $t=0$ 爲中心的**矩形函數**。然後，以此爲「標準」函數，我們能將圖 2.2a 的矩形脈波簡化成：

$$g(t)=A\operatorname{rect}\left(\frac{t}{T}\right)$$

矩形脈波 $g(t)$的傅立葉轉換爲

$$\begin{aligned}G(f)&=\int_{-T/2}^{T/2}A\exp(-j2\pi ft)\mathrm{d}t\\&=AT\left(\frac{\sin(\pi fT)}{\pi fT}\right)\end{aligned} \tag{2.8}$$

爲了簡化運算結果，我們介紹另一個標準函數，稱爲**辛克函數**(sinc function)

$$\operatorname{sinc}(\lambda)=\frac{\sin(\pi\lambda)}{\pi\lambda} \tag{2.9}$$

其中 λ 爲函數的獨立變數。sinc 函數在通訊系統中扮演了很重要的角色，如圖 2.3 所示，它在 $\lambda=0$ 處有最大值 1，而當 λ 趨近於無窮大時，函數值趨近於 0。它在 $\lambda=\pm1$，±2，…，等處穿越橫軸。

因此，我們可以利用 sinc 函數改寫式(2.8)爲

$$G(f)=AT\operatorname{sinc}(fT)$$

於是得到以下傅立葉轉換對：

$$A\,\mathrm{rect}\left(\frac{t}{T}\right) \rightleftharpoons AT\,\mathrm{sinc}(fT) \tag{2.10}$$

其振幅譜$|G(f)|$示於圖 2.2b。頻譜的第一對零交點在$f=\pm 1/T$。當脈波時寬 T 減小，這對零交點的發生頻率會增加。反過來說，當脈波時寬 T 增加，這對零交點的會向原點靠近。

這個例子顯示了訊號時域與頻域描述式的**相反**關係。也就是說，如果一個脈波在時域上很狹窄，那麼它在很寬的頻率範圍上會有明顯的成份，反之亦然。有關時間與頻率的相反關係，我們會在第 2.4 詳細討論。

另外也請注意在本例中，傅立葉轉換 $G(f)$是頻率 f 的實數對稱函數。這是因爲圖 2.2a 的矩形脈波 $g(t)$是時間的對稱函數。

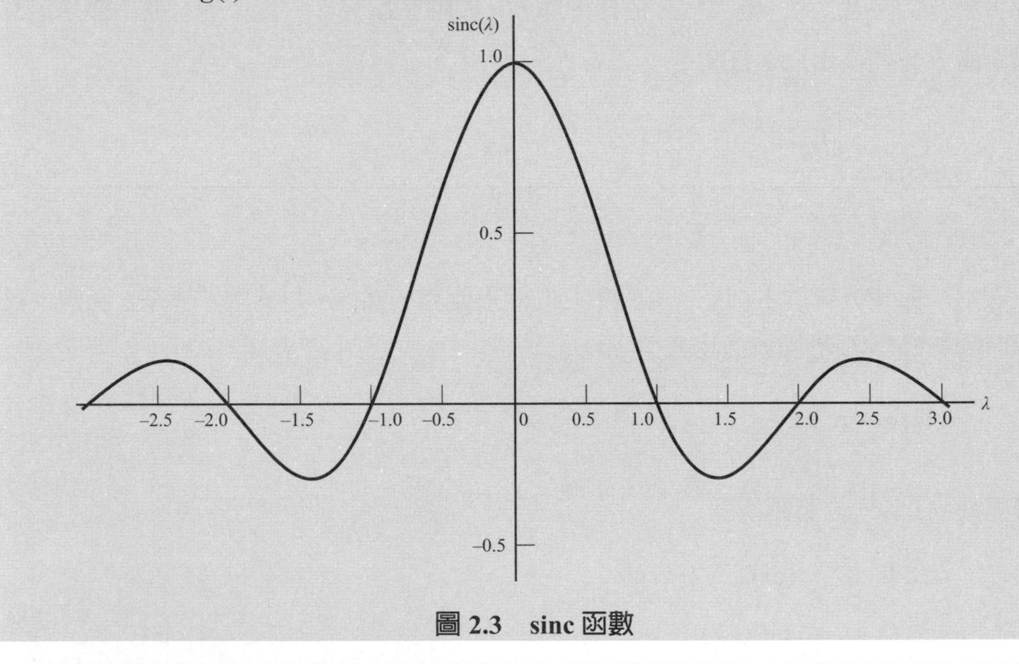

圖 2.3　sinc 函數

範例 2.2　指數脈波

一個截取自衰減**指數脈波**的訊號波形示於圖 2.4a。這個脈波的數學定義可以用以下的**單位步級函數**來簡化：

$$u(t)=\begin{cases}1, & t>0\\ \dfrac{1}{2}, & t=0\\ 0 & t<0\end{cases} \tag{2.11}$$

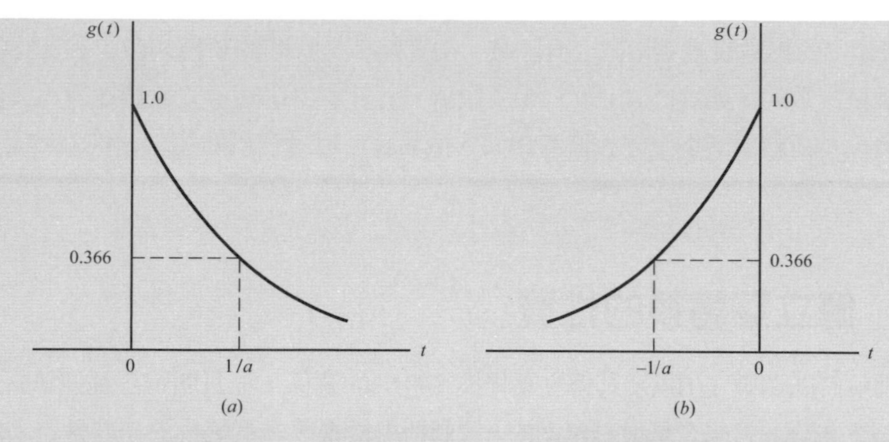

圖 2.4 (a)指數衰減脈波；(b)指數上升脈波

因此圖 2.4*a* 的指數衰減脈波可表示為

$$g(t) = \exp(-at)u(t)$$

它的傅立葉轉換

$$\begin{aligned} G(f) &= \int_0^{\infty} \exp(-at)\exp(-j2\pi ft)dt \\ &= \int_0^{\infty} \exp[-t(a + j2\pi f)]dt \\ &= \frac{1}{a + j2\pi f} \end{aligned}$$

所以圖 2.4*a* 之指數衰減脈波的傅立葉轉換對為

$$\exp(-at)u(t) \rightleftharpoons \frac{1}{a + j2\pi f} \tag{2.12}$$

一個截取自指數上升脈波的訊號波形示於圖 2.4b，其定義為

$$g(t) = \exp(at)u(-t)$$

注意到，$u(-t)$在 $t < 0$ 時等於 1，在 $t = 0$ 時等於 0.5，在 $t > 0$ 時等於 0。此脈波的傅立葉轉換為

$$\begin{aligned} G(f) &= \int_{-\infty}^{0} \exp(at)\exp(-j2\pi ft)dt \\ &= \int_{-\infty}^{0} \exp[t(a - j2\pi f)]dt \\ &= \frac{1}{a - j2\pi f} \end{aligned}$$

因此，圖 2.4*b* 之指數上升脈波的傅立葉轉換對為

$$\exp(at)u(-t) \rightleftharpoons \frac{1}{a - j2\pi f} \tag{2.13}$$

圖 2.4 中的指數衰減與指數上升脈波，兩者都不是時間的對稱函數，因此它們的傅立葉轉換是複數的，如式(2.12)及(2.13)所顯示。另外，由這些傅立葉轉換對，我們可以明顯的發現：指數衰減與上升脈波有相同的振幅譜，但是它們的相位譜則互為反相。

2.3 傅立葉轉換的性質

能理解時間函數 $g(t)$以及其傅立葉轉換 $G(f)$的關係，並且明瞭各種運算對 $g(t)$和 $G(f)$造成的影響，對學習是很有幫助的。我們利用檢視傅立葉轉換的一些性質來達到這個目標。本節敘述 13 個性質，我們都將逐一證明。這些性質整理列於表 2.1。

性質	數學式
1. 線性	$ag_1(t)+bg_2(t) \rightleftharpoons aG_1(f)+bG_2(f)$ 其中 a 和 b 為常數
2. 時間比例	$g(at) \rightleftharpoons \frac{1}{\lvert a\rvert}G\left(\frac{f}{a}\right)$，其中 a 為常數
3. 對偶性	若 $g(t) \rightleftharpoons G(f)$，則 $G(t) \rightleftharpoons g(-f)$
4. 時間轉移	$g(t-t_0) \rightleftharpoons G(f)\exp(-j2\pi ft_0)$
5. 頻率轉移	$\exp(j2\pi f_c t)g(t) \rightleftharpoons G(f-f_c)$
6. $g(t)$曲線下的面積	$\int_{-\infty}^{\infty} g(t)dt = G(0)$
7. $G(f)$曲線下的面積	$g(0) = \int_{-\infty}^{\infty} G(f)df$
8. 在時域微分	$\frac{d}{dt}g(t) \rightleftharpoons j2\pi fG(f)$
9. 在時域積分	$\int_{-\infty}^{t} g(\tau)d\tau \rightleftharpoons \frac{1}{j2\pi f}G(f)+\frac{G(0)}{2}\delta(f)$
10. 共軛函數	若 $g(t) \rightleftharpoons G(f)$，則 $g^*(t) \rightleftharpoons G^*(-f)$
11. 在時域相乘	$g_1(t)g_2(t) \rightleftharpoons \int_{-\infty}^{\infty} G_1(\lambda)G_2(f-\lambda)d\lambda$
12. 在時域作迴旋運算	$\int_{-\infty}^{\infty} g_1(\tau)g_2(t-\tau)d\tau \rightleftharpoons G_1(f)G_2(f)$
13. 雷利能量定理	$\int_{-\infty}^{\infty} \lvert g(t)\rvert^2 dt = \int_{-\infty}^{\infty} \lvert G(f)\rvert^2 df$

性質 1　線性(重疊)性質

令 $g_1(t) \rightleftharpoons G_1(f)$ 及 $g_2(t) \rightleftharpoons G_2(f)$。則對任意常數 c_1 及 c_2，可得

$$c_1 g_1(t) + c_2 g_2(t) \rightleftharpoons c_1 G_1(f) + c_2 G_2(f) \tag{2.14}$$

這個性質可直接由 $G(f)$及 $g(t)$定義中積分的線性特性而證得。

對於一個由兩個函數 $g_1(t)$和 $g_2(t)$線性組合而成的函數 $g(t)$，如果已知其傅立葉轉換分別為 $G_1(f)$及 $G_2(f)$，這個性質可以幫助我們計算其傅立葉轉換 $G(f)$，如下例所示。

範例 2.3　指數脈波的組合

考慮一**雙邊指數脈波**定義如下(見圖 2.5a)

$$g(t) = \begin{cases} \exp(-at), & t > 0 \\ 1, & t = 0 \\ \exp(at) & t < 0 \end{cases} \tag{2.15}$$
$$= \exp(-a|t|)$$

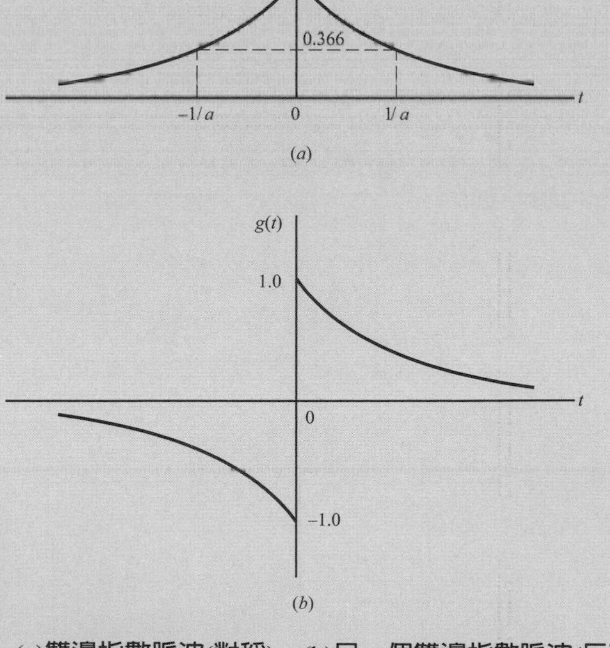

圖 2.5　(a)**雙邊指數脈波(對稱)**；(b)**另一個雙邊指數脈波(反對稱)**

這個脈波可以視為指數衰減脈波以及指數上升脈波的和。因此，利用線性性質以及式(2.12)與(2.13)的傅立葉轉換對，可得圖 2.5a 中雙邊指數脈波的傅立葉轉換

$$G(f) = \frac{1}{a + j2\pi f} + \frac{1}{a - j2\pi f} = \frac{2a}{a^2 + (2\pi f)^2}$$

最後，可得圖 2.5a 中雙邊指數脈波的傅立葉轉換對：

$$\exp(-a|t|) \rightleftharpoons \frac{2a}{a^2 + (2\pi f)^2} \tag{2.16}$$

由於圖 2.5a 函數在時域的對稱性，其頻譜是實數而對稱的，而這正是此類傅立葉轉換對的特性。

另一個有趣的組合是指數衰減脈波和指數上升脈波的差，如圖 2.5b 所示。它寫為

$$g(t) = \begin{cases} \exp(-at), & t > 0 \\ 0, & t = 0 \\ -\exp(at), & t < 0 \end{cases} \tag{2.17}$$

我們可以利用**符號函數**(signum function)來將這個複合訊號改寫較精簡的形式，符號函數在時間為正時等於+1，而在時間為負時等於 –1，即

$$\operatorname{sgn}(t) = \begin{cases} +1, & t > 0 \\ 0, & t = 0 \\ -1, & t < 0 \end{cases} \tag{2.18}$$

符號函數示於圖 2.6。由此，我們可以把式(2.17)定義的 $g(t)$精簡為

$$g(t) = \exp(-a|t|)\operatorname{sgn}(t)$$

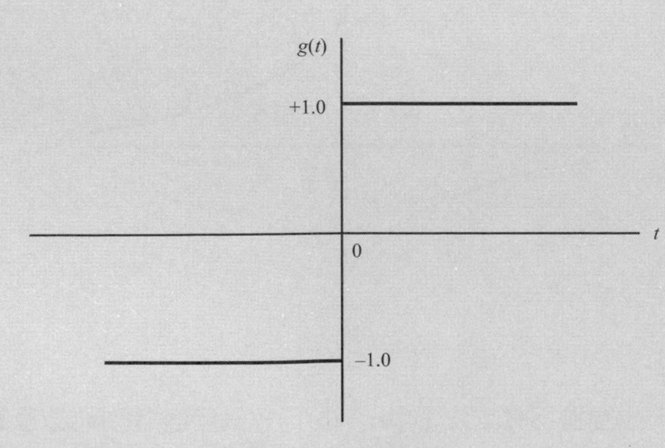

圖 2.6　符號函數

然後，利用傅立葉轉的線性性質，以及利用式(2.12)和(2.13)，訊號 $g(t)$的傅立葉轉換可寫爲

$$F[\exp(-a|t|)\operatorname{sgn}(t)] = \frac{1}{a+j2\pi f} - \frac{1}{a-j2\pi f}$$
$$= -\frac{-j4\pi f}{a^2+(2\pi f)^2}$$

因此可得傅立葉轉換對：

$$\exp(-a|t|)\operatorname{sgn}(t) \rightleftharpoons \frac{-j4\pi f}{a^2+(2\pi f)^2} \tag{2.19}$$

式(2.19)的傅立葉轉換與式(2.16)正好相反，它是純虛數的奇函數。而傅立葉轉換爲純虛數的奇函數，就是像圖 2.5*b* 這種實數奇對稱的時間函數之共通特性。

性質 2　時間比例

令 $g(t) \rightleftharpoons G(f)$。則，

$$g(at) \rightleftharpoons \frac{1}{|a|}G\left(\frac{f}{a}\right) \tag{2.20}$$

要證明這個性質，先由

$$F[g(at)] = \int_{-\infty}^{\infty} g(at)\exp(-j2\pi ft)dt$$

令 $\tau = at$。接著依比例倍數 a 値的正負，可能發生兩種情況，假使 $a>0$，可得

$$F[g(at)] = \frac{1}{a}\int_{-\infty}^{\infty} g(\tau)\exp\left[-j2\pi\left(\frac{f}{a}\right)\tau\right]d\tau$$
$$= \frac{1}{a}G\left(\frac{f}{a}\right)$$

反過來說，假使 $a<0$，積分的極限會互換，使得乘上的常數變爲$-(1/a)$或者，也可寫爲 $1/|a|$。如此就完成了式(2.20)的證明。

請注意函數 $g(at)$代表 $g(t)$在時間軸被**壓縮**了 a 倍，而函數 $G(f/a)$表示 $G(f)$在頻率上被擴展了同樣的倍數 a。因此，比例性質說明了對函數 $g(t)$在時間上的壓縮，就等同於在頻率上做同樣比例的擴展，反之亦然。

對於 $a=-1$ 的特例，我們可以很明顯的由式(2.20)得到

$$g(-t) \rightleftharpoons G(-f) \tag{2.21}$$

換句話說，如果函數 $g(t)$的傅立葉轉換是 $G(f)$，那麼 $g(-t)$ 的傅立葉轉換就是 $G(-f)$。

性質 3　對偶性

若 $g(t) \rightleftharpoons G(f)$，則

$$G(t) \rightleftharpoons g(-f) \tag{2.22}$$

這個性質可由將反傅立葉轉換的定義寫成：

$$g(-t) = \int_{-\infty}^{\infty} G(f)\exp(-j2\pi ft)df$$

然後將 t 與 f 交換即可得。

範例 2.4　sinc 脈波

考慮一個 sinc 函數形式的脈波 $g(t)$，如

$$g(t) = A\operatorname{sinc}(2Wt)$$

要計算這個函數的傅立葉轉換，我們對式(2.10)的傅立葉轉換對採用對偶性及時間比例性質，然後，由於已知矩形函數是時間的偶函數，可得：

$$A\operatorname{sinc}(2Wt) \rightleftharpoons \frac{A}{2W}\operatorname{rect}\left(\frac{f}{2W}\right) \tag{2.23}$$

此結果繪於圖 2.7。我們可以發現 sinc 脈波的傅立葉轉換在$|f| > W$處其值為零。另外，sinc 脈波本身在時間上只是漸近有限的，意思是在時間 t 趨近於無窮大時，其函數值趨近於零。

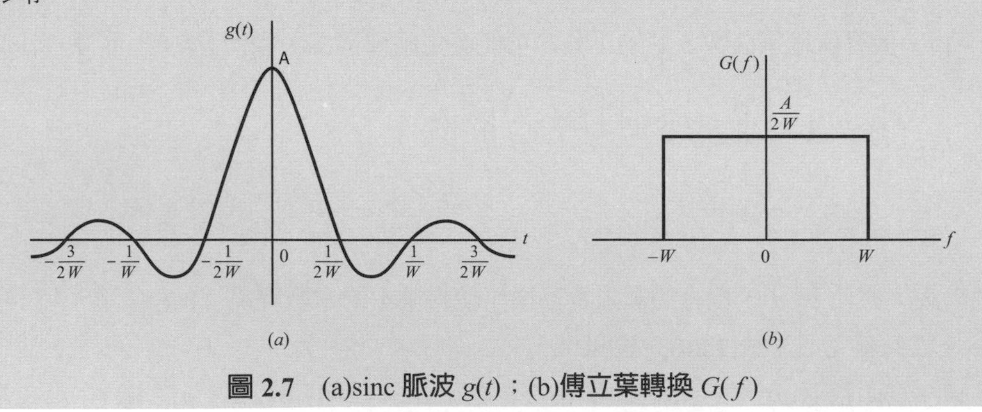

圖 2.7　(a)sinc 脈波 $g(t)$；(b)傅立葉轉換 $G(f)$

性質 4　時間轉移

若 $g(t) \rightleftharpoons G(f)$，則

$$g(t-t_0) \rightleftharpoons G(f)\exp(-j2\pi ft_0) \tag{2.24}$$

要證明這個性質，我們先取 $g(t-t_0)$的傅立葉轉換，然後令 $\tau=(t-t_0)$可得

$$F[g(t-t_0)] = \exp(-j2\pi ft_0)\int_{-\infty}^{\infty} g(\tau)\exp(-j2\pi f\tau)d\tau$$
$$= \exp(-j2\pi ft_0)G(f)$$

時間轉移性質說明瞭如果函數 $g(t)$往正的時間方向移動 t_0，效果就等同於對其傅立葉轉換 $G(f)$乘上 $\exp(-j2\pi ft_0)$。這表示 $G(f)$的大小不會因時間轉換而受到影響，但是它的相位會受到線性差量$-2\pi ft_0$的改變。

性質 5　頻率轉移

若 $g(t) \rightleftharpoons G(f)$，則

$$\exp(j2\pi f_c t)g(t) \rightleftharpoons G(f-f_c) \tag{2.25}$$

其中 f_c 是實數常數。

這個性質可由下式得到

$$F[\exp(j2\pi f_c t)g(t)] = \int_{-\infty}^{\infty} g(t)\exp[-j2\pi t(f-f_c)]dt$$
$$= G(f-f_c)$$

也就是說，對函數 $g(t)$乘上 $\exp(j2\pi f_c t)$，就等同於將其傅立葉轉換 $G(f)$向正頻率的方向移動 f_c。因爲訊號頻帶的移動要靠調變來完成，因此這個性質亦稱爲**調變定理**。請注意式(2.24)及(2.25)敘述之時間轉移與頻率轉移兩者間的對偶關係。

範例 2.5　射頻(RF)脈波

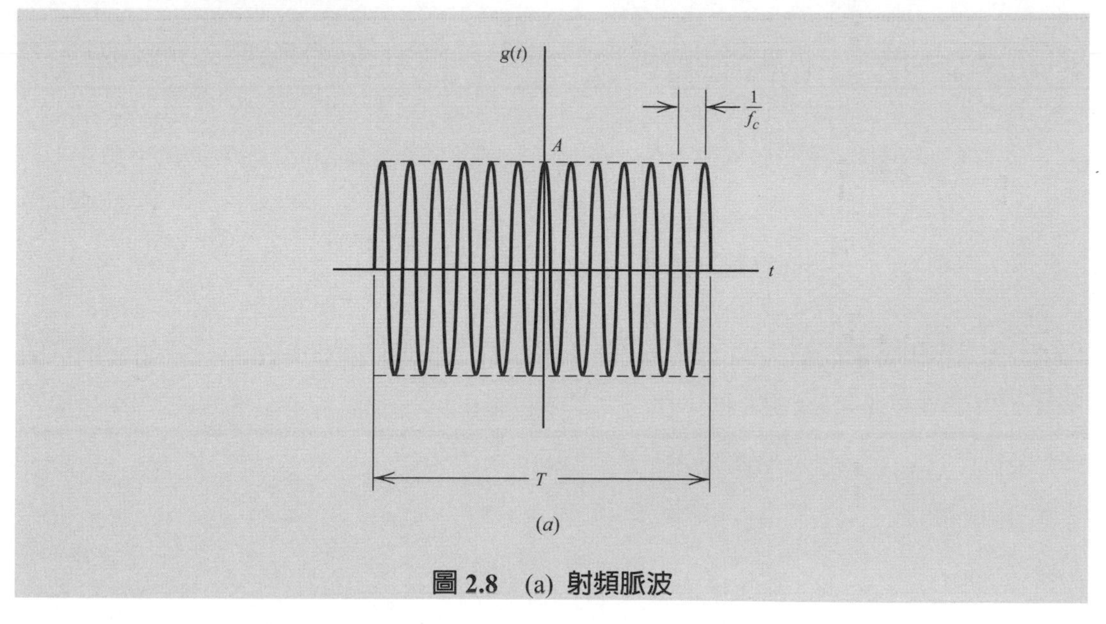

圖 2.8　(a) 射頻脈波

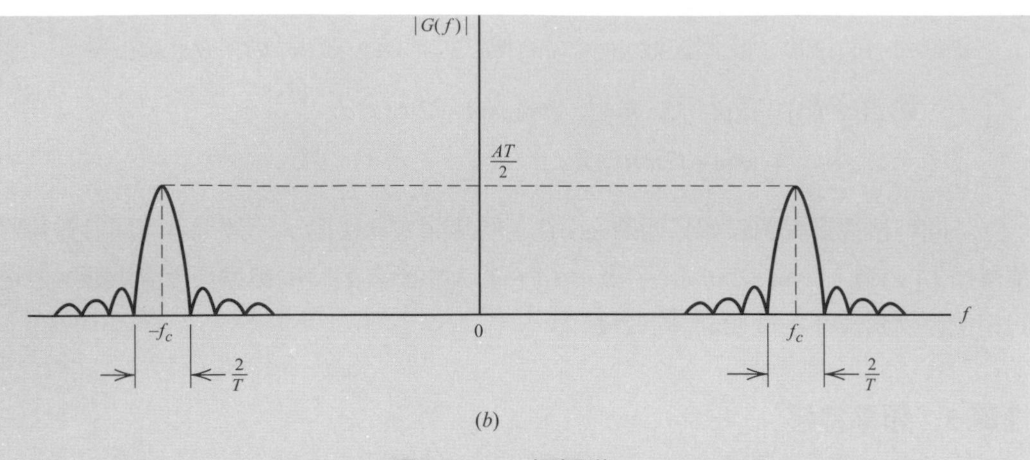

圖 2.8 (b) **振幅譜**

圖 2.8*a* 中的脈波訊號 $g(t)$是一組振幅為 A，頻率為 f_c，，時寬範圍從 $t = -T/2$ 到 $t = T/2$ 的正弦波。當頻率 f_c 落於射頻頻帶內時，這個訊號有時也被稱為**射頻脈波**(RF pulse)。圖 2.8*a* 的訊號 $g(t)$可用數學表示為：

$$g(t) = A\,\mathrm{rect}\left(\frac{t}{T}\right)\cos(2\pi f_c t) \tag{2.26}$$

要計算這個訊號的傅立葉轉換，可由

$$\cos(2\pi f_c t) = \frac{1}{2}[\exp(j2\pi f_c t) + \exp(-j2\pi f_c t)]$$

然後，對式(2.10)的傅立葉轉換對採用頻率轉換性質，可以得到

$$G(f) = \frac{AT}{2}\{\mathrm{sinc}[T(f - f_c)] + \mathrm{sinc}[T(f + f_c)]\} \tag{2.27}$$

在 $f_c T >> 1$ 的特例中，它可以近似為

$$G(f) \simeq \begin{cases} \frac{AT}{2}\mathrm{sinc}[T(f - f_c)], & f > 0 \\ 0, & f = 0 \\ \frac{AT}{2}\mathrm{sinc}[T(f + f_c)] & f < 0 \end{cases} \tag{2.28}$$

RF 脈波的振幅譜示於圖 2.8*b*。拿來與圖 2.2*b* 相比，這個圖很明顯地說明了傅立葉轉換的頻率轉換性質。

性質 6 $g(t)$曲線下的面積

若 $g(t) \rightleftharpoons G(f)$，則

$$\int_{-\infty}^{\infty} g(t)dt = G(0) \tag{2.29}$$

也就是說，函數 $g(t)$所涵蓋的面積，等於其傳立葉轉換 $G(f)$ 在 $f=0$ 處的數值。

只要在定義函數 $g(t)$傳立葉轉換的公式中令 $f=0$，就可得到這個結果。

性質 7 $G(f)$曲線下的面積

若 $g(t) \rightleftharpoons G(f)$，則

$$g(0) = \int_{-\infty}^{\infty} G(f)df \tag{2.30}$$

也就是說，函數 $g(t)$在 $t=0$ 處的數值，等於其傳立葉轉換 $G(f)$所涵蓋的面積。

只要在定義函數 $G(f)$ 反傳立葉轉換的公式中令 $t=0$ ，就可得到這個結果。

性質 8 在時域的微分

令 $g(t) \rightleftharpoons G(f)$，並假設 $g(t)$之一次導函數的傳立葉轉換存在，則

$$\frac{d}{dt}g(t) \rightleftharpoons j2\pi f\, G(f) \tag{2.31}$$

亦即，對時間函數 $g(t)$微分，會使得其傳立葉轉換 $G(f)$ 被乘上 $j2\pi f$。

對 $G(f)$ 的反傳立葉轉換定義公式兩邊取一次微分，然後交換積分與微分的順序，即可得到此性質。

式(2.31)可以推廣而得到：

$$\frac{d^n}{dt^n}g(t) \rightleftharpoons (j2\pi f)^n G(f) \tag{2.32}$$

式(2.32)中假設高階的傳立葉轉換都存在。

範例 2.6 高斯脈波

在這個例子裡，我們利用傳立葉轉換的微分性質來討論一個特別的訊號，此訊號和它的傳立葉轉換具有相同的數學形式。

令 $g(t)$表示一寫爲時間函數的脈波，$G(f)$ 是它的傳立葉轉換。如果將傳立葉轉換公式 $G(f)$ 對 f 微分，可得

$$-j2\pi t g(t) \rightleftharpoons \frac{d}{df}G(f) \tag{2.33}$$

此式代表在頻域裡微分的結果。

如果把式(2.31)加上 j 倍的式(2.33)，可得以下關係式

$$\frac{dg(t)}{dt}+2\pi t g(t) \rightleftharpoons j\left[\frac{dG(f)}{df}+2\pi f G(f)\right] \tag{2.34}$$

舉個特例來說，如果(2.34)的左右兩邊都等於零，這個關係式就會成立，亦即，如果

$$\frac{dg(t)}{dt}=-2\pi t g(t) \tag{2.35}$$

那麼對於以 f 爲變數的 $G(f)$ 就會滿足相同的微分方程式。在這個條件下，脈波訊號 $g(t)$ 和它的傅立葉轉換 $G(f)$ 滿足相同的微分方程式，因此它們是同樣的函數。換句話說，假使脈波訊號 $g(t)$ 滿足(2.35)的微分方程式，則 $G(f)=g(f)$，其中 $g(f)$ 是把 $g(t)$ 中的 t 換成 f 而得。由式(2.35)解出 $g(t)$，可得

$$g(t)=\exp(-\pi t^2) \tag{2.36}$$

由式(2.36)定義的脈波稱爲**高斯脈波**，這個名稱來自於它和機率論的高斯密度函數很類似(參閱第 5 章)。圖示於圖 2.9 中。利用式(2.29)，可以算出高斯脈波曲線下的面積爲 1，亦即

$$\int_{-\infty}^{\infty}\exp(-\pi t^2)dt=1 \tag{2.37}$$

當一個脈波的面積爲 1，比方如式(2.36)的高斯脈波，便稱這個脈波是**正規化**的。因此我們可以結論說，正規化的高斯脈波，本身就等於它的傅立葉轉換，如下式所示

$$\exp(-\pi t^2) \rightleftharpoons \exp(-\pi f^2) \tag{2.38}$$

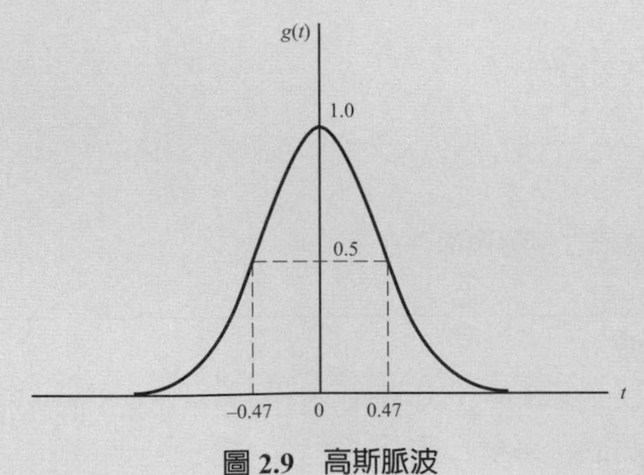

圖 2.9　高斯脈波

性質 9　在時域中的積分

令 $g(t) \rightleftharpoons G(f)$。然後如果 $G(0)=0$，則

$$\int_{-\infty}^{t} g(\tau)d\tau \rightleftharpoons \frac{1}{j2\pi f}G(f) \tag{2.39}$$

亦即，假設 $G(0)$為零，則對時間函數 $g(t)$積分，會使得其傅立葉轉換 $G(f)$被除以 $j2\pi f$。

這個結果可由將 $g(t)$表示為

$$g(t)=\frac{d}{dt}\left[\int_{-\infty}^{t} g(\tau)d\tau\right]$$

然後利用傅立葉轉換在時域的微分性質而得

$$G(f)=j2\pi f\left\{F\left[\int_{-\infty}^{t} g(\tau)d\tau\right]\right\}$$

接著就可得出式(2.39)。

式(2.39)可以直接推廣到多重積分，不過符號會變得相當繁瑣。

在式(2.39)中假設 $G(0)$，也就是 $g(t)$曲線下的面積為零。有關 $G(0)\neq 0$ 這種比較廣用的情況，將在第 2.5 節討論。

範例 2.7　三角形脈波

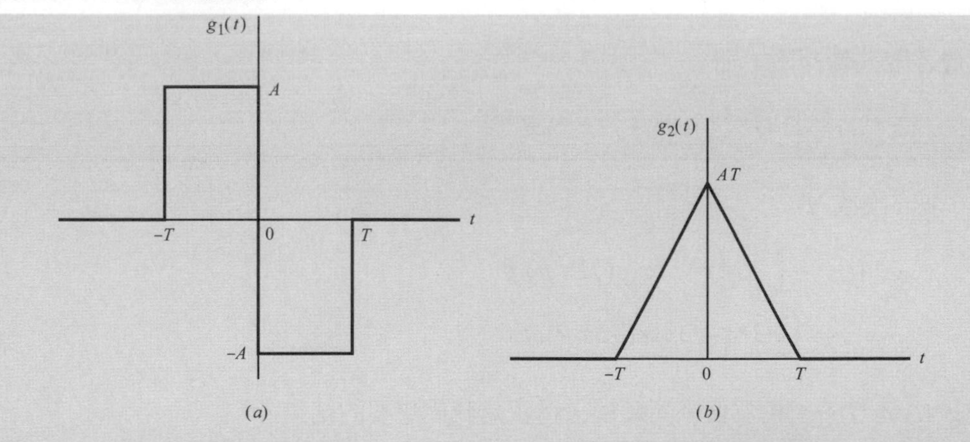

圖 2.10　(a) **雙脈波** $g_1(t)$；(b) **積分** $g_1(t)$**而得的三角形脈波** $g_2(t)$

考慮圖 2.10a 中的**雙脈波訊號** $g_1(t)$。將此訊號對時間積分，可以得到圖 2.10b 的**三角形脈波** $g_2(t)$。雙脈波訊號 $g_1(t)$是由兩個矩形脈波組成：其中一個幅度為 A，定義區間為$-T\le t\le 0$；而另一個幅度為$-A$，定義區間為 $0\le t\le T$。應用傅立葉轉換的時間轉換性質於式(2.10)，可以得到這兩個矩形脈波的傅立葉轉換，分別為 $AT\,\mathrm{sinc}(fT)\exp(j\pi fT)$及$-AT\,\mathrm{sinc}(fT)\exp(-j\pi fT)$。然後，利用傅立葉轉換的線性性質，可以得到圖 2.10a 雙脈波訊號 $g_1(t)$的傅立葉轉換 $G_1(f)$為

$$G_1(f) = AT\text{sinc}(fT)[\exp(j\pi fT) - \exp(-j\pi fT)]$$
$$= 2jAT\text{sinc}(fT)\sin(\pi fT) \tag{2.40}$$

我們更進一步注意到 $G_1(0)$等於零，因此，利用性質 9 的式(2.39)以及(2.40)，可以得到圖 2.10b 三角形脈波 $g_2(t)$的傅立葉轉換 $G_2(f)$等於

$$G_2(f) = \frac{1}{j2\pi f}G_1(f) = AT\frac{\sin(\pi fT)}{\pi f}\text{sinc}(fT)$$
$$= AT^2\text{sinc}^2(fT) \tag{2.41}$$

由於圖 2.10a 的雙脈波訊號是實數且奇對稱，它的傅立葉轉換是奇對稱的純虛數函數；而圖 2.10b 的三角形脈波是實數對稱，因此它的傅立葉轉換是對稱的純實數函數。

性質 10 共軛函數

若 $g(t) \rightleftharpoons G(f)$，則對複數的時間函數 g($t$)而言

$$g^*(t) \rightleftharpoons G^*(-f) \tag{2.42}$$

其中星號表示共軛複數運算。

我們從反傅立葉轉換式證明這個性質

$$g(t) = \int_{-\infty}^{\infty} G(f)\exp(j2\pi ft)df$$

對兩邊各取共軛複數，則

$$g^*(t) = \int_{-\infty}^{\infty} G^*(f)\exp(-j2\pi ft)df$$

接著，把 f 換成 $-f$

$$g^*(t) = -\int_{\infty}^{-\infty} G^*(-f)\exp(j2\pi ft)df$$
$$= \int_{-\infty}^{\infty} G^*(-f)\exp(j2\pi ft)df$$

亦即 $g^*(t)$是 $G^*(-f)$的反傅立葉轉換，這正是我們想要的結果。

我們可以從性質 10 推論出

$$g^*(-t) \rightleftharpoons G^*(f) \tag{2.43}$$

將式(2.21)描述的比例性質特例直接應用於式(2.42)，就可得到這個結果。

範例 2.8 時間函數的實部和虛部

將一個複數函數 $g(t)$用實部和虛部表示，可以寫為

$$g(t) = \mathrm{Re}[g(t)] + j\,\mathrm{Im}[g(t)] \tag{2.44}$$

其中 Re 代表「實部」，Im 代表「虛部」。$g(t)$的共軛複數為

$$g^*(t) = \mathrm{Re}[g(t)] - j\,\mathrm{Im}[g(t)] \tag{2.45}$$

將式(2.44)和(2.45)相加可得

$$\mathrm{Re}[g(t)] = \frac{1}{2}[g(t) + g^*(t)] \tag{2.46}$$

相減則得

$$\mathrm{Im}[g(t)] = \frac{1}{2j}[g(t) - g^*(t)] \tag{2.47}$$

因此，利用性質 10，我們可以得到以下兩組傅立葉轉換對：

$$\begin{aligned} \mathrm{Re}[g(t)] &\rightleftharpoons \frac{1}{2}[G(f) + G^*(-f)] \\ \mathrm{Im}[g(t)] &\rightleftharpoons \frac{1}{2j}[G(f) - G^*(-f)] \end{aligned} \tag{2.48}$$

由式(2.48)，對一個實數訊號 $g(t)$而言，可以顯見 $G(f) = G^*(-f)$，也就是說，$G(f)$呈現**共軛對稱性**，這也印證了我們在第 2.2 節提到過的結果。

性質 11 在時域的相乘

令 $g_1(t) \rightleftharpoons G_1(f)$ 及 $g_2(t) \rightleftharpoons G_2(f)$ 。則

$$g_1(t)g_2(t) \rightleftharpoons \int_{-\infty}^{\infty} G_1(\lambda)G_2(f-\lambda)d\lambda \tag{2.49}$$

要證明這個性質，我們先將 $g_1(t)g_2(t)$乘積的傅立葉轉換寫為 $G_{12}(f)$，即

$$g_1(t)g_2(t) \rightleftharpoons G_{12}(f)$$

其中

$$G_{12}(f) = \int_{-\infty}^{\infty} g_1(t)g_2(t)\exp(-j2\pi ft)dt$$

接著把 $g_2(t)$換成它的反傅立葉轉換

$$g_2(t) = \int_{-\infty}^{\infty} G_2(f')\exp(j2\pi f't)df'$$

置入 $G_{12}(f)$的積分式可得

$$G_{12}(f)=\int_{-\infty}^{\infty}\int_{-\infty}^{\infty}g_1(t)G_2(f')\exp[-j2\pi(f-f')t]df'dt$$

定義 $\lambda=f-f'$。然後對調積分的順序可得

$$G_{12}(f)=\int_{-\infty}^{\infty}d\lambda G_2(f-\lambda)\int_{-\infty}^{\infty}g_1(t)\exp(-j2\pi\lambda t)dt$$

由於內層的積分就是 $G_1(\lambda)$，上式可寫爲

$$G_{12}(f)=\int_{-\infty}^{\infty}G_1(\lambda)G_2(f-\lambda)d\lambda$$

本性質因此得證。這個積分被成爲在頻域中的**迴旋積分**，而函數 $G_{12}(f)$則稱爲 $G_1(f)$與 $G_2(f)$的**迴旋**。結論就是，**兩個訊號在時域相乘的結果，其傅立葉轉換就是它們個別的轉換在頻域的迴旋積分**。這個性質又稱爲相乘定理。

在討論到迴旋時，常用到以下的簡寫符號：

$$G_{12}(f)=G_1(f)\star G_2(f)$$

因此，式(2.49)可以用這個符號改寫爲：

$$g_1(t)g_2(t)\rightleftharpoons G_1(f)\star G_2(f) \tag{2.50}$$

迴旋運算是**可互換**的，也就是，

$$G_1(f)\star G_2(f)=G_2(f)\star G_1(f)$$

這可以直接由式(2.50)得到。

性質 12　在時域的迴旋

令 $g_1(t)\rightleftharpoons G_1(f)$ 及 $g_2(t)\rightleftharpoons G_2(f)$ 。則

$$\int_{-\infty}^{\infty}g_1(\tau)g_2(t-\tau)d\tau\rightleftharpoons G_1(f)G_2(f) \tag{2.51}$$

這個結果可直接由合併性質 3(對偶性)和性質 11(在時域相乘)得到。因此，**兩個訊號在時域迴旋運算的結果，轉換到頻域後，就等於其個別的傅立葉轉換相乘**。這個性質稱爲**迴旋定理**。我們可以用這個結果把迴旋運算轉爲相乘，其運算通常比較容易處理。

利用迴旋的簡寫符號，式(2.51)可改寫爲

$$g_1(t)\star g_2(t)\rightleftharpoons G_1(f)G_2(f) \tag{2.52}$$

其中符號「★」代表迴旋。

請注意分別在式(2.49)及(2.51)描述的性質 11 和性質 12，彼此之間有對偶性。

性質 13　雷利能量定理

假設函數 $g(t)$定義於整個$-\infty < t < \infty$區間，且它的傅立葉轉換 $G(f)$存在。如果此訊號的能量滿足

$$E = \int_{-\infty}^{\infty} |g(t)|^2 \, dt < \infty \tag{2.53}$$

那麼

$$\int_{-\infty}^{\infty} |g(t)|^2 \, dt = \int_{-\infty}^{\infty} |G(f)|^2 \, df \tag{2.54}$$

從訊號強度$|g(t)|^2$可以寫為兩個時間函數，也就是 $g(t)$與其共軛複數 $g^*(t)$的乘積，就可得到這個性質。由性質 10(共軛複數)，可知 $g^*(t)$的傅立葉轉換等於 $G^*(-f)$。然後，利用性質 11(相乘定理)，或者更明確地說，對乘積 $g(t)g^*(t)$利用式(2.49)，然後在計算結果中令 $f = 0$，即可得到

$$\int_{-\infty}^{\infty} g(t)g^*(t)dt = \int_{-\infty}^{\infty} G(\lambda)G^*(\lambda)d\lambda \tag{2.55}$$

此關係式與式(2.54)等同。

令 $\varepsilon_g(f)$表示訊號 $g(t)$振幅譜的平方，即

$$\varepsilon_g(f) = |G(f)|^2 \tag{2.56}$$

$\varepsilon_g(f)$稱為訊號 $g(t)$的**能量譜密度**[3]。以下解釋這個定義的意義。假設 $g(t)$表示一個連到 1 歐姆負載電阻之訊號源電壓，那麼

$$\int_{-\infty}^{\infty} |g(t)|^2 \, dt$$

就等於訊號源送出的總能量。根據雷利定理，這個能量等於 $\varepsilon_g(f)$ 曲線下的總面積。因此函數 $\varepsilon_g(f)$ 就可拿來當做 $g(t)$能量密度的量度，單位元為焦耳/赫。由於實數訊號的振幅譜是 f的偶函數，這類訊號的能量譜密度對稱於穿過原點的縱軸。

範例 2.9　辛克(sinc)脈波(續)

本題再次考慮 sinc 脈波 $A\,\mathrm{sinc}(2Wt)$。這個脈波的能量等於

$$E = A^2 \int_{-\infty}^{\infty} \mathrm{sinc}^2(2Wt)dt$$

此算式右邊的積分很難計算，不過，由於從例 2.4 知道 sinc 脈波 $A\mathrm{sinc}(2Wt)$的傅立葉轉換等於$(A/2W)\mathrm{rect}(f/2W)$；因此，利用雷利能量定理可以很快得到結果：

$$\begin{aligned} E &= \left(\frac{A}{2W}\right)^2 \int_{-\infty}^{\infty} \mathrm{rect}^2\left(\frac{f}{2W}\right)df \\ &= \left(\frac{A}{2W}\right)^2 \int_{-W}^{W} df \\ &= \frac{A^2}{2W} \end{aligned} \tag{2.57}$$

這個例子很清楚的說明瞭雷利能量定理的用處。

2.4 時間和頻率的相反關係

在第 2.3 節討論的傅立葉轉換性質，很清楚的顯示出訊號在時域和頻域表示式之間的**相反**關係。尤其是以下幾個重點：

1. 如果訊號在時域上有所改變，那麼它在頻域上會依**相反**方式改變，反之亦然。這種相反關係使得訊號無法同時在時域與頻域中有任意的規格。換句話說，**我們可以指定任意的時間函數或是任意的頻譜，但是無法同時指定兩者**。
2. 如果一個訊號是絕對頻限的，那麼即使訊號的幅度持續在減小，它在時域都必定會延伸到無窮遠。在此我們稱一個訊號爲**絕對頻限**，或稱爲**絕對帶限**，是表示它的傅立葉轉換在某個有限頻帶之外完全爲零。圖 2.7 的 sinc 脈波就是絕對頻限訊號的例子。圖中也顯示了 sinc 脈波只是**在時域上漸進有限**而已，這也印證了一開始提到有關絕對帶限訊號的敘述。從相反的角度來看，如果一個訊號爲**絕對時限**(也就是說，訊號在某個有限時段外就全部爲零)，那麼就算它的振幅譜越來越小，此訊號的頻率成份還是無限的。這個特性的例子爲矩形脈波(示於圖 2.2)和三角形脈波(示於圖 2.10*b*)。由此，我們可以說，**任何訊號都不能同時為時限及頻限**。

頻寬

訊號的**頻寬**(bandwidth)用以計量**訊號在正頻率上，重要的頻率成份所佔的範圍**。當訊號爲絕對帶限，頻寬的定義就很清楚。例如，圖 2.7 中的 sinc 脈波頻寬等於 W。然而，在一般的情形下，訊號多半不是絕對帶限，那麼要定義訊號頻寬就會有困難。造成困難的主要原因，是所謂訊號「重要的」頻率成份，其數學意義不夠明確。因此，目前並沒有一個被所有人都接受的頻寬定義。

雖然如此，還是有一些大家慣用的頻寬定義。在本節將討論三種定義，它們每一個的數學式，都與訊號形式是低通還是帶通有關。如果一個訊號的重要頻率成份集中在原點附近，就稱此訊號爲**低通**。而如果一個訊號的重要頻率成份集中在 $\pm f_c$ 附近，其中 f_c 爲非負的頻率，就稱此訊號爲**帶通**。

當訊號的頻譜對稱於一個以明確的**零位**(意即，頻譜爲零之處的頻率)爲邊界的**主波瓣**內時，我們可以根據這個主波瓣來定義訊號的頻寬。明確地說，如果是低通訊號，由於只有一半的波瓣位於正頻率範圍內，訊號的頻寬就定義爲主波瓣總寬度的一半。例如圖 2.2 時寬爲 T 秒的矩形脈波，其主波瓣以原點爲中心，寬度爲 $2/T$ 赫。因此，我們可以定義矩形脈波的寬度爲 $1/T$ 赫。另外，如果一個帶通訊號的主波瓣位於 $\pm f_c$ 附近，而且 f_c 很大，其頻寬就定義爲主波瓣在正頻率上的寬度。這種頻寬的定義稱爲**零位間頻寬**。例如圖 2.8 與圖 2.11*a* 所示時寬爲 T 秒，頻率爲 f_c 的射頻脈波，其主波瓣以 $\pm f_c$ 爲中心，寬度爲 $2/T$ 赫。因此我們可以定義這個射頻脈波的零位間頻寬爲$(2/T)$赫。根據這個頻寬的定義，我們可以說如果把一個低通訊號的頻率成份，移動一個夠高的頻率量，那訊號頻寬就會加倍。像這種頻率的轉移，可由調變來達成。

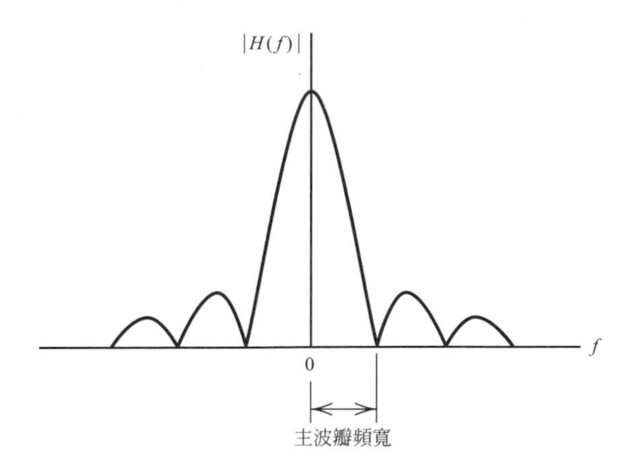

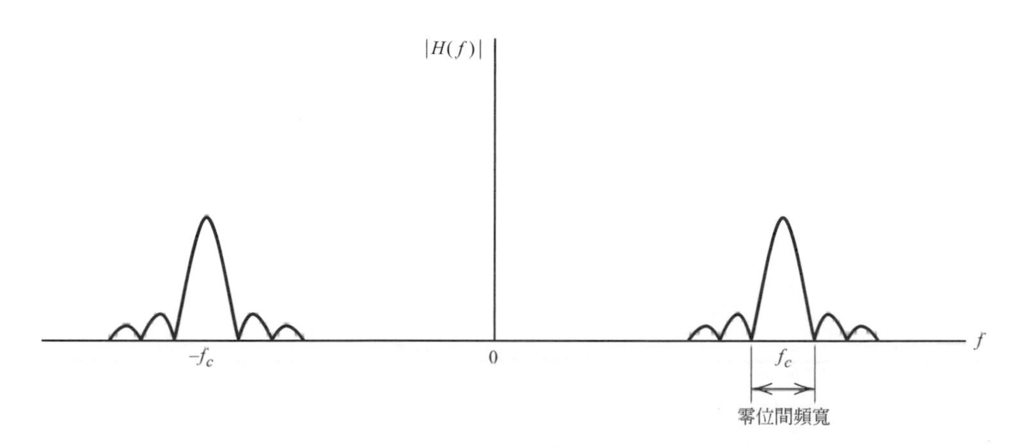

圖 2.11 (a)基帶與通帶訊號之零位間頻寬

另一個常用的頻寬定義是 **3-分貝頻寬**。明確地說，如果是低通訊號，它的 3-分貝頻寬就定義為從零頻率(也就是從振幅譜峰值所在)到振幅譜降為峰值 $1/\sqrt{2}$ 倍的**正頻率**(positive frequency)處之間的頻率差。例如圖 2.4 的指數衰減脈波和指數上升脈波，它們的 3-分貝頻寬為 $a/2\pi$ 赫。反之，如果是如圖 2.11b 之以 $\pm f_c$ 為中心的帶通訊號，它的 3-分貝頻寬就定義為(在正頻率軸上)振幅譜降為在 f_c 峰值之 $1/\sqrt{2}$ 倍處，這兩個頻率的差距。3-分貝頻寬有一個優點與零位間頻寬類似，就是它可以直接從振幅譜的圖中讀出。不過如果振幅譜的尾端衰減得很緩慢，這個定義的缺點是有可能會造成誤解。

還有另外一種訊號頻寬稱為**均方根(rms)頻寬**，定義為在某個選取點附近，訊號振幅譜經適當的正規化後，取其二階動差的均方根。如果假設是低通訊號，二階動差就由原點取得。對於正規化後的振幅譜平方，我們用非負函數 $|G(f)|^2 / \int_{-\infty}^{\infty} |G(f)|^2 \, df$ 表示，其中用來做正規化的分母，會讓這個比值在頻率軸上的積分等於 1。因此，對一個傅立葉轉換為 $G(f)$的低通訊號 $g(t)$，我們可以正式定義其均方根頻寬如下：

$$W_{\text{rms}} = \left(\frac{\int_{-\infty}^{\infty} f^2 \, |G(f)|^2 \, df}{\int_{-\infty}^{\infty} |G(f)|^2 \, df} \right)^{1/2} \tag{2.58}$$

均方根頻寬 W_{rms} 有一個吸引人的特點，就是比其他兩個頻寬定義易於做數學計算，不過它比較不容易在實驗室裡量測到。

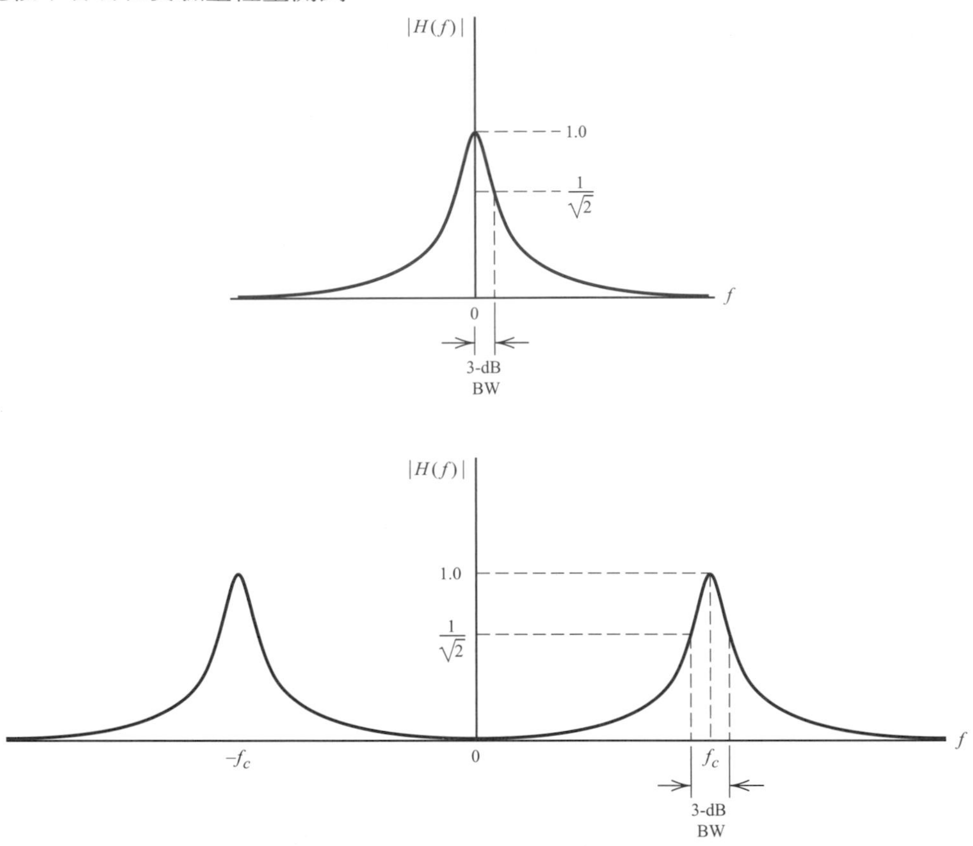

圖 2.11 (b)基帶與通帶訊號之 3-分貝頻寬。

注意：所謂「基帶」，表示由原始訊號所佔據的頻帶

功率比及分貝

在通訊系統中，訊號功率有些大到像電視發射器的數百萬瓦，有些則小到像人造衛星接收器中約為 10^{-12} 瓦。要處理這麼大範圍的不同功率，通常比較實用的單位稱為**分貝**。分貝通常縮寫為 dB，等於另一個較大單位「**貝**」的十分之一。貝這個單位是用來紀念亞歷山大．葛拉漢．貝爾(Alexander Graham Bell)。貝爾除了發明電話外，還是第一個將對數功率測量方式用於聲音收發實驗的人。不過在實用上，貝這個單位對大多數應用都顯得太大，因而大多使用分貝當作功率比的單位。

令 P 代表系統中某處的功率，並令 P_0 代表比較用的參考功率。功率比 P/P_0 的定義，用分貝表示為

$$\left(\frac{P}{P_o}\right)_{dB} = 10\log_{10}\left(\frac{P}{P_o}\right)$$

例如，功率比為 2 就約略等於 3dB，而功率比為 10 就正好等於 10dB。

另外，我們也可以把訊號功率表示成與 1 瓦或是 1 毫瓦的比值。前者是把訊號功率 P 寫為 $10\log_{10}(P/1\text{W})$，單位為 dBW，其中 W 代表瓦的縮寫。而後者是把訊號功率 P 寫為 $10\log_{10}(P/1\text{mW})$，單位為 dBm，其中 mW 是毫瓦的縮寫。

Alexander Graham Bell (1847-1922) (圖片來源：維基百科)

時間–頻寬乘積

對任何一群只有彼此時間比例不同的脈波訊號(例如例 2.2 的指數脈波)而言，訊號時寬與頻寬的乘積永遠是一個常數，亦即

(時寬)．(頻寬)＝常數

這個乘積稱爲**時間–頻寬乘積**，或是**頻寬–時寬乘積**。時間–頻寬乘積的恒定也證明了存在於訊號時域和頻域間的相反關係。最特別的是，由性質 2(時間比例)得知，如果縮小時間比例，使得一個脈波訊號的時寬減小爲原來的 a 倍，訊號頻譜的頻率比例以及頻寬也會增加 a 倍，因此時間–頻寬乘積得以保持爲常數。例如時寬爲 T 秒的矩形脈波，頻寬(以其主波瓣正頻率部分定義)等於 $1/T$ 赫，使得其時間–頻寬乘積等於 1。不管我們使用哪一種頻寬定義，時間–頻寬乘積對同類的訊號都會保持爲常數，選擇不同定義只會改變這個常數的值。

更明確來說，考慮式(2.58)所定義的均方根頻寬。訊號 $g(t)$相對的**均方根時寬**爲

$$T_{\text{rms}} = \left(\frac{\int_{-\infty}^{\infty} t^2 \, |g(t)|^2 \, dt}{\int_{-\infty}^{\infty} |g(t)|^2 \, dt} \right)^{1/2} \tag{2.59}$$

其中假設訊號 $g(t)$是在原點附近。從式(2.58)及(2.59)的均方根定義，可以證明時間–頻寬乘積形式爲：

$$T_{\text{rms}}W_{\text{rms}} \geq \frac{1}{4\pi} \tag{2.60}$$

其中常數為 $1/4\pi$。我們另外也可證明高斯脈波滿足條件中的等式。有關這些計算的細節，讀者可參考習題 2.14。

2.5 狄瑞克–得他函數

嚴格來說，在第 2.2 到 2.4 節敘述的傅立葉轉換理論，只能應用於滿足杜立克條件的時間函數，這類函數包括能量訊號。然而，有很大需求必須將理論往兩個方向擴展：

1. 把傅立葉級數和傅立葉轉換合併為一個理論，如此傅立葉級數就可視為傅立葉轉換的一個特例；
2. 讓功率訊號也能使用傅立葉轉換。

我們發現藉由「適當使用」**狄瑞克–得他函數**，或稱為**單位脈衝**，就可達到這兩個目標。

狄瑞克-得他函數[4]的數學符號為 $\delta(t)$，它的幅度除了在 $t=0$ 以外皆為零，而在 $t=0$ 為無限大，且曲線下的面積等於 1，也就是

$$\delta(t)=0\,,\,t\neq 0 \tag{2.61}$$

以及

$$\int_{-\infty}^{\infty}\delta(t)dt=1 \tag{2.62}$$

由這兩個關係式引申出得他函數必為時間的偶函數。

然而只有在以被積分函數之部份因式的形式呈現，得他函數的意義才得以顯現出來。更嚴格來說，被積分函數的另外一部分因式還必須是時間的連續函數才可以。假定 $g(t)$是這樣的一個函數，並考慮 $g(t)$和經時間轉移之得他函數 $\delta(t-t_0)$ 相乘。利用(2.61)和(2.62)兩個定義式，可以把這個乘積的積分寫為：

$$\int_{-\infty}^{\infty}g(t)\delta(t-t_0)dt=g(t_0) \tag{2.63}$$

上式左邊的運算形同把函數 $g(t)$，$-\infty<t<\infty$在時間 $t=t_0$ 的數值 $g(t_0)$篩出來，因此，式(2.63)被稱為得他函數的**篩選性質**。這個性質有時被拿來當作得他函數的定義，事實上，他是把式(2.61)和(2.62)組合成一個式子。

由於得他函數 $\delta(t)$是時間的偶函數，因此式(2.63)可以改寫成與迴旋積分相似的樣子如下

$$\int_{-\infty}^{\infty}g(\tau)\delta(t-\tau)d\tau=g(t) \tag{2.64}$$

或者用迴旋的符號寫爲：

$$g(t) \star \delta(t) = g(t)$$

換句話說，任何函數與得他函數迴旋運算後還是和原來一樣。我們稱這個爲得他函數的**複製性質**。

根據定義，得他函數的傅立葉轉換爲

$$F[\delta(t)] = \int_{-\infty}^{\infty} \delta(t)\exp(-j2\pi ft)dt$$

然後利用得他函數的篩選性質，以及已知 $\exp(-j2\pi ft)$在 $t = 0$ 處等於 1，可得

$$F[\delta(t)] = 1$$

因此得他函數的傅立葉轉換對爲：

$$\delta(t) \rightleftharpoons 1 \tag{2.65}$$

這個式子說明了得他函數 $\delta(t)$的頻譜均勻地擴展到整個頻率區間，如圖 2.12 所示。

很重要的一點，就是式(2.65)的傅立葉轉換只在極限的意義下存在。關鍵在於沒有一個正常訊號會滿足式(2.61)與(2.62)這兩個性質，或者說會滿足式(2.63)的篩選性質。不過我們可以想像有一序列的函數，它們在 $t = 0$ 有一越來越高而窄的峰值，函數曲線下的面積固定爲 1，而除了在 $t = 0$ 外，其他一直延伸到無窮大的地方，函數值均趨近於 0。也就是，我們可以把得他函數視爲**一序列面積為 1，時寬趨近於零之脈波的極限形式**。至於使用的是哪種波型就不重要了。

嚴格來說，狄瑞克-得他函數屬於一種稱爲**廣義函數**或**廣義分佈**的特殊函數。事實上，它在某些情況下的應用還需特別謹慎。雖然如此，狄瑞克-得他函數的優點之一，就在於經由對此函數做相當直觀的處理，通常也都能得到正確的答案。

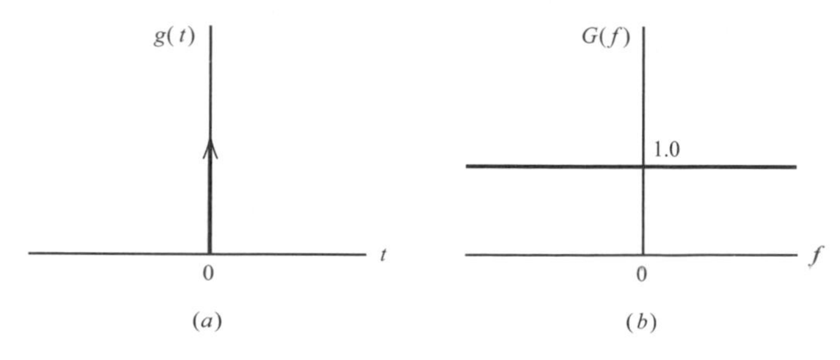

圖 2.12 (a) 狄瑞克-得他函數 $\delta(t)$；(b) $\delta(t)$的頻譜

範例 2.10　將得他函數視為高斯脈波的極限形式

考慮一個面積爲 1 的高斯脈波，其定義爲

$$g(t)=\frac{1}{\tau}\exp\left(-\frac{\pi t^2}{\tau^2}\right) \tag{2.66}$$

其中 τ 爲可變的參數。高斯函數 $g(t)$ 有兩個特性：(1)它的所有導函數皆爲連續，以及(2)它衰減的速度比 t 的任何次方都還快。取極限 $\tau\to 0$ 便可得到得他函數 $\delta(t)$。此時高斯脈波的時寬變爲無限窄，幅度則爲無限大，而面積保持有限且固定爲 1。圖 2.13a 對不同的參數 τ 畫了一序列的高斯脈波。

這裡定義的高斯脈波 $g(t)$，與範例 2.6 導出的正規高斯脈波 $\exp(-\pi t^2)$ 相同，唯一不同的是在此處，脈波在時間軸擴展，以及幅度的壓縮倍率同爲 τ。因此，對式(2.38)的傅立葉轉換對使用線性及時間比例性質，可發現式(2.66)定義的高斯脈波 $g(t)$，其傅立葉轉換形式也是高斯，如

$$G(f)=\exp(-\pi\tau^2 f^2)$$

圖 2.13b 顯示高斯脈波 $g(t)$改變參數 τ 對頻譜的影響。由此，如果令 $\tau=0$，則如預期地可以發現得他函數的傅立葉轉換是 1。

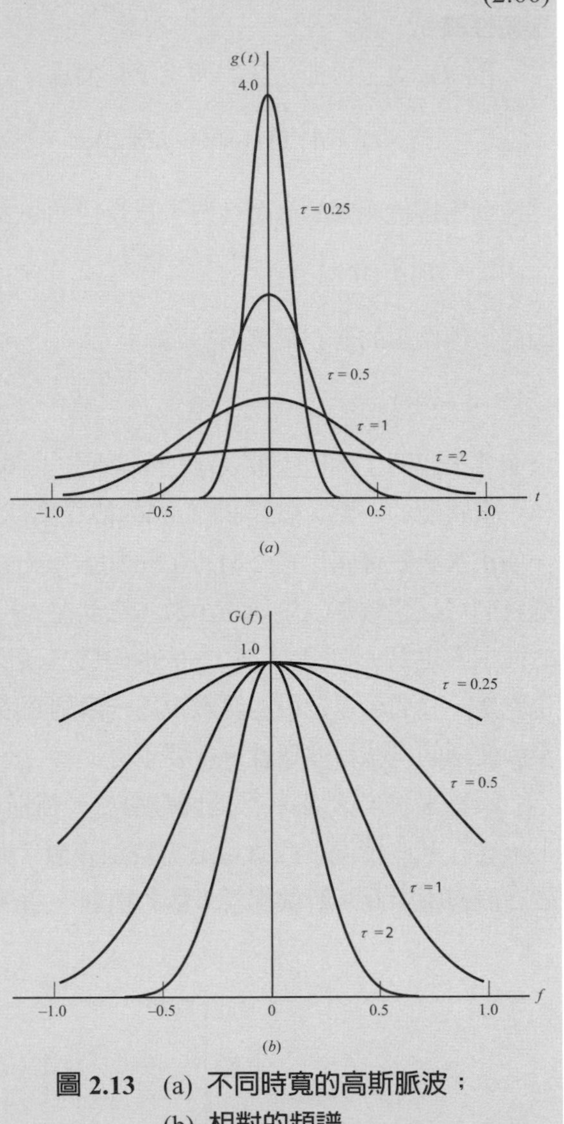

圖 2.13　(a) 不同時寬的高斯脈波；(b) 相對的頻譜

得他函數的應用

1.　直流訊號

對式(2.65)的傅立葉轉換對採用對偶性質，並注意到得他函數是偶函數，可得

$$1\rightleftharpoons\delta(f) \tag{2.67}$$

式(2.67)指出**直流訊號**轉換到頻域後，成爲位於零頻率的得他函數 $\delta(f)$，如圖 2.14 所示。這個結果當然與我們的直覺相符。

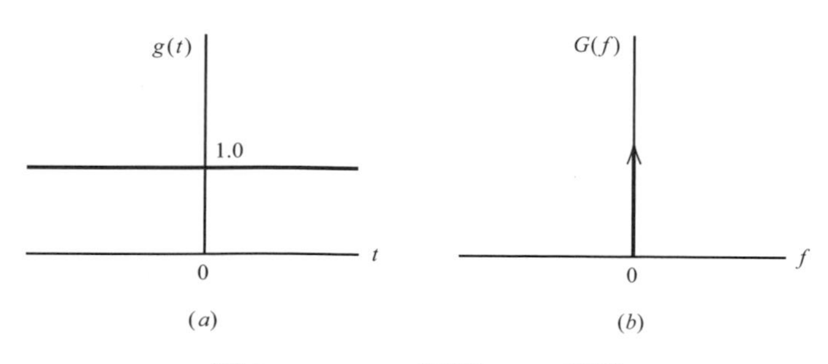

圖 2.14 (a) dc 訊號；(b) 頻譜

利用傅立葉轉換的定義，我們可以立刻由式(2.67)得到一個有用的關係式

$$\int_{-\infty}^{\infty} \exp(-j2\pi ft)dt = \delta(f)$$

由於得他函數 $\delta(f)$是實數，我們可以將此式簡化為：

$$\int_{-\infty}^{\infty} \cos(2\pi ft)dt = \delta(f) \tag{2.68}$$

即使是敘述於頻域，此式也可以當作得他函數的另一個定義。

2. 複指數函數

接下來對式(2.67)採用頻率轉移性質，可得頻率為 f_c 之複指數函數的傅立葉轉換對

$$\exp(j2\pi f_c t) \rightleftharpoons \delta(f - f_c) \tag{2.69}$$

式(2.69)指出複指數函數 $\exp(j2\pi f_c t)$轉換到頻域後，成為位於 $f=f_c$ 的得他函數 $\delta(f-f_c)$。

3. 正弦函數

下一個問題要計算餘弦函數 $\cos(2\pi f_c t)$的傅立葉轉換。我們首先使用尤拉公式(Euler's formula)寫出

$$\cos(2\pi f_c t) = \frac{1}{2}[\exp(j2\pi f_c t) + \exp(-j2\pi f_c t)] \tag{2.70}$$

然後利用式(2.69)，可得到餘弦函數 $\cos(2\pi f_c t)$的傅立葉轉換對

$$\cos(2\pi f_c t) \rightleftharpoons \frac{1}{2}[\delta(f - f_c) + \delta(f + f_c)] \tag{2.71}$$

換句話說，餘弦函數 $\cos(2\pi f_c t)$的頻譜由一對分別位於 $f=\pm f_c$ 的得他函數組成，權重各為 1/2，如圖 2.15 所示。

相同的，我們可以證明正弦函數 $\sin(2\pi f_c t)$的傅立葉轉換對為

$$\sin(2\pi f_c t) \rightleftharpoons \frac{1}{2j}[\delta(f - f_c) - \delta(f + f_c)] \tag{2.72}$$

此結果繪於圖 2.16。

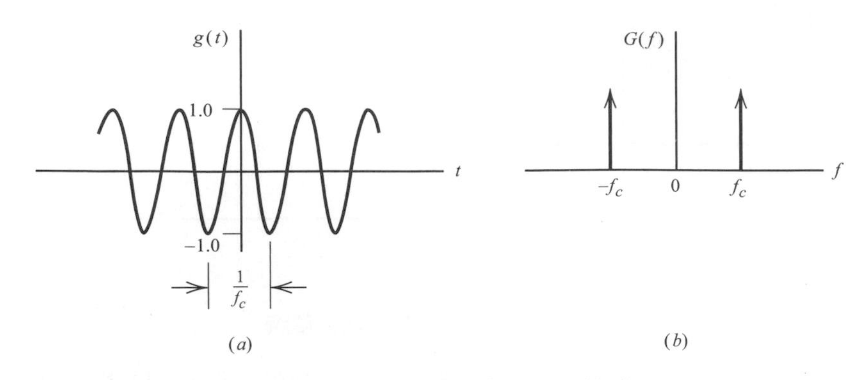

圖 2.15 (a) 餘弦函數；(b) 頻譜

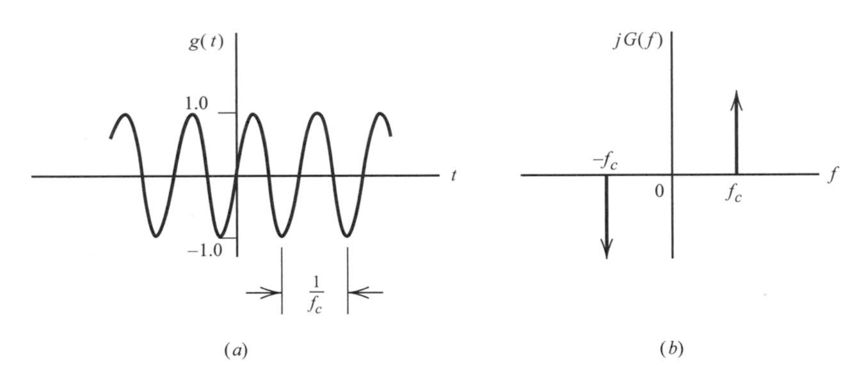

圖 2.16 (a) 正弦函數；(b) 頻譜

4. 符號函數

符號函數 sgn(t)在正時間等於 +1，而在負時間等於 –1，如圖 2.17a 的實線所示。符號函數之前在式(2.18)定義過；爲了方便討論，在此重複一次：

$$\operatorname{sgn}(t)=\begin{cases}+1, & t>0\\ 0, & t=0\\ -1, & t<0\end{cases}$$

符號函數不滿足杜力克條件，因此嚴格來說，他並沒有傅立葉轉換。然而，我們可以把符號函數視爲以下反對稱雙邊指數脈波的極限形式，以定義其傅立葉轉換

$$g(t)=\begin{cases}\exp(-at), & t>0\\ 0, & t=0\\ -\exp(at), & t<0\end{cases} \tag{2.73}$$

其中參數 a 趨近於零。在圖 2.17a 中用虛線表示的訊號 $g(t)$就滿足杜力克條件了。它的傅立葉轉換在例 3 曾經推導過；結果爲[參閱式(2.19)]：

$$G(f)=\frac{-j4\pi f}{a^2+(2\pi f)^2}$$

其振幅譜$|G(f)|$在圖 2.17*b* 中用虛線表示。當 a 趨近於零，可得

$$F[\text{sgn}(t)] = \lim_{a\to 0}\frac{-4j\pi f}{a^2+(2\pi f)^2}$$
$$=\frac{1}{j\pi f}$$

亦即，

$$\text{sgn}(t) \rightleftharpoons \frac{1}{j\pi f} \tag{2.74}$$

符號函數的振幅譜在圖 2.17*b* 中以實線表示。可以看到當 a 很小，除了在頻率軸的原點以外，近似都非常好。對於 $a>0$ 之近似函數 $g(t)$，其在原點的頻譜爲零，而符號函數在原點的頻譜則爲無窮大。另外該注意的是，雖然式(2.74)的傳立葉轉換對不含得他函數，但是只有在使用得他函數，以賦予符號函數 sgn(t)特殊意義下，其傳立葉轉換 $1/j\pi f$ 才有辦法計算出來。

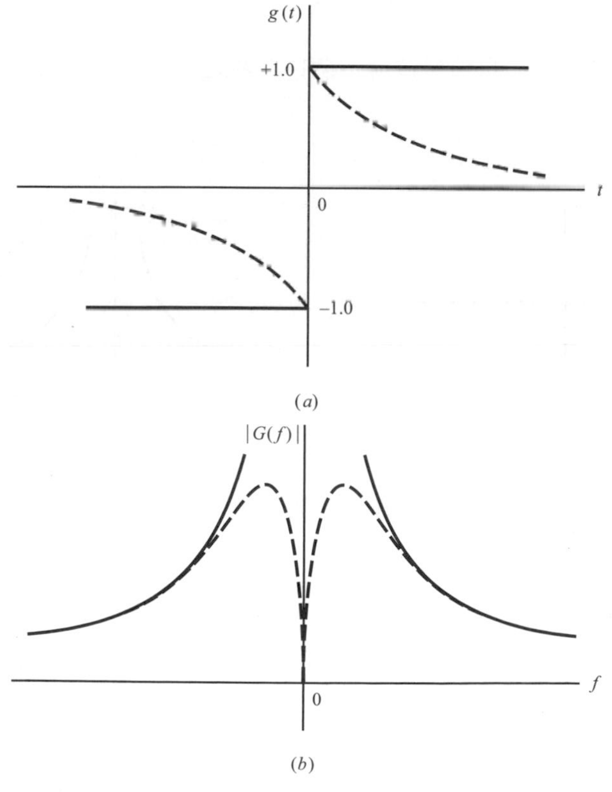

圖 2.17 (a) 符號函數(實線)，以及雙邊指數脈波(虛線)；
(b) 符號函數的振幅譜(實線)，以及雙邊指數脈波的振幅譜(虛線)

5. 單位步級函數

單位步級函數 $u(t)$在正時間等於+1，而在負時間等於 0。在此將之前式(2.11)的定義重複，以方便討論：

$$u(t)=\begin{cases}1, & t>0\\ \dfrac{1}{2}, & t=0\\ 0, & t<0\end{cases}$$

單位步級函數的波形示於圖 2.18*a*。由它和符號函數的定義，可知單位步級函數和符號函數的關係爲

$$u(t)=\frac{1}{2}[\operatorname{sgn}(t)+1] \tag{2.75}$$

因此，利用傅立葉轉換的線性性質，以及式(2.67)和(2.75)的傅立葉轉換對，可以得到單位步級函數的傅立葉轉換對

$$u(t)\rightleftharpoons\frac{1}{j2\pi f}+\frac{1}{2}\delta(f) \tag{2.76}$$

這個式子表示單位步級函數的頻譜包含一個位於零頻率，權重爲 1/2 的得他函數，如圖 2.18*b* 所示。

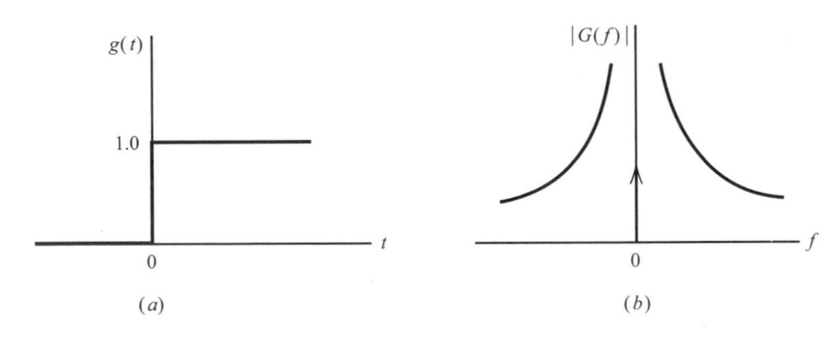

圖 2.18 (a) **單位步級函數**；(b) **振幅譜**

6. 在時域中積分(再次討論)

式(2.39)描述了積分訊號 $g(t)$對其傅立葉轉換造成的影響，其中假設 $G(0)$爲 0。我們現在討論比較通用的情況，對訊號不做假設。

令

$$y(t)=\int_{-\infty}^{t}g(\tau)d\tau \tag{2.77}$$

積分得到的訊號 $y(t)$可以視爲原始訊號 $g(t)$與單位步級函數 $u(t)$的迴旋，如下式所示

$$y(t) = \int_{-\infty}^{\infty} g(\tau)u(t-\tau)d\tau$$

其中時間轉移的單位步級函數 $u(t-\tau)$ 定義為

$$u(t-\tau) = \begin{cases} 1, & \tau < t \\ \frac{1}{2}, & \tau = t \\ 0, & \tau > t \end{cases}$$

由性質 12，在時域的迴旋轉換到頻域後會變為相乘，同時利用式(2.76)單位步級函數 $u(t)$ 的傅立葉轉換對，可以得到 $y(t)$的傅立葉轉換

$$Y(f) = G(f)\left[\frac{1}{j2\pi f} + \frac{1}{2}\delta(f)\right] \tag{2.78}$$

其中 $G(f)$是 $g(t)$的傅立葉轉換。由於

$$G(f)\delta(f) = G(0)\delta(f)$$

式(2.77)可以改寫為：

$$Y(f) = \frac{1}{j2\pi f}G(f) + \frac{1}{2}G(0)\delta(f)$$

因此，對 $g(t)$積分的結果一般可用以下傅立葉轉換對描述

$$\int_{-\infty}^{t} g(\tau)d\tau \rightleftharpoons \frac{1}{j2\pi f}G(f) + \frac{1}{2}G(0)\delta(f) \tag{2.79}$$

這就是最終的結果，而式(2.39)是它的特例 [當 $G(0) = 0$]。

2.6 週期訊號的傅立葉轉換

眾所周知一個週期性訊號可以利用傅立葉級數，表示成複指數項的和。另外，從極限的角度來看，我們能對複指數定義傅立葉轉換。因此，只要能夠引用得他函數，是有可能將週期性訊號表示成其傅立葉轉換的。

考慮一週期性訊號 $g_{T_0}(t)$，已知其**週期**為 T_0。$g_{T_0}(t)$ 可以表示成**複指數傅立葉級數**：

$$g_{T_0}(t) = \sum_{n=-\infty}^{\infty} c_n \exp(j2\pi n f_0 t) \tag{2.80}$$

其中 c_n 是**複數傅立葉係數**，定義為

$$c_n = \frac{1}{T_0}\int_{-T_0/2}^{T_0/2} g_{T_0}(t)\exp(-j2\pi n f_0 t)dt \tag{2.81}$$

f_0 為**基本頻率**，定義為週期 T_0 的倒數；亦即，

$$f_0 = \frac{1}{T_0} \tag{2.82}$$

令 $g(t)$表示一個脈波函數，它在一個週期中等於 $g_{T_0}(t)$，而在其他地方皆爲 0；亦即，

$$g(t) = \begin{cases} g_{T_0}(t), & -\frac{T_0}{2} \le t \le \frac{T_0}{2} \\ 0, & \text{其他處} \end{cases} \tag{2.83}$$

週期性訊號 $g_{T_0}(t)$ 可以表示成函數 $g(t)$的無限多項和，如下式

$$g_{T_0}(t) = \sum_{m=-\infty}^{\infty} g(t - mT_0) \tag{2.84}$$

根據這個式子，我們可以把 $g(t)$視爲產生週期性訊號 $g_{T_0}(t)$ 的**生成函數**。

函數 $g(t)$是可傅立葉轉換的。因此，我們可以改寫複數傅立葉係數的公式如下：

$$\begin{aligned} c_n &= f_0 \int_{-\infty}^{\infty} g(t) \exp(-j2\pi n f_0 t) dt \\ &= f_0 G(nf_0) \end{aligned} \tag{2.85}$$

其中 $G(nf_0)$是 $g(t)$的傅立葉轉換在頻率 nf_0 的值。於是組成週期性訊號 $g_{T_0}(t)$ 的公式可以改寫爲

$$g_{T_0}(t) = f_0 \sum_{m=-\infty}^{\infty} G(nf_0) \exp(j2\pi n f_0 t) \tag{2.86}$$

或者，將式(2.84)改寫爲

$$\sum_{m=-\infty}^{\infty} g(t - mT_0) = f_0 \sum_{n=-\infty}^{\infty} G(nf_0) \exp(j2\pi n f_0 t) \tag{2.87}$$

式(2.87)是**蔔瓦松總和公式**(Poisson's sum formula)的形式之一。

最後，利用式(2.69)複指數函數傅立葉轉換的定義以及式(2.87)，我們可以推導出生成函數爲 $g(t)$，週期爲 T_0 之週期性訊號 $g_{T_0}(t)$ 的傅立葉轉換對：

$$\sum_{m=-\infty}^{\infty} g(t - mT_0) \rightleftharpoons f_0 \sum_{n=-\infty}^{\infty} G(nf_0) \delta(f - nf_0) \tag{2.88}$$

其中 f_0 爲基本頻率。這個式子指出週期性訊號的傅立葉轉換，是由位於基本頻率 $f_0 = 1/T_0$ 之整數倍，包括原點處的得他函數組成，並且每個得他函數的權重等於 $G(nf_0)$的值。事實上，這個式子提供了顯示週期性訊號 $g_{T_0}(t)$ 之頻率成份的方法。

值得注意的是，構成週期性訊號 $g_{T_0}(t)$ 一組週期的函數 $g(t)$，有連續的頻譜 $G(f)$。相反的，週期性訊號 $g_{T_0}(t)$ 本身有離散的頻譜。因此我們可以這樣結論，**在時域的週期性會把訊號的頻譜改變為離散形式，並且定義於基本頻率的整數倍處**。

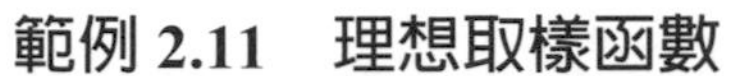

範例 2.11 理想取樣函數

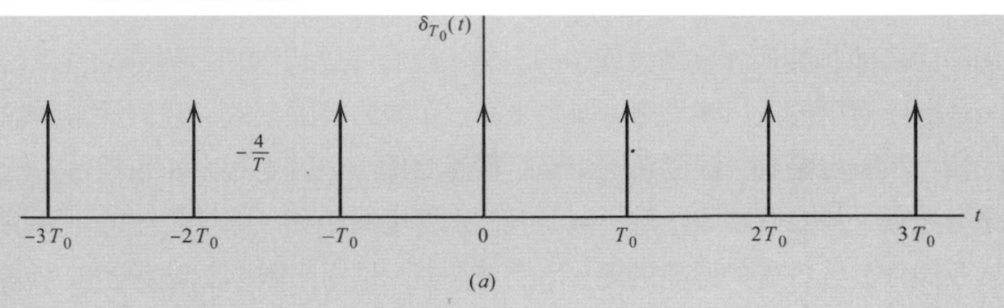

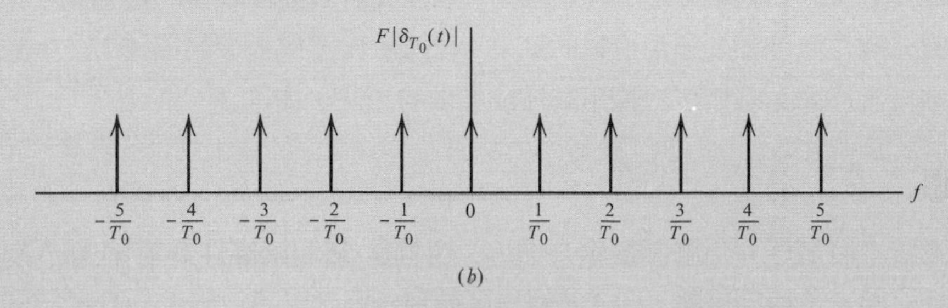

圖 2.19 (a) 得瑞克梳；(b) 頻譜

理想取樣函數，或稱爲**得瑞克梳**(Dirac comb)，由無限多個間隔固定的得他函數組成，如圖 2.19a 所示。波形可以寫爲

$$\delta_{T_0}(t)=\sum_{m=-\infty}^{\infty}\delta(t-mT_0) \tag{2.89}$$

我們可以觀察到理想取樣函數 $\delta_{T_0}(t)$ 的生成函數 $g(t)$就是得他函數 $\delta(t)$。因此可得 $G(f)=1$，以及

$$G(nf_0)=1 \quad \text{對於所有 } n$$

然後利用式(2.88)可以得到

$$\sum_{m=-\infty}^{\infty}\delta(t-mT_0)\rightleftharpoons f_0\sum_{n=-\infty}^{\infty}\delta(f-nf_0) \tag{2.90}$$

式(2.90)指出對於間隔爲 T_0 的週期性得他函數串，其傅立葉轉換是一組被乘上 $f_0= 1/T_0$ 倍，在頻率軸間隔固定爲 f_0 赫的得他函數所組成，如圖 2.19b 所示。對於 $T_0=1$ 的特例，週期性的得他函數串就等於自己的轉換，這一點與高斯脈波相似。

另外，由式(2.87)的蔔瓦松總和公式可以推導出以下有用的關係式：

$$\sum_{m=-\infty}^{\infty}\delta(t-mT_0)=f_0\sum_{n=-\infty}^{\infty}\exp(j2\pi nf_0t) \tag{2.91}$$

此式的對偶如下：

$$\sum_{m=-\infty}^{\infty}\exp(j2\pi mfT_0)=f_0\sum_{n=-\infty}^{\infty}\delta(f-nf_0) \tag{2.92}$$

2.7 訊號在線性系統的傳輸

經過前面章節有關傅立葉轉換理論的討論，我們可以將注意力轉到線性系統了。所謂**系統**，是指任何對輸入訊號反應，並產生輸出訊號的實際裝置。我們通常稱輸入訊號爲**激發**，輸出訊號爲**響應**。**線性**系統中滿足**重疊原理**；也就是說，如果線性系統同時收到數個激發訊號，其響應就等於每一個激發個別響應的總和。線性系統的重要例子包括**濾波器**以及操作於線性區的**通訊通道**。所謂濾波器，是用來限制訊號頻譜於某個特定頻段的頻率選擇裝置。而通道是在通訊系統中，連接發射器與接收器的傳輸媒介。我們想要評量訊號在線性濾波器及通道傳輸的結果。依據濾波器或通道的描述方式，評量可由兩種方式進行，亦即，我們可以採用時域或頻域的想法，如下述。

時間響應

線性系統在時域中是用**脈衝響應**來描述，**也就是(當起始條件為零)在輸入為單位脈衝函數** $\delta(t)$ **之時，系統的響應**。如果系統爲**非時變**，則不管單位脈衝在什麼時間輸入到系統，其脈衝響應的形狀都一樣。因此我們可以假設單位脈衝函數在時間 $t = 0$ 輸入系統，並將此線性非時變系統的脈衝響應寫爲 $h(t)$。假定系統收到某個激發訊號 $x(t)$，如圖 2.20a 所示。要計算系統的響應 $y(t)$，我們先將 $x(t)$近似成一個由狹窄矩形脈波組成的階梯狀函數，每個脈波的寬度爲 $\Delta\tau$，如圖 2.20b 所示。很顯然的，$\Delta\tau$ 變小，此近似也會更好。當 $\Delta\tau$ 趨近於零，每個脈波之極限趨近於一個得他函數，其權重爲脈波高度乘上 $\Delta\tau$。考慮一個發生於 $t = \tau$ 的脈波，如圖 2.20b 中的陰影部份。這個脈波的面積等於 $x(\tau)\Delta\tau$。根據定義，系統對一個發生於 $t = 0$ 之單位脈衝 $\delta(t)$的響應爲 $h(t)$。因此，系統對一個發生於 $t=\tau$，且權重爲 $x(\tau)\Delta\tau$ 之得他函數的響應必爲 $x(\tau)h(t-\tau)\Delta\tau$。我們採用重疊原理來計算系統在某個時間 t 的總響應 $y(t)$。於是，把所有由這些輸入脈波產生之極小的響應加起來，當 $\Delta\tau$ 趨近於零，可以得到以下極限，

$$y(t) = \int_{-\infty}^{\infty} x(\tau)h(t-\tau)d\tau \tag{2.93}$$

這個式子稱爲**迴旋積分**。

在式(2.93)中有三個時間刻度：**激發時間** τ，**響應時間** t，以及**系統記憶時間** $t-\tau$。這個式子是線性非時變系統時域分析的基礎。它指出線性非時變系統現在的響應，是輸入訊號先前的值，在被系統的脈衝響應加權後，所做的加權積分而得。所以，脈衝響應就像是系統的**記憶函數**。

在式(2.93)中，激發訊號 $x(t)$與脈衝響應 $h(t)$迴旋運算而產生響應 $y(t)$。由於迴旋具交換性，因此也可以寫爲

$$y(t) = \int_{-\infty}^{\infty} h(\tau)x(t-\tau)d\tau \tag{2.94}$$

在式子中 $h(t)$與 $x(t)$做迴旋運算。

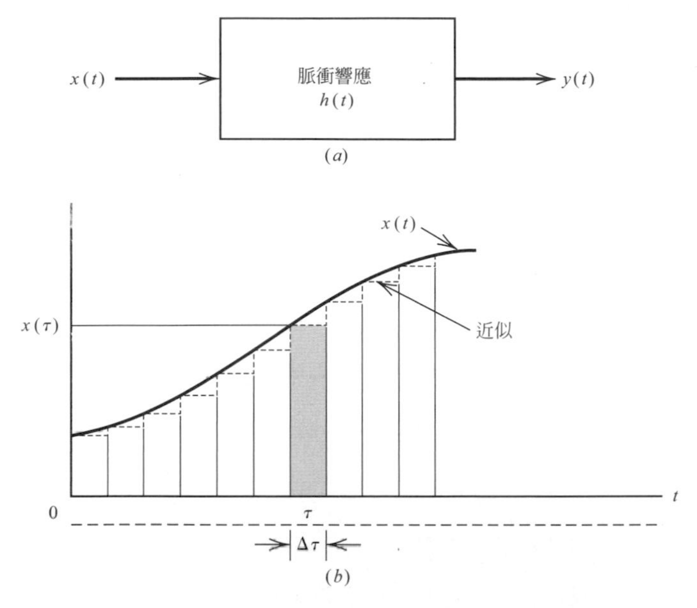

圖 2.20 (a) 線性系統；(b) 輸入 $x(t)$的近似

範例 2.12 分接延遲線濾波器

考慮一個脈衝響應爲 $h(t)$的線性非時變濾波器。我們假設以下兩點：

1. 當 $t<0$，脈衝響應 $h(t)=0$。
2. 濾波器脈衝響應的時寬 T_f爲有限，因此可寫爲：當 $t \geq T_f$，$h(t)=0$。

然後由輸入 $x(t)$產生的濾波器輸出 $y(t)$可以寫爲：

$$y(t)=\int_0^{T_f} h(\tau)x(t-\tau)d\tau \tag{2.95}$$

假設輸入 $x(t)$，脈衝響應 $h(t)$，以及輸出 $y(t)$都被以每秒 $1/\Delta\tau$ 次的速率**均勻取樣**，則可以令

$$t=n\Delta\tau$$

以及

$$\tau=k\Delta\tau$$

其中 k 和 n 皆爲整數，$\Delta\tau$ **取樣週期**。假設 $\Delta\tau$ 小到對所有的 k 與 t 而言，乘積 $h(\tau)x(t-\tau)$ 在 $k\tau \leq \tau \leq (k+1)\Delta\tau$ 中皆可視爲常數，那麼式(2.95)就可近似爲**迴旋和**：

$$y(n\Delta\tau)=\sum_{k=0}^{N-1} h(k\Delta\tau)x(n\Delta\tau-k\Delta\tau)\Delta\tau \tag{2.96}$$

其中 $N\Delta\tau = T_f$。定義

$$w_k = h(k\Delta\tau)\Delta\tau$$

式(2.96)便可改寫爲

$$y(n\Delta\tau) = \sum_{k=0}^{N-1} w_k x(n\Delta\tau - k\Delta\tau) \tag{2.97}$$

式(2.97)可以用圖 2.21 的電路實現，它的組成包括一組**延遲元件**(各產生 $\Delta\tau$ 秒的延遲)，一組連接到**延遲線分接頭**的**乘法器**，附於乘法器上的**加權**，以及用來加總乘法器輸出的**加法器**。這個電路稱爲**分接延遲線濾波器**，或是**橫向濾波器**。在圖 2.21 中，分接頭的間距，也就是延遲的增量，就等於輸入序列的取樣週期 $\{x(n\Delta\tau)\}$。

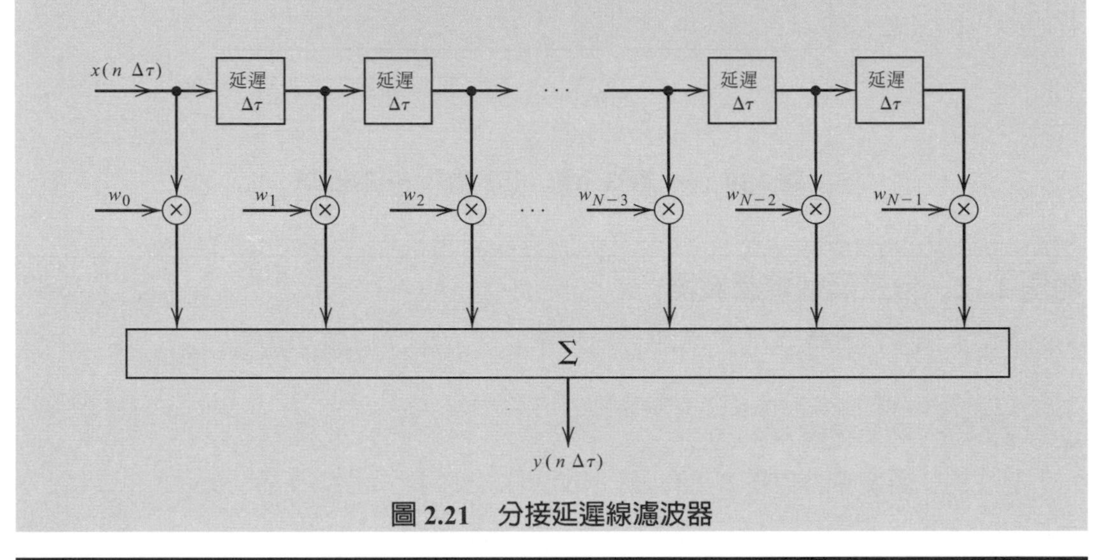

圖 2.21 分接延遲線濾波器

因果性與穩定性

一個系統如果在受到激發之前不會產生響應，就稱之爲**具有因果性**(causal)。很顯然的，一個具因果性的線性非時變系統，其脈衝響應 $h(t)$在負時間必須爲 0。也就是說，因果性的充要條件爲

$$h(t) = 0, \qquad t < 0 \tag{2.98}$$

一個**即時**系統要能夠實現，很明顯的它必須具有因果性。不過在很多應用中，訊號會被儲存起來，在這種情況下，系統雖然不具因果性，但還是可實現的。

如果對所有的有限輸入都產生有限輸出，就稱此系統爲**穩定**；我們稱此爲**有限輸入–有限輸出(BIBO)穩定準則**，它適用於線性非時變系統的分析。假設 $x(t)$爲有限，也就是

$$|x(t)| \le M \tag{2.99}$$

其中 M 是有限的正實數。將式(2.99)代入(2.94)，可得

$$|y(t)| \le M \int_{-\infty}^{\infty} |h(\tau)|\, d\tau$$

由此可知，如果一個線性非時變系統爲穩定的，其脈衝響應 $h(t)$必須是絕對可積分。也就是，BIBO 穩定的充要條件爲

$$\int_{-\infty}^{\infty} |h(t)|\, dt < \infty \tag{2.100}$$

頻率響應

考慮一個脈衝響應爲 $h(t)$的線性非時變系統，其輸入是幅度爲 1，頻率爲 f 的複指數訊號

$$x(t) = \exp(j2\pi ft) \tag{2.101}$$

將式(2.101)代入(2.94)，得到系統的響應爲

$$\begin{aligned} y(t) &= \int_{-\infty}^{\infty} h(\tau) \exp[j2\pi f(t-\tau)] d\tau \\ &= \exp(j2\pi ft) \int_{-\infty}^{\infty} h(\tau) \exp(-j2\pi f\tau) d\tau \end{aligned} \tag{2.102}$$

定義系統的**轉移函數**爲它脈衝響應的傅立葉轉換，如下式

$$H(f) = \int_{-\infty}^{\infty} h(t) \exp(-j2\pi ft) dt \tag{2.103}$$

除了 τ 被 t 取代外，式(2.102)最後一行的積分與式(2.103)完全相同。於是式(2.102)可以改寫爲

$$y(t) = H(f) \exp(j2\pi ft) \tag{2.104}$$

因此當線性非時變系統輸入一個頻率爲 f 的複指數函數時，其響應爲同一個複指數函數乘上常數 $H(f)$。

將式(2.104)除以(2.101)可以導出轉移函數的另一個定義

$$H(f) = \left. \frac{y(t)}{x(t)} \right|_{x(t)=\exp(j2\pi ft)} \tag{2.105}$$

接著假設系統輸入訊號爲 $x(t)$。訊號 $x(t)$可以表示成反傅立葉轉換

$$x(t) = \int_{-\infty}^{\infty} X(f) \exp(j2\pi ft) df \tag{2.106}$$

或者也可寫成極限形式

$$x(t) = \lim_{\substack{\Delta f \to 0 \\ f = k\Delta f}} \sum_{k=-\infty}^{\infty} X(f)\exp(j2\pi ft)\Delta f \tag{2.107}$$

也就是說，輸入訊號 $x(t)$可以視爲加權複指數的總和。由於系統爲線性，輸入這些複指數總和得到的響應爲

$$\begin{aligned} y(t) &= \lim_{\substack{\Delta f \to 0 \\ f = k\Delta f}} \sum_{k=-\infty}^{\infty} H(f)X(f)\exp(j2\pi ft)\Delta f \\ &= \int_{-\infty}^{\infty} H(f)X(f)\exp(j2\pi ft)df \end{aligned} \tag{2.108}$$

因此輸出訊號 $y(t)$的傅立葉轉換爲

$$Y(f) = H(f)X(f) \tag{2.109}$$

於是在頻域就可以很簡單地描述線性非時變系統，**其輸出的傅立葉轉換，就等於系統的轉移函數乘上輸入的傅立葉轉換**。

對於脈衝響應爲 $h(t)$的線性非時變系統，輸入 $x(t)$得到的輸出是 $x(t)$與 $h(t)$的迴旋，而兩個時間函數的迴旋，轉換後會成爲其傅立葉轉換的乘積，由此也可以直接導出式(2.109)的結果；反之亦然。以上的推導主要目的，是要讓讀者瞭解何以把時間函數寫成複指數的傅立葉表示式，對於線性非時變系統的分析是如此的重要。

轉移函數 $H(f)$是線性非時變系統的獨特性質它通常是複數，因此可以表示成以下形式

$$H(f) = |H(f)|\exp[j\beta(f)] \tag{2.110}$$

其中$|H(f)|$稱爲**振幅響應**，$\beta(f)$爲相位，或稱爲**相位響應**。在脈衝響應 $h(t)$爲實數的線性系統特例中，轉移函數 $H(f)$呈現共軛對稱，亦即

$$|H(f)| = |H(-f)|$$

與

$$\beta(f) = -\beta(-f)$$

也就是說，對於實數脈衝響應之線性系統，其振幅響應$|H(f)|$是頻率的偶函數，而相位 $\beta(f)$是頻率的奇函數。

有些應用比較偏好將 $H(f)$取對數，並用極座標的形式表示。定義

$$\ln H(f) = \alpha(f) + j\beta(f) \tag{2.111}$$

其中

$$\alpha(f) = \ln|H(f)| \tag{2.112}$$

函數 $\alpha(f)$ 稱為系統的**增益**。單位為**納**(nepers)，而 $\beta(f)$ 單位為**弳度**(radians)。式(2.111)指出增益 $\alpha(f)$ 以及相位 $\beta(f)$ 分別是轉移函數 $H(f)$ 之(自然)對數的實部和虛部。使用以下定義也可以把增益的單位寫為**分貝**(dB)

$$\alpha'(f) = 20\ \log_{10} |H(f)| \tag{2.113}$$

兩個增益函數 $\alpha(f)$ 和 $\alpha'(f)$ 的關係為

$$\alpha'(f) = 8.69\alpha(f) \tag{2.114}$$

也就是說，1 納等於 8.69dB。

為標示系統振幅響應 $H(f)$ 或增益 $\alpha(f)$ 的恒定性，我們採用一個稱為系統**頻寬**的參數。在第 2.5 節對訊號頻寬的定義也可應用於系統。如果是**低通系統**，其 3-dB 頻寬就定義為振幅響應 $|H(f)|$ 等於其零頻率處數值之 $1/\sqrt{2}$ 倍的頻率，或者也可以說是增益 $\alpha'(f)$ 比零頻率低 3dB 處的頻率，如圖 2.22a 所示。如果是帶通系統，此頻寬就定義為振幅響應 $|H(f)|$ 保持在中帶頻率處數值之 $1/\sqrt{2}$ 倍以上頻帶的寬度，如圖 2.22b 所示。

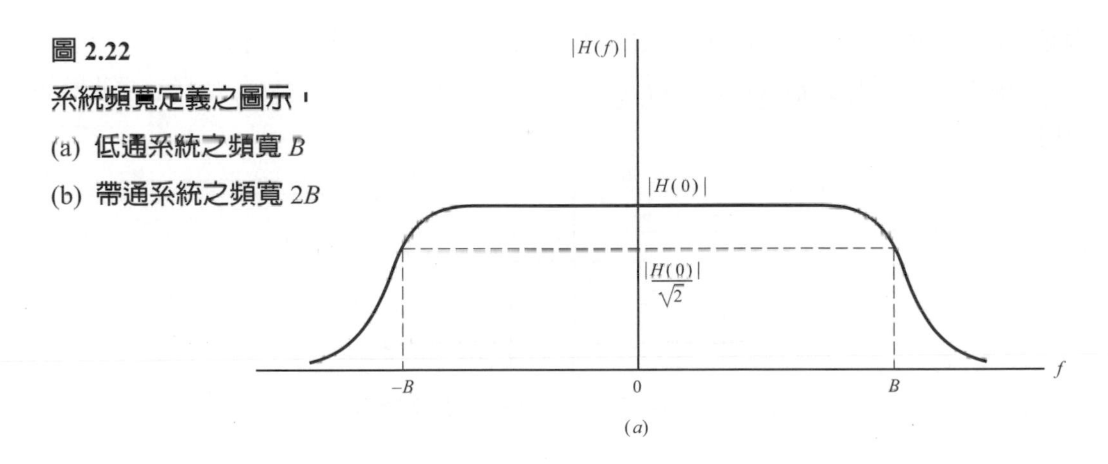

圖 2.22
系統頻寬定義之圖示，
(a) 低通系統之頻寬 B
(b) 帶通系統之頻寬 $2B$

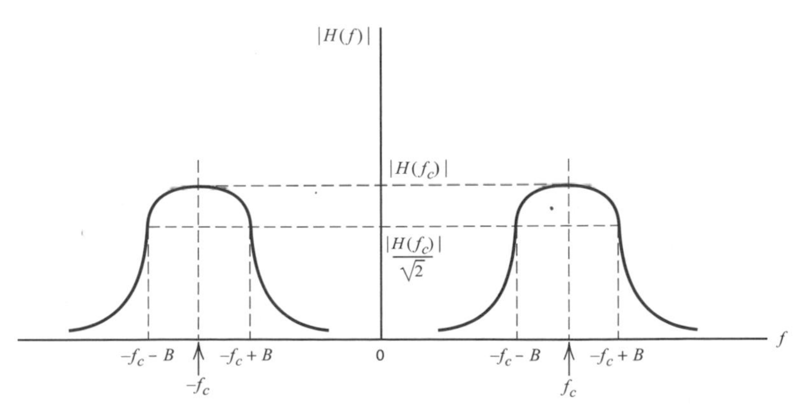

培力-威納準則

函數 α(f)是因果濾波器增益的充要條件爲以下積分收斂

$$\int_{-\infty}^{\infty} \frac{|\alpha(f)|}{1+f^2} df < \infty \tag{2.115}$$

這個條件稱爲**培力-威納準則**(Paley-Wiener criterion)[5]。它指出如果增益 $\alpha(f)$ 滿足式(2.115)的條件，我們就可以對這個增益附上適當的相位 $\beta(f)$，使得形成的濾波器有因果性的脈衝響應，在負時間爲零。換句話說，培力-威納準則是在頻域敘述的因果性條件。一個可實現增益的系統可以在無限多個離散頻率上衰減爲零，但是不能在一整個連續頻帶上；否則就違背了培力-威納準則。

2.8 濾波器

如前所述，**濾波器**是用來將訊號頻譜限制於特定頻帶的頻率選擇裝置。其頻率響應由**通帶**和**阻帶**來定義。傳輸通帶內的頻率產生很少或是沒有失真，而阻帶內的則會被排除。依據濾波器是傳輸低頻、高頻、中頻、或中頻以外的頻率，而分別爲**低通**、**高通**、**帶通**、以及**帶阻**等形式。我們在圖 2.22 曾經見過低通及高通系統的例子。

濾波器以各種形式構成通訊系統的重要功能。本書將主要討論低通及高通濾波器的使用。

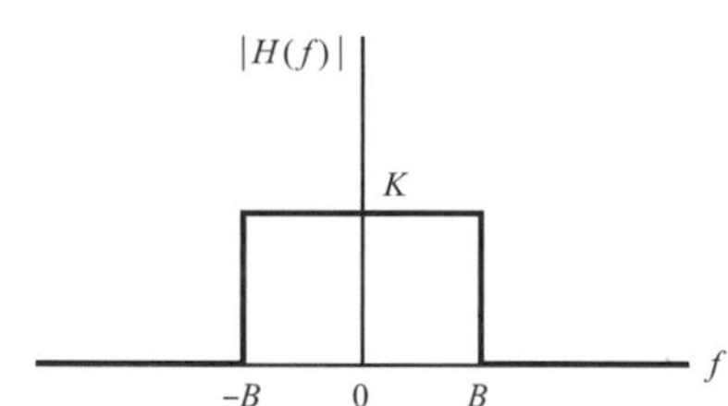

圖 2.23 理想低通濾波器的頻率響應

本節討論**理想低通濾波器**的時間響應，它對通帶內的頻率能無失真地傳輸，並完全排除阻帶內的所有頻率，如圖 2.23 所示。因此理想低通濾波器的轉移函數定義爲

$$H(f) = \begin{cases} \exp(-j2\pi f t_0), & -B \le f \le B \\ 0, & |f| > B \end{cases} \tag{2.116}$$

參數 B 定義爲濾波器的頻寬。由於違背培力-威納準則，理想低通濾波器不具因果性。這一點也可以由檢視其脈衝響應 $h(t)$來確認。因此，計算式(2.116)轉移函數的反傅立葉轉換可得

$$h(t) = \int_{-B}^{B} \exp[j2\pi f(t-t_0)]df \tag{2.117}$$

其中積分的上下限縮減到 $H(f)$不爲零的頻帶內。式(2.117)積分後得到

$$\begin{aligned} h(t) &= \frac{\sin[2\pi B(t-t_0)]}{\pi(t-t_0)} \\ &= 2B\alpha(f)[2B(t-t_0)] \end{aligned} \tag{2.118}$$

脈衝響應在時間 t_0 有最大值 $2B$，圖 2.24 所示爲當 $t_0 = 1/B$。脈衝響應的主波瓣寬度爲 $1/B$，而由主波瓣起點上升到頂點的時間爲 $1/2B$。從圖 2.24 可以看到對任何有限值 t_0，濾波器在時間 $t = 0$ 收到單位脈衝輸入前就有響應了，這也驗證了理想低通濾波器是不具因果性的。然而，我們能讓 t_0 夠大以使條件

$$|\operatorname{sinc}[2B(t-t_o)]| \ll 1 \qquad \text{對於 } t<0$$

得以滿足。如此，我們就能夠製作很接近理想低通的因果濾波器。

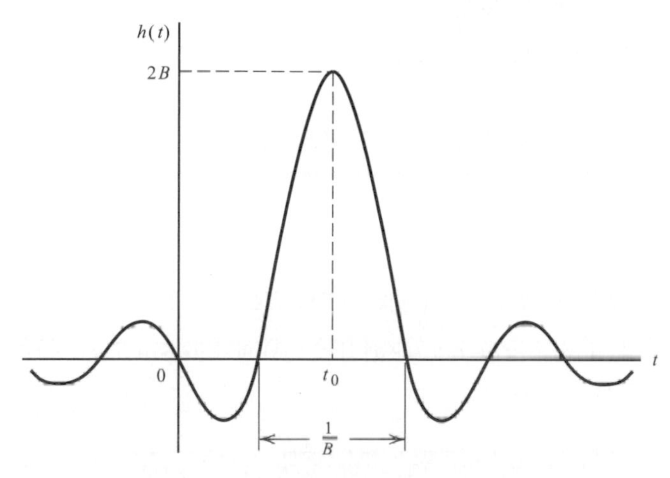

圖 2.24 理想低通濾波器的脈衝響應

範例 2.13 理想低通濾波器的脈波響應

考慮一個高度爲 1，寬度爲 T 的矩形脈波 $x(t)$，將它輸入到頻寬爲 B 的理想低通濾波器。接下來的問題是要計算濾波器響應 $y(t)$。

濾波器的脈衝響應 $h(t)$定義於式(2.118)。延遲 t_0 對濾波器響應 $y(t)$的**形狀**沒有影響。因此我們普遍可以令 $t_0 = 0$ 以簡化算式，如此式(2.118)的脈衝響應可簡化爲

$$h(t) = 2B\operatorname{sinc}(2Bt) \tag{2.119}$$

於是濾波器響應可由以下迴旋積分求得

$$\begin{aligned} y(t) &= \int_{-\infty}^{\infty} x(\tau)h(t-\tau)d\tau \\ &= 2B\int_{-T/2}^{T/2} \frac{\sin[2\pi B(t-\tau)]}{2\pi B(t-\tau)}d\tau \end{aligned} \tag{2.120}$$

這個積分無法用基本函數式表示。我們用圖 2.25 方形脈波的濾波器模擬響應來說明。結果顯示約有 9% 的過越量(overshoot) (這稱爲**吉布現象**，Gibbs phenomenon)以及與濾波器頻寬有關的振盪波形。這些現象在習題 2.24 有深入的探討。

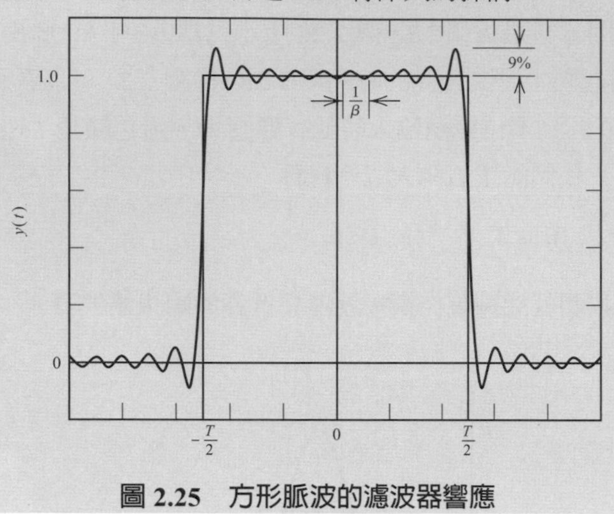

圖 2.25 方形脈波的濾波器響應

濾波器設計

濾波器的規格可以用脈衝響應 $h(t)$或者轉移函數 $H(f)$來表示。然而，濾波器的應用通常與訊號頻譜(也就是頻率成份)的分隔有關。因而濾波器的設計通常是在頻域執行。濾波器設計包含兩個基本步驟：

1. 將預定的頻率響應(亦即振幅響應、相位響應、或兩者皆有)用可實現的轉移函數**近似**。
2. 用實際裝置來近似轉移函數的**實現**。

一個近似轉移函數 $H(f)$要能夠實現，就必定代表是**穩定**的系統。此處穩定性的定義是源於式(2.100)描述，有關脈衝響應 $h(t)$之有限輸入-有限輸出準則。如果要用轉移函數來說明穩定性的定義，傳統的方法是把 $j2\pi f$ 用 s 取代，然後把轉移函數改寫爲 s 的函數。這個新變數 s 可以有實部和虛部。因此我們稱 s 爲**複頻率**。令 $H'(s)$ 表示以這種方式定義的系統轉移函數。通常近似轉移函數 $H'(s)$ 是有理函數，遂可表成以下**因式**形式

$$
\begin{aligned}
H'(s) &= H(f)\big|_{j2\pi f=s} \\
&= K\frac{(s-z_1)(s-z_2)\cdots(s-z_m)}{(s-p_1)(s-p_2)\cdots(s-p_n)}
\end{aligned}
$$

其中 K 是比例因數；z_1，z_2，...，z_m 是轉移函數的**零點**；p_1，p_2，...，p_n 是它的**極點**。對於低通及帶通濾波器，零點的數目 m 比極點的數目 n 少。如果是因果系統，限制轉移函數 $H'(s)$ 所有極點於 s-平面的左半部份內，就能滿足有限輸入-有限輸出的穩定性條件；也就是說，

$$\text{Re}[p_i] < 0 \quad \text{對所有 } i$$

濾波器的類型

對於要近似圖 2.23 所示之理想振幅響應的低通濾波器，有兩類常用的濾波器：**巴特渥斯濾波器**(Butterworth filters)和**卻比雪夫濾波器**(Chebyshev filters)，兩者的所有零點都在 $s=\infty$。在巴特渥斯濾波器中，轉移函數 $H'(s)$ 的極點落於以原點爲中心，半徑爲 $2\pi B$ 的圓上，其中 B 是濾波器的 3-分貝頻寬。而在卻比雪夫濾波器中，極點是落於一個橢圓上。對兩者而言，極點當然都限制於 s-平面的左半部份。

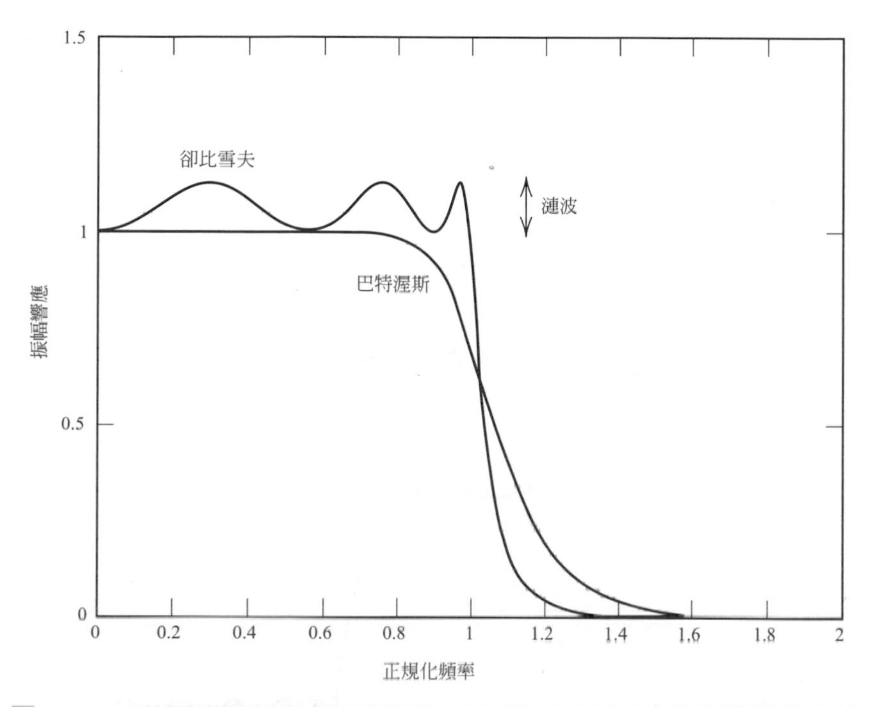

圖 2.26　6 階巴特渥斯低通濾波器與 6 階卻比雪夫濾波器振幅響應的比較

巴特渥斯和卻比雪夫濾波器的例子示於圖 2.26。巴特渥斯濾波器號稱有**最平坦**的通帶響應，優點爲能以極小失眞通過訊號幅譜。另一方面，卻比雪夫濾波器藉由容許頻率響應中的漣波，提供比巴特渥斯濾波器快的**滾轉衰減**(roll-off)。卻比雪夫濾波器有兩種型式。第 1 型只在通帶出現**漣波**；而第 2 型比較少用，它只在阻帶出現漣波。明白地說，第 1 型卻比雪夫濾波器在通帶有等量漣波，而在阻帶爲單調(monotonic)函數。增大卻比雪夫濾波器的漣波，會使滾轉衰減更急速(更好)。卻比雪夫響應是這兩個參數的最佳權衡。當漣波設爲零，卻比雪夫濾波器便簡化爲巴特渥斯濾波器。

巴特渥斯及卻比雪夫濾波器的另一個常用的選擇是**橢圓**(elliptic)濾波器，它在通帶和阻帶都有漣波。在用同樣數目的極點下，橢圓濾波器能提供更快的滾轉衰減，但是其代價是通帶和阻帶的漣波。帶通橢圓濾波器的振幅譜示於圖 2.27。要達到相當的滾轉衰減，帶通濾波器的極點須爲低通濾波器的兩倍。

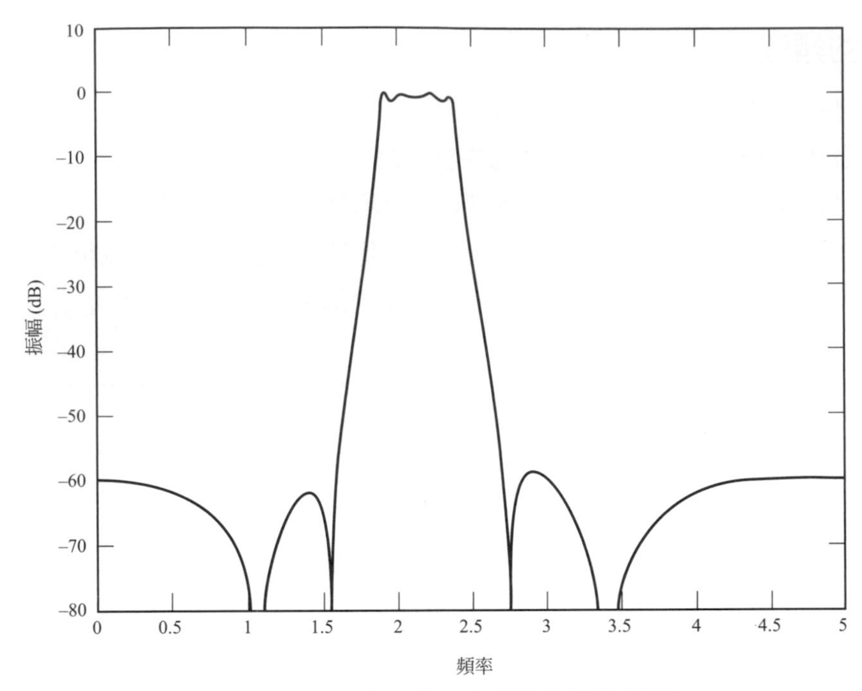

圖 2.27　8 階橢圓帶通濾波器的振幅響應

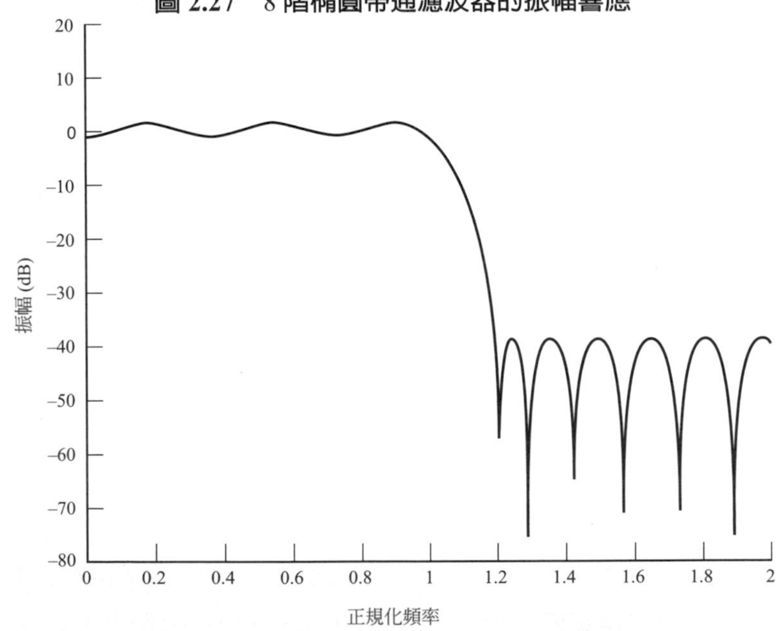

圖 2.28　29-分接 FIR 低通濾波器的振幅響應

在考慮要用巴特渥斯、卻比雪夫、或是橢圓濾波器，需要注意到巴特渥斯是最簡單的，而設計橢圓濾波器的數學式就比較複雜。

另一個濾波方式為**有限脈衝響應**(finite-duration impulse response，FIR)濾波器，它常被用於數位訊號處理。FIR 濾波器就是之前提到的分接延遲線濾波器。這種濾波器的優點是它只有零點；因此本身就是穩定的。一個 FIR 濾波器振幅譜的例子示於圖 2.28。此濾波器以等量漣波方式設計，在通帶和阻帶產生等量的漣波。FIR 濾波器的缺點是如果要達到與其他方式相近的效果，它需要大量的係數(分接器)。

本書並不專門討論濾波器設計，但是前面的例子說明了訊號在從發射端到接收端之間，可能發生的失真。本節已經說明瞭可能由濾波器產生的振幅失真。還有另外一種失真稱為**群體延遲**失真；其觀念將在第 2.11 節討論。

將通訊連結視為濾波器

以上敘述的濾波器，通常是在系統設計者控制下之通訊連結的一部份。除了這些濾波器外，通常通道也表現像是濾波器。發生在無線傳輸的簡單例子像是接收器可能經由兩條路徑收到傳輸訊號：其中一條是發射器與接收器之間的直接路徑，第二條路徑則是由其間的物體反射而來。由於第二條路徑受到反射，其路徑長度(時寬)增加了時間 τ，而且在反射的過程，訊號通常會被衰減 α 倍，並且相位被旋轉 ϕ。這就是**多路徑通道**的例子。此通道脈衝響應的模型為

$$h(t) = \delta(t) + \alpha e^{j\phi}\delta(t-\tau) \tag{2.121}$$

其中右式第一項代表未被影響的直接路徑，第二項則代表反射路徑。這個通道的振幅譜示於圖 2.29 其中 $\alpha = 0.2$，$\phi = 180$ 度，以及 $\tau = 0.2$ 微秒。通道的振幅響應顯示出從直流到 5 MHz 之間緩慢卻明顯的變化。如果在通道中傳輸的訊號頻，與這個變化的速率相比，顯得相對狹窄，例如頻寬為 100kHz 的訊號，那麼訊號只受到一些衰減或增益而已，其失真很小。然而，如果訊號為相對寬頻(例如頻寬大於 3MHz)就會受到嚴重的失真。這就是第一章主題範例中稱之為**頻率選擇**(frequency-selective)通道的例子。

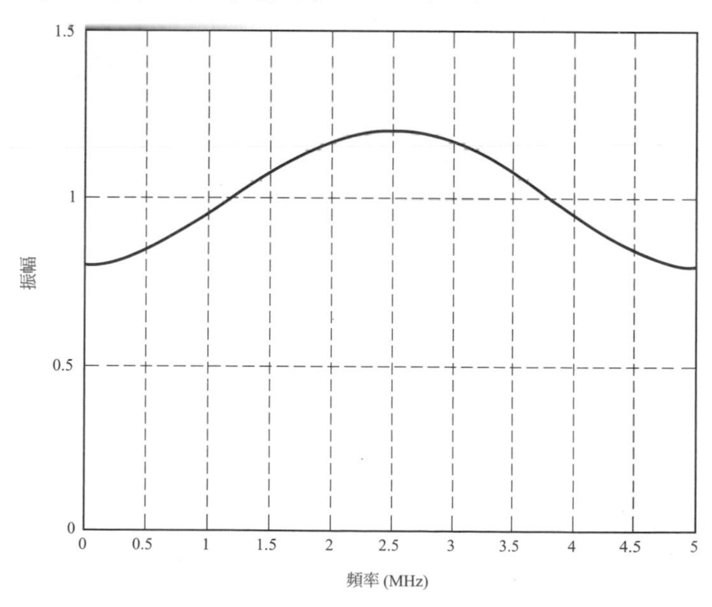

圖 2.29　多路徑通道 $h(t) = \delta(t) + \alpha e^{j\phi}\delta(t-\tau)$ 的振幅響應，$\alpha = 0.2$，$\phi = 180$ **度**，$\tau = 0.2\,\mu s$

2.9 低通及帶通訊號

前一節所討論的，多半是頻率成份集中於原點附近的訊號。我們稱之爲**低通**訊號，因爲它們的非零頻率成份局限於$|f| < W$。利用低通訊號傳輸的通訊稱爲**基頻通訊**。基頻通訊的應用通常侷限於有線裝置。一些傳輸介質(例如無線電波)在基頻並沒有足夠頻譜以供使用。另外有一些傳輸介質則是只能傳導其他頻率，不能傳導基頻訊號(例如光纖)。在這些情況下就要使用**帶通通訊**。幸運的是，基頻系統與帶通系統的設計有許多可以互通，因而可以簡化系統的設計。

什麼是帶通訊號？如果一個訊號 $g(t)$的傅立葉轉換 $G(f)$只有在以正負頻率$\pm f_c$爲中心，總頻寬爲 $2W$ 的範圍內有具體(non-negligible)的值，我們就稱之爲帶通訊號。這種振幅譜示於圖 2.30a。我們稱f_c爲**載波頻率**。我們發現對多數的通訊訊號而言，頻寬 $2W$ 都比f_c小很多，因此稱這樣的訊號爲**窄頻**(narrow-band)訊號。然而，有關訊號頻寬必須要多小，訊號才會被稱爲窄頻，暫時無需討論。

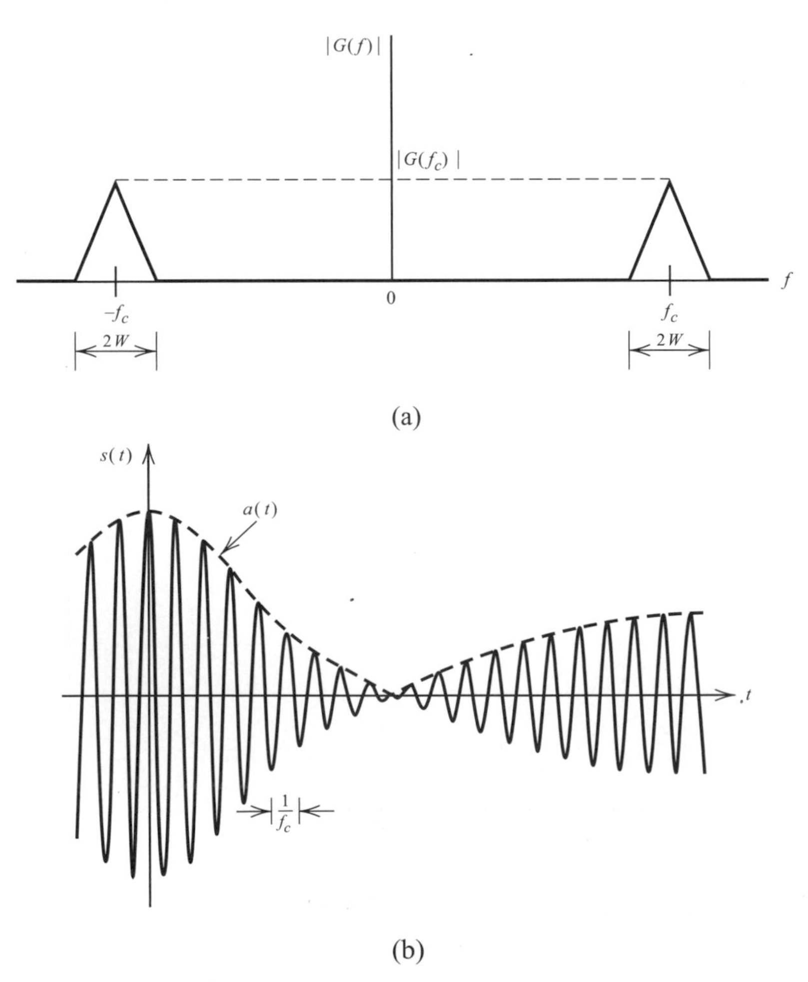

圖 2.30 (a)**帶通訊號的頻譜**；(b)**帶通訊號**

圖 2.30b 以時域呈現了一個帶通訊號。如圖所示，訊號爲頻率接近 f_c，而振幅隨時間而變的弦波。根據這個觀察，一個實數帶通訊號 $g(t)$，如果其頻譜 $G(f)$在 f_c 附近不爲零，則可以表示爲

$$g(t) = a(t)\cos[2\pi f_c t + \phi(t)] \tag{2.122}$$

我們稱 $a(t)$爲帶通訊號 $g(t)$的**波封**，$\phi(t)$爲訊號的**相位**。波封爲非負的。在任何波封穿越零位的點，相位會被調整 180 度以保持波封爲正。式(2.122)表示**振幅調變**與**角度調變**的混合形式，這兩者將在第 3 及 4 章詳細討論。

帶通訊號的相量表示，是在複數平面上一個長度爲 $a(t)$，相位爲 $2\pi f_c t+\phi(t)$的向量，如圖 2.31a 所示。另一方面，利用關係式 $\cos(A + B) = \cos(A)\cos(B) - \sin(A)\sin(B)$，可以展開式(2.122)而得

$$g(t) = g_I(t)\cos(2\pi f_c t) - g_Q(t)\sin(2\pi fct) \tag{2.123}$$

其中

$$g_I(t) = a(t)\cos\phi(t) \quad 及 \quad g_Q(t) = a(t)\sin\phi(t) \tag{2.124}$$

分別稱爲 $g(t)$的**同相**與**正交**成分。式(2.121)稱爲**帶通訊號的典型表示式**(canonical representation)。回到圖 2.31a 的相量圖，由於 $2\pi f_c t$ 表示定速的旋轉，我們可以把它刪除而只留下如圖 2.31b 的相量圖，此相量被分解爲兩個互相正交的成分。這兩個正交成分就是以上定義的同相與正交訊號。

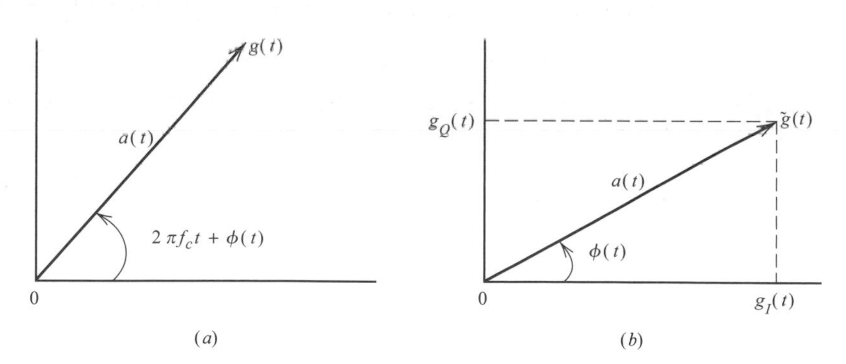

圖 2.31 (a)**帶通訊號** $g(t)$**的相量表示**；(b)**複波封** $\tilde{g}(t)$ **的相量表示**

帶通訊號的兩種表示法，亦即式(2.122)的**波封及相位表示式**，和式(2.123)的**同相**與**正交表示式**，在不同的應用上各有優點。後者與前者的轉換關係式爲

$$a(t) = \sqrt{g_I^2(t) + g_Q^2(t)} \quad 及 \quad \phi(t) = \tan^{-1}\left(\frac{g_Q(t)}{g_I(t)}\right) \tag{2.125}$$

因此，帶通訊號兩個互相正交的成分，都帶有振幅及相位的資訊。要先知道這兩個成分，才能計算出相位 $\phi(t)$。

複基頻表示式

式(2.123)也可以寫爲

$$g(t) = \mathrm{Re}[\tilde{g}(t)\exp(j2\pi f_c t)] \tag{2.126}$$

其中我們定義 $\tilde{g}(t)$ 爲

$$\tilde{g}(t) = g_I(t) + jg_Q(t) \tag{2.127}$$

式子中的 $g_I(t)$和 $g_Q(t)$皆爲實數訊號。在式(2.126)中，Re[ ]表示括弧中數量的實部。由於 $\tilde{g}(t)$ 通常爲複數，因此我們稱 $\tilde{g}(t)$ 爲帶通訊號的**複波封**。此複波封對應於圖 2.31b 的相量，其中定速的相位旋轉 $2\pi f_c t$ 已被刪除。式(2.126)可以展開爲

$$g(t) = \frac{1}{2}[\tilde{g}(t)\exp(j2\pi f_c t) + \tilde{g}^*(t)\exp(-j2\pi f_c t)] \tag{2.128}$$

我們如果用 $\tilde{G}(f)$ 表示 $\tilde{g}(t)$ 的傅立葉轉換，然後利用性質 5(頻率轉移)，那麼帶通訊號的轉換可以寫爲 $\tilde{G}(f)$ 頻移項的總和如下

$$G(f) = \frac{1}{2}[\tilde{G}(f - f_c) + \tilde{G}^*(-f - f_c)] \tag{2.129}$$

因頻譜 $G(f)$非零的部份集中在 f_c 附近，式(2.129)暗示了 $\tilde{G}(f)$ 的非零部份必定集中在原點附近；因此 $\tilde{G}(f)$ 是低通訊號的頻譜。$G(f)$與 $\tilde{G}(f)$ 之間的關係示於圖 2.32b 及 c。

訊號 $g_I(t)$和 $g_Q(t)$實數低通的特性，顯示它們的傅立葉轉換是以原點爲中心對稱，而且只在$|f| < W$ 不爲零，如圖 2.32a 所示。另外，由於帶通訊號是實數訊號，其傅立葉轉換也會對稱於原點。但這並不保證它會對稱於 f_c，如圖 2.32b 所示。根據式(2.129)，一個帶通訊號之複波封 $\tilde{g}(t)$ 的傅立葉轉換，與**低通訊號**之傅立葉轉換有關，如圖 2.32c 所示。

$g_I(t)$與 $g_Q(t)$低通的特性暗示了它們可以利用圖 2.33a 的方法(加上適當的比例調整)，由帶通訊號 $g(t)$導出，圖中兩個低通濾波器是相同的，頻寬各爲 W。我們可以利用圖 2.33b 的方法，由同相及正交成分恢復 $g(t)$。

由以上討論，很顯然的，不管我們是用式(2.123)的同相及正交成分，或是用式(2.122)的波封及相位來表示一個帶通訊號，訊號 $g(t)$的所有資訊內容都可以由複波封 $\tilde{g}(t)$ 呈現。使用複波封 $\tilde{g}(t)$ 來表示帶通訊號，於分析上的特殊優點，就在於把 $2\pi f_c t$ 刪除，其意義在後面幾章會變的明顯。

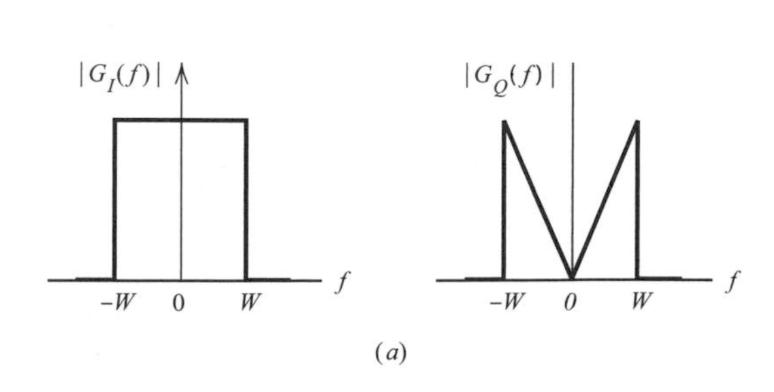

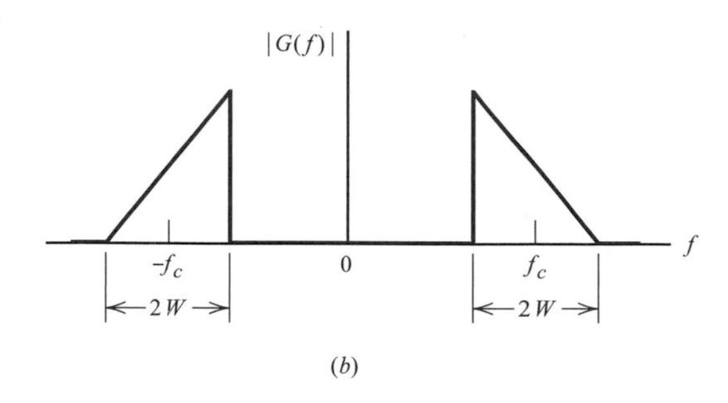

圖 2.32

(a) 同相 $G_I(f)$與正交 $G_Q(f)$成分的頻譜；

(b) 對應的帶通頻譜 $G(f)$；

(c) 複波封頻譜 $\tilde{G}(f)$

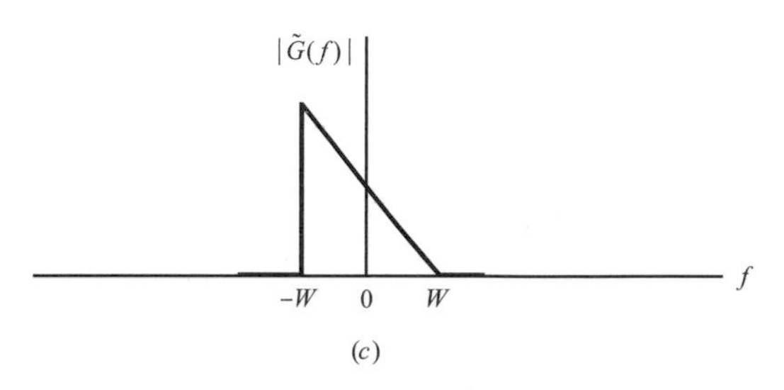

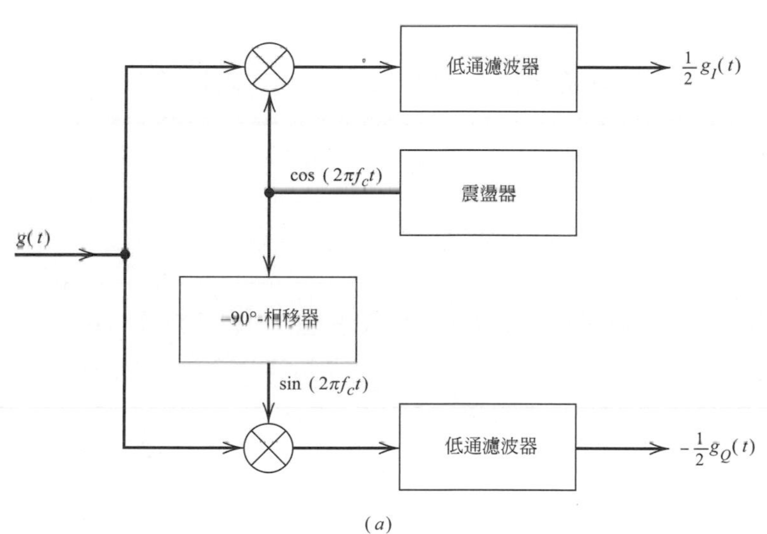

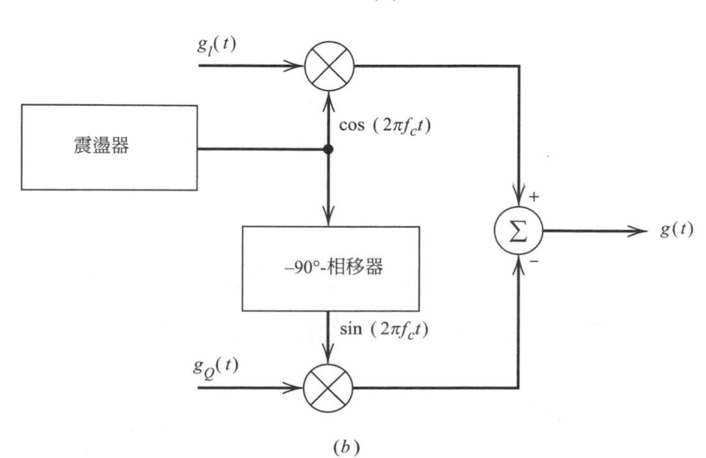

圖 2.33

(a)導出帶通訊號同相與正交成分的方法；

(b)由同相與正交成分恢復帶通訊號的方法

範例 2.14 射頻(RF)脈波(續)

假使我們想要計算以下射頻脈波的複波封

$$g(t) = A\,\mathrm{rect}\left(\frac{t}{T}\right)\cos(2\pi f_c t)$$

假設 $f_c T \gg 1$，因此射頻脈波 $g(t)$可以視爲窄頻。利用複數符號，可以寫爲

$$g(t) = \mathrm{Re}\left[A\,\mathrm{rect}\left(\frac{t}{T}\right)\exp(j2\pi f_c t)\right]$$

由上式，很顯然地其複波封爲

$$\tilde{g}(t) = A\,\mathrm{rect}\left(\frac{t}{T}\right)$$

而其波封等於

$$a(t) = |\tilde{g}(t)| = A\,\mathrm{rect}\left(\frac{t}{T}\right)$$

最後的結果與直覺相符。並請注意在本例中，複波封爲實數，且其值與波封相等。

2.10 帶通系統

對於低通系統，我們有初步的結果：脈衝響應爲 $h(t)$，輸入爲 $x(t)$的線性系統，其輸出 $y(t)$可由以下迴旋積分得到

$$y(t) = \int_{-\infty}^{\infty} x(\tau)h(t-\tau)d\tau \tag{2.130}$$

我們可以利用傅立葉轉換的迴旋性質，在頻域中得到等效的敘述：

$$Y(f) = H(f)X(f) \tag{2.131}$$

其中 $X(f) = F[x(t)]$，$H(f) = F[h(t)]$，以及 $Y(f) = F[y(t)]$。對於基頻通訊，$x(t)$通常表示訊息訊號，而 $h(t)$是傳輸路徑中元件的脈衝響應。類似元件可能是濾波器，也可能是通道特性，比方說是傳輸纜線。

假使 $x(t)$代表一個帶通訊號，而 $h(t)$是傳輸路徑中的濾波器，那麼很顯然的，對線性系統而言，式(2.130)及(2.131)的關係式仍然適用。當 $h(t)$表示帶通濾波器的脈衝響應，對應到式(2.126)的 $g(t)$，可以寫爲

$$h(t) = \mathrm{Re}[\tilde{h}(t)\exp(j2\pi f_c t)] \tag{2.132}$$

其中 $\tilde{h}(t)$ 是帶通濾波器的**複脈衝響應**。這個響應以及其傅立葉轉換可以表示為：

$$\begin{aligned} h(t) &= \frac{1}{2}[\tilde{h}(t)\exp(j2\pi f_c t) + \tilde{h}^*(t)\exp(-j2\pi f_c t)] \\ H(f) &= \frac{1}{2}[\widetilde{H}(f-f_c) + \widetilde{H}^*(f+f_c)] \end{aligned} \tag{2.133}$$

其中我們用到 $\mathrm{Re}[A] = \frac{1}{2}[A + A^*]$。由於 $\widetilde{H}(f)$ 是低通帶限於 $|f| < B$，可得知式中右側第一及第二項分別表示 $H(f)$ 的正頻率及負頻率部分。因此可得

$$\widetilde{H}(f) = \begin{cases} 2H(f-f_c), & f-f_c > 0 \\ 0, & \text{其他處} \end{cases} \tag{2.134}$$

此低通濾波響應是濾波器複脈衝響應的頻域等效式。如果把圖 2.32 的 $G(f)$ 換為 $H(f)$，就可以瞭解這一點。

根據線性性質，輸出 $y(t)$ 也是帶通訊號，因此可以表示成

$$y(t) = \mathrm{Re}[\tilde{y}(t)\exp(j2\pi f_c t)] \tag{2.135}$$

其中 $\tilde{y}(t)$ 是 $y(t)$ 的複波封。對於帶通訊號，式(2.131)可以改寫為

$$\begin{aligned} Y(f) &= H(f)X(f) \\ &= \frac{1}{2}[\widetilde{H}(f-f_c) + \widetilde{H}^*(-f-f_c)] \times \frac{1}{2}[\widetilde{X}(f-f_c) + \widetilde{X}^*(-f-f_c)] \end{aligned} \tag{2.136}$$

其中 $X(f)$ 與 $H(f)$ 的代換分別來自式(2.129)及(2.133)。由於 $\widetilde{H}(f)$ 與 $\widetilde{X}(f)$ 皆為低通，因此

$$\widetilde{H}^*(f-f_c)\widetilde{X}(-f-f_c) = \widetilde{H}(f-f_c)\widetilde{X}^*(-f-f_c) = 0 \tag{2.137}$$

將此結果代入式(2.136)，簡化後可得

$$Y(f) = \frac{1}{2}[\widetilde{Y}(f-f_c) + \widetilde{Y}^*(-f-f_c)] \tag{2.138}$$

其中

$$\widetilde{Y}(f) = \frac{1}{2}\widetilde{H}(f)\widetilde{X}(f) \tag{2.139}$$

對式(2.139)取反傅立葉轉換，得到

$$\tilde{y}(t) = \frac{1}{2}\tilde{h}(t) * \tilde{x}(t) \tag{2.140}$$

也就是說，帶通輸出的複波封，就等於濾波器及輸入複波封的迴旋再乘上 1/2。除了要乘上 1/2 以外，上述結果與低通情況是相同的。

式(2.140)輸出訊號複數表示法的重要性，在於當處理帶通訊號與系統時，我們只需考慮分別代表輸入、響應、以及系統的低通函數 $\tilde{x}(t)$，$\tilde{y}(t)$，和 $\tilde{h}(t)$。也就是說，帶通系統的分析由於必須乘上 $\cos(2\pi f_c t)$及 $\sin(2\pi f_c t)$，顯得相當複雜，但是它可以用等效而且簡單許多的低通系統來取代，同時還能保持原有濾波的精神。此過程方塊圖繪於圖 2.34。

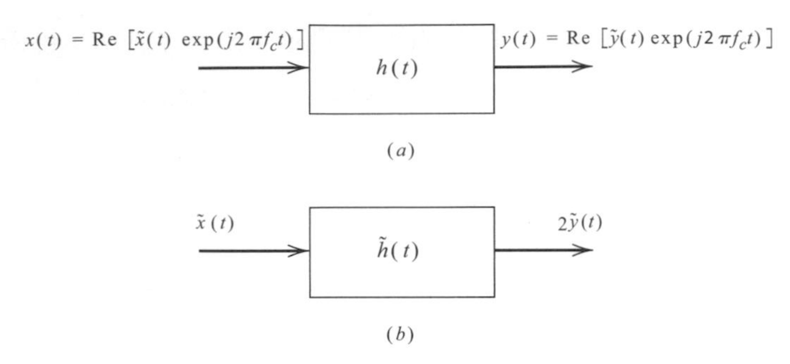

圖 2.34 (a) **窄頻濾波器脈衝響應為** $h(t)$**，輸入窄頻訊號** $x(t)$；
(b) **等效低通濾波器之複脈衝響應為** $\tilde{h}(t)$ **，輸入複低通訊號** $\tilde{x}(t)$

一個(中帶頻率爲 f_c 的)帶通系統，如果輸入(載波頻率爲 f_c 的)帶通訊號，則計算響應的流程可總結如下：

1. 輸入的帶通訊號 $x(t)$用複波封 $\tilde{x}(t)$ 取代，它與 $x(t)$的關係式爲

$$x(t) = \text{Re}[\tilde{x}(t)\exp(j2\pi f_c t)]$$

2. 頻率響應爲 $h(t)$的帶通系統替換爲其低通等效，其複脈衝響應 $\tilde{h}(t)$ 與 $h(t)$的關係爲

$$h(t) = \text{Re}[\tilde{h}(t)\exp(j2\pi f_c t)]$$

3. 輸出帶通訊號 $y(t)$的複波封 $\tilde{y}(t)$ 可以由 $\tilde{h}(t)$ 與 $\tilde{x}(t)$ 迴旋而得，如下式

$$\tilde{y}(t) = \frac{1}{2}\tilde{h}(t) * \tilde{x}(t)$$

4. 最後利用以下關係式可以由複波封 $\tilde{y}(t)$ 得到輸出 $y(t)$

$$y(t) = \text{Re}[\tilde{y}(t)\exp(j2\pi f_c t)]$$

範例 2.15 理想帶通濾波器對射頻脈波的響應

考慮一個中帶頻率爲 f_c 的理想帶通濾波器，其振幅響應帶限於 $f_c-B \le |f| \le f_c+B$，如圖 2.35a 所示，其中 $f_c > B$。爲簡化起見，此處忽略濾波器中的延遲效應，因爲它對濾波器響應的形狀沒有影響。我們想要計算此濾波器對時寬爲 T，載波頻率爲 f_c 之射頻脈波的響應；此脈波定義爲(見圖 2.36a)

$$x(t) = A\,\text{rect}\left(\frac{t}{T}\right)\cos(2\pi f_c t)$$

其中 $f_c T \gg 1$。

保留定義於圖 2.35a 之轉移函數 $H(f)$的正頻率部分，並把它移到原點，可以得到低通等效濾波器的轉移函數 $\widetilde{H}(f)$ 如下(見圖 2.35b)

$$\widetilde{H}(f) = \begin{cases} 2, & -B < f < B \\ 0, & |f| > B \end{cases}$$

本例中的複脈衝響應只有實數成分，亦即

$$\tilde{h}(t) = 4B\,\text{sinc}(2Bt)$$

回顧一下例 2.14，輸入射頻脈波的複波封 $\tilde{x}(t)$ 也是只有實數成分，亦即(見圖 2.36b)

$$\tilde{x}(t) = A\,\text{rect}\left(\frac{t}{T}\right)$$

濾波器輸出的複波封 $\tilde{y}(t)$ 可由 $\tilde{h}(t)$ 與 $\tilde{x}(t)$ 迴旋，然後乘上 1/2 而得。此迴旋運算與例 2.13 討論過之低通濾波運算完全相同。

如例 2.13 所述，這個迴旋並沒有簡單的基本函數解。爲說明方便，圖 2.36 顯示了在時間-頻寬乘積 $BT = 5$ 情況下的模擬響應。

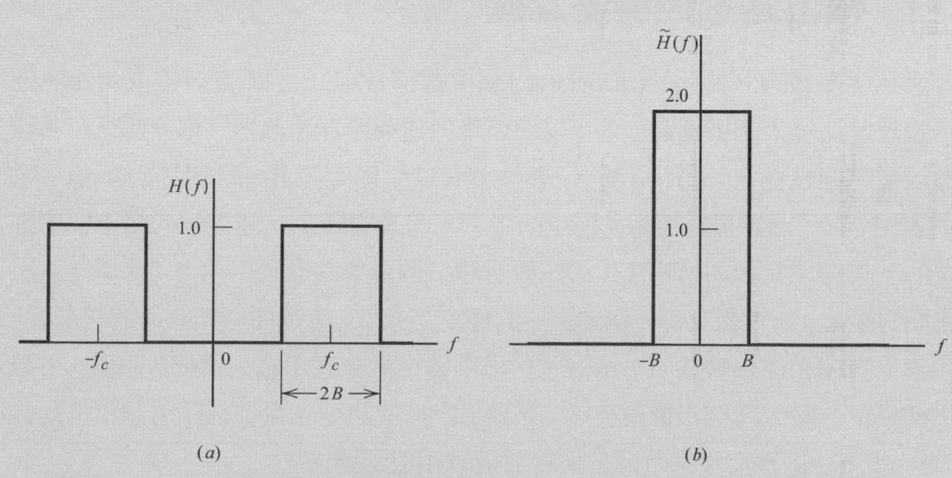

圖 2.35 (a) 理想帶通濾波器的振幅響應 $H(f)$；(b) 對應的複轉移函數 $\widetilde{H}(f)$

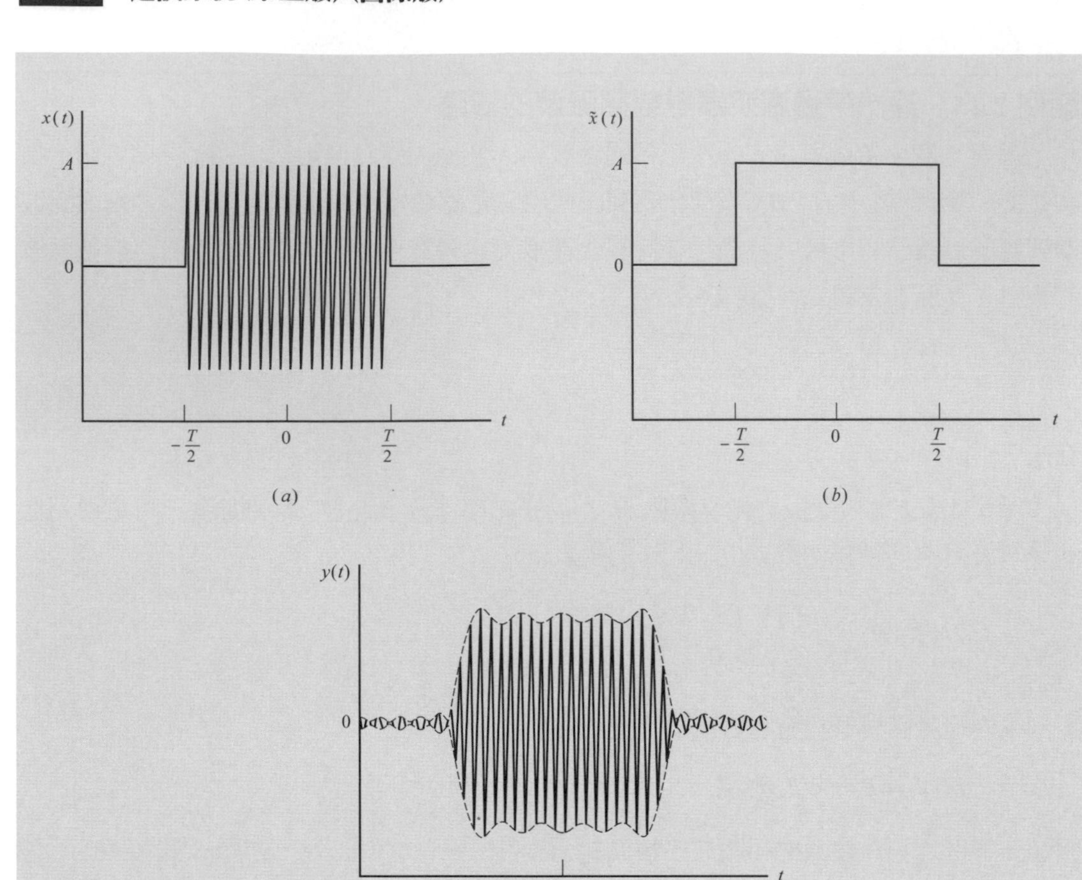

圖 2.36　理想帶通濾波器對射頻脈波輸入的響應。

(a) 射頻脈波輸入 $x(t)$；(b) 射頻脈波的複波封 $\tilde{x}(t)$；(c) 濾波器響應 $y(t)$

2.11 相位延遲與群體延遲

當訊號傳輸經過一個頻散(dispersive)(頻率選擇)裝置，例如濾波器或是通訊通道，輸出訊號總會比輸入訊號**延遲**一些。對於理想低通或帶通濾波器，相位響應在濾波器通帶內會隨頻率**線性**變化，這個情況下，濾波器會產生固定延遲，例如說等於 t_0；事實上，t_0 這個參數控制了濾波器線性相位響應的斜率。可是實際上，濾波器的相位響應通常是非線性的，其結果又會如何呢？本節將要討論這個重要問題。

開始討論之前，先假設有一個頻率 f_c 的穩定正弦波，傳輸通過頻散通道或是濾波器，在該頻率上的總相位移轉爲 $\beta(f_c)$弳度。利用兩個相量來表示輸入與接收訊號，可以看到接收訊號相量比輸入訊號相量落後了 $\beta(f_c)$弳度。接收訊號相量要掃除這個相位落後所需時間等於 $\beta(f_c)/2\pi f_c$ 秒。這個時間就稱爲通道的**相位延遲**。

不過，很重要的一點是相位延遲不盡然就是眞正的訊號延遲。這是由於正弦信號本身並不攜帶資訊，因此不能從以上討論斷言相位延遲就是眞正的訊號延遲。事實上，在後面幾章會看到，資訊只有在對正弦載波進行某種形式的調變後，才能傳送出去。接著假設有一個變化緩慢的訊號被乘上正弦載波，因此產生的被調訊號是由一組很靠近載波的頻率所組成；圖 2.36c 的波形說明了這種被調訊號。當這個被調訊號傳過通道，可以發現在輸入及輸出訊號的波封間有一些延遲。這個延遲稱爲通道的**波封延遲**或**群體延遲**(envelope or group delay)；它代表眞正的訊號延遲。

假設頻散通道的轉移函數爲

$$H(f) = K \exp[j\beta(f)] \tag{2.141}$$

其中幅度 K 是常數，而相位 $\beta(f)$是頻率的非線性函數。窄頻輸入訊號 $x(t)$爲

$$x(t) = m(t)\cos(2\pi f_c t)$$

其中 $m(t)$是低通(攜帶資訊的)訊號，其頻譜帶限於$|f| \le W$。假設 $f_c \gg W$。在 $f = f_c$ 附近展開相位 $\beta(f)$爲泰勒級數(Taylor series)，並只保留前兩項，可以把 $\beta(f)$近似爲

$$\beta(f) \simeq \beta(f_c) + (f - f_c)\left.\frac{\partial\beta(f)}{\partial f}\right|_{f=f_c} \tag{2.142}$$

定義

$$\tau_p = -\frac{\beta(f_c)}{2\pi f_c} \tag{2.143}$$

以及

$$\tau_g = -\frac{1}{2\pi}\left.\frac{\partial\beta(f)}{\partial f}\right|_{f=f_c} \tag{2.144}$$

接著將式(2.142)簡化爲

$$\beta(f) \simeq -2\pi f_c \tau_p - 2\pi(f - f_c)\tau_g \tag{2.145}$$

因此，通道的轉移函數爲

$$H(f) \simeq K \exp[-j2\pi f_c \tau_p - j2\pi(f - f_c)\tau_g]$$

按照第 2.10 節描述的步驟，尤其是利用式(2.134)，我們可以把 $H(f)$用低通濾波器取代，其轉移函數之近似爲

$$\widetilde{H}(f) \simeq 2K \exp(-j2\pi f_c \tau_p - j2\pi f \tau_g)$$

同樣的，輸入窄頻訊號 $x(t)$可以用低通複波封 $\tilde{x}(t)$ 取代，(就目前的問題而言)它等於

$$\tilde{x}(t) = m(t)$$

$\tilde{x}(t)$ 的傅立葉轉換即為

$$\widetilde{X}(f) = M(f)$$

其中 $M(f)$是 $m(t)$的傅立葉轉換。因此，接收訊號之複波封的傅立葉轉換為

$$\begin{aligned}\widetilde{Y}(f) &= \frac{1}{2}\widetilde{H}(f)\widetilde{X}(f) \\ &\simeq K\exp(-j2\pi f_c\tau_p)\exp(-j2\pi f\tau_g)M(f)\end{aligned}$$

我們觀察到當 f_c 及 τ_p 的值固定，因式 $K\exp(-j2\pi f_c\tau_p)$ 為常數。同時，由傅立葉轉換的時間轉移性質，$\exp(-j2\pi f\tau_g)M(f)$代表延遲訊號 $m(t-\tau_g)$的傅立葉轉換。所以，接收訊號的複波封為

$$\tilde{y}(t) \simeq K\exp(-j2\pi f_c\tau_p)m(t-\tau_g)$$

最後，可得到接收訊號本身為

$$\begin{aligned}y(t) &= \mathrm{Re}[\tilde{y}(t)\exp(j2\pi f_c t)] \\ &= Km(t-\tau_g)\cos[2\pi f_c(t-\tau_p)]\end{aligned} \qquad (2.146)$$

式(2.146)說明了在通道傳輸會產生兩種延遲：

1. 正弦載波 $\cos(2\pi f_c t)$延遲了 τ_p 秒；因此 τ_p 代表**相位延遲**。有時候，τ_p 也被稱為**載波延遲**。
2. 波封 $m(t)$延遲了 τ_g 秒；因此，τ_g 代表**波封延遲**，或是**群體延遲**。

注意到 τ_g 與相位 $\beta(f)$在 $f=f_c$ 處的斜率有關，如式(2.144)所示。同時，當 $\beta(f)$隨頻率線性變化時，訊號被延遲，但是沒有失真。當這個線性條件不存在，就會有群體延遲失真。

2.12 資訊源

通訊系統支援包括語音、音樂、電視、視訊、傳真、及個人電腦等多種資訊源。它們有些本質上是類比的，其資訊是時間的連續函數，例如圖 2.37 所示。語音是類比訊號源的最佳例子。接下來，我們用函數 $m(t)$來代表類比波形。

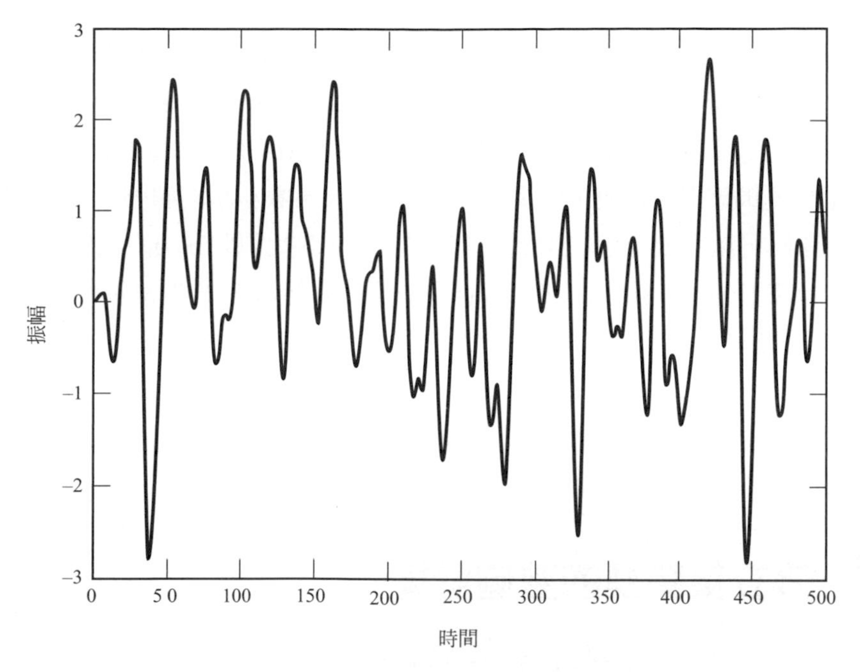

圖 2.37 類比資訊源波形的例子

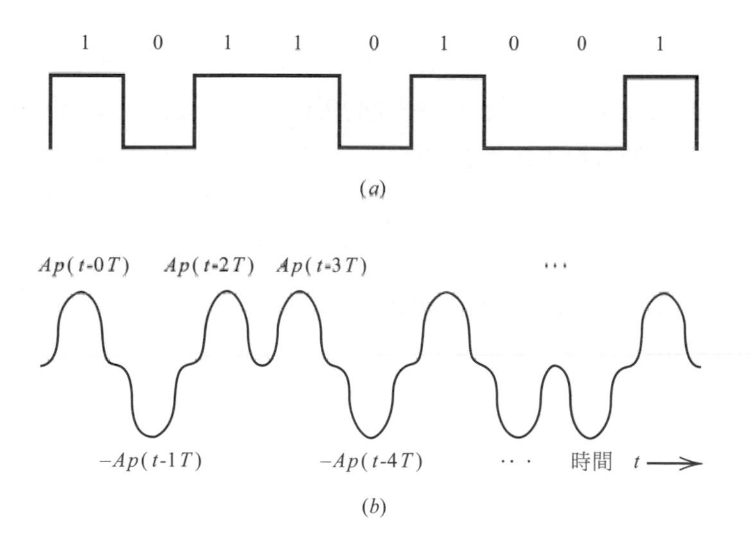

圖 2.38 隨機二元電波：(a) 矩形脈波波形；(b) 非矩形脈波波形

部分訊號源本質是數位的，訊息可以很容易表示成一連串 0 與 1。個人電腦是數位訊號源的最佳例子。數位訊號的基本精神是如圖 2.38a 所示的隨機二元電波。這個數位元訊號由一序列幅度爲 0 或 1 的矩型脈波組成，分別對應到位元爲邏輯「0」或邏輯「1」。我們可以寫出此數位波形的數學式

$$g(t)=\sum_{k=0}^{K} b_k p(t-kT) \tag{2.147}$$

式子中的 $p(t)$代表脈波波形，可以是矩形或其他形式。參數 $t-kT$ 將脈波的中心轉移了 kT，其中 T 是單一脈波的時寬。時間的轉移示於圖 2.38b。係數 b_k 表示第 k 個資料位元。根據不同的應用，係數 b_k 的值可為 0 與 1，±1，$\pm A$。$g(t)$的表示式用數學描述了對應到一序列 K 個位元的波形。即使是代表一串位元$\{b_k\}$，函數 $g(t)$本身是類比的波形。

因此，任何可以用於像是來自於聲音或視訊源之類比訊號 $m(t)$的調變技術，也都可以應用於數位波形 $g(t)$。通常類比波形 $m(t)$多少都帶有隨機(亦即無法預測)的本質。數位波形 $g(t)$含有可預期的成分 $p(t)$以及隨機成分 b_k，因此也是帶有隨機的本質。這就是我們在前言中提到所有調變皆為類比的意思。會被區分為類比或數位的是訊號源。

一般而言，幾乎所有類比資訊源近來都已用數位元方式呈現。不過讀者不要被這項觀察所誤導。不管資訊源是類比或數位，調變本身就是類比的。

2.13 傅立葉轉換的數值計算

本章呈現的內容清楚地說明了傅立葉轉換的重要性，它是用來表示確定訊號以及線性非時變系統的理論工具。有一種稱為快速傅立葉轉換[6]的演算法，可以用極高效率完成傅立葉轉換的數值計算，這使得傅立葉轉換的重要性更為加強。

快速傅立葉轉換源於離散傅立葉轉換，顧名思義，所謂離散就是時間及頻率都以離散形式表示。離散傅立葉轉換是傅立葉轉換的**近似**。為了要適當呈現原始訊號的資訊，在離散傅立葉轉換中的取樣運算就必須要小心處理。有關取樣的細節將在第 5 章討論。目前只需要說對一個已知的帶限訊號，取樣速率必須大於輸入訊號最高頻率成分的兩倍。另外，如果取樣之間隔固定為 T_s 秒，訊號頻譜就變成週期性，在每 $f_s=(1/T_s)$赫重複一次。令 N 表示包含在一段間隔 f_s 內的頻率取樣數。於是，傅立葉轉換數值計算的**頻率解析度**可以定義為

$$\Delta f=\frac{f_s}{N}-\frac{1}{NT_s}=\frac{1}{T} \tag{2.148}$$

其中 T 為訊號的總時寬。

接著考慮一組**有限資料序列**$\{g_0, g_1, \ldots, g_{N-1}\}$。為簡化符號，我們稱之為 g_n，其下標 $n=0, 1, \ldots, N-1$ 代表**時間**。這個序列可以代表對**類比訊號** $g(t)$在時間 $t=0$，T_s，…，$(N-1)T_s$ 取樣的結果，其中 T_s 是取樣間隔。資料串的順序代表取樣時間，g_0，g_1，…，g_{N-1} 即為 $g(t)$分別在時間 0，T_s，…，$(N-1)T_s$ 的取樣。因此

$$g_n=g(nT_s) \tag{2.149}$$

序列 g_n 的**離散傅立葉轉換**(discrete Fourier transform，DFT)正式定義為

$$G_k=\sum_{n=0}^{N-1} g_n \exp\left(-\frac{j2\pi}{N}kn\right) \qquad k=0, 1, \ldots, N-1 \tag{2.150}$$

序列$\{G_0，G_1，...，G_{N-1}\}$稱爲**轉換序列**。爲簡化符號，我們稱此序列爲 G_k，其下標 $k = 0$，1，...，$N - 1$ 代表**頻率**。相對的，定義 G_k的**反離散傅立葉轉換**(IDFT)爲

$$g_n = \frac{1}{N}\sum_{k=0}^{N-1} G_k \exp\left(\frac{j2\pi}{N}kn\right) \qquad n = 0, 1, \ldots, N-1 \tag{2.151}$$

DFT 與 IDFT 形成一組轉換對。明白地說，對於已知序列 g_n，我們可以利用 DFT 計算其轉換序列 G_k；而對於已知的轉換序列 G_k，我們可利用 IDFT 恢復原始資料序列 g_n。

DFT 的特點是對於式(2.150)及(2.151)的有限項和而言，它一定會收斂。

在討論 DFT(以及計算的演算法)時，「取樣」和「點」這兩個詞會被交互用來稱呼序列中的數值。同時，通常稱長度爲 N 的序列爲 ***N*-點序列**，並稱此長度爲 N 之序列的 DFT 爲 ***N*-點 DFT**。

DFT 與 IDFT 的解析

對於式(2.150)提到的 DFT 運算，我們可以把它視爲 N 個**複數頻移**與**平均**運算的組合，如圖 2.39a 所示。我們稱**頻移**爲複數的意思，是指資料序列的取樣值被乘上**複指數序列**。總共會用到 N 個複指數序列，對應到頻率指標 $k = 0$，1，...，N–1。它們週期的選擇，是要讓每一組複指數序列在整個區間 0 到 $N - 1$ 之內，都正好有整數個循環。對應到 $k = 0$ 的零頻率響應是唯一的例外。

我們可以用圖 2.39b 來說明式(2.151)描述的 IDFT 運算。圖中有 N 個**複數產生器**，每一個都產生一組複數序列：

$$\begin{aligned}\exp\left[\frac{j2\pi}{N}kn\right] &= \cos\left(\frac{2\pi}{N}kn\right) + j\sin\left(\frac{2\pi}{N}kn\right)\\ &= \left\{\cos\left(\frac{2\pi}{N}kn\right), \sin\left(\frac{2\pi}{N}kn\right)\right\}\end{aligned} \tag{2.152}$$

其中 $k = 0$，1，...，N–1。

因此，每一個複數產生器事實上是由一對產生器組成，它們各自輸出一組在每段觀察期間有 k 個循環的餘弦及正弦序列。每個複數產生器的輸出會被乘上複數傅立葉係數 G_k。在每一個時間 n，把這些加權過的複數產生器輸出加起來，就得到總輸出。

同時，如圖 2.39a 及 2.39b 所示之互爲諧波之週期性訊號的相加，提示了它們的輸出 G_k與 g_n必定是週期性的。另外，圖 2.39a 及 2.39b 的運算是線性的，這表示 DFT 和 IDFT 都是線性運算。這個重要性質也可以從(2.150)與(2.151)兩個定義式明顯地看到。

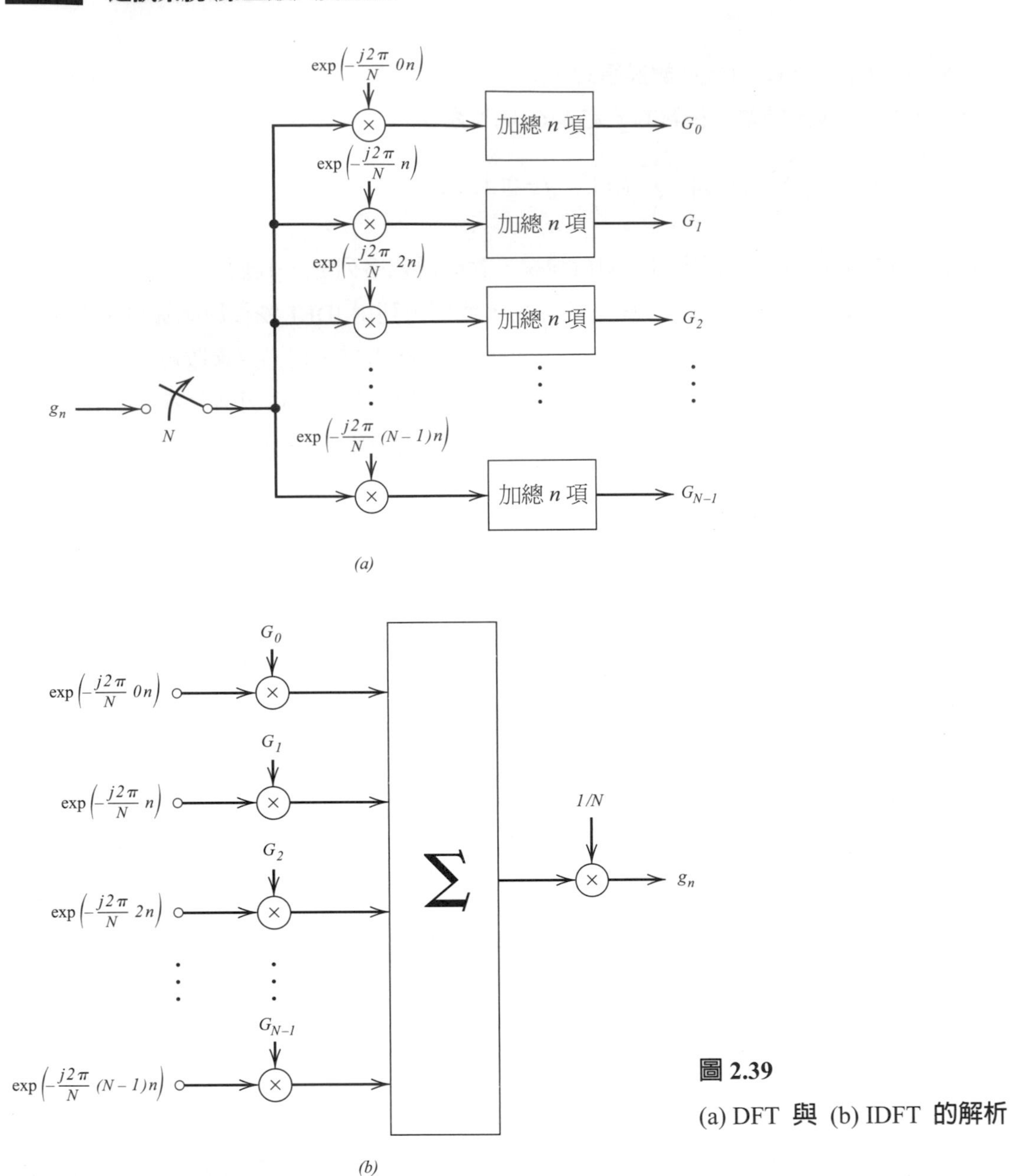

圖 2.39

(a) DFT **與** (b) IDFT **的解析**

快速傅立葉轉換演算法

離散傅立葉轉換(DFT)中，輸入與輸出序列分別由一組定義於固定間隔之時間與頻率的數值組成。這個特性使得 DFT 完全適合於電腦上作數值運算。此外，利用一種稱爲**快速傅立葉轉換**(FFT)的演算法可以讓計算更有效率。這個演算法被稱爲可以寫爲電腦程式形式的「秘訣」。

FFT 演算法之所以有效率，是因爲它比 DFT 的直接計算減少了大量的代數運算。基本上，FFT 演算法是利用「各個擊破(divide and conquer)」方法來獲取計算效率，其原始的 DFT 計算被分解成連續小段的 DFT 計算。

有關 FFT 演算法處理的細節，可以在任何一本數位訊號處理[6]的書中查到。

2.14 主題範例─無線區域網路的通道估測

用來在無線區域網路(WLANs)上傳輸資料的調變標準之一，稱為 IEEE 802.11a。這個標準同時也構成常用之 IEEE 802.11g 標準的一部分。無線網路常遇到多路徑(multipath)的問題，它來自於接收到同一個訊號的多方反射，這在第 2.8 節討論過。有效接收器設計的關鍵之一就在於估測通道對訊號的影響。用於 802.11a 標準的通道估測技術，即以本章談過的各種觀念為基礎。

在很多系統中，是以傳送一組已知訊號，或稱為**訓練序列**來估測通道。在接收器中，會計算通道對訓練序列的影響。接著，在認識通道以後，接收器就對訊號其餘部分對通道效應做補償。對這個 WLAN 系統而言，在頻域中會比較容易理解訓練序列的觀念。尤其訓練序列是由一串在頻域中的單位脈衝組成，如圖 2.40a 所示。如果這個訊號通過如圖 2.40b 頻率響應的通道，則接收器檢測到的脈衝串，在幅度(以及相位)被通道改變後就如圖 2.40c 所示。

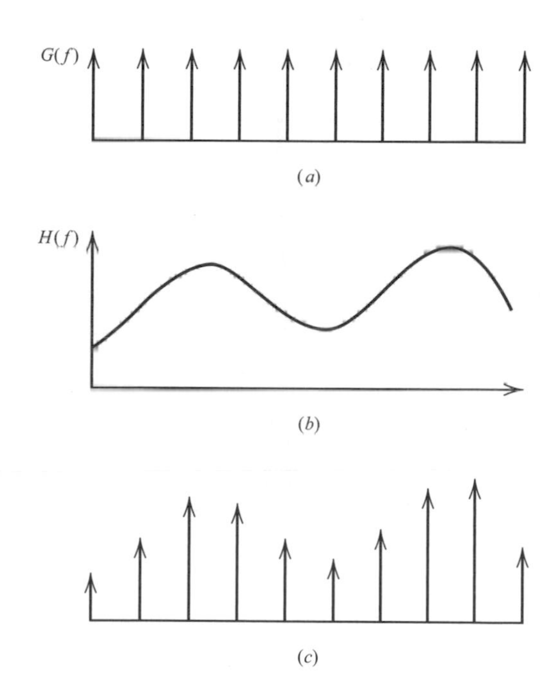

圖 2.40　用頻域的脈衝函數串進行通道估測：

(a) **頻域中的訓練序列**；(b) **通道頻率回應**；(c) **通道的估測**

如果在頻域中脈衝之間的間隔夠接近，那麼就應該足以提供良好的通道特性估測。接著我們考慮這種通道估測法實際上要如何實現。

圖 2.40 的脈衝串代表在頻域中對訊號的取樣；因此，它就是在第 2.13 節提到的數位訊號處理。尤其是對 WLAN 的例子而言，脈衝序列在頻域並沒有延伸到無窮大，而只是在訊號頻寬範圍，大約是±10MHz 內。因此，我們可以用取樣來表示

$$G_k = G(kf_s)$$

這個頻域的方程式與式(2.149)對等，其中 f_s 是脈衝之間的頻率間隔。因此，利用式(2.177)的**反離散傅立葉轉換**(DFT)，我們可以計算頻率脈衝串的時域等效式。相對的訊號時域取樣為

$$g_n = \frac{1}{N}\sum_{k=0}^{N-1} G_k \exp\left(\frac{j2\pi}{N}kn\right) \qquad n = 0,\ldots, N-1$$

因此，圖 2.40a 的輸入序列中，對所有 k 之 G_k 皆為 1，而訓練序列取樣的時域表示式為

$$g_n = \frac{1}{N}\sum_{k=0}^{N-1} \exp\left(\frac{j2\pi}{N}kn\right) \qquad n = 0,\ldots, N-1$$

我們討論的 WLAN 用了 $N = 64$ 個脈衝函數來展開±10MHz 範圍，因此脈衝函數在頻域的間隔為 312.5kHz。就應用而言，這個間隔對估測大部分的通道變化，都能提供足夠的解析度。我們能證明在頻域中的脈衝串，其反 DFT 在時域是一個單位脈衝(參考習題 2.23)。當單位脈衝被帶限於 20MHz 的頻寬，時域訓練序列結果就如圖 2.41 所示。

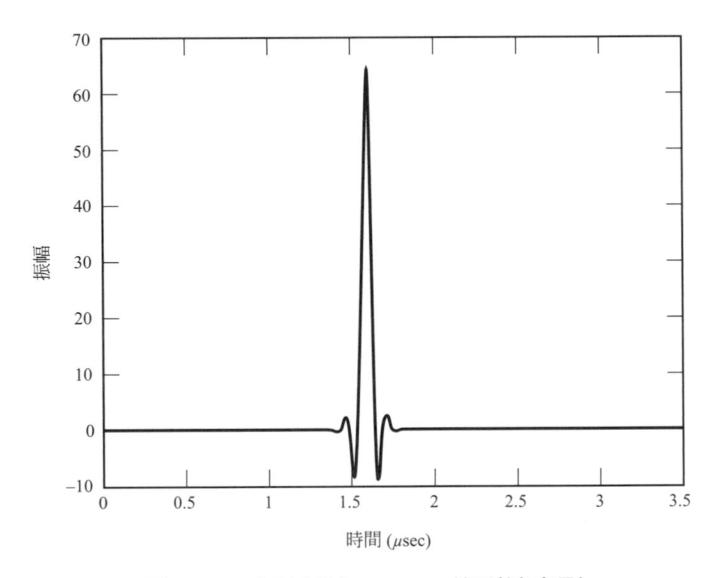

圖 2.41　在時域中 WLAN 的訓練序列

因此，如果圖 2.40b 的通道頻率響應在取樣點用係數 $H_k = H(kf_s)$表示，然後令$\{R_k\}$代表接收訓練序列的 DFT，可得

$$\begin{aligned} R_k &= H_k G_k \\ &= H_k \end{aligned} \qquad k = 0,\ldots, N-1$$

這就是通道頻率響應的直接估測。我們可以由此推演出圖 2.42 通道估測與補償的處理方式。在圖中，接收訊號分割為每個區塊含 $N = 64$ 個取樣點進行處理。如果這 64 個取樣點對應到訓練序列，則對此區塊取 64-點 DFT 可得到通道估測$\{R_k\}$。如果這 64 個取樣點對應到資料，則對此區塊取 DFT，然後乘上由訓練序列得到之通道估測的倒數，就可有效抵銷通道的影響。然後對補償過的訊號取反 DFT 及可轉變回時域訊號。

這種通道補償是**等化**的形式之一，在後面的章節會有詳細討論。只把通道逆轉的補償技術，通常並**不是**最有效的等化方式。然而，對於 IEEE802.11a 選用的調變方式而言，它算是特別有效的。

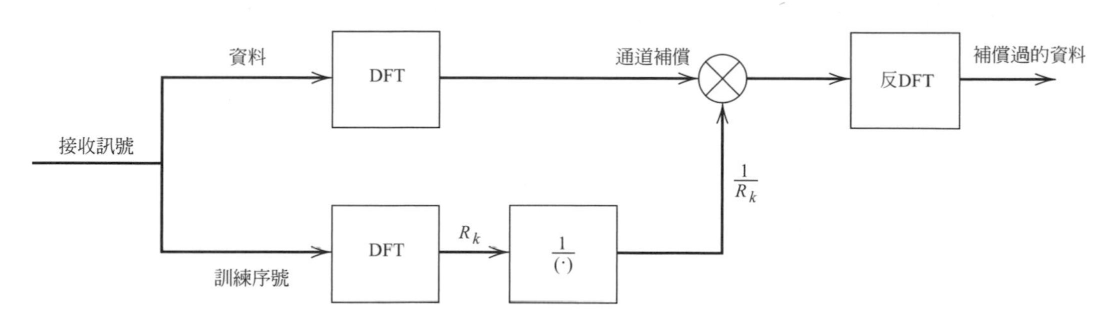

圖 2.42 利用頻域中一組脈衝當作訓練序列之通道補償技術的方塊圖

2.15 總結與討論

這一章敘述了傅立葉轉換，它是與確定訊號之時域及頻域表示式有關的基本數學工具。我們討論的訊號可以是能量訊號或功率訊號。所謂**能量訊號**意謂其能量爲有限；而**功率訊號**的定義則與之類似。如果容許使用狄瑞克-得他函數，指數傅立葉級數就可視爲傅立葉轉換的特例。

訊號的時域與頻域存在相反的關係。任何時候對訊號在時域所作的操作，都會在頻域上對訊號頻譜造成相對的改變。這個相反關係的重要結果，就是訊號的時間-頻寬乘積爲常數；訊號時寬與頻寬的定義只會影響這個常數值而已。

線性濾波是通訊系統中常見的重要訊號處理運算。它是輸入訊號與濾波器脈衝響應的迴旋運算，或者，也等於輸入訊號的傅立葉轉換乘以濾波器的轉移函數(亦即，脈衝響應的傅立葉轉換)。低通與帶通濾波器是兩種常見的濾波器。帶通濾波器通常比低通濾波器複雜。

本章得到的主要結果是將帶通訊號表示爲複基頻等效形式。在諸多例子中，複基頻形式對帶通通訊系統的分析與模擬都有所簡化。它也是數位訊號處理技術應用於通訊系統時的重要工具。

本章最後是討論離散傅立葉轉換以及其數值計算。基本上，離散傅立葉轉換是由對標準傅立葉轉換的輸入與輸出做均勻取樣而得。快速傅立葉轉換演算法提供了一個能在電腦上迅速實現離散傅立葉轉換的實用工具。這使得快速傅立葉轉換演算法成爲頻譜分析以及線性濾波的有效計算工具。

註解及參考文獻 Notes and References

[1] 佈雷斯威(Bracewell，1986)與錢彭尼(Champeney，1973)的合著提供了傅立葉轉換的處理細節，其討論著重於該主題的物理角度。

[2] 如果時間函數 $g(t)$滿足其能量 $\int_{-\infty}^{\infty}|g(t)|^2\,dt$ 有定義而且是有限的，那麼函數 $g(t)$的傅立葉轉換 $G(f)$存在，而且

$$\lim_{A\to\infty}\left[\int_{-\infty}^{\infty}\left|g(t)-\int_{-A}^{A}G(f)\exp(j2\pi ft)\right|^2 dt\right]=0$$

這個結果稱為**普蘭契瑞定理**(Plancherel's theorem)。

[3] 能量強度$|g(t)|^2$ 以及能量譜密度 $\varepsilon_g(f)=|G(f)|^2$ 並非總能夠完全呈現訊號 $g(t)$的能量成分。尤其是當訊號的頻譜特性隨時間而變(例如語音訊號)。這種訊號通常稱為**時變**訊號或**不確定**訊號。我們無法用標準的傅立葉轉換對這類重要的訊號做準確的頻譜分析。而是必須用**時間-頻率分析**來處理；參考例如科罕(Cohen，1995)的著作。

[4] 得它函數的符號 $\delta(t)$最早是由狄瑞克(Dirac)引用於量子力學。這個符號目前已普遍用於訊號處理的文獻。有關得他函數的細節討論，參考佈雷斯威(Bracewell，1986，第 5 章)以及帕普勒斯(Papoulis，1984)的著作。

[5] 有關培力-威納準則的討論，參考帕普勒斯(Papoulis，1984)。

[6] 快速傅立葉轉換(FFT)演算法是因庫利及圖凱(Cooley 及 Tukey，1965)的論文而獲得重視。有關 FFT 演算法的討論，參考歐彭罕、薛福、與巴克的著作(Oppenheim，Schafer，及 Buck，1999，第 9 章)以及黑肯與凡文的書(Haykin 及 Van Veen，2005)。有關 FFT 演算法如何用來執行線性濾波的討論，參考由普瑞思等人(Press et al)的著作《C++數值密笈》(*Numerical Recipes in C++*)。(2002)。

❖本章習題 Problems

2.1 **(a)** 計算圖 P2.1a 之半餘弦脈波的傅立葉轉換。

(b) 對(a)小題的結果使用時間轉移性質，計算圖 P2.1b 之半正弦脈波的傅立葉轉換。

(c) 時寬等於 aT 之半正弦脈波的傅立葉轉換爲何？

(d) 圖 P2.1c 之負半正弦脈波的傅立葉轉換爲何？

(e) 計算圖 P2.1d 之單一正弦脈波的傅立葉轉換。

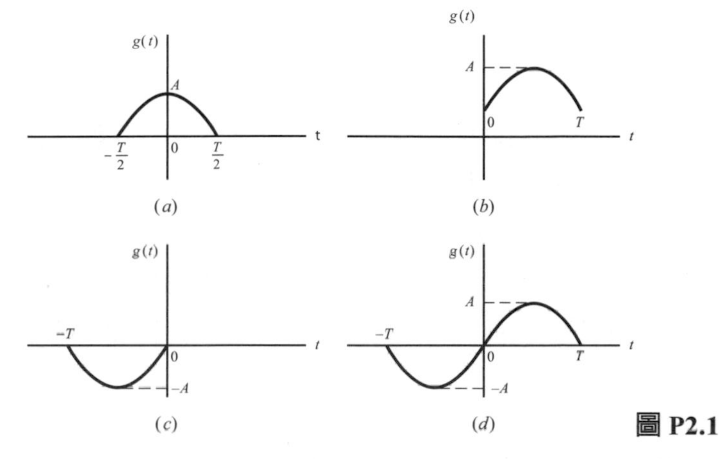

圖 P2.1

2.2 計算以下衰減正弦波的傅立葉轉換。

$$g(t) = \exp(-t)\sin(2\pi f_c t)u(t)$$

其中 $u(t)$爲單位步級函數。

2.3 任何函數 $g(t)$都能明確的分解成**偶部**和**奇部**，如下式

$$g(t) = g_e(t) + g_o(t)$$

其偶部定義爲

$$g_e(t) = \frac{1}{2}[g(t) + g(-t)]$$

以及奇部定義爲

$$g_o(t) = \frac{1}{2}[g(t) - g(-t)]$$

(a) 計算以下矩形脈波的偶部和奇部

$$g(t) = A\,\mathrm{rect}\left(\frac{t}{T} - \frac{1}{2}\right)$$

(b) 這兩個部份的傅立葉轉換各爲何？

2.4 對振幅譜及相位譜示於圖 P2.4 的函數 $G(f)$計算其反傅立葉轉換。

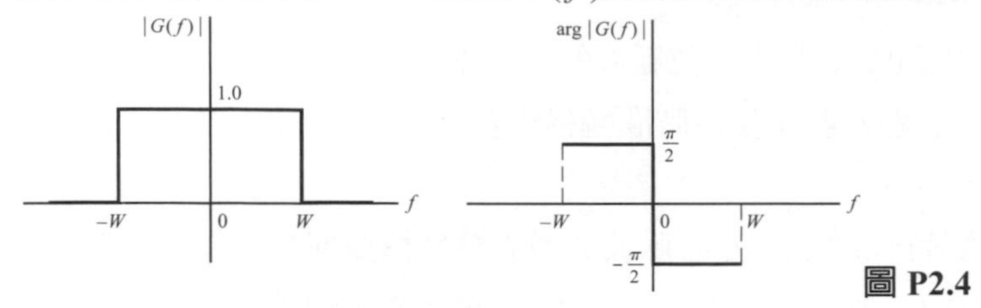

圖 P2.4

2.5 下式可以視爲一個上升時間有限之脈波的近似式：

$$g(t)=\frac{1}{\tau}\int_{t-T}^{t+T}\exp\left(-\frac{\pi u^2}{\tau^2}\right)du$$

其中假設 $T>>\tau$。計算 $g(t)$的傅立葉轉換。當 τ 變成 0，此轉換有何改變？**提示**：將 $g(t)$表示成兩個訊號的和，其中一個是從 $t-T$ 到 0 的積分，另一個是從 0 到 $t+T$。

2.6 訊號 $g(t)$的傅立葉轉換寫爲 $G(f)$。證明以下的傅立葉轉換性質：

(a) 如果實數訊號 $g(t)$是時間 t 的偶函數，其傅立葉轉換 $G(f)$爲純實數。如果實數訊號 $g(t)$是時間 t 的奇函數，其傅立葉轉換 $G(f)$爲純虛數。

(b)

$$t^n g(t) \rightleftharpoons \left(\frac{j}{2\pi}\right)^n G^{(n)}(f)$$

其中 $G^{(n)}(f)$是 $G(f)$對 f 的 n 次導函數。

(c) $\int_{-\infty}^{\infty} t^n g(t)dt=\left(\frac{j}{2\pi}\right)^n G^{(n)}(0)$

(d) $g_1(t)g_2^*(t) \rightleftharpoons \int_{-\infty}^{\infty} G_1(\lambda)G_2^*(\lambda-f)d\lambda$

(e) $\int_{-\infty}^{\infty} g_1(t)g_2^*(t)dt=\int_{-\infty}^{\infty} G_1(f)G_2^*(f)df$

2.7 訊號 $g(t)$的傅立葉轉換 $G(f)$滿足以下三個不等式：

$$|G(f)|\le\int_{-\infty}^{\infty}|g(t)|dt$$

$$|j2\pi fG(f)|\le\int_{-\infty}^{\infty}\left|\frac{dg(t)}{dt}\right|dt$$

以及

$$|(j2\pi f)^2G(f)|\le\int_{-\infty}^{\infty}\left|\frac{d^2g(t)}{dt^2}\right|dt$$

其中假設 $g(t)$的一次及二次導函數都存在。

對圖 P2.7 的三角形脈波寫出這三個不等式，並與脈波眞正的振幅譜做比較。

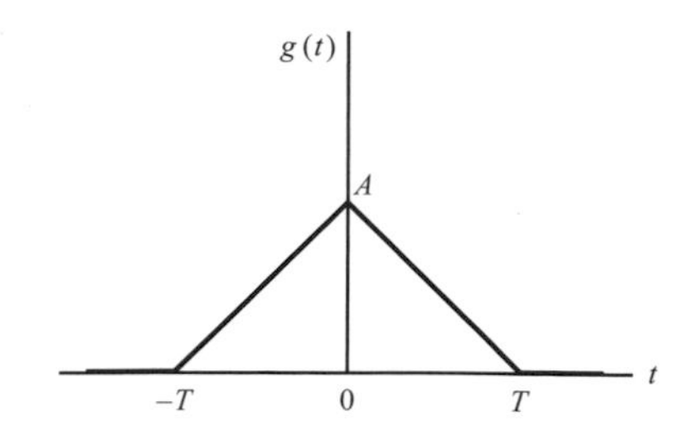

圖 P2.7

2.8 證明以下迴旋運算的性質：

(a) 交換性：

$$g_1(t) \star g_2(t) = g_2(t) \star g_1(t)$$

(b) 結合性：

$$g_1(t) \star [g_2(t) \star g_3(t)] = [g_1(t) \star g_2(t)] \star g_3(t)$$

(c) 分配性：

$$g_1(t) \star [g_2(t) + g_3(t)] = g_1(t) \star g_2(t) + g_1(t) \star g_3(t)$$

2.9 考慮兩個訊號 $g_1(t)$與 $g_2(t)$的迴旋。證明

(a) $\dfrac{d}{dt}[g_1(t) \star g_2(t)] = \left[\dfrac{d}{dt} g_1(t)\right] \star g_2(t)$

(b) $\int_{-\infty}^{t} [g_1(\tau) \star g_2(\tau)] d\tau = \left[\int_{-\infty}^{t} g_1(\tau) d\tau\right] \star g_2(t)$

2.10 一個能量有限的訊號 $x(t)$輸入到平方器，其輸出 $y(t)$為

$$y(t) = x^2(t)$$

$x(t)$的頻譜帶限於頻帶 $-W \le f \le W$。證明 $y(t)$的頻譜帶限於 $-2W \le f \le 2W$。**提示：**將 $y(t)$表示成 $x(t)$與自己相乘。

2.11 將得他函數視為以下脈波之極限形式，計算其傅立葉轉換：(1) 面積為 1 的矩形脈波，以及(2) 面積為 1 的 sinc 脈波。

2.12 訊號 $g(t)$的傅立葉轉換 $G(f)$定義為

$$G(f) = \begin{cases} 1, & f > 0 \\ \dfrac{1}{2}, & f = 0 \\ 0, & f < 0 \end{cases}$$

計算訊號 $g(t)$。

2.13 證明圖 P2.1(a)及(b)中兩個不同的脈波，有相同的能量譜密度：

$$\varepsilon_g(f) = \frac{4A^2T^2\cos^2(\pi T f)}{\pi^2(4T^2f^2-1)^2}$$

2.14 **(a)** 能量有限之低通訊號 $g(t)$的**均方根(rms)頻寬**定義爲

$$W_{\text{rms}} = \left(\frac{\int_{-\infty}^{\infty} f^2 |G(f)|^2 \, df}{\int_{-\infty}^{\infty} |G(f)|^2 \, df} \right)^{1/2}$$

其中$|G(f)|^2$是訊號的能量譜密度。相對於此，訊號的**均方根(rms)時寬**定義爲

$$T_{\text{rms}} = \left(\frac{\int_{-\infty}^{\infty} t^2 |g(t)|^2 \, dt}{\int_{-\infty}^{\infty} |g(t)|^2 \, dt} \right)^{1/2}$$

利用這些定義證明

$$T_{\text{rms}} W_{\text{rms}} \geq \frac{1}{4\pi}$$

其中假設當$|t| \to \infty$，$|g(t)| \to 0$ 比 $1/\sqrt{|t|}$ 快。

(b) 考慮高斯脈波

$$g(t) = \exp(-\pi t^2)$$

對這個訊號證明

$$T_{\text{rms}} W_{\text{rms}} \equiv \frac{1}{4\pi}$$

等式可以成立。

提示：使用席瓦子不等式(Schwarz's inequality)：

$$\left\{ \int_{-\infty}^{\infty} [g_1^*(t) g_2(t) + g_1(t) g_2^*(t)] dt \right\}^2 \leq 4 \int_{-\infty}^{\infty} |g_1(t)|^2 \, dt \times \int_{-\infty}^{\infty} |g_2(t)|^2 \, dt$$

其中我們令

$$g_1(t) = t g(t) \quad \text{以及} \quad g_2(t) = \frac{dg(t)}{dt}$$

2.15 令 $x(t)$與 $y(t)$爲線性非時變濾波器的輸入與輸出。利用雷利能量定理證明如果濾波器爲穩定，而且輸入訊號 $x(t)$之能量有限，則輸出訊號 $y(t)$之能量亦爲有限。也就是，已知

$$\int_{-\infty}^{\infty} |x(t)|^2 \, dt < \infty$$

證明

$$\int_{-\infty}^{\infty} |y(t)|^2 \, dt < \infty$$

2.16 計算圖 P2.16 方塊圖之線性系統的轉移函數。

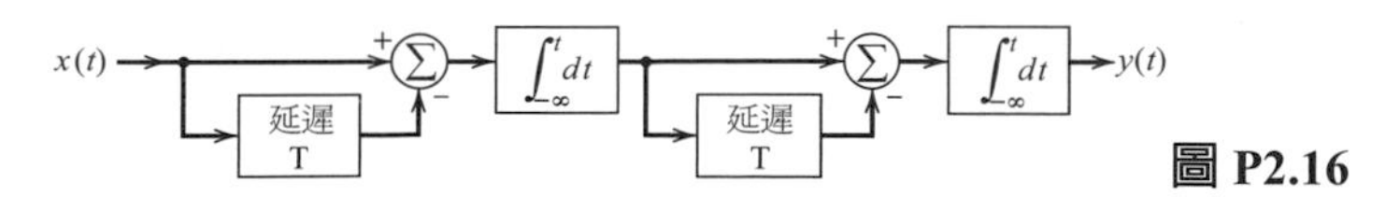

圖 P2.16

2.17 **(a)** 圖 P2.17 由 N 個同級組成的串接，每一級的時間常數 RC 都等於 τ_0，計算其總振幅響應。

(b) 證明當 N 趨近於無窮大時，此串接的振幅響應趨近於高斯函數 $\exp\left(-\frac{1}{2}f^2T^2\right)$，其中對於每一個 N 值，時間常數 τ_0 的選擇皆滿足

$$\tau_0^2 = \frac{T^2}{4\pi^2 N}$$

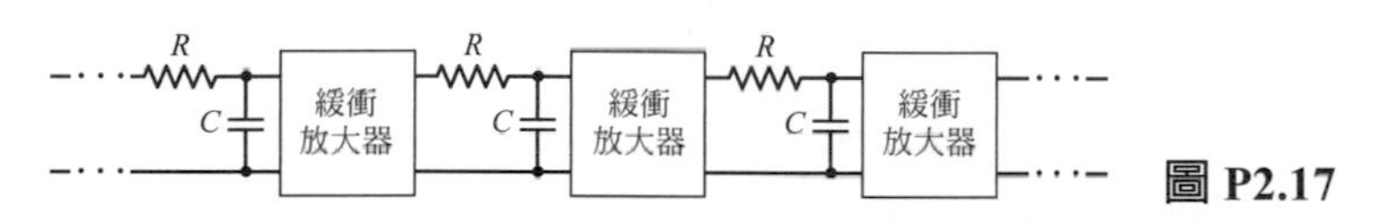

圖 P2.17

2.18 假設對已知的訊號 $x(t)$，想要得到此訊號在區間 T 的積分值，亦即

$$y(t) = \int_{t-T}^{T} x(\tau)d\tau$$

(a) 證明如果將訊號 $x(t)$用轉移函數如下的濾波器處理後，可以得到 $y(t)$

$$H(f) = T\text{sinc}(fT)\exp(-j\pi fT)$$

(b) 利用頻寬等於 $1/T$，通帶振幅響應爲 T，且延遲爲 $T/2$ 的低通濾波器，可以得到上述轉移函數的良好近似。假設此低通濾波器是由一個 RC 電路後面接上增益 T 而構成，濾波器輸入爲在 $t = 0$ 的單位步級函數，計算在時間 $t = T$ 的濾波器輸出，並與理想積分器的輸出比較。

2.19 一個分接延遲線濾波器由 N 個權重組成，其中 N 爲奇數。且對稱於中心分接點，也就是說，這些權重滿足以下條件

$$w_n = w_{N-1-n} \quad 0 \le n \le N-1$$

(a) 計算濾波器的振幅響應。

(b) 證明此濾波器有線性的相位響應。

2.20 考慮一個中帶頻率爲 f_c，頻寬爲 $2B$ 的理想帶通濾波器，如圖 P2.20 所示。載波 $A\cos(2\pi f_0 t)$ 突然在時間 $t = 0$ 加到此濾波器。假設 $|f_c - f_0|$ 比頻寬 $2B$ 大很多，計算此濾波器的響應。

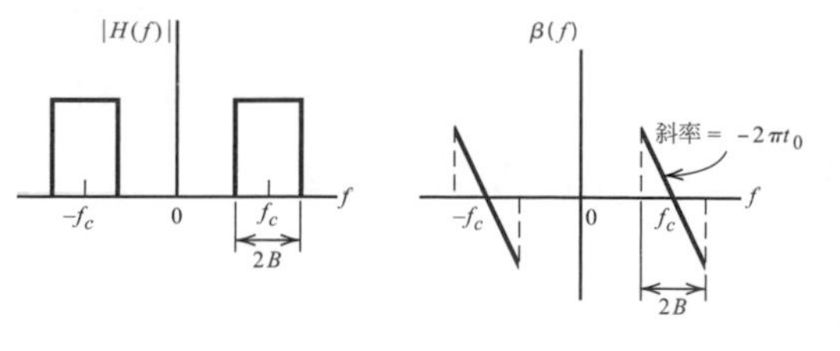

圖 P2.20

2.21 矩形射頻脈波

$$x(t)=\begin{cases}A\cos(2\pi f_c t), & 0\le t\le T\\ 0, & \text{其他處}\end{cases}$$

輸入到線性濾波器，其脈衝響應為

$$h(t)=x(T-t)$$

假設頻率 f_c 等於 $1/T$ 的很大整數倍。計算並畫出濾波器響應。

2.22 證明在當 DFT 長度為偶數時，一組頻域中大小固定的脈衝序列，其反傅立葉轉換是在時域中同類型的脈衝串。

電腦題

2.23 一個幅度為 1，時寬為 T 的矩形脈波 $x(t)$ 輸入到頻寬為 B 的理想低通濾波器。

(a) 理想低通濾波器的脈衝響應為何？

(b) 利用以下 Matlab 程式，對 $BT=5$、10、20 計算並畫出濾波器響應 $y(t)$。

```
% - - - Simulation parameters - - - -
BT       = 5; %BT product
T        = 1;
B        = BT/T;
Delta_t = T/100;
t        = [-6*T: Delta_t: 6*T];
% - - - Pulse of unit amplitude and duration T - -
x         = zeros(size(t));
index    = find (abs(t)< T/2);
x(index) = 1;
% - - - (truncated) impulse response of ideal filter - - -
t1 = [-3*T: Delta_t: 3*T];
h = 2*B*sinc(2*B*t1);
% - - - filter response - - -
y = filter(h, 1, x) * Delta_t; % has delay of 3T
% - - - plot results (removing delay) - - - -
subplot(2,1,1), plot(t,x), axis([-T T -0.25 1.25]), grid on;
subplot(2,1,2), plot(t - 3*T, y), axis([-T T -0.25 1.25]),
grid on;
```

(c) 製作一個表格，欄位包括 BT，響應的振盪頻率，以及過越量百分率。

(d) 令 $BT=100$，重複實驗，但是變換取樣週期 Δt。有觀察到什麼嗎？把 $BT=100$ 的值加到(c)小題的表格中。由表格做出結論。

2.24 重複習題 2.23 的實驗，其中把輸入換爲上升餘弦(raised cosine)脈波：

$$x(t)=\begin{cases}1+\cos\left(\dfrac{\pi t}{T}\right), & -T\le t\le T\\ 0, & \text{其他處}\end{cases}$$

尤其，針對時間-頻寬乘積 $BT=5$、10、100 來計算濾波器響應。將本實驗結果與習題 2.24 做比較。

2.25 重複習題 2.23 的實驗，其中把輸入換爲週期性方波。

(a) 令 $B=1$ 以及 $T=0.5/f_0$；分別對以下方波頻率，計算並畫出濾波器響應 $y(t)$：$f_0=0.1$、0.25、0.5、1.0 以及 1.1 赫。利用以下程式產生方波，並據以修改習題 2.23 的 Matlab 程式。

```
% - - - Square wave of frequency f0 - -
x              = zeros(size(t));
index_1        = find(mod(t, 2*T) < T);
x(index_1)   = 1;
index_ml       = find(mod(t, 2*T) > = T);
x(index_ml) = – 1;
```

(b) 製作一個表格，欄位元包括 BT 以及濾波器響應的最大幅度。然後做出結論。

(c) 將截取的脈衝響應長度由 $6T$ 增加到 $12T$。(同時跟著增加模擬與觀察的時間。)對(b)小題的結果有何影響？請解釋。

2.26 利用 PC 上的音效卡以及以下 Matlab 片段取得 MP3 播放器、收音機、麥克風、或類似裝置的聲音輸出。

```
Fs = 8000;                        % sample rate: eg. 2250, 8000,
                                  11025, or 44100 Hz
N = Fs*10;                        % number of samples in 10s of data
FFTsize = 1024;
y = wavrecord(N, Fs);             % collect data
Y = spectrum(y, FFTsize);         % compute average amplitude spec-
                                  trum
Freq = [0:Fs/FFTsize:Fs/2];       % frequency scale
Time = [1:N]/Fs;                  % time scale
subplot(2,1,1), plot(Time, y),
ylabel('Amplitude'), xlabel('Time(s)');
subplot(2,1,2), plot(Freq,10*log10(Y/max(Y))),
ylabel('Spectrum(dB)'), xlabel('Frequency(Hz)');
```

(a) 收集數組同類的音源，例如皆爲音樂。比較並說明你的結果。

(b) 收集數組不同類的音源，例如音樂以及語音。比較並說明。如果改變取樣率，會有何影響？請解釋。

2.27 在本習題中,我們將利用以下Matlab程式碼,針對第2.14節主題範例,進行WLAN的通道估測。

```
% - - - WLAN problem
alpha = 0.5;
t = [0:63]; % microseconds
G = ones(1,64);
g = ifft(G);
h = exp(– alpha*t);
r = filter(h, l, g);
R = fftshift(fft(r));
stem(abs(R))
```

訓練序列的時域響應爲何?畫出並說明通道的估測振幅譜。通道的估測相位譜爲何?請解釋。

Experiments are the only means of knowledge at our disposal. The rest is poetry, imagination.

Max Planck

Chapter 3

AMPLITUDE MODULATION

調幅

3.1 簡介

通訊系統的用途，是在傳輸器與接收器之間的介質，也就是通道上傳送**資訊**。資訊通常以低通訊號表示，也就是頻譜位於零到某個頻率上限的訊號。要正確地使用通道，通常需要將基頻範圍轉移到另一個適合傳訊的頻帶，而相對地，在接收到訊號後必須轉移回原始的頻率範圍。例如，收音機系統必須操作於 30kHz 頻率以上，而基頻訊號可能含有音頻範圍的頻率，因此必須採用某種形式的頻帶轉移，以使系統能正常運作。訊號頻率範圍的轉移要靠**調變**(modulation)來完成，調變的定義是**將載波隨者調變波(訊號)做某種改變的過程**。弦波是常見的載波形式之一，這種情況下我們稱之為**連續波調變**。基頻的訊號稱為**調變波**(modulating wave)，而調變的結果稱為**被調波**(modulated wave)。調變在通訊系統的發射端執行。我們在接收端通常需要將原始基頻訊號恢復回來。這個過程稱為**解調**(demodulation)，它是調變的相反程序。

本章將討論被廣泛應用的兩種連續波(CW)調變系統之一，也就是**調幅**(amplitude modulation)。其載波振幅會隨著基頻訊號而變。第 3.2 到 3.6 節討論調幅的標準以及其變化形式。在第 3.7 及 3.8 節將討論**頻率轉移**的觀念，以及能讓許多使用者共用通道的**分頻多工**(frequency-division multiplexing)。

3.2 調幅

考慮以下**正弦載波** $c(t)$

$$c(t) = A_c \cos(2\pi f_c t) \tag{3.1}$$

其中 A_c 是**載波振幅**，f_c 是**載波頻率**。為簡化算式，在不影響結果及結論之前提下，假設式(3.1)中的載波相位為零。令 $m(t)$表示攜帶訊息的基頻訊號。載波 $c(t)$本身與產生 $m(t)$的訊號源無關。**調幅**(AM)**定義為：載波** $c(t)$ **之振幅在其平均值附近，會隨著基頻訊號** $m(t)$ **線性變化的處理方式**。因此調幅(AM)波最通用的描述式，可以寫為以下時間函數：

$$s(t) = A_c[1 + k_a m(t)]\cos(2\pi f_c t) \tag{3.2}$$

其中常數 k_a 稱為這個產生被調訊號 $s(t)$之調變器的**振幅靈敏度**。通常載波振幅 A_c 與訊息訊號 $m(t)$之單位為伏特(volts)，此時振幅靈敏度的單位為 volt^{-1}。

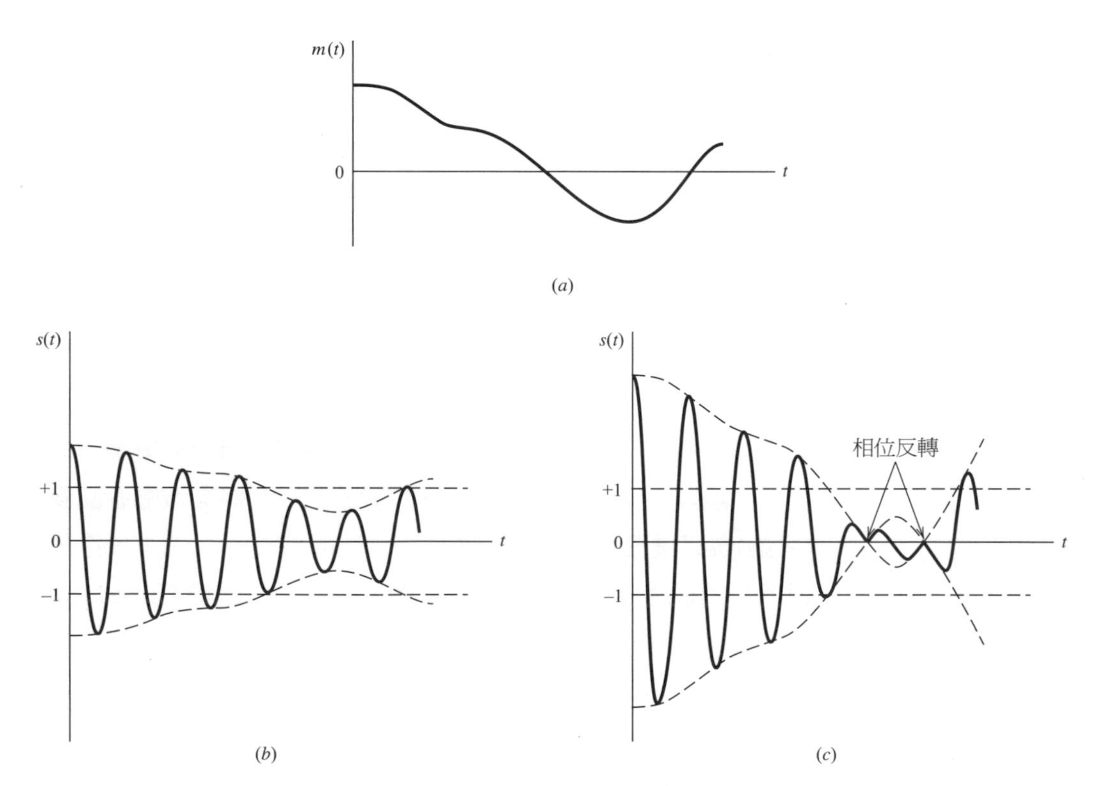

圖 3.1 調幅過程的圖示：(a) **基頻訊號** $m(t)$；(b) **對所有** t **皆滿足** $|k_a m(t)| < 1$ **時之 AM 波**；(c) **存在有些** t **使得** $|k_a m(t)| > 1$ **時之 AM 波**

圖 3.1a 為基頻訊號 $m(t)$，圖 3.1b 及 3.1c 為對兩個不同振幅靈敏度 k_a 的 AM 波 $s(t)$，其中載波振幅 $A_c = 1$ 伏特。我們可以看到假使以下兩個條件滿足，$s(t)$的**波封**形狀就會與基頻訊號 $m(t)$相同：

1. $k_a m(t)$的幅度永遠小於 1，亦即，

$$|k_a m|<1 \quad 對於所有\ t \tag{3.3}$$

這個條件示於圖 3.1b；它保證 $1+k_a m(t)$永遠為正，而且由於波封是一個正函數，我們可以將式(3.2)AM 波 $s(t)$的波封表示為 $A_c[1+k_a m(t)]$。當調變器的振幅靈敏度 k_a 大到足以在有時候會讓$|k_a m(t)|>1$，載波會被**過度調變**，每當 $1+k_a m(t)$的值穿越零位時，就會造成相位反轉。於是被調波會呈現**波封失真**，如圖 3.1c 所示。因此很顯然的，如果能避免過度調變，AM 波的波封與調變波之間，在任何時候都就能維持一對一的關係，我們在之後會發現這是相當有用的特性。$k_a m(t)$的最大絕對值乘以 100 稱為**調變百分率**(percentage modulation)。

2. 載波頻率 f_c 比訊號 $m(t)$的最高頻率成分 W 還要高很多，亦即

$$f_c \gg W \tag{3.4}$$

我們稱 W 為**訊息頻寬**。如果式(3.4)的條件不滿足，波封就不容易觀察到(因此也不容易被檢測到)。

由式(3.2)，可發現 AM 波 $s(t)$的傅立葉轉換為

$$\begin{aligned} S(f) = &\frac{A_c}{2}[\delta(f-f_c)+\delta(f+f_c)] \\ &+\frac{k_a A_c}{2}[M(f-f_c)+M(f+f_c)] \end{aligned} \tag{3.5}$$

假設基頻訊號 $m(t)$帶限於 $-W \le f \le W$，如圖 3.2a 所示。圖中頻譜的形狀只是為了說明方便而設。由式(3.5)可發現 AM 波的頻譜 $S(f)$ 在當 $f_c > W$時如圖 3.2b 所示。頻譜包括在 $\pm f_c$ 上，權重為 $A_c/2$ 的兩個得它函數，以及被頻移 $\pm f_c$，並乘上 $k_a A_c/2$ 的基頻訊號。由圖 3.2b 的頻譜可以注意到：

1. 只要載波頻率滿足條件 $f_c > W$，調變的結果會使得訊號 $m(t)$在 $-W$ 到 0 的負頻率部分，變成完全可見(亦即，可測得到)的正頻率，由此說明了「負」頻率觀念的重要。
2. 對於正頻率而言，AM 波頻譜在載波頻率 f_c 以上的部分稱為**上邊帶**(upper sideband)，而在 f_c 以下的對稱部分稱為**下邊帶**(lower sideband)。對於負頻率而言，上邊帶是頻譜在 $-f_c$ 以下的部分，而下邊帶是 $-f_c$ 以上的部分。$f_c > W$ 的條件確保邊帶不互相重疊。

3. AM 波在正頻率的最高頻率成分等於 $f_c + W$，最低頻率成分等於 $f_c - W$。兩者的差就定義為 AM 波的**傳輸頻寬** B_T，它等於訊號頻寬 W 的兩倍，也就是，

$$B_T = 2W \tag{3.6}$$

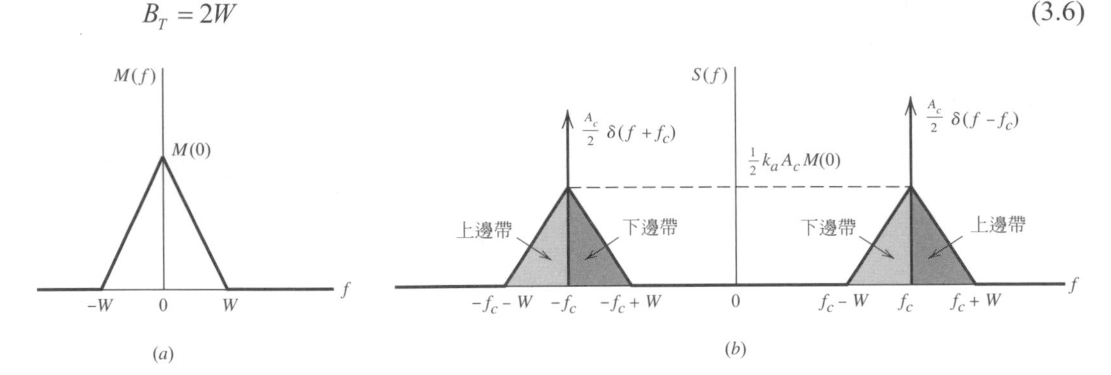

圖 3.2 (a) **基頻訊號的頻譜**；(b) AM **波的頻譜**

古利莫・馬可尼 (Guglielmo Marconi，1874-1937)

(圖片來源：維基百科)

馬可尼是以開發無線電報系統聞名的義大利發明家。在 1864 年，麥斯威爾(James Clerk Maxwell)提出了光的電磁理論並預言了無線電波的存在。無線電波的存在則是在 1887 年由赫兹(Heinrich Hertz)以實驗證實。從那個時候開始，就有很多實驗投入研究無線電波的應用，並以可靠的無線電報系統為共同目標。從 1896 年，馬可尼開始不斷驗證更長距離的無線電報傳輸，到 1901 年最遠可跨越大西洋，首次從英國的康威爾(Cornwall)傳訊到紐芬蘭的西諾山(Signal Hill，Newfoundland)。

馬可尼的無線電報利用一種名為火花隙(spark-gap)的發射器來產生無線電波。簡單的火花隙是由導電電極組成，電極間有空隙，通常是以空氣填充。當加上夠強的電壓，便會離子化電極之間的空氣，並激發連到天線的感容(LC)電路。雖然 LC-電路無法提供調諧，火星隙還是能產生寬頻的電磁輻射，這和本章討論的窄頻帶通訊號不同。由於造成干擾，火花隙發射器後來被立法禁止使用。很有趣的是近年來通訊系統的發展，尤其是脈衝無線電技術，會產生寬頻的訊號，這又有點像火花隙發射器了。

布朗(Karl Braun)和馬可尼以在無線電報系統的成就於 1909 獲得諾貝爾物理獎。馬可尼晚年的時候成為激進的義大利法西斯主義者，其演說的惡意程度導致他被排除於自己曾經協助建立的 BBC。

範例 3.1 單頻率調變

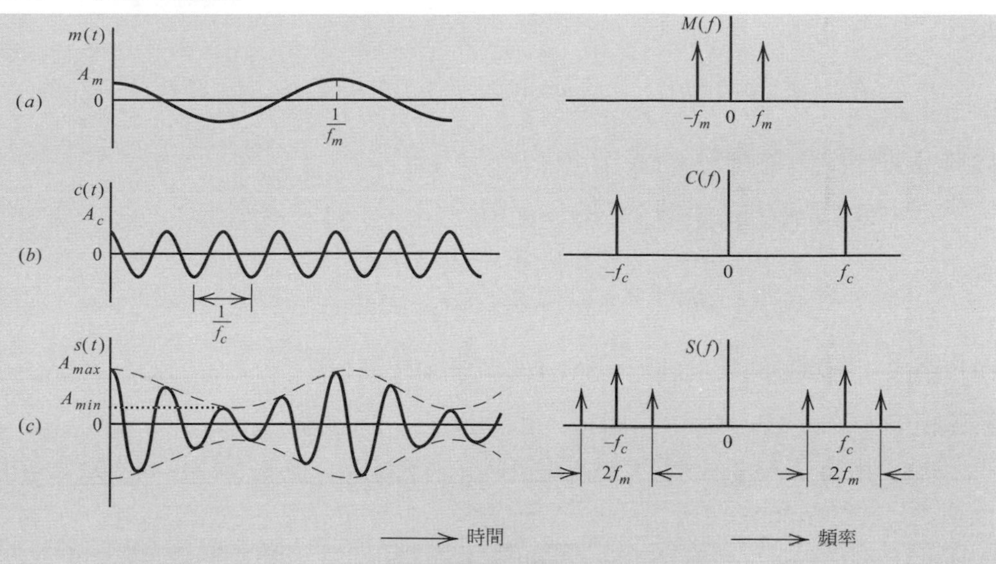

圖 3.3 單頻率標準調幅之時域(左圖)與頻域(右圖)特性：(a) **調變波；**(b) **載波；**(c) AM **波**

考慮一個由單一頻率構成的調變波 $m(t)$如下，

$$m(t) = A_m \cos(2\pi f_m t)$$

其中 A_m 是此正弦調變波的振幅，f_m 是其頻率(參考圖 3.3a)。正弦載波的振幅為 A_c，頻率為 f_c (參考圖 3.3b)。因此對應的 AM 波為

$$s(t) = A_c[1 + \mu\cos(2\pi f_m t)]\cos(2\pi f_c t) \tag{3.7}$$

其中

$$\mu = k_a A_m$$

無單位的常數 μ 稱為**調變因數**(modulation factor)，當數值用百分率表示時，則稱為調變百分率(percentage modulation)。要避免因過度調變造成波封失真的話，調變因數 μ 必須小於 1。

圖 3.3c 顯示 μ 小於 1 情況下的 $s(t)$。令 $A_{\max}$ 及 $A_{\min}$ 分別表示被調波之波封的最大及最小值。然後，利用式(3.7)可得

$$\frac{A_{\max}}{A_{\min}} = \frac{A_c(1+\mu)}{A_c(1-\mu)}$$

亦即，

$$\mu = \frac{A_{\max} - A_{\min}}{A_{\max} + A_{\min}}$$

將式(3.7)中兩個弦波之乘積表示成兩個弦波的和，其中一項頻率為$f_c + f_m$，而另一項為$f_c - f_m$，可得

$$s(t) = A_c \cos(2\pi f_c t) + \tfrac{1}{2}\mu A_c \cos[(2\pi(f_c + f_m)t)] + \tfrac{1}{2}\mu A_c \cos[(2\pi(f_c - f_m)t)]$$

因此 $s(t)$的傅立葉轉換為

$$\begin{aligned} S(f) = &\tfrac{1}{2}A_c[\delta(f - f_c) + \delta(f + f_c)] \\ &+ \tfrac{1}{4}\mu A_c[\delta(f - f_c - f_m) + \delta(f + f_c + f_m)] \\ &+ \tfrac{1}{4}\mu A_c[\delta(f - f_c + f_m) + \delta(f + f_c - f_m)] \end{aligned}$$

所以對於正弦調變的特例而言，AM 波的頻譜是由在 $\pm f_c$，$f_c \pm f_m$，以及 $-f_c \mp f_m$ 的得它函數組成，如圖 3.3c 所示。

在實用上，AM 波 $s(t)$是電壓或電流波。不管是哪一種，$s(t)$釋放到 1-歐姆電阻的平均功率包含三個部份：

$$載波功率 = \tfrac{1}{2}A_c^2$$

$$上邊頻功率 = \tfrac{1}{8}\mu^2 A_c^2$$

$$下邊頻功率 = \tfrac{1}{8}\mu^2 A_c^2$$

通常負載電阻 R 不為 1 歐姆，在這種情況下，就依調變波 $s(t)$是電壓還是電流，分別對載波功率、上邊頻功率、以及下邊頻功率乘上 $1/R$ 或 R 即可。在被調變波中，總邊帶功率對總功率的比例，任何情況下皆等於 $\mu^2/(2+\mu^2)$，它只與調變因數 μ 有關。如果 $\mu = 1$，也就是使用 100%調變，AM 波中兩個邊頻加起來的功率也只有總功率的三分之一。

圖 3.4 顯示了兩個邊頻佔總功率之比例，與調變百分率的關係。當調變百分率低於 20%，邊頻的功率佔整個 AM 波功率就不到百分之一。

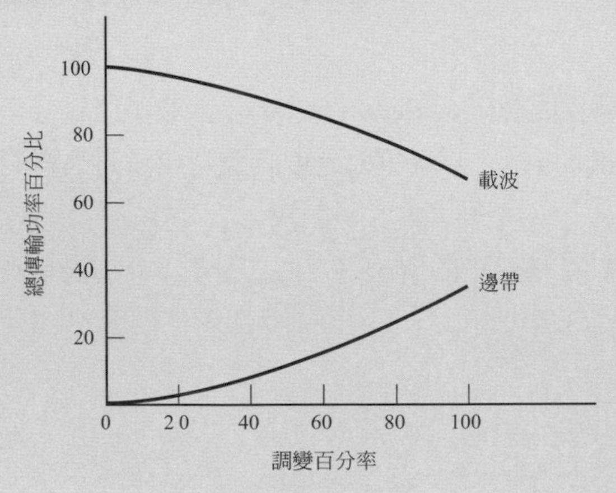

圖 3.4　載波功率與總邊帶功率隨調變百分率的變化

交換調變器

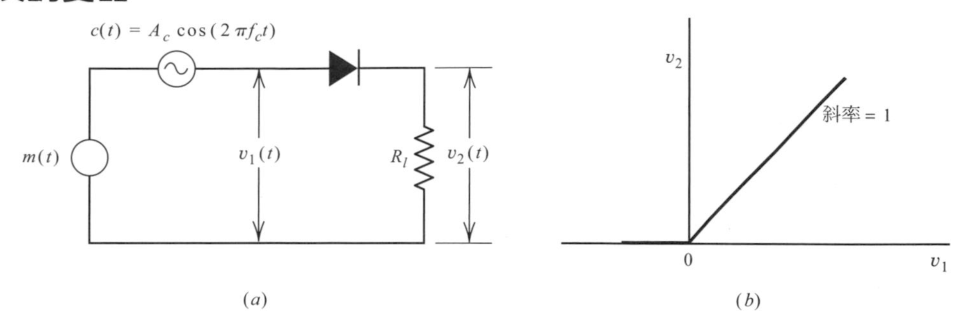

圖 3.5 交換調變器：(a) 電路圖；(b) 理想輸入–輸出特性曲線

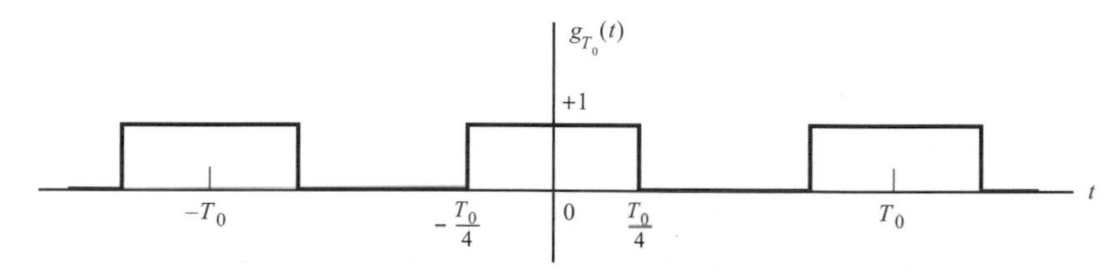

圖 3.6 週期性脈波串

有很多方式可以用來產生 AM 波；我們在此敘述其中一種，稱爲**交換調變器**(switching modulator)。此調變器的細節示於圖 3.5a，其中假設接到二極體的載波 $c(t)$振幅夠大，使得它足以在二極體特性曲線兩邊來回振盪。假設二極體充當**理想開關**的角色，也就是在順向偏壓時其阻抗爲零 [對應到 $c(t) > 0$]。於是此二極體與負載電阻組合的轉換特性可以用**片段線性**來近似，如圖 3.5b 所示。因此，對於由載波及訊息訊號相加而組成的輸入訊號 $v_1(t)$：

$$v_1(t) = A_c \cos(2\pi f_c t) + m(t) \tag{3.8}$$

其中$|m(t)| \ll A_c$，產生的負載電壓 $v_2(t)$爲

$$v_2(t) \approx \begin{cases} v_1(t), & c(t) > 0 \\ 0, & c(t) < 0 \end{cases} \tag{3.9}$$

也就是，負載電壓值 $v_2(t)$以載波頻率 f_c 的速度，週期性地切換爲 $v_1(t)$與零。接著，如果假設調變波比載波微弱很多，我們就可以把二極體的非線性特性，有效地近似爲片段線性的時變運算。

式(3.9)可以表示爲以下數學式

$$v_2(t) \simeq [A_c \cos(2\pi f_c t) + m(t)] g_{T_0}(t) \tag{3.10}$$

其中 $g_{T_0}(t)$ 是工作週期(duty cycle)等於一半的週期性脈波串，其週期 $T_0 = 1/f_c$，如圖 3.6 所示。把 $g_{T0}(t)$表示爲傅立葉級數，則

$$g_{T_0}(t) = \frac{1}{2} + \frac{\pi}{2} \sum_{n=1}^{\infty} \frac{(-1)^{n-1}}{2n-1} \cos[2\pi f_c t(2n-1)] \tag{3.11}$$

然後，將式(3.11)代入(3.10)，可以發現負載電壓 $v_2(t)$包含兩部份：

1. 以下部份

$$\frac{A_c}{2}\left[1+\frac{4}{\pi A_c}m(t)\right]\cos(2\pi f_c t)$$

是我們想得到的 AM 波，其振幅靈敏度爲 $k_a = 4/\pi A_c$。因此我們可以藉由減小載波振幅 A_c，使交換調變器變得比較靈敏；不過它還是必須要夠大，以維持二極體表現得像一個理想開關。

2. 我們不要的成分，其頻譜包括位於 0，$\pm 2f_c$，$\pm 4f_c$ 等的得它函數，和分別以 0，$\pm 3f_c$，$\pm 5f_c$ 等爲中心，寬度爲 $2W$ 的頻帶，其中 W 爲訊息頻寬。

如果 $f_c > 2W$，我們可以利用中帶頻率爲 f_c，頻寬爲 $2W$ 的帶通濾波器，來除去負載電壓 $v_2(t)$ 中這些不要的成分。這個條件能確保 AM 波以及那些不要的成分間，存有夠大的頻率間隔，因而能用帶通濾波器除去不要的成分。

波封檢測器

在簡介中曾經提過，我們用**解調**把收到的被調訊號恢復回原始的調變波；事實上，解調就是調變的相反程序。和調變一樣，也有很多方式可以用來解調 AM 波；我們在這裡敘述一個雖然簡單，卻相當有效的裝置，稱爲**波封檢測器**(envelope detector)。這一類的解調器幾乎被用於所有的商用 AM 無線電接收器。不過如果要工作正常，AM 波必須爲窄頻，也就是載波頻率要比訊息頻寬大很多。另外，調變百分率必須小於 100%。

圖 3.7a 是一個串接式的波封檢測器，它由一個二極體和電阻–電容(RC)濾波器組成。這個波封檢測器的操作方式如下述。在輸入訊號的正半週，二極體爲順向偏壓，使得電容 C 快速充電至輸入訊號的峰値。當輸入訊號降到這個値以下，二極體變成逆向偏壓，使得電容 C 緩慢地對負載電阻 R_l 放電。放電程序持續到下一個正半週。當輸入訊號大於跨在電容兩端的電壓，二極體再次導通，並重複以上程序。假設二極體爲理想，在順向偏壓區電阻爲 r_f，而在逆向偏壓區電阻爲無限大。另外並假設送到波封檢測器的 AM 波，內阻爲是由 R_s 的電壓源提供。充電的時間常數$(r_f + R_s)C$ 必須比載波週期 $1/f_c$ 短很多，亦即，

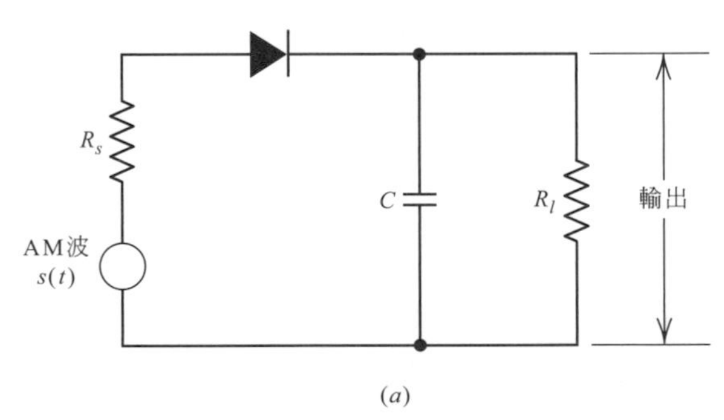

圖 3.7 波封檢測器：(a) **電路圖**

$$(r_f + R_s)C \ll \frac{1}{f_c} \tag{3.12}$$

以使電容 C 能快速充電，並在二極體導通時跟得上輸入電壓的峰值。另一方面，放電時間常數 R_lC 必須夠長，以確保在載波的正峰值之間，電容對負載電阻 R_l 緩慢放電，但是它又不能長到在當調變波以最大速率變化時，電容都不放電，也就是說

$$\frac{1}{f_c} \ll R_lC \ll \frac{1}{W} \tag{3.13}$$

W 爲訊息頻寬。結果爲檢測器輸出的電容電壓幾乎與 AM 波的波封相同，證明如下。

範例 3.2 正弦調幅

圖 3.7b 爲 50%調變的正弦 AM 波。如果把此訊號送入波封檢測器，會得到圖 3.7c 的結果。這個結果是在假設理想二極體之下計算得到的，順向偏壓時電阻固定爲 r_f，而當逆向偏壓時爲無限大。圖 3.7c 顯示了波封檢測器輸出含有等於載波頻率的小量漣波；它們可以很容易地用低通濾波器除去(參考習題 3.25)。

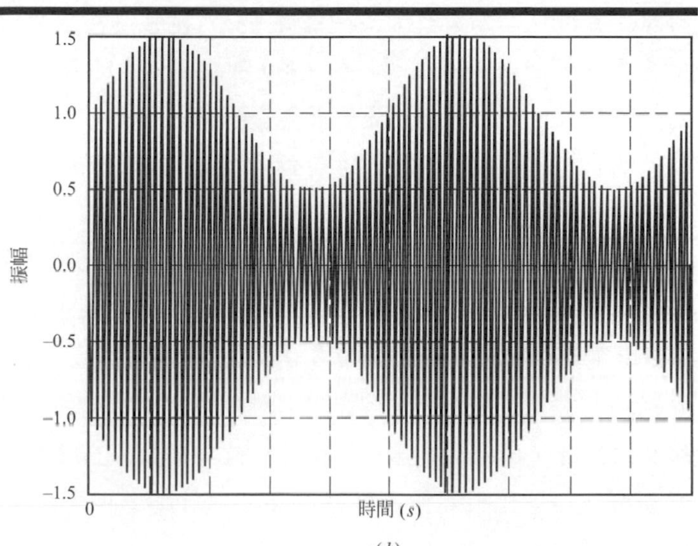

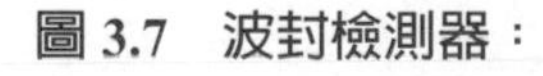

圖 3.7 波封檢測器：

(b) AM 波輸入；

(c) 波封檢測器輸出

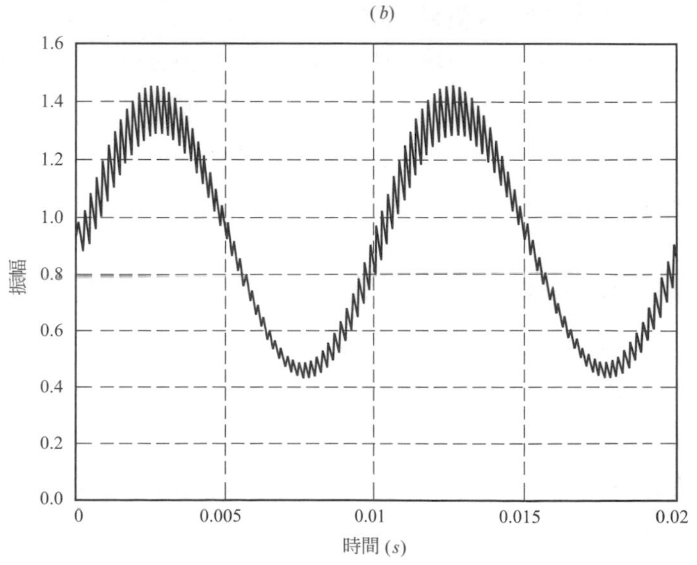

雷吉諾‧費森登 (Reginald Fessenden，1866-1932)

(圖片來源：維基百科)

加拿大發明家費森登原本受的是古典的訓練，但為了增加對電的了解，選擇到紐約的愛迪生機械工廠工作。他在聽到馬可尼的成功後，開始對無線電產生興趣。費森登起初是專注於檢測器的改進。在 1900 年與美國氣象局簽約後，他成為第一個用無線電傳送聲音的人。因為使用的是火花隙發射器，其音質太差而無法應用於商業用途。

費森登後來的研究受到兩個富有的匹茲堡商人贊助。這後來成就了旋轉火花(rotary-spark)發射器的發展，以及在 1906 年首次跨越大西洋的雙向無線電(電報)傳輸。費森登覺得火花隙發射器不是最佳的傳送方式。他尤其認為**連續波**發射器應該會更好。順著這個想法，他先後委託奇異電器公司製作能夠產生 10kHz(後來發現用途不大)以及 50kHz 電氣訊號的高速交流發電機。在把訊號源接到碳製麥克風後，費森登完成了對訊號**調幅**，其音質遠比火花隙發射器好很多。費森登在 1906 年十二月利用交流發射器廣播音樂節目，使他成為第一個使用無線電廣播娛樂節目及音樂的人。不過，一開始的交流發射器功率比火花隙發射器小太多，因此這些無線電作品很快就被人遺忘。一直到 1920 年代調幅才被普遍用於無線電廣播。

在 1900 年代初期，費森登還提出了**外差**(heterodyne)原理，說明了兩個訊號混頻(相乘)後產生第三個頻率的方式。然而由於硬體的限制，過了十年後外差法才被實際應用。費森登是一位多產的發明家，他在多方領域，包括微縮影片、地震學及聲納等，累積了超過 500 項專利。

調幅的優點、限制及變化形式

調幅是最早發明的調變方式。它最大的優點是容易產生及恢復。在發射器中可以用(之前敘述過的)交換調變器，或是平方率調變器(square-law modulator，述於習題 3.4)來簡單地完成調變。在接收器中同樣可以用(之前敘述過的)波封檢測器，或是平方率檢測器(square-law detector，述於習題 3.6)來簡單地完成解調。總之調幅系統是相對便宜的，這也是何以 AM 無線電廣播長久以來一直受到歡迎，而且未來也很有可能保持如此的原因。

不過在第 1 章我們曾經提過，傳輸功率和通道頻寬是兩個主要的通訊資源，因而必須有效率地使用。從這個角度來看，我們發現式(3.2)定義的標準調幅有兩個主要的限制：

1. **調幅浪費功率**。載波 $c(t)$與帶有資訊的基頻訊號 $m(t)$完全無關。因此載波的傳輸就代表功率的浪費，這意味著在調幅的總功率中，只有一部份眞正有被 $m(t)$影響到。
2. **調幅浪費頻寬**。AM 波的上邊帶及下邊帶彼此對稱於載波頻率；因此，如果已知其中一組邊帶的振幅譜及相位譜，就可以確知另外一組。這意味著以資訊傳輸的角度而言，有一組邊帶也就夠了，而通道也因此只需要提供與基頻訊號相同的頻寬。從這個發現我們可說，由於調幅需要的傳輸頻寬是訊息頻寬的兩倍，因此它是浪費頻寬的。

要克服這些限制，我們必須對調幅的過程作一些修改，而這會造成系統複雜度的增加。事實上，我們是在用系統複雜度來換取通訊資源的較佳使用。從標準調幅開始，我們有以下三種變化形式：

1. **雙邊帶抑制載波調變**(Double sideband-suppressed carrier modulation，DSB-SC 調變)，其發射波只由上下邊帶組成。由於載波被抑制，因此得以節省傳輸功率，但是通道頻寬需求還是跟原來一樣(爲訊息頻寬的兩倍)。
2. **殘留邊帶調變**(Vestigial sideband modulation，VSB 調變)，它讓一組邊帶幾乎完全通過，而另一組邊帶只剩少許**殘留**。因此其頻寬需求比訊息頻寬多了此殘留邊帶的寬度。這種方式的調變非常適用於寬頻訊號，例如在極低頻率含有顯著成分的電視訊號。在商用電視廣播中，有很強的載波會與被調波一起送出，這使得接收端可以用波封檢測器來解調訊號，因而得以簡化接收器設計。
3. **單邊帶調變**(Single sideband modulation，SSB 調變)，其被調波只由上邊帶或下邊帶組成。因而 SSB 調變的主要功能是將調變波的頻譜，在頻域中(或許在經過反轉後)轉移到新的位置。單邊帶調變特別適合傳送聲音訊號，因爲聲音訊號的頻譜在 0 到數百赫之間有一個**能隙**。由於需要最少的傳輸功率以及通道頻寬，它可以說是最佳的調變方式：它主要的缺點是成本及複雜度增加了。

我們在第 3.3 節討論 DSB-SC 調變，之後的小節將討論 VSB 和 SSB 調變。

3.3 雙邊帶抑制載波調變

基本上，**雙邊帶抑制載波**(DSB-SC)調變是由訊息訊號 $m(t)$與載波 $c(t)$的乘積組成，亦即：

$$\begin{aligned} s(t) &= c(t)m(t) \\ &= A_c \cos(2\pi f_c t)m(t) \end{aligned} \tag{3.14}$$

因此，每當訊息訊號 $m(t)$ 跨越零值時，被調訊號 $s(t)$就會發生**相位反轉**，對圖 3.8a 的訊息訊號結果如圖 3.8b 所示。所以 DSB-SC 訊號的波封是與訊息訊號不同的。

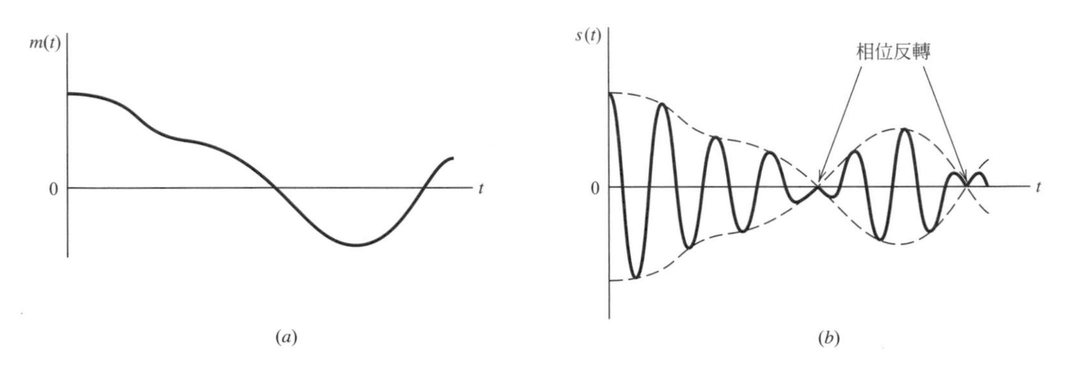

圖 3.8 (a) **基頻訊號**；(b) DSB-SC **被調波**

由(3.14)，$s(t)$的傅立葉轉換為

$$S(f) = \frac{1}{2}A_c[M(f-f_c)+M(f+f_c)] \tag{3.15}$$

對於如圖 3.9a 所示帶限於 $-W \le f \le W$ 的基頻訊號 $m(t)$，可以發現其 DSB-SC 波 $s(t)$的頻譜 $S(f)$ 為如圖 3.9b 所示。除了乘上的倍數改變外，這個調變過程就只是把基頻訊號的頻譜**平移**了$\pm f_c$ 而已。DSB-SC 調變所需的傳輸頻寬自然也與調幅一樣，皆為 $2W$。

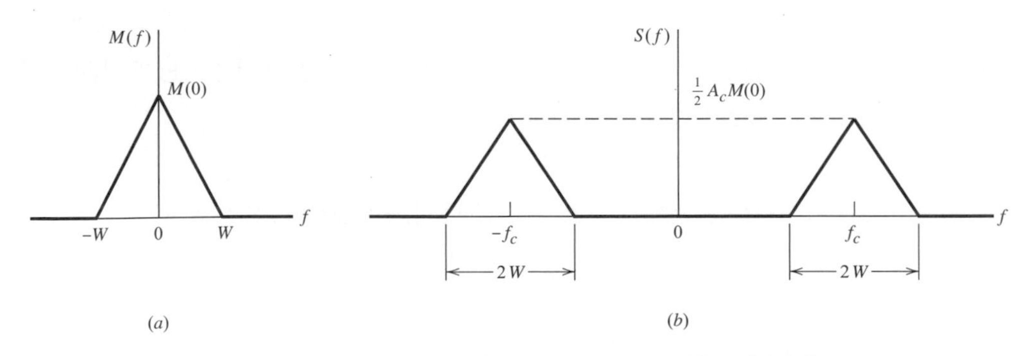

圖 3.9 (a) **基頻訊號頻譜**；(b) DSB-SC **被調波頻譜**

環形調變器

適用於產生 DSB-SC 波最有用的乘積調變器之一，是如圖 3.10a 所示的環形調變器(ring modulator)。它是由四個方向相同的二極體組成環狀，因而得名。二極體受到頻率為 f_c 的方波載波 $c(t)$控制，此載波縱向地加載於兩個中央分接變壓器。如果變壓器完全平衡，而且二極體都相同，那麼在調變(交換)頻率送到輸出時便不會有所遺失。為了解電路的操作，我們假定二極體導通時之順向電阻為 r_f，而在載波 $c(t)$降至 0 以下，二極體被切斷時，其反向電阻為 r_b。在載波的其中一個半週，外側的二極體切換到順向電阻 r_f，而內側的二極體切換到反向電阻 r_b，如圖 3.10b 所示。在載波的另外半週，二極體以相反方向運作，如圖 3.10c 所示。通常，調變器輸入及輸出的端點電阻相同(假設為理想 1：1 變壓器)。在這些條件之下，就可以很容易證明圖 3.10b 與圖 3.10c 的輸出電壓振幅相等，但是極性相反。事實上，環形調變器的作用就像個**整流器**(commutator)。

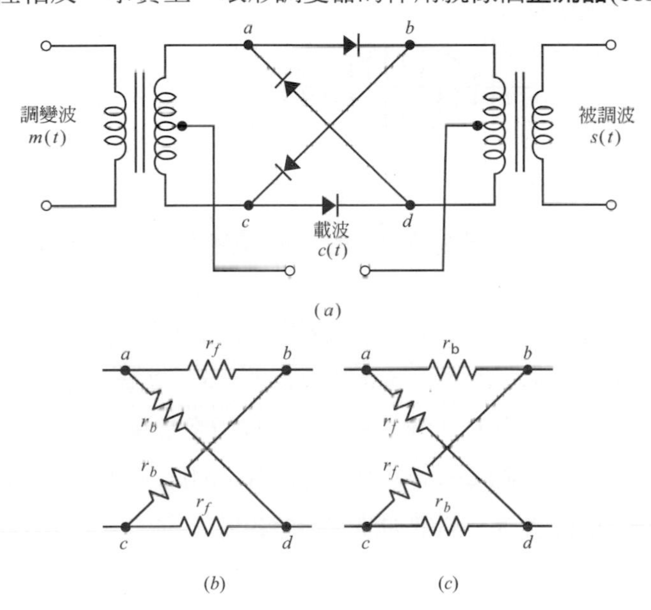

圖 3.10 環形調變器：(a) **電路圖；**(b) **當外側二極體導通，而內側二極體切斷情況下之圖示；**(c) **當外側二極體切斷，而內側二極體導通情況下之圖示**

圖 3.11c 顯示了由環形調變器產生之被調訊號 $s(t)$的理想化波形，其中假設調變波 $m(t)$是圖 3.11a 中的弦波，載波 $c(t)$為圖 3.11b 的方波。然後，方波載波 $c(t)$可以表示成傅立葉級數如下：

$$c(t)=\frac{4}{\pi}\sum_{n=1}^{\infty}\frac{(-1)^{n-1}}{2n-1}\cos[2\pi f_c t(2n-1)] \tag{3.16}$$

因此環形調變器輸出為

$$\begin{aligned}s(t)&=c(t)m(t)\\&=\frac{4}{\pi}\sum_{n=1}^{\infty}\frac{(-1)^{n-1}}{2n-1}\cos[2\pi f_c t(2n-1)]m(t)\end{aligned} \tag{3.17}$$

我們發現調變器並沒有在載波頻率上的輸出；也就是說，輸出只完全由調變乘積所組成。環形調變器有時候被稱爲**雙平衡調變器**(double-balanced modulator)，因爲它對基頻訊號和方波載波都達到平衡。

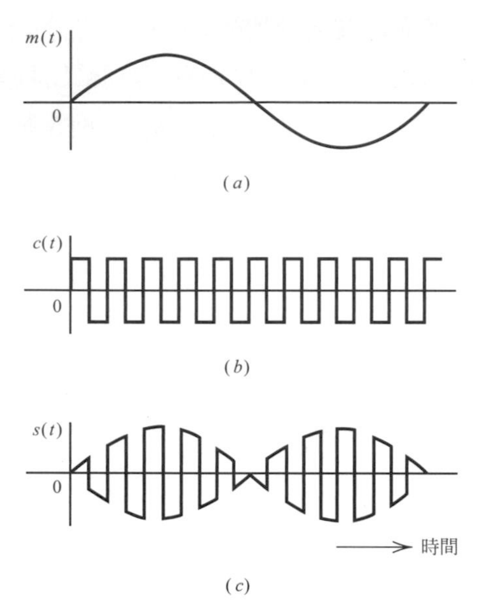

圖 3.11　環形調變器對正弦調變波之處理：(a) **調變波**；(b) **方波載波**；(c) **被調波**

假設 $m(t)$帶限於頻帶 $-W \leq f \leq W$，則調變器輸出的頻譜包含在方波載波 $c(t)$所有奇數次諧波附近的邊帶，如圖 3.12 所示。此處假設$f_c > W$，以避免在相鄰諧波頻率f_c及 $3f_c$上發生**邊帶重疊**。於是，只要$f_c > W$，我們就可以用中帶頻率爲f_c，且頻寬爲 $2W$ 的帶通濾波器，來選擇一對位於載波頻率f_c附近的邊帶。因此，用來產生 DSB-SC 訊號的電路，是由環形調變器後面接著一個帶通濾波器所組成。

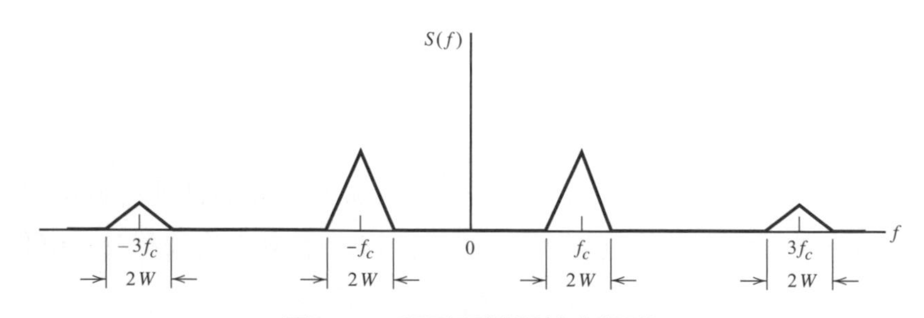

圖 3.12　環形調變器輸出頻譜

同調檢測

對 $s(t)$先乘上本地產生的弦波，然後對乘積做低通濾波，如圖 3.13 所示，就可以從 DSB-SC 波 $s(t)$ 恢復回基頻訊號。這裡假設本地振盪器訊號不管是頻率或相位，都與在乘積調變器中用來產生 $s(t)$ 的載波 $c(t)$ 完全同調。這種解調方式稱爲**同調檢測**(coherent detection)或**同步解調**(synchronous demodulation)。

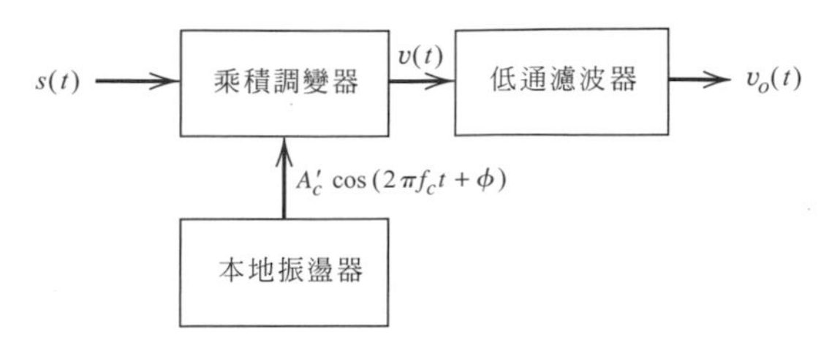

圖 3.13 DSB-SC 被調波的同調檢測

一般解調過程使用的本地振盪訊號，其頻率與載波 $c(t)$相同，但是它們之間會有某個相位差 ϕ，把同調檢測視爲其特例並進行推導，會對理解有所幫助。因此，將本地振盪訊號寫爲 $A'_c \cos(2\pi f_c t + \phi)$，然後使用(3.14)的 DSB-SC 波 $s(t)$，可以得到圖 3.13 乘積調變器輸出爲

$$\begin{aligned} v(t) &= A'_c \cos(2\pi f_c t + \phi)s(t) \\ &= A_c A'_c \cos(2\pi f_c t)\cos(2\pi f_c t + \phi)m(t) \\ &= \frac{1}{2}A_c A'_c \cos(4\pi f_c t + \phi)m(t) + \frac{1}{2}A_c A'_c \cos\phi m(t) \end{aligned} \tag{3.18}$$

式(3.18)的第一項代表載波頻率爲 $2f_c$ 的 DSB-SC 訊號，而第二項正比於基頻訊號 $m(t)$。此頻譜 $V(f)$示於圖 3.14，其中我們假設基頻訊號 $m(t)$帶限於 $-W \le f \le W$。因此很顯然的，只要圖 3.13 中低通濾波器的截止頻率高於 W，且低於 $2f_c - W$，那麼式(3.18)的第一項會被此濾波器除去。爲滿足此點，需選擇 $f_c > W$。於是可得濾波器輸出

$$v_o(t) = \frac{1}{2}A_c A'_c \cos\phi\, m(t) \tag{3.19}$$

當相位誤差 ϕ 爲常數，解調訊號 $v_o(t)$就會正比於 $m(t)$。這個解調訊號的幅度在當 $\phi = 0$ 爲最大，而在 $\phi = \pm\pi/2$ 時最小(爲零)。解調訊號等於零發生在 $\phi = \pm\pi/2$，稱爲同調檢測的**正交零效應**(quadrature null effect)。因此本地振盪器的相位誤差 ϕ 會使檢測器輸出被衰減 $\cos\phi$ 倍。只要相位誤差 ϕ 爲常數，檢測器輸出就可提供無失真的原始基頻訊號 $m(t)$。不過實際上由於通道經常是隨機變化的，我們發現相位誤差 ϕ 多會隨時間而變。於是檢測器輸出之乘倍數 $\cos\phi$ 也會隨時間而變，而這顯然並不是我們想要的結果。因此，系統必須要保持讓接收端的本地振盪器，不管是頻率或相位，都與在發射端用來產生 DSB-SC 訊號的載波完全同步。所以，爲了要抑制載波以節省傳輸功率，代價就是系統的複雜度。

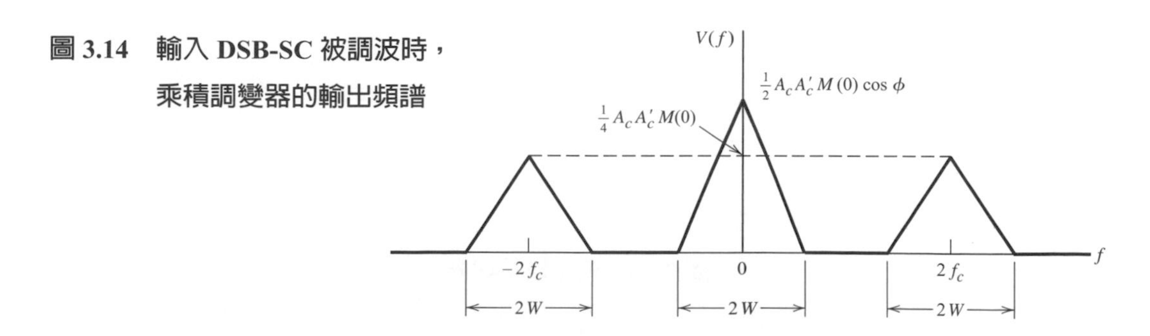

圖 3.14 輸入 DSB-SC 被調波時，乘積調變器的輸出頻譜

柯士塔接收器

適用於在解調 DSB-SC 波以得到實用同步接收系統的方法之一，是使用如圖 3.15 所示之**柯士塔接收器**(Costas receiver)。這個接收器由兩個同調檢測器組成，兩者輸入同一個訊號，也就是收到的 DSB-SC 波 $A_c \cos(2\pi f_c t)m(t)$，但是各別的本地振盪器訊號相位則是互相正交。本地振盪器頻率調整到與假設爲已知的載波頻率 f_c 相等。在上方路徑的檢測器稱爲**同相**(in-phase)**同調檢測器**，或稱爲 ***I*-通道**(*I*-channel)；而在下方路徑的檢測器稱爲**正交**(quadrature-phase)**同調檢測器**，或稱爲 ***Q*-通道**(*Q*-channel)。這兩個檢測器耦合在一起形成**負回饋系統**，以使本地振盪器對載波同步。

爲了解此接收器的操作，假設本地振盪器訊號與用來產生 DSB-SC 波的載波 $A_c \cos(2\pi f_c t)$ 有相同的相位。在這個條件下，我們發現 *I*-通道輸出包含解調訊號 $m(t)$，而 *Q*-通道由於正交零效應，其輸出爲零。接著假設本地振盪器訊號相位漂移了小角度 ϕ。基本上 *I*-通道的輸出大致保持不變，但在 *Q*-通道輸出則會出現若干訊號，當 ϕ 很小，此訊號正比於 $\sin\phi \simeq \phi$。這個 *Q*-通道輸出在本地振盪器相位偏移到某一個方向時，會與 I-通道輸出極性相同；而在本地振盪器相位偏移到另一個方向時，會與之極性相反。因此，如圖 3.15 所示，在相位鑑別器(由乘法器接上低通濾波器組成)中合併 *I*-及 *Q*-通道輸出，就可得到一個直流控制訊號，用以在**壓控振盪器**中自動修正相位誤差。

顯然地，當調變中止時，柯士塔接收器中的相位控制也會跟著停頓；在調變再次啓動時，就必須重新鎖定相位。這在接收聲音時並不是個嚴重的問題，因爲鎖相的過程通常快到讓人察覺不到失真。

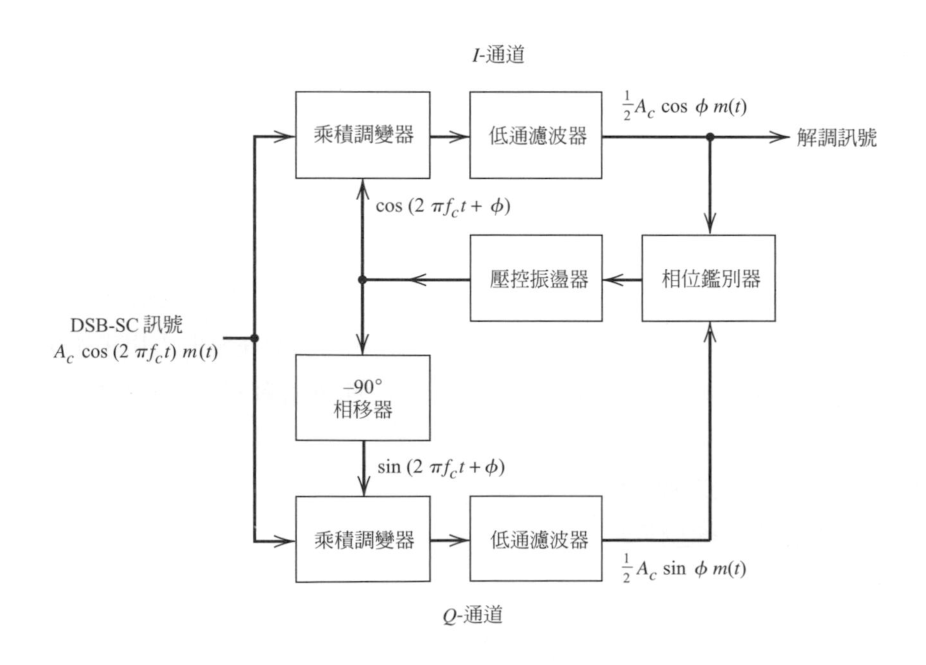

圖 3.15　柯士塔接收器

3.4 正交-載波多工

同調檢測器的正交零效應也可以被利用來製作所謂的**正交載波多工**(quadrature-carrier multiplexing)或**正交調幅**(quadrature-amplitude modulation，QAM)。這種技術讓兩組(實質上互相**獨立**之訊息訊號所產生的) DSB-SC 被調波雖然佔據相同的通道頻寬，在接收端輸出還能將兩個訊息訊號分開。因此這是一個**節省頻寬**的技術。

正交載波多工系統的方塊圖示於圖 3.16。圖 3.16a 的發射器部分使用兩個乘積調變器，它們的載波頻率相等，可是相位差了 −90 度。傳輸訊號 $s(t)$由這兩個乘積調變器的輸出組成如下

$$s(t) = A_c m_1(t)\cos(2\pi f_c t) + A_c m_2(t)\sin(2\pi f_c t) \tag{3.20}$$

其中 $m_1(t)$和 $m_2(t)$表示送到乘積調變器的兩個不同訊號。因此 $s(t)$佔據了以載波頻率 f_c 爲中心的 $2W$ 通道頻寬，其中 W 是 $m_1(t)$或 $m_2(t)$的訊息頻寬。根據式(3.20)，我們可以把 $A_c m_1(t)$視爲多工帶通訊號 $s(t)$的同相成分，而 $-A_c m_2(t)$視爲其正交成分。

系統的接收器部分示於圖 3.16b。多工訊號 $s(t)$同時送到兩個同調檢測器中，它們的本地載波頻率相同，但是相位差 −90 度。上方檢測器的輸出爲 $\frac{1}{2}A'_c m_1(t)$，而下方檢測器的輸出爲 $\frac{1}{2}A'_c m_2(t)$。如果要系統正確運作，很重要的，對於發射器及接收器中的本地振盪器，它們之間的相位及頻率關係都必須保持正確。

我們可以使用前述的柯士塔接收器來保持同步。另一個常用的方式爲在被調訊號的通帶外送出一組**引示信號**(pilot signal)。在這種方式中，引示信號通常包含一組低功率的弦波，其頻率及相位都與載波 $c(t)$有關；在接收器中，利用適當的調諧電路把引示信號萃取出來後，就可轉移到正確頻率以供同調檢測器使用。

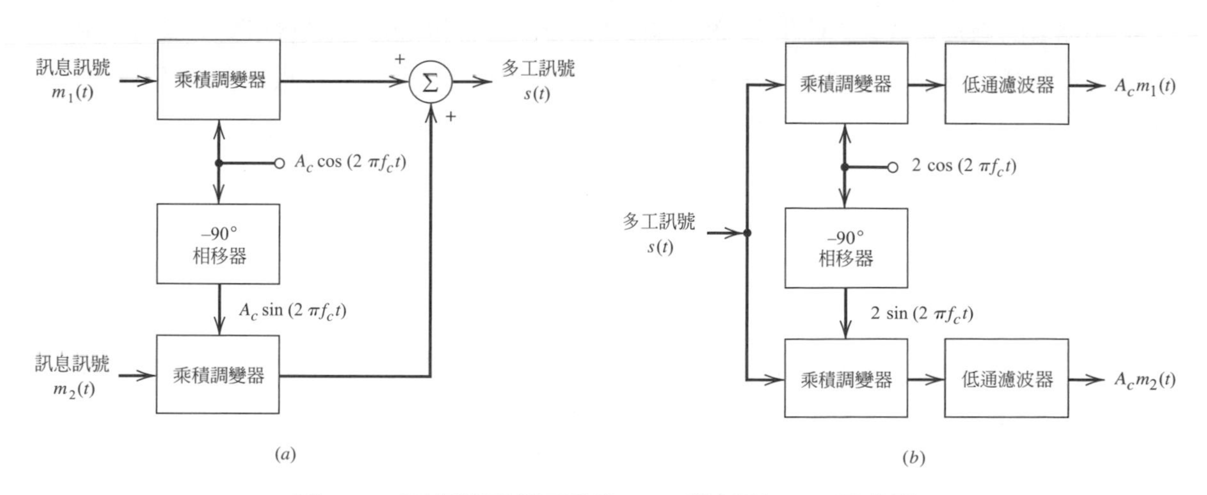

圖 3.16 正交載波多工系統：(a) **發射器；**(b) **接收器**

3.5 單邊帶與殘留邊帶的調變方法

有關帶通訊號以及正交調幅的研究指出，我們可以在一個頻寬爲 $2W$ 的帶通通道中傳送兩組獨立的訊號。如果使用雙邊帶調變，我們就只有傳送一組訊號，因此會質疑到底 $2W$ 的帶通頻寬是否眞爲必要。事實上，由於 DSB 訊號相對於載波頻率的對稱性，**上邊帶**與**下邊帶**所傳輸的資訊是相同的，因此可以證明只要傳輸一組邊帶就足夠了。在本節將討論能節省頻寬的**單邊帶**(single-sideband，SSB)調變以及**殘留邊帶**(vestigial sideband，VSB)調變。

單邊帶調變

直觀上，SSB 訊號的產生似乎相當容易。比方說，只要先產生雙邊帶訊號，然後用截止頻率爲 f_c 及 f_c+W 的理想帶通濾波器以截去上邊帶即可。不過實際上要製作近似的理想濾波器是相當困難的[1]。

SSB 的最大宗應用方向是在類比聲音訊號的傳輸。類比聲音在低頻(<300 赫)幾乎沒有能量，也就是說，頻譜在原點附近有一個能隙，如圖 3.17a 所示。在這種情況下，理想 SSB 濾波器就如圖 3.17b 所示，它能產生圖 3.17c 的帶通頻譜。此時，SSB 濾波器的設計並不需要如圖 3.17b 那樣嚴苛。而事實上，此濾波器只需要滿足以下條件即可：

- 我們要的邊帶位於濾波器的通帶內。
- 我們不要的邊帶位於濾波器的阻帶內。

這說明了在通帶與阻帶之間的過渡頻帶寬度，就等於訊息訊號最低頻率的兩倍($2f_a$)。這個不爲零的過渡頻寬大大簡化了 SSB 濾波器的設計。分析 SSB 訊號會用到一種稱爲希爾伯特轉換(Hilbert transform)的技術[2]。和 DSB 訊號相同的是，SSB 訊號也需要用同調解調來檢測。用來執行同調解調的同步資訊通常可由下列兩種方法得到：

- 除了選定的邊帶外，另外傳送一組低功率引示(pilot)載波，或者
- 在發射端及接收端都採用高度穩定的振盪器來產生載波頻率。

第二個方法難免會在發射與接收振盪器之間存在一些相位誤差。這種振盪器相位誤差會導致解調訊號的相位失眞，造成所謂的唐老鴨音效。

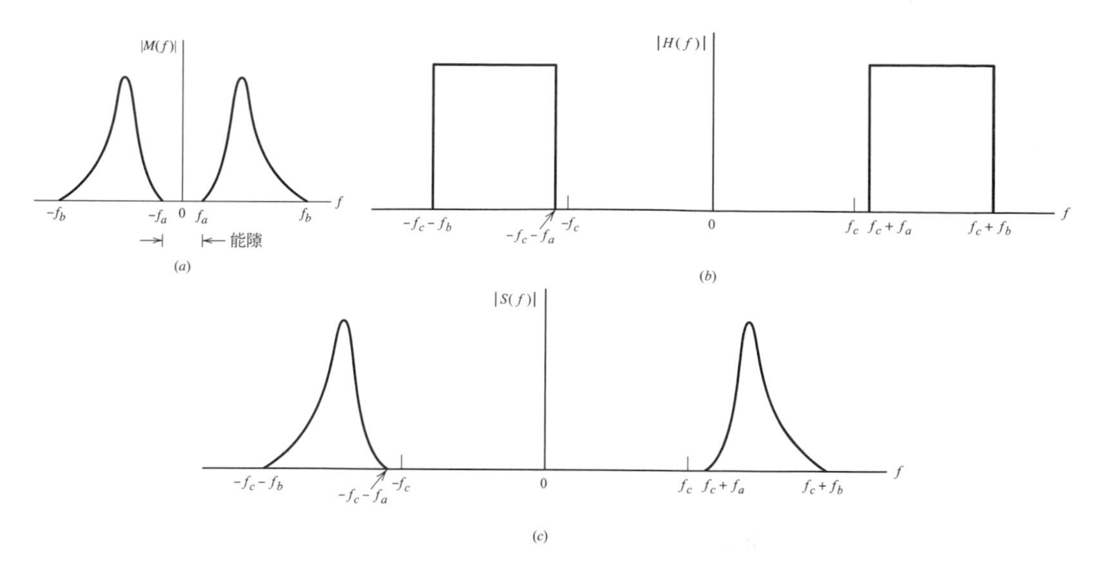

圖 3.17 (a) **訊息訊號 $m(t)$之頻譜在原點附近的能隙；**
(b) **理想帶通濾波器的頻率響應；**(c) **上邊帶 SSB 訊號之頻譜**

VSB 調變

把單邊帶傳輸的觀念實際應用到在原點附近沒有能隙的訊號，即爲**殘留邊帶**(VSB)傳輸。使用 VSB 時，其中一對邊帶會被傳輸，而另一對邊帶的小部份(殘留)也會被傳輸，如圖 3.18 所示。VSB 濾波器容許不爲零的過渡頻帶，不過問題在於是否須對濾波器設定限制條件，以使訊息訊號得以準確地恢復？要回答這個問題，我們考慮圖 3.19 用來產生及同調檢測 VSB 的模型。

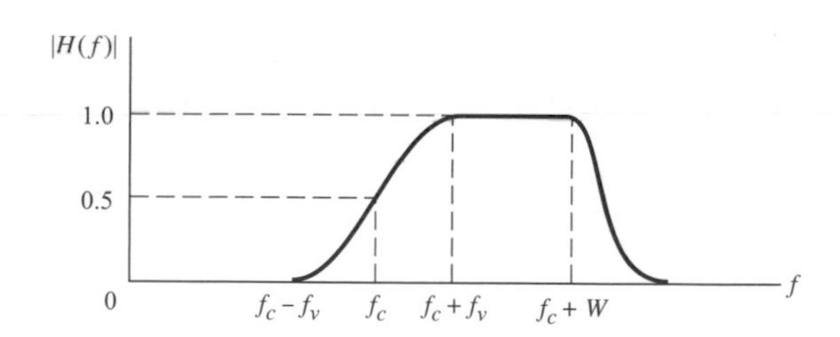

圖 3.18 VSB 濾波器的振幅響應；只顯示正頻率部分

令 $H(f)$表示圖 3.19a 接在乘積調變器之後濾波器的轉移函數。把頻移訊號 $u(t)$通過濾波器 $H(f)$，得到的被調訊號 $s(t)$頻譜爲

$$\begin{aligned} S(f) &= U(f)H(f) \\ &= \frac{A_c}{2}[M(f-f_c)+M(f+f_c)]H(f) \end{aligned} \tag{3.21}$$

其中 $M(f)$是基頻訊號 $m(t)$的傅立葉轉換，而 $U(f)$是 $u(t)$的傅立葉轉換。現在問題在於我們想要計算出 $H(f)$，以產生具備預期中之頻譜特性的被調訊號 $s(t)$，並能使用同調檢測來由 $s(t)$恢復原始基頻訊號 $m(t)$。

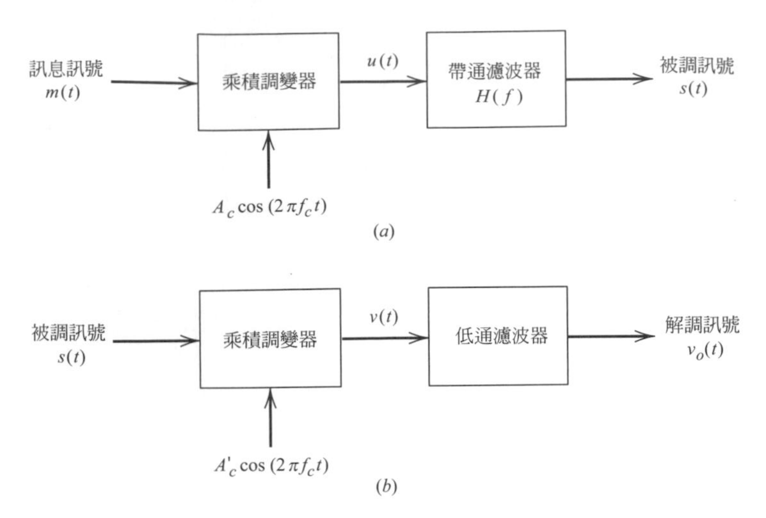

圖 3.19 (a) **邊帶的濾波方式**；(b) **接收訊息訊號的同調檢測器**

同調檢測的第一步，是將被調訊號 $s(t)$乘上本地產生的弦波 $A'_c\cos(2\pi f_c t)$，它與載波 $A_c\cos(2\pi f_c t)$ 的頻率及相位都同步，如圖 3.19b 所示。因此

$$v(t) = A'_c\cos(2\pi f_c t)s(t)$$

把此關係式轉換到頻域，可得到 $v(t)$的傅立葉轉換

$$V(f) = \frac{A'_c}{2}[S(f-f_c)+S(f+f_c)] \tag{3.22}$$

然後，將(3.21)代入(3.22)可得

$$\begin{aligned} V(f) &= \frac{A_c A'_c}{4}M(f)[H(f-f_c)+H(f+f_c)] \\ &+\frac{A_c A'_c}{4}[M(f-2f_c)H(f-f_c)+M(f+2f_c)H(f+f_c)] \end{aligned} \tag{3.23}$$

在(3.23)第二項是 $v(t)$的高頻成分，他會被圖 3.19b 的低通濾波器除去，產生的輸出 $v_o(t)$頻譜爲剩餘的成分：

$$V_o(f) = \frac{A_c A'_c}{4}M(f)[H(f-f_c)+H(f+f_c)] \tag{3.24}$$

要在同調檢測器輸出重現無失眞的原始基頻訊號 $m(t)$，$V_o(f)$必須是 $M(f)$的常數倍。因此，轉移函數 $H(f)$必須滿足以下條件

$$H(f-f_c)+H(f+f_c) = 2H(f_c) \tag{3.25}$$

其中 $H(f_c)$，也就是 $H(f)$在 $f = f_c$ 的値爲常數。當基頻頻譜 $M(f)$在頻率範圍 $-W \le f \le W$ 外均爲零，(3.25)只需對此範圍的 f 値滿足即可。另外，我們令 $H(f_c) = 1/2$ 以簡化算式。因此 $H(f)$須滿足的條件爲：

$$H(f-f_c)+H(f+f_c) = 1, \quad -W \le f \le W \tag{3.26}$$

要滿足這個條件，$H(f)$的選擇有很大的彈性，這會在第 3.6 節討論。不過不管如何，只要在(3.26)條件下，我們就可從(3.24)得到圖 3.19b 的同調檢測器輸出如下

$$v_o(t) = \frac{A_c A'_c}{2} m(t)$$

因此，如果濾波器轉移函數滿足(3.26)，我們就可以無失真地恢復原始基頻訊號。

假設我們需要產生一個含有**殘留邊帶**(VSB)調變訊號，那麼使用一個如圖 3.18 所示轉移函數 $H(f)$的帶通濾波器，就可以滿足(3.26)；這裏爲了簡化起見，只顯示了正頻率的響應。頻率響應經過正規化，使得$|H(f)|$在載波頻率 f_c 爲 0.5。不過值得注意的，是頻率響應在載波頻率 f_c 附近的截止部份呈現**奇對稱**。也就是說，在過渡區間 $f_c - f_v \le |f| \le f_c + f_v$內，任兩個$f_c$以上和以下等距離的頻率上，其$|H(f)|$的和均爲 1；其中 f_v 是殘留邊帶的寬度。同時也請注意在無關的頻帶上(也就是在$|f| > f_c + W$)，轉移函數 $H(f)$可以有任意規格。

圖 3.18 適用於含有下邊帶殘留的 VSB 調變訊號。對於含有上邊帶殘留的 VSB 調變訊號，其結果類似，唯一的差別在於：$H(f)$的上端截止部分在載波頻率f_c附近呈現奇對稱，而在下端截止部分則可爲任意規格[3]。

3.6 主題範例—類比及數位電視的 VSB 傳輸

對於殘留邊帶調變的討論，如果沒有提到它在商用類比以及數位電視廣播中扮演的角色，討論就算不上是完整[4]。在北美洲用於電視廣播的通道頻寬爲 6 MHz，如圖 3.20 所示。對於類比傳輸，此通道頻寬不僅要容納 VSB 調變之視頻訊號所需，還必須提供給調變另一個載波的聲音訊號使用。呈現在圖 3.20 頻率軸的數值對應於某個電視頻道。根據這個圖，用於類比 VSB 傳輸的影像載波頻率爲 55.25MHz，而聲音載波爲 59.75MHz。不過，電視訊號的資訊成份的位置是在從影像載波以下 1.25MHz，延伸到其以上 4.5 MHz。

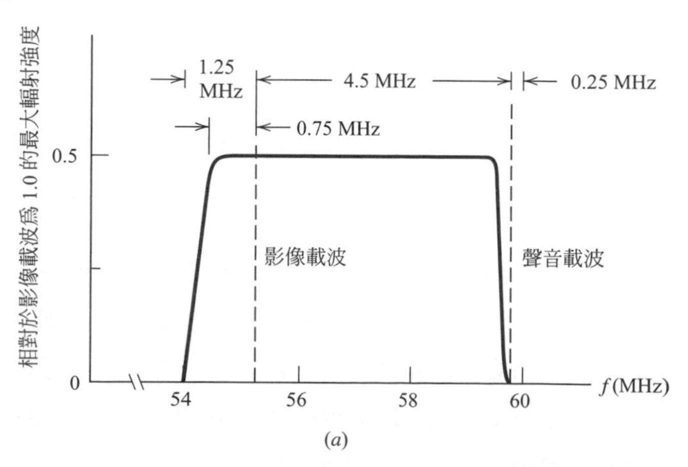

圖 3.20 (a) **電視傳輸訊號的理想振幅譜**

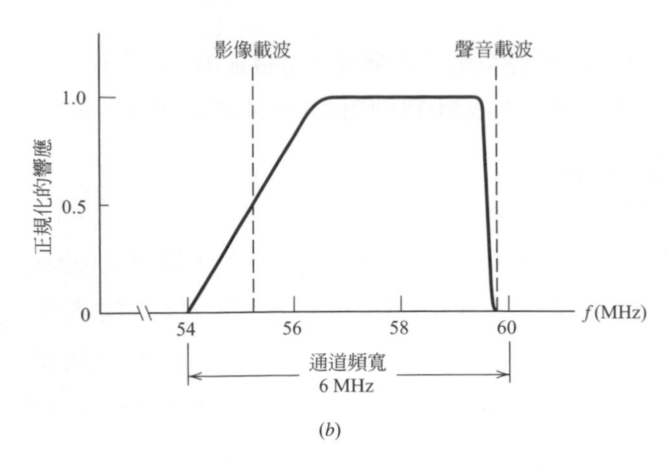

圖 3.20 (b) **接收器中 VSB 整型濾波器的振幅響應**

對於類比電視傳輸的 VSB 調變格式，其選擇受到兩個因素影響：

1. 視頻訊號有很大的頻寬以及很顯著的低頻成份，這提示了應使用殘留邊帶調變。
2. 在接收器用於解調的電路必須簡單而便宜。這提示了應使用波封檢測，因此除了 VSB 被調波外，還需額外傳送載波。

關於第 1 點，我們必須強調對商用電視廣播而言，雖然節省頻寬確是基本的訴求，但是它發射的訊號卻不完全是 VSB 調變。原因在於其發射器的功率相當高，導致如果要嚴格控制邊帶濾波的話，成本會很昂貴。反之，VSB 濾波器是置於功率比較低的接收器中。它的總體效能是與傳統殘留邊帶調變相同，差別只在於浪費了一些功率及頻寬。如圖 3.20 所示。其中，圖 3.20a 是電視傳輸訊號的理想化頻譜。傳輸訊號包括上邊帶、25% 的下邊帶，以及影像載波。在接收器對頻譜整型所需之 VSB 濾波器頻率響應示於圖 3.20b。關於第 2 點，(對 VSB 調變訊號加上載波)使用波封檢測，會對檢測器輸出之視頻訊號造成波形失真。

由於已經證實了如果經過適當的濾波，VSB 就能夠忠實地恢復基頻訊號，因此除了訊號外，VSB 技術也可以應用到數位訊號。北美洲電視訊號在由類比傳輸變革爲數位的過程中，共同部分即爲繼續採用 VSB 調變。**數位高畫質電視**(high-definition television signals，HDTV)傳輸對 VSB 調變的選擇，受到以下兩個相關的因素影響：

1. 傳輸訊號頻寬必須與現行類比格式相容。以目前的數位技術而言，6 MHz 的頻寬能夠傳輸資料率爲 20 Mbps 以上。這個速率符合視頻訊號數位編碼的需求。
2. 在接收器用於解調的電路必須簡單而且相對便宜。拜電子技術革命所賜，所謂「簡單」的複雜度，其實已經比早先類比電視接收器增加了十的好幾次方倍。不過，這仍然是很重要的設計考量。

數位式 VSB 調變訊號的頻譜示於圖 3.21。受惠於科技——尤其是數位訊號處理技術的進步，此時的發射訊號是眞正的 VSB 形式。此頻譜的形狀稱爲**上升餘弦**(raised cosine)，在第 8 章會有詳細的說明。數位技術將聲音、影像、以及色彩等訊號都整合爲一個資料串。頻譜整型爲自載波以下 0.31 MHz 延伸到載波以上 5.69 MHz，圖 3.21 之虛線即爲載波。它與類比電視相似，也有在頻率 54.155 MHz 處加入載波到數位 VSB 訊號中，不過功率較低。這個載波成分可以簡化資料檢測並降低接收器成本。

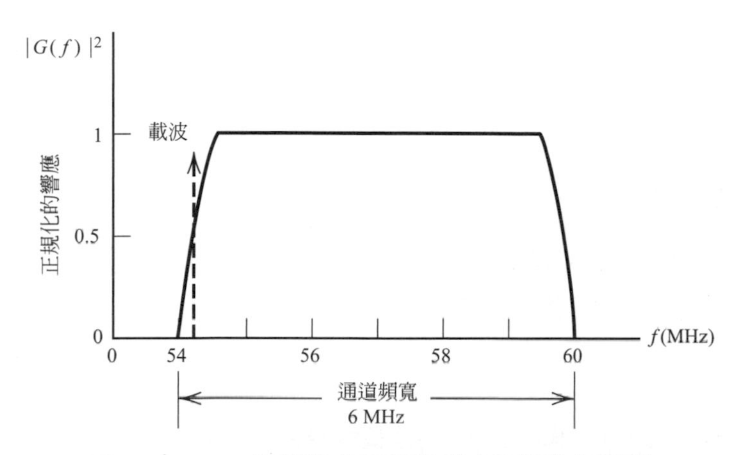

圖 3.21 VSB 調變數位電視訊號之理想化振幅譜

3.7 頻率轉移

單邊帶調變的基本作用，事實上就是一種**頻率轉移**，這就是何以單邊帶調變有時候被稱爲**頻率變換**、**混頻**、或是**外差**(heterodyning)。拿圖 3.17c 和圖 3.17a 原始基頻訊號比較，便可清楚地顯示對訊號頻譜的作用。特別是在圖 3.17a 正頻率佔據由 f_a 到 f_b 的訊息頻譜，被往上平移了與載波頻率相等的量，如圖 3.17c 所示。而負頻率的訊息頻譜則被以對稱方式往下移。

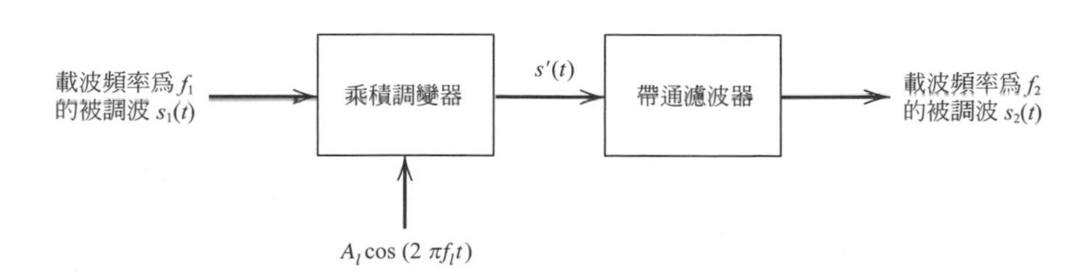

圖 3.22 混頻器方塊圖

這裡描述的頻率轉移觀念可以推廣如下。假設有一個被調訊號 $s_1(t)$，其頻譜以載波頻率 f_1 為中心，我們想要把它的頻率往上移，使得載波頻率由 f_1 改變為 f_2。這個目標可以用圖 3.22 的**混頻器**(mixer)來達成，它與圖 3.19a 的方法相似。明確來說，**混頻器**是由乘積調變器接上帶通濾波器所組成。帶通濾波器的頻寬就等於輸入被調訊號 $s_1(t)$的頻寬。剩下來要解決的主要問題，就是連接到乘積調變器的本地振盪器頻率。令 f_l 表示這個頻率。由於混頻器所作的頻率轉移，輸入被調訊號的載波頻率 f_1 改變了 f_l 的量；因此我們可令

$$f_2 = f_1 + f_l$$

解出 f_l，可得

$$f_l = f_2 - f_1$$

式中假設 $f_2 > f_1$，這種情況下載波頻率被**往上移**。反來來說，如果令 $f_1 > f_2$，載波頻率被**往下移**，此時相對的本地振盪器頻率為

$$f_l = f_1 - f_2$$

使用帶通濾波器的原因，是圖 3.23 的乘積調變器會產生兩項：

$$\begin{aligned} s_1(t) \times A_l \cos(2\pi f_l t) &= m(t)\cos(2\pi f_1 t) \times A_l \cos(2\pi f_l t) \\ &= \frac{1}{2} A_l m(t)[\cos(2\pi(f_1 + f_l)t + \cos(2\pi(f_1 - f_l)t)] \end{aligned}$$

帶通濾波器被用來排除不要的項，而保留我們要的那一項。

很重要一點是要注意到，混頻是線性的運算。因此，輸入被調波之邊帶與載波的關係，在混頻器輸出會完全不變。

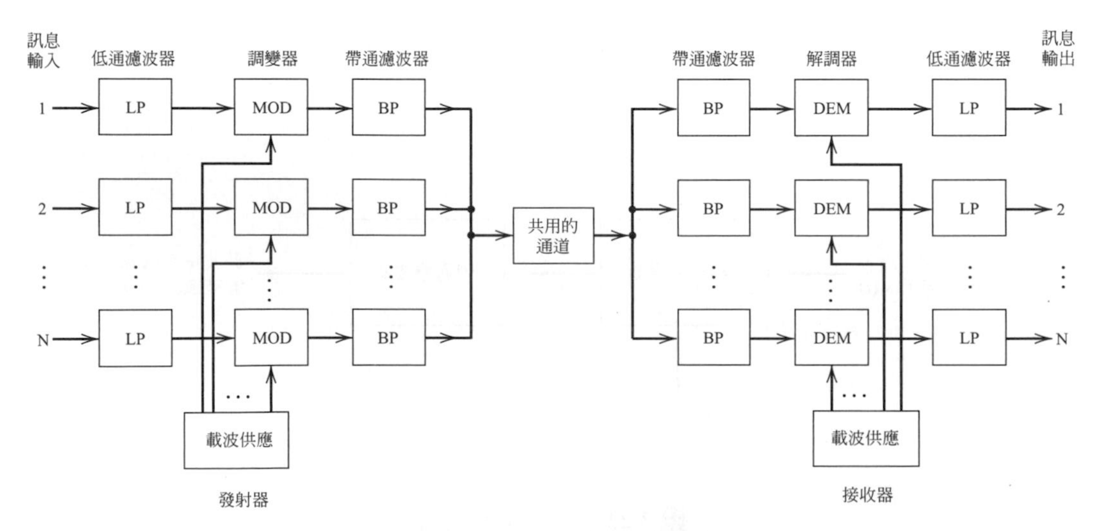

圖 3.23　FDM 系統方塊圖

3.8 分頻多工[5]

另一個重要的訊號處理是**多工**(multiplexing)，它使數個獨立訊號能夠合併成一個組合訊號，然後在共用的通道中傳輸。比方說，在電話系統中傳送的聲音頻率範圍為 300 到 3100 赫。要在同一個通道傳送數個訊號，彼此間就必須分開以免互相干擾，也因而能在接收端被分離出來。這個目的可以藉由在頻率或是時間上分隔訊號而達成。在頻率上分隔訊號的技術就稱為**分頻多工**(frequency-division multiplexing，FDM)，而在時間上分隔訊號的技術則稱為分時多工(time-division multiplexing，TDM)。這一節將討論 FDM 系統，而 TDM 系統在第 7 章討論。

FDM 系統的方塊圖示於圖 3.23。假設輸入的訊息訊號是低通形式，不過其頻譜並不必在零頻率處還有非零的值。緊接在每一個輸入訊號之後有一個低通濾波器，它是用來移除對號本身沒有太大影響，但是對其他共用通道之訊號，會產生干擾的高頻成分。只有在輸入訊號一開始就足夠帶限，才能夠去掉這些低通濾波器。濾波後的訊號送到調變器中，訊號的頻率被轉移到彼此不同的區間。執行頻率轉移所需的載波頻率由載波供應器提供。至於調變，可以使用本書提過的任何一種方式。如果資訊源是類比的聲音，那麼常用於分頻多工系統的是單邊帶調變。在這種情況下，每一個聲音訊號頻寬通常為 4kHz。接在調變器後面的帶通濾波器，用來將被調波頻帶限制於預定的範圍內。接著帶通濾波器輸出被合併，成為共用通道的輸入。在接收端有一排輸入相連的帶通濾波器，它被用以依頻率不同來分隔訊號。最後，原始訊息訊號就由個別的解調器復原。在圖 3.23 所示之 FDM 系統只能往單方向操作。如果要提供雙向的傳輸，例如像電話系統，就必須要完全複製一份多工設備，其元件依相反順序連接，且訊號進行方向為由右向左。

3.9 總結與討論

本章討論了調幅的原理，它是連續波(CW)調變的方式之一，另外也討論了產生及解調調幅訊號的重要方法。調幅使用到振幅隨著訊息訊號而變的的載波。

依據被調訊號的頻譜內容，調幅本身可以區分為四類。這四類調幅以及它們實用上的優點如下列：

1. 標準調幅(AM)是將上邊帶、下邊帶及載波完全送出。因此，AM 訊號的解調可以很簡單地完成，例如可以使用波封檢測器。這就是何以它被普遍應用於含有一個高功率發射器，以及無數個便宜接收器的商用 AM 無線電**廣播**。
2. 雙邊帶抑制載波(DSB-SC)調變只送出上邊帶及下邊帶。把載波抑制表示 DSB-SC 調變在傳送同一個訊息訊號時，需要的功率比傳統 AM 少很多；然而 DSB-SC 調變的這項優點，是用增加接收器複雜度為代價換來的。因此 DSB-SC 調變適用於只含一組發射器及接收器的**點對點通訊**；對於這種形式的通訊，發射功率相當珍貴，因此使用較複雜的接收器也還算正常。

3. 單邊帶(SSB)調變只送出上邊帶或下邊帶。就運送訊號時需要最低發射功率以及最少頻寬這點而言，它可說是最佳的調變方式。
4. 殘留邊帶調變以互補的形式，傳送「幾乎」整個的某一個邊帶，以及另一個邊帶的「殘留」。VSB 調變需要的頻寬介於 SSB 及 DSB-SC 系統之間，而如果待處理的訊號頻寬很大，例如電視訊號和高速數據，它能節省很可觀的頻寬。

DSB-SC、SSB 和 VSB 都屬線性調變，意即如果 $s_1(t)$和 $s_2(t)$是相對於訊息 $m_1(t)$與 $m_2(t)$的被調訊號，那麼 $s_1(t) + s_2(t)$就對應於訊息 $m_1(t) + m_2(t)$。通常 AM 並沒有這種特性，因爲它含有載波成分。

我們另外也介紹了兩種檢測調幅訊號的重要方法。第一種方法是**非同調檢測**，波封檢測屬於這類，因爲它的接收器並不需要恢復載波相位。非同調檢測有實現簡單的優點，但缺點爲浪費功率。第二種方式爲**同調解調**，其接收器包含恢復載波相位的電路。不管載波是否被抑制，這個方法都能適用。同調解調的優點是可以應用於抑制載波的調變，因此功率使用的效率比非同調檢測好。其缺點是需要比較複雜的接收器設計。

下一章將討論第二種連續波調變技術，也就是角度調變。我們將發現角度調變的特性與調幅有很大的差異。

註解及參考文獻 *Notes and References*

[1] 有關產生 SSB 訊號所需濾波器的討論，參考克爾斯(Kurth，1976)的論文。

[2] 有關希爾伯特轉換的討論，參考黑肯(Haykin，2001)的著作。

[3] 我們在第 3.5 節敘述了一種產生 VSB 訊號的方法。希爾(Hill，1974)在一篇傑出的論文中，描述了另外一種用來表示 VSB 訊號的時域法。簡言之，VSB 訊號表示成一個窄頻「波封」函數以及一個 SSB 訊號的乘積。

[4] 有關電視技術的論文合集，參考由瑞索斯基(Rzeszewski，1984)編輯的書籍。有關數位電視系統中 VSB 傳輸的敘述，參考切拉巴里等人的論文(Challapali et al，1995)。

[5] 有關多工傳輸效能的討論，參考班奈特(Bennett，1970，pp.213-218)的著作。有關 FDM 系統的其它資訊，參考貝爾電話實驗室(Bell Telephone Laboratories)出版之《通訊傳輸系統》(*Transmission Systems for Communications*)，pp.128-137(Western Electric，1971)。

❖本章習題 *Problems*

3.1 頻率為 1MHz 的載波被一個 5 kHz 的正弦波做 50% 調變。產生的 AM 訊號傳輸通過圖 P3.1 的共振電路，此電路調諧到載波頻率，且其 Q-因數為 175。計算通過此電路後的被調訊號。這個被調訊號的調變百分率是多少？

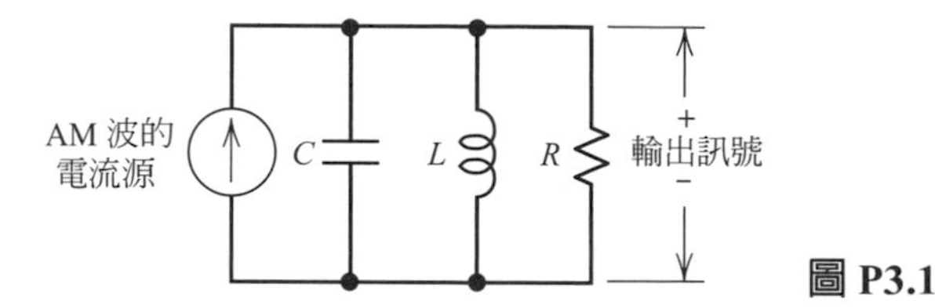

圖 P3.1

3.2 有一個 p-n 接面二極體，流經的電流 i 與跨越的電壓 v 關係為

$$i = I_o\left[\exp\left(-\frac{v}{V_T}\right) - 1\right]$$

其中 I_0 是反向飽和電流，V_T 是溫度的等效電壓，其定義為

$$V_T = \frac{kT}{e}$$

其中 k 為波次曼常數(Boltzmann's constant)，單位為焦耳/度 K；T 是絕對溫度，單位為度 K；e 為一個電子的電荷。在室溫下，$V_T = 0.026$ 伏特。

(a) 將 i 展開為 v 的多項式，保留到 v^3 項。

(b) 令

$$v = 0.01\cos(2\pi f_m t) + 0.01\cos(2\pi f_c t) \text{ volts}$$

其中 $f_m = 1$ kHz 以及 $f_c = 100$kHz。計算二極體電流 i 的頻譜。

(c) 如要從二極體電流中抽取出載波頻率為 f_c 的 AM 訊號，寫出所需帶通濾波器的規格。

(d) 此 AM 訊號的調變百分率是多少？

3.3 假設一個非線性裝置之輸出電流 i_o 與輸入電壓 v_i 的關係為

$$i_o = a_1 v_i + a_3 v_i^3$$

其中 a_1 及 a_3 為常數。說明如何利用這組裝置當作：(a) 乘積調變器；(b) 振幅(AM)調變器。

3.4 圖 P3.4 所示為一個**平方律調變器**。送到非線性裝置的訊號相對較微弱，使得它可以表示為平方律：

$$v_2(t) = a_1 v_1(t) + a_2 v_1^2(t)$$

其中 a_1 及 a_2 為常數，$v_1(t)$是輸入電壓，$v_2(t)$是輸出電壓。輸入電壓之定義為

$$v_1(t) = A_c\cos(2\pi f_c t) + m(t)$$

其中 $m(t)$ 是訊息訊號，$A_c\cos(2\pi f_c t)$ 是載波。

(a) 計算輸出電壓 $v_2(t)$。

(b) 如要產生一組載波頻率為 f_c 的 AM 訊號，寫出圖 P3.4 中調諧電路必須滿足的頻率響應。

(c) 此 AM 訊號的振幅靈敏度是多少？

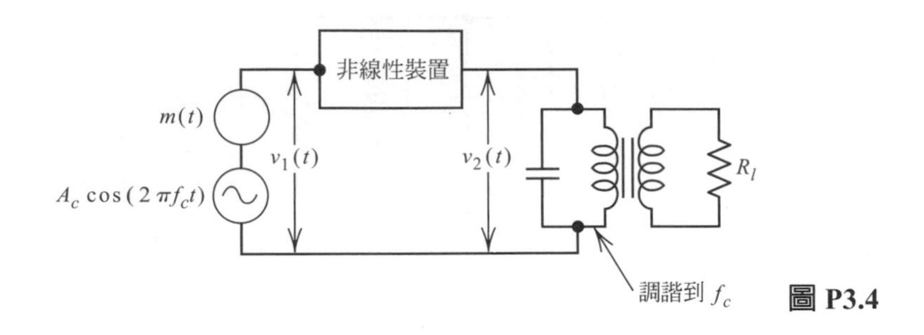

圖 P3.4

3.5 考慮一個由頻率 f_m 之正弦調變訊號產生的 AM 訊號

$$s(t) = A_c[1 + \mu \cos(2\pi f_m t)]\cos(2\pi f_c t)$$

假設調變因數為 $\mu = 2$，且載波頻率 f_c 遠大於 f_m。此 AM 訊號 $s(t)$送入理想波封檢測器，得到輸出為 $v(t)$。

(a) 計算 $v(t)$的傅立葉級數表示式。

(b) $v(t)$二次諧波與基本頻率的振幅比值是多少？

3.6 考慮一個**平方律檢測器**，它使用的非線性裝置轉換特性為

$$v_2(t) = a_1 v_1(t) + a_2 v_1^2(t)$$

其中 a_1 及 a_2 為常數，$v_1(t)$為輸入，$v_2(t)$為輸出。輸入為以下 AM 波

$$v_1(t) = A_c[1 + k_a m(t)]\cos(2\pi f_c t)$$

(a) 計算輸出 $v_2(t)$。

(b) 找出能夠由 $v_2(t)$復原訊息訊號 $m(t)$的條件。

3.7 AM 訊號

$$s(t) = A_c[1 + k_a m(t)]\cos(2\pi f_c t)$$

送入圖 P3.7 的系統。假設在所有 t 都滿足$|k_a m(t)| < 1$，且訊息訊號 $m(t)$帶限於 $-W \le f \le W$，以及載波頻率 $f_c > 2W$，證明可以由平方根電路輸出 $v_3(t)$處得到 $m(t)$。

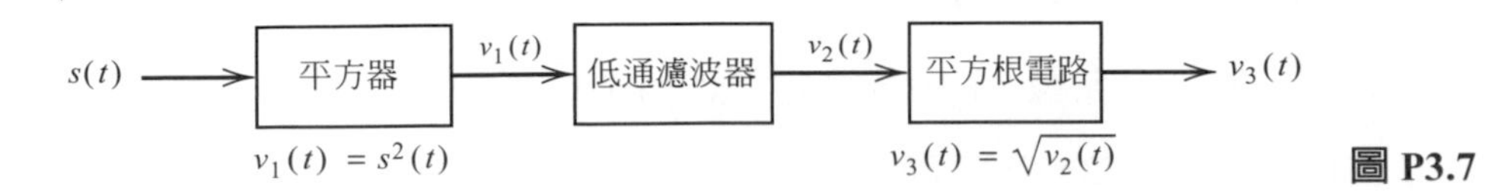

圖 P3.7

3.8 考慮一訊息訊號 $m(t)$，其頻譜示於圖 P3.8。訊息頻寬為 W=1 kHz。這個訊號與載波 $A_c \cos(2\pi f_c t)$ 一起送入乘積調變器，產生 DSB-SC 被調訊號 $s(t)$。接著被調訊號送入同調檢測器。假設調變器與檢測器中的載波完全同步，分別對以下情況計算檢測器輸出的頻譜：

(a) 載波頻率 f_c = 1.25 kHz

(b) 載波頻率 f_c = 0.75 kHz。載波頻率最低要為多少，才能使被調訊號 $s(t)$的所有成分與 $m(t)$呈一對一對應？

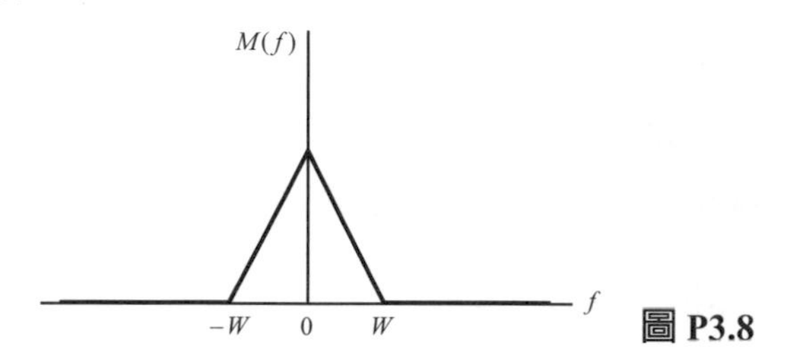

圖 P3.8

3.9 圖 P3.9 為**平衡調變器**的電路圖。接到上方 AM 調變器的輸入為 $m(t)$，而接到下方 AM 調變器的輸入為 $-m(t)$；這兩個調變器的振幅靈敏度相同。證明此平衡調變器的輸出 $s(t)$包含了 DSB-SC 訊號。

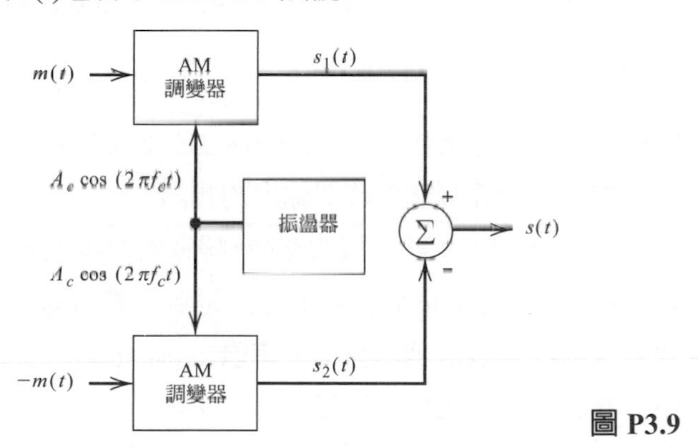

圖 P3.9

3.10 圖 3.10 為環形調變器電路的細節。假設二極體均相同，且變壓器完全平衡。令 R 表示調變器輸入及輸出的端電阻(假設為理想 1:1 變壓器)。分別對圖 3.10b 及 3.10c 描述的條件計算調變器輸出電壓。然後，證明這兩個電壓的大小相等，而極性相反。

3.11 一個 DSB-SC 訊號被送入同調檢測器去解調。

(a) 計算在檢測器中，本地載波頻率與輸入 DSB-SC 訊號載波頻率，兩者間之頻率誤差 Δf 所造成的影響。

(b) 當調變訊號為正弦波，證明解調訊號會因為這個頻率誤差，而以此頻率差節奏呈現**脈動**。畫出解調訊號以說明你的答案。

3.12 考慮 DSB-SC 訊號

$$s(t) = A_c \cos(2\pi f_c t) m(t)$$

其中 $A_c \cos(2\pi f_c t)$ 爲載波頻率，$m(t)$爲訊息訊號。這個訊號送入平方律裝置，其轉移特性爲

$$y(t) = s^2(t)$$

接著將輸出 $y(t)$送入通帶振幅響應爲 1，中帶頻率爲 $2f_c$，頻寬爲 Δf 的窄頻濾波器。假設 Δf 夠小，使得在實質上，可以將 $y(t)$在濾波器通帶內的頻譜視爲常數。

(a) 計算平方律裝置輸出 $y(t)$的頻譜。

(b) 證明濾波器輸出 $v(t)$近似爲弦波，亦即

$$v(t) \simeq \frac{A_c^2}{2} E \Delta f \cos(4\pi f_c t)$$

其中 E 爲訊息訊號 $m(t)$的能量。

3.13 考慮圖 3.16 的正交載波多工系統。在圖 3.16a 發射器輸出產生的多工訊號 $s(t)$被送入轉移函數爲 $H(f)$的通道。通道輸出接著送到圖 3.16b 接收器的輸入。證明

$$H(f_c + f) = H^*(f_c - f), \quad 0 \le f \le W$$

是能在接收器輸出復原訊息訊號 $m_1(t)$和 $m_2(t)$的必要條件；其中 f_c 爲載波頻率，W 爲訊息頻寬。**提示**：計算兩個接收器輸出的頻譜。

3.14 假定在圖 3.16 正交載波多工系統的接收器中，解調器的本地載波對發射器載波源有一個相位誤差 ϕ。假設發射器與接收器之間是無失眞的通道，證明這個相位誤差，會對接收器輸出的兩個解調訊號造成**串音**(cross-talk)。所謂串音，表示在接收器輸出出現了屬於另一個訊息的訊號，反之亦然。

3.15 有一種特別的 AM 立體聲使用到正交多工。明確地說，就是載波 $A_c \cos(2\pi f_c t)$ 被用來調變以下訊號總和

$$m_1(t) = V_0 + m_l(t) + m_r(t)$$

其中 V_0 是用來傳送載波成份的直流偏壓，$m_l(t)$ 是左手邊的音訊，$m_r(t)$是右手邊的音訊。而正交載波 $A_c \sin(2\pi f_c t)$ 用來調變訊號差

$$m_2(t) = m_l(t) - m_r(t)$$

(a) 證明可以使用波封檢測器來由此正交多工訊號復原訊號和 $m_r(t)+m_l(t)$。你要如何將波封檢測器產生的訊號失眞減到最小？

(b) 證明可以使用同調檢測器復原訊號差 $m_l(t) - m_r(t)$ 。

(c) 最後要如何得到 $m_l(t)$ 和 $m_r(t)$？

3.16 使用一個單頻率調變訊號 $m(t) = A_m \cos(2\pi f_m t)$ 來產生 VSB 訊號

$$s(t) = \frac{1}{2} a A_m A_c \cos[2\pi(f_c + f_m)t] + \frac{1}{2} A_m A_c (1-a) \cos[2\pi(f_c - f_m)t]$$

其中 a 為小於 1 的常數，代表上邊頻率的衰減量。

(a) 如果我們把這個 VSB 訊號表示成正交載波多工

$$s(t) = A_c m_1(t) \cos(2\pi f_c t) + A_c m_2(t) \sin(2\pi f_c t)$$

(b) 將此 VSB 訊號加上載波 $A_c \cos(2\pi f_c t)$，然後通過波封檢測器。計算由正交成份 $m_2(t)$所產生的失真。

(c) 當常數 a 值為多少時，這個失真會達到最差的情況？

3.17 利用下式之訊息訊號，計算並畫出經過以下調變方式後，得到的被調波：

$$m(t) = \frac{1}{1+t^2}$$

(a) 50%調幅。

(b) 雙邊帶抑制載波調變。

3.18 用來解調 SSB 訊號 $s(t)$的本地振盪器，與產生 $s(t)$所用的載波頻率之間，存在頻率誤差 Δf。否則的話，接收端的振盪器與發射端供應載波的振盪器之間，會達到完全的同步。對以下兩種情況計算解調訊號：

(a) 此 SSB 訊號 $s(t)$只包含上邊帶。

(b) 此 SSB 訊號 $s(t)$只包含下邊帶。

3.19 圖 P3.19 為用**韋孚法**(Weaver's method)產生 SSB 波的方塊圖。訊息(調變)訊號 $m(t)$ 帶限於頻帶 $f_a \le |f| \le f_b$。輸入到第一對乘積調變器之附屬載波頻率為 f_0，它位於頻帶的中心，也就是

$$f_0 = \frac{f_a + f_b}{2}$$

上下兩個分枝中的低通濾波器相同，截止頻率都等於$(f_b - f_a)/2$。輸入到第二對乘積調變器之載波頻率 f_c 大於$(f_b - f_a)/2$。畫出圖 P3.19 調變器中各點的頻譜，然後證明：

(a) 在上下兩個分枝中的下邊帶，其符號相反，因此相加後，調變器輸出的下邊帶會被抑制。

(b) 在上下兩個分枝中的上邊帶，其符號相同，因此相加後，調變器輸出的上邊帶會被發射。

(c) 要如何修改圖 P3.19 的調變器，使得下邊帶會被發射？

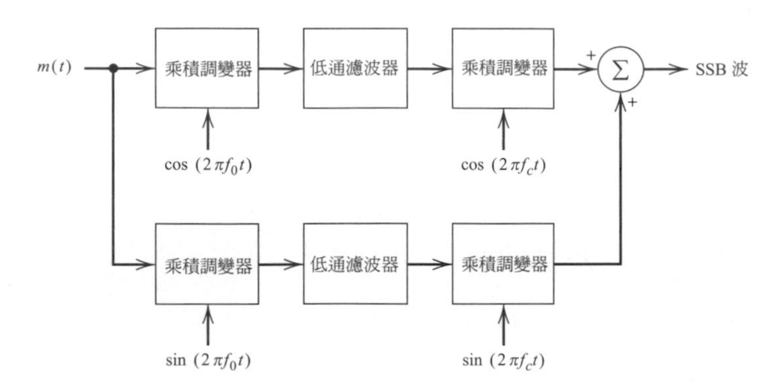

圖 P3.19

3.20 **(a)** 考慮一個含有頻率成分於 100，200，及 400 Hz 的訊息訊號 $m(t)$。此訊號與 100 kHz 的載波送入 SSB 調變器，並只保留上邊帶。在用來復原 $m(t)$的同調檢測器中，本地振盪器提供頻率爲 100.02 kHz 的弦波。計算檢測器輸出的頻率成分。

(b) 假設只有下邊帶被傳送，重複上述分析。

3.21 一個聲音訊號 $m(t)$的頻譜在 $f_a \le |f| \le f_b$ 以外皆爲零。爲了確保通訊的隱密，訊號被送入由下列元件串接而成的**攪亂器**(scrambler)：一個乘積調變器，一個高通濾波器，另一個乘積調變器，以及一個低通濾波器。送入第一個乘積調變器的載波頻率爲 f_c，而送入第二個乘積調變器的載波頻率爲 $f_b + f_c$；兩者的幅度皆爲 1。高通及低通濾波器兩者的截止頻率同爲 f_c。假設 $f_c > f_b$。

(a) 推導出攪亂器輸出 $s(t)$的表示式，並畫出其頻譜。

(b) 證明利用一個與上述相同的攪亂器，可以從 $s(t)$中把原始聲音訊號 $m(t)$恢復回來。

3.22 有一個用來在 SSB 調變系統中復原載波的方法，是在與傳輸邊帶有關的適當位置上，發射兩個引示訊號。圖 P3.22a 畫出了當只有下邊帶被傳送時的情況。在這個情況下，引示頻率 f_1 及 f_2 爲

$$f_1 = f_c - W - \Delta f$$

以及

$$f_2 = f_c + \Delta f$$

其中 f_c 是載波頻率，W 是訊息頻寬。Δf 的選擇滿足以下關係式

$$n = \frac{W}{\Delta f}$$

其中 n 爲整數。載波的復原是用圖 P3.22b 中的方法達成。兩個以 f_1 及 f_2 爲中心之窄頻濾波器輸出分別爲

$$v_1(t) = A_1 \cos(2\pi f_1 t + \phi_1)$$

及

$$v_2(t) = A_2 \cos(2\pi f_2 t + \phi_2)$$

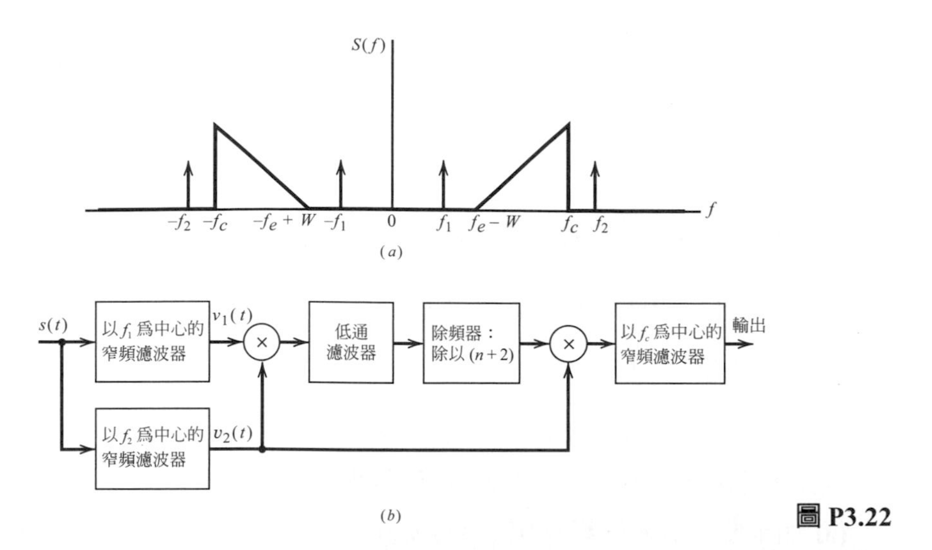

圖 P3.22

低通濾波器的設計，是在第一個乘法器輸入 $v_1(t)$及 $v_2(t)$時，用來選擇其輸出的差頻成分。

(a) 證明如果相角 ϕ_1 以及 ϕ_2 滿足以下關係，則圖 P3.22b 電路的輸出訊號會正比於載波 $A_c\cos(2\pi f_c t)$

$$\phi_2 = -\frac{\phi_1}{1+n}$$

(b) 對於只有上邊帶被傳送的情況，兩個引示訊號為

$$f_1 = f_c - \Delta f \quad 及 \quad f_2 = f_c + W + \Delta f$$

你要如何修改圖 P3.22b 的載波恢復電路，以適用到這個情況？電路輸出會正比於載波時，ϕ_1 與 ϕ_2 間的關係為何？

3.23 圖 P3.23 為**頻率合成器**的方塊圖，它能產生很多個頻率，而且每一個的準確度都與**主振盪器**一樣高。頻率為 1 MHz 的主振盪器接到兩個**頻譜產生器**(spectrum generators)，其中一個是直接接上，而另一個先接到**除頻器**(frequency divider)。頻譜產生器 1 產出帶有足量以下諧波的訊號：1，2，3，4，5，6，7，8，以及 9 MHz。除頻器提供 100-kHz 的輸出，頻譜產生器就利用它產出帶有足量以下諧波的訊號：100，200，300，400，500，600，700，800，及 900kHz。諧波選擇器用來選取兩個訊號送入混頻器，其中一個來自頻譜產生器 1，而另一個來自頻譜產生器 2。找出此合成器可輸出頻率的範圍以及其解析度。

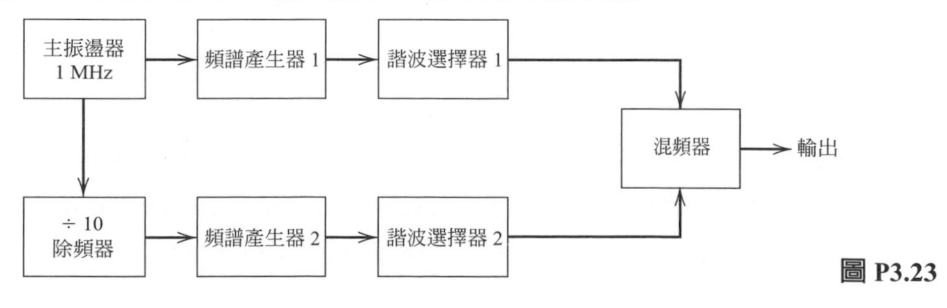

圖 P3.23

3.24 有一個多工系統有四個輸入訊號 $m_1(t)$，$m_2(t)$，$m_3(t)$，和 $m_4(t)$，它們分別被乘以下列載波

$$[\cos(2\pi f_a t) + \cos(2)\pi f_b t]$$

$$[\cos(2\pi f_a t + \alpha_1) + \cos(2\pi f_b t + \beta_1)]$$

$$[\cos(2\pi f_a t + \alpha_2) + \cos(2\pi f_b t + \beta_2)]$$

$$[\cos(2\pi f_a t + \beta_3) + \cos(2\pi f_b t + \beta_3)]$$

得到的 DSB-SC 訊號加起來後，在一個共同的通道中傳輸。在接收器中的解調，是先將此訊號的總和分別乘以這四個載波，然後用濾波器除去不要的成分。

(a) 如果要使第 k 個解調器輸出爲 $m_k(t)$，其中 $k = 1$、2、3、4，找出相角 α_1、α_2、α_3 和 β_1、β_2、β_3 必須滿足的條件。

(b) 如要確保系統能正常操作，找出載波頻率 f_a 和 f_b 間之最小距離與輸入訊號頻寬的關係。

電腦題

3.25 在本電腦實驗中，我們將模擬 AM 波的調變與解調。

(a) 寫一個 Matlab 片段以模擬 0.4kHz 訊號對 20kHz 載波的調變。使用調變指數爲 50%，取樣速率爲 160 kHz。

(b) 假設波封檢測器的順向電阻 r_f 爲 25Ω，電容爲 0.01μF。電源電阻爲 75Ω，負載電阻爲 10kΩ。

(i) 充電的時間常數是多少？比較這個時間常數與調變波的週期，並說明它追隨波封變化的能力如何。

(ii) 電容放電的時間常數是多少？將它與載波的週期做比較。利用線性近似，計算在一個取樣週期內，電容電壓衰減的比例爲多少？

(iii) 根據這些結果，解釋以下波封檢測器的取樣模型。

```
Vc(1) = 0;              % initial capacitor voltage
for i = 2: length(s)
  if s(i) > Vc(i − 1) % diode on
    Vc(i) = s(i);
  else                  % diode off
    Vc(i) = Vc(i − 1) − 0.023*Vc(i − 1);
  end
end
```

(iv) 將波封檢測器應用於被調訊號。

(c) 波封檢測器的輸出送入增益爲 1，時間常數爲 1 ms 的 RC 濾波器。發展出這個模型離散時間的截取脈衝響應(discrete-time truncated impulse response)模型。將這個濾波器模型用於波封檢測器輸出。說明你的結果。

Chapter 4

PHASE AND FREQUENCY MODULATION

相位與頻率調變

4.1 簡介

在前章，我們檢視一個隨基頻信號(載有資訊)變化的弦載波之振幅的緩慢改變之效應。本章，我們將研讀連續波調變系統的第二族群，即所謂**相角調變**，於此調變系統載波之相角將隨基頻信號而變化。於此調變方法，載波之振幅將保持固定。兩個常用的相角調變形式，即所謂**相位調變**及**調頻**。相角調變的一個重要特點是它能提供比調幅系統較佳的區別以對抗雜訊及干擾。然而將如後面第六章證明的，這樣的性能表現的改善是以犧牲較大的傳送頻寬來達成的。亦即，相角調變提供我們一個以通道頻寬來交換雜訊性能表現的改善的實際方法。對於調幅系統則無法做如此交易。尤甚，相角調變對雜訊性能表現的改善亦將增加傳送器與接收器的複雜度才能達成。

4.2 基本定義

令 $\theta_i(t)$表示在時間 t 時被調變弦載波的相角，假定它是帶有資訊或資訊信號的函數。我們表示**相角調變波**如下：

$$s(t) = A_c \cos[\theta_i(t)] \tag{4.1}$$

其中 A_c 是載波的振幅。一個完整的振盪發生於每當 $\theta_i(t)$改變了 2π 弧度。如果 $\theta_i(t)$隨時間單調的增加，那麼在時間區間從 t 到 $t+\Delta t$ 裡以赫茲(Hz)爲單位的平均頻率如下：

$$f_{\Delta t}(t) = \frac{\theta_i(t+\Delta t) - \theta_i(t)}{2\pi\Delta t} \tag{4.2}$$

我們因此可以定義一個相角調變信號 $s(t)$的**瞬間頻率**如下：

$$\begin{aligned} f_i(t) &= \lim_{\Delta t \to 0} f_{\Delta t}(t) \\ &= \lim_{\Delta t \to 0}\left[\frac{\theta_i(t+\Delta t) - \theta_i(t)}{2\pi\Delta t}\right] \\ &= \frac{1}{2\pi}\frac{d\theta_i(t)}{dt} \end{aligned} \tag{4.3}$$

其中在最後一行，我們已使用相角對時間 t 微分的定義。

因此根據式子(4.1)，我們可以把相角調變信號 $s(t)$解釋爲一個以長度 A_c 及角度 θ_i(t)旋轉的相量(phasor)。如此相量的角速度是 $d\theta_i(t)/dt$，根據式子(4.3)其是以每秒多少弧度來量測的。依尚未調變的載波的簡單情況，此相角 $\theta_i(t)$是

$$\theta_i(t) = 2\pi f_c t + \phi_c$$

並且相對應的相量以一個固定等於 $2\pi f_c$ 的角速旋轉。常數 ϕ_c 是 $\theta_i(t)$在時間 $t = 0$ 時的值。

將有無窮多的方法可以將角度 $\theta_i(t)$以某種方式由資訊(基頻)加以改變。但是我們將只考慮兩種常用的方法，相位調變與調頻如下所定義：

1. **相位調變是相角調變的一種形式，其中暫態角度 $\theta_i(t)$是依資訊信號線性改變如下**

   $$\theta_i(t) = 2\pi f_c t + k_p m(t) \tag{4.4}$$

   此 $2\pi f_c t$ 項代表未調載波的相角，常數 k_p 代表調變器的**相位敏感度**，以 $m(t)$是電壓波形來說其是以每伏特多少弧度來表示。爲方便起見，在式子(4.4)裡我們已假定未調載波的相角在時間 $t = 0$ 時是零。因此這相位調變信號 $s(t)$在時域裡可這樣描述

   $$s(t) = A_c \cos[2\pi f_c t + k_p m(t)] \tag{4.5}$$

2. **調頻(FM)是相角調變的一種形式，其中暫態頻率 $f_i(t)$ 是依資訊信號 $m(t)$ 線性改變如下**

$$f_i(t) = f_c + k_f m(t) \tag{4.6}$$

此 f_c 項代表未調載波的頻率，且常數 k_f 代表調變器的**頻率敏感度**，以 $m(t)$ 是電壓波形來說其是以每伏特多少赫茲來表示。將式子(4.6)對時間積分並將結果乘以 2π，我們得到

$$\theta_i(t) = 2\pi f_c t + 2\pi k_f \int_0^t m(\tau)d\tau \tag{4.7}$$

其中爲方便起見，我們已假定未調載波的相角在時間 $t = 0$ 時是零。因此這調頻信號可以如下的時域表示

$$s(t) = A_c \cos\left[2\pi f_c t + 2\pi k_f \int_0^t m(\tau)d\tau\right] \tag{4.8}$$

相角調變波之性質

相角調變波是由某些重要性質特徵化成它們自己的一個族群，並將它們與振幅調變族群區分開，以正弦波調變爲例如圖 4.1 所描述。圖 4.1a 與 4.1b 分別是正弦載波與調變波。圖 4.1c，4.1d，及 4.1e 分別顯示對應的調幅(AM)，相位調變(PM)，及調頻(FM)波。

It is not a question

At the quesiton period after a Dirac lecture at the University of Toronto, somebody in the audience remarked:

"*Professor Dirac, I do not understand how you derived the formula on the top left side of the blackboard.*"

"*This is not a question,*" snapped Dirac, "*it is a statement. Next question, please.*"

（圖片來源：維基百科）

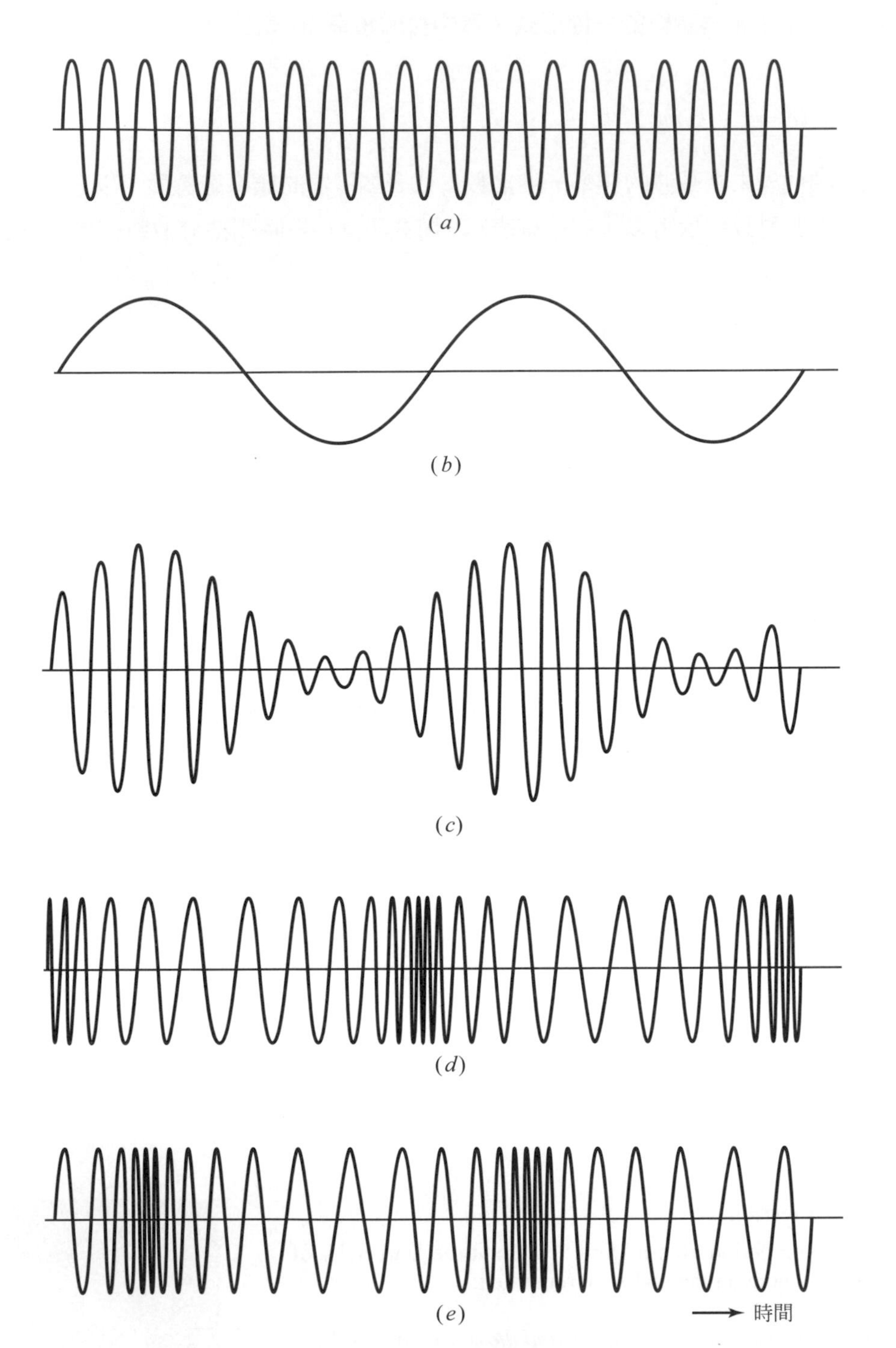

圖 4.1 描述由一單音調產生的 AM、PM 及 FM 信號。

(a) 載波波形；(b) 弦波調變信號；(c) 調幅信號；(d) 相位調變信號；(e) 調頻信號

性質 1　傳送功率之恒定性

從式子(4.4)及(4.7)，我們已可看到對所有時間 t，不管敏感性因數 k_p 及 k_f 如何，相位調變(PM)及調頻(FM)之振幅都被維持等於載波振幅 A_c 之值。此性質在圖 4.1d 之 PM 波及圖 4.1e 之 FM 波已做很好展示。因而相角調變的平均傳送功率是一個常數恒定如下所示

$$P_{av} = \frac{1}{2}A_c^2 \tag{4.9}$$

其中我們已假定負載電阻是 1 歐姆。

性質 2　調變過程之非線性

相角調變之另一特殊性是其非線性之特性。我們會如此說是因爲兩個 PM 及 FM 波都違背了疊加性原理。例如，假定資訊信號 $m(t)$是由兩個不同成份 $m_1(t)$及 $m_2(t)$組成，如下所示

$$m(t) = m_1(t) + m_2(t)$$

令 $s(t)$、$s_1(t)$、及 $s_2(t)$分別表示依式子(4.4)由 $m(t)$、$m_1(t)$、及 $m_2(t)$產生的 PM 波。鑒於該式子，我們可以將這些 PM 波表示如下：

$$s(t) = A_c \cos[2\pi f_c t + k_p(m_1(t) + m_2(t))]$$

$$s_1(t) = A_c \cos[2\pi f_c t + k_p m_1(t)]$$

及

$$s_2(t) = A_c \cos[2\pi f_c t + k_p m_2(t)]$$

從這些表示式，不管 $m(t) = m_1(t) + m_2(t)$之事實，我們足以看到疊加性原理被破壞了因爲

$$s(t) \neq s_1(t) + s_2(t)$$

相同的結果對 FM 波也成立。對比於調幅，相角調變是非線性的事實複雜了 PM 及 FM 波的頻譜分析與雜訊分析。同樣地，相角調變有它本身實際的好處。例如，相對於調幅，調頻方法提供了優異的對抗雜訊的性能表現，此都歸因於調頻的非線性特性。

性質 3　零相交之不規律性

允許瞬間相角 $\theta_i(t)$ 變成相依於式子(4.4)裡的資訊信號或式子(4.7)裡的積分 $\int_0^t m(\tau)d\tau$ 的後果是，一個 PM 或 FM 波之零相交在它們跨越時標的空間將不再具有完美的規律性。**零相交**(zero-crossings)是被定義爲在時間上當波形之振幅由正變負或由負變正之瞬間。就某種程度，相角調變波裡的零相交之不規律性也歸因於調變過程的非線性特性。爲描述此性質，我們可以將圖 4.1d 裡的 PM 波及圖 4.1e 裡的 FM 波對比到圖 4.1c 裡的調幅 AM 波。

在相角調變必須注意的重點是，資訊信號 $m(t)$的資訊內容存在於調變波的零相交裡。只要載波頻率 f_c 比資訊信號 $m(t)$的最高頻率大，以上敘述都成立。

性質 4　資訊波形難以形象化

在調幅 AM，我們可將資訊波形視爲調變波的波封，只要調變百分比是小於百分之一百，如圖 4.1c 裡對弦波調變所描述的。此在相角調變並非如此，如分別在圖 4.1d 及圖 4.1e 裡的相位調變及調頻的波形。通常，在相角調變波裡難以形象化資訊波形是歸因於相角調變波的非線性特行。

性質 5　以增加傳輸頻寬交換雜訊性能表現

相角調變比調幅的一個重大優點是改善雜訊性能表現之實現。此優點主要歸因於一個事實：對於存在於相加性雜訊，經由調變一個弦載波的相角比經由調變一個弦載波的振幅來傳送資訊信號較不敏感。但是，對抗雜訊性能的改善是以犧牲相角調變相對應所需的一個傳輸頻寬的增加而達到。換句話說，使用相角調變提供了以增加傳輸頻寬換取雜訊性能改善的可能性。如此交換對調幅是不可能的因爲調幅的傳輸頻寬，依調變形態而定，是被固定在某個資訊頻寬 W 及 $2W$ 之間。雜訊對相角調變的效應會在第六章討論。

範例 4.1　零相交

考慮一個會隨時間線性增加的調變波 $m(t)$，其開始於時間 $t=0$，如下

$$m(t)=\begin{cases} at, & t\ge 0 \\ 0, & t<0 \end{cases}$$

其中 a 是斜率參數(請看圖 4.2a)。從此後，我們將使用下列一組參數當研讀由 $m(t)$產生的 PM 及 FM 波之零相交：

$$f_c=\frac{1}{4}\text{ Hz}$$

$$a=1\text{ volt/s}$$

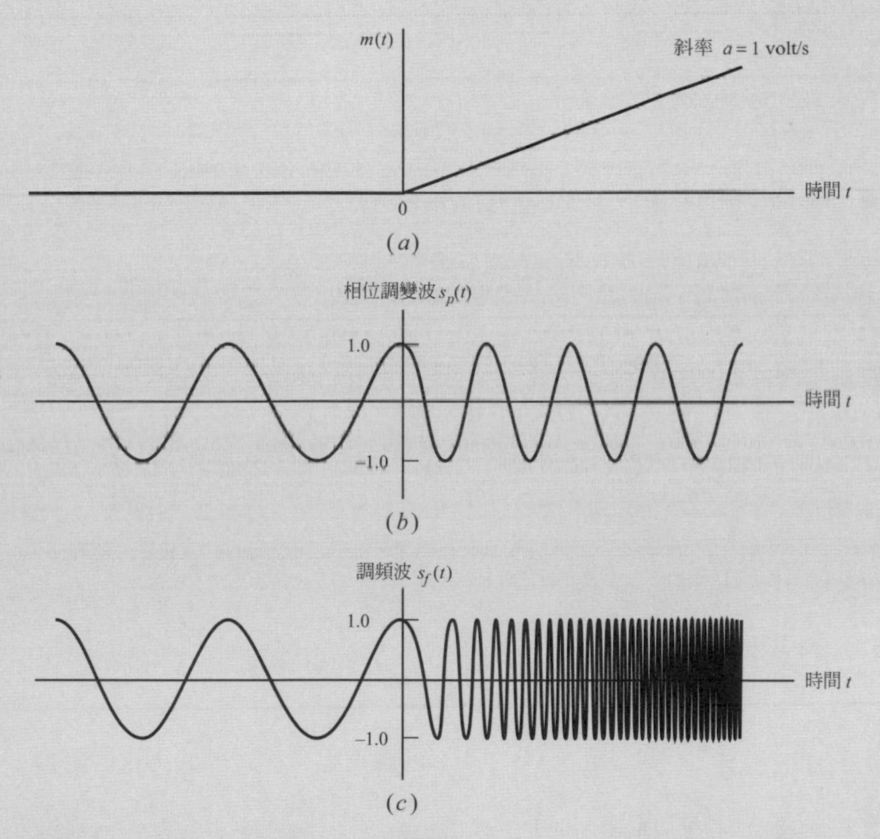

圖 4.2　從時間 $t=0$ 開始，此圖顯示：

(a) 線性地增家資訊信號 $m(t)$；(b) 相位調變波；(c) 調頻波

1. **相位調變**：相位-敏感度因數 $k_p=\frac{\pi}{2}$ 弧度/伏特(radians/volt)引用式子(4.5)到 $m(t)$ 得到此 PM 波

$$s(t)=\begin{cases} A_c\cos(2\pi f_c t+k_p at), & t\ge 0 \\ A_c\cos(2\pi f_c t), & t<0 \end{cases}$$

此被畫在圖 4.2b 對應 $A_c=1$ 伏特。

令 t_n 表示 PM 波在時間上經歷一個零相交的瞬間，此發生在任何當 PM 波的相角是 $\pi/2$ 的一個奇數倍時。那麼，我們可設立

$$2\pi f_c t_n + k_p a t_n = \frac{\pi}{2} + n\pi, \qquad n = 0,1,2,\ldots$$

當做給 t_n 的**線性**方程式。解此方程式求 t_n，我們得到此線性公式

$$t_n = \frac{\frac{1}{2} + n}{2f_c + \frac{k_p}{\pi} a}$$

代入前面 f_c，a，及 k_p 之值到此線性公式，我們得到

$$t_n = \frac{1}{2} + n, \qquad n = 0,1,2,\ldots$$

其中 t_n 是以秒爲量測單位。

2. **調頻**：頻率敏感度因數，$k_f = 1$ 赫茲/伏特(Hz/volt)。引用式子(4.8)以產生此 FM 波

$$s(t) = \begin{cases} A_c \cos(2\pi f_c t + \pi k_f a t^2), & t \ge 0 \\ A_c \cos(2\pi f_c t), & t < 0 \end{cases}$$

其被畫在圖 4.2c。

引用零相交之定義，我們可設立

$$2\pi f_c t_n + \pi k_f a t_n^2 = \frac{\pi}{2} + n\pi, \qquad n = 0,1,2,\ldots$$

當做 t_n 的**二次式**。此方程式的正方根—亦即，

$$t_n = \frac{1}{ak_f}\left(-f_c + \sqrt{f_c^2 + ak_f\left(\frac{1}{2} + n\right)}\right), \qquad n = 0,1,2,\ldots$$

定義了 t_n 的公式。代入前面 f_c、a、及 k_f 之值到此二次式公式，我們得到

$$t_n = \frac{1}{4}(-1 + \sqrt{9 + 16n}), \qquad n = 0,1,2,\ldots$$

其中 t_n 也是以秒爲量測單位。

比較爲 PM 及 FM 波分別導出的零相交結果，一旦線性調變波開始在弦載波上動作我們可以做如下觀察：

1. 對於 PM，零相交的規律性被維持住，暫態頻率從未調變值 $f_c = 1/4$ 赫茲改變到[新的常數值

$$f_c + k_p(a/2\pi) = \frac{1}{2}\,\text{Hz}$$

2. 對於 FM，零相交如預期假定的不規律性形式，暫態頻率隨時間 t 呈線性增加。

圖 4.2 的相角調變波形應該對照圖 4.1 的相對應波形。鑒於畫在圖 4.1 裡的弦波調變的情況，區分 PM 與 FM 的差異是困難的，此在圖 4.2 並非如此。換句話說，依調變波而定，PM 與 FM 是可能展現完全不同的波形的。

比較式子(4.5)與(4.8)透露了若調變波是 $\int_0^t m(\tau)d\tau$ 以取代 $m(t)$那麼一個 FM 信號可以視爲一個 FM 信號。此意謂著一個 FM 信號可以，先經由積分 $m(t)$然後將結果輸入一個相位調變器如圖 4.3a，來產生。相反的，一個 PM 信號可以，先經由微分 $m(t)$然後將結果輸入一個頻率調變器如圖 4.3b，來產生。因此我們可以從 FM 的性質推論出所有 PM 的性質，相反亦然。今後，我們將集中注意力於 FM 信號。

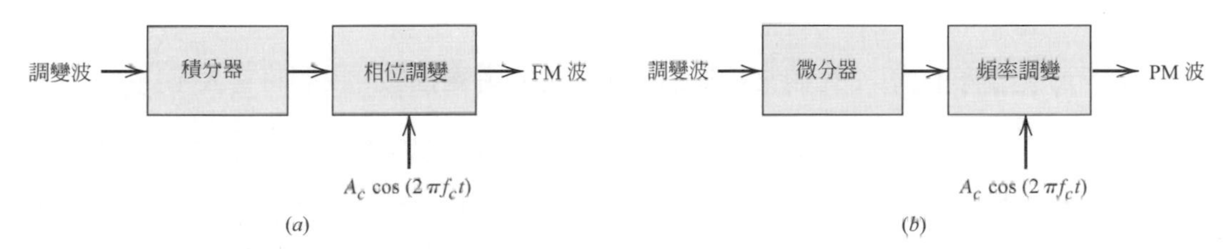

圖 4.3 描述調頻與相位調變之關係：(a) 使用一個相位調變器以產生 FM 波之圖解；(b) 使用一個頻率調變器以產生 PM 波之圖解。

4.3 調頻(頻率調變)

由式子(4.8)定義的 FM 信號 $s(t)$是調變波 $m(t)$的一個非線性函數，其使得調頻是一個**非線性調變過程**。因而不像調幅，一個 FM 信號的頻譜並非以一個簡單方式與調變波的頻譜相關聯，而且其分析要比一個 AM 信號的分析更困難。

那麼我們該如何著手處理一個 FM 信號的頻譜分析？經由如同之前處理 AM 調變的方法一樣，我們提出對此重要問題提供一個觀察經驗上的解答，亦即，我們考慮最簡單的可能狀況，即單音調調變。

當然，我們也能進一步考慮更精盡的一個多音調 FM 信號，但是，我們提議不必如此做，因爲我們立即的目標是要在一個 FM 信號的傳送頻寬與資訊頻寬之間建立一個觀察經驗上的關係。當我們緊接著將看到的，上面所述的頻譜分析提供我們足夠的洞悉以提出對此問題的一個答案。

那麼考慮一個如下定義的弦波調變的信號

$$m(t) = A_m \cos(2\pi f_m t) \tag{4.10}$$

此結果的 FM 信號之瞬間頻率是

$$\begin{aligned} f_i(t) &= f_c + k_f A_m \cos(2\pi f_m t) \\ &= f_c + \Delta f \cos(2\pi f_m t) \end{aligned} \tag{4.11}$$

其中

$$\Delta f = k_f A_m \tag{4.12}$$

Δf 之量稱爲**頻率偏移**，代表 FM 信號之瞬間頻率離開載波頻率 f_c 之最大值。一個 FM 信號之基本特性就是頻率偏移 Δf 是與調變中的信號的振幅成正比並且與調變中的頻率獨立無關。

使用式子(4.11)。FM 信號的 $\theta_i(t)$之相角是如下得到的

$$\begin{aligned} \theta_i(t) &= 2\pi \int_0^t f_i(t)dt \\ &= 2\pi f_c t + \frac{\Delta f}{f_m} \sin(2\pi f_m t) \end{aligned} \tag{4.13}$$

頻率偏移 Δf 對調變頻率 f_m 比值常被稱爲 FM 信號的**調變指數**。我們將它表示爲 β，並寫成

$$\beta = \frac{\Delta f}{f_m} \tag{4.14}$$

及

$$\theta_i(t) = 2\pi f_c t + \beta \sin(2\pi f_m t) \tag{4.15}$$

從式子(4.15)，以物理意義來說我們看到，此參數 β 代表 FM 信號的相位，亦即，相角 $\theta_i(t)$ 從未調變載波的相角 $2\pi f_c t$ 的最大偏離，β 是以弧度爲量測單位。

此 FM 信號本身是由下式給予

$$s(t) = A_c \cos[2\pi f_c t + \beta \sin(2\pi f_m t)] \tag{4.16}$$

依調變指數 β 而定，我們可以區分兩種調頻的情況：

- **窄頻帶** FM，此情況 β 是小於一弧度。
- **寬頻帶** FM，此情況 β 是大於一弧度。

此兩種情況將在下面依序被考慮。

窄頻帶調頻

考慮式子(4.16)，其從使用一個弦波調變信號的結果定義了一個 FM 信號。展開此關係，我們得到

$$\begin{aligned} s(t) &= A_c \cos(2\pi f_c t)\cos[\beta \sin(2\pi f_m t)] \\ &\quad - A_c \sin(2\pi f_c t)\sin[\beta \sin(2\pi f_m t)] \end{aligned} \tag{4.17}$$

假定調變指數 β 是小於一弧度，我們可以使用下面兩個近似：

$$\cos[\beta \sin(2\pi f_m t)] \simeq 1$$

及

$$\sin[\beta \sin(2\pi f_m t)] \simeq \beta \sin(2\pi f_m t)$$

因此，式子(4.17)簡化成

$$s(t) \simeq A_c \cos(2\pi f_c t) - \beta A_c \sin(2\pi f_c t)\sin(2\pi f_m t) \tag{4.18}$$

式(4.18)定義了由弦波調變信號 $A_m \cos(2\pi f_m t)$ 產生的窄頻帶調頻信號的一個近似形式。

我們現在展開式子(4.18)如下：

$$s(t) \simeq A_c \cos(2\pi f_c t) + \frac{1}{2}\beta A_c \{\cos[2\pi(f_c + f_m)t] - \cos[2\pi(f_c - f_m)t]\} \tag{4.19}$$

此表示式多少類似於定義一個 AM 調幅信號的相對應表示，其從範例 3.1 產生如下：

$$s_{\mathrm{AM}}(t) = A_c \cos(2\pi f_c t) + \frac{1}{2}\mu A_c \{\cos[2\pi(f_c + f_m)t] + \cos[2\pi(f_c - f_m)t]\} \tag{4.20}$$

其中 μ 是調幅 AM 信號的調變因數。比較式子(4.19)及(4.20)，我們看到在弦波調變的情況，調幅信號與調頻信號的基本差異是，在窄頻調頻的下旁波帶頻這一邊其代數符號被相反過來了。因此，一個窄頻帶調頻信號實質上與調幅信號須相同傳輸頻寬(亦即，$2f_m$)。

我們可以用圖 4.4a 裡的相量圖來表示此窄頻調頻信號，其中我們已使用載波相量當參考。我們看到結果的此相量的兩旁波帶頻率總是垂直於載波相量。如此之效應是以產生一個結果代表窄頻調頻信號的相量，其是接近載波相量之相同振幅，但與它不同相位。此相量圖應對比於代表一個調幅信號的圖 4.4b。在後面的情況我們看到代表此調幅信號的結果相量有一個不同於載波相量的振幅，但總是與其同相位。

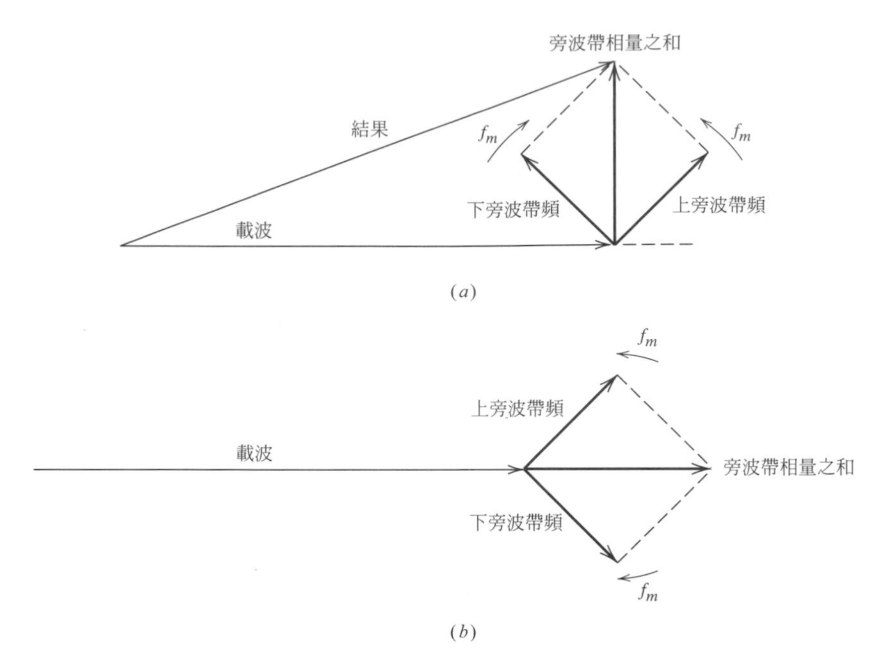

圖 4.4　弦波調變下窄頻帶調頻與調幅的一個相量比較：(a) 窄頻帶調頻波；(b) 調幅波

範例 4.2　相位雜訊

當對類比資訊源故意使用窄頻帶調頻並不常見，非故意的窄頻帶相位調變就十分常見。此非故意的相位調變通常被歸類爲**相位雜訊**。相位雜訊通常被帶通通訊的振盪器引入並且有多種原因。某些原因是決定論的(非隨機的)，例如那些因振盪器溫度，電源電壓，實體振動，磁場，濕度，或者輸出負載阻抗等等的改變而引起的。因這些因素引起的相位雜訊可經由設計將其最小化。其他引發相位雜訊的源頭被歸類爲隨機性的，其可經由適當的電路如鎖相迴路加以控制但非消除。鎖相迴路將在稍後第 4.4 節加以探討。

振盪器在帶通通訊裡扮演基本角色並且大部份的系統使用很多。此因振盪器引起的相位雜訊對相角調變信號有一相乘的效果。例如，如果 $s(t)$是一個相角調變信號，並且 $c(t)$是有相位雜訊$\phi_n(t)$的接受器振盪器，那麼當將信號從 f_c 轉移到 f_b(參看第 3.7 節)，其輸出是

$$\begin{aligned} s(t)c(t) &= A_c\cos[2\pi f_c t+\phi(t)]\times\cos[2\pi(f_c-f_b)t+\phi_n(t)] \\ &= \frac{A_c}{2}[\cos(2\pi f_b+\phi(t)-\phi_n(t))+\cos(2\pi(f_c-f_b)+\phi(t)+\phi_n(t))] \\ &\approx \frac{A_c}{2}\cos[2\pi f_b+\phi(t)-\phi_n(t)] \end{aligned}$$

其中我們已假定在第二行裡的高頻項已被一個在混頻器後面的，以 f_b 爲中心的帶通濾波器移除。因此相位雜訊直接影響了相角調變的資訊成份。

因振盪器及其它隨機源引起的相位雜訊傾向於隨其大部份能量集中在低頻而緩慢改變。因此我們可以使用我們對窄頻帶調頻的分析將之特徵化。一個包含相位雜訊的振盪器頻譜如圖 4.5 所示，其中爲了方便表示我們已將振盪器頻譜移到 *dc*。

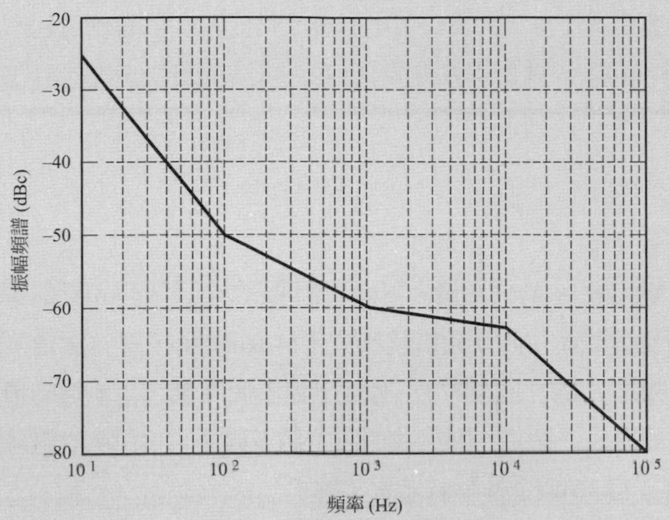

圖 4.5　相位雜訊振幅頻譜。(注意：dBc **隱喻相對於載波階層的** dB。)

一個通常實際的關心是，因此載波上的相位雜訊引起的均方根(rms)相位誤差。爲決定此均方根相位誤差，我們首先做下面三項觀察：

1. 對比較小的調變指數，相位調變信號之頻譜是類似於一個調變信號加上一個載波成份之頻譜(參照習題 4.7)。
2. 一個相位偵測系統常包括一個鎖相迴路(參讀第 4.4 節)它會追蹤載波及那些相位(雜訊)及變化(雜訊)在某一特定的最大頻率(迴路頻寬)，就說 f_1，下的頻率成份此相位追蹤能有效的將相位雜訊裡小於 f_1 的頻率成份變無效。
3. 相位雜訊，其位於資訊頻寬 W 之外的頻帶的，當資訊被低通濾波時會被移除。

從觀察(1)，如果圖 4.5 代表帶雜訊的振盪器之頻譜(不包括載波)，那麼調變信號 $\phi_n(t)$ 之振幅頻譜也由圖 4.5 近似。從第二章討論的傅立葉轉換的瑞立(Rayleigh)能量理論，時域能量及頻率能量是相等的，因此我們可寫成

$$\int_{-\infty}^{\infty} |\phi_n(t)|^2\, dt = \int_{-\infty}^{\infty} |\Phi_n(f)|^2\, df$$

其中 $\Theta(f)$ 是 $\phi_n(t)$ 的傅立葉轉換。經過鎖相迴路之後，我們有

$$\int_{-\infty}^{\infty} |\overline{\phi_n}(t)|^2\, dt = \int_{-\infty}^{-f_1} |\Phi_n(f)|^2\, df + \int_{+f_1}^{\infty} |\Phi_n(f)|^2\, df$$

其中 $\overline{\phi}_n(t)$ 排除了載波及 $\phi_n(t)$ 低於 f_1 的頻率成份。左手邊代表相位變化的能量，所以結合這些結果及第三個觀察，我們發現**均方根相位誤差**是

$$\bar{\phi}_{rms} = \sqrt{2\int_{f_1}^{W} |\Phi_n(f)|^2\, df}$$

將圖 4.5 裡的相位雜訊頻譜對 $f_1 = 10$ Hz 及 $W = 10$ kHz 做資料積分(參照習題 4.27)，顯示均分根相位誤差是 6.5 度。因爲此值小於 0.3 弧度，在解答裡使用窄頻調頻分析得到驗證。

寬頻帶調頻

對於一個調變指數 β 的任意值，下面我們要決定式子(4.16)裡的調頻信號之頻譜。通常，由弦波調變信號產生的調頻信號如式子(4.16)所示，其本身是非週期性的除非載波頻率 f_c 是調變頻率 f_m 的一個整數倍。但是，經由使用第二章描述的帶通訊號之複數表示我們可以將其簡單化。特定一點，我們假定載波頻率 f_c 足夠大(對比於調頻信號之頻寬)以證明重寫式子(4.16)成下面形式之正當性

$$\begin{aligned} s(t) &= \text{Re}[A_c \exp(j2\pi f_c t + j\beta \sin(2\pi f_m t))] \\ &= \text{Re}[\tilde{s}(t) \exp(j2\pi f_c t)] \end{aligned} \tag{4.21}$$

其中 $\tilde{s}(t)$ 是此調頻信號 $s(t)$ 之波封，如下定義

$$\tilde{s}(t) = A_c \exp[j\beta \sin(2\pi f_m t)] \tag{4.22}$$

因此，不像原來的調頻信號 $s(t)$，此複數波封 $\tilde{s}(t)$ 是一個時間週期性的函數其基頻等於調變頻率 f_m。我們因此可以將 $\tilde{s}(t)$ 展開成一個複數的傅立葉序列的形式如下

$$\tilde{s}(t) = \sum_{n=-\infty}^{\infty} c_n \exp(j2\pi n f_m t) \tag{4.23}$$

其中此複數的傅立葉係數如下所給

$$\begin{aligned} c_n &= f_m \int_{-1/2f_m}^{1/2f_m} \tilde{s}(t) \exp(-j2\pi n f_m t)\, dt \\ &= f_m \int_{-1/2f_m}^{1/2f_m} \exp[j\beta \sin(2\pi f_m t) - j2\pi n f_m t]\, dt \end{aligned} \tag{4.24}$$

定義一個新的變數：

$$x = 2\pi f_m t \tag{4.25}$$

因此我們可以重寫式子(4.24)成下面的新形式

$$c_n = \frac{A_c}{2\pi} \int_{-\pi}^{\pi} \exp[j(\beta \sin x - ns)]\, dx \tag{4.26}$$

除了一個比率因數之不同，式子(4.26)右邊的積分可看出爲引數爲 β 的第一類第 n **階貝色函數**(Bessel function)[1]。此函數通常由符號 $J_n(\beta)$ 表示，如下所示

$$J_n(\beta) = \frac{1}{2\pi}\int_{-\pi}^{\pi} \exp[j(\beta \sin x - ns)]dx \tag{4.27}$$

因而，我們將式子(4.26)降低成

$$c_n = A_c J_n(\beta) \tag{4.28}$$

將式子(4.28)代入(4.23)，依據貝色函數 $J_n(\beta)$我們得到此調頻信號的複數波封的一個展開如下：

$$\tilde{s}(t) = A_c \sum_{n=-\infty}^{\infty} J_n(\beta)\exp(j2\pi n f_m t) \tag{4.29}$$

其次，將式子(4.29)代入(4.21)，我們得到

$$s(t) = A_c \cdot \mathrm{Re}\left[\sum_{n=-\infty}^{\infty} J_n(\beta)\exp[j2\pi(f_c + nf_m)t]\right] \tag{4.30}$$

將式子(4.30)右邊裡的實數部份之和互換次序並賦值，我們得到

$$s(t) = A_c \sum_{n=-\infty}^{\infty} J_n(\beta)\cos[2\pi(f_c + nf_m)t] \tag{4.31}$$

這是對於一個任意調變指數 β 的值，我們要的單音調調頻信號 $s(t)$的傅立葉序列表示的形式。此 $s(t)$的離散頻譜是經由取式子(4.31)兩邊的傅立葉轉換而得到。我們因此得

$$s(f) = \frac{A_c}{2}\sum_{n=-\infty}^{\infty} J_n(\beta)[\delta(f - f_c - nf_m) + \delta(f + f_c + nf_m)] \tag{4.32}$$

在圖 4.6 我們已畫出對於不同正整數的 n，貝色函數 $J_n(\beta)$對調變指數 β 的圖。我們可以更深入開發貝色函數 $J_n(\beta)$經由使用下面的性質：

1. 對於 n 是偶數，我們有 $J_n(\beta) = J_{-n}(\beta)$；另一方面，對於 n 是奇數，我們有 $J_n(\beta) = -J_{-n}(\beta)$。亦即，

$$J_n(\beta) = (-1)^n J_{-n}(\beta) \quad \text{對於所有 } n \tag{4.33}$$

2. 對於調變指數 β 的值是小的時候，我們有

$$\left.\begin{aligned} &J_0(\beta) \simeq 1 \\ &J_1(\beta) \simeq \frac{\beta}{2} \\ &J_n(\beta) \simeq 0, \quad n > 2 \end{aligned}\right\} \tag{4.34}$$

3.

$$\sum_{n=-\infty}^{\infty} J_n^2(\beta) = 1 \tag{4.35}$$

因此使用式子從(4.32)到(4.35)及圖 4.6 的曲線，我們可做下面的觀察：

1. 一個調頻信號的頻譜包含一個載波成份及一組無限多相對稱位於載波頻率兩邊並且相隔 f_m，$2f_m$，$3f_m$，...的頻率。從這方面說，此結果不像是它會勝過一個調幅系統，因為在一個調幅系統裡一個弦波調變信號只會產生一對旁波頻率。
2. 對於 β 之值小於 1 的特殊情況，只有貝色係數 $J_0(\beta)$及 $J_1(\beta)$有比較重要的值，使得此調頻信號是由一個載波及單一對位在$f_c \pm f_m$的旁波頻率。此狀況對應於之前我們考慮的窄頻帶調頻之特例。
3. 載波成份的振幅依據 $J_0(\beta)$而隨 β 改變。亦即，不像調幅信號，一個調頻信號之載波成份的振幅是相依於調變指數 β 的。對此性質的物理上解釋是一個調頻信號的波封是常數固定的，使得如此的信號當被跨越 1-歐姆電阻時的平均功率也被保持常數，如下所示

$$P = \frac{1}{2}A_c^2 \tag{4.36}$$

當此載波被調變以產生調頻信號，在旁波頻率的功率可以看起來只是以原在載波裡的功率為代價，因此使得載波成份的振幅相依於 β。須注意一個調頻信號的平均功率也可由式子(4.31)決定，得到

$$P = \frac{1}{2}A_c^2 \sum_{n=-\infty}^{\infty} J_n^2(\beta) \tag{4.37}$$

將式子(4.35)代入(4.37)，平均功率 P 的表示式縮減成式子(4.36)，因此它該如此。

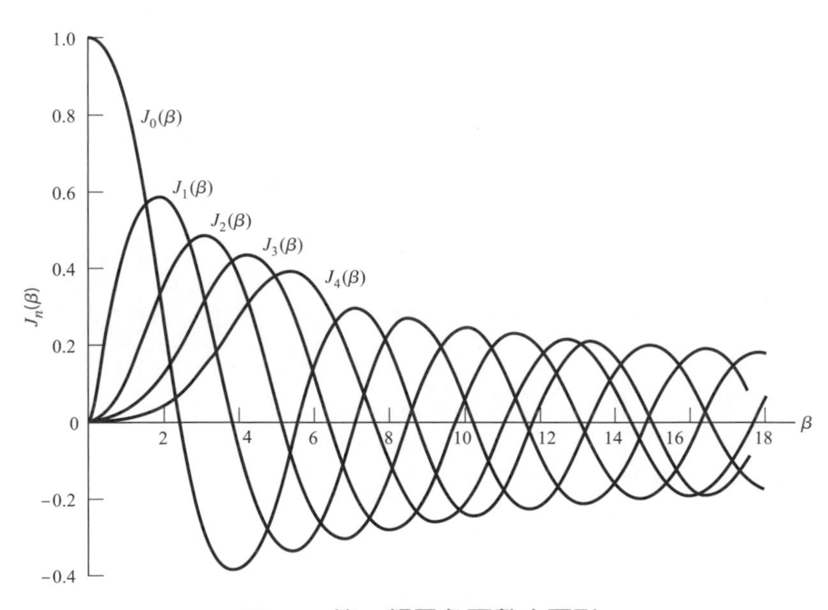

圖 4.6　第一類貝色函數之圖形

範例 4.3 調頻信號之頻譜

在此例，我們希望檢視一個弦波調變信號在其振幅及頻率上的變化如何影響調頻信號頻譜的方式。首先考慮調變信號的頻率是固定的情況，但它的振幅是變化的，產生了一個對應的頻率偏移 Δf 的變化。因此，保持調變頻率 f_m 固定，我們發現結果的調頻信號的振幅頻譜如同畫在圖 4.7 的，包括 $\beta = 1$，2，及 5。於此圖中我們已將此頻譜對未調變載波的振幅常態化。

下一個考慮當調變信號的振幅是固定的情況，亦即，頻率偏移 Δf 被保持常數固定，而調變頻率 f_m 是變化的。於此情況，我們發現結果的調頻信號的振幅頻譜如同畫在圖 4.8 的，包括 $\beta = 1$、2、及 5。此時我們看到當固定 Δf 且增加 β，有增加很多的頻譜線擠向這一個固定的頻率區間 $f_c - \Delta f < |f| < f_c + \Delta f$。也就是說，當 β 接近無限大，此調頻波的頻寬接盡於 $2\Delta f$ 的極限值，其是必須記住的重點。

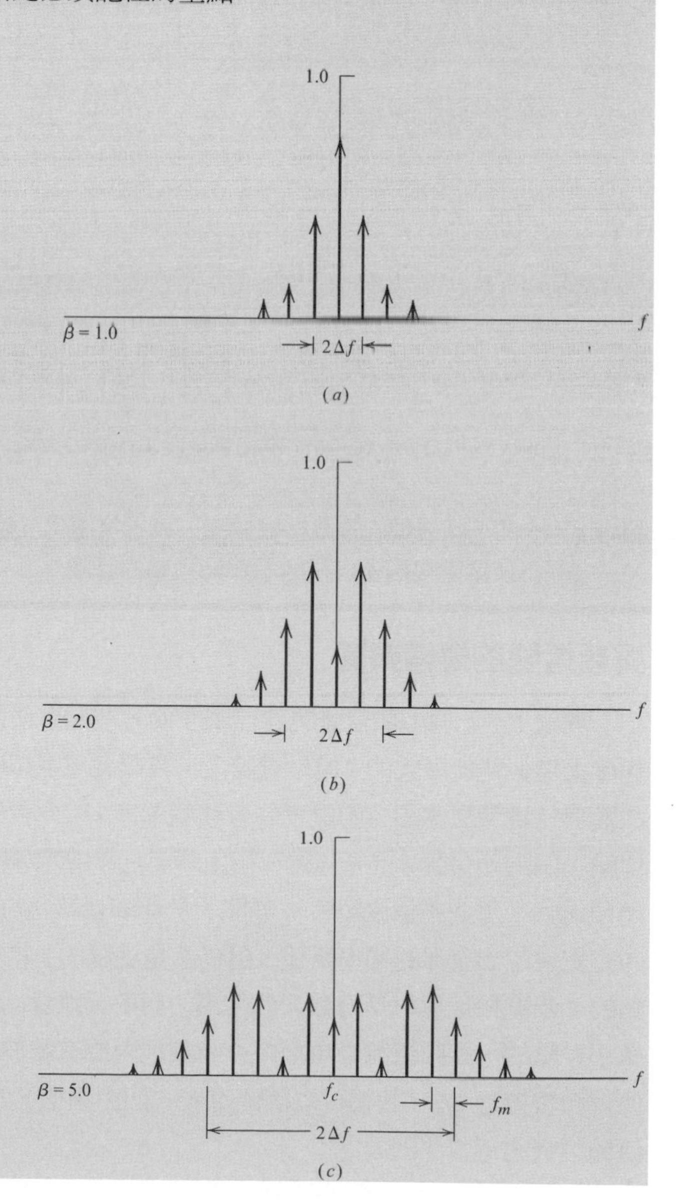

圖 4.7 一個調頻信號的離散振幅頻譜，常態化於載波振幅，固定頻率及變化振幅的弦波調變的例子。只顯示那些正頻的頻譜。

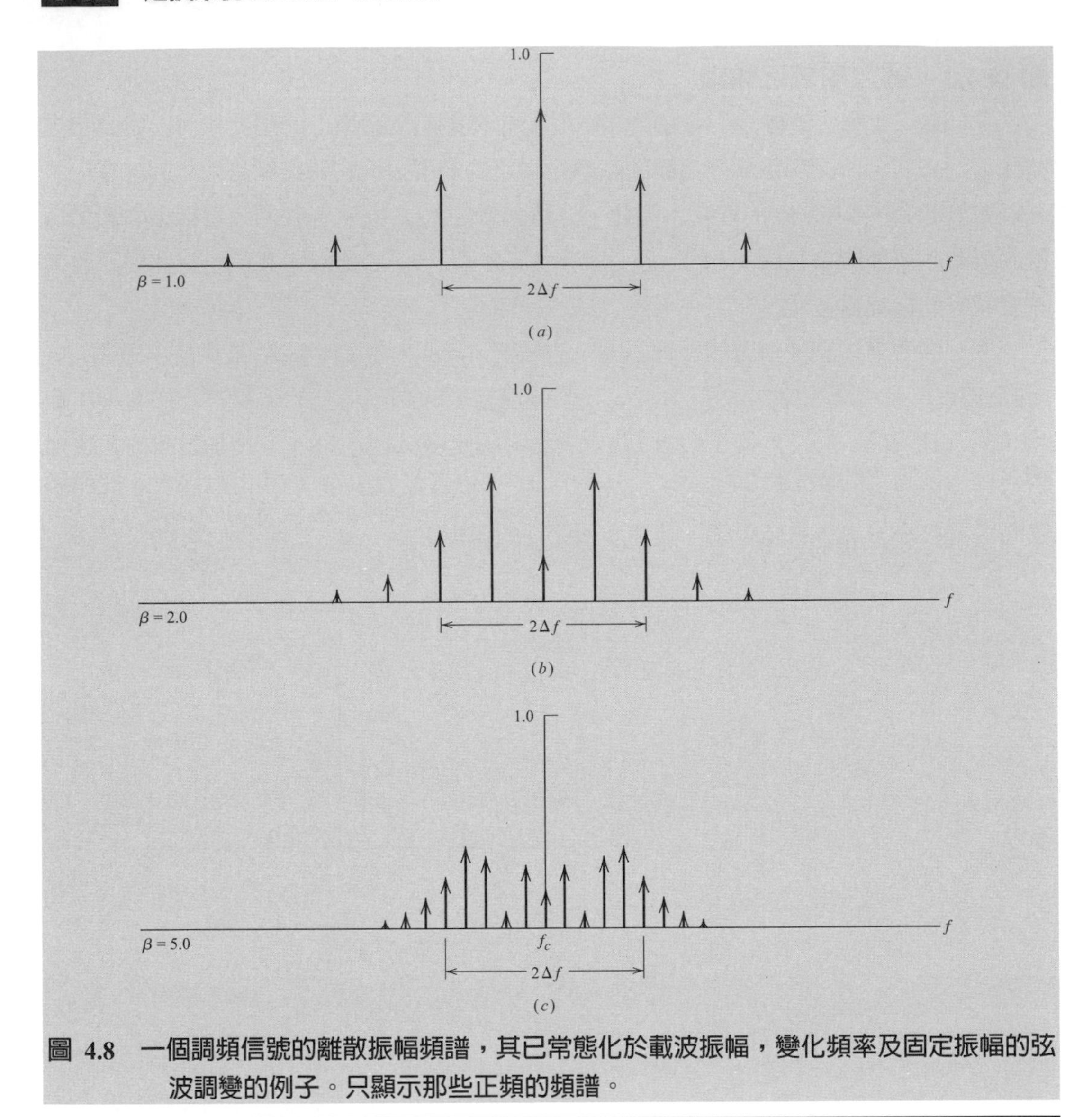

圖 4.8　一個調頻信號的離散振幅頻譜，其已常態化於載波振幅，變化頻率及固定振幅的弦波調變的例子。只顯示那些正頻的頻譜。

調頻信號的傳輸頻寬

理論上，一個調頻信號包含無限多的旁波頻率使得要傳送如此信號所需的頻寬某種程度上類似是無限大的。但是實際上，我們發現調頻信號被有效地限制到一些有限數目的而與特定量失眞相容的重要的旁波頻率裡。因此我們可以指定一個有效的需求頻帶來傳輸一個調頻信號。首先考慮一個由頻率 f_m 的單音調調變波產生的調頻的情況。如此的調頻信號，那些與載波頻率 f_c 隔開大於頻率偏移 Δf 的旁波頻率會快速遞減到零，因此頻寬總會超出全部的頻率偏離，但仍然是受限的。特定一點，對於調變指數 β 的值大一點的，頻寬接近且只是稍微大於全部的頻率篇離量 $2\Delta f$。另一方面，對於調變指數 β 的值小一點的，調頻信號之頻譜將會有效地限制在載波頻率及一對在 $f_c \pm f_m$ 的旁波頻率，使得頻寬接近 $2f_m$。我們可以因此定義一個由頻率 f_m 的單音調調變波產生的調頻信號之傳輸頻寬的近似法則如下：

$$B_T \simeq 2\Delta f + 2f_m = 2\Delta f\left(1+\frac{1}{\beta}\right) \tag{4.38}$$

此經驗性的關係式子是以**卡森法則**(Carson's rule)著稱。

對於一個調頻信號所需頻寬的一個更精確的評估，我們能以一個基於保住最大數目的重要旁波頻率的定義方式，這些旁波頻率之振幅全都大於某些個選定的值。這一個值的一個方便的選擇是未調變的載波振幅的一個百分比。因此我們可以**將一個調頻波的傳輸頻寬定義成兩個頻率的間隔，高於此頻率的都沒高過當調變移除後的未調載波的振幅的一個百分比**。亦即，我們定義傳輸頻寬成 $2n_{\max} f_m$，其中 f_m 是調變頻率而 $n_{\max}$ 是滿足 $|J_n(\beta)| > 0.01$ 的最大整數值。此 $n_{\max}$ 的值依調變指數 β 而變而且可以由貝色函數 $J_n(\beta)$的表列值馬上得到。表 4.1 顯示對於不同的 β 值，全部重要的旁波頻率的全部數目(包括上及下旁波頻)，此是以這裡解釋的一個百分比為基礎計算的。使用此程式計算出的傳輸頻寬 B_T，可以以一個對頻率偏移 Δf 常態化後並將它對 β 畫出的一個**通用曲線**來呈現。此曲線顯示在圖 4.9，其是經由使用表 4.1 裡得到的一組點數做最佳合身而畫出的。在圖 4.9 我們注意到當調變指數 β 增加，被這些重要的旁波頻率佔據的頻寬會向那些載波頻率確實乖離的地方掉下來。此意謂小的調變指數 β 值比大的 β 值相對的浪費傳輸頻寬。

下面考慮一個更通常的有最高頻率成份記為 W 的任意調變信號 $m(t)$。傳送由此調變信號產生的調頻信號所須的頻寬是經由使用一個最壞狀況的音調調變分析來估測。特定一點，我們首先決定所謂的**偏移比** D，此被定義為頻率偏移 Δf [對應於調變信號 $m(t)$的最大可能振幅]比上最高調變頻率 W 後所得的比值，這些條件代表可能的極端情況。**偏移比 D 在非弦波調變扮演的角色就如同調變指數 β 在弦波調變的情況所扮演的角色一樣**。那麼，將 β 由 D 取代並且 W 取代 f_m，我們可以使用式子(4.38)的卡森法則或圖 4.9 的通用曲線以得到調頻信號的傳輸頻寬之值。從一個不務實的觀點，卡森法則或多或少低估了一個調頻系統所需的頻寬，然而使用圖 4.9 的通用曲線產生一個或多或少保守的結果。因此，傳輸頻寬的選擇處於此二經驗法則提供的界限之間對大部份的實用目的是可接受的。

表 4.1　一個寬頻帶調頻信號之重要旁波頻率數目對不同的調變指數

調變指數 β	重要旁波頻率之數目 $2n_{\max}$
0.1	2
0.3	4
0.5	4
1.0	6
2.0	8
5.0	16
10.0	28
20.0	50
30.0	70

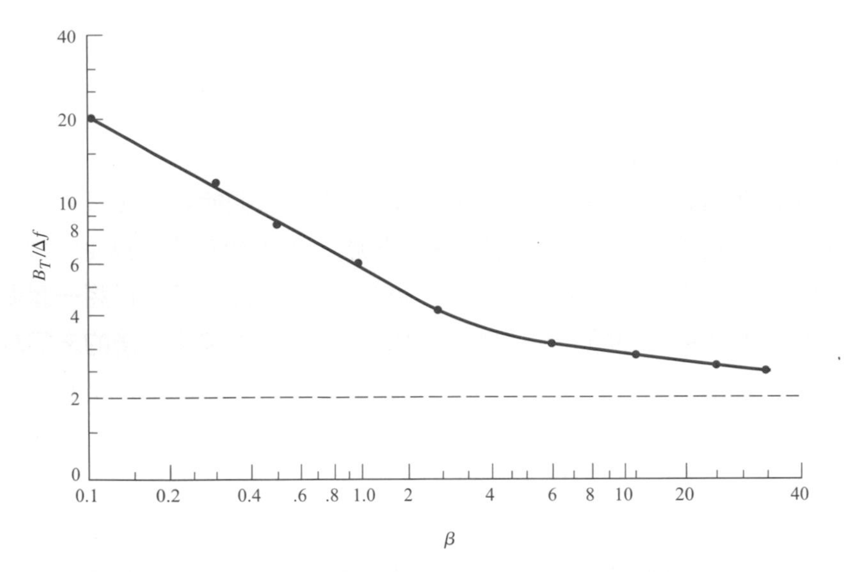

圖 4.9　評估一個調頻波的百分之一頻寬的通用曲線

愛德文．阿姆斯壯 (Edwin H. Armstrong，1890-1954)

(圖片來源：維基百科)

阿姆斯壯關於收音機的很多發明是超外差式接收機(1918)及調頻收音機(1933)。先前在 1922 年，卡森法則的卡森(J. H. Carson)發表一篇論文聲稱調頻並無好處。歸功於阿姆斯壯，面對如此批評，那時他能夠證明寬頻帶調頻提供比調幅更清晰的傳輸而能為當前使用。

在 1945 年，RCA 向管理當局的一個請求申請成功，即將調頻收音機頻帶從 40-52 兆赫(MHz)移到 88-108 兆赫。其目標是為保護調幅收音機工業及提升剛萌芽的電視工業。這樣的改變一夕之間讓阿姆斯壯的調頻收音機變得無用。尤甚，RCA 爭論阿姆斯壯的調頻專利，並阻止他對新的調頻電臺收取專利權稅。分文未得且心煩意亂，阿姆斯壯從他的十四層樓的陽臺跳樓自殺。RCA 的行動被認為對調頻收音技術造成倒退數十年。縱使如此，在二十世紀底之前調頻變成是主要的傳輸方法之一。

範例 4.4

在北美，對商用調頻收音機廣播其頻率偏移 Δf 的最大值固定在 75 千赫(kHz)如果我們取調變頻率 W = 15 千赫，其是典型的調頻傳輸裡我們感興趣的「最大」音頻頻率。我們發現此偏離比的相對應值是

$$D=\frac{75}{15}=5$$

使用式子(4.38)的卡森法則，以 D 代替 β，並且以 W 代替 f_m，此調頻傳輸頻寬的近似值得到如下

$$B_T=2(75+15)=180\text{ kHz}$$

另一方面，使用圖 4.9 的曲線則得到此調頻信號之傳輸頻寬為

$$B_T=3.2\Delta f=3.2\times 75=240\text{ kHz}$$

因此卡森法則比圖 4.9 的通用曲線對傳輸頻寬低估了二十五個百分比。

調頻信號之產生

在一個直接調頻系統，載波的暫態頻率經由一個稱為**壓控振盪器**的裝置直接依照資訊信號而變化。實現如此裝置的一個方法是使用一個有高選擇性頻率決定的共振網路的弦波振盪器並且經由此網路的反應式元件的對稱式增加的變化來控制此振盪器。如此技術的一個例子顯示在圖 4.10，其畫了一個**哈特利振盪器**。我們假定此振盪器裡頻率決定性網路的電容元件包含一個固定電容並聯一個依電壓而變的電容。此結果之電容由圖 4.10 之 $C(t)$表示。一個依電壓而變的電容，通常稱為**可變電容**(varactor)或**變容器**(varicap)，其是一個電容值依通過電極的電壓而定的電容。此可變電壓電容，例如，可以使用一個 p-n 接合二極體以反向偏壓而得到；反向電壓加到此二極體越大，此二極體的轉變電容就越小。圖 4.10 裡的哈特利振盪器之振盪頻率如下所給

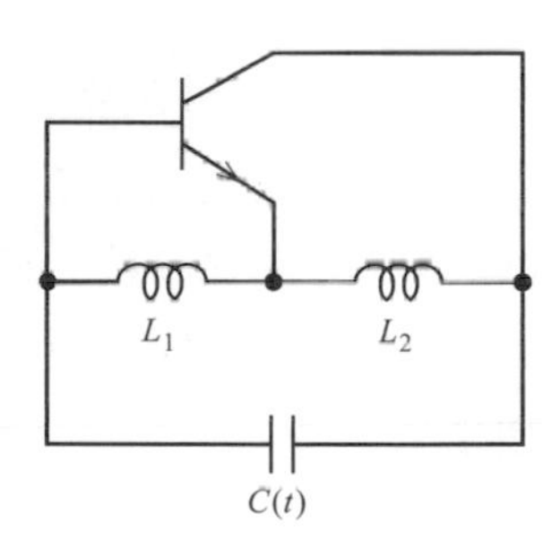

圖 4.10 哈特利振盪器

$$f_i(t)=\frac{1}{2\pi\sqrt{(L_1+L_2)C(t)}} \tag{4.39}$$

其中 $C(t)$是固定電容與壓變電容的全部電容值，而 L_1 及 L_2 是振盪器的頻率決定的網路之兩個電感。假定對一個頻率為 f_m 的弦波調變波，電容 $C(t)$被表示成

$$C(t)=C_0+\Delta C\cos(2\pi f_m t) \tag{4.40}$$

其中 C_0 是在無調變時的全部電容而 ΔC 是電容的最大改值。將式子(4.40)代入(4.39)，我們得

$$f_i(t) = f_0\left[1+\frac{\Delta C}{C_0}\cos(2\pi f_m t)\right]^{-1/2} \tag{4.41}$$

其中 f_0 是振盪器的未到變頻率，亦即

$$f_0 = \frac{1}{2\pi\sqrt{C_0(L_1+L_2)}} \tag{4.42}$$

只要電容值的最大改變 ΔC 比未調變電容 C_0 是小的，我們可以將式子(4.41)近似成

$$f_i(t) \simeq f_0\left[1-\frac{\Delta C}{2C_0}\cos(2\pi f_m t)\right] \tag{4.43}$$

令

$$\frac{\Delta C}{2C_0} = \frac{\Delta f}{f_0} \tag{4.44}$$

因此，振盪器的暫態頻率，其是經由改變頻率網路裡的電容值而正在被頻率調變的，由下所近似

$$f_i(t) \simeq f_0 + \Delta f\cos(2\pi f_m t) \tag{4.45}$$

式子(4.45)是假定弦波調變下，我們所要的調頻波的暫態頻率的關係式。

為產生一個帶有所需頻率偏移的寬頻帶調頻波，我們使用圖 4.11 的建構，其包含一個壓控振盪器，隨之串接一個頻率乘法器及一個混頻器。此建構允許達到好的振盪器穩定度，在輸出頻率改變與輸入電壓改變之間維持固定比例，及必需的頻率偏移以成就寬頻帶調頻。

但是，一個使用此描述的直接方法的調頻傳送器，其載波頻率無法從一個高度穩定的振盪器獲得是其缺點。因此實作上，其須要提供某些輔助的方法經由此方法一個非常穩定的頻率可由一個晶體產生就能透控制此載波頻率。一個有效控制的方法如圖 4.12 所描述。調頻產生器的輸出與一個晶體控制振盪器的輸出一同被輸入到一個混頻器，其差頻項會被抽出。然後混頻器的輸出被輸入到一個鑑頻器並且被低通濾過。一個鑑頻器是一種裝置，其輸出電壓有一個與加到它的輸入的調頻信號的暫態頻率成比例的暫態振幅，此裝置將在下一次節描述。當此調頻傳送器有完完全全正確的載波頻率，低通濾波器之輸出就會是零。但是，傳送器載波頻率從指定值偏離時將會使得鑑頻器-濾波器組合會發展出一個正直流輸出電壓，其極性是經由傳送器的頻率漂移而感測決定的。此直流電壓，經過適當的放大之後，以一個像在修正振盪器之頻率朝回復載波頻率到一個正確值的方向，被加到調頻傳送器的壓控振盪器。

圖 4.12 的回授圖是一個**鎖頻迴路**，其與一個鎖相迴路非常相關。我們將在第 4.4 節解釋鎖相迴路。

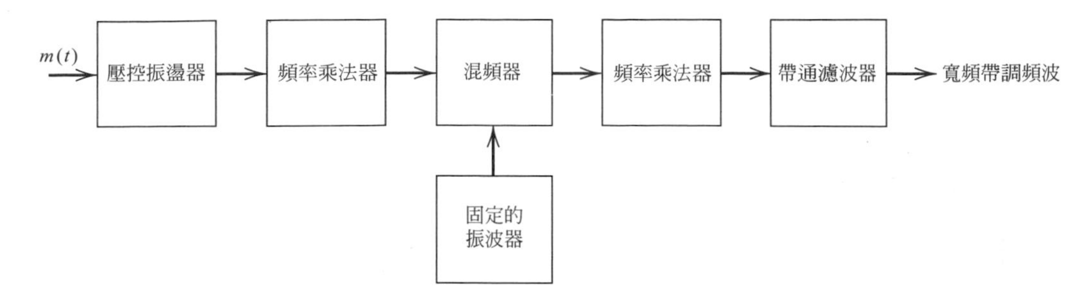

圖 4.11 使用壓控振盪器的寬頻帶調頻之方塊圖

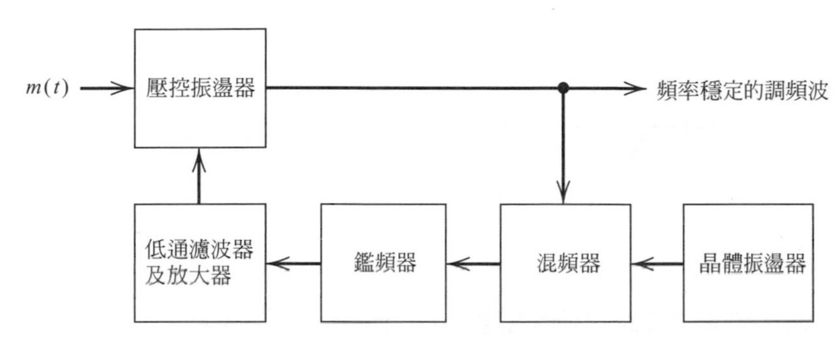

圖 4.12 頻率調變器的頻率穩定之回授圖解

調頻信號之解調

頻率解調的處理能讓我們從一個頻率調變過的信號回復原來的調變信號。目標是產生一個轉換特性其是反向於頻率調變器的，其可以直接或非直接方式實現。這裡我們描述一個頻率解調的直接方法其牽涉到使用一個流行的裝置稱爲鑑頻器，其瞬間振幅與輸入的調頻信號的瞬間頻率有直接成比例的關係。在下一節，我們敘述一個使用另一流行的裝置稱爲鎖相迴路的非直接方式之頻率解調。

基本上，鑑頻器包含一個**斜率電路**，其後再跟隨一個**波封偵測器**。一個理想的斜率電路是由一個轉移函數加以特徵化，它是純虛數的，會依一個規定的頻率區間裡的頻率線性變化。考慮圖 4.13a 裡的轉移函數，其是如下定義

$$H_1(f) = \begin{cases} j2\pi a\left(f - f_c + \dfrac{B_T}{2}\right), & f_c - \dfrac{B_T}{2} \le f \le f_c + \dfrac{B_T}{2} \\ j2\pi a\left(f + f_c - \dfrac{B_T}{2}\right), & -f_c - \dfrac{B_T}{2} \le f \le -f_c + \dfrac{B_T}{2} \\ 0, & \text{其他處} \end{cases} \tag{4.46}$$

其中 a 是一個常數參數。我們希望求算此斜率電路的回應，其以 $s_1(t)$表示，是由載波頻率 f_c 及傳輸頻寬爲 B_T 的一個調頻信號 $s(t)$所產生。假定 $s(t)$之頻譜在頻率區間 $f_c - B_T/2 \le |f| \le f_c + B_T/2$ 外實質上是零。爲求算此響應 $s_1(t)$，我們可方便地使用第 2.10 節敘述的程式，其牽涉到將斜率電路代之以一個相等的低通濾波器並且以輸入的調頻信號 $s(t)$之複輸波封來驅動此濾波器。

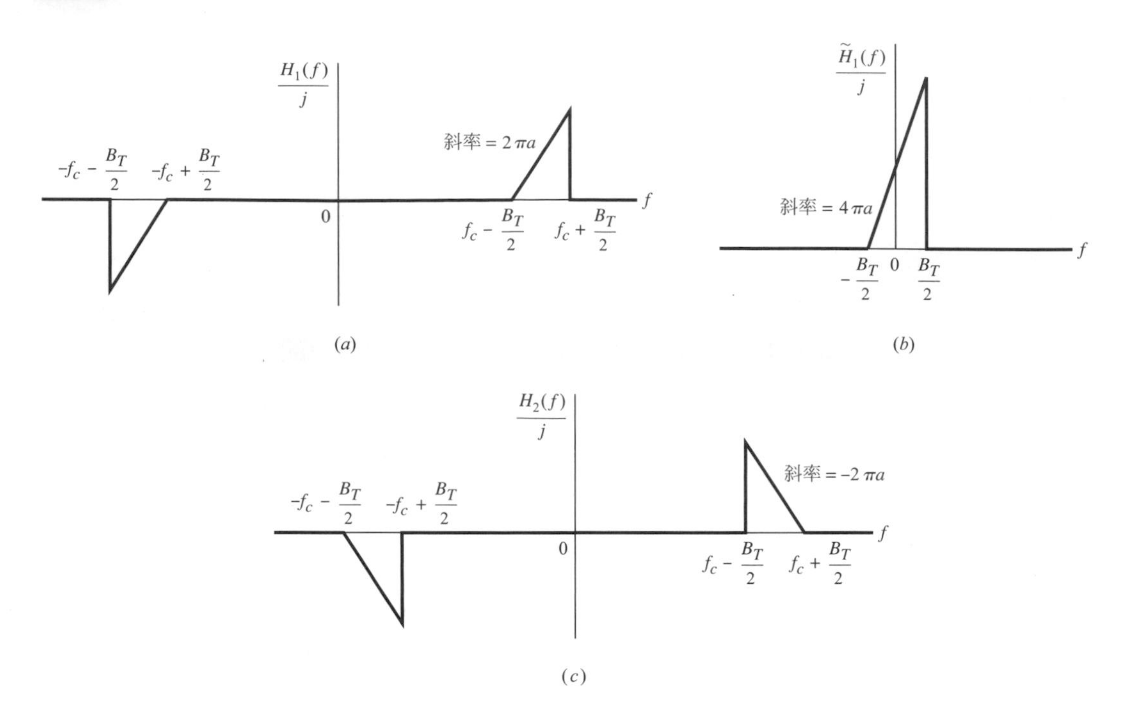

圖 4.13 (a) **理想斜率電路之頻率響應**；(b) **此斜率電路之響應**；
(c) **此相等於理想斜率電路的複數低通濾波器的頻率響應互補於**(a)**部份的回應**

令 $\widetilde{H}_1(f)$ 表示由圖 4.13a 所定義的斜率電路之複數轉移函數。此複數轉移函數與 $H_1(f)$有如下相關

$$\widetilde{H}_1(f - f_c) = 2H_1(f), \quad f > 0 \tag{4.47}$$

因此，使用式子(4.46)及(4.47)，我們得到

$$\widetilde{H}_1(f) = \begin{cases} j4\pi a\left(f + \dfrac{B_T}{2}\right), & -\dfrac{B_T}{2} \le f \le \dfrac{B_T}{2} \\ 0, & \text{其他處} \end{cases} \tag{4.48}$$

其被畫在圖 4.13b。

此進來的調頻信號 $s(t)$是由式子(4.8)所定義，爲方便其可在這重寫：

$$s(t) = A_c \cos\left[2\pi f_c t + 2\pi k_f \int_0^t m(\tau)d\tau\right]$$

對於載波頻率 f_c 對比於調頻信號 $s(t)$的傳輸頻寬是高的，$s(t)$的複數波封是

$$\tilde{s}(t) = A_c \exp\left[j2\pi k_f \int_0^t m(\tau)d\tau\right] \tag{4.49}$$

令 $\tilde{s}_1(t)$ 表示圖 4.13b 定義的斜率電路因 $\tilde{s}(t)$ 引起之回應的複數波封。那麼依據第 2.10 節描述的理論，我們可以將 $\tilde{s}_1(t)$ 的傅立葉轉換表示如下：

$$\tilde{S}_1(f) = \frac{1}{2}\tilde{H}_1(f)\tilde{S}(f)$$

$$= \begin{cases} j2\pi a\left(f + \dfrac{B_T}{2}\right)\tilde{S}(f), & -\dfrac{B_T}{2} \le f \le \dfrac{B_T}{2} \\ 0, & \text{其他} \end{cases} \tag{4.50}$$

其中 $\tilde{S}(f)$ 是 $\tilde{s}(t)$ 的傅立葉轉換。因為一個信號的傅立葉轉換乘以因數 $j2\pi f$ 是等於對該信號的時域上的微分，我們可從式子(4.50)推導得

$$\tilde{s}_1(t) = a\left[\frac{d\tilde{s}(t)}{dt} + j\pi B_T \tilde{s}(t)\right] \tag{4.51}$$

將試子(4.49)代入(4.51)我們得到

$$\tilde{s}_1(t) = j\pi B_T a A_c\left[1 + \frac{2k_f}{B_T}m(t)\right]\exp\left[j2\pi k_f \int_0^t m(\tau)d\tau\right] \tag{4.52}$$

因此該斜率電路要求的回應是

$$s_1(t) = \mathrm{Re}[\tilde{s}_1(t)\exp(j2\pi f_c t)]$$

$$= \pi B_T a A_c\left[1 + \frac{2k_f}{B_T}m(t)\right]\cos\left[2\pi f_c t + 2\pi k_f \int_0^t m(\tau)d\tau + \frac{\pi}{2}\right] \tag{4.53}$$

信號 $s_1(t)$是一個複合調變信號，其載波的振幅與頻率都隨資訊信號 $m(t)$而改變。但是，只要我們選擇

$$\left|\frac{2k_f}{B_T}m(t)\right| < 1 \quad \text{對於所有 } t$$

那麼我們可以使用一個波封偵測器來回復振幅的變化因此，除了一個偏壓項，我們得到此原來的資訊信號。因此這波封偵測器的結果輸出為

$$|\tilde{s}_1(t)| = \pi B_T a A_c\left[1 + \frac{2k_f}{B_T}m(t)\right] \tag{4.54}$$

在式子(4.54)右邊的偏壓項 $\pi B_T a A_c$ 是與斜率電路的轉移函數的斜率 a 成正比的。此建議了此偏壓可以經由將波封偵測器的輸出 $|\tilde{s}_1(t)|$ 減去第二個波封偵測器的輸出，此第二個波封偵測器之前有一個**互補斜率電路**，其轉移函數 $H_2(f)$如圖 4.13c 所畫。亦即，此兩個斜率電路個別的複數轉移函數由如下相關

$$\tilde{H}_2(f) = \tilde{H}_1(-f) \tag{4.55}$$

令 $s_2(t)$表示由進來的調頻信號 $s(t)$所產生的互補斜率電路之響應。那麼，跟隨類似於剛描述的一個程式，我們發現 $s_2(t)$的波封是

$$\left|\tilde{s}_2(t)\right| = \pi B_T a A_c \left[1 - \frac{2k_f}{B_T} m(t)\right] \tag{4.56}$$

其中 $\tilde{s}_2(t)$ 是信號 $s_2(t)$的複數波封。在式子(4.54)與(4.56)裡的兩個波封的差異是

$$\begin{aligned} s_o(t) &= |\tilde{s}_1(t)| - |\tilde{s}_2(t)| \\ &= 4\pi k_f a A_c m(t) \end{aligned} \tag{4.57}$$

其是不受偏壓影響的，如我們所要。

我們因此可將此**理想鑑頻器**模型成其複數的轉移函數由式子(4.55)相關的兩個斜率電路，隨之波封偵測器及最後一個總和器如圖 4.14a 所示。這樣的結構稱爲**平衡的鑑頻器**。

圖 4.14a 的理想結構可以圖 4.14b 裡的電路圖接近的實現。此電路的上及下共振濾波器部份分別被調到未調變載波頻率 f_c 之上與之下。在圖 4.14c 裡我們已畫出此兩個可調濾波器的振幅回應，以及它們全部的回應，假定兩個濾波器有一個高的 Q-因數。一個共振電路的**品質因數**或 **Q-因數**是整個電路優劣的一個評量。其正式被定義成 2π 乘以一個迴圈裡儲存於電路的最大能量與每個迴圈裡消耗能量的比值。以一個 RLC 並聯(或串聯)共振電路的情況，此 Q-因數是等於共振頻率除以此電路的 3-dB 頻寬。在圖 4.14b 裡的 RLC 並聯共振電路，電阻 R 很大一部份是由電路的電感元件之不完美所貢獻。

在圖 4.14c 裡的全部回應之有用部份的線性，以 f_c 爲中心，由兩個共振頻率的相隔而決定。如圖 4.14c 所示，一個 $3B$ 的頻率分隔給了滿意的結果，其中 $2B$ 是個別濾波器的 3-dB 頻寬。但是，因爲下列原因鑑頻器的輸出將會有失真：

1. 在範圍 $f_c - B_T/2 \le f \le f_c + B_T/2$ 之外的頻率輸入調頻信號 $s(t)$的頻譜並非完全爲零。
2. 可調濾波器的輸出並非嚴格頻帶限的，因而某些失真由低通 RC 濾波器跟隨波封偵測器裡的二極體所引入的。
3. 可調濾波器的特性並非在輸入調頻信號 $s(t)$的整個頻帶上是線性的。

不過經由適當設計，我們仍可將這些因素引起的調頻失真維持在可容忍的極限內。

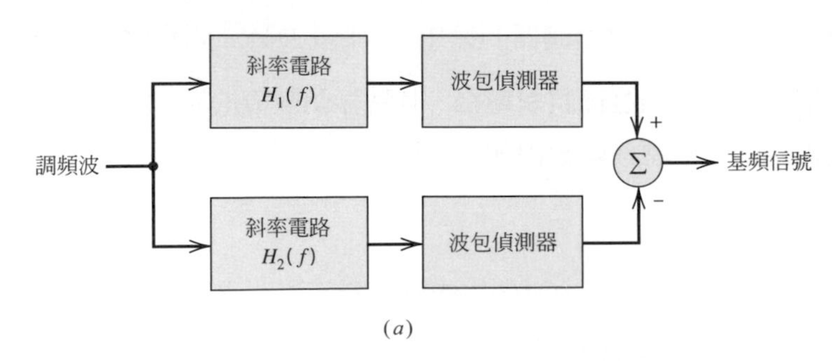

圖 4.14　平衡的鑑頻器：(a) **方塊圖**

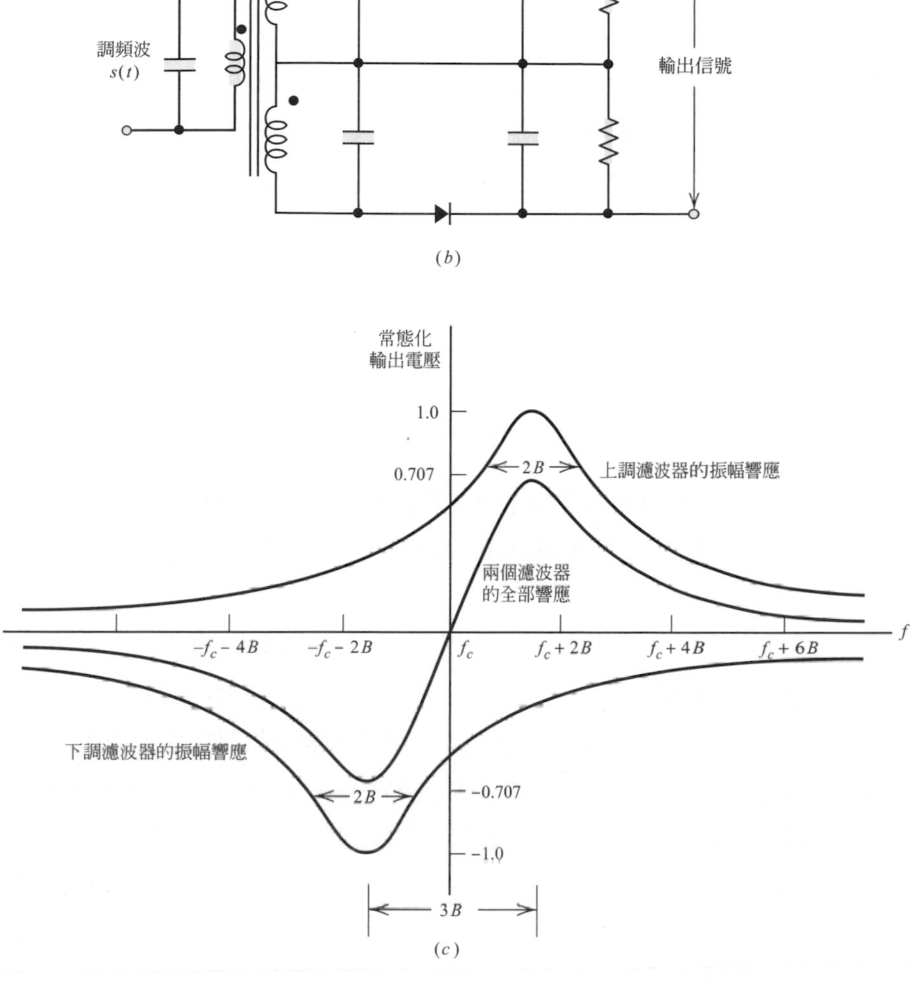

圖 4.14　平衡的鑑頻器：(b) 電路圖；(c) 頻率響應

調頻立體多工

立體多工是一種分頻多工(FDM)的一種形式被設計用來經由相同載波傳送兩個分開的信號。它廣泛被使用在調頻無線電廣播以傳送一個節目的兩個不同的成份(例如，管弦樂隊的兩個不同部份，一個聲樂家及一個伴奏者)使得給在接收端的一個聆聽者在感知上有空間的維度感。

調頻立體傳輸的標準規格是由兩個因素影響：

1. 傳輸必須在被分配的調頻廣播通道裡運作。
2. 它必須與單聲道的無線電接收器相容。

第一個要求設定了允許的頻率參數，包括頻率偏移。第二個要求束縛了被傳信號架構的方式。

圖 4.15a 顯示使用在一個調頻立體傳送器裡多工系統的方塊圖。令 $m_l(t)$ 及 $m_r(t)$ 分別代表在傳送端的左及右麥克風拾取的信號。它們被加到一個簡單的**行列混合器**，其產生**和信號** $m_l(t)+m_r(t)$ ，及**差信號** $m_l(t)-m_r(t)$ 。和的信號放左邊以基頻形式未處理，其可由單聲道接收得到。差信號及一個 38-千赫的次載波(由一個 19-千赫晶體振盪器經由倍頻得到)被加到一個乘積調變器，因而產生一個雙旁波帶-抑載波(DSB-SC)的調變波。除此和信號及雙旁波帶-抑載波(DSB-SC)的調變波之外，此多工信號 $m(t)$ 也包含一個 19-千赫領航信號以提供在立體接收器對差信號做同調檢測的參考的。因此多工信號由下描述

$$m(t)=[m_l(t)+m_r(t)]+[m_l-m_r(t)]\cos(4\pi f_c t)+K\cos(2\pi f_c t) \tag{4.58}$$

其中 f_c = 19 千赫，而 K 是領航音調的振幅。然後此多工信號 $m(t)$ 頻率調變主載波以產生傳輸信號。此領航信號被分配在最高頻率偏移的八及十個百分比之間，式子(4.58)裡的振幅 K 被選擇來滿足此求。

在一個立體接收器，多工信號 $m(t)$由頻率調變進來的調頻波而回復。然後 $m(t)$被加到圖 4.15b 裡的**解多工系統**。多工信號 $m(t)$的個別成份經由使用適當的濾波器分開。被回復的領航信號(使用一個被調到 19 千赫的窄頻帶濾波器)被倍頻以產生要求的 38-千赫次載波。得到此次載波就可對雙旁波帶-抑載波(DSB-SC)的調變波做同調檢測，因而回復了差信號 $m_l(t)-m_r(t)$。在圖 4.15b 裡的上半路徑的基頻低通濾波器是設計來通過和信號 $m_l(t)+m_r(t)$。最後，簡單的行列混合器重建左手信號 $m_l(t)$ 及右手信號 $m_r(t)$ 並將它們引到個別的喇叭。

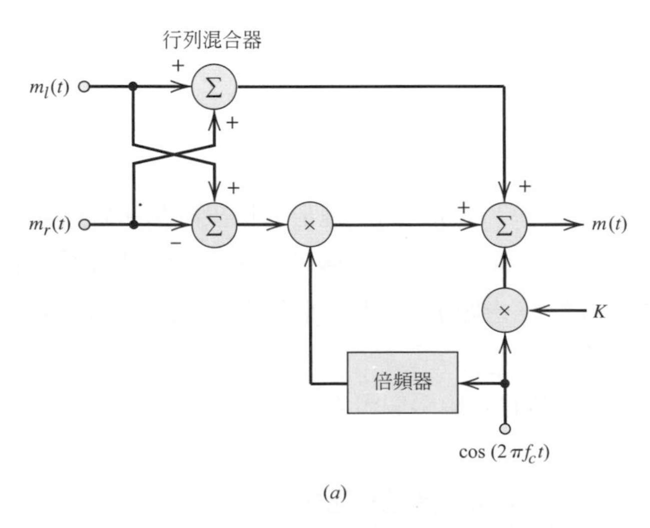

圖 4.15 (a) **立體調頻的傳送器之多工器**

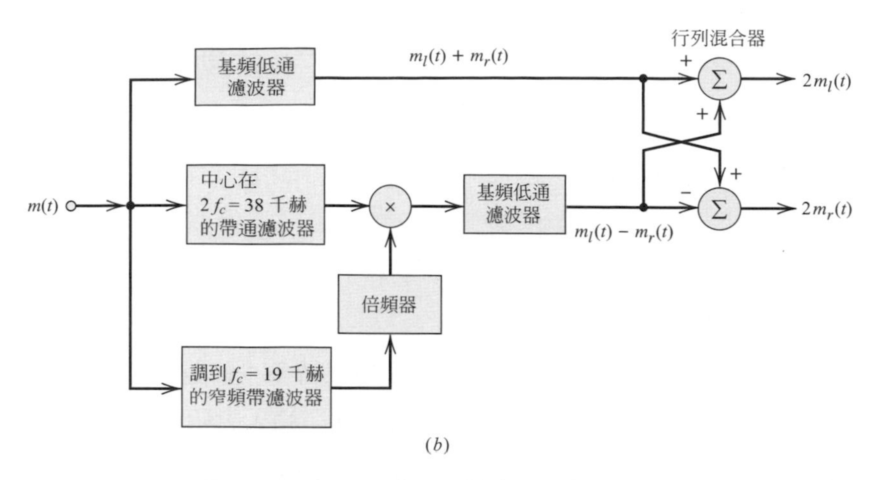

圖 4.15 (b) **立體調頻接收器的解多工器**

4.4 鎖相迴路

鎖相迴路(PLL)是一個負回授系統，其運作被親近的鏈結到頻率調變。其可用來做同步，頻率的除/乘，頻率調變，及非直接的頻率解調。稍後的應用是這裡興趣的主題。

基本上，鎖相迴路包含三個主要成份：一個**乘法器**，一個**迴路濾波器**，及一個**壓控振盪器**(VCO)連接在一起形成圖 4.16 的一個回授迴路。此壓控振盪器是一個弦波產生器其頻率是由一個外部電源加到它的電壓所決定。效果上，任何頻率調變器可以用來充當壓控振盪器。

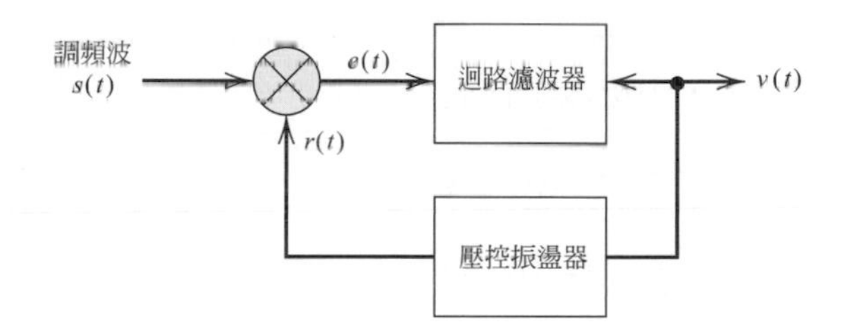

圖 4.16 鎖相迴路

假定剛開始我們已調整好壓控振盪器使得當控制電壓是零，兩個條件被滿足：

1. 壓控振盪器的頻率精確的設定在未調變載波頻率 f_c。
2. 壓控振盪器的輸出相對於未調變載波有一個九十度的相位移。

那麼假定被加到鎖相迴路的輸入信號是一個如下定義的調頻信號

$$s(t)=A_c\sin[2\pi f_c t+\phi_1(t)] \tag{4.59}$$

其中 A_c 是載波的振幅。帶有一個調變信號 $m(t)$，相角 $\phi_1(t)$ 與 $m(t)$ 是經由積分而相關的。

$$\phi_1(t)=2\pi k_f\int_0^t m(\tau)d\tau \tag{4.60}$$

其中 k_f 頻率調變器的頻率敏感度。令鎖相迴路裡的壓控振盪器的輸出由下定義

$$r(t) = A_v \cos[2\pi f_c t + \phi_2(t)] \tag{4.61}$$

其中 A_v 是振幅。當一個控制電壓 $v(t)$被加到壓控振盪器的輸入，相角$\phi_2(t)$與 $v(t)$由下的積分相關起來

$$\phi_2(t) = 2\pi k_v \int_0^t v(t)dt \tag{4.62}$$

其中 k_v 是壓控振盪器的頻率敏感度，量測單位是每伏特多少赫茲。

鎖相迴路的目標是產生壓控振盪器的輸出 $r(t)$其與輸入調頻信號 $s(t)$有相同的相位角(除了固定的 90 度差異)。特徵化了 $s(t)$的時變的相位角$\phi 1(t)$可以是由於式子(4.60)裡被一個資訊信號 $m(t)$的調變，在那種情況爲了估計 $m(t)$我們希望回復$\phi_1(t)$。在鎖相迴路的其他應用裡，進來信號 $s(t)$的時變的相位角$\phi_1(t)$可能是因通訊通道的波動而引起的不要的相位移，以此後面的情況，爲了同調檢測(同步解調)的目的我們希望**追蹤** $\phi_1(t)$ 以便產生一個帶有相同相位角的信號。

爲進一步瞭解鎖相迴路，有一個迴路的**模型**是值得的。從下而後，我們首先發展出一個非線性模型，其接著被線性化以簡化分析。

鎖相迴路的非線性模型[2]

根據圖 4.16，進來的調頻信號 $s(t)$及壓控振盪器的輸出 $r(t)$被加到乘法器，產生了兩個成份：

1. 一個高頻成份，由**倍頻**項代表

$$k_m A_c A_v \sin[4\pi f_c t + \phi_1(t) + \phi_2(t)]$$

2. 一個低頻成份，由**差頻**項代表

$$k_m A_c A_v \sin[\phi_1(t) - \phi_2(t)]$$

其中 k_m 是乘法器**增益**，單位爲伏特$^{-1}$。

鎖相迴路裡的迴路濾波器是一個低通濾波器，且其對高頻成份的回應是可忽略的。壓控振盪器也會對此成份造成衰減。因此，丟棄此高頻成份(亦即，倍頻項)，輸入到此迴路濾波器降爲

$$e(t) = k_m A_c A_v \sin[\phi_e(t)] \tag{4.63}$$

其中$\phi_e(t)$是由下定義的**相位誤差**

$$\begin{aligned}\phi_e(t) &= \phi_1(t) - \phi_2(t)\\ &= \phi_1(t) - 2\pi k_v \int_0^t v(\tau)d\tau\end{aligned} \tag{4.64}$$

迴路濾波器對輸入 $e(t)$運作以產生一個輸出 $v(t)$由下的迴旋積分定義

$$v(t)=\int_{-\infty}^{\infty} e(\tau)h(t-\tau)d\tau \tag{4.65}$$

其中 $h(t)$是迴路濾波器的脈衝回應。

使用從式子(4.62)到(4.64)將$\phi_e(t)$與$\phi_1(t)$相關起來，我們得到下面非線性的積分-微分方程式當做此鎖相迴路動態行爲的描述：

$$\frac{d\phi_e(t)}{dt}=\frac{d\phi_1(t)}{dt}-2\pi K_0\int_{-\infty}^{\infty}\sin[\phi_e(\tau)]h(t-\tau)d\tau \tag{4.66}$$

其中 K_0 是由下定義的**迴路參數**

$$K_0=k_m k_v A_c A_v \tag{4.67}$$

振幅 A_c 及 A_v 都是以伏特爲單位，乘法器增益 k_m 以伏特 $^{-1}$ 及頻率敏感度 k_v 以赫茲/伏特。因此，從式子(4.67)得 K0 有頻率的維度。式子(4.66)建議了一個鎖相迴路如圖 4.17 的模型。於此模型我們也包括了 $v(t)$及 $e(t)$的關係如式子(4.63)及(4.65)所表示。我們看到此模型類似圖 4.16。在鎖相迴路輸入端的乘法器由一個相減器及一個弦波非線性所取代，而壓控振盪器由積分器取代。

圖 4.17 模型裡的弦波非線性大大增加分析鎖相迴路行爲的困難度。將此模型線性化以簡化分析將會有幫助的，卻在某些型的運作裡給一個迴路行爲的一個好的近似。這是我們下面要做的。

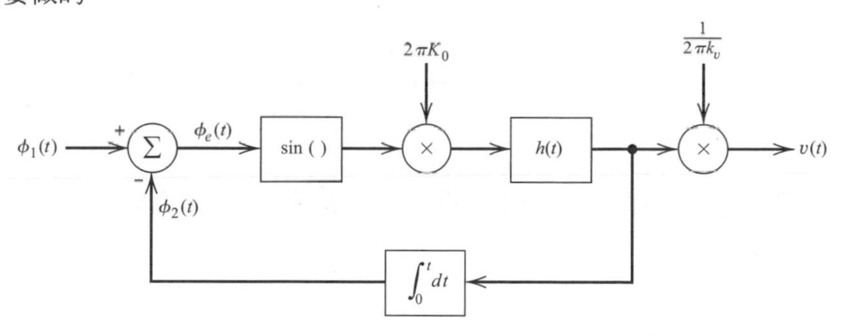

圖 4.17　鎖相迴路的非線性模型

鎖相迴路的線性模型

當相位差 $\phi_e(t)$ 是零，鎖相迴路稱爲**相位鎖**。當 $\phi_e(t)$ 在所有時間都比一個弧度小時，我們可以使用近似

$$\sin[\phi_e(t)]\simeq\phi_e(t) \tag{4.68}$$

當 $\phi_e(t)$ 小於 0.5 弧度時其是精確到四個百分比內的。在此情況，此迴路可說**近乎相位鎖**，且圖 4.17 裡的弦波非線性可棄置。因此我們可以將鎖相迴路表示成圖 4.18a 的線性化模型。依此模型，相位誤差 $\phi_e(t)$ 與輸入相位 $\phi_1(t)$ 由下面的**線性積分–微分方程**所相關

$$\frac{d\phi_e(t)}{dt} + 2\pi K_0 \int_{-\infty}^{\infty} \phi_e(\tau)h(t-\tau)d\tau = \frac{d\phi_1(t)}{dt} \tag{4.69}$$

將式子(4.69)轉換入頻率域並且解出 $\Phi_e(f)$，其為 $\phi_e(t)$ 的傅立葉轉換，借由 $\phi_1(t)$ 的傅立葉轉換 $\Phi_1(f)$，我們得到

$$\Phi_e(f) = \frac{1}{1+L(f)}\Phi_1(f) \tag{4.70}$$

在式子(4.70)裡的函數 $L(f)$ 由下定義

$$L(f) = K_0 \frac{H(f)}{jf} \tag{4.71}$$

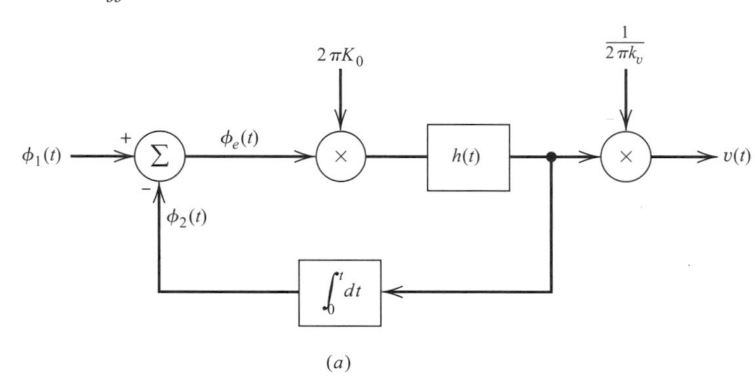

(a)

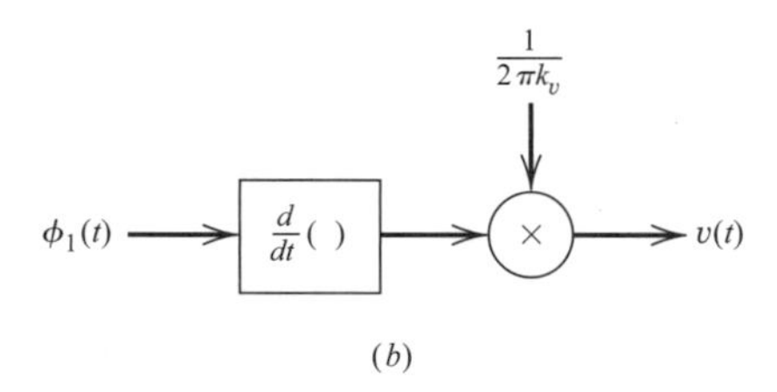

(b)

圖 4.18　鎖相迴路的模型：(a) 線性化模型；(b) 當迴路增益遠大於 1 時的簡化模型

其中 $H(f)$ 是迴路濾波器的轉移函數。$L(f)$ 的量稱為鎖相迴路的**開迴路轉移函數**。假定對基頻內 f 的所有值我們使 $L(f)$ 的大小遠大於 1。那麼從式子(4.70)我們發現 $\Phi_e(f)$ 趨近於零。亦即，壓控振盪器的相位變成漸進等於進來信號的相位。在此條件之下，相位鎖被建立，並且鎖相迴路的目標因而完成了。

從圖 4.18a 我們看到鎖相迴路的輸出 $v(t)$ 的傅立葉轉換，$V(f)$ 與 $\Phi_e(f)$ 有如下相關

$$V(f) = \frac{K_0}{k_v}H(f)\Phi_e(f) \tag{4.72}$$

相等地，鑒於式子(4.71)，我們可寫成

$$V(f) = \frac{if}{k_v}L(f)\Phi_e(f) \tag{4.73}$$

因此，將式子(4.70)代入(4.73)，我們得到

$$V(f)=\frac{(jf/k_v)L(f)}{1+L(f)}\Phi_1(f) \tag{4.74}$$

再次，對我們感興趣的頻帶當我們令$|L(f)|\gg 1$，我們可將式子(4.74)近似如下：

$$V(f)\simeq\frac{if}{k_v}\Phi_1(f) \tag{4.75}$$

其對應的時域關係是

$$v(t)\simeq\frac{1}{2\pi k_v}\frac{d\phi_1(t)}{dt} \tag{4.76}$$

因此，對我們感興趣的所有頻率只要開迴路轉移函數$L(f)$的大小是很大時，鎖相迴路可以模型成一個**微分器**其輸出有一個因數 $1/2\pi k_v$ 的比例，如圖 4.18b。

圖 4.18b 的簡化模型提供一個使用鎖相迴路當一個頻率解調器的非直接方法。當輸入是逼個調頻信號如式子(4.59)，相角$\phi_1(t)$與資訊信號 $m(t)$之相關如式子(4.60)。因此，將式子(4.60)代入(4,76)，我們發現結果的鎖相迴路輸出信號是近似於

$$v(t)\simeq\frac{k_f}{k_v}m(t) \tag{4.77}$$

式(4.77)敘述了當迴路運作在它的相位鎖的型態時，鎖相迴路的輸出 $v(t)$，除了比例因數 k_f/k_v，接近與原始資訊信號 $m(t)$相同，進來的調頻信號 $s(t)$的頻率解調因此被完成。

鎖相迴路充當一個解調器的一個重要特色是進來的調頻信號之頻寬可以相當大於以$H(f)$特徵化的迴路濾波器的頻寬。轉移函數$H(f)$可以也應該被限制到此基頻帶。那麼壓控振盪器的控制信號有基頻(資訊)信號 $m(t)$的頻寬，然而壓控振盪器的輸出是一個寬頻帶頻率調變信號其暫態頻率追蹤進來的調頻信號之頻率。這裡我們主要重述此事實，一個寬頻帶調頻信號的頻寬是遠大於負責產生它的資訊信號之頻寬。

鎖相迴路的複雜度取決於迴路濾波器的轉移函數$H(f)$。當$H(f)=1$，我們得到一個最簡單形式的鎖相迴路，意即，沒有迴路濾波器，而此結果的鎖相迴路被歸屬成一個**第一階(初階)鎖相迴路**。對那些高階的迴路，轉移函數$H(f)$有一個更複雜的形式。鎖相迴路之階級是由**閉迴路轉移函數**之分母多項式的階級決定，其定義了以輸入轉換$\Phi_1(f)$爲基礎的輸出轉換$V(f)$，如式子(4.74)所示。

第一階鎖相迴路的一個主要限制是，其迴路增益參數 K_0 控制了迴路頻寬及迴路能握入的頻率範圍;此**握入頻率範圍**(hold-in frequency range)指迴路對輸入信號能保持相位鎖的頻率範圍。因此理由第一階鎖相迴路在實作上甚少使用。因而，在本節的剩餘部份我們只對二階鎖相迴路做探討應對。

二階鎖相迴路

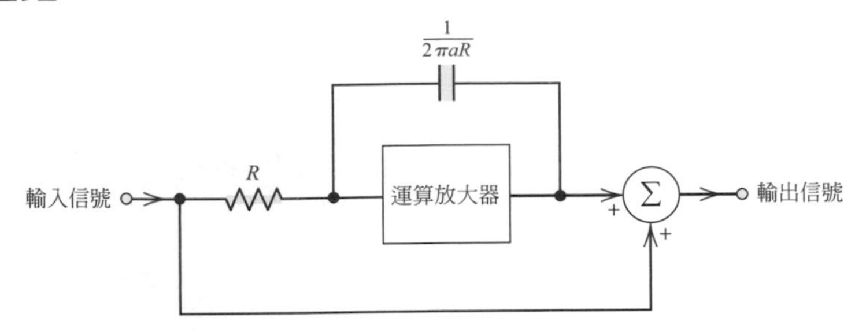

圖 4.19 二階鎖相迴路的迴路濾波器

具體而言，考慮一個使用帶有如下轉移函數的**二階鎖相迴路**

$$H(f) = 1 + \frac{a}{jf} \tag{4.78}$$

其中 a 是一個常數。該濾波器包含一個積分器(使用一個算放大器)及一個直接連接，如圖 4.19 所示。對此鎖相迴路，使用式子(4.70)及(4.78)得

$$\Phi_e(f) = \frac{(jf)^2 / aK_0}{1 + [(jf)/a] + [(jf)^2 / aK_0]} \Phi_1(f) \tag{4.79}$$

定義迴路的**自然頻率**：

$$f_n = \sqrt{aK_0} \tag{4.80}$$

及**阻尼係數**：

$$\zeta = \sqrt{\frac{K_0}{4a}} \tag{4.81}$$

那麼我們可以用參數 f_n 及 ζ 將式子(4.79)重寫如下：

$$\Phi_e(f) = \left(\frac{(jf / f_n)^2}{1 + 2\zeta(jf / f_n) + (jf / f_n)^2} \right) \Phi_1(f) \tag{4.82}$$

假定進來的調頻信號是由一個單音調調變波所產生，其相位輸入是

$$\phi_1(t) = \beta \sin(2\pi f_m t) \tag{4.83}$$

因此從式子(4.82)我們發現相對應的隊誤差是

$$\phi_e(t) = \phi_{e0} \cos(2\pi f_m t + \psi) \tag{4.84}$$

其中振幅 ϕ_{e0} 及相位 ψ 分別是由下定義

$$\phi_{e0} = \frac{(\Delta f / f_n)(f_m / f_n)}{\{[1 - (f_m / f_n)^2]^2 + 4\zeta^2 (f_m / f_n)^2\}^{1/2}} \tag{4.85}$$

及

$$\psi = \frac{\pi}{2} - \tan^{-1}\left[\frac{2\zeta f_m / f_n}{1-(f_m / f_n)^2}\right] \tag{4.86}$$

在圖 4.20 我們已畫出對於不同的ζ值之下的相位誤差振幅ϕ_{e0}，其已對$\Delta f / f_n$做常態化，對f_m / f_n的圖。明顯的對於阻尼係數ζ的所有的值，及假定一個固定的頻率偏移Δf，在低調變頻率下相位誤差是小的，而在$f_m = f_n$時上升到最大，且在較高頻時掉下來。且須注意相位誤差振幅的最大的值隨ζ之增加而遞減。

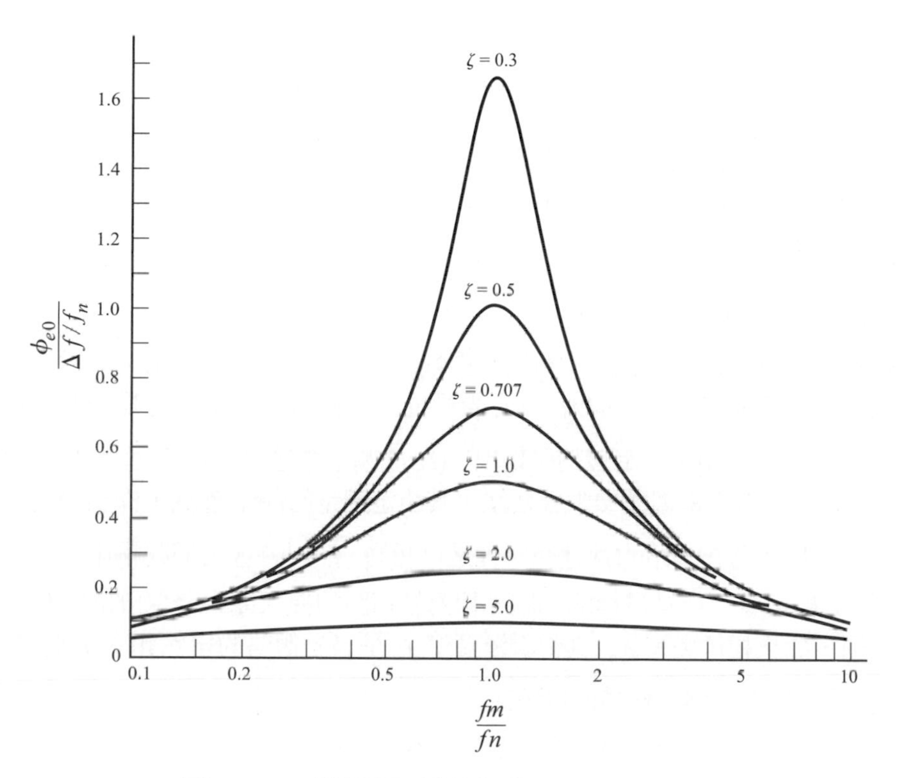

圖 4.20　二階鎖相迴路的相位誤差振幅之特性

迴路輸出的傅立葉轉換經由式子(4.72)與$\Phi_e(f)$相關起來，因此由式子(4.78)所定義的$H(f)$，我們得

$$V(f) = \frac{K_0}{k_v}\left(1 + \frac{a}{jf}\right)\Phi_e(f) \tag{4.87}$$

鑑於式子(4.80)及(4.81)的定義，我們有

$$V(f) = \left(\frac{f_n^2}{jfk_v}\right)\left[1 + 2\zeta\left(\frac{jf}{f_n}\right)\right]\Phi_e(f) \tag{4.88}$$

將式子(4.82)代入(4.88)，我們得

$$V(f)=\left(\frac{(jf/k_v)[1+2\zeta(jf/f_n)]}{1+2\zeta(jf/f_n)+(jf/f_n)^2}\right)\Phi_1(f) \tag{4.89}$$

因此，對於式子(4.83)裡的相位輸入 $\phi_1(t)$ ，我們發現對應的迴路輸出是

$$v(t)=A_0\cos(2\pi f_m t+\alpha) \tag{4.90}$$

其中振幅 A_0 及相位 α 分別是由下定義

$$A_0=\frac{(\Delta f/k_v)[1+4\zeta^2(f_m/f_n)^2]^{1/2}}{\{[1-(f_m/f_n)^2]^2+4\zeta^2(f_m/f_n)^2\}^{1/2}} \tag{4.91}$$

及

$$\alpha=\tan^{-1}\left[2\zeta\left(\frac{f_m}{f_n}\right)\right]-\tan^{-1}\left[\frac{2\zeta(f_m/f_n)}{1-(f_m/f_n)^2}\right] \tag{4.92}$$

從式子(4.91)，我們看到振幅 A_0 在$(f_m/f_n)=0$ 時達到 $\Delta f/k_v$ 的最大值，它將隨著 f_m/f_m 的增加而遞減，在$(f_m/f_n)=\infty$時掉到零。

二階鎖相迴路的中要特色是由有固定振幅(對應一個固定頻率偏移)及變化的頻率的調變弦波所產生的進來的調頻信號，其定義相位誤差 $\phi_e(t)$ 的頻率響應是一個帶通濾波器的代表[參照式子(4.85)]，但定義迴路輸出 $v(t)$ 的頻率響應是一個低通濾波器[參照式子(4.91)]。因此，經由適當選擇參數 ζ 及 f_n，其決定迴路的頻率響應，抑制到總是保持小的相位誤差且從而落在迴路的線性範圍裡是可能的，然同時會由迴路輸出產生有最小失眞的調變(資訊)信號。但是這樣的抑制，相對於迴路的握入能力是保守的。以一個合理的經驗法則，如果相位誤差 ϕ_{e0} (其當調變頻率 f_m 是等於迴路的自然頻率 f_n 時發生)的最大值總是小於 90 度，迴路應該保持鎖住。

鎖相迴路的性能在習題 4.29 裡有做資料實驗性的探討。

4.5 調頻系統的非線性效應

在前一節，我們研讀了頻率調變的產生及解調的理論及方法。我們將由考慮調頻系統的非線性效應來完成頻率調變的討論。

以一種或它種形式，**非線性**存在於所有電性網路。有兩個基本的非線性形式該考慮：

1. 當它是故意被引入且以一個控制的方式給某些特定的應用，我們稱此非線性是**強烈**的。強烈非線性的例子包括平方律調變，限制器，及頻率乘法器。
2. 當一個線性的性能是我們要求的則稱此非線性是**虛弱**的，但一個寄生性的非線性會因不完美而出現。如此虛弱非線性的效應限制了一個系統有用的信號級別並且從而變成一個重要的設計考慮。

本節我們檢視虛弱非線性對頻率調變的效應[3]。

考慮一個通訊通道，其轉移特性是由非線性的輸出-輸入關係所定義

$$v_o(t) = a_1 v_i(t) + a_2 v_i^2(t) + a_3 v_i^3(t) \tag{4.93}$$

其中 $v_i(t)$ 及 $v_o(t)$ 分別是輸入及輸出信號，並且 a_1、a_2 及 a_3 是常數。式子(4.93)描述的通道稱爲**無記憶性**，以其輸出信號 $v_o(t)$ 是輸入信號 $v_i(t)$ 的一個瞬間函數(亦即，該描述裡並無儲存能量)。我們希望決定傳送一個頻率調變波通過如此通道的效應。調頻信號由下定義

$$v_i(t) = A_c \cos[2\pi f_c t + \phi(t)]$$

其中

$$\phi(t) = 2\pi k_f \int_0^t m(\tau) d\tau$$

對於此輸入信號，使用式子(4.93)產生

$$\begin{aligned} v_o(t) = {} & a_1 A_c \cos[2\pi f_c t + \phi(t)] + a_2 A_c^2 \cos^2[2\pi f_c t + \phi(t)] \\ & + a_3 A_c^3 \cos^3[2\pi f_c t + \phi(t)] \end{aligned} \tag{4.94}$$

展開式子(4.94)裡的平方及立方的餘弦項然後集中共同項，我們得到

$$\begin{aligned} v_o(t) = {} & \frac{1}{2} a_2 A_c^2 + \left(a_1 A_c + \frac{3}{4} a_3 A_c^3 \right) \cos[2\pi f_c t + \phi(t)] \\ & + \frac{1}{2} a_2 A_c^2 \cos[4\pi f_c t + 2\phi(t)] \\ & + \frac{1}{4} a_3 A_c^3 \cos[6\pi f_c t + 3\phi(t)] \end{aligned} \tag{4.95}$$

因此通道輸出包含了一個直流成份及帶有三個載波頻率 f_c、$2f_c$、及 $3f_c$ 的頻率調變信號，弦波成份分別由式子(4.93)裡的線性的，二次方的，及三次方的項所貢獻。

爲從通道輸出 $v_o(t)$ 抽取我們要的調頻信號，亦即，帶有載波頻率 f_c 的特別成份，我們須要將帶有載波頻率的調頻信號與帶有最接近載波頻率：$2f_c$ 的信號分開。令 Δf 表示進來調頻信號 $v_i(t)$ 的頻率偏移，且 W 表示資訊信號 $m(t)$ 的最高頻率成份。那麼，引用卡森法則及將載波頻率的二次諧波的頻率偏移加倍，我們發現分開我們要的帶載波頻率 f_c 的調頻信號與帶載波頻率 $2f_c$ 的信號的必需條件是

$$2f_c - (2\Delta f + W) \; > \; f_c + \Delta f + W$$

或

$$f_c > 3\Delta f + 2W \tag{4.96}$$

因此，經由使用一個中頻帶頻率爲 f_c 的帶通濾波器且頻寬爲 $2\Delta f+2W$，通道輸出將降爲

$$v'_o(t)=\left(a_1A_c+\frac{3}{4}a_3A_c^3\right)\cos[2\pi f_ct+\phi(t)] \tag{4.97}$$

因此我們看到，一個調頻信號通過一個帶非線性振幅的通道，再配合適當的濾波，其所得唯一效應僅是修改了它的振幅。亦即，不像調幅，頻率調變不會受傳輸通道的非線性振幅引起的失真之影響。基於此理由，我們會發現頻率調變被廣泛使用在微波無線電及衛星通訊系統。其允許使用高度非線性的放大器及功率傳送器，此對於在無線電射頻產生最大的功率輸出特別重要。

但是，一個調頻系統對於**相位的非線性**是極端敏感的，如我們可以直覺的預期。一個在微波無線電系統常常遇到的相位非線性的類型是稱爲**振幅對相位調變**(AM-to-PM)轉換。此是因使用在系統裡的中繼器或放大器的相位特性是依輸入信號的瞬間振幅而定的結果。實作上，AM-to-PM 轉換是由一個常數 K 加以特徵化，其單位是每分貝(dB)多少度並且可以被解釋爲在輸入波封的 1-dB 改變時在輸出端的最高相位改變值。當一個調頻波經由一個微波無線電鏈傳送，它將拾到因傳送期間裡因雜訊及干擾而引起寄生的振幅變化，並且當如此一個調頻波通過一個帶有 AM-to-PM 轉喚的中繼器，輸出將會包含不要的相位調變及其結果的失真。因此保持 AM-to-PM 轉換於低階層是重要的。例如，對於一個好的微波中繼器，AM-to-PM 轉換常數 K 是小於每 dB 兩度的。

4.6 超外差式接收器

在一個通訊系統，不管是調幅或調頻，接收器不僅有解調進來的調變過信號的工作，而且也須進行其他的系統功能：

- **載波頻率調諧**，其目的是選擇想要的信號(亦即，想要的收音或電視電臺)。
- **濾波**，其被要求從其他延路也被拾起的調變信號裡分開出所要的信號。
- **放大**，其用意是補償在傳送間信號功率的不幸損失。

超外差式接收器，或常被稱**超外差式收音機**，是接收器的一個特別型式，其完成了全部三個功能，特別是前面兩個，以一個優雅且特別的方式。特別地，其克服了做一個高(且可變) Q 濾波器的困難。確實，實際上所有類比的收音機及電視接收器都是超外差式型。

基本上，接收器包含一個射頻(RF)部份，一個混頻器及一個本地振盪器，一個中頻部份(IF)部份，解調器及功率放大器。商用的調幅及調頻收音機接收器的典型的頻率參數列在表 4.2。圖 4.21 顯示一個使用波封檢測器來解調的調幅超外差式接收器的方塊圖。

表 4.2 調幅及調頻收音機接收器的典型頻率參數

	調幅收音機	調頻收音機
射頻載波範圍	0.535-1.605 MHz	88-108 MHz
中頻(IF)部份的中頻帶頻率	0.455 MHz	10.7 MHz
中頻(IF)頻寬	10 kHz	200 kHz

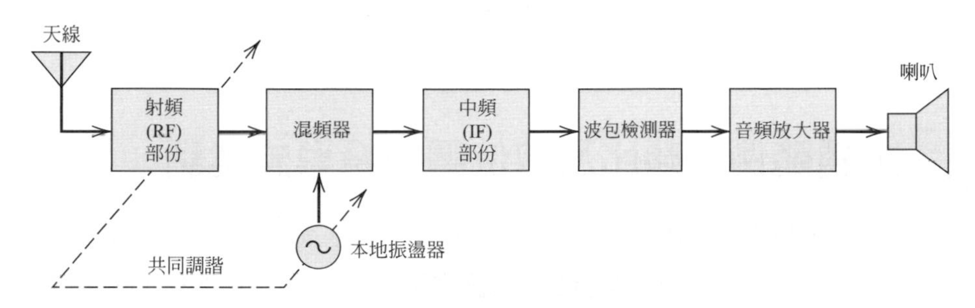

圖 4.21 超外差式調幅接收器的基本元件

進來的調幅波被天線拾取並在被調到進來波的載波頻率的射頻部份放大。混頻器與本地振盪器(可調頻的)的組合提供一個**外差式**功能，而進來的信號被轉換到一個業已決定的固定的**中頻**，其通常低於進來的載波頻率。此頻率轉移是在不會擾亂到載波的旁波帶的關係之下達成。超外差式的結果是產生一個中頻的載波由下定義

$$f_{IF} = f_{RF} - f_{LO} \tag{4.98}$$

其中 f_{LO} 是本地振盪器的頻率而 f_{RF} 進來射頻信號的載波頻率。我們將 f_{IF} 當中頻(IF)，因為此信號既非在原始的輸入頻率亦非在最後的基頻帶頻率。此混頻器-本地振盪器的組合有時被稱為**第一檢測器**，以該情形解調器被稱做**第二檢測器**。

中頻部份包含一個或更多階段的調諧放大，其頻寬對應到接收器企圖處理的特別型態信號所須的頻帶。此部份提供放大的大部份及接收器的選擇性。中頻部份的輸出被加到一個解調器，其目的是回復基頻信號。若使用同調檢測(coherent detection)，那麼一個同調信號源必須在接收器裡提供。接收器的最後運作是被回復的資訊信號的功率放大。

在一個超外差式接收器當輸入信號頻率大於或小於本地振盪器頻率的一個量等於該中頻，混頻器將導出一個中頻輸出。也就是，有兩個輸入頻率，即$|f_{LO} \pm f_{IF}|$，其將在混頻器的輸出得到 f_{IF} 的結果。此引出可能同時接收兩個頻率相差是中頻的兩倍的信號。例如，一個調到 1 兆赫(MHz)且有一個 0.455 兆赫的中頻(IF)容易遭受一個在 1.910 兆赫的**影頻干擾**，確實，任何有此中頻值的接收器，當調到任何電臺，將遭受在頻率 0.910 兆赫影頻干擾高於所要的電臺。因為混頻器的功能是在兩個加進的頻率間產生差頻，它沒有能力在要的信號與它的影頻所產生的中頻做區別。為有利於所要的信號並辨別出不要的**影頻信號**，唯一實用對付影頻的辦法是在射頻部份使用高選擇性的層級(亦即，在天線與混頻器之間)。當在射頻部份的選擇性層級數目增加，且中頻對信號頻率比增加，壓抑不要的影頻信號的效果愈好。

調幅與調頻超外差式接收器的基本差異在於使用一個如限制器的頻率鑑頻器當調頻解調器。在一個調頻系統，資訊是經由變化一個弦載波的瞬間頻率而被傳送，而其振幅被保持常數固定。因此，在接收器輸入端的載波振幅的任何變化一定是雜訊或干擾所引起。一個**振幅限制器**，跟隨中頻部份，經由夾住中頻部份的輸出的調變波幾乎到零軸的方式來移除振幅變化。經由一個帶通濾波器以壓抑載波頻率的諧波，結果的方波圓滿結束。因此濾波器輸出再度是弦波，其振幅實際上與接收器輸入的載波振幅是獨立的(參照習題 4.20)。

4.7 主題範例—類比及數位調頻蜂巢式電話

於此例子，我們考慮一調頻調變器的兩個應用，其都與蜂巢式電話服務有關。在北美剛開始的蜂巢式電話系統稱爲**先進行動電話服務**(Advanced Mobile Phone Service，AMPS)並於 1983 年開始運作。此 AMPS 系統使用 30 千赫通道頻寬，亦即，兩個 30 千赫通道，通話期間每個方向各被指定給每個使用者。此種分享無線電頻譜的方式稱爲**分頻多址**(frequency-division multiple access，FDMA)。在頻帶從 824 到 894 兆赫之間，此兩個通道(上傳及下傳)相隔 45 兆赫。

在 AMPS，類比調頻被使用來做語音傳輸，而頻率鍵移(frequency-shift keying，FSK)(參照第 9 章)被用來做資料傳輸。在有線電話服務裡，傳輸前語音頻寬(W)被限制在將近 3 千赫。調頻調變器被設計成使得因語音引起的最高偏離被限制在 12 千赫。使用式子(4.38)的卡森法則，當 Δf = 12 千赫，且比 W 代替 f_m，我們得到此 AMPS 信號的傳輸頻寬的近似值

$$\begin{aligned} B_T &= 2(\Delta f + W) \\ &= 2(12+3) = 30\text{kHz} \end{aligned}$$

此傳輸頻寬的估計與指定的通道寬度 30 千赫一致。因爲調頻是一個波封恒定的(constant)調變技術，AMPS 行動裝置可以使用高效率的功率放大器。特別地，功率放大器可能在飽和(促進高效率)而不會失眞輸出的波封，因它是恒定的。此恒定波封的性質也有對付發生在行動無線電連結上的衰褪的優點。類比調頻系統的一個嚴重缺點是它對於竊聽無法提供保護。

AMPS 是第一個引入**蜂巢**觀念的系統，以便頻率可重複使用。但是，AMPS 的成功是它自己終止的始作俑者，因爲對於有限無線電頻譜的更大需求意謂著必須找更有頻寬效率的傳輸技術。

AMPS 的一個繼承者是數位蜂巢電話標準稱爲 **GSM (全球行動通訊系統**，Global System for Mobile Communications)。GSM 建立在 AMPS 的調頻相關的某些優點上但使用一個更複雜的多工策略而且用資料的一種數位表示也降低了頻寬要求。爲瞭解 GSM 的調頻本性，我們記得調頻方程式的通式是

$$s(t)=A_c\cos\left[2\pi f_c t+k_f\int_0^t m(\tau)d\tau\right]$$

其中 f_c 是載波頻率且 $m(t)$是調變信號。對 GSM，調變信號由數位信號給的[參照式子(2.120)]

$$m(t)=\sum_{k=0}^{K}b_k p(t-kT)$$

其中位元$\{b_k\}$是一個音頻(語音)源的數位表示。資料位元是由一個脈波形態調變，其可由兩個函數的迴旋來描述：

$$p(t)=c\exp[-\pi c^2t^2]*\text{rect}[t/T]$$

其中「*」表示迴旋，$c=B\sqrt{2\pi/\log(2)}$，且對數是自然對數。對於 GSM，乘積 BT 被設爲 0.3，其中符號週期 T 是 3.77 微秒(百萬分一秒)。基頻脈波 $p(t)$的振幅頻譜顯示在圖 4.22。當敏感係數 k_f被設定爲 $\pi/2$，此數字調變稱爲**高斯最小鍵移**(GMSK)，其將在第 9 章討論。

在圖 4.23，我們畫出調變 GSM 信號的仿眞頻譜。此信號的 3-dB(單邊)頻寬是接近 60 千赫。調變後的頻譜與基頻脈波的相似度指出了 GMSK 是一種窄頻帶頻率調變。

GSM 的 GMSK 信號被分配 200 千赫的頻寬，其比 AMPS 的 30 千赫的通道分配是足夠大了。但是，由於語音的數位表示，200 千赫的通道可以同時單方向的被 32 通語音分享。此多工策略提供一個在每單位頻寬可被服務的電話通數的數目比 AMPS 有(30/200) × 32 = 4.8 倍的改善，其大大改善了頻寬效率。

除了 AMPS 使用的頻帶之外，GSM 也使用了很多其他頻帶如表 4.3 所示。這些頻帶使用 FDMA 分享類似於 AMPS。個別的 GSM 通道也在時間上使用稱爲**分時多工**(TDMA)的策略分享，其將在第 7 章解釋。

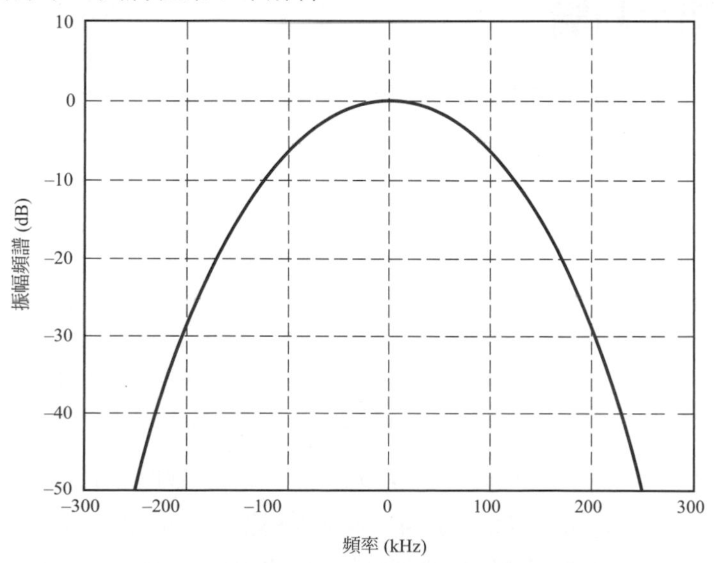

圖 4.22 使用在 GSM 的基頻脈波之頻譜

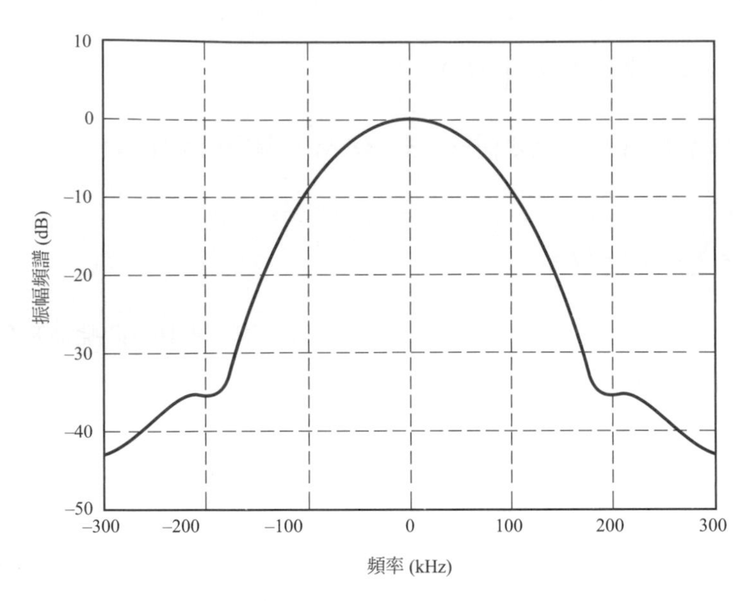

圖 4.23　一個 GSM 信號的頻譜

表 4.3　給 GSM 的頻帶

頻帶	上傳頻率 (兆赫，MHz)	下傳頻率 (兆赫，MHz)	使用區
GSM-850	824-849	869-894	美國，加拿大，及大部份美洲(也給 AMPS)
GSM-900	890-915	935-960	歐洲，非洲，及大部份亞洲
GSM-1800	1710-1785	1805-1880	歐洲，非洲，及大部份亞洲
GSM-1900	1850-1910	1930-1990	美國，加拿大，及大部份美洲

4.8　總結及討論

在本章，我們研讀了相角調變的原理，其是第二種連續波(CW)調變的形式。相角調變使用一個弦載波其相角依一個資訊信號而變化。

相角調變可被歸類成調頻(FM)及相位調變(PM)。在調頻，一個弦載波的瞬間頻率會與資訊信號成比例改變。另一方面，在相位調變，載波的相位會與資訊信號成比例改變。瞬間頻率被定義爲隊對時間的微分，除了差一個刻度因數 $1/(2\pi)$。因而，調頻(FM)及相位調變(PM)是互相緊密相關的。如果我們知道其中一個的性質，我們可以決定另一個的性質。因此理由，且因調頻在廣播裡常用，本章的相角調變的大部份教材都獻給調頻。

不像振幅調變，調頻是一個非線性的調變程式。因而，調頻的頻譜分析比調幅困難。然而，經由研讀單音調調頻，我們也能導出很多深入的調頻的頻譜性質。特別的，我們導出一個經驗性的規則稱爲卡森法則來對調頻的傳輸頻寬 BT 做近似的估算。根據此法則，BT 是由一個單一參數所控制：弦波調頻的調變指數 β，會對非弦波調頻的偏離比 D。

在調頻，載波振幅及因此的傳輸平均功率被保持固定的。此中調頻對調幅的重要優點在於在接收時打擊因雜訊或干擾而起的效應，一個在第 6 章要研讀的議題，在讓我們在第 5 章熟悉了機率及隨機程式之後。此優點在調變指數(偏離比)增加時變得更加明確，其以一個對應的方式有增加傳輸頻寬的效應。因此，頻率調變提供了一個以通到頻寬來交換改善的雜訊性能的實際方式，其在調幅是不可行的。

註解及參考文獻 *Notes and References*

[1] 貝色(Bessel)函數在解某些微分方程式及很多物理問題的數學公式化裡扮演一個重要角色。對此主題的詳細論述，可參讀衛理(Wylie)及巴雷特(Barrett)(1982，572-625 頁)。

[2] 當一個鎖相迴路被用來解調一個調頻波，迴路比須首先鎖入近來的頻波然後跟隨它的相位變化。在鎖住的運作期間，在進來的調頻波與壓控振盪器輸出之間相位誤差 $\phi_e(t)$將會是大的，因此需要使用圖 4.17 的非線性模型。對於鎖相迴路之非線性分析的完全論述，可參讀葛納(Gardner)(1979)、伊根(Egan)(1998)、及卑斯特(Best)(2003)。

[3] 對於弱勢非線性的系統效應及特性的詳細討論，可參讀 "Transmission Systems for Communication," Bell Telephone Laboratories, pp.237-278 (Western Electric, 1971)。

❖本章習題 *Problems*

4.1 畫出在圖 P4.1 裡的鋸齒波產生的調頻及相位調變波。

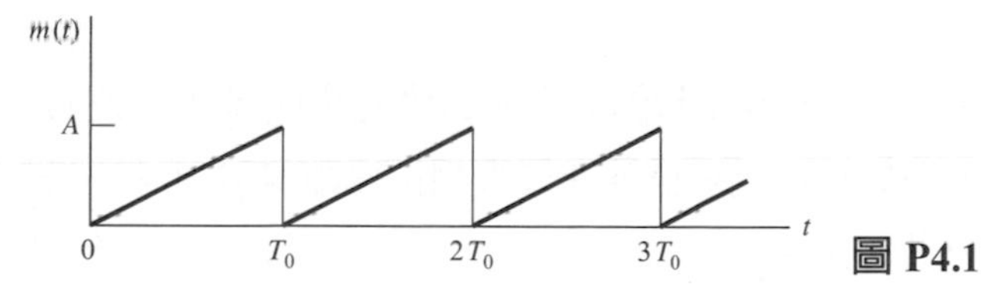

圖 P4.1

4.2 在**頻率被調雷達**中，傳輸載波之瞬時頻率變化如圖 P4.2 所示，其是經由一個三角調變信號而得。接收到的回波信號之暫態頻率如圖 P4.2 之虛線所示，其中 τ 是來回的延遲時間。傳送信號及接收的回波信號被加到一個混頻器，並取其差頻成份。假設 $f_0\tau \ll 1$，請決定在平均一秒之內，以載波頻率的最大偏離 Δf，延遲 τ，及傳輸信號的重複頻率 f_0 來表示，在混頻器輸出端拍打周循的數目。

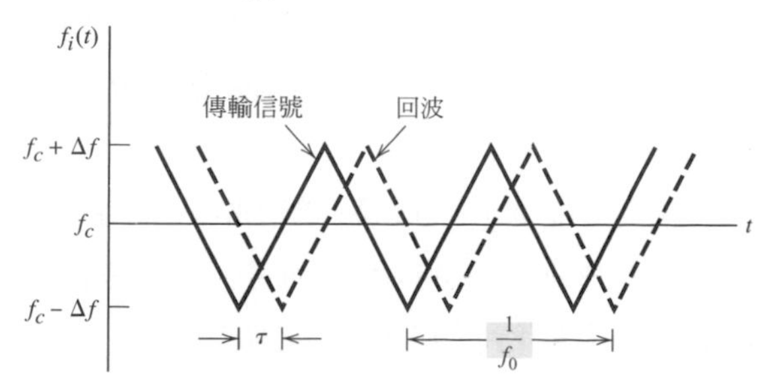

圖 P4.2

4.3 一個正弦波的暫態頻率在$|t| \le T/2$時是等於$f_c - \Delta f$，在$|t| > T/2$時是等於f_c。請決定頻率調變波之頻譜。**提示**：將感興趣的時間區間分成三個區段：$-\infty < t < -T/2$，$-T/2 \le t \le T/2$，及$T/2 < t < \infty$。

4.4 考慮一個窄頻調頻信號由下近似地定義

$$s(t) \simeq A_c \cos(2\pi f_c t) - \beta A_c \sin(2\pi f_c t) \sin(2\pi f_m t)$$

(a) 請決定此調變信號之波封。t此波封之最大與最小之比例為何？假設β限制在$0 \le \beta \le 0.3$的區間，畫出此比例對β之關係。

(b) 請以未調變載波的平均功率的百分比表示，決定窄頻調頻信號的平均功率。假設β限制在區間$0 \le \beta \le 0.3$，畫出此結果對β的圖形。

(c) 經由以冪級數的形式將窄頻調頻信號$s(t)$的相角$\theta_i(t)$展開，並且限制調變指數β的最大值為0.3弧度，請證明

$$\theta_i(t) \simeq 2\pi f_c t + \beta \sin(2\pi f_m t) - \frac{\beta^3}{3} \sin^3(2\pi f_m t)$$

對$\beta = 0.3$，諧波失真的值是多少？

4.5 正弦調變波

$$m(t) = A_m \cos(2\pi f_m t)$$

被加到帶有相位敏感度k_p的相位調變器。未調變載波有頻率f_c及振幅A_c。

(a) 假設最大相位偏離$\beta_p = k_p A_m$不會超出0.3弧度，請決定此結躲的相位調變波之頻譜。

(b) 建構此調變波的一個相量圖並與相對應的窄頻調頻信號的做比較。

4.6 假設習題4.5裡的相位調變信號在最大相位偏離是β_p下有一個任意值。此調變信號被加到一個中心頻率在f_c及帶通從$f_c - 1.5f_m$到$f_c + 1.5f_m$的理想帶通率波器。請決定在濾波器輸出端的調變信號當做時間函數之波封，相位，及暫態頻率。

4.7 在第4.3節，我們已示當輸入是一個單調音頻f_m時一個窄頻調變器的輸出如何近似。請使用一個類似的方法，在最大的$\{|m(t)|\} < 0.3$弧度及$k_p = 1$的情況下，導出輸入是$m(t)$的相位調變器的輸出之一個近似。此相位調變信號之近似頻譜是什麼？

4.8 一個載波被一個頻率是f_m及振幅是A_m的正弦波信號所頻率調變。

(a) 請決定其中調頻信號的載波成份被降到零時調變指數β之值。計算$J_0(\beta)$請參照附錄。

(b) 在引導將$f_m = 1$千赫及增加A_m(從0伏特開始)的一個特定實驗，我們發現當$A_m = 2$伏特時調頻信號的載波成份首度降到零。此調變器的頻率敏感度是多少？第二次此載波成份再被降到零時的A_m之值是多少？

4.9 一個調變指數 $\beta = 1$ 的調頻信號被傳輸經過一個中心頻率在 f_c 及頻寬為 $5f_m$ 的理想帶通濾波器，其中 f_c 是在波頻率且 f_m 是正弦調變波的頻率。請決定此濾波器輸出的振幅頻譜。

4.10 一個頻率為 100 兆赫的載波被一個振幅為 20 伏特及頻率為 100 千赫的正弦波做頻率調變。此調變器的頻率敏敢度是每伏特 25 千赫。

(a) 使用卡森法則，請決定此調頻信號的近似頻寬。

(b) 如果只傳輸那些振幅大於未調變的載波振幅之百分之一的旁波頻率，請決定傳輸頻帶寬。利用圖 4.9 之通用曲線作此運算。

(c) 重複上述計算，並假設調變信號之振幅加倍。

(d) 重複上述計算，並假設調變頻率加倍。

4.11 考慮由一個正弦調變波 $A_m\cos(2\pi f_m t)$ 所產生的寬頻帶相位調變信號，調變器之相位靈敏度等於 k_p 弧度每伏特。

(a) 證明當相位調變信號的最大相位偏差比 1 弧度大很多時，其頻帶寬隨調變頻率 f_m 而呈線性變化。

(b) 比較寬頻相位調變與寬頻調頻的特性。

4.12 圖 P4.12 為針對調頻原理之即時**頻譜分析儀**的方塊圖。已知信號 $g(t)$和一個調頻過信號 $s(t)$被送入一個乘法器中，其輸出 $g(t)s(t)$再回授入一個脈衝響應為 $h(t)$的濾波器。$s(t)$和 $h(t)$皆為**線性調頻信號**，他們的暫態頻率以相反的速率變化，如下所示

$$s(t) = \cos(2\pi f_c t - \pi k t^2),$$
$$h(t) = \cos(2\pi f_c t + \pi k t^2)$$

其中 k 為常數。請證明濾波器輸出之波封與輸入信號 $g(t)$之振幅頻譜成正比，其中 k_t 是扮演頻率 f 的角色。**提示**：利用第二章描述的複數表示法來分析帶通訊號與帶通濾波器。

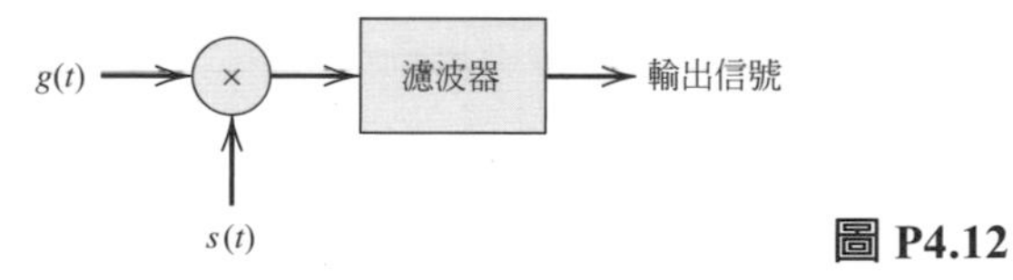

圖 P4.12

4.13 一個在調變頻率為 5kHz，頻率偏差為 10kHz 的調頻信號輸入到兩個串接的頻率乘法器。第一個乘法器將頻率加倍，而第二個將頻率變為三倍請決定第二個乘法器輸出的調頻信號的頻率偏差和調變指數。此調頻信號相鄰的旁波頻率之間，頻率間隔是多少？

4.14 一個調頻信號被加到一個帶有輸出電壓 v_2 與輸入電壓 v_1 如下關係的平方律裝置

$$v_2 = av_1^2$$

其中 a 是一個常數。試解釋如此的一個裝置是如何可以被用來得到一個頻率偏差比在輸入端可得的還大的調頻信號。

4.15 圖 P4.15 為一個壓控振盪器的頻率決定電路。將調變信號 $A_m\sin(2\pi f_m t)$加上一個偏壓 V_b 後，接到一對變容二極體與一個 200μH 電感和 100pF 電容的並聯組合，可以產生頻率調變。每個變容二極體的電容和跨於其電極上之電壓(單位為伏特)之關係為

$$C = 100V^{-1/2}\text{pF}$$

振盪器的未調變頻率為 1MHz。壓控振盪器輸出送入一個頻率乘法器以產生載波頻率為 64MHz，調變指數為 5 的調頻信號。已知 f_m = 10kHz，試決定(a)偏壓 V_b 的大小及(b)調變波的振幅 A_m。

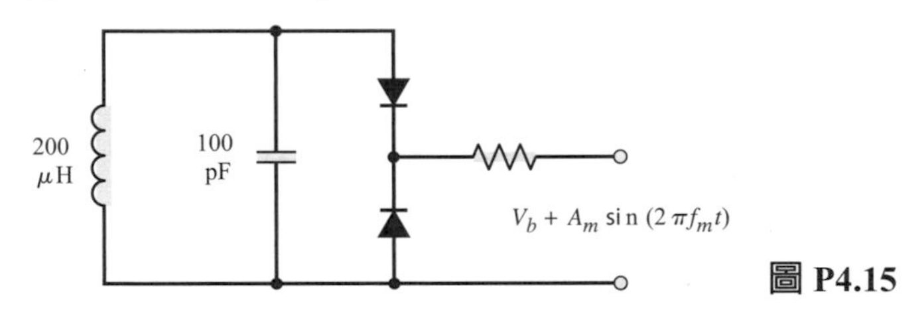

圖 P4.15

4.16 調頻信號

$$s(t) = A_c \cos\left[2\pi f_c t + 2\pi k_f \int_0^t m(t)dt\right]$$

被送入圖 P4.16 由高通 RC 濾波器和波封檢測器組成的系統。假設(a)對於 $s(t)$的所有重要頻率成份，電阻值都比電容的電抗小很多，以及(b)波封檢測器不造成濾波器負載。試決定在假設對所有 t，$k_f|m(t)| < f_c$ 之情況下，波封檢測器之輸出信號。

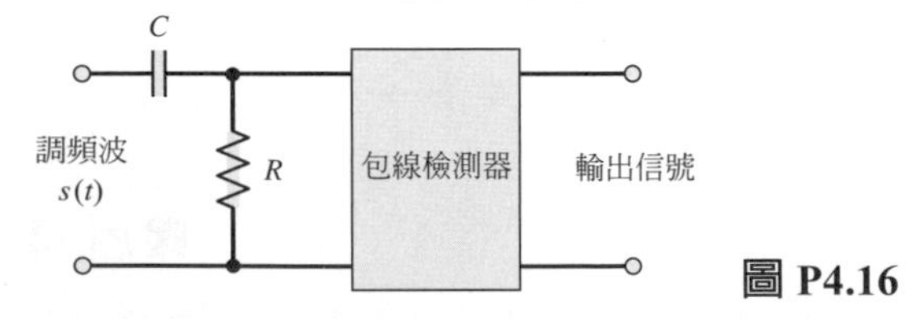

圖 P4.16

4.17 在圖 4.14 的鑑頻器，令此兩個並聯而調的 LC 濾波器的共振頻率之間的頻率分隔被記為 $2kB$，其中 $2B$ 是其中之任一濾波器的 3-dB 頻寬而 k 是一個刻度因數。假定兩濾波器都有高的 Q-因數。

(a) 試證在中心頻率 f_c，兩個濾波器的總共響應有一個斜率等於 $2k/B(1+k2)^{3/2}$。

(b) 令 D 表示對有此斜率的一直線而通過 $f = f_c$ 的總共回應的偏差。對於 k = 1.5 及$-kB \le \delta \le -kB$，畫出 D 對 δ 的圖，其中 $\delta = f - f_c$。

4.18 考慮圖 P4.18 裡的頻率調變圖電路圖，其中進來的調頻信號 $s(t)$通過一個延遲線其在載波頻率會產生一個 $\pi/2$ 弧度的相位移。延遲線的輸出與進來的調頻信號相減，然後其結果的複合信號做波封檢測。此解調器有被用來做解調微波調頻信號。假設

$$s(t) = A_c \cos[2\pi f_c t + \beta \sin(2\pi f_m t)]$$

試分析當調變指數 β 小於 1，以及延遲線產生的延遲 T 是充份小時此解調器的作以證明做此近似之正當性。

$$\cos(2\pi f_m T) \simeq 1$$

及

$$\sin(2\pi f_m T) \simeq 2\pi f_m T$$

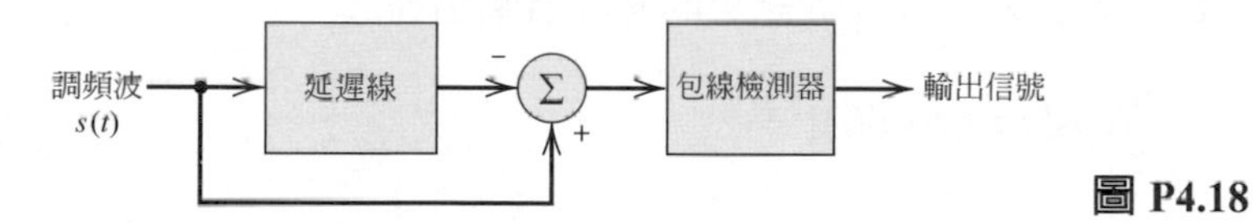

圖 P4.18

4.19 圖 P4.19 顯示一個**零相交檢測器**，用來解調一個調頻信號的方塊圖。它包含一個限制器，一個在每個輸入的零相交時用來產生一個短脈波的脈波產生器，及一個低通濾波器用來抽取調變波。

(a) 試證輸入調頻信號的暫態頻率是與時間在 $t-(T_1/2)$到 $t+(T_1/2)$的區間裡的零相交數目，除以 T_1，成正比。假定在此時間區調變信號本値上是恒定不變的。

(b) 使用圖 P4.1 的鋸齒波當調變波，請描述此解調的運作。

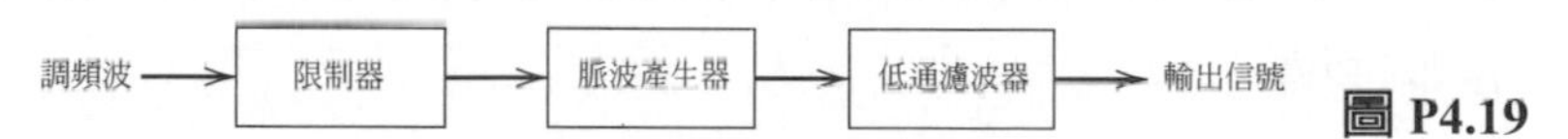

圖 P4.19

4.20 假設在一個調頻系統接收到的信號包含某些正振幅爲 $a(t)$的殘餘振幅調變，如下所示

$$s(t) = a(t)\cos[2\pi f_c t + \phi(t)]$$

其中 f_c 是載波頻率。相位$\phi(t)$與調變信號 $m(t)$有如下關係

$$\phi(t) = 2\pi k_f \int_0^t m(\tau)d\tau$$

其中 k_f是一個常數。假設信號 $s(t)$被限制在頻寬爲 B_T，以 f_c 爲中心的頻帶，其中 B_T 是在無振幅調變下的調頻信號之傳輸頻寬，並且振幅調變相比於$\phi(t)$是呈現緩慢變化的。試證一個 $s(t)$所產生的一個理想鑑頻器之輸出是與 $a(t)m(t)$成正比的。

提示：使用第二章描述的複數表示法來代表此調變波 $s(t)$。

4.21 **(a)** 令 t 在習題 4.20 裡的被調變波 $s(t)$被送入一個理想的振幅限制器，其輸出 $z(t)$ 由下定義

$$z(t) = \text{sgn}[s(t)] = \begin{cases} +1, & s(t) > 0 \\ -1, & s(t) < 0 \end{cases}$$

試證此限制器的輸出可以用一個傅立葉級數的形式如下表示：

$$z(t) = \frac{4}{\pi}\sum_{n=0}^{\infty}\frac{(-1)^n}{2n+1}\cos[2\pi f_c t(2n+1) + (2n+1)\phi(t)]$$

(b) 假設限制器的輸出被加到一個通帶振幅回應爲 1 且以載波頻率 f_c 爲中心頻寬爲 B_T 的帶通濾波器，其中 B_T 是在無振幅調變下的調頻信號之傳輸頻寬。假設 f_c 是遠大於 B_T，試證此結果的濾波器輸出等於

$$y(t) = \frac{4}{\pi}\cos[2\pi f_c t + \phi(t)]$$

經由將此輸出與習題 4.20 定義的原始調變信號 $s(t)$做比較，請對此結果的實用性做評論。

4.22 此題討論超外差接收器之混頻。爲特定一點，考慮圖 P4.22 **混頻器**之方塊圖，它包括了一個乘積調變器，有**可變頻率** f_l 的本地振盪器，隨之一個帶通濾波器。輸入信號是一個頻寬爲 10kHz 之調幅信號，且載波頻率爲 0.535 到 1.605MHz 之間的任意值；這些參數在調幅無線電廣播是典型的。這個信號必須被轉移到以固定**中頻**(IF)0.455MHz 爲中心的頻帶。請找出要滿足這個條件時，本地振盪器必須提供的可調的範圍。

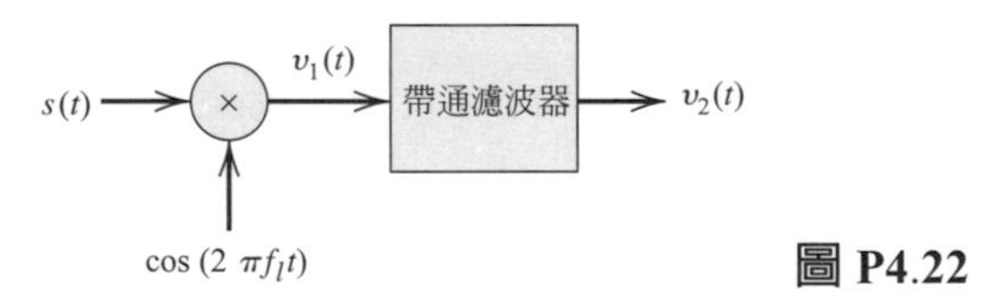

圖 P4.22

4.23 圖 P4.23 爲**超外差式頻譜分析儀**之方塊圖。它包含了變頻振盪器，乘法器，帶通濾波器，以及均方根(RMS)計量器。振盪器之振幅爲 A，其振盪頻率由 f_0 到 f_0+W，其中 f_0 爲濾波器中帶頻率，W 爲信號頻寬。假設 $f_0 = 2W$，濾波器頻寬 Δf 遠小於 f_0，濾波器通帶振幅回應爲 1。當輸入低通訊號 $g(t)$時，請決定均方根計量器之輸出值。

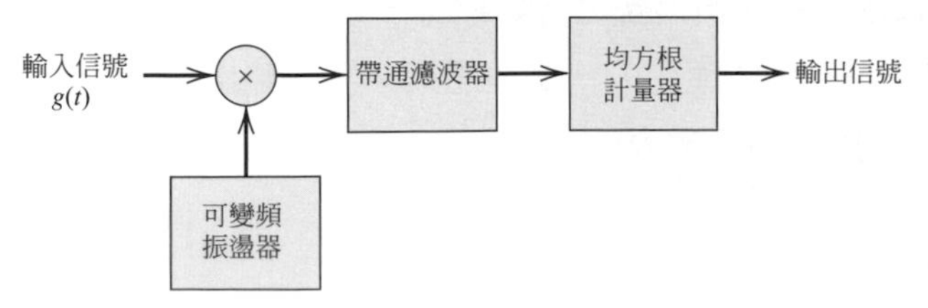

圖 P4.23

4.24 在第 4.7 節的主題例子裡對應於高斯脈波的振幅頻譜的分析式描述是什麼？驗證你的答案。

4.25 GSM 的卡森法則以及調頻頻寬的百分之一是多少？驗證你的答案。

電腦題

4.26 於此習題，我們模擬輸入 $A_m\sin(2\pi f_m t)$到一個調頻調變器而產生的頻譜。建議用下面的 Matlab 程式語言以模擬此調頻調變器。

```
fc     = 100;                          % Carrier frequency (kHz)
Fs     = 1024;                         % Sampling rate (kHz)
fm     = 1;                            % Modulating frequency (kHz)
Ts     = 1/Fs;                         % Sample period (ms)
t      = [0:Ts:120];                   % Observation period (ms)
m      = cos(2*pi*fm*t);               % modulating signal
beta   = 1.0;                          % modulation index
theta = 2*pi*fc*t+ 2*pi*beta*          % integrate signal
         cumsum(m)*Ts;
s         = cos(theta);
FFTsize = 4096;
S          = spectrum(s,FFTsize);
Freq = [0:Fs/FFTsize:Fs/2];
subplot(2,1,1), plot(t,s), xlabel('Time (ms)'), ylabel('Amplitude');
axis([0 0.5 -1.5 1.5]), grid on
subplot(2,1,2), stem(Freq,sqrt(S/682))
xlabel('Frequency (kHz)'), ylabel('Amplitude Spectrum');
axis([95 105 0 1), grid on
```

(a) 對調變指數 1，2，5，及 10，請決定以載波(忽略旁波帶)爲中心的調變頻率之諧波的功率。在每一情況須多少的旁波頻率以達功率的 90%？

(b) 在多少最小的調變指數載波頻率的功率會降爲零？

4.27 以下面 Matlab 程式語言對一個信號有如圖 4.5 的頻譜的均方根相位誤差做估算。

```
%—One-sided phase noise spectrum
f      = [1 10 100 1000 10000];        %Hz
SdB = [-30 -40 -50 -65 -70];           % Spectrum (dBc)

%—interpolate spectrum on linear scale—
del_f = 1;                             % integration step size (Hz)
f1 = [10: del_f: 10000];               %Hz
S1 = interp1(f, 10.^(SdB/10), f1);     % absolute power

%—numerically (Riemann) integrate from 10 Hz to 10 kHz—
Int_S = sum(S1)* del_f;
Theta_rms = sqrt(Int_S);               % in radians
Theta_rms = Theta_rms*180/pi           % in degrees
```

重複圖 P4.27 的相位雜訊頻譜其中頻率範圍從 100Hz 到 1MHz。

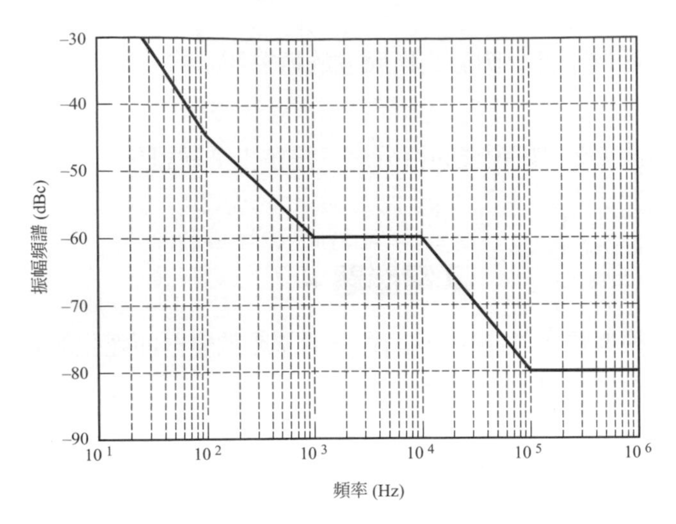

圖 P4.27

4.28 於此習題，我們將模擬一個調頻鑑頻器的行爲。使用習題 4.26 的調頻變器來產生一測試信號並且使用下面的 Matlab 程式語言當對進行鑒別檢測的一個引導。此也將須使用到習題 3.25 的波封檢測器。

```
fc = 100;                              %kHz
Fs = 1024;                             % kHz
Ts = 1/Fs;
 t = [0:Ts:10*Ts];

%— FIR differentiator (Fs = 1024 kHz. BT/2 = 10 kKhz) —
FIRdiff = [1.60385 0.0 0.0 0.0 −0.0 0.0 0.0 −0.0 −0.0 −0.0
  −1.60385];
BP_diff = FIRdiff * exp(j*2*pi*fc*t);

%—FIR Lowpass Butterworth filter - Fs = 1024 kHz, f3dB =
  5 kHz —
LPF_B =1E-4*[0.0706   0.2117   0.2117   0.0706];
LPF_A = [1.0000   −2.9223   2.8476   −0.9252];

D1 = filter(BP_diff, 1, S);            % Bandpass discriminator
D2 = EnvDetect(D1);                    % Envelope detection
D3 = filter(LPF_B,LPF_A, D2);          % Low-pass filtering
```

(a) 在檢測到的信號與原始信號之間觀察到何種差別？爲什麼？

(b) 修改調變信號到下面的

$$s(t) = \sin(2\pi f_m t) + 0.5\cos(2\pi f_m t / 3)$$

在檢測到的信號與原始信號之間有觀察到任何差別嗎？

(c) 當調變頻率 f_m 增加，在輸出的失眞何時出現？爲什麼？

4.29 下面的 Matlab 程式語言是爲了模擬一個鎖相迴路(PLL)的行爲的一個數位化模型。對此模型，請做下面的問題：

(a) 將此相位檢測器，壓控振盪器(VCO)，及迴路濾波器的仿眞模型與課文裡的分析模型做比較。驗證此數位近似。

(b) 若修改 VCO 增益 k_v，其行爲將如何改變？鎖住(lock-in}時間將如何受影響？

(c) 如果迴路濾波器由簡單的比例控制所取代，其行爲將被如何影響？

(d) 爲讓鎖相迴路(PLL)追蹤到信號，最大的調變頻率是多少？

(e) 若相位檢測器由乘法運算子 $s(t)r(t)$所取代，此鎖相迴路(PLL)將會如何行爲？爲什麼？

```
fc = 100;                  % carrier frequency (kHz)
fm = 1;                    % frequency of modulation signal (kHz)
Fs = 32*fc;                % Sampling rate (kHz)
Ts = 1/Fs;                 % sampling period (ms)
t = [0:Ts:5];              % observation period (ms)
Ac = 1; Av = 1;            % Output amplitudes of FM modulator
                             and VCO
kf = 10; kv = 20;          % frequency sensitivities of FM modulator
                             and VCO
FilterState = 0;           % initial state of loop filter
VCOstate = 0;              % initial phase state of VCO

%———FM modulator————————
m   = 0.2* sin(2*pi*fm*t) + 0.3*cos(2*pi*fm/3*t);
phi = cumsum(m) * Ts;
s   = Ac * sin(2*pi*fc*t + kf*phi);

%—— Simulate nonlinear PLL ——
v = zeros(size(t)); r(l) = 0; e(l) = 0;
for i = 2: length(t)
%—— VCO ———
VCOstate = VCOstate + 2*pi*kv*v(i – l)*Ts;
r(i)     = Av*cos(2*pi*fc*t(i) + VCOstate);

%——— Phase Detector ———
e(i) = sin(phi(i) – VCOstate);
%— Loop Filter ——
FilterState = FilterState + e(i);    % integrator
v(i)        = FilterState + e(i);    % integral plus proportional
                                       control

end
subplot(4,1,1), plot(t,m)             % modulating signal
subplot(4,1,2), plot(t,phi)           % phase of transmitted signal
subplot(4,1,3), plot(t,e)             % phase detector output
subplot(4,1,4), plot(t,v)             % recovered signal
```

All science is either physics or stamp collecting.

Ernest Rutherford

Chapter 5

RANDOM VARIABLE AND PROCESSES

隨機變數及程序

5.1 簡介

在第 2 章，我們將傅立葉轉換當成對**非隨機信號**(deterministic signals)的數學表示工具，並且傳送如此信號經過一個線性非時變的濾波器；我們說非隨機信號意指，信號可以完全以特定時間函數模型之。本章我們繼續闡述對徹底了解通訊系統所須的背景教材。具體來說，我們是在處理**隨機信號**的統計特性，其可視爲通訊理論的第二支柱。

隨機信號的例子在每個實際的通訊系統都會碰到。我們說信號是「隨機」，意指若它不可能預先就可預測其精確的值。例如，考慮一無線電通訊系統。在如此系統接收到的信號通常包括一個**帶有資訊的信號**成份，一個隨機**干擾**成份，及一個**接收器雜訊**。此帶有資訊的信號可以代表，例如，一個語音信號其典型地包含隨機區間的隨機間隔的叢集能量。干擾成份可能代表因接收器鄰近的其它運作中的通訊系統而起的寄生的電磁波。接收器雜訊的一主要來源是**熱雜訊**，其是因導體及接收器前端的裝置裡電子的隨機運動引起的。我們因此發現接收的信號本質上是完全隨機的。

雖然無法預先預測一個隨機信號的精確值，它能夠以**統計**性質來描述比如隨機信號的平均功率，或者功率的平均頻譜分佈。數學訓練來應付隨機信號的統計特性就是**機率理論**。

關於隨機程序的本章，開始時先複習機率理論的一些基本定義，接著回顧隨機變數及隨機程序的概念。一個隨機程序包含一個取樣函數的集體(emsemble)(家族)，其中每一個都是隨時間而隨機改變。一個隨機變數可經由在某一固定的瞬間觀察一個隨機程序而得。

5.2 機率

機率理論[1]是根源於一個現象，該現象明顯或隱含的可由一個其結果是取決於機會運氣的試驗而模型化。尤甚，如果試驗被重複，因爲隱藏其下的隨機現象或機會的機制的影響其結果可能不同。如此試驗稱爲**隨機試驗**。例如，試驗可以是觀察丟一個公平的銅板的結果。於此試驗，可能的出現結果是「正面的頭」或「反面的數字」。

定義機率有兩個方式。第一種方式是以一個試驗的 n 次嘗試裡**發生的相對頻率**爲基礎，如果我們預期一個事件 A 發生 m 次，那麼我們就給事件 A 指定一個機率 $\frac{m}{n}$。如此定義的機率被直接用在運氣的遊戲及很多工程狀況。

但是，有很多狀況試驗是無法重複的情形，而機率觀念仍可作直覺應用。在第二種情況，我們以基於**集合論**及一組相關的數學**公理**爲基礎的更通常的機率定義。在試驗可重複的那些情況，則集合理論完全與發生相對頻率法完全一致。

通常，當我們進行一個隨機試驗，我們很自然的會警覺不同的結果很可能出現。在此上下，想到一個試驗並將其可能的結果當成定義一個空間及它的點是方便的。如果一個試驗有 k 個可能結果，那麼對第 k 個可能結果我們有一個點稱爲**取樣點**，其我們記爲 s_k。以此基本框架，我們做下面的定義：

- 試驗所有可能出現的結果構成的集合稱爲**取樣空間**，其記爲 S。
- 一個**事件**對應一個取樣空間 S 裡的單一取樣點或有多個取樣點的集合。
- 一個單一的取樣點稱爲一個**基本事件**。
- 整個取樣空間 S 稱爲**確定事件**；並且空集合 ϕ 稱爲**無效事件**或**不可能事件**。
- 兩個事件是**互斥的**(mutually exclusive)如果一個事件的發生排除了另一事件的發生。

取樣空間 S 可以是帶有可數數目的結果之**離散**空間，例如丟一個骰子的結果。另外地，取樣空間可以是**連續**的，例如對一個雜訊源的電壓量測的結果。

一個**機率量度 P** 是一個函數其指定一個非負的數給取樣空間 S 裡的一個事件 A 並滿足下面三個性質(公理)：

1. $0 \le \mathbf{P}[A] \le 1$ (5.1)

2. $\mathbf{P}[S] = 1$ (5.2)

3. 如果 A 及 B 是兩個互斥的事件，那麼

$$\mathbf{P}[A \cup B] = \mathbf{P}[A] + \mathbf{P}[B] \tag{5.3}$$

圖 5.1 描述了這樣一個機率系統的摘要式定義。取樣空間 S 經由隨機試驗被對應到事件。這些事件可以是取樣空間的基本結果或是取樣空間的的較大次集合。機率函數指定給每個這些事件一個在 0 與 1 之間的值。機率值並非事件的唯一，互斥事件可以被指定相同的機率。但是，這些事件的聯集之機率——亦即，確定的事件——總是為 1。

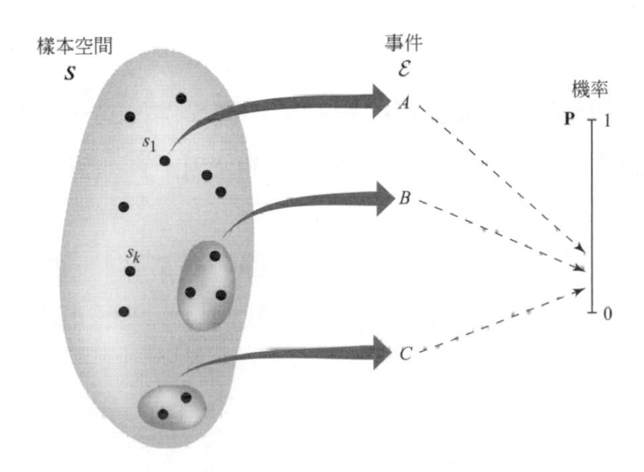

圖 5.1　樣本空間，事件，機率之間關係的描述

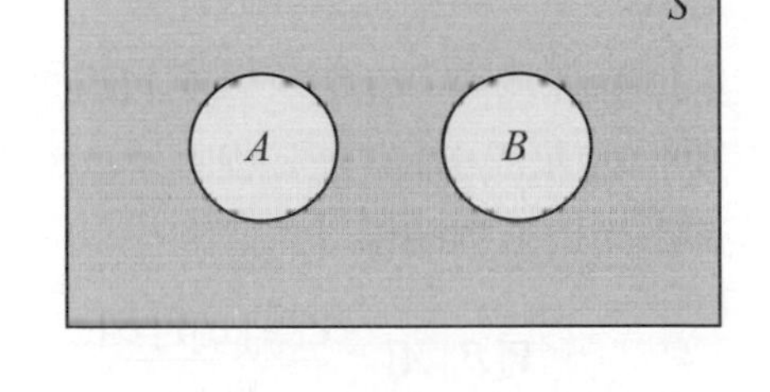

圖 5.2　范氏圖呈現機率的三個公理的幾何學解釋

此三個公理及它們與相對頻率法的關係可以圖 5.2 的范式(Venn)圖描述。如果我們將 **P** 等同於范氏圖裡區域的一個量度，那麼公理是關於區域的熟悉的幾何學結果的簡單敘述。

機率量度 **P** 的下面性質可以從上面的公理導出：

1. $\mathbf{P}[\overline{A}] = 1 - \mathbf{P}[A]$ (5.4)

其中 $\overline{A}$ 是集合 A 的**補集**。

2. 當事件 A 及 B 不是互斥的，那麼聯集事件「A 或 B」滿足

$$\mathbf{P}[A \cup B] = \mathbf{P}[A] + \mathbf{P}[B] - \mathbf{P}[A \cap B] \tag{5.5}$$

其中 $\mathbf{P}[A \cup B]$ 是**聯合事件**「A 及 B」的機率。

3. 如果 A_1，A_2，$\ldots A_m$ 是互斥事件其包含隨機試驗的所有可能結果，那麼

$$\mathbf{P}[A_1] + \mathbf{P}[A_2] + \cdots + \mathbf{P}[A_m] = 1 \tag{5.6}$$

條件機率

假設我們進行一個試驗其牽涉對事件 A 及事件 B。令 $\mathbf{P}[B|A]$表示事件 A 已發生後，事件 B 的機率。機率 $\mathbf{P}[B|A]$稱爲已知 A 後 B 的**條件機率**。假設事件 A 之機率不是零，條件機率 $\mathbf{P}[B|A]$由下定義

$$\mathbf{P}[B \mid A] = \frac{\mathbf{P}[A \cap B]}{\mathbf{P}[A]} \tag{5.7}$$

其中 $\mathbf{P}[A \cap B]$ 是 A 與 B 的聯合(joint)機率。我們留給讀者以基於發生的相對頻率的方式驗證此定義。我們可以將式子(5.7)寫成

$$\mathbf{P}[A \cap B] = \mathbf{P}[B \mid A]\mathbf{P}[A] \tag{5.8}$$

明顯的我們也可以寫成

$$\mathbf{P}[A \cap B] = \mathbf{P}[A \mid B]\mathbf{P}[B] \tag{5.9}$$

因而，我們可以這樣說，**兩個事件的聯合機率可以被表示成已知另一個事件後的一個事件的條件機率乘以另一個事件的基本機率**。注意條件機率 $\mathbf{P}[B|A]$與 $\mathbf{P}[A|B]$本質上與先前定義的不同機率有相同的性質。

條件機率 $\mathbf{P}[A|B]$及機率 $\mathrm{P}[A]$與 $\mathrm{P}[B]$容易直接被決定，但是條件機率 $\mathbf{P}[B|A]$才是我們要的的情況可能存在。從式子(5.8)及(5.9)，自然的只要 $\mathrm{P}[A] \neq 0$，我們可以決定 $\mathbf{P}[B|A]$經由使用下列關係

$$\mathbf{P}[B \mid A] = \frac{\mathbf{P}[A \mid B]\mathbf{P}[B]}{\mathbf{P}[A]} \tag{5.10}$$

此關係是**貝氏法則**(Bayes rule)的一個形式。

假設條件機率 $\mathbf{P}[B|A]$是簡單的等於事件 B 發生的基本機率，亦即，

$$\mathbf{P}[B \mid A] = \mathbf{P}[B] \tag{5.11}$$

在此條件下，聯合事件 $A \cap B$ 的發生機率是等於事件 A 及事件 B 的基本機率的乘積：

$$\mathbf{P}[A \cap B] = \mathbf{P}[A]\mathbf{P}[B] \tag{5.12}$$

使得

$$\mathbf{P}[A \mid B] = \mathbf{P}[A] \tag{5.13}$$

亦即，事件 A 的條件機率，假定已知事件 B 發生，是簡單地等於事件 A 的基本機率。我們因此看到在此情況知道一個事件的發生並沒有比我們不知道該事件已發生能告訴我們更多另一個事件的發生機率。滿足此條件的事件 A 及 B 稱爲**統計上獨立**。

範例 5.1 二元對稱通道

考慮一個**離散無記憶性**的通道，其用來傳輸二進位資料。通道稱爲離散是因爲，其被設計來處理離散信息。**無記憶性**的意思則是，在任何時間的通道輸出僅取決於那時間的通道輸入。由於通道中無法避免的**雜訊**存在，在接收二元資料串流會有**錯誤**發生。特定地，當符元 1 被傳送，**偶爾**會接收成符成 0 而出錯且相反亦然。通道被假設是對稱的，其意指當符元 0 被傳送卻被接收當成符元 1 與當符元 1 被傳送卻被接收當成符元 0 的機率是一樣的。

爲完全描述此通道的機率本質，我們需要兩組機率。

1. 傳送符元 0 與 1 的**前置**(a priori)**機率**：它們是

$$\mathbf{P}[A_0] = p_0$$

及

$$\mathbf{P}[A_1] = p_1$$

其中 A_0 及 A_1 分別表示傳輸符元 0 及 1 的事件。注意 $p_0 + p_1 = 1$。

2. **錯誤的條件機率**：它們是

$$\mathbf{P}[B_1 \mid A_0] = \mathbf{P}[B_0 \mid A_1] = p$$

其中 B_0 及 B_1 分別表示接收到符元 0 及 1 的事件。條件機率 $\mathbf{P}[B_1 \mid A_0]$ 是當傳送的是符元 0，而收到的卻是符元 1 的機率。第二個條件機率 $\mathbf{P}[B_0 \mid A_1]$ 是當傳送的是符元 1，而收到的卻是符元 0 的機率。

我們的要求是決定**後置**(a posteriori)**機率** $\mathbf{P}[A_0 \mid B_0]$ 及 $\mathbf{P}[A_1 \mid B_1]$。條件機率 $\mathbf{P}[A_0 \mid B_0]$ 是當收到的是符元 0，而傳送的也是符元 0 的機率。第二個條件機率 $\mathbf{P}[A_1 \mid B_1]$ 是當收到的是符元 1，而傳送的也是符元 1 的機率。此二個條件機率是「事實之後」被觀察的事件；因此名爲「後置(a posteriori)」機率。

因事件 B_0 及 B_1 是互斥的，從公理(3)我們有

$$\mathbf{P}[B_0 \mid A_0] + \mathbf{P}[B_1 \mid A_0] = 1$$

亦即說，

$$\mathbf{P}[B_0 \mid A_0] = 1 - p$$

類似的，我們可以寫

$$\mathbf{P}[B_1 \mid A_1] = 1 - p$$

因而，我們可以使用圖 5.3 的**轉變機率圖**(transition probability diagram)來表示此例子指定的二進位通訊通道；此項「轉變機率(transition probability)」稱為錯誤的條件機率。圖 5.3 清楚畫出此通道的(假設的)對稱本性，因此，名為「二元對稱通道」。

從圖 5.3，我們推論下面結果：

1. 接收到符元 0 的機率由下所給

$$\begin{aligned}\mathbf{P}[B_0] &= \mathbf{P}[B_0 \mid A_0]\mathbf{P}[A_0] + \mathbf{P}[B_0 \mid A_1]\mathbf{P}[A_1] \\ &= (1-p)p_0 + pp_1\end{aligned}$$

2. 接收到符元 1 的機率由下所給

$$\begin{aligned}\mathbf{P}[B_1] &= \mathbf{P}[B_1 \mid A_0]\mathbf{P}[A_0] + \mathbf{P}[B_1 \mid A_1]\mathbf{P}[A_1] \\ &= pp_0 + (1-p)p_1\end{aligned} \tag{5.14}$$

因此，引用貝氏法則，我們得

$$\begin{aligned}\mathbf{P}[A_0 \mid B_0] &= \frac{\mathbf{P}[B_0 \mid A_0]\mathbf{P}[A_0]}{\mathbf{P}(B_0)} \\ &= \frac{(1-p)p_0}{(1-p)p_0 + pp_1}\end{aligned}$$

$$\begin{aligned}\mathbf{P}[A_1 \mid B_1] &= \frac{\mathbf{P}[B_1 \mid A_1]\mathbf{P}[A_1]}{\mathbf{P}(B_1)} \\ &= \frac{(1-p)p_1}{pp_0 + (1-p)p_1}\end{aligned}$$

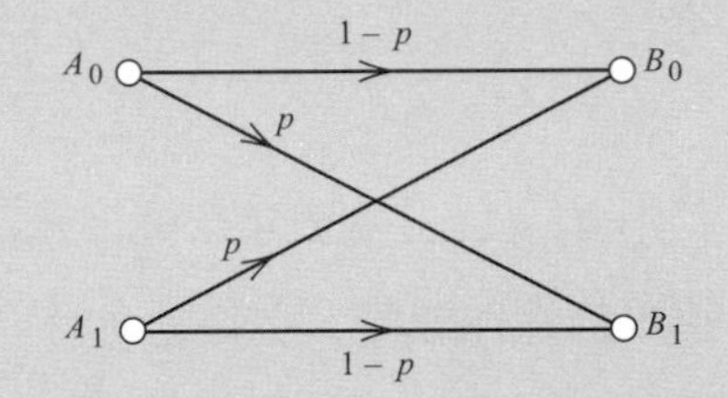

圖 5.3 二元通道的轉變機率圖

這兩個**後置**機率是我們要的結果。

5.3 隨機變數

當一個隨機試驗出來的結果之意義是清楚的時候，如此的結果卻經常不是數學分析的最方便表示。例如，正面頭或反面數字不是一個方便的數學表示。另一例子，考慮自一個甕子取出有色的球的隨機試驗，顏色不是直接肯順從於數學分析的。

在這些情況，如果我們指定一個數字或一個範圍的值給一個隨機試驗的結果將經常會更方便的。例如，一個正面的頭可能對應 1 及一個反面的數字對應 0。我們使用**隨機變數**的表示來描述指定一個數字給隨機試驗的結果的過程。

通常，一個函數其定義域是一個取樣空間以及其值域是實數的一個集合就被稱為此隨機試驗的一個隨機變數。亦即，對於在 $\mathscr{E}$ 裡的事件，一個隨機變數派給實數線的一個次集合。所以，如果試驗的結果是 s，我們將隨機變數表示成 $X(s)$或只是 X。注意 X 是一個函數，縱使因歷史緣由它被稱為隨機變數。我們將一個隨機試驗的特定結果記為 x，亦即，$X(s_k) = x$。**對相同的隨機試驗可以有多於一個的相關的隨機變數**。

圖 5.4 描述一個隨機變數的觀念，圖中我們未示出事件，但顯示出取樣空間的子集合被直接映到實數線的一個子集合。機率函數以與應用到隱含其下的事件完全相同的方法應用到此隨機變數。

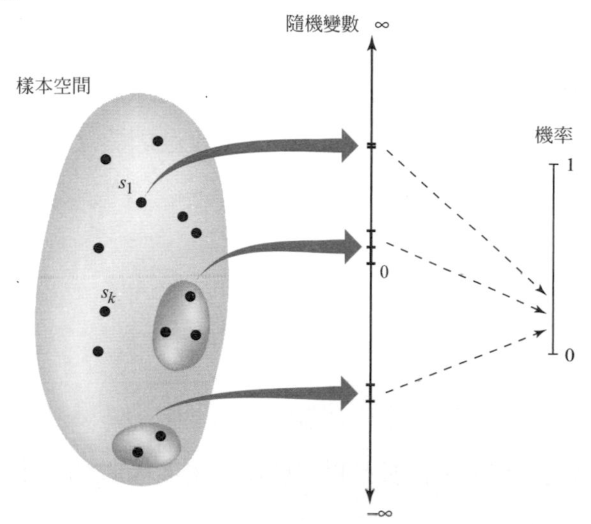

圖 5.4　在樣本空間、隨機變數及機率之間的關係描述

使用隨機變數的利益在於其機率分析現在可以實數值的量爲基礎來發展而不用管隨機試驗下事件的形式。隨機變數可以是**離散**的並且只取有限數目的值，例如在丟一個銅板的試驗。另一選擇，隨機變數也可是**連續**的並且取一個範圍的實數值。例如，代表在時間裡的某一特定點的雜訊電壓之振幅的隨機變數是一個連續的隨機變數，因爲理論上，它可在正負無窮大之間取任意值。隨機變數也可以是複數值，但一個複數值的隨機變數總可以被當成一個有兩個實數值的隨機變數的向量對待。

爲更進一步進行，我們需要隨機變數的一個機率性的描述其對離散型及連續型隨機變數都同等受用。終此，讓我們考慮隨機變數 X 及機率事件 $X \le x$。我們將其機率記爲 $\mathbf{P}[X \le x]$。明顯地機率是一個**虛變數** x 的一個函數。爲簡化記號，我們寫成

$$F_X(x) = \mathbf{P}[X \le x] \tag{5.15}$$

函數 $F_X(x)$ 稱爲隨機變數 X 的**累積分配函數**(cumulative distribution function，cdf)或簡單稱爲**分配函數**。注意 $F_X(x)$ 是 x 而不是隨機變數 X 的一個函數。但是，它依隨機變數 X 的指派而定，其說明 X 的使用當下標。對任意點 x，分配函數 $F_X(x)$ 陳述一個機率。

分配函數 $F_X(x)$ 有下面的性質，其直接隨式子(5.15)而得：

1. 分配函數 $F_X(x)$ 界限在 0 與 1 之間。
2. 分配函數 $F_X(x)$ 是 x 的一個單調-非遞減函數，亦即，

$$F_X(x_1) \le F_X(x_2) \quad 若\ x_1 < x_2 \tag{5.16}$$

一個隨機變數的分配函數總是存在。如果分配函數是連續性可微分那麼隨機變數 X 的機率的另一描述方式經常是有幫助的。分配函數的微分，如下所示

$$f_x(x) = \frac{d}{dx} F_X(x) \tag{5.17}$$

稱爲隨機變數 X 的**機率密度函數**(probability density function，pdf)。注意式子(5.17)裡的微分是針對掛名變數 x 的微分。其名爲密度函數是因之下的事實而起：機率事件 $x_1 < X \le x_2$ 之機率等於

$$\begin{aligned} \mathbf{P}[x_1 < X \le x_2] &= \mathbf{P}[X \le x_2] - \mathbf{P}[X \le x_1] \\ &= F_X(x_2) - F_X(x_1) \\ &= \int_{x_1}^{x_2} f_x(x)dx \end{aligned} \tag{5.18}$$

一個區間的機率因此是在那區間的密度函數的面積。將 $x_1 = -\infty$ 代入式子(5.18)，並且多少改變記號，我們馬上看到分配函數是以基於機率密度函數如下定義：

$$F_X(x) = \int_{-\infty}^{x} f_X(\xi)d\xi \tag{5.19}$$

因爲 $F_X(\infty) = 1$，對應於某一確切事件之機率，並且 $F_X(-\infty) = 0$，對應於一個不可能事件之機率，從式子(5.18)我們也發現

$$\int_{-\infty}^{\infty} f_X(x)dx = 1 \tag{5.20}$$

稍早我們提到一個分配函數必須總是單調非遞減的。此意謂它的微分或機率密度函數必總是非負的。因而，我們可以說，**一個機率密度函數必總是一個非負函數，並且全部面積為 1**。

範例 5.2 均勻分佈

一個隨機變數 X 稱爲在區間(a, b)是**均勻分佈**的如果它的機率密度函數是

$$f_X(x) = \begin{cases} 0, & x \le a \\ \dfrac{1}{b-a}, & a < x \le b \\ 0, & x > b \end{cases} \tag{5.21}$$

X 的累積分配函數因此是

$$F_X(x) = \begin{cases} 0, & x \le a \\ \dfrac{x-a}{b-a}, & a < x \le b \\ 0, & x > b \end{cases} \tag{5.22}$$

圖 5.5 顯示均勻分佈隨機變數 X 的機率密度函數及累積分配函數的圖形。

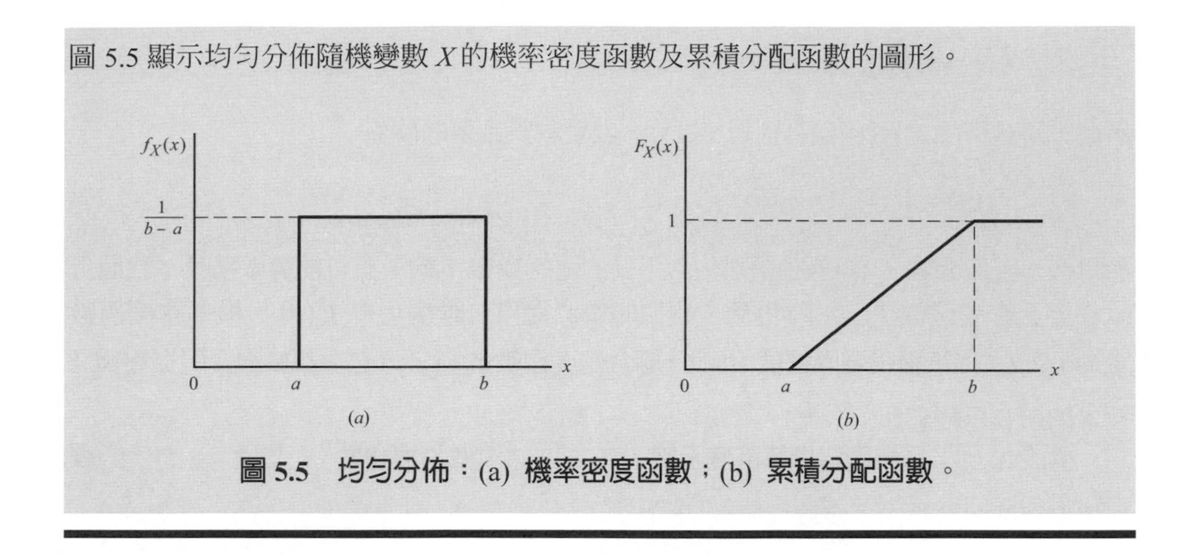

圖 5.5　均勻分佈：(a) **機率密度函數；**(b) **累積分配函數。**

多個隨機變數

目前爲止我們已專注於牽涉到一個隨機變數的情況。但是，我們經常發現一個試驗的結果須要多個隨機變數加以描述。現在我們考慮牽涉到兩個隨機變數的情況。以此方式導出的機率描述就可現成的推廣到任何數目的隨機變數。

考慮兩個隨機變數 X 及 Y。我們將**聯合分配函數** $F_{X,Y}(x,y)$ 定義為：**隨機變數 X 小於或等於一個特定的值 x，同時隨機變數 Y 小於或等於一個特定的值 y 之機率**。隨機變數 X 及 Y 可以是兩個分開的單維度的隨機變數或是一個單一的二維度的隨機變數的成份。在任一情況，聯合取樣空間是此 xy-平面。聯合分配函數 $F_{X,Y}(x,y)$ 是一個試驗的結果成一個點將落在聯合取樣空間的四分象($-\infty < X \le x$ ， $-\infty < Y \le y$)裡。亦即，

$$F_{X,Y}(x,y) = \mathbf{P}[X \le x, Y \le y] \tag{5.23}$$

假設聯合分配函數 $F_{X,Y}(x,y)$ 是任何地方都連續的，並且其偏微分

$$f_{X,Y}(x,y) = \frac{\partial^2 F_{X,Y}(x,y)}{\partial x \partial y} \tag{5.24}$$

在任何地方都存在且連續的。我們稱函數 $f_{X,Y}(x,y)$ 是隨機變數 X 及 Y 的**聯合機率密度函數**。假設聯合分配函數 $F_{X,Y}(x,y)$ 是 x 及 y 的一個單調非遞減函數。因此，從式子(5.24)隨即得到聯合密度函數 $f_{X,Y}(x,y)$ 總是非負的。而且一個聯合密度函數圖下的全部積量必須是 1，如下所示

$$\int_{-\infty}^{\infty}\int_{-\infty}^{\infty} f_{X,Y}(\xi,\eta)\,d\xi\, d\eta = 1 \tag{5.25}$$

一個單一隨機變數(比如說，X)的機率密度函數可以從帶有第二個隨機變數(比如說，Y)的聯合密度函數以下面的方式而得到首先我們注意到

$$F_X(x)=\int_{-\infty}^{\infty}\int_{-\infty}^{x} f_{X,Y}(\xi,\eta)d\xi d\eta \tag{5.26}$$

因此，將式子(5.26)的兩邊分別對 x 微分，我們就得到要的關係：

$$f_X(x)=\int_{-\infty}^{\infty} f_{X,Y}(x,\eta)d\eta \tag{5.27}$$

所以機率密度函數 $f_X(x)$ 經由簡單的對不要的隨機變數 Y 的所有可能值做積分，我們可以從聯合密度函數 $f_{X,Y}(x,y)$ 得到。類似的做法從另一維度可得 $f_Y(y)$ 。機率密度函數 $f_X(x)$ 及 $f_Y(y)$ 被稱爲**邊際密度**。因此，聯合密度函數 $f_{X,Y}(x,y)$ 包含關於聯合隨機變數 X 及 Y 的所有可能資訊。

假設 X 及 Y 是有**聯合機率密度函數** $f_{X,Y}(x,y)$ 的兩個隨機變數。已知 $X=x$ 的 Y 的條件機率密度函數是由下定義

$$f_Y(y\,|\,x)=\frac{f_{X,Y}(x,y)}{f_X(x)} \tag{5.28}$$

上述須要 $f_X(x)\ >0$，其中 $f_X(x)$ 是 X 的邊際(marginal)密度。函數 $f_Y(y\,|\,x)$ 可以想成是在變數 x 是任意，但是固定的之下的隨機變數 Y 的一個函數。因而，其滿足了一個平常的機率密度函數的所有要求，如下所示

$$f_y(y\,|\,x)\geq 0 \tag{5.29}$$

及

$$\int_{-\infty}^{\infty} f_Y(y\,|\,x)dy=1 \tag{5.30}$$

如果隨機變數 X 及 Y 爲**統計上獨立**，那麼對 X 的結果的所知都不會影響 Y 的分佈。結果是條件機率密度函數 $f_Y(y\,|\,x)$ 降爲**邊際密度** $f_Y(y)$ ，如下所示

$$f_Y(y\,|\,x)=f_Y(y) \tag{5.31}$$

於此情況，我們可以將隨機變數 X 及 Y 的聯合機率密度函數表示成它們各別的邊際密度之積，如下所示

$$f_{X,Y}(x,y)=f_X(x)f_Y(y) \tag{5.32}$$

相等地，我們可以說如果隨機變數 X 及 Y 的聯合機率密度函數等於它們的邊際密度之積，那麼 X 及 Y 是統計上獨立的。此最後的等式是表示下面的通常說法的一種方法

$$\mathbf{P}[X\in A, Y\in B]=\mathbf{P}[X\in A]\mathbf{P}[Y\in B] \tag{5.33}$$

或者對統計上獨立的隨機變數 X 及 Y，$\mathbf{P}[X, Y]=\mathbf{P}[X]\mathbf{P}[Y]$。

範例 5.3　二項式(BINOMIAL)隨機變數

考慮一序列的丟銅板的隨機試驗其得到一個正面的頭的機率是 p 且令 X_n 是代表第 n 個丟擲結果的柏努力(Bernoulli)隨機變數。因為一次丟擲銅板的結果預期不會影響下一個丟擲，此我們稱為一組**獨立柏努力試驗**。

令 Y 是在 N 次丟擲銅板裡出現正面的頭的次數。此新的隨機變數可以表示成

$$Y = \sum_{n=1}^{N} X_n \tag{5.34}$$

那麼 Y 的機率質量函數(probability mass function)為何？

首先考慮連得 y 個正面的頭，接著 $N-y$ 個都是反面的數字的機率。每次嘗試都是獨立的，式子(5.33)的重複應用隱示我們此機率如下

$$\begin{aligned}\mathbf{P}[y\text{ 次正面的頭隨之 } N-y \text{ 次反面的尾巴}] &= ppp\cdots pp(1-p)(1-p)\cdots(1-p)\\ &= p^y(1-p)^{N-y}\end{aligned}$$

由對稱看，此機率是 N 次嘗試裡得 y 次正面的頭的任意的序列的機率。為決定在 N 次嘗試裡任何地方得到 y 次正面的頭的機率，機率的相對頻率之定義隱示我們簡單只須計算 N 次丟擲裡得 y 次正面的頭及 $N-y$ 次反面的數字的可能安排的數目。亦即，$Y=y$ 之機率由下所給

$$\mathbf{P}[Y=y] = \binom{N}{y} p^y(1-p)^{N-y} \tag{5.35}$$

其中

$$\binom{N}{y} = \frac{N!}{y!(N-y)!}$$

是組合函數。式(5.35)定義了 Y 的機率質量函數且隨機變數 Y 稱為有一個**二項式分佈**。二項式分佈之名是從 $\mathbf{P}[Y=y]$ 的值是二項式表示式之展開的相繼的項的事實而來

$$[p+(1-p)]^n$$

其中展式的第$(y+1)$項對應於 $\mathbf{P}[Y=y]$。圖 5.6 描述 $N=20$ 及 $p=\frac{1}{2}$ 的二項式機率質量函數。

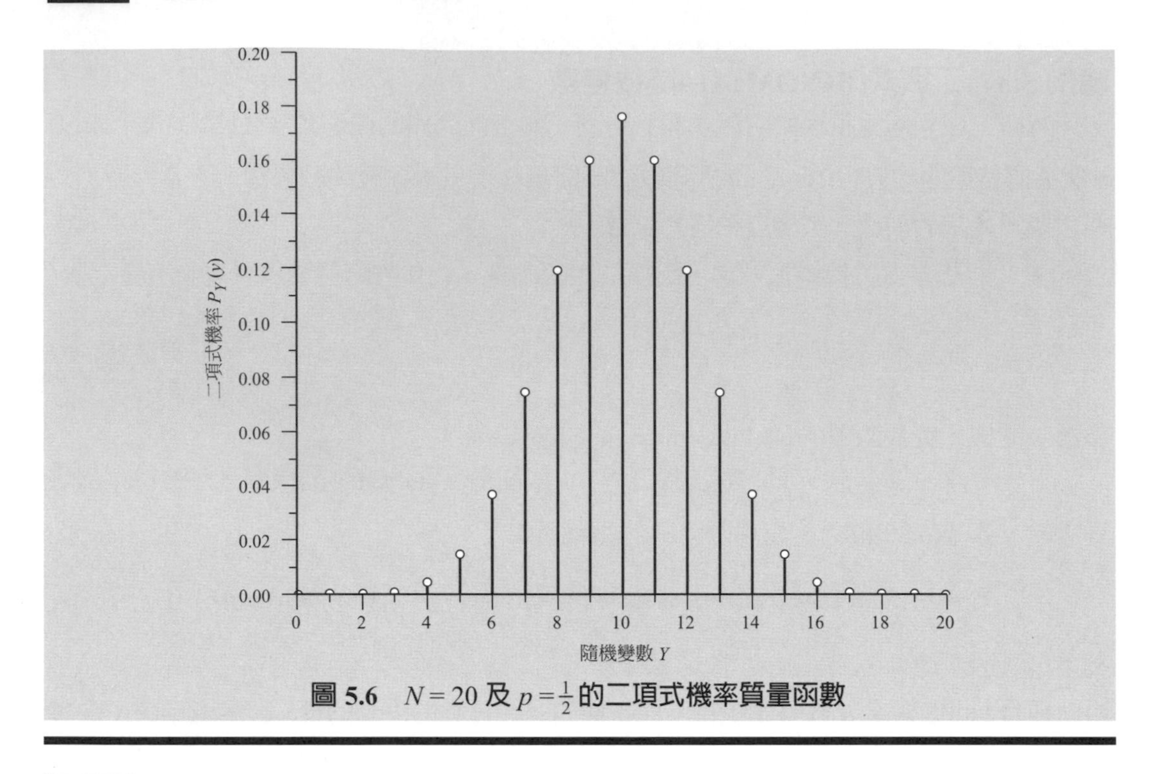

圖 5.6 $N = 20$ 及 $p = \frac{1}{2}$ 的二項式機率質量函數

5.4 統計平均

已討論機率及其某些分支後，現在尋求隨機試驗的結果其平均行爲的決定方法。

一個隨機 X 的**期望值**或**平均值**被定義爲

$$\mu_X = \mathbf{E}[X] = \int_{-\infty}^{\infty} x f_X(x)\,dx \tag{5.36}$$

其中 $\mathbf{E}$ 表**統計期望算子**。亦即，平均值 μ_X 位於隨機變數 X 的機率密度曲線下的區域之重心。

一個隨機變數的函數

令 X 表示一個隨機變數，且令 $g(X)$ 表示一個定義在實數線上的實數值函數。經由令函數 $g(X)$ 的引數爲一個隨機變數所得的量也是一個隨機變數其記爲

$$Y = g(X) \tag{5.37}$$

爲找出隨機變數 Y 的期望值，我們當然可找機率密度函數 $f_Y(y)$ 然後引用標準公式

$$\mathbf{E}[Y] = \int_{-\infty}^{\infty} y f_Y(y)\,dy$$

但是，一個簡單的程序，是寫成

$$\mathbf{E}[g(X)] = \int_{-\infty}^{\infty} g(x) f_x(x)\,dx \tag{5.38}$$

確實，式子(5.38)可以視爲將期望值的觀念通式化到隨機變數 X 的一個任意函數 $g(X)$。

範例 5.4 餘弦曲線的隨機變數

令

$$Y = g(X) = \cos(X)$$

其中 X 是一個均勻分佈在區間 $(-\pi,\pi)$ 的隨機變數，亦即，

$$f_X(x) = \begin{cases} \dfrac{1}{2\pi}, & -\pi < x < \pi \\ 0, & \text{其他處} \end{cases}$$

根據式子(5.38)，Y 的期望值是

$$\begin{aligned} \mathbf{E}[Y] &= \int_{-\pi}^{\pi} (\cos x)\left(\frac{1}{2\pi}\right)dx \\ &= -\frac{1}{2\pi}\sin x\Big|_{x=-\pi}^{\pi} \\ &= 0 \end{aligned}$$

此結果是直覺上令人滿意的。

動差(MOMENTS)

對於 $g(X) = X^n$ 的特例，使用式子(5.38)我們得到隨機變數 X 的機率分配的第 n 階**動差**，亦即，

$$\mathbf{E}[X^n] = \int_{-\infty}^{\infty} x^n f_X(x)dx \tag{5.39}$$

到目前 X 的最重要動差是首兩個動差。所以將式子(5.39)代入 $n = 1$ 得隨機變數的平均值如上所討論，然當代入 $n = 2$ 得 X 的**均方值**：

$$\mathbf{E}[X^2] = \int_{-\infty}^{\infty} x^2 f_X(x)dx \tag{5.40}$$

我們也可定義**中央動差**，其是一個隨機變數 X 及其平均值 μ_X 之差的動差。所以，第 n 階中央動差是

$$\mathbf{E}[(X-\mu_X)^n] = \int_{-\infty}^{\infty} (x-\mu_X)^n f_X(x)dx \tag{5.41}$$

對 $n = 1$，中央動差當然是零，然而，對 $n = 2$，第二中央動差被稱爲隨機變數的**變異數**，寫爲

$$\text{var}[X] = \mathbf{E}[(X-\mu_X)^2] = \int_{-\infty}^{\infty} (x-\mu_X)^2 f_X(x)dx \tag{5.42}$$

隨機變數 X 的變異數通用的被記爲 σ_X^2。變異數的平方根，即 σ_X，稱爲隨機變數 X 的**標準偏差**。

隨機變數 X 變異數 σ_X^2 就某種意義而言，是隨機變數的「隨機性」的一種計量。經由指定變異數 σ_X^2，我們本質上限制了隨機變數的機率密度函數之平均值 μ_X 的周遭之有效寬度。關於此限制的敘述歸因於車比雪夫(Chebyshev)。**車比雪夫不等式**所述為，對任意的正數 ε，我們有

$$P(|X-\mu_X| \geq \varepsilon) \leq \frac{\sigma_X^2}{\varepsilon^2} \tag{5.43}$$

從此不等式我們看到一個隨機變數的平均值及變異數給了它的機率分佈一個**部份描述**。

從式子(5.40)及(5.42)我們注意到變異數 σ_X^2 及均方值 $\mathbf{E}[X^2]$ 有如下相關

$$\begin{aligned}\sigma_X^2 &= \mathbf{E}[X^2 - 2\mu_X X + \mu_X^2] \\ &= \mathbf{E}[X^2] - 2\mu_X \mathbf{E}[X] + \mu_X^2 \\ &= \mathbf{E}[X^2] - \mu_X^2\end{aligned} \tag{5.44}$$

其中，在第二行，我們以使用統計期望運算子 $\mathbf{E}$ 的**線性**性質。式子(5.44)顯示如果平均值 μ_X 是零，那麼隨機變數 X 的變異數 σ_X^2 及均方值 $\mathbf{E}[X^2]$ 是相等的。

特性函數(CHARACTERISTIC FUNCTION)

另一個重要的統計平均是隨機變數 X 的機率分佈的特性函數 $\phi_X(v)$，其被定義成複數指數函數 $\exp(jvX)$ 的期望值，如下所示

$$\begin{aligned}\phi_X(v) &= \mathbf{E}[\exp(jvX)] \\ &= \int_{-\infty}^{\infty} f_X(x)\exp(jvx)dx\end{aligned} \tag{5.45}$$

其中 v 是實數且 $j=\sqrt{-1}$。換句話說，**特性函數** $\phi_X(v)$ 是(除了一個在指數的符號改變)機率密度函數 $f_X(x)$ 的傅立葉轉換。於此關係我們已使用 $\exp(jvX)$ 而不是 $\exp(-jvX)$，以符合機率理論接受的習慣。認知了 v 及 x 分別扮演傅立葉轉換裡的參數 $2\pi f$ 及 t 的類似角色，我們推論下面的反轉換關係，類似於反傅立葉轉換：

$$f_X(x) = \frac{1}{2\pi}\int_{-\infty}^{\infty} \phi_X(v)\exp(-jvx)dv \tag{5.46}$$

此關係可用來從它的特性函數 $\phi_X(v)$ 來計算隨機變數 X 的機率密度函數 $f_X(x)$。

範例 5.5 高斯(GAUSSIAN)隨機變數

高斯隨機變數常在很多不同的物理系統的統計分析裡碰到，包括通訊系統。令 X 表示一個有平均值 μ_X 及變異數爲 σ_X^2 的高斯隨機變數。如此一個隨機變數的機率密度函數被定義爲

$$f_X(x) = \frac{1}{\sqrt{2\pi}\sigma x} \exp\left(-\frac{(x-\mu_X)^2}{2\sigma_x^2}\right), \quad -\infty < x < \infty \tag{5.47}$$

已知此機率密度函數，我們可以立即證明隨機變數 X 如此定義的平均值確實是 μ_X 且其變異數是 σ_X^2，這些計算留給讀者當練習。於此例子，我們要使用特性函數來計算高斯隨機變數 X 的更高階動差。

將式子(5.45)的兩邊都對 v 微分 n 次，然後設 $v = 0$，我們得到結果

$$\left.\frac{d^n}{dv^n}\phi_X(v)\right|_{v=0} = (j)^n \int_{-\infty}^{\infty} x^n f_X(x)dx$$

我們認出此關係式右手邊的積分是隨機變數 X 的第 n 階動差。因而，我們可以寫成

$$\mathbf{E}[X^n] = (-j)^n \left.\frac{d^n}{dv^n}\phi_X(v)\right|_{v=0} \tag{5.48}$$

現在，一個平均值 μ_X 及變異數 σ_X^2 的高斯隨機變數 X 的特性函數如下所給(參照習題 5.1)

$$\phi_X(v) = \exp\left(jv\mu_X - \frac{1}{2}v^2\sigma_x^2\right) \tag{5.49}$$

式子(5.48)及(5.49)清楚顯示高斯隨機變數的更高階動差由平均值 μ_X 及變異數 σ_X^2 獨特唯一的決定。確實，這一對等式的一個直接運用證明了 X 的中央動差如下：

$$\mathbf{E}[(X-\mu_X)^n] = \begin{cases} 1\times 3\times 5\cdots(n-1)\sigma_X^n & \text{對於 } n \text{ 爲偶數} \\ 0 & \text{對於 } n \text{ 爲奇數} \end{cases} \tag{5.50}$$

聯合動差(JOINT MOMENT)

其次考慮一對隨機變數 X 與 Y。一組於此情況下很重要的統計平均是**聯合動差**，即 X^iY^k 的期望值，其中 i 及 k 可假設是任何正的整數值。我們因此可寫成

$$\mathbf{E}[X^iY^k] = \int_{-\infty}^{\infty}\int_{-\infty}^{\infty} x^i y^k f_{X,Y}(x,y)\,dx\,dy \tag{5.51}$$

一個特別重要的聯合動差是由 $\mathbf{E}[XY]$ 定義的**相關性**(correlation)，其對應於式子(5.51)裡的 $i = k = 1$。

中央隨機變數 $X-\mathbf{E}[X]$ 及 $Y-\mathbf{E}[Y]$ 的相關性，亦即，聯合動差

$$\text{cov}[XY]=\mathbf{E}[(X-\mathbf{E}[X])(Y-\mathbf{E}[Y])] \tag{5.52}$$

稱爲 X 及 Y 的**共變異數**(covariance)。令 $\mu_X=\mathbf{E}[X]$ 及 $\mu_Y=\mathbf{E}[Y]$，我們可以展開式子(5.52)以獲得此結果

$$\text{cov}[XY]=\mathbf{E}[XY]-\mu_X\mu_Y \tag{5.53}$$

令 σ_X^2 及 σ_Y^2 分別表示 X 及 Y 的變異數。那麼 X 及 Y 的共變異數，常態化於 $\sigma_X\sigma_Y$，稱爲 X 及 Y 的**相關係數**：

$$\rho=\frac{\text{cov}[XY]}{\sigma_X\sigma_Y} \tag{5.54}$$

我們說兩個隨機變數 X 及 Y 爲**不相關**的若且唯若它們的共變異數是零，亦即，若且唯若

$$\text{cov}[XY]=0$$

我們說它們是**正交**的若且唯若它們的相關性是零，亦即，若且唯若

$$\mathbf{E}[XY]=0$$

從式子(5.53)我們觀察到如果隨機變數 X 及 Y 的其中一個或兩個的平均值都是零，並且如果它們是正交的，那麼它們是不相關的，而且反之亦然。也須注意如果 X 及 Y 是統計上獨立的，那麼它們是不相關的，然而，此敘述的逆敘述不必然爲眞。

傑可伯・柏努力(Jacob Bernoulli，1654-1705)(編註：原文 Jacob 之生卒年有誤。)

(圖片來源：維基百科。由左至右為：Jacob、Johann、Daniel)

柏努力是瑞士的一個學者及商人的家族，其在十八世紀出了很多著名的藝術家及科學家。傑可伯(也被稱詹姆士)・柏努力的功勞之一即貢獻出**柏努力試驗**(Bernoulli trial)的概念，且**柏努力數**(Bernoulli numbers)也以他命名，即一個對數論非常重要的有理數序列。傑可伯・柏努力是丹尼爾・柏努力的叔父，丹尼爾・柏努力對流體動力學理論的很多重要發展是很重要的，且**柏努力原理**(Bernoulli's principle)以其命名。

傑可伯另有兩個姪兒，都叫做尼可拉斯，兩人均為數學家，對機率學、幾何學及微分方程等領域有很重要的貢獻。傑可伯在機率及數字理論方面最為人知的大部份作品是在他死後才被發表，包括他引入使用的**大數法則**(the law of large numbers)。

範例 5.6　一個柏努力隨機變數的動差

考慮丟銅板的試驗其出現正面的頭的機率是 p。令 X 是一個隨機變數其當結果是反面的數字時取值是 0 並且當出現是正面的頭時取值是 1。我們說 X 是一個**柏努力隨機變數**。一個柏努力隨機變數的機率質量函數是

$$\mathbf{P}(X=x)=\begin{cases}1-p & x=0\\ p & x=1\\ 0 & \text{其他處}\end{cases}$$

X 的期望值是

$$\begin{aligned}\mathbf{E}[X]&=\sum_{k=0}^{1}k\mathbf{P}(X=k)\\&=0\cdot(1-p)+1\cdot p\\&=p\end{aligned}$$

當 $\mu_X=\mathbf{E}[X]$，X 的變異數如下

$$\begin{aligned}\sigma_X^2&=\sum_{k=0}^{1}(k-\mu_X)^2\mathbf{P}[X=k]\\&=(0-p)^2(1-p)+(1-p)^2p\\&=(p^2-p^3)+(p-2p^2+p^3)\\&=p(1-p)\end{aligned}$$

令 $\{X_1,\dots,X_N\}$ 是一組各帶參數 p 的獨立的柏努力隨機變數。那麼聯合第二階動差是

$$\begin{aligned}\mathbf{E}[X_jX_k]&=\begin{cases}\mathbf{E}[X_j]\mathbf{E}[X_k] & j\neq k\\ \mathbf{E}[X_j^2] & j=k\end{cases}\\&=\begin{cases}p^2 & j\neq k\\ p & j=k\end{cases}\end{aligned}$$

其中 $\mathbf{E}\left[X_j^2\right]=\sum_{k=0}^{1}k^2\mathbf{P}\left[X=k\right]$。

5.5 隨機程序

在通訊系統的統計分析裡的基本關心是隨機信號如語音信號，電視信號，電腦資料，及電性雜訊等的特性化。這些隨機信號有兩個性質。首先，這些信號是定義在某個觀察區間的時間的函數。第二，信號有隨機的意義以其在進行一個試驗之前是不可能對欲觀察的信號正確描述其波形的。因而，在描述隨機信號時，我們發現在取樣空間裡的每個樣本點是一個時間的函數。取樣空間或集體(ensemble)由時間函數所組成稱爲一個**隨機**(random)或是**或然可能**(stochastic)程序。當此記號的一個整體部份，我們假設定義在取樣空間裡的一組適當類別集合的一個機率分佈之存在，使得我們可以帶著信心的說有不同事件發生的機率。

那麼考慮特定在某**取樣空間** S 的結果，定義在此取樣空間 S 裡的事件，及特定在這些事件的機率，的一個隨機試驗，假設我們指定給每一個樣本點 s 一個時間函數，依此規則：

$$X(t,s) \qquad -T \le t \le T \tag{5.55}$$

其中 $2T$ 是**總觀察時間區間**。對於一個固定的樣本點 s_j，函數 $X(t,s_j)$ 對時間 t 的圖形稱爲隨機程序的一個**實現**或**取樣函數**。爲簡化記號，我們將此取樣函數表成

$$x_j(t) = X(t,s_j) \tag{5.56}$$

圖 5.7 描述一組取樣函數 $\{x_j(t) \mid j = 1, 2, ..., n\}$。從此圖，我們注意到在觀察區間裡的一個固定時間點 t_k，這一組數字

$$\{x_1(t_k), x_2(t_k), \cdots, x_n(t_k)\} = \{X(t_k,s_1), X(t_k,s_2), \cdots, X(t_k,s_n)\}$$

構成一個**隨機變數**。因此我有一個隨機變數 $\{X(t, s)\}$ 的指標化的集體(家族)，其稱爲**隨機程序**。爲簡化記號，習慣的用法是不寫出 s 而僅用 $X(t)$ 表示一個隨機程序。我們可以正式的定義一個隨機程序 $X(t)$ 成，**一個時間函數的集體與指定給隨機程序的取樣函數裡的一個的觀察相關的有意義事件的機率規則**。尤甚，我們可以區分一個隨機變數及一個隨機程序如下：

- 對於一個隨機變數，一個隨機試驗的結果被映成一個數字。
- 對於一個隨機程序，一個隨機試驗的結果被映成一個波形，其是一個時間的函數。

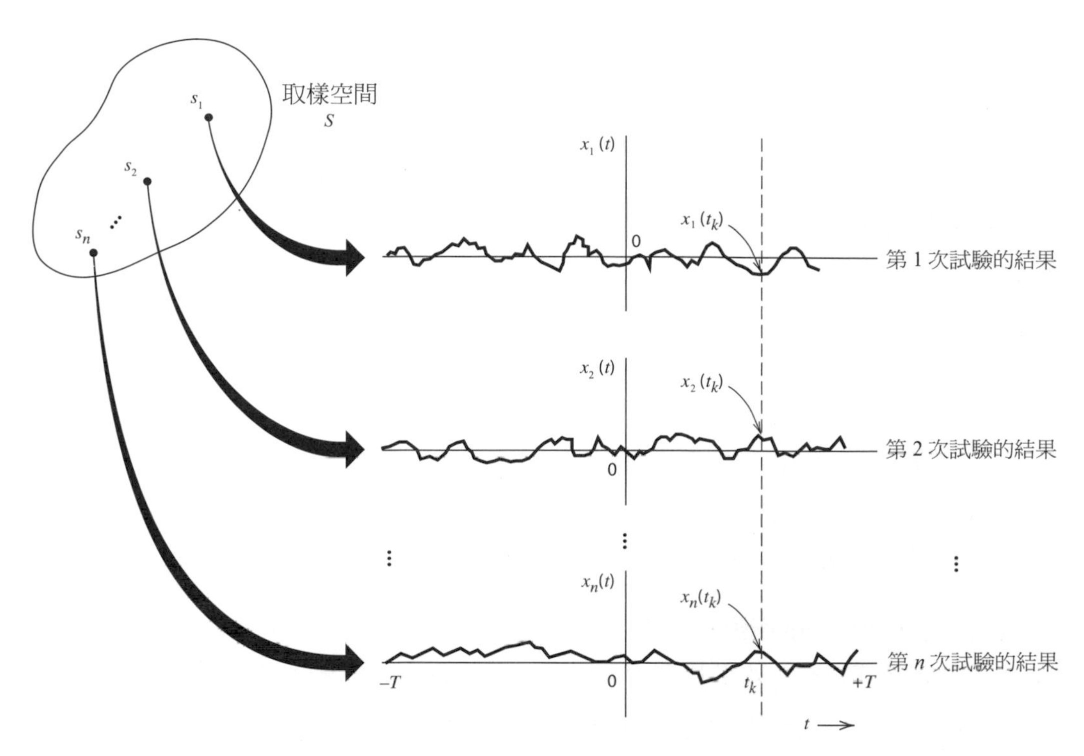

圖 5.7　取樣函數之集體

5.6 平均值，相關度，及共變異數函數

考慮一個隨機程序 $X(t)$。我們定義隨機程序 $X(t)$的平均值(mean)爲在時間 t 觀察此程序而得到之隨機變數的期望值，如下

$$\begin{aligned}\mu_X(t) &= \mathbf{E}[X(t)] \\ &= \int_{-\infty}^{\infty} x f_{X(t)}(x)dx\end{aligned} \tag{5.57}$$

其中 $f_{X(t)}(x)$ 爲此程序在時間 t 之機率密度函數。一個隨機程序稱爲**平穩的到第一階**(stationary to first order)，如果 $X(t)$的分配函數(且因而密度函數)不會隨時間改變。亦即，隨機變數 $X(t_1)$及 $X(t_2)$的密度函數滿足

$$f_{X(t_1)} = f_{X(t_2)}(x) \tag{5.58}$$

對於所有的 t_1 及 t_2。因此，我們推論，對於一個平穩到第一階的隨機程序，其**平均值是一個常數**，如下

$$\mu_X(t) = \mu_X \qquad 對於所有\ t \tag{5.59}$$

經由一個類似的論點，我們也可推論如此的一個程序之變異數也是常數。

我們定義隨機程序 $X(t)$的**自相關**(autocorrelation)函數成經分別在時間 t_1 及 t_2 觀察而得的兩個隨機變數 $X(t_1)$及 $X(t_2)$之積的期望值。具體來說，我們寫成

$$R_X(t_1,t_2) = \mathbf{E}[X(t_1)X(t_2)]$$
$$= \int_{-\infty}^{\infty}\int_{-\infty}^{\infty} x_1 x_2 f_{X(t_1),X(t_2)}(x_1,x_2)dx_1 dx_2 \tag{5.60}$$

其中 $f_{X(t_1),X(t_2)}(x_1,x_2)$ 是隨機變數 $X(t_1)$及 $X(t_2)$的聯合機率密度函數。我們說一個隨機程序 $X(t)$是**平穩到第二階**，如果其聯合分配函數 $f_{X(t_1),X(t_2)}(x_1,x_2)$ 只依兩個觀察時點 t_1 及 t_2 的時間差而定。此，依次，隱示一個平穩(到第二階)的隨機程序之自相關函數只依時間差 t_2-t_1 而定，如下所示

$$R_X(t_1,t_2) = R_X(t_2-t_1) \qquad \text{對於所有 } t_1 \text{ 及 } t_2 \tag{5.61}$$

類似的，一個隨機程序 $X(t)$的**自共變異數**(autocovariance)函數被寫成

$$C_X(t_1,t_2) = \mathbf{E}[(X(t_1)-\mu_X)(X(t_2)-\mu_X)]$$
$$= R_X(t_2-t_1) - \mu_X^2 \tag{5.62}$$

式子(5.62)顯示，如自相關函數，一個平穩的隨機程序 $X(t)$的自共變異數函數只依時間差 t_2-t_1 而定。此等式也顯示如果我們知道程序的平均值及自相關函數，我們可立即決定其自共變異數函數。此平均值及自相關函數是因此足夠來描述程序的首兩個動差(moments)。

然而，有兩個重點須小心注意：

1. 此平均值及自相關函數只提供隨機程序 $X(t)$的分佈的一個**部份描述**。
2. 分別牽涉到平均值及自相關函數的式子(5.59)及(5.61)的條件並**不**充份足夠保證隨機程序 $X(t)$是平穩的。

不過，實際的考慮常要求我們簡單地滿足自己於已知平均值及自相關函數之程序的一個部份描述。滿足於式子(5.59)及(5.61)的一個隨機程序被稱爲**廣義平穩**(Wide-sense stationary)[2]。清楚地，所有嚴格平穩的程序是廣義平穩的，但不是所有廣義平穩的程序是嚴格平穩的。

自相關函數的性質

爲了記號的方便，我們重新定義一個隨機程序 $X(t)$的自相關函數爲

$$R_X(\tau) = \mathbf{E}[X(t+\tau)X(t)] \qquad \text{對於所有 } t \tag{5.63}$$

自相關函數有很重要的性質：

1. 程序的均方值可以從 $R_X(\tau)$ 簡單地代入 $\tau=0$ 到式子(5.63)而得到，如下所示

$$R_X(0) = \mathbf{E}[X^2(t)] \tag{5.64}$$

2. 自相關函數 $R_X(\tau)$ 是 τ 的一個偶函數，亦即，

$$R_X(\tau) = R_X(-\tau) \tag{5.65}$$

此性質直接隨定義式子(5.63)而得。因而，我們也可定義自相關函數 $R_X(\tau)$ 成

$$R_X(\tau) = \mathbf{E}[X(t)X(t-\tau)] \tag{5.66}$$

3. 自相關函數 $R_X(\tau)$ 其最大值在 $\tau = 0$ 時，亦即，

$$|R_X(\tau)| \le R_X(0) \tag{5.67}$$

爲證明此性質，考慮此非負的量

$$\mathbf{E}[(X(t+\tau) \pm X(t))^2] \ge 0$$

將項展開並且取它們個別的期望值，我們馬上發現

$$\mathbf{E}[X^2(t+\tau)] \pm 2\mathbf{E}[X(t+\tau)X(t)] + \mathbf{E}[X^2(t)] \ge 0 \tag{5.68}$$

其，鑑於式子(5.63)及(5.64)，降爲

$$2R_X(0) \pm 2R_X(\tau) \ge (0) \tag{5.69}$$

相等地，我們可以寫

$$-R_X(0) \le R_X(\tau) \le R_X(0) \tag{5.70}$$

從其隨即直接得到式子(5.67)。

自相關函數 $R_X(\tau)$ 的物理的重要性在於它提供一個方法來描述經由在時間分開 τ 秒而觀察了一個隨機程序 $X(t)$而得到的兩個隨機變數的「獨立性」。因此明顯的當隨機程序 $X(t)$隨時間變化愈快，其自相關函數 $R_X(\tau)$ 從它的最大值隨 τ 的增加而遞減愈快，如圖 5.8 所描述。此遞減可以由一個**解相關時間**(decorrelation time) τ_0 予以特性化，使得對於 $\tau > \tau_0$，自相關函數 $R_X(\tau)$ 的大小保持在某個規定值之下。我們因此可以將一個平均值是 0 的廣義平穩的隨機程序 $X(t)$的解相關時間 τ_0 定義成時間取爲，就說，自相關函數 $R_X(\tau)$ 的大小降到它的最大值 $R_X(0)$ 的一個百分比時。

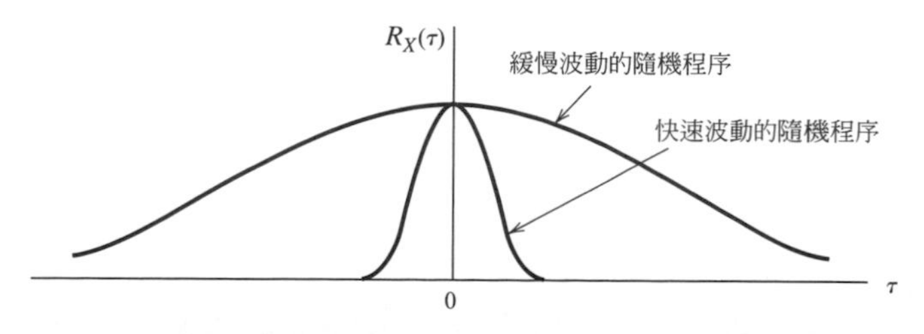

圖 5.8　描述自相關函數的緩慢及快速波動的隨機程序

範例 5.7 具有隨機相位的弦波信號

考慮一個具有隨機相位的弦波信號，定義如下

$$X(t) = A\cos(2\pi f_c t + \Theta) \tag{5.71}$$

其中 A 和 f_c 爲常數，而 Θ 爲在 $(-\pi,\pi)$ 間**均勻分佈**的隨機變數，亦即，

$$f_\Theta(\theta) = \begin{cases} \dfrac{1}{2\pi}, & -\pi \le \theta \le \pi \\ 0, & \text{其他處} \end{cases} \tag{5.72}$$

這表示隨機變數 Θ 在 $(-\pi,\pi)$ 區間上任何一數之機會均等。$X(t)$的自相關函數爲

$$\begin{aligned} R_X(\tau) &= \mathbf{E}[X(t+\tau)X(t)] \\ &= \mathbf{E}[A^2\cos(2\pi f_c t + 2\pi f_c \tau + \Theta)\cos(2\pi f_c t + \Theta)] \\ &= \frac{A^2}{2}\mathbf{E}[\cos(4\pi f_c t + 2\pi f_c \tau + 2\Theta)] + \frac{A^2}{2}\mathbf{E}[\cos(2\pi f_c \tau)] \\ &= \frac{A^2}{2}\int_{-\pi}^{\pi}\frac{1}{2\pi}\cos(4\pi f_c t + 2\pi f_c \tau + 2\theta)d\theta + \frac{A^2}{2}\cos(2\pi f_c \tau) \end{aligned} \tag{5.73}$$

其第一項積分爲零，因此可得

$$R_X(\tau) = \frac{A^2}{2}\cos(2\pi f_c \tau) \tag{5.74}$$

其如圖 5.9 所示。我們因此看到一個具有隨機相位之弦波其自相關函數爲另一個在「τ 定義域」而非在原來時間定義域上，有相同頻率的正弦波。

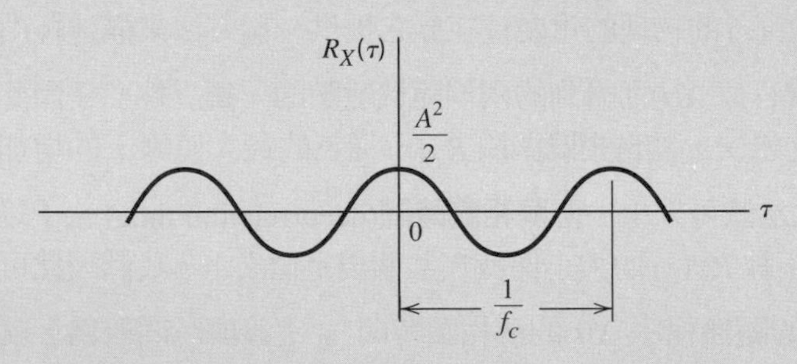

圖 5.9 一個具有隨機相位的弦波之自相關函數

範例 5.8 隨機二元信號

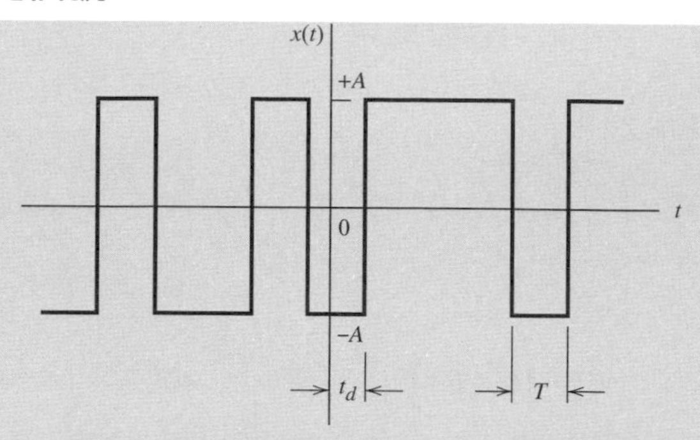

圖 5.10 隨機二元信號的取樣函數

圖 5.10 爲一由**二元符號** 1 與 0 之隨機序列組成之程序 $X(t)$的某一取樣函數。假設下列各點：

1. 1 與 0 兩符號分別由振幅是 $+A$ 及 $-A$ 伏特的脈波代表，其期間皆爲 T 秒。
2. 這些脈波未經同步，使得第一個在正時間內的完整脈波，其起始時間 t_d 可爲零到 T 秒間之任何一值，且其機會均等。也就是說，t_d 爲均勻分佈隨機變數 T_d 的某個取樣值，其機率密度函數定義爲

$$f_{T_d}(t_d)=\begin{cases}\dfrac{1}{T}, & 0\le t_d\le T\\ 0, & \text{其他處}\end{cases}$$

3. 在任一時間的區間 $(n-1)T<t-t_d<nT$ 內，其中 n 一個整數，我們由丟擲一枚公平的銅板來決定取樣函數是 1 或 0，特定一點，假如結果爲「正面的頭」，我們就得到 1；而如果是「反面的數字」，我們就得到 0。因此這兩種符號之機會均等，而且在某一區間會出現 0 或 1 均與其他區間互相獨立。

由於波幅 $-A$ 與$+A$ 及發生的機率相等，對任何 t，我們立刻可得 $\mathbf{E}[X(t)]=0$，因此，此程序平均值爲零。

爲了算其自相關函數 $R_X(t_k,t_i)$，我們必須計算 $\mathbf{E}[X(t_k)X(t_i)]$，其中 $X(t_k)$ 及 $X(t_i)$ 分別爲在時間 t_k 及 t_i 觀察得到之隨機變數。

首先考慮當 $|t_k-t_i|>T$ 的情況。那麼隨機變數 $X(t_k)$ 及 $X(t_i)$ 發生於不同之區間，因此爲互相獨立。於是我們有

$$\mathbf{E}[X(t_k)X(t_i)]=\mathbf{E}[X(t_k)]\mathbf{E}[X(t_i)]=0,\quad |t_k-t_i|>T$$

其次，考慮$|t_k-t_i|<T$ 之情況，其有 $t_k=0$ 及 $t_i<t_k$。在如此情況下，由圖 5.10 我們觀察到隨機變數 $X(t_k)$ 及 $X(t_i)$ 落於同一脈波區間的充要條件(若且唯若)是 $t_d<T-|t_k-t_i|$。於是我們得到下列**條件期望值**：

$$\mathbf{E}[X(t_k)X(t_i)\mid t_d]=\begin{cases}A^2, & t_d<T-|t_k-t_i|\\ 0, & \text{其他處}\end{cases} \tag{5.75}$$

對所有可能的 t_d 值平均，可得

$$\begin{aligned}\mathbf{E}[X(t_k)X(t_i)]&=\int_0^{T-|t_k-t_i|}A^2 f_{T_d}(t_d)dt_d\\&=\int_0^{T-|t_k-t_i|}\frac{A^2}{T}dt_d\\&=A^2\left(1-\frac{|t_k-t_i|}{T}\right),\qquad |t_k-t_i|<T\end{aligned} \tag{5.76}$$

對其他 t_k 的值做類似的推理，我們可知對取樣函數由圖 5.10 表示之隨機二元信號，其自相關函數為時間差 $\tau=t_k-t_i$ 之函數，如下所示

$$R_X(\tau)=\begin{cases}A^2\left(1-\dfrac{|\tau|}{T}\right), & |\tau|<T\\ 0, & |\tau|\geq T\end{cases} \tag{5.77}$$

此結果示於圖 5.11。

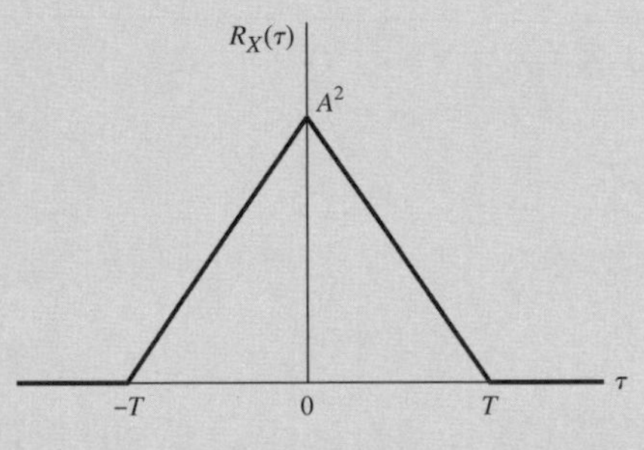

圖 5.11　隨機二元信號的自相關函數

交互關聯函數

接下來考慮一個更一般性的兩個隨機程序 $X(t)$ 及 $Y(t)$ 其分別有自相關函數 $R_X(t,u)$ 及 $R_Y(t,u)$。$X(t)$ 及 $Y(t)$ 的**交互關聯**(cross-correlation)函數如下定義

$$R_{XY}(t,u)=\mathbf{E}[X(t)Y(u)] \tag{5.78}$$

如果隨機程序 $X(t)$ 及 $Y(t)$ 都是廣義平穩的而且，加上，是聯合廣義平穩的，其交互關聯可寫成

$$R_{XY}(t,u)=R_{XY}(\tau) \tag{5.79}$$

其中 $\tau=t-u$。

交互關聯函數通常不是 τ 的一個偶函數，雖然自相關函數是如此，而且其在原點不是最大值。然而，其仍服膺某種對稱關係如下(見習題 5.12)：

$$R_{XY}(\tau)=R_{XY}(-\tau) \tag{5.80}$$

範例 5.9 正交調變(Quadrature-Modulated)程序

考慮與廣義平穩的程序 $X(t)$ 有關的一對**正交調變程序** $X_1(t)$ 及 $X_1(t)$ 如下：

$$X_1(t) = X(t)\cos(2\pi f_c t + \Theta)$$
$$X_2(t) = X(t)\sin(2\pi f_c t + \Theta) \tag{5.81}$$

其中 f_c 為載波頻率，隨機變數 Θ 在$(0,2\pi)$區間上均勻分佈。而且 Θ 與 $X(t)$ 互相獨立。$X_1(t)$ 與 $X_1(t)$ 的一個交互關聯函數如下所給

$$\begin{aligned} R_{12}(\tau) &= \mathbf{E}[X_1(t)X_2(t-\tau)] \\ &= \mathbf{E}[X(t)X(t-\tau)\cos(2\pi f_c t+\Theta)\sin(2\pi f_c t - 2\pi f_c\tau + \Theta)] \\ &= \mathbf{E}[X(t)X(t-\tau)]\mathbf{E}[\cos(2\pi f_c t+\Theta)\sin(2\pi f_c t - 2\pi f_c\tau + \Theta] \\ &= \frac{1}{2}R_X(\tau)\mathbf{E}[\sin(4\pi f_c t - 2\pi f_c t + 2\Theta) - \sin(2\pi f_c\tau)] \\ &= -\frac{1}{2}R_X(\tau)\sin(2\pi f_c\tau) \end{aligned} \tag{5.82}$$

其中在最後一行，我們已利用了代表相位的隨機變數 Θ 的均勻分佈的特性。注意當 $\tau = 0$ 時，因子 $\sin(2\pi f_c\tau)$ 為零，因此

$$\begin{aligned} R_{12}(0) &= \mathbf{E}[X_1(t)X_2(t)] \\ &= 0 \end{aligned} \tag{5.83}$$

式子(5.83)顯示在某一個時間 t 的固定值同時觀察正交調變程序 $X_1(t)$ 與 $X_1(t)$ 所得到的兩個隨機變數為互相正交的。

遍歷的程序(RGODIC PROCESSES) [3]

一個隨機程序 $X(t)$ 的期望值是「橫跨程序」的平均。例如，隨機程序在某個固定時間 t_k 的平均值，是隨機變數 $X(t_k)$ 的期望值，此隨機變數描述此程序在時間 $t = t_k$ 時觀察得到之取樣函數的所有可能值。因此理由，隨機程序的期望值經常被稱為**集體平均**(ensemble averages)。

在很多情況，在某一個時間要觀察一個隨機程序的所有取樣函數是困難或不可能的。以一個長時間去觀察一個單一的取樣函數經常是更方便的。對於一個單一的取樣函數，我們可以計算某一個特定函數的**時間平均**。例如，對於取樣函數 $x(t)$，在一個觀察週期為 $2T$ 的平均值之時間平均是

$$\mu_{x,T} = \frac{1}{2T}\int_{-T}^{T} x(t)dt \tag{5.84}$$

慶幸地，對於通訊裡很多我們感興趣的隨機程序，其時間平均與集體平均是相等的，此性質稱為**遍歷性**(ergodicity)。此性質隱示我們無論何時當要求一個集體平均，我們可以利用一個時間平均來估測它。從此而後，我們將考慮所有程序是遍歷的(ergodic)。

5.7 隨機程序經一個線性濾波器之傳輸

假設一個隨機程序 $X(t)$ 被送入一個脈衝響應為 $h(t)$ 的線性非時變的濾波器，在濾波器輸出端產生一個新的隨機程序 $Y(t)$，如圖 5.12。通常，描述輸出隨機程序 $Y(t)$ 的機率分佈是困難的，縱使當輸入的隨機程序 $X(t)$ 的機率分佈在 $-\infty < t < \infty$ 完全已知。

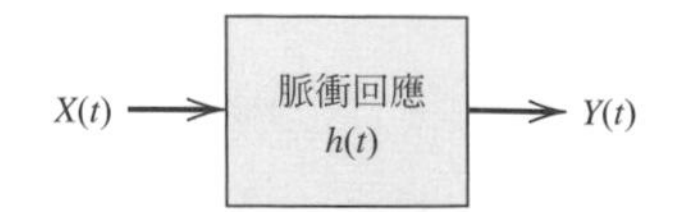

圖 5.12　一個隨機程式傳輸經過一個線性濾波器

在本節中，假設 $X(t)$ 為廣義平穩的隨機程序，我們想要決定濾波器之輸入與輸出間以時域形式表示的關係，以利用輸入 $X(t)$ 的平均值與自相關函數來定義輸出隨機程序 $Y(t)$ 的平均值及自相關函數。

首先考慮輸出隨機程序 $Y(t)$ 的平均值。由定義，我們有

$$\mu_Y(t) = \mathbf{E}[Y(t)] = \mathbf{E}\left[\int_{-\infty}^{\infty} h(\tau_1)X(t-\tau_1)d\tau_1\right] \tag{5.85}$$

其中 τ_1 是一個積分變數。只要期望值 $\mathbf{E}[X(t)]$ 對所有 t 是有限的並且系統是穩定的，我們就可將式子(5.85)裡期望與對 τ_1 積分的次序對調，因此我們寫成

$$\begin{aligned}\mu_Y(t) &= \int_{-\infty}^{\infty} h(\tau_1)\mathbf{E}[X(t-\tau_1)]d\tau_1 \\ &= \int_{-\infty}^{\infty} h(\tau_1)\mu_X(t-\tau_1)d\tau_1\end{aligned} \tag{5.86}$$

當輸入隨機程序 $X(t)$ 為廣義平穩的，其平均 $\mu_X(t)$ 為一個常數 μ_X，因此式子(5.86)可簡化如下：

$$\begin{aligned}\mu_Y &= \mu_X \int_{-\infty}^{\infty} h(\tau_1)d\tau_1 \\ &= \mu_X H(0)\end{aligned} \tag{5.87}$$

其中 $H(0)$ 為系統之零-頻率(直流)響應。式子(5.87)說明了一個以 $X(t)$ 當做輸入程序的線性非時變系統，其輸出程序 $Y(t)$ 之平均值等於 $X(t)$ 的平均值乘以系統的直流響應，這在直覺上是合理滿意的。

其次考慮輸出隨機程序 $Y(t)$ 的自相關函數。由定義，我們有

$$R_Y(t,u) = \mathbf{E}[Y(t)Y(u)]$$

其中 t 和 u 為觀察輸出程序的兩個時間值。我們因此可以利用迴旋積分寫出

$$R_Y(t,u) = \mathbf{E}\left[\int_{-\infty}^{\infty} h(\tau_1)X(t-\tau_1)d\tau_1 \int_{-\infty}^{\infty} h(\tau_2)X(u-\tau_2)d\tau_2\right] \tag{5.88}$$

再次，只要對所有的 t，均方值 $\mathbf{E}[X^2(t)]$ 是有限的且此系統為穩定的，我們可以調換式子(5.88)裡期望運算以及對 τ_1 和 τ_2 的積分之順序，而得

$$R_Y(t,u) = \int_{-\infty}^{\infty} d\tau_1 h(\tau_1) \int_{-\infty}^{\infty} d\tau_2 h(\tau_2) \mathbf{E}[X(t-\tau_1)X(u-\tau_2)]$$
$$= \int_{-\infty}^{\infty} d\tau_1 h(\tau_1) \int_{-\infty}^{\infty} d\tau_2 h(\tau_2) R_X(t-\tau_1, u-\tau_2) \quad (5.89)$$

當輸入 $X(t)$ 爲一個廣義平穩的隨機程序，$X(t)$ 的自相關函數只是觀察時間 $t-\tau_1$ 和 $u-\tau_2$ 之間的時間差的一個函數。因此，將 $\tau = t-u$ 代入式子(5.89)中，我們可寫成

$$R_Y(\tau) = \int_{-\infty}^{\infty} \int_{-\infty}^{\infty} h(\tau_1)h(\tau_2)R_X(\tau-\tau_1+\tau_2)d\tau_1 d\tau_2 \quad (5.90)$$

綜合上式與前述有關平均值 μ_Y 之結果，可知：**如果輸入到一個穩定的線性非時變濾波器是一個廣義平穩的隨機程序，那麼濾波器輸出亦為一個廣義平穩的隨機程序。**

5.8 功率頻譜密度

在第二章我們發現，當分析非隨機的時域的信號，振幅譜的頻域表示經常是很有用的。一個信號的時域及頻域表示是經由傅立葉轉換而關連。因爲一個隨機程序 $X(t)$ 的取樣函數也是一個時域的信號，我們可以定義它的傅立葉轉換。然而，一個個別的取樣函數 $x(t)$無法代表包含一個隨機程序的取樣函數們的集體。取樣函數的一個統計平均，如自相關函數 $R_X(\tau)$，經常是一個更有用的代表。自相關函數的傅立葉轉換稱爲隨機程序 $X(t)$ 的**功率頻譜密度** $S_X(f)$。

一個廣義平穩的隨機程序 $X(t)$ 的功率頻譜密度 $S_X(f)$ 及自相關函數 $R_X(\tau)$ 形成以 f 和 τ 爲變數的一個成對的傅立葉轉換，如下的一對關係式所示：

$$S_X(f) = \int_{-\infty}^{\infty} R_X(\tau)\exp(-j2\pi f\tau)d\tau \quad (5.91)$$

及

$$R_X(\tau) = \int_{-\infty}^{\infty} S_X(f)\exp(j2\pi f\tau)df \quad (5.92)$$

式子(5.91)及(5.92)是隨機程序的頻譜分析理論裡的基本關係式，而它們一起建構了所謂的愛因斯坦-維諾-慶金(Einstein–Wiener–Khintchine)關係式[4]。

愛因斯坦-維諾-慶金關係式顯示，如果一個隨機程序的自相關函數或功率頻譜密度中的一個已知，另一個也就能正確的找到。這些函數展現程序的相關性質的不同面向。

功率頻譜密度的性質

我們現在使用此對關係來導出一個廣義平穩的隨機程序之某些通用性質。

性質 1

一個廣義平穩的隨機程序之零頻值等於其自相關函數圖下的面積，亦即，

$$S_X(0)=\int_{-\infty}^{\infty}R_X(\tau)d\tau \tag{5.93}$$

此性質直接將 $f=0$ 代入從式子(5.91)而得到。

性質 2

一個廣義平穩的隨機程序之均方值等於其功率頻譜密度圖下的面積，亦即，

$$\mathbf{E}[X^2(t)]=\int_{-\infty}^{\infty}S_X(f)df \tag{5.94}$$

此性質直接將 $\tau=0$ 代入從式子(5.92)並注意 $R_X(0)=\mathbf{E}[X^2(t)]$ 而得到。

性質 3

一個廣義平穩的隨機程序之功率頻譜密度一定非負的，亦即，

$$S_X(f)\geq 0 \qquad \text{對於所有 } f \tag{5.95}$$

此性質源於功率頻譜密度 $S_X(f)$ 與隨機程序 $X(t)$的振幅平方量之期望值緊密相關的事實，如下所示[5]

$$S_X(f)\approx\mathbf{E}[|P(f)|^2]$$

帶參數 f 的隨機程序 $P(f)$ 是 $X(t)$的傅立葉轉換。亦即，$P(f)$ 的每個取樣函數 $X(t)$的取樣函數的傅立葉轉換。

性質 4

一個實數值的隨機程序之功率頻譜密度是頻率的一個偶函數，亦即，

$$S_X(-f)=S_X(f) \tag{5.96}$$

此性質可由在(5.91)中，用 $-f$ 取代 f 而得：

$$S_X(-f)=\int_{-\infty}^{\infty}R_X(\tau)\exp(j2\pi f\tau)d\tau$$

其次，以$-\tau$ 取代 τ，並由 $R_X(-\tau)=R_X(\tau)$，而得

$$S_X(-f)=\int_{-\infty}^{\infty}R_X(\tau)\exp(-j2\pi f\tau)d\tau=S_X(f)$$

其是我們所要的結果。

範例 5.10 具有相位隨機之弦波信號(續)

考慮隨機程序 $X(t)=A\cos(2\pi f_c t+\Theta)$，其中 Θ 爲在區間$(-\pi,\ \pi)$上之均匀分佈的隨機變數。此隨機程序之自相關函數爲式子(5.74)所給，爲了方便起見在此我們重寫一次：

$$R_X(\tau)=\frac{A^2}{2}\cos(2\pi f_c\tau)$$

對式子兩邊做傅立葉轉換，可得此弦波程序 $X(t)$的功率頻譜密度是

$$S_X(f)=\frac{A^2}{4}[\delta(f-f_c)+\delta(f+f_c)] \tag{5.97}$$

這包括了一對被因子 $A^2/4$ 加權，位於 $\pm f_c$ 的得爾它(delta)脈衝函數，如圖 5.13 所示。注意得爾它(delta)脈衝函數下之總面積爲 1。因此，在 $S_X(f)$ 下之全部面積爲 $A^2/2$，正如我們所預期。

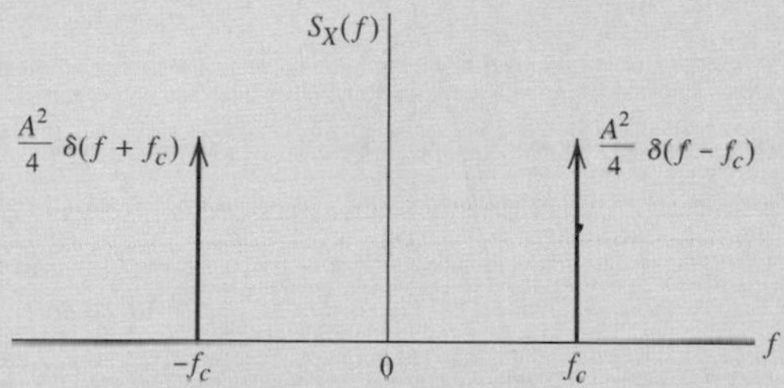

圖 5.13 具相位隨機的弦波信號之功率頻譜密度

範例 5.11 隨機二元信號(續)

我們再次考慮一個含有一序列分別用$+A$ 和$-A$ 來表示 1 和 0 的隨機二元信號。在範例 5.8 中我們證明了此隨機程序之自相關函數爲三角波形，如下所示

$$R_X(\tau)=\begin{cases}A^2\left(1-\dfrac{|\tau|}{T}\right), & |\tau|<T\\ 0, & |\tau|\geq T\end{cases}$$

因而此程序的功率頻譜密度爲

$$S_X(f)=\int_{-t}^{T}A^2\left(1-\frac{|\tau|}{T}\right)\exp(-j2\pi f\tau)d\tau$$

利用在第 2 章範例 2.7 的三角形函數之傅立葉轉換，可得到

$$S_X(f)=A^2T\operatorname{sinc}^2(fT) \tag{5.98}$$

如圖 5.14 所示。這裡我們可以再次發現，對於所有 f，此功率頻譜密度爲非負，並且爲 f 的偶函數。僅由 $R_X(0)=A^2$ 及利用性質 3，可以知道下 $S_X(f)$ 之全部面積或說此隨機二元波之平均功率爲 A^2。

式子(5.98)之結果可以推廣如下。我們注意到對一個波幅為 A，期間 T 為之矩形脈波，其能量譜密度為

$$\mathcal{E}_g(f) = A^2T^2\text{sinc}^2(fT) \tag{5.99}$$

我們可以因此以 $\mathcal{E}_g(f)$ 重寫式子(5.98)成

$$S_X(f) = \frac{\mathcal{E}_g(f)}{T} \tag{5.100}$$

式子(5.100)說明了對一個分別以脈波 $g(t)$和 $-g(t)$來表示 1 和 0 的隨機二元波而言，其功率頻譜密度 $S_X(f)$ 等於**符元波形脈波** $g(t)$之能量譜密度 $\mathcal{E}_g(f)$ 除以**符元期間** T。

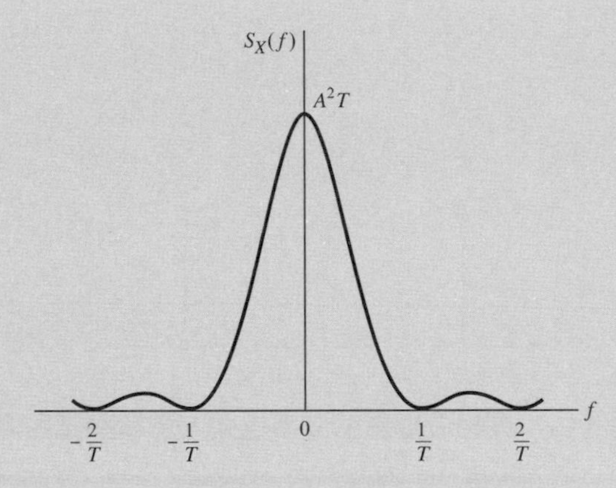

圖 5.14　一個隨機二元信號的功率頻譜密度

範例 5.12　一個隨機程式與弦波程式之混合波

在實用上一個經常遇到的情況，就是一個廣義平穩的隨機程序和一個弦波信號 $\cos(2\pi f_c t + \Theta)$之**混合波**(mixing)(亦即乘積)，其中相位 Θ 為在$(0,2\pi)$上均勻分佈之隨機變數。以此方式加入隨機相位 Θ 主要是事實上當 $X(t)$和 $\cos(2\pi f_c t+\Theta)$分別來自兩個獨立源，其時間原點可隨意選取，此為一般化之情況。我們想計算隨機程序 $Y(t)$ 由下列定義的功率頻譜密度

$$Y(t) = X(t)\cos(2\pi f_c t + \Theta) \tag{5.101}$$

利用一個廣義平穩的程序之自相關函數之定義，以及隨機變數 Θ 是獨立於 $X(t)$，我們發現 $Y(t)$ 的自相關函數如下

$$
\begin{aligned}
R_Y(\tau) &= \mathbf{E}[Y(t+\tau)Y(t)] \\
&= \mathbf{E}[X(t+\tau)\cos(2\pi f_c t + 2\pi f_c \tau + \Theta)X(t)\cos(2\pi f_c t + \Theta)] \\
&= \mathbf{E}[X(t+\tau)X(t)]\mathbf{E}[\cos(2\pi f_c t + 2\pi f_c \tau + \Theta)\cos(2\pi f_c t + \Theta)] \\
&= \frac{1}{2}R_X(\tau)\mathbf{E}[\cos(2\pi f_c \tau) + \cos(4\pi f_c t + 2\pi f_c \tau + 2\Theta)] \\
&= \frac{1}{2}R_X(\tau)\cos(2\pi f_c \tau)
\end{aligned}
\tag{5.102}
$$

由於功率頻譜密度爲自相關函數之傅立葉轉換，我們可以得到隨機程序 $X(t)$和 $Y(t)$ 之功率頻譜密度的關係如下：

$$
S_Y(f) = \frac{1}{4}[S_X(f - f_c) + S_X(f + f_c)] \tag{5.103}
$$

根據式子(5.103)，在式子(5.101)定義的隨機程序 $Y(t)$ 的功率頻譜密度可如下得到：將隨機程序 $X(t)$已知之功率頻譜密度 $S_X(f)$ 分別向右 f_c 及向左移 f_c，再將兩個移動過的功率頻譜相加，總和再除以 4。

輸入及輸出隨機程序功率頻譜密度間之關係

令 $S_Y(f)$ 表示隨機程序 $X(t)$ 通過一個轉移函數爲 $H(f)$ 的線性濾波器而得到的輸出隨機程序 $Y(t)$ 的功率頻譜密度函數。那麼，由於隨機程序的功率頻譜密度等於其自相關函數之傅立葉轉換並且利用式子(5.90)，我們得

$$
\begin{aligned}
S_Y(f) &= \int_{-\infty}^{\infty} R_Y(\tau)\exp(-j2\pi f\tau)d\tau \\
&= \int_{-\infty}^{\infty}\int_{-\infty}^{\infty}\int_{-\infty}^{\infty} h(\tau_1)h(\tau_2)R_X(\tau - \tau_1 + \tau_2)\exp(-j2\pi f\tau)d\tau_1 d\tau_2 d\tau
\end{aligned}
\tag{5.104}
$$

令 $\tau - \tau_1 + \tau_2 = \tau_0$，或相等的，$\tau = \tau_0 + \tau_1 - \tau_2$。那麼，將之代入式子(5.104)，我們發現 $S_Y(f)$ 可以表示成三個項的乘積：濾波器的轉移函數 $H(f)$、$H(f)$ 的共軛複數、及輸入程序 $X(t)$ 的功率頻譜密度。因此式子(5.104)可簡化爲

$$
S_Y(f) = H(f)H^*(f)S_X(f) \tag{5.105}
$$

最後，因爲 $|H(f)|^2 = H(f)H^*(f)$，可知輸入及輸出隨機程序功率頻譜密度間之關係，可表示在頻率域寫爲

$$
S_Y(f) = |H(f)|^2 S_X(f) \tag{5.106}
$$

等式(5.106)所述爲，**輸出程序 $Y(t)$ 之功率頻譜密度，等於輸入程序 $X(t)$ 之功率頻譜密度乘以濾波器轉移函數 $H(f)$ 大小的平方**。利用此式，我們可以算出一個隨機程序通過穩定的，線性的，非時變的濾波器之效果。就計算來說，式子(5.106)的處理通常比它對應的包含有自相關函數的時域式子(5.90)較爲容易。

範例 5.13 梳子(COMB)濾波器

考慮圖 5.15a 的濾波器其包含一個延遲線及一個和的裝置。已知濾波器的輸入 $X(t)$ 的功率頻譜密度是 $S_X(f)$，我們想計算濾波器的輸出 $Y(t)$ 的功率頻譜密度。

濾波器的轉移函數是

$$H(f) = 1 - \exp(-j2\pi fT)$$
$$= 1 - \cos(2\pi fT) + j\sin(2\pi fT)$$

$H(f)$ 大小的平方是

$$|H(f)|^2 = [1-\cos(2\pi fT)]^2 + \sin^2(2\pi fT)$$
$$= 2[1-\cos(2\pi fT)]$$
$$= 4\sin^2(\pi fT)$$

其畫在圖 5.15b。因爲此響應的週期形式，圖 5.15a 的濾波器有時稱爲一個**梳子濾波器**。

因此濾波器輸出的功率頻譜密度是

$$S_Y(f) = 4\sin^2(\pi fT)S_X(f)$$

對於頻率 f 的值比 $1/T$ 小很多時，我們有

$$\sin(\pi fT) \simeq \pi fT$$

於此條件，我們可以將 $S_Y(f)$ 如下近似：

$$S_Y(f) \simeq 4\pi^2 f^2 T^2 S_X(f) \tag{5.107}$$

由於在時域的微分將對應於頻域裡乘以 $j2\pi f$，從式子(5.107)我們看到圖 5.15a 的梳子濾波器於低頻輸入時將充當一個微分器。

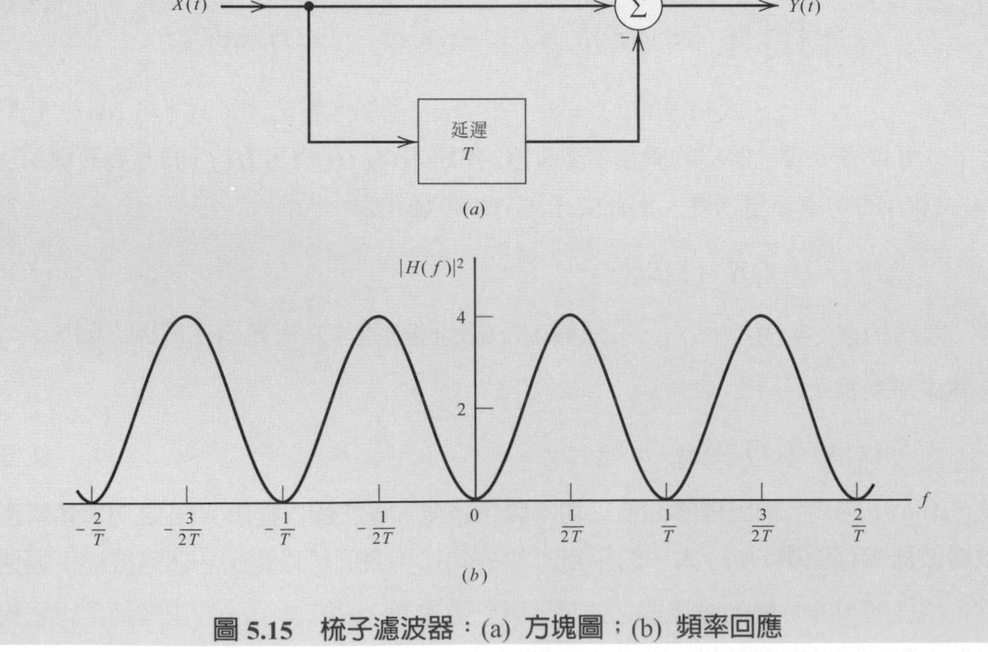

圖 5.15 梳子濾波器：(a) 方塊圖；(b) 頻率回應

卡爾・高斯(Carl F. Gauss，1777-1855)

(圖片來源：維基百科)

高斯是個神童，其後在數學及科學領域做了無數貢獻。據傳說，當在校時，老師給課堂學生出了一個從數字 1 加到 100 的問題。高斯幾秒內就提出答案，令老師非常震驚，這時高斯已發現算術級數的和的公式。

在 18 歲時，高斯創出**最小平方法**，以找出對某個量的量測值序列之最佳值。高斯之後利用最小平方法將行星運行軌道擬合到資料量測，此擬合方法發表於 1809 年出版的《天體運動論》(*Theory of Motion of the Heavenly Bodies*)一書。高斯早年的很多貢獻是在數學領域，然後是天文學。當從事於德國接近漢諾威市(Hanover)的一個區域勘測時，高斯將高斯分佈公式化以描述量測誤差。

在 1833 年，高斯與威爾漢・韋伯(Wilhem Weber)合作，而對通訊做了一個貢獻就是他們建構出第一台磁性電報機。高斯在德國之聲譽卓著，使得其畫像及高斯分佈出現在前德國十馬克的鈔票上。

5.9 高斯程序(GAUSSIAN PROCESS)

到目前爲止，我們討論過有關隨機程序的內容都是概括性的。在這一節中我們要考慮一組重要的隨機程序，稱爲高斯程序。

假設我們從 $t=0$ 開始，一直到 $t=T$ 爲止的區間內觀察一個隨機程序 $X(t)$。我們也假設對 $X(t)$ 加權(乘以)某個函數，並在觀察區間中對其乘積 $g(t)X(t)$ 積分，如此可得一個隨機變數 Y 定義爲

$$Y=\int_0^T g(t)X(t)dt \tag{5.108}$$

我們稱 Y 爲 $X(t)$ 的**線性泛函數**(linear functional)。我們必須留意函數與泛函數之間的差異。例如，和 $Y=\sum_{i=1}^{N}a_iX_i$ ，其中 a_i 爲常數而 X_i 爲隨機變數，此和是 X_i 的線性函數；對於隨機變數 X_i 的每一組觀察值，我們有一個對應的隨機變數 Y 的值。另一方面，於式子(5.108)裡隨機變數 Y 的值是由 0 到 T 整個觀察區間內的**引數函數** $g(t)X(t)$ 的過程所決定。因此，一個泛函數是一個量其是由一個或更多個函數，而非僅由一些離散變數來決定。換句話說，泛函數的定義域是可採納的函數之集合或空間，而非座標空間的某一區域。

假使式子(5.108)中之加權函數 $g(t)$ 會使隨機變數 Y 的均方值爲有限，而且如果對在這類函數裡的每一個 $g(t)$ ，Y 都是**高斯分佈**的隨機變數，那麼程序 $X(t)$ 就稱爲一個**高斯程序**。換句話說，假使 $X(t)$ 的任一個線性泛函數都爲高斯隨機變數，那麼 $X(t)$ 就是一個高斯程序。

於範例 5.5 中，我們描述了一個高斯隨機變數的特性。我們說隨機變數 Y 是高斯分佈如果其機率密度函數爲下列形式

$$f_Y(f)=\frac{1}{\sqrt{2\pi}\sigma_Y}\exp\left[-\frac{(y-\mu_Y)^2}{2\sigma_Y^2}\right] \tag{5.109}$$

其中 μ_Y 爲隨機變數 Y 的平均值，σ_Y^2 爲其變異數。圖 5.16 爲一個高斯隨機變數 Y 之機率密度函數的特例，其已被**常態化**爲平均值 μ_Y 等於零，且變異數 σ_Y^2 等於 1，如下所示

$$f_Y(y)=\frac{1}{\sqrt{2\pi}}\exp\left(-\frac{y^2}{2}\right)$$

這種已常態化的高斯分佈一般寫成 $\mathcal{N}(0,1)$ 。

高斯程序有兩個主要的優點。第一，高斯程序有許多特性使得數學分析成爲可能；我們將在稍後討論這些特性。第二，高斯模型適用於許多由實際現象所產生的隨機程序。另外，用高斯模型來描述這些現象也多半經過實驗證實可行。因此，由高斯模型可用於廣泛發生的多種實際現象，以及高斯程序數學處理的容易，使得高斯程序在通訊系統的研究上相當重要。

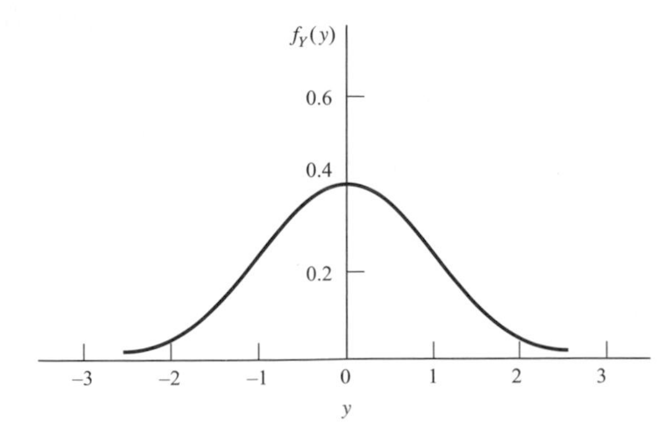

圖 5.16　常態化的高斯分佈

中央極限定理

中央極限定理(central limit theorem)提供了在許多不同的物理現象中使用高斯程序模型的數學證明，在這些現象中，某個特定時間觀察到的隨機變數，是由許多個別的隨機事件所產生的結果。爲將此重要定理公式化，令 $X_i, i = 1, 2, ., N$，爲一組滿足下列要求的隨機變數：

1. X_i 是統計上獨立的。
2. X_i 具有平均值爲 μ_X 及變異數爲 σ_X^2 的相同機率分佈。

此種 X_i 稱爲組成一組**獨立且相同分佈**(簡寫爲 i.i.d.)的隨機變數。將這些隨機變數**常態化**如下：

$$Y_i = \frac{1}{\sigma_X}(X_i - \mu_X), \quad i = 1, 2, \ldots N$$

因此我們有

$$\mathbf{E}[Y_i] = 0$$

以及

$$\mathrm{var}[Y_i] = 1$$

定義隨機變數

$$V_N = \frac{1}{\sqrt{N}} \sum_{i=1}^{N} Y_i$$

中央極限定理指出當 N 趨近於無限大時，V_N 的機率分佈會趨近於常態化之高斯分佈 $\mathcal{N}(0.1)$。亦即，不管 Y_i 的分佈是什麼，和 V_N 趨近一個高斯分佈。

然而，重要必須了解的是，中央極限定理只提出了在 N 趨近無限大時，常態化的隨機變數 V_N 的機率分佈的「極限」形式。當 N 爲有限時，高斯極限在密度函數的中央部份大部份是精確的(因此，中央極限)而在密度函數的數字則較不精確(參照習題 5.36)。

高斯程序之性質

接下來我們描述高斯程序一些有用的性質。

性質 1

如果一個高斯程序 $X(t)$輸入於一個穩定之線性的濾波器，那麼其濾波器輸出的隨機程序 $Y(t)$亦爲高斯程序。

此性質可用基於式子(5.108)而定義出的高斯程序導出。考慮圖 5.12 所描述的情況，其中我們有一個線性非時變的濾波器，其脈衝響應為 $h(t)$，輸入為隨機程序 $X(t)$，輸出為隨機程序 $Y(t)$。假設 $X(t)$為高斯程序。隨機程序 $Y(t)$和 $X(t)$之關係為下列迴旋積分

$$Y(t) = \int_0^T h(t-\tau)X(\tau)d\tau, \quad 0 \le t < \infty \tag{5.110}$$

假設此脈衝響應 $h(t)$ 使得輸出隨機程序 $Y(t)$ 在其定義範圍 $0 \le t < \infty$ 內之均方值為有限。要證明輸出程序 $Y(t)$ 為高斯程序，我們必須證明其所有的線性泛函數皆為高斯隨機變數。亦即，假使我們定義隨機變數

$$Z = \int_0^\infty g_Y(t)\int_0^T h(t-\tau)X(\tau)d\tau dt \tag{5.111}$$

那麼對每一個函數 $g_Y(t)$ 而言，Z 必須是一個高斯隨機變數，使得 Z 的均方值為有限的。將式子(5.111)之積分次序對調，可得

$$Z = \int_0^T g(\tau)X(\tau)d\tau \tag{5.112}$$

其中

$$g(\tau) = \int_0^\infty g_Y(t)h(t-\tau)dt \tag{5.113}$$

由於經假設 $X(t)$為高斯程序，從式子(5.112)可知 Z 必為高斯隨機變數。因此我們就證明了如果一個線性濾波器之輸入 $X(t)$為高斯程序，其輸出 $Y(t)$ 亦會是高斯程序。注意，雖然在本證明中我們假設濾波器為線性非時變，其實此性質可用於任何穩定之線性系統。

性質 2

考慮一組隨機變數或樣本 $X(t_1), X(t_2), \ldots, X(t_n)$，其是經由在時間 $t_1, t_2, \ldots, t_n$ 觀察一個隨機程序 $X(t)$ 而得到。假如 $X(t)$ 為高斯程序，那麼對任何的 n，這組隨機變數皆為聯合高斯分佈，其 n-摺層(n-fold)聯合機率密度函數可完全由下列平均值

$$\mu_{X(t_i)} = \mathbf{E}[X(t_i)], \quad i = 1, 2, \ldots, n$$

和下列自共變異數(autocovariance)函數決定

$$C_X(t_k, t_i) = \mathbf{E}[(X(t_k) - \mu_{X(t_k)})(X(t_i) - \mu_{X(t_i)})], \quad k, i = 1, 2, \ldots, n$$

性質 2 經常用來當一個高斯程序的定義。然而，此定義比式子(5.108)對於計算一個高斯程序的濾波效應更難使用。

我們可擴展性質 2 到兩個(或共多個)隨機程序如下。考慮複合組的隨機變數 $X(t_1), X(t_2), \ldots, X(t_n)$，$Y(u_1), Y(u_2), \ldots, Y(u_m)$，是經由在時間$\{t_i$，$i = 1, 2, \ldots, n\}$觀察一個隨機程式 $X(t)$，以及在時間$\{u_k$，$k = 1, 2, \ldots, m\}$觀察第二個隨機程式 $Y(t)$ 而得。我們說程序 $X(t)$ 與 $Y(t)$ 是**聯合高斯**，如果對於任意 n 及 m 此複合組的隨機變數是聯合高斯。注意除了隨機程 $X(t)$ 與 $Y(t)$ 個別的平均值及自相關函數，我們也必須知道對於任一對的觀察時間點(t_i, u_k)其交互共變異數(cross-covariance)函數

$$\mathbf{E}[(X(t_i) - \mu_{X(t_i)})(X(\mu_k) - \mu_{X(\mu_k)})] = R_{XY}(t_i, \mu_k) - \mu_{X(t_i)}\mu_{Y(\mu_k)}$$

此額外的知識具體化於兩個程序 $X(t)$及 $Y(t)$的交互關聯(cross-correlation)函數，$R_{XY}(t_i,u_k)$。

性質 3

如果一個高斯程序是廣義平穩的，那麼此程序也是以嚴格意義而言平穩的。

此直接由性質 2 得到。

性質 4

如果對一個高斯程序 $X(t)$ 在時間 $t_1, t_2, \ldots, t_m$ 取樣而得到之隨機變數 $X(t_1), X(t_2), \ldots, X(t_n)$ 爲非相關，亦即

$$\mathbf{E}[(X(t_k) - \mu_{X(t_k)})(X(t_i) - \mu_{X(t_i)})] = 0,\ i \neq k$$

那麼這些隨機變數是統計上獨立的。

此性質隱示這一組隨機變數 $X(t_1), X(t_2), \ldots, X(t_n)$ 的聯合機率密度函數可以表示成在此組裡的個別的隨機變數的機率密度函數之乘積。

5.10 雜訊(NOISE)

雜訊一詞通常表示在一個通訊系統中會擾亂訊號之傳送及處理之我們不要的且無法完全掌控的電波。實作上，在通訊系統中有許多雜訊的潛在來源。雜訊可能來自系統之外(如大氣層雜訊、銀河系雜訊、人爲雜訊)或系統之內。第二類包括雜訊的一個重要類型其起因於電路中電流或電壓之**自發性擾動**而產生[6]。這類雜訊代表在一個通訊系統中牽涉到使用電子裝置來做信號的傳輸及偵測的一個基本限制。電路最常見的兩種自發性波動例子爲**射雜訊**和**熱雜訊**。

射雜訊(SHOT NOISE)

射雜訊發生於如二極體和電晶體等電子元件中，其原因為在這些元件中電流流動之離散本性。例如，在一個**光檢波器**電路中，每當有一固定強度之光源照射使陰極射出電子時，就會產生一個電流脈波。電子會在隨機的時間記為 τ_k，其中 $-\infty < k < \infty$，被自然射出。假設這種電子的隨機射出已經持續了一段時間。那麼流過光檢波器的總電流可模型成為一個電流脈波的無限的和，如下所示

$$X(t) = \sum_{k=-\infty}^{\infty} h(t - \tau_k) \tag{5.114}$$

其中 $h(t - \tau_k)$ 為在時間 τ_k 所產生的電流脈波。式子(5.114)定義之程序 $X(t)$ 為一個平穩的程序，稱為**射雜訊**[7]。

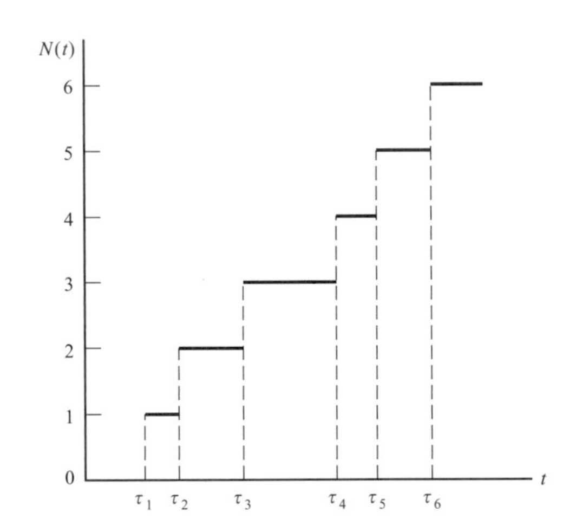

圖 5.17　一個帕松計數程式的取樣函數

在時間區間(0, t)之內發射的電子數，$N(t)$，構成一個離散隨機程序，其值在每有一個電子被射出時會加 1。圖 5.17 為此程序的一個取樣函數。令在時間 t 到 $t + t_0$ 之間射出電子之數目，v，的平均值定義為

$$\mathbf{E}[v] = \lambda t_0 \tag{5.115}$$

參數 λ 為一個常數，稱為此程序之**速率**。在(t, $t + t_0$)區間射出的電子全部數目，亦即，

$$v = N(t + t_0) - N(t)$$

其為一個**帕松分佈**(Poisson distribution)，其平均值為 λt_0。尤其，在(t, $t + t_0$)區間會射出 k 個電子的機率定義為

$$\mathbf{P}[v = k] = \frac{(\lambda t_0)^k}{k!} e^{-\lambda k}, \qquad k = 0, 1, \ldots \tag{5.116}$$

不過很可惜地，式子(5.114)定義之射雜訊程序 $X(t)$ 其詳細的統計特性是一個困難的數學工作。在此，我們就僅引用關於此程序之一次及二次動差：

- $X(t)$ 之平均值是

$$\mu_X = \lambda \int_{-\infty}^{\infty} h(t)dt \tag{5.117}$$

其中 λ 是程序的速率以及 $h(t)$ 是一個電流脈波的波形。

- $X(t)$ 的自共變異數(autocovariance)函數是

$$C_X(\tau) = \lambda \int_{-\infty}^{\infty} h(t)h(t+\tau)dt \tag{5.118}$$

此後面結果稱爲**甘貝爾定理**(Campell's theorem)。

若波形 $h(t)$ 含有一個振幅爲 A 及期間爲 T 的矩形脈波，對於此特例，射雜訊程序 $X(t)$ 的平均值是 λAT，而其自共變異數函數是

$$C_X(\tau) = \begin{cases} \lambda A^2(T-|\tau|), & |\tau|<T \\ 0, & |\tau|\geq T \end{cases}$$

其有一個三角形狀類似於圖 5.11 裡的。

熱雜訊(THERMAL NOISE)

熱雜訊[8]是導體中電子之隨機運動所造成之電氣雜訊。爲所有實用目的，橫跨一個電阻端的熱雜訊電壓 V_{TN} 的均方值，以 Δf 赫茲，如下所給

$$\mathbf{E}[V_{TN}^2] = 4kTR\Delta f \text{ volts}^2 \tag{5.119}$$

其中 k 是等於 1.38×10^{-23} 焦耳/每度 K(joules per degree Kelvin)的**波茲曼常數**(Boltzmann's constant)，T 是以 K 度爲單位的絕對溫度，而 R 是以歐姆(ohms)爲單位的電阻。我們因此可以用一個電壓均方值爲 $\mathbf{E}[V_{TN}^2]$ 的雜訊電壓產生器，串聯一個無雜訊電阻來組成戴維寧等效電路以模型一個雜訊電阻，如圖 5.18(a)。另一方式，如圖 5.18(b)，我們也可以用由雜訊電流產生器，並聯一個無雜訊電導之**諾頓等效電路**以模型一個雜訊電阻。此雜訊電流產生器均方值爲

$$\begin{aligned} \mathbf{E}[I_{TN}^2] &= \frac{1}{R^2}\mathbf{E}[V_{TN}^2] \\ &= 4kTG\Delta f \text{ amps}^2 \end{aligned} \tag{5.120}$$

其中 $G = 1/R$ 爲其電導。我們也感興趣的注意到由於在電阻中電子的數目非常大，而且他們在電阻中的隨機運動是彼此統計上獨立的，因此中央極限定理指出熱雜訊爲高斯分佈，且其平均爲零。

雜訊的計算牽涉到功率的轉移，因此在這類計算中，我們可以用到**最大功率轉移定理**。此定理指出由內阻爲 R 的電源轉移到負載電阻 R_l 之最大可能功率發生於 $R_l = R$。於此**匹配條件**下，由電源產生之功率被均分至其電源內阻及負載電阻，而此傳送到負載的功率被稱爲**可用功率**。應用最大功率轉移定理於圖 5.18(a)的戴維寧等效電路或圖 5.18(b)的諾頓等效電路，可發現雜訊電阻產生之**可用雜訊功率**等於 $kT\Delta f$ 瓦特(watts)。

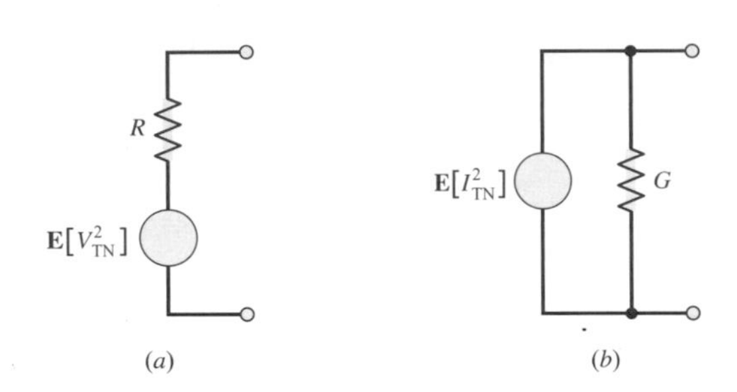

圖 5.18　一個雜訊電阻的模型：(a) **戴維寧等效電路**；(b) **諾頓等效電路**

白色雜訊(WHITE NOISE)

通訊系統之雜訊分析通常是植基於以一種稱爲**白色雜訊**之理想形式爲主，其功率頻譜密度是獨立於與運作的頻率。用**白色**這個形容詞是由於在電磁輻射之可見光波段中，白光包含了等量的所有頻率。白色雜訊之取樣函數我們記爲 $w(t)$，其功率頻譜密度爲

$$S_W(f) = \frac{N_0}{2} \tag{5.121}$$

其如圖 5.19(a)所示。N_0 之度量單位爲瓦特/每赫茲。這個參數 N_0 通常會提供給通訊系統接收器之輸入端做參考。它可以表示爲

$$N_0 = kT_e \tag{5.122}$$

其中 k 爲波茲曼常數，而 T_e 爲接收器之等效雜訊溫度[9]。**一個系統的等效雜訊溫度定義為為使得一個雜訊電阻在被連接到一個無雜訊版本的系統時，它在輸出處產生的可用雜訊功率，要等於真實系統中所有雜訊源所產生之可用雜訊功率時，必須維持的溫度**。等效雜訊溫度的一個重要特性爲，它只依系統之參數而定。

由於自相關函數爲功率頻譜密度之反傅立葉轉換，可知對白色雜訊而言

$$R_W(\tau) = \frac{N_0}{2}\delta(\tau) \tag{5.123}$$

亦即，白色雜訊之自相關函數包含一個得爾它(delta)脈衝函數乘以(加權) $N_0/2$ 而且出現在 $\tau = 0$，如圖 5.19b。我們注意到當 $\tau \neq 0$ 時，$R_W(\tau)$ 爲零。因而，不管取樣時間多接近，白色雜訊之兩個相異樣本爲非相關的。要是此白色雜訊亦爲高斯程序，那麼這兩個取樣爲統計上獨立。就某種意義而言，白色高斯雜訊代表了「隨機性」之極致。

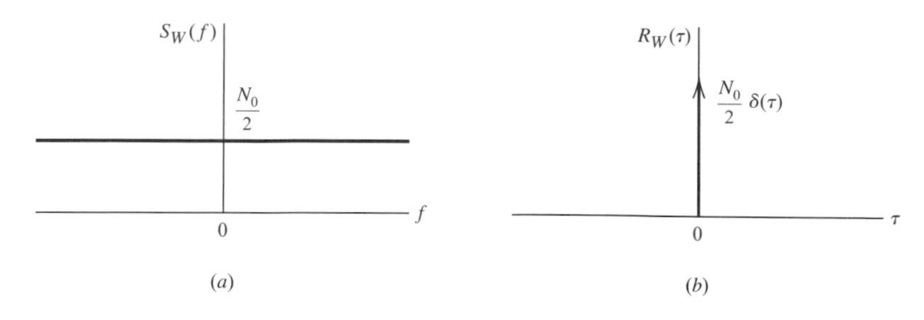

圖 5.19 白色雜訊之特性。(a) 功率頻譜密度；(b) 自相關函數

嚴格來說，白色雜訊有無限大之平均功率，使得實際上是不可實現的。然而白色雜訊有式子(5.121)和(5.123)所列出的簡單數學性質，使其在系統的統計分析上極爲有用。

使用白色雜訊程序，就相似於在線性系統分析中之一個脈衝函數或得爾它(delta)函數。正如同我們只能在脈衝通過有限帶寬之系統後觀察其效應，同樣的，我們也只能在白色雜訊通過一個類似系統後，觀察其效應。因此我們可以說，只要在一個系統輸入之雜訊程序帶寬比系統本身之帶寬要大，我們就可用白色雜訊來當做雜訊程序之模型。

範例 5.14 理想低通濾波過的白色雜訊

假設一個平均值爲零，功率頻譜密度爲 $N_0/2$ 之白色高斯雜訊 $w(t)$被輸入到一個理想低通濾波器，濾波器帶寬爲 B，通帶振幅響應爲 1。因此出現在濾波器輸出端的雜訊 $n(t)$之功率頻譜密度爲(見圖 5.20a)

$$S_N(f)=\begin{cases}\dfrac{N_0}{2}, & -B<f<B\\ 0, & |f|>B\end{cases} \tag{5.124}$$

$n(t)$的自相關函數爲圖 5.20a 所示功率頻譜密度之反傅立葉轉換：

$$\begin{aligned}R_N(\tau)&=\int_{-B}^{B}\frac{N_0}{2}\exp(j2\pi f\tau)df\\&=N_0B\,\text{sinc}(2B\tau)\end{aligned} \tag{5.125}$$

此自相關函數繪於圖 5.20b。我們可以看到 N_0B 在原點有最大值，而且在 $\tau=\pm k/2B$ 時通過零點，其中 $k=1, 2, 3,\ldots$。

由於輸入雜訊 $w(t)$ (假定)爲高斯程序，因此濾波器輸出之帶限雜訊 $n(t)$也是高斯程序。現在假設對用每秒 $2B$ 次的速率對 $n(t)$取樣。從圖 5.20b 可知得到的樣本爲非相關而且，他們爲高斯分佈，因此爲統計獨立。因而，以此方式得到的這一組雜訊樣本，其聯合機率密度函數等於個別的機率密度函數之乘積。注意每一個那樣的雜訊樣本之平均值爲零而且變異數爲 N_0B。

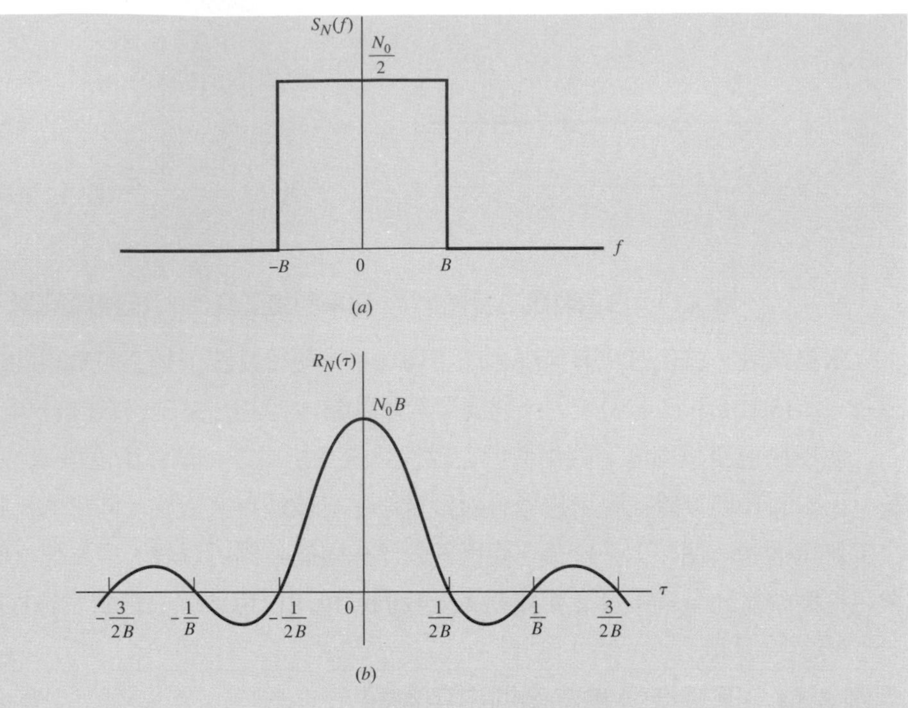

圖 5.20 理想的被低通濾波的白色雜訊之特性：(a) 功率頻譜密度；(b) 自相關函數

範例 5.15 RC 低通濾波過的白色雜訊

其次，考慮一個平均值爲零且功率頻譜密度爲 $N_0/2$ 的高斯雜訊 $w(t)$被輸入到一個低通的 RC 濾波器，如圖 5.21a。濾波器的轉移函數爲

$$H(f)=\frac{1}{1+j2\pi f RC}$$

出現在 RC 低通濾波器輸出端的雜訊 $n(t)$的功率頻譜密度因此爲(見圖 5.21b)

$$S_N(f)=\frac{N_0/2}{1+(2\pi f RC)^2}$$

從第 2 章的範例 2.3，我們記得下面的一對傅立葉轉換(用 τ 代替 t 當做時間變數，以適手上的問題)：

$$\exp(-a|\tau|)\rightleftharpoons\frac{2a}{a^2+(2\pi f)^2} \tag{5.126}$$

其中 a 是一個常數。因此，設 $a=1/RC$，我們發現濾過的雜訊 $n(t)$的自相關函數是

$$R_N(\tau)=\frac{N_0}{4RC}\exp\left(-\frac{|\tau|}{RC}\right) \tag{5.127}$$

其被畫在圖 5.21。$R_N(\tau)$ 會掉到其最大值 $N_0/4RC$ 的比如百分之一所對應的解相關(decorrelation)時間 τ_0 等於 4.61RC。所以，如果出現在濾波器輸出端的雜訊以等於或小於 0.217/RC 樣本/每秒的速率取樣，其得到的樣本本質上是非相關的，且是高斯下，它們是統計上獨立的。

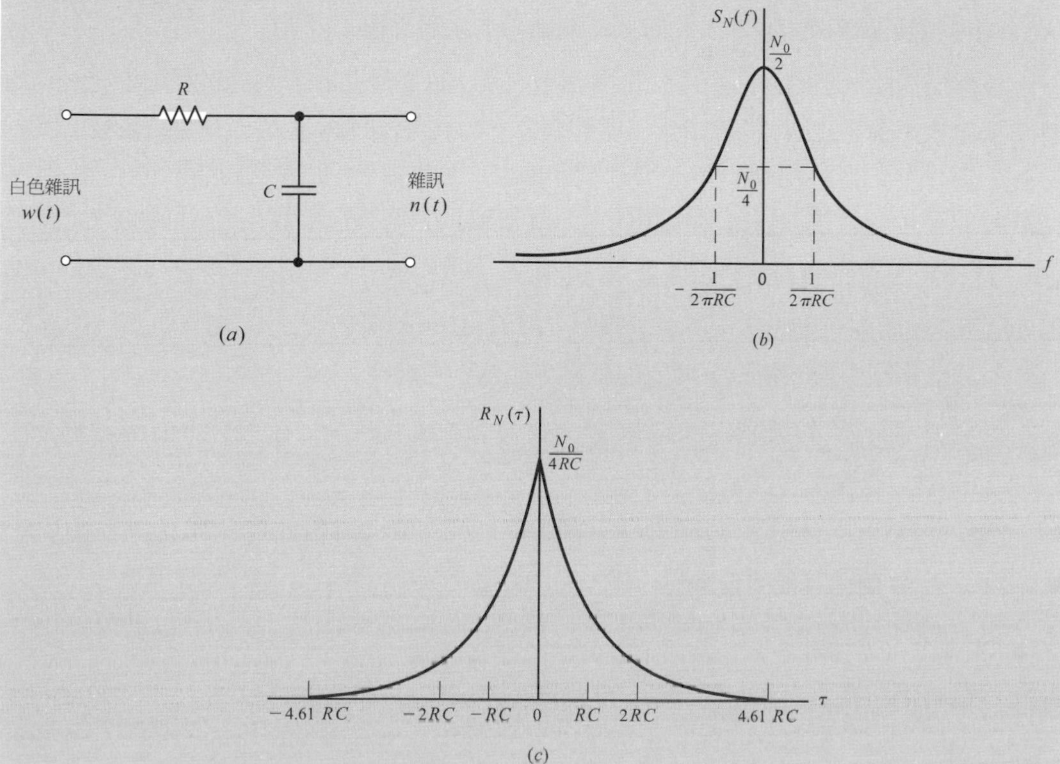

圖 5.21 RC-濾波器濾過的白色雜訊之特性：
(a) 低通的 RC-濾波器；(b) 濾波器輸出 $n(t)$ 的功率頻譜密度；(c) $n(t)$ 的自相關函數

範例 5.16 弦波信號加上白色雜訊的自相關

於此電腦實驗，我們研讀包含一個弦波信號 $A\cos(2\pi f_c t+\Theta)$ 以及一個有零平均值及功率頻譜密度爲 $N_0/2$ 的白色高斯雜訊 $W(t)$ 的一個隨機程序 $X(t)$ 的統計特性。亦即，我們有

$$X(t)=A\cos(2\pi f_c t+\Theta)+W(t) \tag{5.128}$$

其中 Θ 是在區間$(-\pi,\pi)$上爲均勻分佈的一個隨機變數。清楚地，$X(t)$ 的兩個成份是獨立的。因此 $X(t)$ 的自相關函數是弦波信號成份與雜訊成份的個別的自相關函數的和，如下所示

$$R_X(\tau)=\frac{A^2}{2}\cos(2\pi f_c\tau)+\frac{N_0}{2}\delta(\tau) \tag{5.129}$$

此等式顯示對於$|\tau|>0$，自相關函數$R_X(\tau)$有與信號成份一樣的弦波波形。我們可以經由敘述說存在一個週期性信號成份被相加性白色雜訊所破壞時，可以經由計算複合程序$X(t)$的自相關函數而偵測到，的方式將此結果加以通常化。

這裡描述此例子的目的是為使用兩種不同方法以進行此計算：(1)集體平均式；及(2)時間平均式。圖 5.22a 的蹤跡顯示一個頻率$f_c = 0.002$ Hz 及相位$\theta = -\pi/2$的弦波信號，被截短到有限期間$T = 1000$秒，弦波信號的振幅A被設為$\sqrt{2}$以讓平均功率為 1。圖 5.22b 的蹤跡顯示包含此弦波信號與相加性白色高斯雜訊的隨機程序$X(t)$的一個的特定實現$x(t)$，此實現的雜訊的功率頻譜密度是$(N_0/2) = 1$。在$x(t)$裡的原始的弦波是勉強可認出的。圖 5.22c 的蹤跡顯示式子(5.129)裡的理論的自相關函數。

對於自相關函數的集否平均式的計算，可依下列進行：

- 對於固定的時間t及指定的時間位移τ，計算乘積$x(t+\tau)\,x(t)$，其中$x(t)$是隨機程序$X(t)$的一個特定的實現。
- 對於隨機程序$X(t)$的M個獨立的實現(即，取樣函數)重複計算乘積$x(t+\tau)\,x(t)$。
- 計算這M個計算值的平均值。
- 對不同的τ值重複此序列的計算。

此計算結果畫在圖 5.22d 其中$M = 500$個實現。畫在這裡的圖像與式子(5.129)定義的理論完全一致。這裡要注意的重點是集體-平均的程序產生了隨機程序$X(t)$的自相關函數$R_X(\tau)$的一個估算。更甚，弦波信號之存在都在$R_X(\tau)$對τ的圖形裡清楚可見。

對於隨機程序$X(t)$的自相關函數之時間-平均的估算，我們喚出遍歷(ergodicity)並使用公式

$$R_X(\tau)=\lim_{T\to\infty}R_x(t,T) \tag{5.130}$$

其中$R_X(\tau,T)$是時間平均的自相關函數：

$$R_X(\tau,T)=\frac{1}{2T}\int_{-T}^{T}x(t+\tau)x(t)dt \tag{5.131}$$

應用到一個單一的取樣函數$x(t)$。圖 5.22e 使用了此時間平均的方法呈現$R_X(\tau)$的估算；其也緊密一致於圖 5.22c。

對於自相關函數$R_X(\tau)$的集體平均法與時間平均法所產生類似的結果的事實強化了在此例子裡描述的隨機程序$X(t)$確實是遍歷(ergodic)的事實。

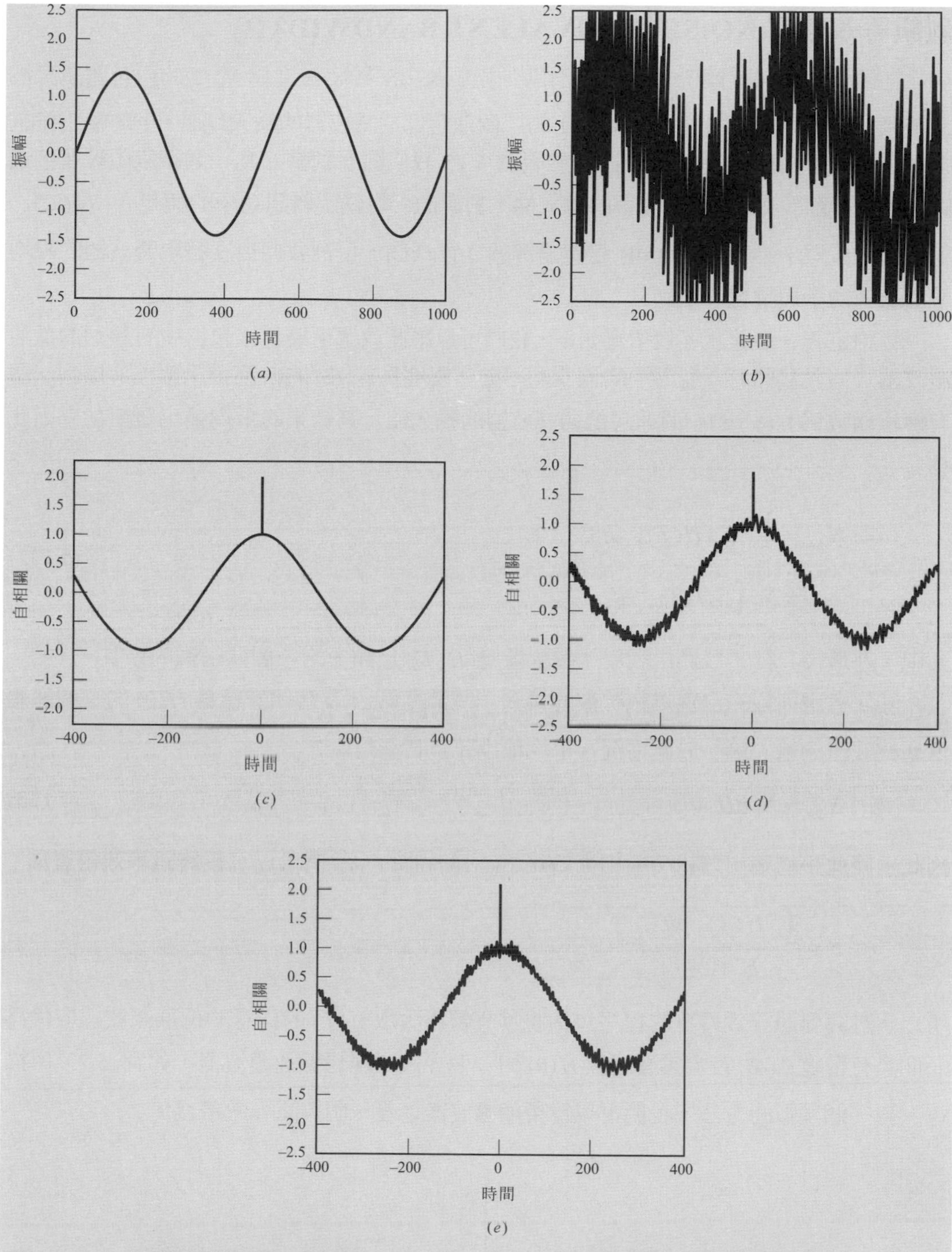

圖 5.22 (a) 原始被截的弦波信號 $A\cos(2\pi f_c t+\theta)$；(b) 弦波信號的雜訊版 $x(t)$；(c) $X(t)$的理論上的自相關函數；(d) 使用集體平均而估算出的自相關函數 $R_X(\tau)$；(e) 使用時間平均而估算出的自相關函數 $R_X(\tau)$。

雜訊等效帶寬(NOISE EQUIVALENT BANDWIDTH)

在範例 5.14 我們觀察到當一個有零平均值及功率頻譜密度爲 $N_0/2$ 的白色雜訊源被連接到一個帶寬爲 B 及通帶振幅是 1 的一個理想低通濾波器的輸入端時，平均輸出雜訊功率[或相等的 $R_N(0)$]是等於 N_0B。於範例 5.15 我們觀察到當如此一個雜訊源被連接到圖 5.21a 的簡單 RC 低通濾波器的輸入端，對應的平均輸出雜訊功率的值是 $N_0/(4RC)$。對於此濾波器，半功率或 3-dB 帶寬是等於 $1/(2\pi RC)$。這裡我們再度發現濾波器的平均輸出雜訊功率與帶寬成正比。

經由定義一個雜訊等效帶寬如下，我們可以將此敘述更廣化以包含所有種類的低通濾波器。假設我們有一有零平均值及功率頻譜密度爲 $N_0/2$ 的白色雜訊源被連接到一個有轉移函數爲 $H(f)$ 的一個理想低通濾波器的輸入端。其結果的平均輸出雜訊功率因此是

$$\begin{aligned} N_{\text{out}} &= \frac{N_0}{2}\int_{-\infty}^{\infty}|H(f)|^2\,df \\ &= N_0\int_0^{\infty}|H(f)|^2\,df \end{aligned} \tag{5.132}$$

其中，在最後一行，我們已利用了振幅響應$|H(f)|$是頻率的一個偶函數的事實。

其次考慮同樣的白色雜訊源被連接到一個帶寬爲 B 及零頻響應爲 $H(0)$ 的一個**理想**低通濾波器的輸入端。於此情況，平均輸出雜訊功率是

$$N_{\text{out}} = N_0BH^2(0) \tag{5.133}$$

因此，將此平均輸出雜訊功率相等於式子(5.132)裡的，我們可以定義**雜訊等效帶寬**爲

$$B = \frac{\int_0^{\infty}|H(f)|^2\,df}{H^0(0)} \tag{5.134}$$

所以，計算雜訊等效帶寬的程序包括將具有轉移函數 $H(f)$ 的任意的低通濾波器取代爲一個具有帶寬爲 B 及零頻響應爲 $H(0)$ 的一個等效的理想低通濾波器，如圖 5.23 所描述。以一個類似的方法，我們可以爲帶通濾波器定義一個雜訊等效帶寬。

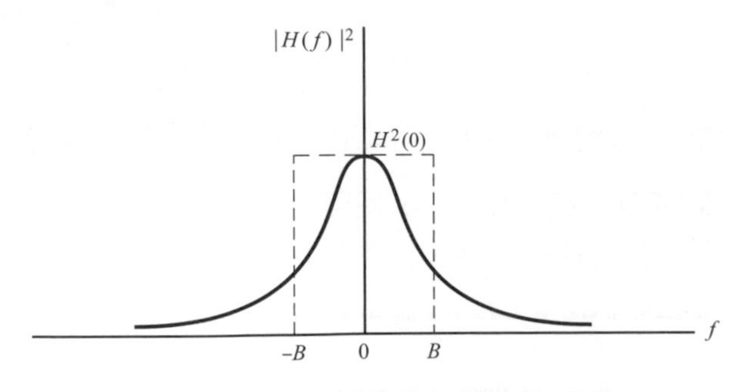

圖 5.23 描述雜訊等效帶寬的定義

5.11 窄頻雜訊

通訊系統的接收器經常包括一些**預處理**接收信號的設備。預處理可能是一個窄頻濾波器，其帶寬為正好大到能讓訊號基本上無失真地通過，但是又不會大到讓過多的雜訊通過接收器。這種出現在濾波器輸出端的雜訊程序稱為**窄頻雜訊**。如在圖 5.24a 中窄頻雜訊之頻率成份集中於某中帶頻率 $\pm f_c$ 附近，我們可發現此程序之取樣函數 $n(t)$看起來有點像頻率為 f_c 之正弦波，而其振幅和相位都有起伏緩慢的變動，如圖 5.24b。

要分析窄頻雜訊的效應對通訊系統效能的影響，我們需要用到其數學表示式。依不同的應用，有兩種窄頻雜訊表示法：

1. 窄頻雜訊可以用一對成份稱為**同相**(in-phase)及**正交**(quadrature)成份來定義。
2. 窄頻雜訊可以用兩個其它成份稱為**波封**(envelope)與**相位**(phase)成份來定義。

以下將敘述這兩種表示法。目前我們只需要說明如果已知同相及正交成份，就能夠決定其波封及相位，反之亦然。更甚，這兩種表示式以它們自己個別的方式，不僅是通訊系統雜訊分析的基礎，它們也呈現窄頻雜訊的特性。

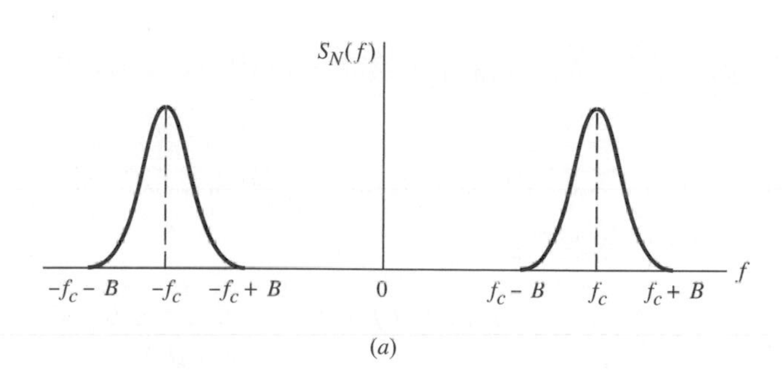

(a)

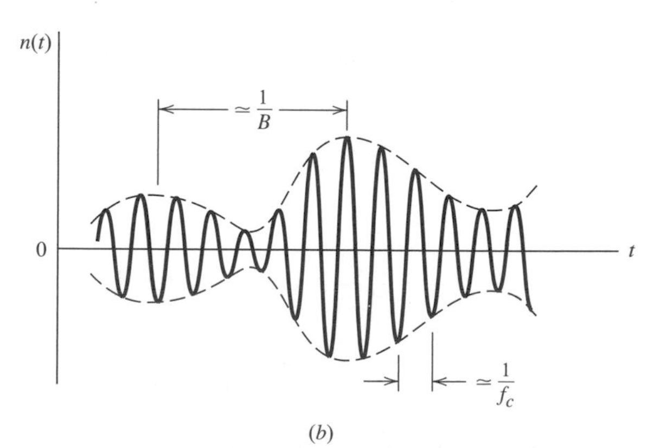

(b)

圖 5.24 (a) 窄頻雜訊之功率頻譜密度；(b) 窄頻雜訊之取樣函數

窄頻雜訊的同相及正交成份表示法

考慮一個如圖 5.24，以 f_c 為中心，頻寬為 $2B$ 的窄頻雜訊 $n(t)$。鑑於帶通訊號與系統的理論，$n(t)$可表示為標準式：

$$n(t) = n_I(t)\cos(2\pi f_c t) - n_Q(t)\sin(2\pi f_c t) \tag{5.135}$$

其中 $n_I(t)$ 和 $n_Q(t)$ 分別稱為 $n(t)$ 的**同相成份**及**正交成份**。$n_I(t)$ 和 $n_Q(t)$ 均為低通訊號。除了中帶頻率 f_c 外，這兩個成份已足夠完全表示窄頻雜訊 $n(t)$ 。

若已知窄頻雜訊 $n(t)$ ，我們可以用圖 5.25a 的方法取得其同相及正交成份。於此方法使用的兩個低通濾波器是假設為理想的，其頻寬為 B [即，窄頻雜訊 $n(t)$ 的一半頻寬]。圖 5.25a 的方法是由式子(5.135)得來的。當然，如果已知同相及正交成份，我們也可由此等式直接產生窄頻雜訊 $n(t)$ ，如圖 5.25b 所示。因此圖 5.25a 及 5.25b 可分別視為窄頻雜訊的**分析器**(analyzer)及**合成器**(synthesizer)。

窄頻雜訊同相與正交成份的重要性質列述如下：

1. 窄頻雜訊之同相成份 $n_I(t)$ 和正交成份 $n_Q(t)$ 之平均為零。
2. 假如窄頻雜訊 $n(t)$ 為高斯程序，那麼其同相成份 $n_I(t)$ 和正交成份 $n_Q(t)$ 為聯合高斯程序。
3. 假使窄頻雜訊 $n(t)$ 為平穩的(stationary)，那麼其同相成份 $n_I(t)$ 和正交成份 $n_Q(t)$ 為聯合平穩的。
4. 同相雜訊成份 $n_I(t)$ 和正交雜訊成份 $n_Q(t)$ 之功率頻譜密度相同，其與窄頻雜訊 $n(t)$ 之功率頻譜密度 $S_N(f)$ 的關係為

$$S_{N_I}(f) = S_{N_Q}(f) = \begin{cases} S_N(f - f_c) + S_N(f + f_c), & -B \le f \le B \\ 0, & \text{其他處} \end{cases} \tag{5.136}$$

   其中假設 $S_N(f)$ 佔據頻率區間 $f_c - B \le |f| \le f_c + B$ ，同時 $f_c > B$。
5. 同相成份 $n_I(t)$ 和正交成份 $n_Q(t)$ 之變異數和窄頻雜訊 $n(t)$ 相同。
6. 窄頻雜訊 $n(t)$ 之同相與正交成份之交互譜密度為純虛數，如下

$$\begin{aligned} S_{N_I N_Q}(f) &= -S_{N_Q N_I}(f) \\ &= \begin{cases} j[S_N(f + f_c) - S_N(f - f_c)], & -B \le f \le B \\ 0, & \text{其他處} \end{cases} \end{aligned} \tag{5.137}$$

7. 假使一個窄頻雜訊 $n(t)$ 為高斯程序，並且功率頻譜密度 $S_N(t)$在中帶頻率 f_c 附近對稱，那麼其同相成份 $n_I(t)$ 和正交成份 $n_Q(t)$ 為統計上獨立的。

關於這些性質的更多討論，讀者可參考習題 5.31 及 5.32。

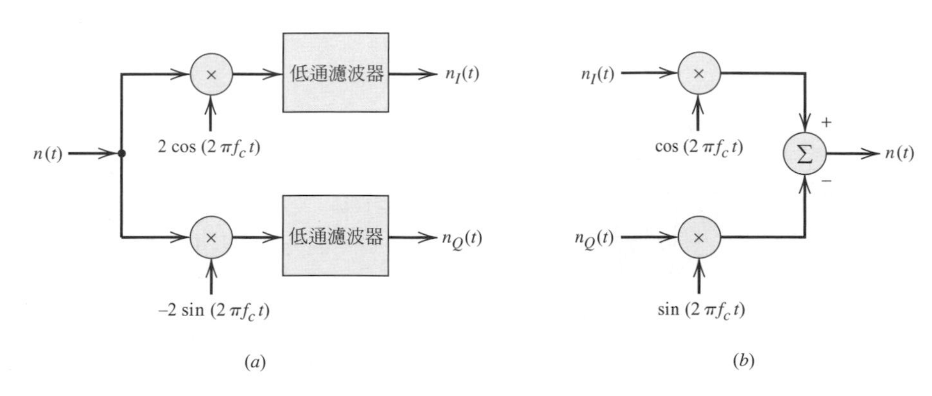

圖 5.25 (a) 窄頻程序中同相和正交成份之抽取；(b) 從同相和正交成份產生窄頻程序

範例 5.17 理想帶通濾波過的白色雜訊

考慮將一個平均爲零、功率頻譜密度爲 $N_0/2$ 之白色高斯雜訊通過一個理想之帶通濾波器，其通帶振幅響應爲 1，中帶頻率爲 f_c，以及帶寬爲 $2B$。濾波後的雜訊 $n(t)$ 之功率頻譜密度的特性如圖 5.26a 所示。本題要算出 $n(t)$ 以及其同相及正交成份之自相關函數。

$n(t)$ 的自相關函數是如圖 5.26a 所示功率頻譜密度之反傅立葉轉換：

$$\begin{aligned}R_N(\tau) &= \int_{-f_c-B}^{-f_c+B}\frac{N_0}{2}\exp(j2\pi f\tau)df + \int_{f_c-B}^{f_c+B}\frac{N_0}{2}\exp(j2\pi f\tau)df \\ &= N_0 B\,\mathrm{sinc}(2B\tau)[\exp(-j2\pi f_c\tau)+\exp(j2\pi f_c\tau)] \\ &= 2N_0 B\,\mathrm{sinc}(2B\tau)\cos(2\pi f_c\tau)\end{aligned} \tag{5.138}$$

其被畫在圖 5.26b。

圖 5.26a 中之功率頻譜密度是在 $\pm f_c$ 對稱。因此可得其對應的同相雜訊成份 $n_I(t)$ 或正交雜訊成份 $n_Q(t)$ 之功率頻譜密度，如圖 5.26c 所示。$n_I(t)$ 或 $n_Q(t)$ 的自相關函數因此是(見範例 5.14)：

$$R_{N_I}(\tau) = R_{N_Q}(\tau) = 2N_0 B\,\mathrm{sinc}(2B\tau) \tag{5.139}$$

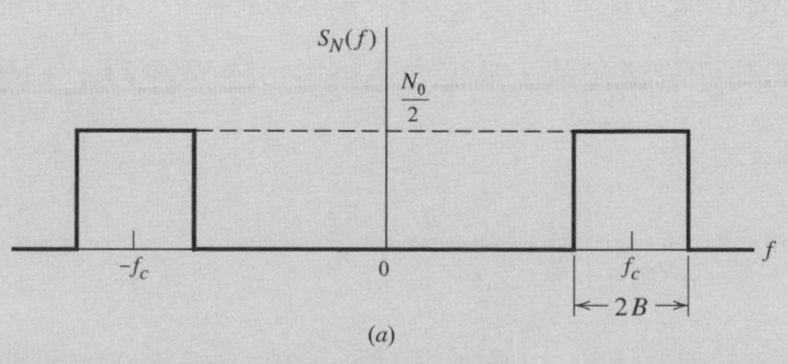

圖 5.26 理想帶通白色雜訊之特性：(a) 功率頻譜密度

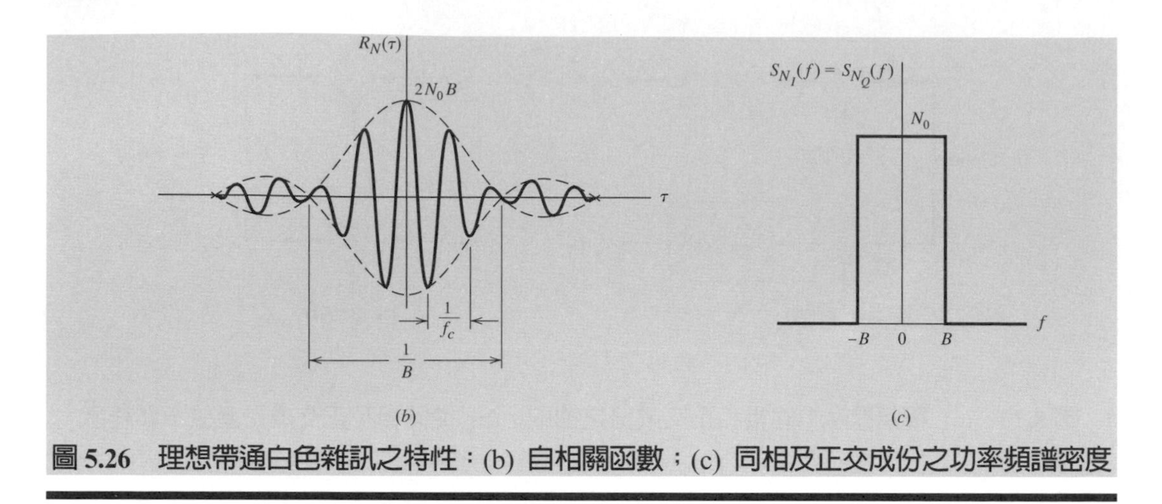

圖 5.26 理想帶通白色雜訊之特性：(b) 自相關函數；(c) 同相及正交成份之功率頻譜密度

窄頻雜訊的波封及相位成份表示法

先前，我們討論過了以其同相及正交成份表示一個窄頻雜訊 $n(t)$。我們也可以將用其波封和相位成份來表示如下：

$$n(t) = r(t)\cos[2\pi f_c t + \psi(t)] \tag{5.140}$$

其中

$$r(t) = [n_I^2(t) + n_Q^2(t)]^{1/2} \tag{5.141}$$

及

$$\psi(t) = \tan^{-1}\left[\frac{n_Q(t)}{n_I(t)}\right] \tag{5.142}$$

函數 $r(t)$ 稱為 $n(t)$ 的**波封**，而函數 $\psi(t)$ 稱為 $n(t)$ 的**相位**。

波封 $r(t)$ 與相位 $\psi(t)$ 均為低通隨機程序的取樣函數。如圖 5.24b 所示，波封 $r(t)$ 的兩個相繼突峰之時間距約為 $1/B$，其中 $2B$ 是窄頻雜訊 $n(t)$ 的頻寬。

$r(t)$ 和 $\psi(t)$ 和的機率分佈可以由 $n_I(t)$ 和 $n_Q(t)$ 的分佈得到。令 N_I 和 N_Q 分別表示(在某個固定時間)觀察由取樣函數 $n_I(t)$ 及 $n_Q(t)$ 表示的隨機程序而得的隨機變數。我們注意到 N_I 和 N_Q 為獨立的高斯隨機變數，其平均值為零，變異數為 σ^2，因此其聯合機率密度函數可表示為

$$f_{N_I,N_Q}(n_I, n_Q) = \frac{1}{2\pi\sigma^2}\exp\left(-\frac{n_I^2 + n_Q^2}{2\sigma^2}\right) \tag{5.143}$$

因而，N_I 落於 n_I 和 $n_I + dn_I$ 之間，以及 N_Q 落於 n_Q 和 $n_Q + dn_Q$ 之間(即這一對隨機變數落在圖 5.27a 之陰影部份內)之聯合事件的機率為

$$f_{N_I,N_Q}(n_I,n_Q)dn_I dn_Q = \frac{1}{2\pi\sigma^2}\exp\left(-\frac{n_I^2+n_Q^2}{2\sigma^2}\right)dn_I dn_Q \tag{5.144}$$

定義下列轉換(見圖 5.27a)

$$n_I = r\cos\psi \tag{5.145}$$

$$n_Q = r\sin\psi \tag{5.146}$$

就極限的意義而言，我們可令圖 5.27a 和 5.27b 裡兩個增加的顯示成陰影的面積相等而寫成

$$dn_I dn_Q = r\ dr\ d\psi \tag{5.147}$$

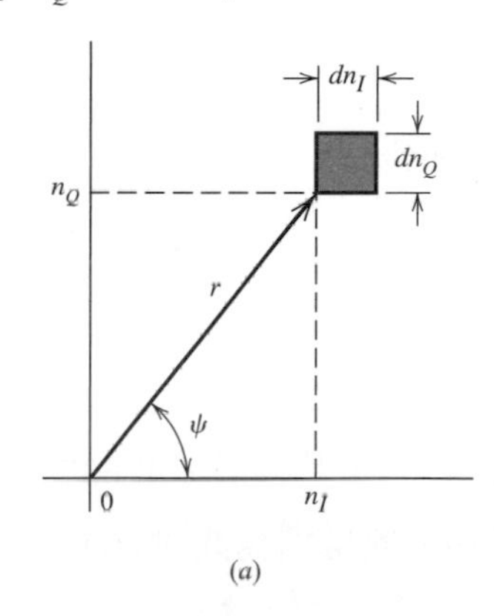

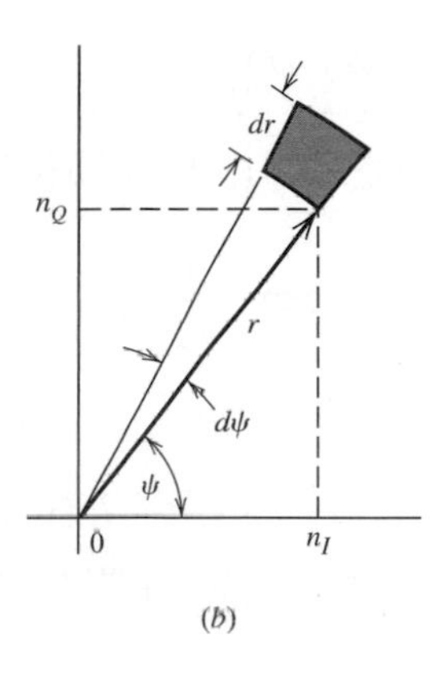

圖 5.27　描述表示窄頻雜訊之座標系統：

(a) 以同相及正交成份來表示，(b) 以波封及相位成份來表示

現在，令 R 和 Ψ 分別表示(在某個時間)觀察波封 $r(t)$ 和相位 $\psi(t)$ 而得到之隨機變數。然後，將式子(5.145)至(5.147)代入(5.144)，可以發現隨機變數 R 和 Ψ 聯合落在圖 5.27b 的陰影區域內之機率是等於爲

$$\frac{r}{2\pi\sigma^2}\exp\left(-\frac{r^2}{2\sigma^2}\right)drd\psi$$

也就是說，R 和 Ψ 的聯合機率密度函數爲

$$f_{R,\Psi}(r,\psi) = \frac{r}{2\pi\sigma^2}\exp\left(-\frac{r^2}{2\sigma^2}\right) \tag{5.148}$$

此機率密度函數獨立於相角 ψ，這表示隨機變數 R 和 Ψ 爲統計上獨立。因此我們可以將 $f_{R,\Psi}(r,\psi)$ 表示成 $f_R(r)$ 與 $f_\Psi(\psi)$ 的乘積。尤其，代表相位之隨機變數 Ψ 在 0 到 2π 的範圍內是均勻分佈的，如下所示

$$f_\Psi(\psi) = \begin{cases} \dfrac{1}{2\pi}, & 0 \le \psi \le 2\pi \\ 0, & \text{其他處} \end{cases} \tag{5.149}$$

此讓隨機變數 R 的機率密度函數爲

$$f_R(r)=\begin{cases}\dfrac{r}{\sigma^2}\exp\left(-\dfrac{r^2}{2\sigma^2}\right), & r\geq 0\\ 0, & \text{其他處}\end{cases} \tag{5.150}$$

其中 σ^2 爲原始窄頻雜訊 $n(t)$ 之變異數。一個機率密度函數爲式子(5.150)之隨機變數稱爲**瑞立分佈**的(Rayleigh distributed)。

爲圖形表示之方便，令

$$v=\frac{r}{\sigma} \tag{5.151}$$

$$f_V(v)=\sigma f_R(r) \tag{5.152}$$

那麼，我們可以把式子(5.150)之瑞立分佈寫成**常態化**形式

$$f_V(v)=\begin{cases}v\exp\left(-\dfrac{v^2}{2}\right), & v\geq 0\\ 0, & \text{其他處}\end{cases} \tag{5.153}$$

式(5.153)繪於圖 5.28。此分佈 $f_V(v)$ 之峰值發生於 $v=1$，其值等於 0.607。也須注意的，不像高斯分佈，瑞立分佈在 v 是負值時此分佈爲零。此是因爲波封 $r(t)$ 不能爲負數。

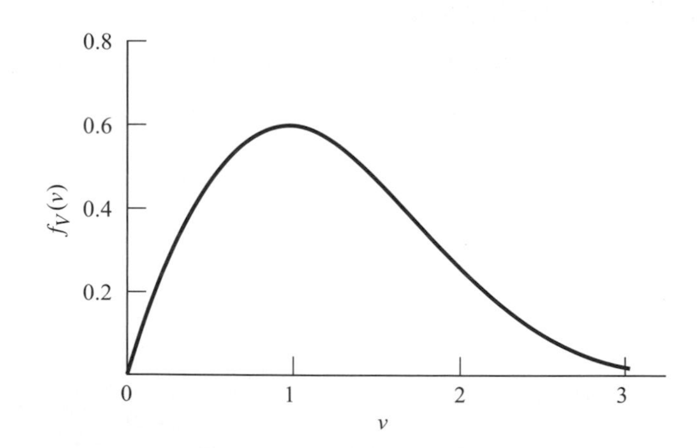

圖 5.28　常態化的瑞立分佈

範例 5.18 正弦波加上窄頻雜訊

假設我們經弦波 $A\cos(2\pi f_c t)$ 加到窄頻雜訊 $n(t)$，其中 A 與 f_c 都是常數。我們假設此弦波之頻率和雜訊名義上的載波頻率相同。那麼此弦波加上雜訊的一個取樣函數可表示爲

$$x(t) = A\cos(2\pi f_c t) + n(t) \tag{5.154}$$

將窄頻雜訊 $n(t)$ 以在載波 f_c 附近的同相及正交成份來表示，我們可寫爲

$$x(t) = n'_I(t)\cos(2\pi f_c t) - n_Q(t)\sin(2\pi f_c t) \tag{5.155}$$

其中

$$n'_I(t) = A + n_I(t) \tag{5.156}$$

我們假設 $n(t)$ 爲高斯程序，其平均爲零，變異數爲 σ^2。因而，我們可以如下說：

1. $n'_I(t)$ 與 $n_Q(t)$ 兩個都是高斯函數並且是統計上獨立的。
2. $n'_I(t)$ 的平均値是 A 而 $n_Q(t)$ 的平均値是零。
3. $n'_I(t)$ 及 $n_Q(t)$ 的變異數都是 σ^2。

因此可以寫出對應 $n'_I(t)$ 與 $n_Q(t)$ 的隨機變數 N'_I 和 N_Q 的聯合機率密度函數如下：

$$f_{N_I,N_Q}(n'_I, n_Q) = \frac{1}{2\pi\sigma^2}\exp\left(-\frac{(n'_I - A)^2 + n_Q^2}{2\sigma^2}\right) \tag{5.157}$$

令 $r(t)$ 表示 $x(t)$ 的波封，$\psi(t)$ 表示其相位。由式子(5.155)，我們因此發現

$$r(t) = \{[n'_I(t)]^2 + n_Q^2(t)\}^{1/2} \tag{5.158}$$

及

$$\psi(t) = \tan^{-1}\left[\frac{n_Q(t)}{n'_I(t)}\right] \tag{5.159}$$

用類似於導出瑞立分佈的方法，我們可得到隨機變數 R 和 Ψ，對應於某固定時間 t 的 $r(t)$ 和 $\psi(t)$，的聯合機率密度函數爲

$$f_{R,\Psi}(r,\psi) = \frac{r}{2\pi\sigma^2}\exp\left(-\frac{r^2 + A^2 - 2Ar\cos\psi}{2\sigma^2}\right) \tag{5.160}$$

然而，於此情況，我們無法將此聯合機率密度函數 $f_{R,\Psi}(r,\psi)$ 表示成乘積 $f_R(r)f_\Psi(\psi)$。這是因爲我們現在有一個牽涉到這兩個隨機變數的値被乘在一起的項 $r\cos\psi$。因此，對於弦波成份之振幅 A 爲非零值時，R 和 Ψ 是相依隨機變數。

不幸的，在輸入信號 $x(t)$ 裡弦波成份的存在使得將我們從聯合機率密度函數 $f_{R,\Psi}(r,\psi)$ 帶到相關的邊際分佈：$f_R(r)$ 與 $f_\Psi(\psi)$ 的數學步驟變複雜了。為簡化，我們使用直覺的推理以得到對邊際的 $f_R(r)$ 的極限形式的一個感覺，依指定給弦波成份的振幅 A 的值而定：

1. 對於所有的 t，當 A 比雜訊波封 $r(t)$ 而言是小的，亦即，$x(t)$ 的「訊雜比(signal-to-noise ratio)」是低的，那麼式子(5.160)引領我們做如下近似

$$f_R(r) \approx \frac{r}{2\pi\sigma^2}\exp\left(-\frac{r}{2\sigma^2}\right), \quad r(t) \ll A$$

2. 對於所有的 t，當 A 比雜訊波封 $r(t)$ 而言是大的，亦即，$x(t)$ 的「訊雜比(signal-to-noise ratio)」是高的，那麼我們可以忽略式子(5.160)裡的冪數(exponent)裡相比於和 (r^2+A^2) 的複合項 $2Ar\cos\psi$。此等式引領我們做如下近似。

$$f_R(r) = \frac{r}{2\pi\sigma^2}\exp\left(-\frac{r^2+A^2}{2\sigma^2}\right), \quad r(t) \gg A$$

其可視為在 $r=A$ 鄰近的「近似地高斯(approximately Gaussian)」。

圖 5.29 畫出對不同的弦波振幅 A，邊際分佈 $f_R(r)$ 對 r 的圖，其中已引入下面定義：

$$v = \frac{r}{\sigma} \tag{5.161}$$

$$a = \frac{A}{\sigma} \tag{5.162}$$

$$f_V(v) = \sigma f_R(r) \tag{5.163}$$

圖 5.29 的常態化分佈稱為**萊士分佈**(Rician distribution)。此圖形清楚顯示萊士分佈從一個瑞立分佈(對小的 A)到一個近似高斯分佈(對大的 A)的演化。

萊士分佈 $f_R(r)$ 的推導須要了解修正的貝色函數(modified Bessel function)，其討論放在附錄裡。對於 $f_R(r)$ 的詳細推導，讀者可參考習題 5.34。

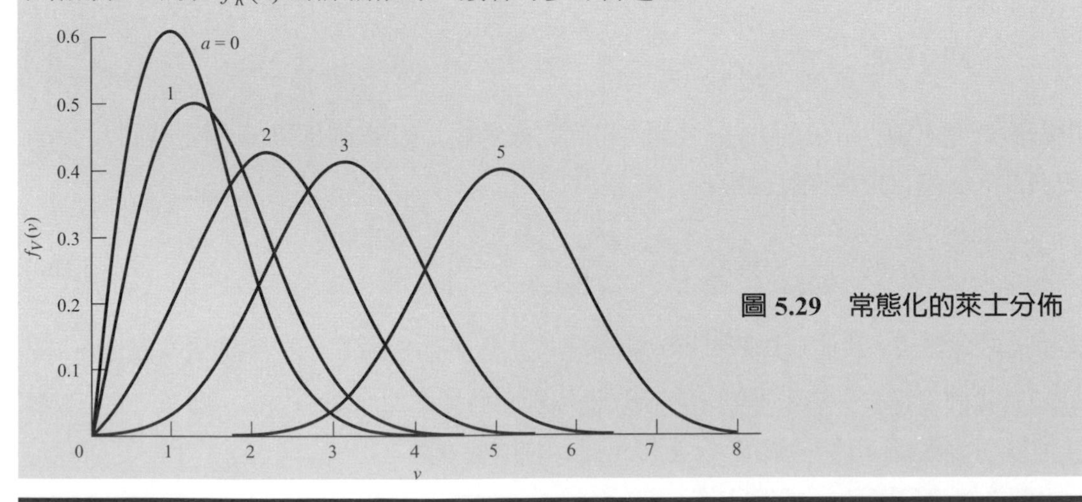

圖 5.29　常態化的萊士分佈

瑞立與萊士分佈的物理上的關聯

以自然方式，畫在圖 5.28 的瑞立分佈，在一個包含大量**散射體**而隨機分佈的環境裡被貼近的實現。此環境可能是由一個發送器產生的一個高頻(即，短波)信號所激發，並且從散射體反射而來的複合信號總和構成了位於離開發送器一定距離的接收器的輸入。

類似的，畫在圖 5.29 的萊士分佈，在一個剛描述的環境加上一個直接連結發送器與接收器的一個路徑的環境裡被貼近的實現。事實上，我所要說的是如果有一個含有大量散射體其在空間上處於隨意位置的環境，那麼此環境其下的機率分佈由瑞立分佈很貼近的實現。如果，另一方面，這個有隨機擺放散射體的環境也包括一個直接從發送器到接收器的路徑，那麼此環境其下的機率分佈由萊士分佈很貼近的實現。

5.12 主題範例—行動無線電通道的隨機模型

機率理論與隨機程序在通訊裡扮演一個重要角色的一個狀況在於行動無線電性能的分析。我們使用「行動無線電(mobile radio)」這一名詞以涵蓋無線通訊裡的室內及室外的形式，其中一個無線電發送器或接收器都具行動力，不管它是否確實被移動。由於行動無線電通道的複雜與多變的自然性，對其特性採用一個非隨機的方法是不可行的。尤甚，我們須要訴諸使用估測及統計分析[10]。

在建築物多的區域使用蜂巢式無線電碰到的主要無線電傳播問題是導因於行動裝置的天線處於遠低於週遭的建物。簡單說，手機到基地臺沒有可直視的「視線(line-of-sight)」路徑。代替的，無線電傳播之發生主要是經由週遭建物的表面之射以及經由其上及/或圍繞的繞射(diffraction)而來，如圖 5.30 所描述。圖 5.30 的須注意的重點是到達接收天線的能量是機由多於一個路徑而來的。因而，我們說一個**多途路徑**的現象是指其不同進來的無線電波是從不同方向及不同時間延遲而抵達目的地的。

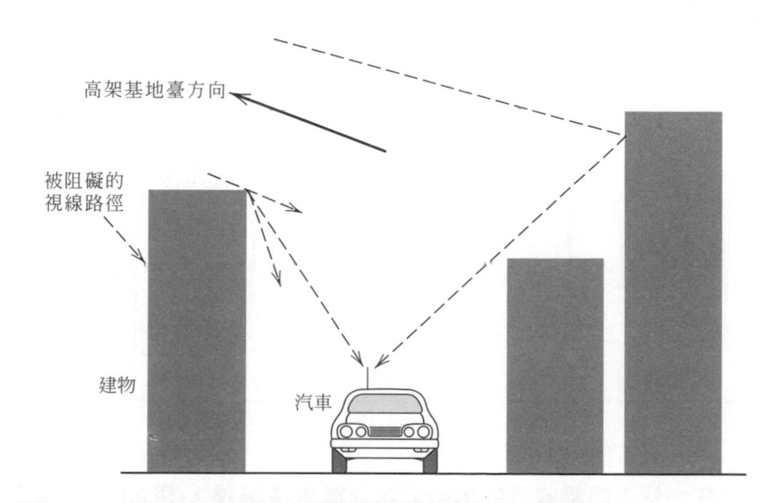

圖 5.30 描述在市區的無線電傳播的機制。(取自 Parsons，1992)

爲了解多途路徑的自然性，首先考慮一個「靜態的(static)」多途路徑的環境其牽涉到一個平穩的接收器及一個包含一個窄頻信號(例如，未調變正弦波信號)的被傳送信號。假設兩個衰減的傳送信號依序到達接收器。不同時間延遲的效應會在接收信號的兩個成份間引出一個相對的相位移。我們可以識別出發生的兩個極端情況的一個：

- 相對相位位移是零，於此情況兩個成份是建構性相加的，如圖 5.31a 所描述。
- 相對相位位移是 180 度，於此情況兩個成份是破壞性相加的，如圖 5.31b 所描述。

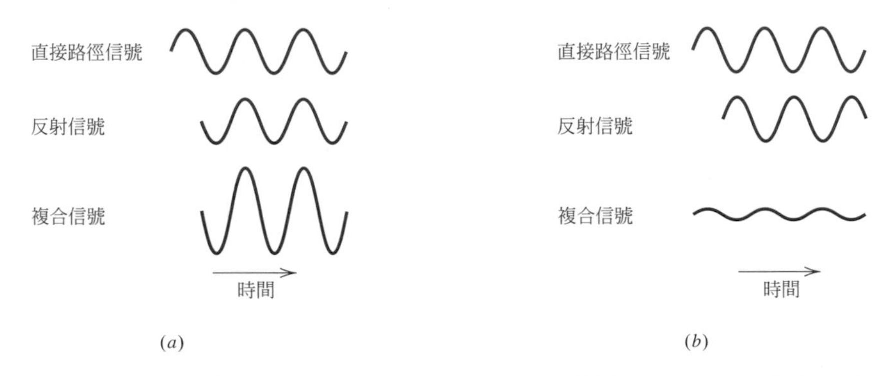

圖 5.31　正弦波信號的多途路徑現象：(a) 建構性形式；(b)破壞性形式

介於此兩種極端情況間，則是多種我們可以獲得部份建構性或破壞性的干擾情形。需注意兩個信號的相對相位位移回隨著位置而改變因爲相對的時間延遲也會隨位置而改變。

淨結果是接收到信號之波封以一種複雜的方式隨位置改變，如圖 5.32 顯示的在一個市區實測而得的接收到信號波封之記錄。此圖清楚展示了接收到信號的衰頹性質。圖 5.32 裡的接收到信號是以 dBm 爲量測單位。單位 dBm 定義爲 $10 \log_{10}(P/P_0)$，其中 P 代表被量測的功率而 $P_0=1$ 毫瓦特(milliwatt)。以圖 5.32 的情況，P 是接收信號的瞬間功率。

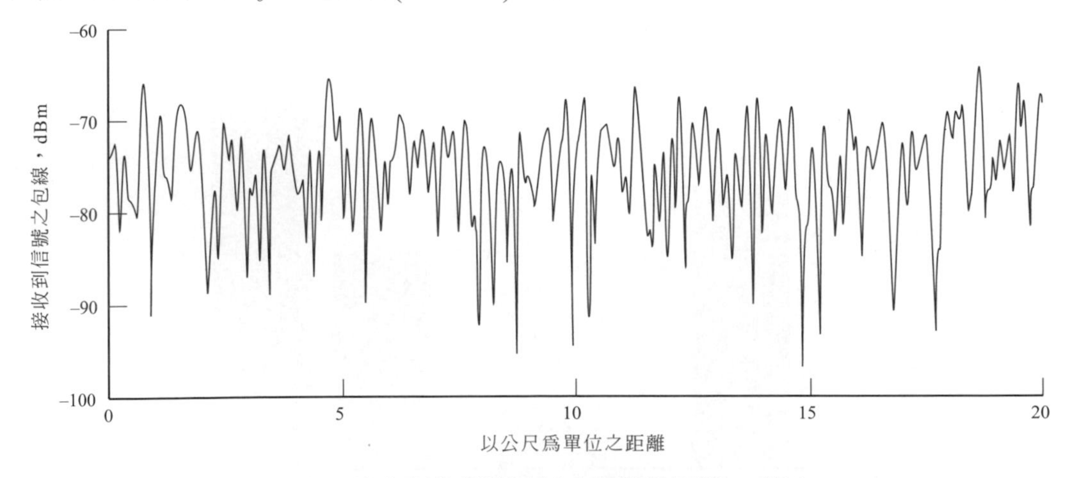

圖 5.32　在一個市區接收到的信號波封之實驗性記錄。(取自 Parsons，1992)

衰頹窄頻信號的波封分佈

在圖 5.32 的典型的通常情況，被傳送的信號 $s(t)$有 N 個**樣式**到達接收器，其中它們之中最多有一個可能是直接路徑而來。接收到的信號之衰減及相位經常是隨機分佈的。於此情況，在無雜訊時，接收到的信號可模擬成

$$r(t)=\sum_{n=1}^{N}\mathrm{Re}[A_n\tilde{s}(t)\exp(j2\pi f_c t+\theta_n)] \tag{5.164}$$

其中 $\tilde{s}(t)$ 是傳送信號的複數波封；A_n 與 θ_n 是第 n 個信號路徑的衰減及相位旋轉。信號的 N 個不同形式將沿不同路徑從傳送器旅抵接收器，因此通常將有不同路徑長度。路徑長度之差轉成一個相對的時間延遲 Δt_n，這裡 $n>1$，相對於最短路徑(假定對應於 $n=1$)。實際上，此相對延遲經常是千分之一毫秒或更少的程度。時間延遲在相位上的效應是 $\Delta\phi_n=f_c\Delta t_n$ 而且此相位差被假設包含在隨機成份 θ_n 裡。至於其對信號的效應，我們假定信號是充分窄頻的使得對於預期的相對的時間延遲 $s(t)\approx s(t+\Delta t_n)$。

有這些假設後，接收信號 $r(t)$ 的複數波封可以表示爲

$$\tilde{r}(t)=\sum_{n=1}^{N}A_n\exp(j\theta_n)\tilde{s}(t) \tag{5.165}$$

式子(5.165)的右手邊可以表示成

$$\tilde{r}(t)=\tilde{s}(t)\sum_{n=1}^{N}[a_n+jb_n] \tag{5.166}$$

其中 $a_n=A_n\cos(\theta_n)$ 而且 $b_n=A_n\sin(\theta_n)$。一個合理的假設是 a_n 以及 b_n 有將近相同的分佈，使得對於大的 N 值，由**中央極限定理**，它們的和接近是高斯隨機變數。因此，我們做此近似

$$\tilde{r}(t)\approx[X+jY]\tilde{s}(t) \tag{5.167}$$

其中 X 與 Y 是獨立，相同分佈的(iid)高斯隨機變數。特別感興趣的是信號振幅的分佈。從第 5.12 節，振幅 $Z=\sqrt{X^2+Y^2}$，其中 X 與 Y 是獨立，零平均值的高斯隨機變數，有一個**瑞立分佈**。亦即，振幅因時間上任一瞬間的衰頹是一個瑞立分佈的隨機變數。

於圖 5.33 裡，我們畫出以對數刻度(log-scale)下的瑞立分佈以與圖 5.32 以實驗量測而得的信號功率做比較。從圖 5.32 的檢查，中央的功率水平出現在大約−73dBm。做一個粗略近似，信號掉下此水平約 10dB，亦即，−83dBm 之下，大約時間的 10%。從此理論曲線我們發現一個瑞立衰頹信號是在均方根(rms)值之下 10dB 或更多的機率是 10 個百分比，因此與量測的是一致的。圖 5.32 的信號波封比較不常掉到中央水平的 20dB 之下而且，從理論的曲線，此狀況應該只發生時間的一個百分比。此理論上的結果品質上與觀察是一致的。

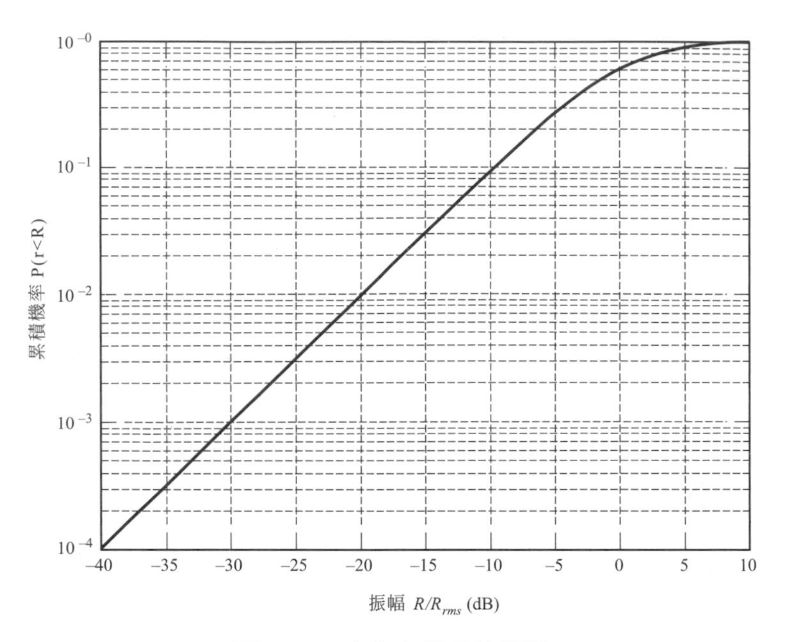

圖 5.33 瑞立衰頹分佈函數

衰頹窄頻信號的波封之自相關函數

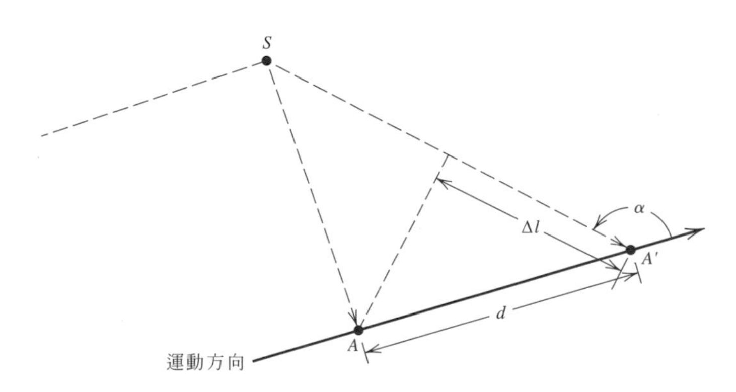

圖 5.34 描述都卜勒位移。(取自 Parsons，1992)

如果無線電接收器是在移動的，那麼衰頹也會隨時間而改變，並且衰頹可考慮成一個隨機程序。爲特性化此衰頹程序，我們必須調整模型以將接收器的移動算計去。當一個接收器相對於一個信號源移動，就會有一個接收信號的頻率改變其正比於在信號源方向的接收器的速度。特定一點，可慮圖 5.34 的狀況，其中假設接收器沿著 AA' 線以一個固定速度 v 在移動。我們也假設接收信號是因一個無線線電波從標爲 S 的地方算射而來。令 Δt 表示接收器從 A 移到 A' 的時間。使用圖 5.34 裡描述的記號，無線電波的路徑長度增加的改變量推論爲

$$\begin{aligned}\Delta l &= d\cos\alpha \\ &= v\Delta t\cos\alpha\end{aligned} \tag{5.168}$$

其中α是入射無線電波與接收器運動方向之間的空間角度。對應地，接收信號的相位角度在A'點相對於在A點的改變是

$$\begin{aligned}\Delta\phi &= -\frac{2\pi}{\lambda}\Delta l \\ &= -\frac{2\pi\Delta t}{\lambda}\cos\alpha\end{aligned} \tag{5.169}$$

其中λ是無線電波長。因此，頻率的明顯改變或**都卜勒位移**(Doppler-shift)是

$$\begin{aligned}\Delta f &= -\frac{1}{2\pi}\frac{\Delta\phi}{\Delta t} \\ &= \frac{v}{\lambda}\cos\alpha\end{aligned} \tag{5.170}$$

此都卜勒位移Δf是正的(結果有一個頻率的增加)當無線電波從行動裝置之前到達，而當無線電波從行動裝置之後到達其值是負的。

若有多個反射路徑，每個將會有一個稍爲不同的頻率基於對比於接收器運動的方向其到達接收器的入射角度之不同。因此必然地，對於一個移動中的接收器接收信號的**複數波封**的模型是

$$\tilde{r}(t) = \sum_{n=1}^{N} A_n \exp[j(2\pi f_n t + \theta_n)]\tilde{s}(t) \tag{5.171}$$

其中f_n是第n的散射波束的都卜勒頻率。我們可以經由計算此複數波封的自相關函數來特性化此隨機程序的行爲。

$$\begin{aligned}R_r(\tau) &= \mathbf{E}[\tilde{r}(t)\tilde{r}^*(t+\tau)] \\ &= \mathbf{E}\left[\left\{\sum_{n=1}^{N} A_n \exp(j(2\pi f_n t + \theta_n))\right\}\left\{\sum_{n=1}^{N} A_n \exp(-j(2\pi f_n (t+\tau) + \theta_n))\right\}\right] \\ &\quad \times \mathbf{E}[\tilde{s}(t)\tilde{s}^*(t+\tau)]\end{aligned} \tag{5.172}$$

在式子(5.176)的第二行，我們可以因假設的獨立性而從信號裡分開衰頹程序的自相關函數。專注於衰頹程序$F = \sum_{n=1}^{N} A_n \exp\left[j(2\pi f_n t + \theta_n)\right]$，我們發現

$$R_F(\tau) = \mathbf{E}\left[\sum_{n=1}^{N} A_n^2 \exp[-j(2\pi f_n \tau)]\right] \tag{5.173}$$

其是簡化式子(5.172)的第二最後一行而得。在適當的假設下，我們可以計算式子(5.173)的期望值(見習題 5.33)以得到

$$R_F(\tau) = P_0 J_0(2\pi f_D \tau) \tag{5.174}$$

其中P_0是平均接收到的功率，$J_0(\,)$是**第零階貝色函數**，而f_D是已知接收器速度後的**最大都卜勒頻率**。最大都卜勒是經由將式子(5.170)裡設$\alpha = 0$而得。在圖 5.35 我們畫出式子(5.174)裡的自相關函數對參數$f_D\tau$的常態化版。此函數是以τ對稱的並且顯示在短距離(小的$f_D\tau$)上此衰頹信號是強烈相關的。

再度，比較圖 5.32 裡量測的結果與圖 5.35 的理論結果是有深度洞察力。從式子(5.172)，以速度 v 行進的距離 d 為

$$d = v\tau = \lambda(f_D\tau)$$

例如，如果圖 5.32 量測的載波頻率是 $f_c = 900\text{MHz}$，那麼 $\lambda = 0.33$ 公尺。在$|f_D\tau| < 0.25$ 下，因為理論的自相關函數指出一個強烈的相關性，在圖 5.32 的距離軸上，我們預期在範圍 $0.25\lambda \approx 0.08$ 公尺內的一個強烈相關性，而此確實是此種情況。在更大距離時，衰頹程序的相關度就很小了。

在工程應用裡，這些統計模型在很多領域是有用的設計工具。例如，若在一無線電通道上的窄頻通訊想要是百分之九十九的時間是可靠的，那麼這些結果指出設計必須要包含 20dB 的功率邊際，除非我們有其它方法可以補償因衰頹的信號損失。一個方法可補償衰頹損失是經由使用**前向錯誤更正編碼**(forward error correction [FEC] coding)(於第 10 章討論)並結合一個裝置稱為**交織器**(interleaver)，其在傳送前先虛擬-隨機分佈位元(並且一個反向交織器被加到接收器的位元)。很多形式的 FEC 工作得最好如果相鄰位元是獨立衰頹的。因此，對於衰頹波封的自相關結果提供一個交織器設計的重要參數。

於此例子，我們只考慮一個窄頻信號的衰頹特性其中不同路徑波束的相對的路徑長度差有可忽略的效應。此情況經常稱為**頻率–平坦**的或簡稱**平坦的衰頹**(flat fading)，因為橫跨信號的所有頻率其效應是均勻的。在更通常的情況，對更寬頻的信號，多途通道必須被模擬成在靜態狀況有一個脈衝響應 $h(t)$以及在動態狀況有一個時變性的脈衝響應 $h(t, \tau)$，其導向更複雜的衰頹特性。

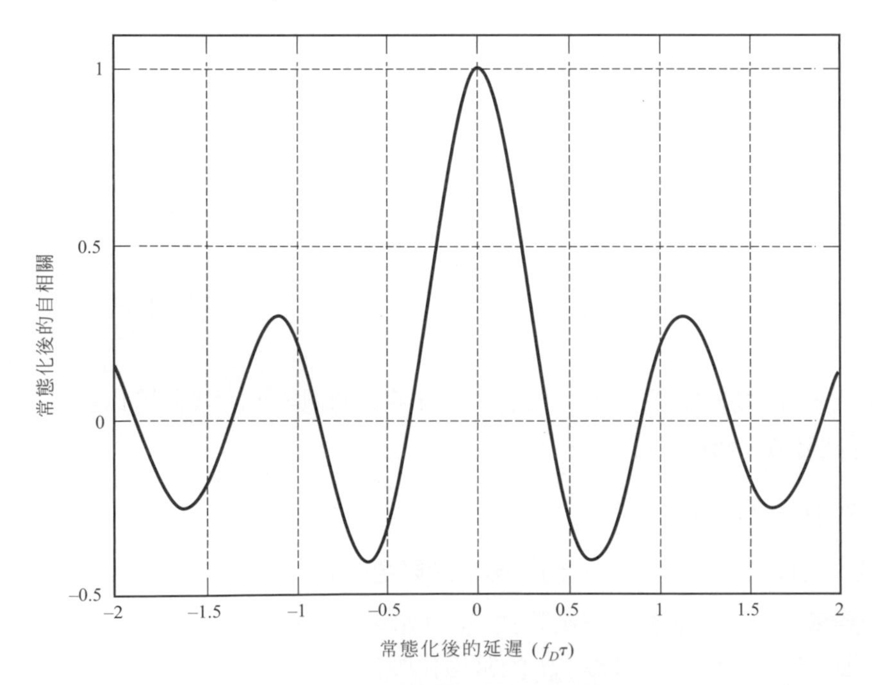

圖 5.35　衰頹程式的自相關

5.13 總結及討論

本章內容大都在討論一個特別類型的著稱為廣義平穩而且遍歷的隨機程序之特性。廣義平穩性蘊涵著我們可以兩個集體-平均參數來推導一個隨機程序的部份描述：**(1)** 一個平均值其是獨立於時間的；**(2)** 一個自相關函數其只依對程序的兩個觀察時間點之差而定[11]。遍歷性(Ergodicity)使我們可以使用時間平均當做這些參數的「估算」。時間平均是使用隨機程序的一個取樣函數(即，單一實現)來計算。

隨機程序的另一個重要參數是功率頻譜密度。自相關函數與功率頻譜密度建構了一對傅立葉轉換。以自相關函數定義功率頻譜密度及其相反亦然的公式稱為 Einstein-Wiener-Khintchine 關係式。

於表 5.1 我們列出本章一些重要的隨機程序的自相關函數及功率頻譜密度的圖形化總結。此表描述的所有程序皆假設平均值為 0 且變異數為 1。此表應可給讀者一個感覺對於：**(1)**一個隨機程序的自相關函數與功率頻譜密度的的相互作用；**(2)** 線性濾波器在塑造一個白色雜訊程序的自相關函數的或，對等地，功率頻譜密度的角色。

本章的稍後部份討論了窄頻的高斯雜訊程序，其是濾波過雜訊的種類在一個理想化形式的通訊接收器的前端會碰到的。高斯性(Gaussianity)意即在某個固定時間點觀察濾波器的輸出而得的隨機變數有一個高斯分佈。雜訊的窄頻本性意即其可由一個同相成份及一個正交成份來表示。此兩個成份都是低通的，高斯程序，各有零平均值以及一個變異數等於原始窄頻雜訊的變異數。交互地，一個高斯程序也可以一個瑞立分佈的波封以及一個均勻分佈的相位來表示。這些表示法都有它自己的應用的特殊處，將於本書的相繼章節顯示。

本章內容已完全侷限於實數的隨機程序。其可推廣到**複數**的隨機程序。一個常碰到的複數的隨機程序是一個複數的高斯低通程序，其起於一個高斯窄頻雜訊 $n(t)$的相等地表示。從第 5.11 節我們注意到 $n(t)$是以同相成份 $n_I(t)$與正交成份 $n_Q(t)$來獨特的表示。相等地，我們能以定義為 $n_I(t) + n_Q(t)$的複數波封 $\tilde{n}(t)$ 來表示窄頻雜訊 $n(t)$。

表 5.1　零平均值及變異數為 1 的隨機程序之自相關函數與功率頻譜密度的圖形化總結

程序 $X(t)$ 的類型	自相關函數，$R_X(\tau)$	功率頻譜密度，$S_X(f)$
頻率爲 1 及相位隨機的正弦波程序	1; −1, −0.5, 0, 0.5, 1; τ; −1	−1.0, 0, 1.0; f
符元長度爲 1 之隨機二元波	1; −4, −2, 0, 2, 4; τ	1; −2, −1, 0, 1.0, 2.0; f
RC 低通濾波過的白色雜訊	1; −4, −2, 0, 2, 4; τ	2.0; −0.5, 0, 0.5; f
理想低通濾波過的白色雜訊	1; −4, −2, 0, 2, 4; τ	1; −0.5, 0, 0.5; f
理想帶通濾波過的白色雜訊	1; −4, −2, 0, 2, 4; τ; −1.0	0.5; 1.0, 0, 1.0; f
RLC-濾波過的白色雜訊	1; 4, 2, 0, 2, 4; τ; 1.0	1; 1.0, 0, 1.0; f

註解及參考文獻 *Notes and References*

[1] 對機率本身的入門研讀，可參考 Hamming(1991)。對機率及隨機程序特別強調於工程領域的研讀，可參考 Leon-Garcia(1994)，Helstrom(1990)，以及 Papoulis(1984)。

[2] 實作上有另一重要類別的隨機程序經常會碰到，其平均值與自相關函數展現出**週期性**，如在

$$\mu_X(t_1+T)=\mu_X(t_1)$$

$$R_X(t_1+T,t_2+T)=R_X(t_1,t_2)$$

對於所有的 t_1 及 t_2。一個隨機程序 $X(t)$滿足此對條件的稱為**週平穩**的(cyclostationary)(以廣義而言)。模擬程序 $X(t)$成週平穩的加上一個新維度，即週期 T 到程序的部份描述裡。週平穩的程序的例子包括由光柵-掃描(raster-scanning)一個視訊域而得的一個電視信號，及經由改變一個正弦載波的振幅，相位，或頻率而得的一個調變程序。對於週平穩的程序的詳細討論，可參考 Franks(1969)，204-214 頁，以及 Gardner 與 Franks(1975)的文章。

[3] 關於遍歷性(ergodicity)的詳細討論，請參考 Gray 與 Davisson(1986)。

[4] 傳統上，式子(5.91)與(5.92)在文獻中已稱為 Wiener-Khintchine 關係式，以褒揚 Norbert Wiener 與 A. I. Khintchine 的先導研究。一篇被遺忘的阿伯特‧愛因斯坦(Albert Einstein)的論文是關於時間-序列的分析(發表於 1914 年二月在 Basel 舉行的瑞士物理學會)，論文中的發現則顯示出，愛因斯坦多年以前已與 Wiener 及 Khintchine 討論過時間序列的自相關函數及其與頻譜內容之關係。愛因斯坦的文章之英文翻譯重印於 *IEEE ASSP* 雜誌，第四冊，十月 1987。此特別一期的期刊也包括 W. A. Gardner 及 A. M. Yaglom 所寫的文章，其更詳盡闡述愛因斯坦的原始研究。

[5] 功率頻譜估算的更詳細討論，可參 Box 及 Jenkins(1976)，Marple(1987)，及 Kay(1988)。

[6] 對電性雜訊的更詳細討論，可參 Van der Ziel(1970)及 Gupta(1977)編輯收集的論文。

[7] 射雜訊的入門討論在 Helstrom(1990)裡。

[8] 熱雜訊由 J. B. Johnson 在 1928 年率先做實驗性研究，而因此理由有時候其被稱為「強森雜訊(Johnson noise)」。強森的實驗由 Nyquist(1928)做了理論上的證實。

[9] 接收器的雜訊也可以所謂的**雜訊指值**(noise figure)來度量。雜訊指值與等效雜訊溫度之間的關係可以參考 Haykin 及 Moher(2005)。

[10] 關於特性化電波的傳播之分析的與統計的兩個技巧之討論可找 Parsons(1992)。

[11] 本書呈現的通訊系統之統計特性局限於相干的隨機程序之首兩階動差，平均值與自相關函數(相等地，自共變異數函數)。然而，當一個隨機程序被傳輸經過一個非線性系統，可貴的資訊包含於結果的輸出程序的更高階的動差裡。參數用來特性化在時域裡的更高階動差稱為**累積數**(cumulants)；它們多維度的傅立葉轉換稱為**綜頻譜**(polyspectra)。對於更高階的累積數及綜頻譜以及它們的估算討論，見 Brillinger(1965)以及 Nikias 與 Raghuveer(1987)的論文。

❖本章習題 Problems

5.1 **(a)** 證明一個平均值為 μ_X 以及變異數為 σ_X^2 的高斯隨機變數 X 之特性函數為

$$\phi_X(v) = \exp\left(jv\mu_X - \frac{1}{2}v^2\sigma_X^2 \right)$$

(b) 用(a)的結果，證明高斯隨機變數的第 n 階中央動差(the nth central moment)為

$$E[(X-\mu_X)^n] = \begin{cases} 1\times 3\times 5\cdots(n-1)\sigma_X^n & \text{對於 } n \text{ 為偶數} \\ 0 & \text{對於 } n \text{ 為奇數} \end{cases}$$

5.2 一個平均值為 0 以及變異數為 σ_X^2 的高斯分佈的隨機變數 X 由一個片段線性的(piecewise-linear)整流器所轉換其輸入-輸出關係為(見圖 P5.1)：

$$Y = \begin{cases} X, & X \ge 0 \\ 0, & X < 0 \end{cases}$$

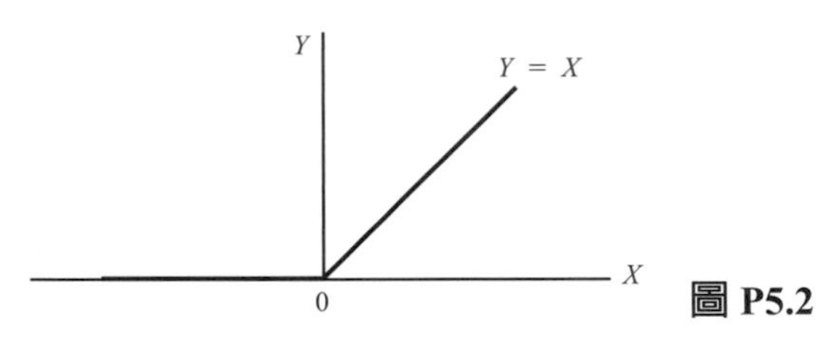

圖 P5.2

新的隨機變數 Y 之機率密度函數如下

$$f_Y(y) = \begin{cases} 0, & y<0 \\ k\delta(y), & y=0 \\ \dfrac{1}{\sqrt{2\pi}\delta_X}\exp\left(-\dfrac{y^2}{2\sigma_X^2}\right), & y>0 \end{cases}$$

(a) 此結果的功能性形式之物理解釋。

(b) 決定得爾它(delta)函數 $\delta(y)$之加權常數 k 的值。

5.3 在存在有零平均值及變異數為 σ^2 的相加性白色高斯雜訊之下，一個有±1 之值的二元信號將被檢測。在檢測器的輸入端觀察到的信號之機率密度函數為何？為觀察到的信號大於一個指定的臨界值 α 的機率推導出一個表示式。

5.4 考慮一個由下定義的隨機程序 $X(t)$

$$X(t) = \sin(2\pi ft)$$

其中頻率 f 是一個均勻分佈在區間(0, W)的隨機變數。證明 $X(t)$是非平穩的(nonstationary)。**提示**：對頻率，就說，$f = W/4$，$W/2$，及 W，檢視隨機程序 $X(t)$ 的這些特定的取樣函數。

5.5 對於一個複數的隨機程序 $Z(t)$，定義其自相關函數為

$$R_Z(\tau) = \mathbf{E}[Z^*(t)Z(t+\tau)]$$

其中*表示負數共軛。導出複數的自相關函數對應於式子(5.64)、(5.65)及(5.67)的性質。

5.6 對於複數的隨機程序 $Z(t) = Z_I(t) + jZ_Q(t)$其中 $Z_I(t)$及 $Z_Q(t)$是實數值的隨機程序如下

$$Z_I(t) = A\cos(2\pi f_1 t + \theta_1)$$

及

$$Z_Q(t) = A\cos(2\pi f_2 t + \theta_2)$$

其中 θ_1 及 θ_2 是均勻分佈在$[-\pi, \pi]$。$Z(t)$的自相關函數為何？假設 $f_1 = f_2$？假設 $\theta_1 = \theta_2 = \theta$？

5.7 令 X 及 Y 是統計上獨立的高斯分佈隨機函數，各有零平均值及變異數為 1。定義此高斯程序

$$Z(t) = X\cos(2\pi t) + Y\sin(2\pi t)$$

(a) 決定在時間 t_1 及 t_2 分別觀察 $Z(t)$而得的隨機變數 $Z(t_1)$及 $Z(t_2)$的聯合機率密度函數。

(b) 程序 $Z(t)$平穩的(stationary)嗎？為什麼？

5.8 證明隨機程序 $X(t)$之自相關函數 $R_X(\tau)$的下列兩個性質：

(a) 假如 $X(t)$包含之直流成份等於 A，那麼 $R_X(\tau)$會包含一個等於 A^2 的常數成份。

(b) 假如 $X(t)$包含正弦成份，那麼 $R_X(\tau)$也會含有相同頻率之正弦成份。

5.9 圖 P5.9 中的方波振幅為 A，週期為 T_0，延遲為 t_d，它代表隨機程序 $X(t)$的一個取樣函數。其延遲為隨機的，它的機率密度函數為

$$f_{T_d}(t_d) = \begin{cases} \dfrac{1}{T_0}, & -\dfrac{1}{2}T_0 \le t_d \le \dfrac{1}{2}T_0 \\ 0, & \text{其他處} \end{cases}$$

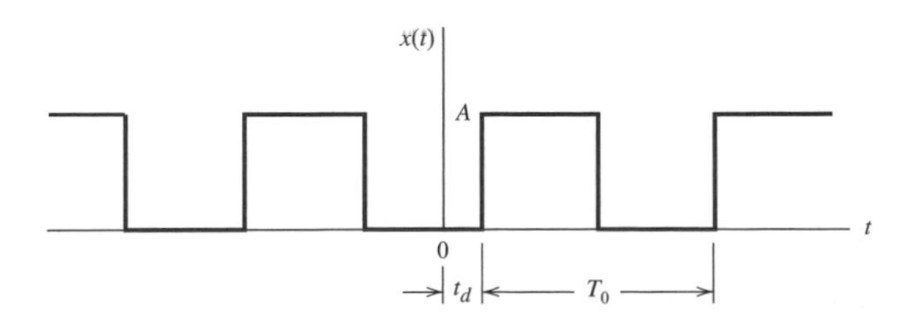

圖 P5.9

(a) 在時間 t_k 觀察隨機程序 $X(t)$得到隨機變數 $X(t_k)$，決定其機率密度函數。

(b) 用集體平均計算 $X(t)$的平均值和自相關函數。

(c) 用時間平均計算 $X(t)$的平均值和自相關函數。

(d) 建立 $X(t)$是否爲廣義平穩的？就何意義它是遍歷的(ergodic)？

5.10 一個二元波包含了一串隨機之 1 和 0，如範例 5.8 中之描述，但有一點不同：符號 1 現由波幅爲 A 伏特之脈波表示，而 0 由零伏特代表。其他所有參數都和以前一樣。對於此新的隨機二元波 $X(t)$，證明：

(a) 其自相關函數爲

$$R_X(\tau)=\begin{cases}\dfrac{A^2}{4}+\dfrac{A^2}{4}\left(1-\dfrac{|\tau|}{T}\right), & |\tau|<T\\[2ex] \dfrac{A^2}{4}, & |\tau|\geq T\end{cases}$$

(b) 其功率頻譜密度爲

$$S_X(f)=\frac{A^2}{4}\delta(f)+\frac{A^2T}{4}\operatorname{sinc}^2(fT)$$

此二元波有多少百分比的功率包含於直流成份中？

5.11 一個隨機程序 $Y(t)$由一個直流成份 $\sqrt{3/2}$ 伏特，一個週期性成份 $g(t)$，和一個隨機成份 $X(t)$組成。$Y(t)$的自相關函數示於圖 P5.11。

(a) 週期成份 $g(t)$之平均功率爲何？

(b) 隨機成份 $X(t)$之平均功率爲何？

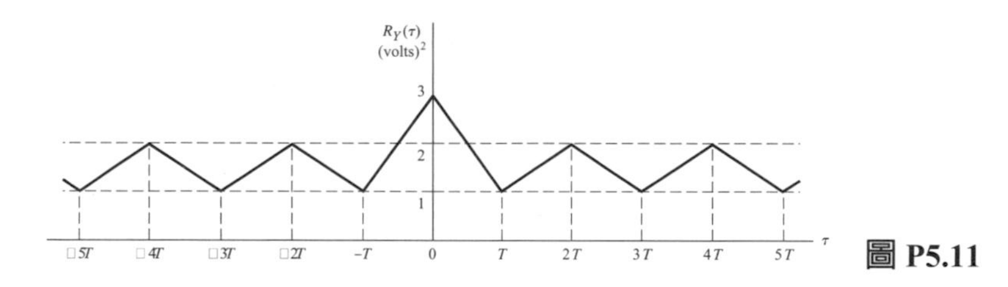

圖 P5.11

5.12 考慮一對廣義平穩的隨機程序 $X(t)$和 $Y(t)$。證明其交互關聯函數 $R_{XY}(\tau)$和 $R_{YX}(\tau)$滿足下列性質：

(a) $R_{XY}(\tau)=R_{XY}(-\tau)$

(b) $|R_{XY}(\tau)|\leq\frac{1}{2}[R_X(0)+R_Y(0)]$

5.13 考慮圖 P5.13 中兩個串接的線性濾波器。令 $X(t)$爲廣義平穩的程序，其自相關函數爲 $R_X(\tau)$。第一個濾波器輸出之隨機程序爲 $V(t)$，第二個之輸出爲 $Y(t)$。

(a) 求出 $Y(t)$的自相關函數。

(b) 求出 $V(t)$與 $Y(t)$的交互關聯函數 $R_{VY}(\tau)$。

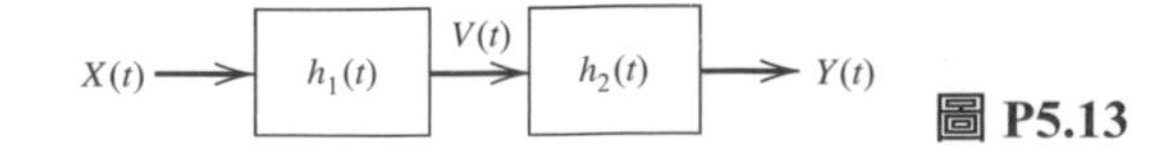

圖 P5.13

5.14 將一個廣義平穩的隨機程序 $X(t)$輸入到一個脈衝響應爲 $h(t)$ 之線性非時變濾波器，產生一個輸出 $Y(t)$。

(a) 證明輸出 $Y(t)$和輸入 $X(t)$的交互關聯函數 $R_{YX}(\tau)$，等於脈衝響應 $h(\tau)$與輸入之自相關函數 $R_X(\tau)$兩者之迴旋積分，即

$$R_{YX}(\tau)=\int_{-\infty}^{\infty}h(u)R_X(\tau-u)du$$

證明第二個交互關聯函數 $R_{XY}(\tau)$等於

$$R_{XY}(\tau)=\int_{-\infty}^{\infty}h(-u)R_X(\tau-u)du$$

(b) 求出交互頻譜密度 $S_{YX}(f)$和 $S_{XY}(f)$。

(c) 假設 $X(t)$是平均值爲零，功率頻譜密度爲 $N_0/2$ 的白色雜訊，證明

$$R_{YX}(\tau)=\frac{N_0}{2}h(\tau)$$

說明此結果之實際重要性。

5.15 一個隨機程序 $X(t)$隨機程序的功率頻譜密度如圖 P5.15 所示。

(a) 計算並繪出 $X(t)$的自相關函數 $R_X(\tau)$。

(b) $X(t)$中含有多少直流功率？

(c) $X(t)$中含有多少交流功率？

(d) 取樣率爲多少時，可得 $X(t)$之非相關取樣？這些取樣是互相統計獨立嗎？

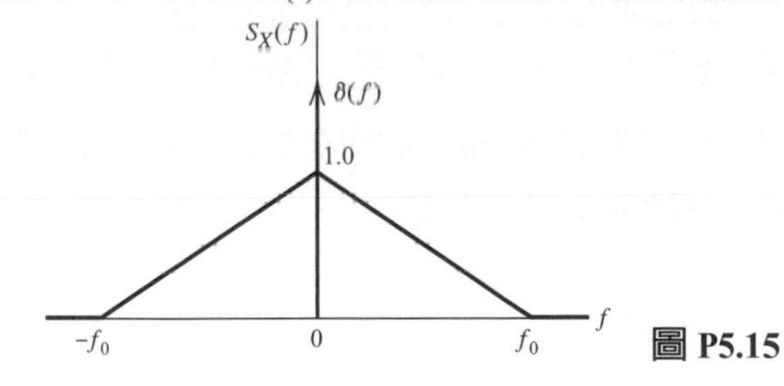

圖 P5.15

5.16 一對雜訊程序 $n_1(t)$和 $n_2(t)$之關係爲

$$n_2(t)=n_1(t)\cos(2\pi f_c t+\theta)-n_1(t)\sin(2\pi f_c t+\theta)$$

其中 f_c 爲常數，θ 爲隨機變數 Θ 之值，其機率密度函數爲

$$f_\Theta(\theta)=\begin{cases}\dfrac{1}{2\pi}, & 0\le\theta\le 2\pi\\ 0, & \text{其他處}\end{cases}$$

雜訊程序 $n_1(t)$爲平穩的，其功率頻譜密度示於圖 P5.16。試求並繪出 $n_2(t)$之功率頻譜密度。

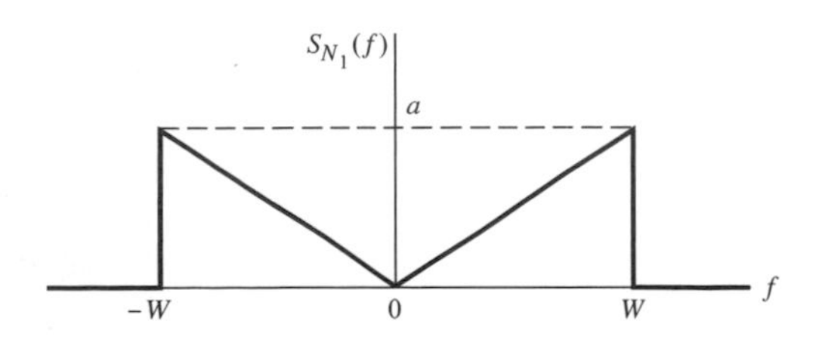

圖 P5.16

5.17 一個**隨機電報訊號** $X(t)$之自相關函數為

$$R_X(\tau) = \exp(-2v|\tau|)$$

其中為 v 常數。此訊號被輸入到圖 P5.17 中之低通 RC 濾波器。試求濾波器輸出隨機程序之功率頻譜密度和自相關函數。

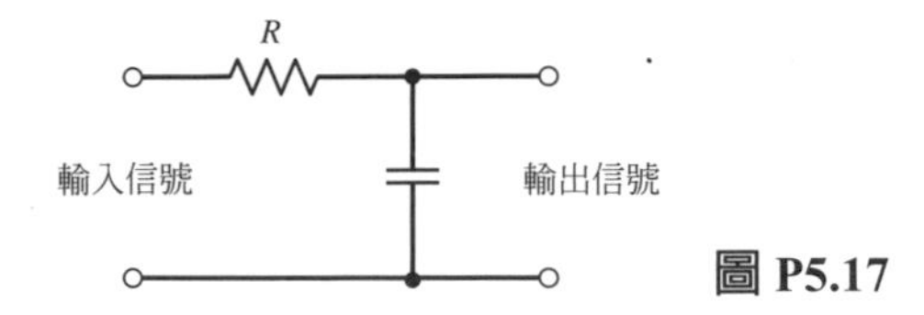

圖 P5.17

5.18 某振盪器之輸出為

$$X(t) = A\cos(2\pi ft - \Theta)$$

其中 A 為常數，而且 f 和 Θ 為獨立的隨機變數，Θ 的機率密度函數定義為

$$f_\Theta(\theta) = \begin{cases} \dfrac{1}{2\pi}, & 0 \le \theta \le 2\pi \\ 0, & \text{其他處} \end{cases}$$

試用頻率的機率密度函數的表示求出 $X(t)$的功率頻譜密度。當頻率 f 假設為一常數時，其功率頻譜密度為何？

5.19 一個平穩的高斯程序 $X(t)$之平均值為零，功率頻譜密度為 $S_X(f)$。對在某個時間 t_k 觀察程序 $X(t)$所得到之隨機變數，求其機率密度函數。

5.20 一個平均值為零，變異數為 σ_X^2 的高斯程序 $X(t)$通過一個全波整流器，其輸入-輸出關係示於圖 P5.20。證明在時間 t_k 觀察在整流器輸出端的隨機程序 $Y(t)$所得到之隨機變數 $Y(t_k)$，其機率密度函數為

$$f_{Y(t_k)}(y) = \begin{cases} \sqrt{\dfrac{2}{\pi}}\dfrac{1}{\sigma_X}\exp\left(-\dfrac{y^2}{2\sigma_X^2}\right), & y \ge 0 \\ 0, & y < 0 \end{cases}$$

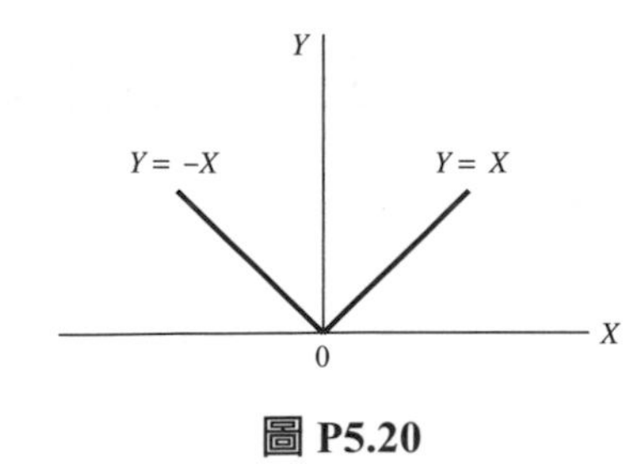

圖 P5.20

5.21 令 $X(t)$爲平均值是零之平穩的高斯程序，其自相關函數爲 $R_X(\tau)$。此程序輸入一平方律裝置，其輸入-輸出關係爲

$$Y(t) = X^2(t)$$

其中 $Y(t)$是輸出。

(a) 證明 $Y(t)$的平均值爲 $R_X(0)$。

(b) 證明 $Y(t)$的自共變異數函數爲 $2R_X^2(\tau)$。

5.22 一個平均值爲 μ_X，變異數爲σ_X^2之平穩的高斯程序 $X(t)$通過兩個脈衝響應分別爲 $h_1(t)$和 $h_2(t)$之線性濾波器，並產生程序 $Y(t)$和 $Z(t)$，如圖 P5.22 所示。

(a) 計算兩隨機變數 $Y(t_1)$和 $Z(t_2)$之聯合機率密度函數。

(b) 保證 $Y(t_1)$和 $Z(t_2)$爲統計獨立之充要條件爲何？

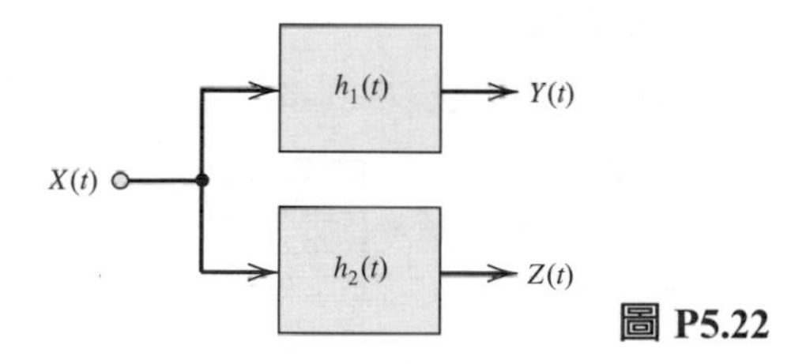

圖 P5.22

5.23 將一個平均值爲零，功率頻譜密度爲 $S_X(f)$之平穩的高斯程序 $X(t)$輸入到一個線性濾波器，其脈衝響應 $h(t)$示於圖 P5.23。於時間 T 時對濾波器輸出程序取樣得到 Y。

(a) 計算 Y 的平均值及變異數。

(b) Y 的機率密度函數爲何？

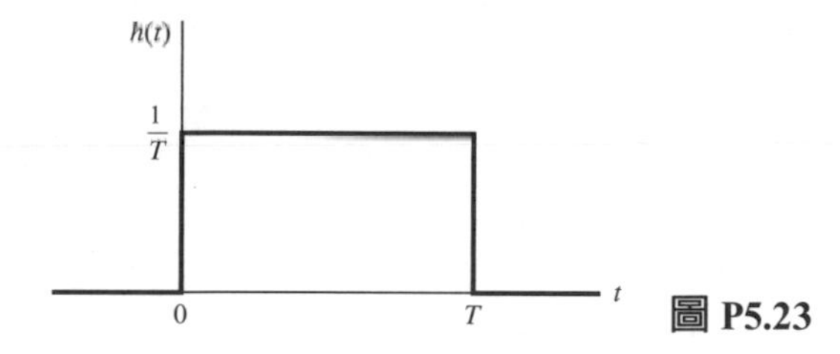

圖 P5.23

5.24 考慮將一個平均值爲零，功率頻譜密度爲 $N_0/2$ 的白色高斯雜訊程序通過如圖 P5.24 之高通 RL 濾波器。

(a) 試求濾波器輸出隨機程序之自相關函數和功率頻譜密度。

(b) 此輸出之平均值及變異數爲何？

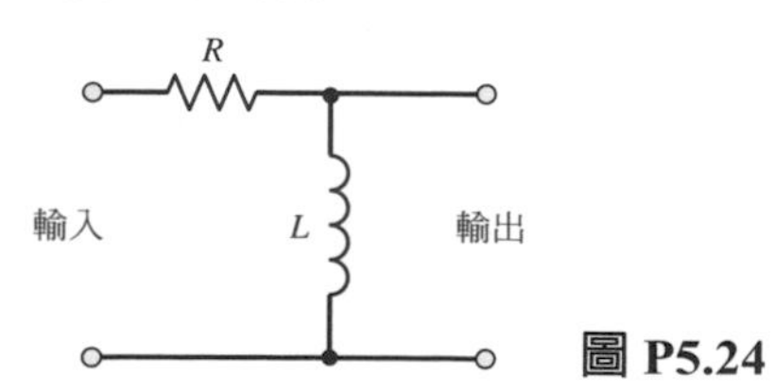

圖 P5.24

5.25 一個功率頻譜密度爲 $N_0/2$ 之白色雜訊 $w(t)$通過一個 n 階**巴特握**(Butterworth)低通濾波器，其振幅響應爲

$$|H(f)|=\frac{1}{[1+(f/f_0)^{2n}]^{1/2}}$$

(a) 計算此低通濾波器之等效雜訊頻寬。

(b) 當 n 趨近無限大，此等效雜訊頻寬之極限值爲何？

5.26 式子(5.114)中定義之射雜訊程序 $X(t)$爲平穩的(stationary)。爲什麼？

5.27 平均值爲零及功率頻譜密度爲 $N_0/2$ 之白色高斯雜訊輸入圖 P5.27 之濾波系統。低通濾波器輸出之雜訊記爲 $n(t)$。

(a) 試求 $n(t)$之功率頻譜密度和自相關函數。

(b) 試求 $n(t)$之平均值及變異數。

(c) $n(t)$之取樣速率爲何使得結果之樣本其本質上是非相關的？

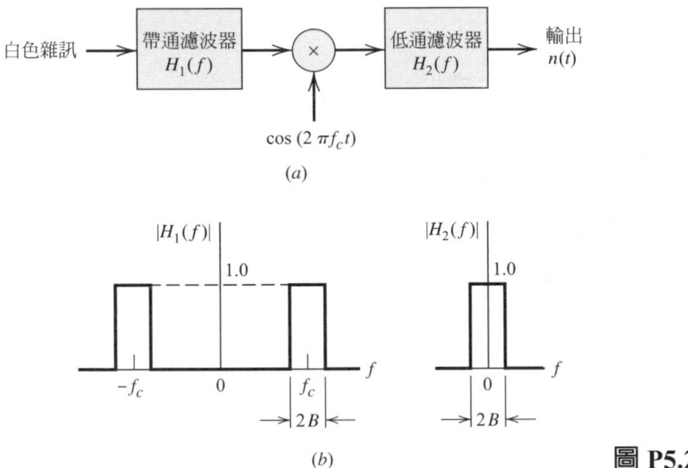

圖 P5.27

5.28 令 $X(t)$爲一個平穩的程序，其平均值爲零，自相關函數爲 $R_X(\tau)$，以及功率頻譜密度爲 $S_X(f)$。我們被要求找一個脈衝響應爲 $h(t)$之線性濾波器，使得當輸入是功率頻譜密度爲 $N_0/2$ 之白色雜訊時，濾波器輸出是 $X(t)$。

(a) 試決定達到此要求時，脈衝響應 $h(t)$必須滿足的條件。

(b) 對應於濾波器的轉移函數 $H(f)$之條件爲何？

(c) 使用 Paley-Wiener 標準(見第 2.7 節)，求出 $S_X(f)$的要求以使濾波器是因果的(causal)。

5.29 一個窄頻雜訊 $n(t)$的功率頻譜密度如圖 P5.29 所示。載波頻率是 5Hz。

(a) 試求 $n(t)$之同相及正交成份的功率頻譜密度。

(b) 試求它們的交互頻譜密度。

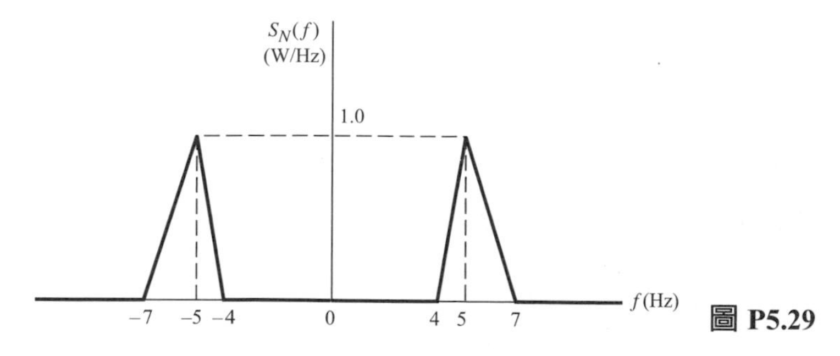

圖 P5.29

5.30 考慮一個高斯雜訊 $n(t)$，其平均值爲零，功率頻譜密度示 $S_N(f)$於圖 P5.30。

(a) 試求 $n(t)$之波封(envelope)的機率密度函數。

(b) 此波封之平均值及變異數爲何？

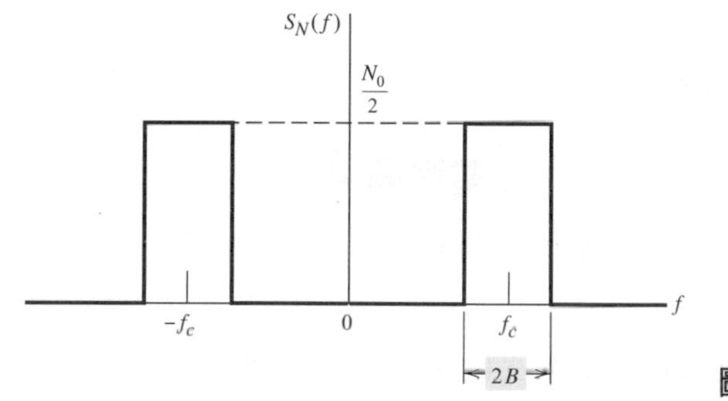

圖 P5.30

5.31 於圖 5.25a 的雜訊分析器中，低通濾波器爲理想的，其頻寬等於其輸入窄頻雜訊頻寬的一半。試利用此電路推導下列結果：

(a) 式子(5.136)，利用 $n(t)$的功率頻譜密度定義出同相雜訊成份 nI(t)與正交雜訊成份 $n_Q(t)$的功率頻譜密度。

(b) 式子(5.137)，定義出 $n_I(t)$與 $n_Q(t)$的交互頻譜密度。

5.32 假設高斯窄頻雜訊 $n(t)$之功率頻譜密度 $S_N(f)$以其中帶頻率 f_c 爲中心左右對稱。證明 $n(t)$的同相成份與正交成份互爲統計獨立。

5.33 **(a)** 一個發送器在 $x = 0$ 的位置發射信號 $A\cos(2\pi f_c t)$。信號以光的速度行走使得一個信號在 x 軸上的一個點如下

$$r(t,x) = A(x)\cos\left[2\pi f_c\left(t-\frac{x}{c}\right)\right]$$

如果接收器剛開始在位置 x_0 並以速度 v 沿著 x 軸移動，在頻率 f_D 裡觀察到的都卜勒位移爲何？

(b) 在式子(5.173)裡反射路徑的都卜勒位移之頻率與相對於運動方向的幅射角度成正比，亦即

$$f_n = f_D \cos\psi_n$$

其中 f_D 是最大的都卜勒位移。如果多途路徑角度 ψ_n 是均勻分佈於$[-\pi, \pi]$。計算 $\mathbf{E}[\exp(j2\pi f_n\tau)]$利用此結果證明式子(5.174)。

5.34 **第一類零階的修正的貝色函數**定義爲

$$I_0(x) = \frac{1}{2\pi}\int_0^{2\pi} \exp(x\cos\psi)d\psi$$

使用此公式，證明從式子(5.160)的聯合分佈導出的邊際分佈 $f_R(r)$如下

$$f_R(r) = \frac{r}{\sigma^2}\exp\left(-\frac{r^2 + A^2}{2\sigma^2}\right)I_0\left(\frac{Ar}{\sigma^2}\right)$$

因此，導出常態化的萊士分佈(normalized Rician distribution)

$$f_V(v) = v\exp\left(\frac{v^2 + a^2}{2}\right)I_0(av)$$

其被用來畫出圖 5.29 的曲線。

電腦題

5.35 爲彰顯中央極限定理，我們使用 Matlab 來計算 $Z = \sum_{n=1}^{5} X_n$ 的 20,000 個取樣，其中 X_n 是一個均勻分佈在[−1, +1]之上的隨機變數。以形成結果的長方條統計圖的方式估算對應的機率密度函數。將此長方條統計圖(調爲單位面積的刻度)與有相同平均值及變異數的高斯密度函數做比較。這兩個密度函數在 0σ、1σ、2σ、3σ、及 4σ 時的相對誤差爲何？

5.36 一個窄頻高斯雜訊程序以尼魁斯特(Nyquist)速率取樣。此程序的複數波封之取樣如下

$$\tilde{n}^k = n_I^k + jn_Q^k$$

其中$\{n_I^k\}$及$\{n_Q^k\}$是獨立的、白色的、高斯隨機變數，其變異數爲 $\sigma^2 = 1$。這些取樣由時間離散濾波器所處理

$$\hat{y}^{k+1} = a\hat{y}^k + \hat{n}^k$$

使用下面的 Matlab 程式語言

```
a = 0.8;
sigma = 1;
K = 1000;
n = sigma * randn(K,1) + j * sigma * randn(K,1);
y = filter(1, [1 -a], n);
```

(a) 輸出的平均值與變異數爲何？理論值爲何？

(b) 輸出是高斯嗎？從理論上驗證你的模擬結果的答案。(**提示**：使用 Matlab 的 hist 功能。)

(c) 濾波器輸出的時間離散的自相關函數爲何？計算理論上的並且使用濾波器輸出的一個時間平均。畫出後項之結果。

Chapter 6

NOISE IN ANALOG MODULATION

類比調變中之雜訊

6.1 簡介

在第 3 章與第 4 章中，我們以確定信號的決定論觀點來了解連續波(CW)調變[也就是調幅(AM)和調頻(FM)技術]之特性。之後在第 5 章中，我們已學會用來分析隨機訊號與雜訊所需的數學工具。藉由評估雜訊對系統的影響，我們已準備好來繼續學習連續波調變系統，並且藉此更加理解類比傳輸系統。

要開始分析連續波調變系統中的雜訊，我們還需要做一些工作。第一步，也是最重要的一步，便是建立一個**接收器模型**。若欲將此模型以公式表示時，最常見的作法，是將接收器雜訊(頻道雜訊)視爲**加法性白色高斯雜訊**。這樣的簡化假設，可讓我們對於雜訊如何影響接收器之表現有一些基本了解。此外，它也提供了一個架構，可讓我們比較在不同連續波調變-解調變系統中，雜訊所造成的影響。

本章組織如下：在 6.2 節中，我們敘述了一個接收器模型，並且定義了一些雜訊影響系統表現之定量分析方法。後續兩節也將會討論 AM 調幅接收器中的雜訊，也就是雙頻帶被抑制載波，以及標準振幅調變接收器。之後我們將會開始討論 FM 調頻接收器內的雜訊，這會是個難度較高的工作。本章最後將會以調幅與調頻系統之雜訊分析比較作爲結束。

6.2 接收器模型

建立模型的這個想法，是所有研究物理系統最基本的步驟，當然也包括了通訊系統。透過這個模型，我們可以更加了解某個系統的能力與限制。要了解連續波調變中的雜訊，我們可以用公式來表示一個接收器模型，同時必須牢記下列幾點：

- 這個模型對一般的接收器雜訊提供了一個合適的描述。
- 此模型可顯示出系統固有的濾波與調變特性。
- 此模型必須要夠簡單，讓以統計分析此系統成爲可能。

對於處理手邊的情況，我們建議使用在圖 6.1 中所提到的最基本型式之**接收器模型**。在此圖中，$s(t)$代表送進系統之**已調變訊號**，而 $w(t)$代表**接收器前端之雜訊**。**接收訊號**是 $s(t)$與 $w(t)$之和；這也是接收器必須處理的訊號。在圖 6.1 中模型內的**帶通濾波器**，代表在現實接收器中進入調變器之前，爲了使訊號放大所使用之放大器的濾波功能。此帶通濾波器的頻寬，剛好足夠使已調變的訊號 $s(t)$，以無失真的方式通過。至於在圖 6.1 模型中的**解調變器**，其詳細情況將會和其使用的調變模式有關。

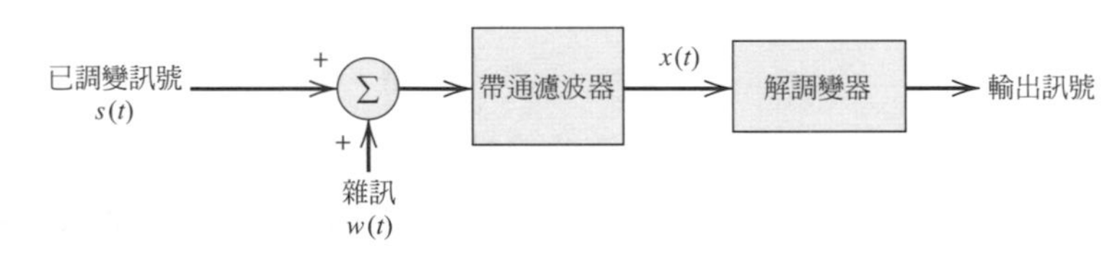

圖 6.1 雜訊接收器模型

在處理通訊系統中的雜訊分析過程時，最常使用的方式是將雜訊 $w(t)$視**為加法性白色高斯雜訊**。在我們所感興趣的頻帶中，這個假設符合許多通訊系統接收器的實際操作情況。它同時也簡化了部份的數學計算。之後我們將雜訊 $w(t)$的功率頻譜密度以 $N_0/2$ 表示，其定義包含正頻率與負頻率。也就是說，N_0 是**接收器前端所量測到之單位頻寬平均雜訊功率**。我們同時也假設在圖 6.1 中接收器模型內的帶通濾波器爲一理想濾波器，其頻寬等於已調變訊號 $s(t)$之頻寬 B_T，且其中頻頻率等於載波頻率 f_c。後者的假設對於雙旁波帶抑制載波(double sideband-suppressed carrier，DSB-SC)調變，標準調幅(amplitude modulation，AM)與調頻(Frequency modulation，FM)訊號均爲合理的假設。至於單邊帶

(Single sideband，SSB)調變與殘邊帶(vestigial sideband，VSB)調變則需要更進一步的考慮。若我們將帶通濾波器之中頻頻率，設定為載波頻率 f_c 時，則便可將雜訊 $n(t)$ 之功率頻譜密度函數 $S_N(f)$ ，以一通過濾波器後的白色雜訊 $w(t)$ 來表示之，如圖 6.2 所示。一般來說，載波頻率 f_c 是高於傳輸頻寬 B_T。之後我們可將這個已濾波雜訊 $n(t)$ 視為一個窄頻雜訊，並以基本形式表示之

$$n(t) = n_I(t)\cos(2\pi f_c t) - n_Q(t)\sin(2\pi f_c t) \tag{6.1}$$

其中 $n_I(t)$ 是**同相雜訊成份**，而 $n_Q(t)$ 是**九十度相位差雜訊成份**，這兩個雜訊成分的載波為 $A_c\cos(2\pi f_c t)$ 。可用來進行解調變之濾波後訊號 $x(t)$ 可表示為

$$x(t) = s(t) + n(t) \tag{6.2}$$

$s(t)$ 訊號的細節是由調變形式所決定，但不管在何種狀況下，解調變器輸入端的平均雜訊功率，會等於功率頻譜密度函數 $S_N(f)$ 曲線下之總面積。從圖 6.2 中我們可以清楚看到平均雜訊功率等於 N_0B_T 。決定了 $s(t)$ 的形式之後，我們也同時可決定在解調變器輸入端的平均訊號功率。根據方程式(6.2)，我們可看到已調變之訊號 $s(t)$ 與濾波後之雜訊 $n(t)$ ，在解調變輸入端是相加的，因此可以定義輸入端信號雜訊比 $(\text{SNR})_I$ (input signal-to-noise ratio)，定義為已調變後之訊號 $s(t)$ 之平均功率除以濾波後雜訊 $n(t)$ 之平均功率。

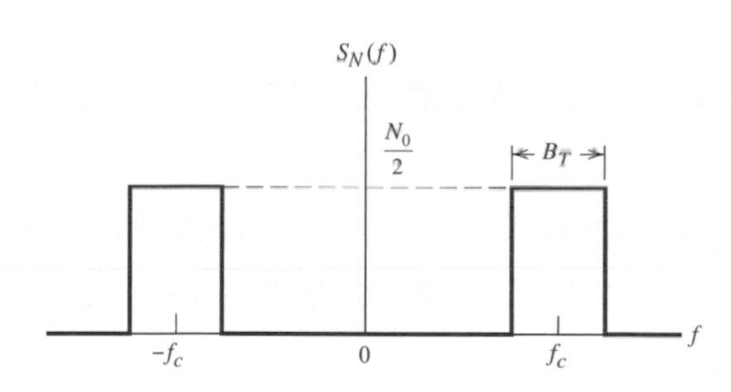

圖 6.2 通過一帶通濾波器雜訊之理想特性

然而，另一個更常用來表示雜訊影響系統程度的量測方法，是輸出端信號雜訊比 $(\text{SNR})_O$ (output signal-to-noise ratio)，其定義為**在輸出端所量測到的解調變訊號之平均功率，對雜訊平均功率之比值**。輸出端信號雜訊比提供了一個直覺式的方法，來描述在接收器端之解調變過程的訊號可信度，如何將混有雜訊的已調變訊號回復成為原本帶有訊息之訊號。為使 SNR 這樣的評判標準有良好定義，所接收的復原訊息訊號以及阻礙性雜訊，必定要以**相加**的方式出現於解調變器輸出端。這個狀況在接收器使用同調偵測時必然會成立。另一方面，當接收器在全調幅 AM 系統中使用波封偵測器，或是在調頻 FM 系統中使用頻率辨別時，我們必須假設經過濾波的雜訊 $n(t)$ ，其平均功率是相對較低的，因此我們可以使用輸出端的信號雜訊比來作為接收器表現的一個指標。

輸出端信號雜訊比是由許多因素決定，但最重要的是在傳送器端所用的調變方式與接收器端的解調變方式。因此若我們比較在不同調變與解調變系統內的輸出端信號雜訊比，可以得到很多資訊。然而，爲了得到一個有意義的比較值，我們必須在一個相同的基礎上比較：

- 每個系統所傳遞的調變訊號 $s(t)$ 帶有相同的平均功率。
- 在訊息頻寬 W 內，接收器前端的雜訊 $w(t)$ 擁有相同的平均功率。

因此，爲了有比較的依據，我們定義了頻道信號雜訊比$(\mathrm{SNR})_C$ (channel signal-to-noise ratio)，其**等於在接收器輸入端量測，所得到的調變訊號平均功率除以訊息頻寬中雜訊的平均功率**。這個比值可以被視爲尚未經過調變，透過**基頻傳輸**的訊息訊號 $m(t)$ 之信號雜訊比，如圖 6.3 所示。這裡有兩個假設：(1)在低通濾波器輸入端的訊息訊號功率，需要調整到和調變後訊號的平均功率一樣。(2)低通濾波器會將訊息訊號留下，並且將不要的雜訊濾除。

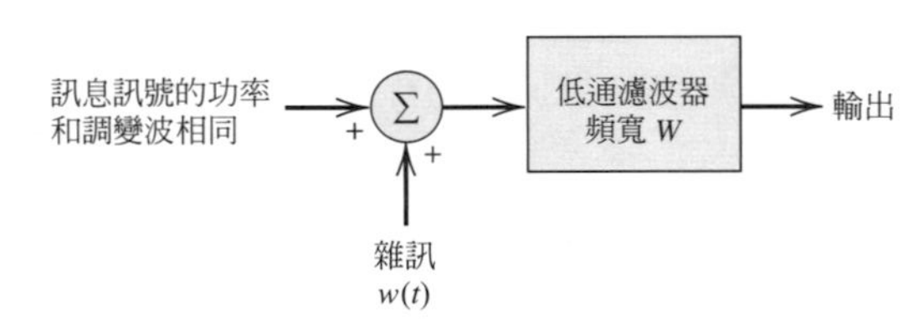

圖 6.3　基頻傳輸模型，假定一個訊息訊號頻寬 W，可用來計算通道信號雜訊比

爲了比較不同的連續波調變(CW)系統，我們利用將輸出信號雜訊比除以通道信號雜訊比，以便將接收器的表現正規化。我們定義**優值**(figure of merit)如下：

$$\text{優值} = \frac{(\mathrm{SNR})_O}{(\mathrm{SNR})_C} \tag{6.3}$$

很明顯的，優值越高，接收器的雜訊表現越好。優值可以等於一，可以少於一，也可能大於一，完全由所使用的調變方式來決定。

在下面的三節中，我們將使用上述概念對下列系統進行雜訊分析：(1)利用同調偵測方式的 DSB–SC 接收器(2)利用波封偵測之 AM 調幅接收器(3)使用頻率辨別之 FM 調頻接收器。我們也會計算當雜訊很大時之相關議題。這些接收器和連續波調變系統中之典型例子有關，而不同系統也會展現對雜訊的差異。

6.3 雙邊帶抑制載波(DSB-SC)調變接收器中之雜訊

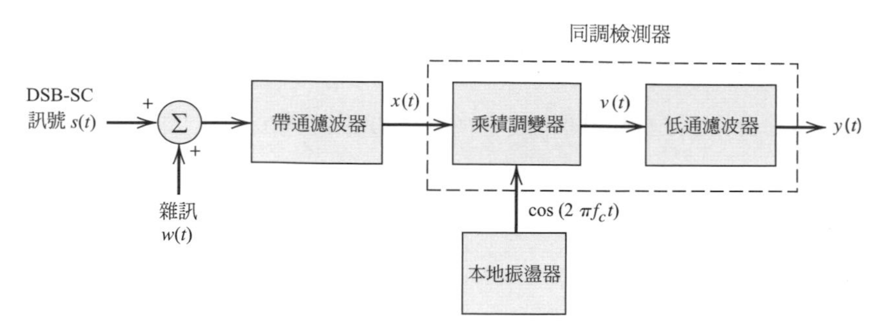

圖 6.4 利用同調偵測之 DSB-SC 接收器模型

使用同調偵測法的 DSB-SC 接收器雜訊分析，是以上所提到的各種狀況中最簡單的一種。圖 6.4 顯示使用同調偵測的 DSB-SC 接收器之模型。同調偵測需要將一已濾波的訊號 $x(t)$，乘上一個本地產生之弦波 $\cos(2\pi f_c t)$，之後再透過一個低通濾波。為了簡化這個分析，我們假設在本地產生的弦波的振幅為 1。然而，欲使此圖的解調變組態可良好運作，本地振盪器(local oscillator)須與傳送器中產生載波之振盪器達成相位同步與頻率同步。我們假定已完成這些同步化的工作。

濾波後訊號 $x(t)$ 的 DSB-SC 成分可以用下式表示：

$$s(t) = CA_c \cos(2\pi f_c t)m(t) \tag{6.4}$$

其中 $A_c \cos(2\pi f_c t)$ 是正弦載波，而 $m(t)$ 是訊息訊號。為了表示方程式(6.4)中之 $s(t)$，我們引入了一個**系統特性比例因子** C，其目的在於確保訊號成分 $s(t)$ 和外加的雜訊成份 $n(t)$ 是相同單位。我們假定 $m(t)$ 是均值為零的穩態程序樣本函數，其功率頻譜密度 $S_M(f)$ 之頻率最大值限制為 W；也就是說，W 是**訊息頻寬**。訊息訊號的平均功率 P 是功率頻率密度曲線下之總面積，可以下式表示：

$$P = \int_{-W}^{W} S_M(f)df \tag{6.5}$$

載波和訊息訊號在統計上是互相獨立的。為了強調此項獨立性，載波必須引入一個均勻分布於 2π 弳度的隨機相位。在定義 $s(t)$ 的方程式中，這個隨機相位角會為了方便表示而被省略掉。運用第 5 章範例 12 中處理隨機程序調變後的結果，我們可將 DSB-SC 調變訊號成分 $s(t)$ 的平均功率表示為 $C^2 A_c^2 P/2$。當雜訊功率密度等於 $N_0/2$ 時，其在訊息頻寬 W 內的平均雜訊密度等於 WN_0。因此 DSB-SC 調變系統的通道雜訊比等於

$$(\text{SNR})_{C,\text{DSB}} = \frac{C^2 A_c^2 P}{2WN_0} \tag{6.6}$$

其中在分子的常數 C^2 是用來確保這個比值是無單位的。

接下來，我們希望能計算出系統輸出端的信號雜訊比。使用通過窄頻濾波後之雜訊 $n(t)$，則在同調偵測器輸入端的總訊號，可用下式表示爲

$$\begin{aligned} x(t) &= s(t) + n(t) \\ &= CA_c \cos(2\pi f_c t) m(t) + n_I(t)\cos(2\pi f_c t) - n_Q(t)\sin(2\pi f_c t) \end{aligned} \tag{6.7}$$

其中 $n_I(t)$ 與 $n_Q(t)$ 分別爲雜訊的同相成分與九十度相位差成分。因此，同調偵測器之乘積調變器之輸出可表示爲

$$\begin{aligned} v(t) &= x(t)\cos(2\pi f_c t) \\ &= \frac{1}{2}CA_c m(t) + \frac{1}{2}n_I(t) \\ &\quad + \frac{1}{2}[CA_c m(t) + n_I(t)]\cos(4\pi f_c t) - \frac{1}{2}A_c n_Q(t)\sin(4\pi f_c t) \end{aligned}$$

同調偵測器中的低通濾波器會將 $v(t)$ 的高頻部份移除，因此接收器所得到輸出爲

$$y(t) = \frac{1}{2}CA_c m(t) + \frac{1}{2}n_I(t) \tag{6.8}$$

方程式(6.8)告訴我們下列事項：

1. 訊息訊號 $m(t)$ 以及經濾波雜訊 $n(t)$ 中的同相雜訊分量 $n_I(t)$，會以相加性方式在接收器輸出端出現。
2. 雜訊 $n(t)$ 的九十度相位差正交分量 $n_Q(t)$ 會完全被同調偵測器所排除。

這兩個結果和輸入端的信號雜訊比完全沒有關係。因此，同調偵測這項技術和其他調變方式最大的不同之處便在於：輸出的訊號成分並未被毀壞，此外不管輸入端的信號雜訊比爲何，其雜訊成份會永遠以相加方式出現。

在接收器輸出端的訊息訊號成分爲 $CA_c m(t)/2$。因此，這個成分的平均功率可以用 $C^2A_c^2P/4$ 表示，其中 P 是原本訊息訊號 $m(t)$ 的平均功率，而 C 是先前我們所提到的系統相關常數。

在 DSB-SC 調變中，圖 6.4 內之帶通濾波器之頻寬 B_T 等於 $2W$，是爲了配合被調變之訊號 $s(t)$ 的上下邊界。也因此被濾波的雜訊 $n(t)$ 之平均功率爲 $2WN_0$。由第 5.11 節中我們提到窄頻雜訊的第五項特徵可知，一(低通)同相雜訊成份 $n_I(t)$ 的平均功率，會等於已濾波的(帶通)雜訊 $n(t)$ 平均功率因此由方程式(6.8)可知，當接收器輸出端的雜訊成分爲 $n_I(t)/2$ 時，其平均功率爲

$$\left(\frac{1}{2}\right)^2 2WN_0 = \frac{1}{2}WN_0$$

一個使用同調偵測的 DSB-SC 接收器之輸出端信號雜訊比可表示爲

$$(\text{SNR})_O = \frac{C^2 A_c^2 P/4}{WN_0/2} = \frac{C^2 A_c^2 P}{2WN_0} \tag{6.9}$$

使用方程式(6.6)與(6.9)，我們可以得到優値爲

$$\left.\frac{(\text{SNR})_O}{(\text{SNR})_C}\right|_{\text{DSB-SC}} = 1 \tag{6.10}$$

注意 C^2 這個常數在輸出端信號雜訊比與頻道信號雜訊比中都會出現，因此在計算優値時會被消掉。

同時請注意在圖 6.4 中，在使用 DSB-SC 調變的接收器其同調偵測器的輸出端上，轉移後之訊號側頻帶爲同調相加；但轉移後之雜訊側頻帶爲非同調相加。這表示在接收器的輸出信號雜訊比是在同調偵測器輸入端信號雜訊比的兩倍。

6.4 調幅接收器內的雜訊

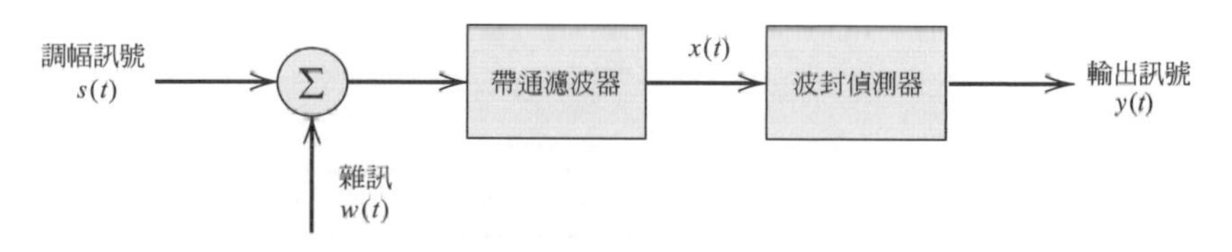

圖 6.5 調幅接收器的雜訊模型

下一個要介紹的雜訊分析，是在接收器端使用波封檢測器之調幅(AM)系統，如圖 6.5 之模型所示。在一個完整的調幅(AM)訊號中，側頻帶與載波均可用以下方式傳遞：

$$s(t) = A_c[1 + k_a m(t)]\cos(2\pi f_c t) \tag{6.11}$$

其中 $A_c\cos(2\pi f_c t)$ 是載波，$m(t)$ 是訊息訊號，k_a 則是一用來決定調變的比例常數。對於在方程式(6.11)中的調幅訊號，我們直接假定載波振幅 A_c 和外加雜訊有相同單位是很合理的。而常數 k_a 可以假定帶有必要的單位使後續單位能一致。

就如同 DSB-SC 接收器，要進行調幅(AM)接收器之雜訊分析，首先我們先計算頻道信號雜訊比，然後計算輸出信號雜訊比。

AM 調幅訊號 $s(t)$ 中，其載波成分的平均功率爲 $A_c^2/2$。而帶有資訊成份 $A_c k_a m(t)\cos(2\pi f_c t)$ 的平均功率爲 $A_c^2 k_a^2 P/2$，其中 P 是訊息訊號 $m(t)$ 的平均功率。全調幅 AM 訊號 $s(t)$ 的平均功率因此便等於 $A_c^2(1+k_a^2 P)/2$。就如同 DSB-SC 系統一樣，在訊息頻寬內雜訊的平均功率等於 WN_0。因此調頻 AM 的頻道雜訊比可表示爲

$$(\mathrm{SNR})_{C,\mathrm{AM}} = \frac{A_c^2(1+k_a^2 P)}{2WN_0} \tag{6.12}$$

要計算輸出信號雜訊比，我們首先要將已濾波的雜訊 $n(t)$，以同相與九十度角的成分表示。如圖 6.5 接收器模型中所示，我們可定義輸入到波封檢測器之濾波訊號 $x(t)$，

$$\begin{aligned} x(t) &= s(t) + n(t) \\ &= [A_c + A_c k_a m(t) + n_I(t)]\cos(2\pi f_c t) - n_Q(t)\sin(2\pi f_c t) \end{aligned} \tag{6.13}$$

若如圖 6.6a 所示，將訊號 $x(t)$ 中的成分以相角方式表示，則會更有意義。從相量圖中，我們可發現接收器輸出端所得到的訊號可表示爲

$$\begin{aligned} y(t) &= x(t)\text{的包線} \\ &= \{[A_c + A_c k_a m(t) + n_I(t)]^2 + n_Q^2(t)\}^{1/2} \end{aligned} \tag{6.14}$$

訊號 $y(t)$ 定義了一個理想波封檢測器的輸出。對我們而言 $x(t)$ 的相位並不重要，因爲理想波封檢測器完全不會受 $x(t)$ 相位變化而有所影響。

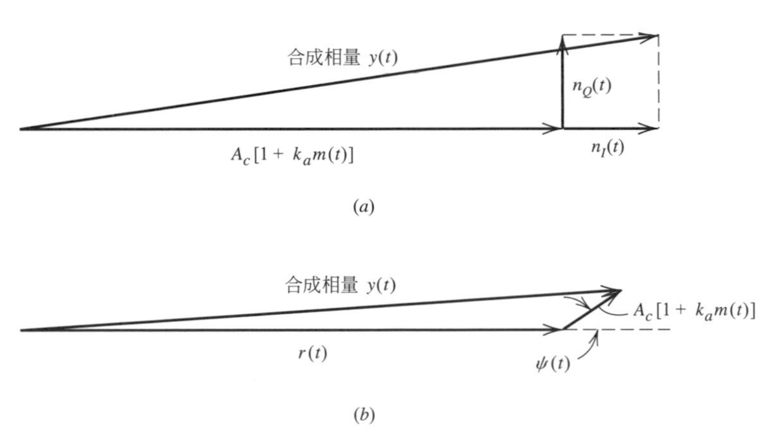

圖 6.6 (a) **在高載波信號雜訊比時，AM 波加上窄頻雜訊之相量圖；**
(b) **在低載波信號雜訊比時，AM 波加上窄頻雜訊之相量圖**

這種定義 $y(t)$ 的方式，有時看起來過爲複雜。而爲了推導出一些有意義的結果，我們需要用某些方式來簡化。特別是我們希望將輸出訊號 $y(t)$ 近似成爲一個訊息項加上雜訊項之和。一般說來，這還蠻難達成的。然而，當平均載波功率遠大於平均雜訊功率，即接收器遂運作良好時，訊號項 $A_c[1+k_a m(t)]$ 將會遠大於雜訊項 $n_I(t)$ 與 $n_Q(t)$，至少在大多數時間是如此。然後我們便可以將 $y(t)$ 假設爲(參考問題 6.7)：

$$y(t) \simeq A_c + A_c k_a m(t) + n_I(t) \tag{6.15}$$

在方程式(6.15)中，由於對傳送載波進行解調變，因此波封檢測器會輸出一直流項或是常數項 A_c。然而，我們可以忽略此項，因爲它和訊息訊號 $m(t)$ 一點關係都沒有。在任何情況下，這個訊號可以輕易的用一個濾波電容將它移除。因此若我們忽略在方程

式(6.15)中的直流項 A_c ，我們可以發現分子部分除了一個比例常數之外，其形式和使用同調偵測的 DSB-SC 接收器非常相似。因此，使用波封檢測器的 AM 接收器輸出信號雜訊比可近似為

$$(\mathrm{SNR})_{O,\mathrm{AM}} \simeq \frac{A_c^2 k_a^2 P}{2WN_0} \tag{6.16}$$

不過，方程式(6.16)僅在下列兩個狀況成立時才可使用：

1. 在波封檢測器輸入端的平均雜訊功率要遠小於平均載波功率。
2. 振幅靈敏度 k_a 被調整到使得調變百分比小於或等於 100%。

整理方程式(6.12)與(6.16)，我們可以得到 AM 調幅系統的優值：

$$\left.\frac{(\mathrm{SNR})_O}{(\mathrm{SNR})_C}\right|_{\mathrm{AM}} \simeq \frac{k_a^2 P}{1+k_a^2 P} \tag{6.17}$$

因此，DSB-SC 接收器或是使用同調偵測之 SSB 接收器的優值總是一，AM 調幅接收器的優值永遠小於一。換句話說，AM **調幅接收器的雜訊表現總是比** DSB-SC **接收器表現為差**。這是由於當傳送載波時會耗費能量，其成因是因為傳送載波是 AM 波的成分。

範例 6.1 單音調變

考慮一個作為調變波之正弦波，其頻率為 f_m ，振幅為 A_m ，可由下式表示

$$m(t) = A_m \cos(2\pi f_m t)$$

其相對應的 AM 波為

$$s(t) = A_c[1+\mu\cos(2\pi f_m t)]\cos(2\pi f_c t)$$

其中 $\mu = k_a A_m$ 是調變參數。而調變波 $m(t)$ 的平均功率為(假定有一個 1 歐姆之負載電阻)

$$P = \frac{1}{2}A_m^2$$

因此，利用方程式(6.17)，我們可得到

$$\left.\frac{(\mathrm{SNR})_O}{(\mathrm{SNR})_C}\right|_{\mathrm{AM}} = \frac{\frac{1}{2}k_a^2 A_m^2}{1+\frac{1}{2}k_a^2 A_m^2} = \frac{\mu^2}{2+\mu^2} \tag{6.18}$$

當 $\mu = 1$ 時，表示 100% 調變，其優值等於 1/3。這表示當其他條件相等時，若欲達到相同的訊號水準時，AM 系統(使用波封檢測器)需傳送之平均功率，是 DSC 系統(使用同調偵測)的三倍。

臨界效應

當載波信號雜訊比小於 1 時，雜訊項便會主導系統的表現，而波封檢測器的表現會和我們先前描述的完全不同。在這種情況下，通常將窄頻雜訊 $n(t)$ ，以其波封 $r(t)$ 與相位 ψ(t)來表示較為方便。

$$n(t) = r(t)\cos[2\pi f_c t + \psi(t)] \tag{6.19}$$

偵測器輸入訊號 $x(t) = s(t) + n(t)$ 其對應的相量圖如圖 6.6b 所示，其中我們將雜訊做為參考，因為此時它是全體訊號中較重要的部份。對於雜訊相量 $r(t)$ ，我們加上一個代表訊號項 $A_c[1 + k_a m(t)]$ 的相量，且兩相量之夾角等於 $\psi(t)$，即雜訊 $n(t)$ 與載波 $\cos(2\pi f_c t)$ 間的相對相位。在圖 6.6b 中假定載波信號雜訊比非常的低，因此在大部分時間載波振幅遠小於雜訊波封 $r(t)$ 。之後我們忽略比雜訊小很多的訊號九十度相位角成分，由圖 6.6b 我們可以發現波封檢測器輸出可近似為

$$y(t) \simeq r(t) + A_c \cos\left[\psi(t)\right] + A_c k_a m(t)\cos\left[\psi(t)\right] \tag{6.20}$$

上式表示當頻道信號雜訊比很低時，偵測器的輸出將和訊息訊號 $m(t)$ 一點關係都沒有。$y(t)$ 表示式中的最後一項包含了訊息訊號 $m(t)$ 與雜訊中的 $\cos\left[\psi(t)\right]$ 項之乘積。從第 5.12 節中，可發現窄頻雜訊 $n(t)$ 的相角 $\psi(t)$ 是均勻分布在 2π 弳度中。因此我們可知道在偵測器的輸出訊號中，完全沒有訊息訊號 $m(t)$ 的資訊，我們完全喪失了所有的資訊。在低載波信號雜訊比時，操作波封檢測器會喪失訊息的這個效應，我們稱之為**臨界效應**。這裡的臨界值是指，**若載波信號雜訊比低於該臨界值時，偵測器雜訊表現的惡化程度會遠快於與載波信號雜訊比成比例**。對於每個非線性的偵測器(例如，波封檢測器)而言，確認是否會產生臨界效應是很重要的。另一方面，這樣的效應並不會出現在同調偵測器中。

6.5 調頻接收器內的雜訊

我們最後將注意力放在頻率調變(FM)系統中的雜訊分析，如同圖 6.7 中所使用的接收器模型。就如同以前一般，雜訊 $w(t)$ 可以使用均值為零，功率頻率密度為 $N_0/2$ 的白色高斯雜訊。接收到的 FM 訊號 $s(t)$ ，其載波頻率為 f_c，傳輸頻寬為 B_T，因此對正頻率而言，落在 $f_c \pm B_T/2$ 頻帶外的能量非常少。

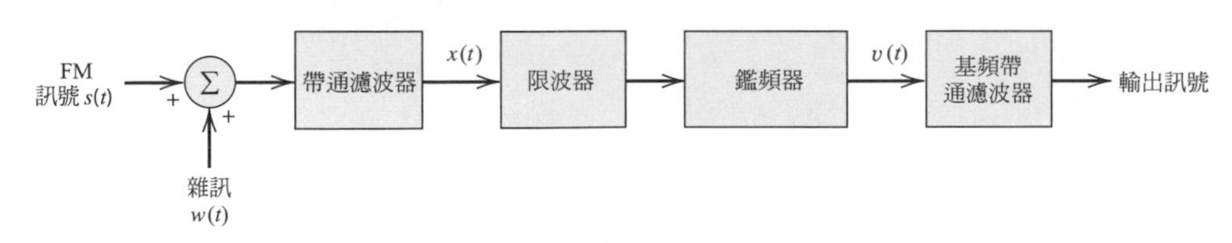

圖 6.7 FM 接收器的雜訊分析模型

就如同 AM 調幅系統的範例一樣，此處帶通濾波器之頻率中心爲 f_c，頻寬爲 B_T，因此 FM 訊號可以輕易無失眞的通過。一般來說，B_T 會遠小於頻率中心 f_c，因此我們可以利用窄頻方式，以及同相與九十度相位角差成份，來表示 $n(t)$ 與已濾波之接收器雜訊 $w(t)$。

在一個 FM 系統中，訊息是由即時的正弦波頻率變化來傳遞，而其振幅會維持定值。因此，任何在接收器輸入端的載波振幅變化，必定是來自於雜訊的干擾。圖 6.7 內的接收器模型中，在帶通濾波器之後的**振幅限制器**，是透過將濾波器輸出端的調變波截波至幾乎到零軸，而去除振幅的變化。因爲限波器中有積分器，因此得到的方波會變成較爲圓滑，所以也會把載波頻率的諧波部分抑制掉。此時濾波器輸出會再次爲正弦波，其中振幅會和接收器輸入端的載波振幅無關。

圖 6.7 中的鑑頻器包含兩個部份：

1. 具有純虛數轉換函數(且函數隨頻率作線性變化)之**斜率網路**或**微分器**。它會產生一個混合調變波，其振幅與頻率均會隨著訊息訊號而有所變化。
2. 一個能回復振幅變化並且重新產生訊息訊號的波封檢測器。

斜率網路與波封檢測器兩者通常實作在單一實體單元內，作爲重要元件。

在圖 6.7 中的**後偵測濾波器**，其標示爲「基頻低通濾波器」，其頻寬足夠大到去符合訊息訊號中的最高頻率。在鑑頻器輸出端，濾波器會移除雜訊中頻帶外的資訊，因此可以將輸出雜訊控制在最小值。

在圖 6.7 中，帶通濾波器輸出端處濾波後之雜訊 $n(t)$，可以用同相與九十度相位角兩個成分來表示

$$n(t) = n_I(t)\cos(2\pi f_c t) - n_Q(t)\sin(2\pi f_c t)$$

等效來說，我們可以利用波封與相位來表示 $n(t)$

$$n(t) = r(t)\cos[(2\pi f_c t) + \psi(t)] \tag{6.21}$$

波封爲

$$r(t) = [n_I^2(t) + n_Q^2(t)]^{1/2} \tag{6.22}$$

相位爲

$$\psi(t) = \tan^{-1}\left[\frac{n_Q(t)}{n_I(t)}\right] \tag{6.23}$$

波封 $r(t)$ 是瑞立分布(Rayleigh distributed)，相角 $\psi(t)$是均勻分布於 2π 强度內(請參閱第 5.11 節)。

輸入的 FM 訊號 $s(t)$ 可以定義為

$$s(t) = A_c \cos\left[2\pi f_c t + 2\pi k_f \int_0^t m(\tau)d\tau\right] \tag{6.24}$$

其中 A_c 是載波振幅，f_c 是載波頻率，k_f 是頻率靈敏度，而 $m(t)$ 是訊息訊號。請注意和處理標準 AM 波時略有不同的是，當我們處理 FM 波時，調變訊號 $s(t)$ 此處不需要引入一個常數因子，因為振幅 A_c 和外加雜訊成份 $n(t)$ 擁有相同單位這個假設是很合理的。為了計算，我們定義

$$\phi(t) = 2\pi k_f \int_0^t m(\tau)d\tau \tag{6.25}$$

我們可以用簡單式來表示 $s(t)$

$$s(t) = A_c \cos[2\pi f_c t + \phi(t)] \tag{6.26}$$

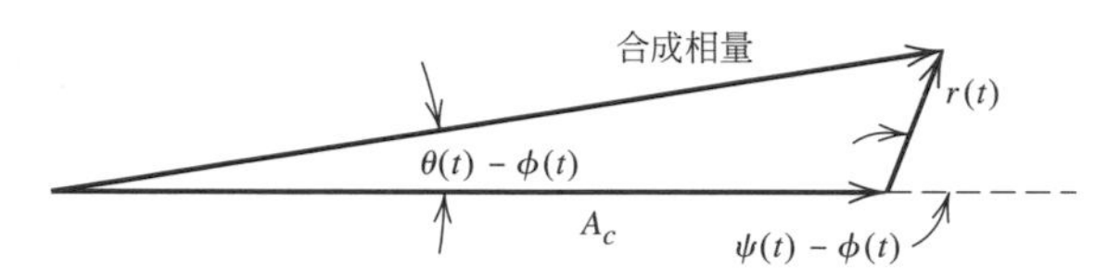

圖 6.8　在高載波信號雜訊比時，FM 波加上窄頻雜訊之相量圖

因此在帶通濾波器輸出端的雜訊為

$$\begin{aligned} x(t) &= s(t) + n(t) \\ &= A_c \cos[2\pi f_c t + \phi(t)] + r(t)\cos[2\pi f_c t + \psi(t)] \end{aligned} \tag{6.27}$$

如圖 6.8 所示，用相量圖來表示 $x(t)$ 會具有較多資訊。在這個圖內，我們將訊號項視為參考值。從圖 6.8 可知，合成相量 $x(t)$ 的相角 $\theta(t)$ 為

$$\theta(t) = \phi(t) + \tan^{-1}\left\{\frac{r(t)\sin[\mathrm{c}\,(t) - \phi(t)]}{A_c + r(t)\cos[\mathrm{c}\,(t) - \phi(t)]}\right\} \tag{6.28}$$

$x(t)$ 的波封對我們而言並無意義，因為任何波封的變化都會由在帶通濾波器輸出端的限波器所移除。

我們的動機是想找出由濾波後之雜訊 $n(t)$ 所影響載波頻率的誤差。假設鑑頻器為理想，其輸出會正比於 $\theta'(t)/2\pi$，其中 $\theta'(t)$ 是 $\theta(t)$ 對時間的微分。然而，看到 $\theta(t)$ 表示法這麼複雜，我們希望能做一些簡化，來讓我們的分析可以推導出一些有用的結果。

我們假定在鑑頻器輸入端的載波信號雜訊比遠大於 1。令 R 代表一個隨機變數，其為藉由(在某固定時間點)觀察具樣本函數 $r(t)$ 的波封程序[由於雜訊 $n(t)$]而得。在大多數時間，此隨機變數 R 遠小於載波振幅 A_c，此時相位 $\theta(t)$ 的表示式可大幅簡化如下式所示：

$$\theta(t) \simeq \phi(t) + \frac{r(t)}{A_c}\sin[\mathrm{c}\,(t) - \phi(t)] \tag{6.29}$$

或者，利用在方程式(6.25)中所給的 $\phi(t)$ ，

$$\theta(t) \simeq 2\pi k_f \int_0^t m(t)dt + \frac{r(t)}{A_c}\sin[\psi(t) - \phi(t)] \tag{6.30}$$

鑑頻器輸出爲

$$\begin{aligned} v(t) &= \frac{1}{2\pi}\frac{d\theta(t)}{dt} \\ &\simeq k_f m(t) + n_d(t) \end{aligned} \tag{6.31}$$

此時雜訊相 $n_d(t)$ 可以定義爲

$$n_d(t) = \frac{1}{2\pi A_c}\frac{d}{dt}\{r(t)\sin[\psi(t) - \phi(t)]\} \tag{6.32}$$

我們看到若提供高信號雜訊比，則鑑頻器輸出 $v(t)$ 包含了原本的調變波訊號內的訊息 $m(t)$ 乘上一個常數因子 k_f ，再加上一個外加的雜訊訊號 $n_d(t)$ 。因此，如同先前所定義的，我們可以使用輸出信號雜訊比來評估 FM 接收器的表現。然而，在此之前，若我們可以簡化雜訊 $n_d(t)$ 的表示式，對我們較有助益。

從圖 6.8 中的相量圖，我們注意到訊號項 $\phi(t)$ 合併時窄頻雜訊相角 $\psi(t)$ 也會隨之變化。我們知道相角 $\phi(t)$ 均勻的分布在 2π 弳度中。所以也可嘗試假設相位差 $\psi(t) - \phi(t)$ 是均勻分布在 2π 弳度內。若上述假設成立，則在鑑頻器輸出端的雜訊 $n_d(t)$ 將只會和載波與窄頻雜訊的性質有關，而和調變訊號無關。理論上的推論表示當系統內有高載波信號雜訊比時，這個假設會成立。之後我們可以將方程式(6.32)簡化爲：

$$n_d(t) \simeq \frac{1}{2\pi A_c}\frac{d}{dt}\{r(t)\sin[\psi(t)]\} \tag{6.33}$$

然而，從推導方程式 $r(t)$ 與 $\psi(t)$ 的過程中，我們注意到濾波後雜訊 $n(t)$ 的九十度相角成分 $n_Q(t)$ 可表示爲

$$n_Q(t) = r(t)\sin[\psi(t)] \tag{6.34}$$

因此，我們可將方程式(6.33)重新表示爲

$$n_d(t) = \frac{1}{2\pi A_c}\frac{dn_Q(t)}{dt} \tag{6.35}$$

這表示在此鑑頻器輸出處所**外加的雜訊** $n_d(t)$ ，是由載波振幅 A_c 與窄頻雜訊 $n(t)$ **的九十度相角成分** $n_Q(t)$ **所決定的**。

輸出信號雜訊比的定義是訊號平均輸出訊號和雜訊平均輸出功率的比值。從方程式(6.31)，我們可以看到在鑑頻器輸出端的訊息成分，以及低通濾波器的輸出爲 $k_f m(t)$ 。因此，訊號平均輸出功率等於 $k_f^2 P$ ，其中 P 等於訊息訊號 $m(t)$ 的平均功率。

要計算出雜訊平均輸出功率，我們發現在鑑頻器輸出端的雜訊 $n_d(t)$ ，和雜訊的九十度相位成份 $n_Q(t)$ 隨時間微分的值成正比。因為函數對時間作微分時，是對應於函數的傅立葉轉換再乘上 $j2\pi f$，從而我們可以經由將 $n_Q(t)$ 通過具有如下式轉移函數之線性濾波器而得到雜訊程序 $n_d(t)$ ：

$$\frac{j2\pi f}{2\pi A_c} = \frac{jf}{A_c}$$

這表示雜訊 $n_d(t)$ 的功率頻譜密度 $S_{N_d}(f)$，和雜訊九十度相角成分 $n_Q(t)$ 的功率頻譜密度 $S_{N_Q}(f)$ 之間的關聯性如下：

$$S_{N_d}(f) = \frac{f^2}{A_c^2} S_{N_Q}(f) \tag{6.36}$$

圖 6.7 中的接收器模型內之帶通濾波器，擁有一個頻寬為 B_T、中心頻率為 f_c 的理想頻率響應，其窄頻雜訊 $n(t)$ 將會有一個類似特性的功率頻譜密度。這表示窄頻雜訊 $n(t)$ 的九十度相位角分量 $n_Q(t)$ 會擁有如圖 6.9a 中理想低通濾波器的特性。雜訊 $n_d(t)$ 相對應的功率頻譜密度也顯示在圖 6.9b 中，也就是

$$S_{N_d}(f) = \begin{cases} \dfrac{N_0 f^2}{A_c^2}, & |f| \le \dfrac{B_T}{2} \\ 0, & \text{其他處} \end{cases} \tag{6.37}$$

在圖 6.7 的接收器模型中，鑑頻器輸出之後為一頻寬為 W 的低通濾波器。對寬頻帶 FM 系統，我們通常發現 W 小於 $B_T/2$，其中 B_T 是 FM 訊號的傳輸頻寬。這代表雜訊 $n_d(t)$ 中不在頻帶內的部份將會被濾除。因此，在接收器輸出端，雜訊 $n_o(t)$ 功率頻譜密度 $S_{N_o}(f)$ 可定義為

$$S_{N_o}(f) = \begin{cases} \dfrac{N_0 f^2}{A_c^2}, & |f| \le W \\ 0, & \text{其他處} \end{cases} \tag{6.38}$$

如同在圖 6.9c 中所示。雜訊平均輸出功率可透過將功率頻譜密度 $S_{N_o}(f)$ 從 $-W$ 積分到 W 而得之。然後我們可得到下列結果：

$$\begin{aligned} \text{雜訊平均輸出功率} &= \frac{N_0}{A_c^2} \int_{-W}^{W} f^2 df \\ &= \frac{2N_0 W^3}{3A_c^2} \end{aligned} \tag{6.39}$$

注意雜訊平均輸出功率和平均載波功率 $A_c^2/2$ 成反比，因此，在一個 FM 系統中，增加載波功率**可以提升抗雜訊的功能**。

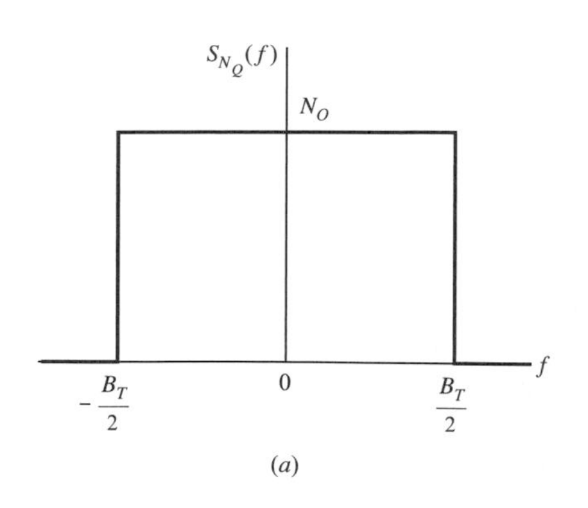

(*a*)

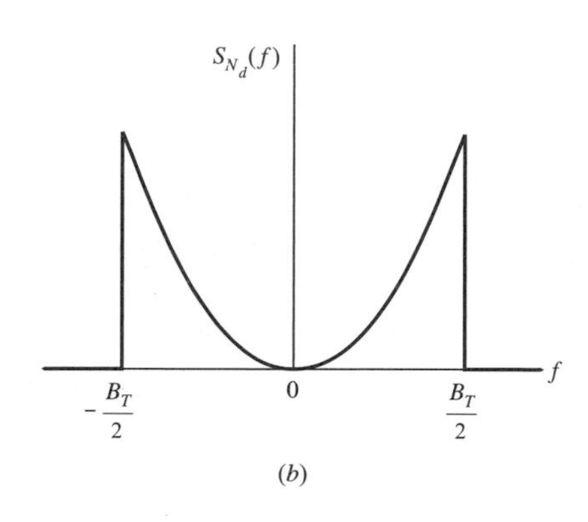

(*b*)

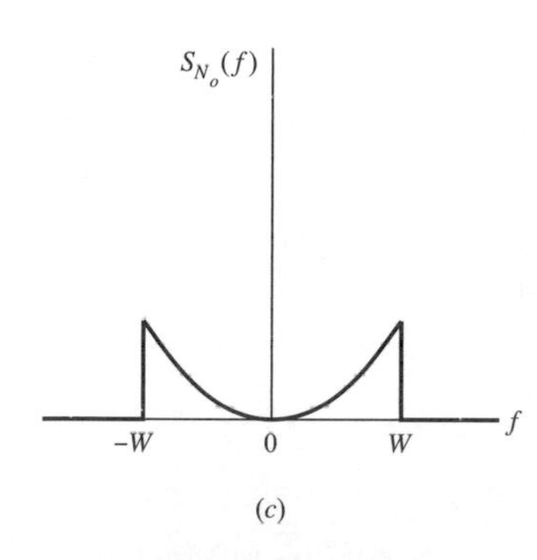

(*c*)

圖 6.9　FM 接收器的雜訊分析：

(a) 窄頻雜訊 $n(t)$之正交分量 $n_Q(t)$功率頻譜密度；

(b) 在濾頻器輸出端雜訊 $n_d(t)$的功率頻譜密度；

(c) 接收器輸出端雜訊 $n_o(t)$的功率頻譜密度

先前計算出訊號平均輸出功率爲 $k_f^2 P$ 。因此，若有高載波信號雜訊比，我們可將此平均輸出功率除以方程式(6.39)中的平均輸出雜訊功率，而得到在輸出端的信號雜訊比

$$(\mathrm{SNR})_{O,\mathrm{FM}} = \frac{3A_c^2 k_f^2 P}{2N_0 W^3} \tag{6.40}$$

調變訊號 $s(t)$ 的平均功率是 $A_c^2/2$，而在訊息頻帶內的平均雜訊功率爲 WN_0 。因此頻道信號雜訊比爲

$$(\mathrm{SNR})_{C,\mathrm{FM}} = \frac{A_c^2}{2WN_0} \tag{6.41}$$

將輸出信號雜訊比除以頻道信號雜訊比，我們可以得到 FM 調變的優值爲：

$$\left.\frac{(\mathrm{SNR})_O}{(\mathrm{SNR})_C}\right|_{\mathrm{FM}} = \frac{3k_f^2 P}{W^2} \tag{6.42}$$

第 4.3 節中有提到頻率偏差 Δf 和調變器的頻率靈敏度 k_f 成正比。此外，由定義可知，差異比 D 等於頻率偏差 Δf 除以訊息頻寬 W。換句話說，差異比 D 正比於比值 $k_f P^{1/2} / W$。由方程式(6.42)可表示一寬頻 FM 系統之優值是差異比 D 的二次方函數。現今在寬頻 FM 系統中，傳輸頻寬 B_T 大約和差異比 D 成正比。因此我們可以說當載波信號雜訊比很高時，若增加傳輸頻寬 B_T，則整個 FM 系統輸出信號雜訊比或優值可以相對應增加平方倍。在此處要注意的是，和 AM 調幅不同之處在於，使用調頻確實提供了一個有用的機制，即為當提供一個較廣的傳輸頻寬時，可得到一個較好的雜訊表現。

範例 6.2 單音調變

考慮以一個頻率為 f_m 的正弦波作為調變訊號，假定一個頻率偏移峰值為 Δf。之後我們定義 FM 調變訊號為

$$s(t) = A_c \cos\left[2\pi f_c t + \frac{\Delta f}{f_m}\sin(2\pi f_m t)\right]$$

因此，我們可以整理如下

$$2\pi k_f \int_0^t m(\tau)d\tau = \frac{\Delta f}{f_m}\sin(2\pi f_m t)$$

將等式兩邊對時間作微分，整理並求出 $m(t)$ 後我們可得到

$$m(t) = \frac{\Delta f}{k_f}\cos(2\pi f_m t)$$

因此，訊息訊號 $m(t)$ 的平均功率(假設跨接一個 1 歐姆的負載)為，

$$P = \frac{(\Delta f)^2}{2k_j^2}$$

將此結果中之輸出端信號雜訊比，以方程式(6.40)來替代，我們可得到

$$\begin{aligned}(\mathrm{SNR})_{O,\mathrm{FM}} &= \frac{3A_c^2(\Delta f)^2}{4N_0W^3} \\ &= \frac{3A_c^2\beta^2}{4N_0W}\end{aligned}$$

其中 $\beta = \Delta f / W$ 是調變係數。利用方程式(6.42)來評估相對應之優值，我們可得到

$$\begin{aligned}\left.\frac{(\mathrm{SNR})_O}{(\mathrm{SNR})_C}\right|_{\mathrm{FM}} &= \frac{3}{2}\left(\frac{\Delta f}{W}\right)^2 \\ &= \frac{3}{2}\beta^2\end{aligned} \tag{6.43}$$

注意調變係數 $\beta = \Delta f / W$ 是由後偵測低通濾波器的頻寬 W 來決定的，它和訊息正弦波頻率 f_m 無關，除此之外這個濾波器通常是用來讓想要的訊息通過；而這只是爲了設計上的連貫性。對某個特別系統頻寬 W，訊息正弦波頻率 f_m 通常會介於 0 到 W 之間，且會擁有相同的輸出信號雜訊比。

特別值得注意的是，AM 與 FM 系統之間的雜訊表現比較。我們可用一個更深入的方式來比較兩系統，便是計算當同時使用一個正弦波調變訊號時，兩系統的優値各爲何。若 AM 調幅系統使用正弦波調變訊號，假定其爲 100%調變，可得到下列公式爲(參考範例 6.1)：

$$\left.\frac{(\mathrm{SNR})_O}{(\mathrm{SNR})_C}\right|_{\mathrm{AM}} = \frac{1}{3}$$

比較在方程式(6.43)中 FM 調頻系統的優値。我們可以看到 FM 調頻系統比起 AM 調幅系統，可能可以提供較好的雜訊表現，當下式成立時

$$\frac{3}{2}\beta^2 > \frac{1}{3}$$

也就是說

$$\beta > \frac{\sqrt{2}}{3} = 0.471$$

因此我們可以考慮令 $\beta = 0.5$，**作為窄頻與寬頻 FM 調頻系統之間轉換的臨界值**。這個基於對雜訊的考量而描述 FM 波頻寬的方式，更進一步的確認了我們在第 4.3 節中類似的觀察。

Physicists like to think that all you have to do is say, these are the conditions, now what happens next?

Richard Feynman

(圖片來源：維基百科)

捕獲效應

在 FM 系統內的固有能力，是將不要的訊號給排除掉(例如：雜訊，如同上面所討論的)。而這個特性也會發生在當另一個帶有相近載波頻率之調頻訊號對原訊號產生**干擾**時。然而，在 FM 調頻接收器內的干擾抑制，僅會在當干擾訊號比原 FM 輸入訊號微弱時產生。當干擾訊號比原本訊號要強時，接收器會鎖定較強的訊號，而抑制掉原本所要的 FM 輸入訊號。當兩者訊號強度差不多時，接收器會在兩者之間選擇並且來回振盪。這個現象稱之爲**捕獲效應**，是調頻訊號的另一個獨特的性質。

FM 臨界效應

方程式(6.40)定義了 FM 接收器輸出信號雜訊比，僅會在當鑑頻器輸入端的載波信號雜訊比高於 1 時，才會成立。這是經由實驗而發現當輸入雜訊功率逐漸增加時，載波信號雜訊比會下降，到最後 FM 接收器會**失效**。一開始，在接收器輸出端會聽到一些個別的聲響，而當載波信號雜訊比持續下降時，單獨的聲響將會持續、合併成爲一個**爆裂聲**或**批哩啪拉**的聲響。靠近臨界點時，方程式(6.40)因其所預測的輸出信號雜訊比大於實際值而開始失效。這個現象也被稱爲**臨界效應**(threshold effect)[1]。臨界值定義爲，能產生 FM 改善效果且不會偏離一般(即假設小雜訊功率下)信號雜訊比公式的預測值過多的一個最小載波雜訊比。

對 FM 臨界效應的定性討論，首先考慮當沒有任何訊號時，這表示載波並未被調變。之後在鑑頻器輸入端的合成訊號爲

$$x(t)=[A_c+n_I(t)]\cos(2\pi f_c t)-n_Q(t)\sin(2\pi f_c t) \tag{6.44}$$

其中 $n_I(t)$ 與 $n_Q(t)$ 分別爲相對於載波的窄頻雜訊 $n(t)$ 的同相與九十度相位分量。圖 6.10 的相量圖顯示在方程式(6.44)中 $x(t)$ 的不同成分之間的相角關係。由於 $n_I(t)$ 與 $n_Q(t)$ 的振幅與相位均會隨時間而隨機變化，P_1 點[代表 $x(t)$ 相角之頂點]會在 P_2 點(代表載波相角之頂點)附近遊盪。當載波信號雜訊比夠大時，$n_I(t)$ 與 $n_Q(t)$ 通常會遠小於載波振幅 A_c，因此在圖 6.10 中變動的點 P_1，在大多數時間都會很靠近 P_2 點。因此 $\theta(t)$ 大約等於 $n_Q(t)/A_c$ 加上 2π 的倍數。另一方面，當載波信號雜訊比很低時，變動的點 P_1 有時會通過原點附近，而 $\theta(t)$ 會以 2π 弳度增加或減少。圖 6.11 顯示 $\theta(t)$ 振動的非常嚴重，如圖 6.11a 中所示，而在 $\theta'(t)=d\theta(t)/dt$ 中會產生類似脈衝式的分量。鑑頻器輸出爲 $v(t)$ 等於 $\theta'(t)/2\pi$。這些類似脈衝的分量會具有不同的高度，並且由這些變動點 P_1 如何經過原點 O 來決定，不過通常其面積大約等於$\pm 2\pi$ 弳度，如圖 6.11b 所示。當圖 6.11b 中所顯示的訊號通過一個後偵測低通濾波器時，在接收器輸出端會有相對應但更寬的類似脈衝的分量被激發出，並且聽起來像是一個咔噠聲。這個聲響僅會在當 $\theta(t)$ 是以$\pm 2\pi$ 弳度變化才會發生。

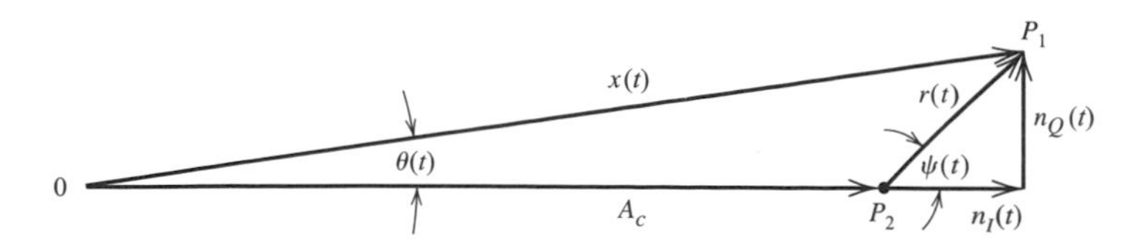

圖 6.10 以相量圖說明方程式(6.44)

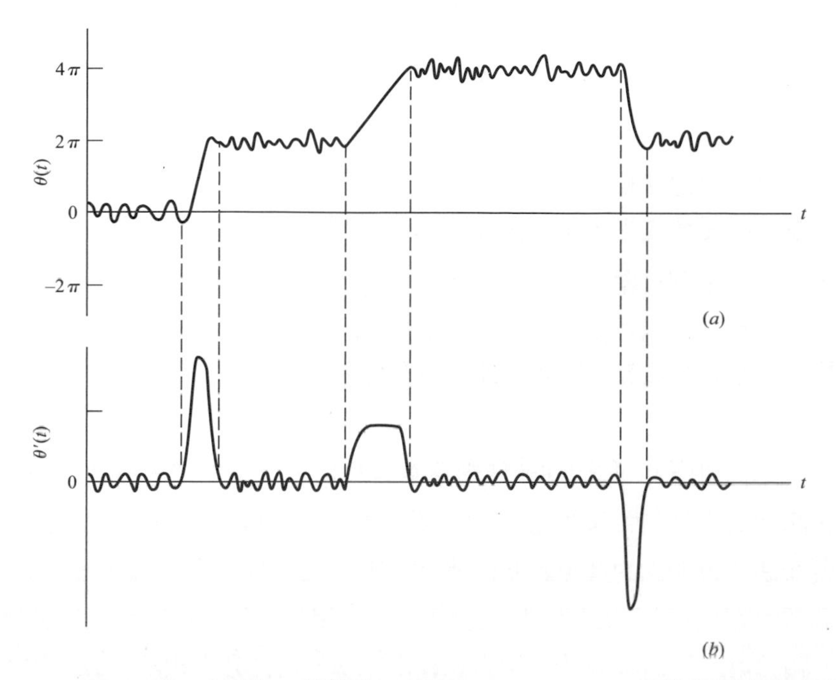

圖 6.11 在 $\theta(t)$內，每隔 2π 的變化，會使 $\theta'(t) = d\theta(t) / dt$ 產生如脈衝般的圖形；此處(a)和(b)分別是 $\theta(t)$與 $\theta'(t)$ 的示意圖

由圖 6.10 內的相量圖，我們可以推導出發出聲響時的狀況。若要發出一個正向的聲響，則窄頻雜訊 $n(t)$ 的波封 $r(t)$ 與相位 $\psi(t)$ 必須滿足下列狀況：

$$r(t) > A_c$$
$$\psi(t) < \pi < \psi(t) + d\psi(t)$$
$$\frac{d\psi(t)}{dt} > 0$$

這些狀況確保合成相量 $x(t)$ 的相位 $\theta(t)$ ，是以 2π 强度隨時間 dt 增加，而此時窄頻雜訊是以 $d\psi(t)$ 方式增加。類似的情況，若要產生一個負向的聲響，則必須滿足下列情況：

$$r(t) > A_c$$
$$\psi(t) > -\pi > \psi(t) + d\psi(t)$$
$$\frac{d\psi(t)}{dt} < 0$$

上述狀況確認相位 $\theta(t)$ 是以 -2π 弳度隨時間 dt 增加。

要計算出臨界效應，首先我們將載波信號雜訊比定義為

$$\rho = \frac{A_c^2}{2B_T N_0} \tag{6.45}$$

當 ρ 降低時，單位時間內的平均聲響次數會增加。當這個數目變到足夠大時，便是我們所稱的臨界現象。

輸出信號雜訊比可依下列方式來計算：

1. 輸出訊號是當無雜訊時，在接收器輸出端所量測到的值。平均輸出訊號功率可透過假定正弦波調變會產生一個大小等於 $B_T/2$ 的頻率偏差 Δf 來計算，因此載波會在整個輸入頻帶中來回搖擺。
2. 要計算平均輸出雜訊功率，則必須要沒有任何輸入訊號時；也就是說，當載波未發生調變時，也就是載波信號雜訊比 ρ 沒有任何限制時。

由上面的推導我們可得知，經由理論得到圖 6.12 中的曲線 I [2]，代表當 $B_T/2W$ 等於 5 時，輸出信號雜訊比與載波信號雜訊比之間的關連性。這條曲線說明了，當 ρ 小於 10dB 時，其輸出信號雜訊比會明顯的偏離載波信號雜訊比 ρ 之線性函數。圖 6.12 的第二條曲線 II 顯示了當調變訊號(假定為正弦波)與雜訊同時出現時，輸出信號雜訊比調變效應被影響的程度。關於第二條曲線 II 的平均雜訊輸出功率，也會發生和第一條曲線 I 一樣的效應。然而，平均輸出雜訊功率會明顯受到調變訊號是否存在而有所影響，這可以說明第二條曲線 II 和第一條曲線 I 兩者之間的顯著差異。特別是我們發現當 ρ 從無窮大遞減，到 ρ 大約等於 11dB 時，輸出信號雜訊比會明顯偏離 ρ 的線性函數。另外，當此訊號產生時，後續載波調變便會趨向增加每秒聲響的平均數目。而實際上進行實驗時，我們會發現當載波信號雜訊比為 13dB 時，在接收器輸出端處會有些聲響產生，這比原先理論所預測的稍微高了一點。同時也值得注意到，在調變存在下，每秒平均聲響數目的快速增加現象，會導致略低於臨界值的輸出信號雜訊比下降得更快些。

從上述的討論當中，我們可以得到結論：在大多數實際情況下在 FM 接收器裡的臨界效應可以被避免，只要當載波信號雜訊比等於或大於 20，或是 13dB。因此，利用方程式.(6.45)我們可以發現到鑑頻器輸出端訊息的損失是可忽視的，當下式成立時

$$\frac{A_c^2}{2B_T N_0} \geq 20$$

或者換個方式來說，當平均傳輸功率 $A_c^2/2$ 滿足下列情況時：

$$\frac{A_c^2}{2} \geq 20 B_T N_0 \tag{6.46}$$

爲了使用這個方程式，我們可以進行下列步驟：

1. 對某個特定的調變係數 β 以及訊息頻寬 W，我們利用圖 4.9 中的曲線或是卡森規則(Carson's rule)來計算出 FM 波的傳輸頻寬 B_T 。
2. 假定單位頻寬內的某特定平均雜訊功率爲 N_0 ，我們使用方程式(6.46)可計算出在臨界值上操作之平均傳輸功率最小值爲 $A_c^2/2$。

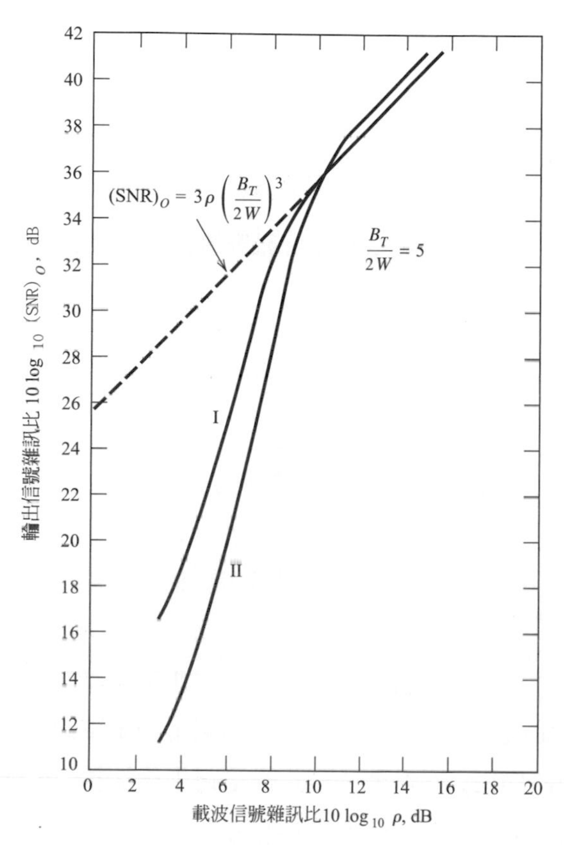

圖 6.12 輸出信號雜訊比與輸入信號雜訊比之間的關係。在第一條曲線 I，是假設一個未調變之載波時所求得之平均輸出雜訊功率。在第二條曲線 II，則是假設一個正弦波調變之載波時，所求得之平均輸出雜訊功率。I 和 II 兩條曲線都是由理論推導而得到。

降低 FM 系統臨界效應值

在某些應用情況下會使用調頻，例如太空通訊中；而在 FM 接收器中降低雜訊臨界值是很重要的，因爲這樣我們便可以用一低訊號功率來使接收器正常運作。在 FM 接收器中要降低臨界值，可以利用一個帶有負回授之 FM 解調變器(通常稱爲 **FMFB 解調變器**)，或是利用一個**鎖相迴路解調變器**。這類的裝置通常可被視爲是**延伸臨界值之解調變器**，其概念如圖 6.13 所示。在圖中臨界值的延伸可由標準鑑頻器來量測(也就是沒有回授)。

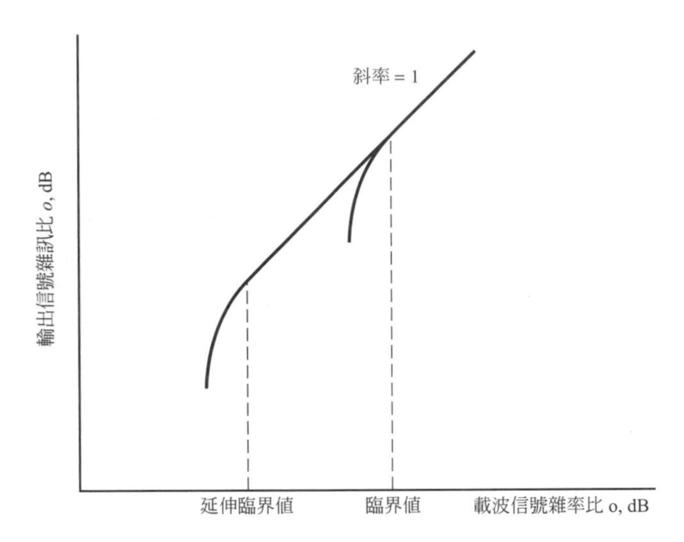

圖 6.13 FM **臨界值延伸**

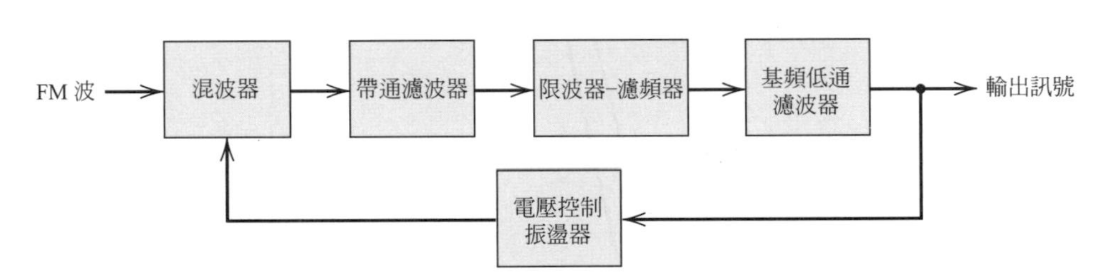

圖 6.14 FMFB 解調變器

FMFB 解調變器之方塊圖[3]如圖 6.14 所示。我們看到傳統 FM 接收器的區域振盪器被換成由電壓控制的振盪器(VCO)，其特性爲即時輸出頻率是由解調變訊號所控制。爲了了解這個接收器的運作模式，我們先假設從電路中移除掉 VCO，而回授線路維持開路狀態。假設一寬頻 FM 訊號進入接收器輸入端，而另一個來自相同波源但調變係數較小之 FM 訊號，是由混波器的 VCO 輸入端輸入。混波器的輸出端會包含不同頻率成分，因爲合成頻率波會被帶通濾波器濾除。雖然兩個輸入 FM 波的頻率偏差都很大，但因它們兩者間的瞬間偏差相差很小，所以混波器輸出端的頻率偏差會很小。因此調變係數可以相減，而在混波器輸出端的 FM 波會擁有一個較小的調變係數。帶有較小調變係數之 FM 波可以通過帶通濾波器，其頻寬僅需要寬頻 FM 訊號的一部分，之後再進行頻率解調變。由上面的推導很明顯的可知道，加入混波器的第二個寬頻 FM 訊號可以透過將鑑頻器的輸出訊號送回 VCO 而得到。

現在將證明，若載波信號雜訊比夠大的話，當給予相同的輸入訊號與相同的雜訊功率水準時，FMFB 接收器的信號雜訊比，會等於傳統 FM 接收器之信號雜訊比。此時先假設解調變器處沒有回授。此時合併一個未調變之載波訊號 $A_c\cos(2\pi f_c t)$ 與窄頻雜訊

$$n(t)=n_I(t)\cos(2\pi f_c t)-n_Q(t)\sin(2\pi f_c t)$$

假設載波信號雜訊比是夠高時，限波器鑑頻器輸入端的合成訊號 $x(t)$ 之相位大約等於 $n_Q(t)/A_c$。對我們而言 $x(t)$ 的波封大小並無意義，因為限波器會移除波封的所有變化。因此在鑑頻器輸入端，其合成的訊號包含了一個小係數相位調變波，以及和載波相角差異九十度的雜訊 $n_Q(t)$。當有回授訊號時，VCO 會產生一個調頻訊號，並且降低在帶通濾波器輸出端訊號，也就是雜訊的九十度相位差成分 $n_Q(t)$ 的相位調變係數。因此我們發現只要載波信號雜訊比夠大時，其 FMFB 接收器並不會被同相雜訊成份 $n_I(t)$ 所影響，但是它會解調變九十度相位差雜訊成分 $n_Q(t)$，就如同它解調變信號調變一般。訊號與九十度雜訊成份，經由回授會以相同的比例減小，因而其基頻信號雜訊比會和回授無關。當高載波信號雜訊比時，FMFB 接收器之基頻信號雜訊比會等於傳統 FM 接收器之基頻信號雜訊比。

FMFB 接收器能夠延伸臨界值的原因在於，不像傳統的 FM 接收器，FMFB 接收器使用了優先資訊中的一個重要部份；也就是，即使輸入的 FM 波載波頻率通常帶有很大的頻率偏差，其仍以基頻速度改變。一個 FMFB 解調變器必須是一個追蹤濾波器，其可以追蹤在寬頻 FM 信號內緩慢改變之頻率，因此它可以僅回應在即時載波頻率附近之窄頻雜訊。FMFB 接收器之雜訊頻寬會根據 VCO 所追蹤的雜訊頻帶而有變化。結果 FMFB 接收器能夠將臨界值提升約 5~7dB，對於一個最小功率 FM 系統而言，這是一個顯著的改善。

如同 FMFB 解調變器一樣，鎖相迴路(我們先前在第四章討論過)也是一個追蹤濾波器，其雜訊頻寬也會和 VCO 所追蹤的雜訊頻帶一樣。確實，鎖相迴路解調變器[4]可以用一個很簡單的電路，而提供一個臨界值延伸的效果。不幸的是，臨界值延伸的大小並無法由現今的任何理論預測出來，且它會依據訊號參數而有所不同。概略的說，在典型的應用上，鎖相迴路系統僅能提升一些(約 2 到 3)分貝，其仍無法比上 FMFB 解調變器。

史蒂芬・萊斯 (Stephen O. Rice，1907-1986)

(圖片來源：IEEE GHN)

史蒂芬・萊斯是新澤西州貝爾實驗室的技術人員，他在 1945 年時發表了第一篇有關雜訊對類比通訊訊號之影響的論文。這篇經典文章，包含了三個部份，以其對隨機雜訊之完整數學表示與特性而著名。論文中的第三部份，是第一次推導正弦訊號加上高斯雜訊之分布。而現今這個分布，則是以萊斯的名字來命名。

在 1963 年，萊斯又發表了另外一個重要的貢獻，其利用啟發式的步驟分析了在 FM 接收器輸出端因雜訊而受影響之臨界值，並且以公式說明。這個現象難以用數學式表示，但這個現象可透過當輸入端之信號雜訊比遞減時，其來自於 FM 接收器輸出端會增加「聲響」的數目而發現。第二個貢獻令人矚目之處在於理論與實際幾乎完全一致。

6.6 FM 的預強與去強

在第 6.5 節中，我們已得知在 FM 接收器端的雜訊功率頻譜密度，會和操作頻率平方成正比，如圖 6.15a 所示。在圖 6.15b 中，我們也引入一典型訊息源的功率頻譜密度；包括音頻與視訊訊號，通常均帶有這種形式的頻譜。特別當我們會看到在高頻區域，訊息之功率頻譜密度下降的非常快。另一方面，輸出雜訊之功率頻譜密度則是隨著頻率上升而跟著增大。因此，當頻率 $f = \pm W$ 附近，訊息的相對功率頻譜較低，而輸出雜訊之功率頻譜相對較高。很明顯的，訊息並未有效利用它所分配到的頻帶。可能會想到的一個系統雜訊表現的改善方法是，稍微減低後偵測低通濾波器的頻寬，以便在僅損失少量訊息功率下而濾除大量的雜訊功率。然而這樣的方法，通常沒辦法滿足因爲來自於降低濾波器頻寬而造成訊息失眞的結果，即使是很輕微，通常也都不能忍受。比方說，若以音樂作爲例子，儘管我們發現即使高頻部份對於全部功率貢獻非常的少，但從審美的觀點而言，高頻部份仍佔有無可取代的地位。

一個有效利用允許頻帶的更理想方法是基於，在傳送器使用**預強濾波器**，而在接收器使用**去強濾波器**，如圖 6.16 所示。利用這個方法，我們在訊息進入傳送器之前，先以人工方式加強高頻部份訊號，此時雜訊並未進入接收器端。實際上，訊息訊號功率頻譜密度之低頻與高頻部份，會以訊息完全佔據分配到的頻帶之方式而被等化。然後，在接收器中的解頻器輸出端，我們可以進行反運算，也就是解加強高頻部份，因而得到原本的訊息訊號之功率分布。在此過程中，在解頻器輸出端雜訊高頻部份同時也會被抑制，因此可以有效的增進系統輸出端之信號雜訊比。像這樣的預加強與解加強過程，常見於目前商用的 FM 廣播傳送與接收過程。

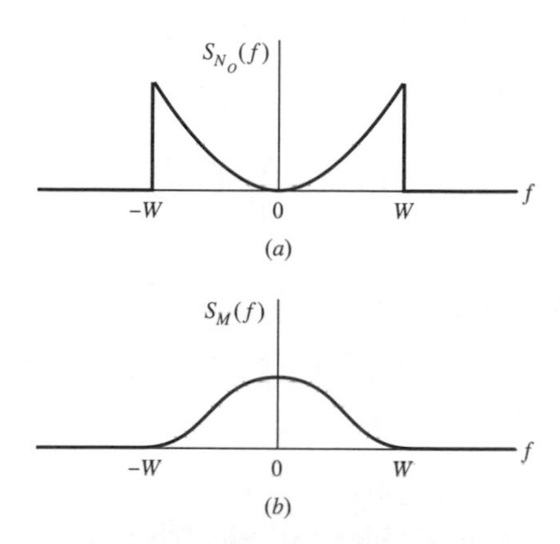

圖 6.15 (a)**在 FM 接收器輸出端之功率頻譜密度；**
(b)**典型訊息訊號之功率頻譜密度**

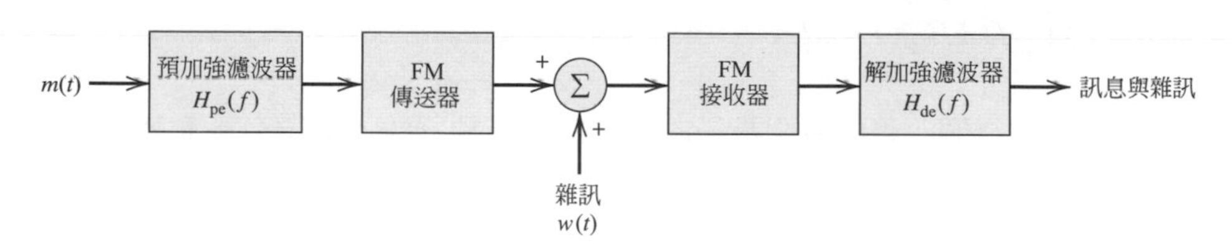

圖 6.16 在 FM 系統內使用預加強與解加強

為了在接收器輸出端得到一個未失真之原始訊號，在傳送器中之預加強濾波器以及在接收器的解加強濾波器，必須具有理想轉換函數，且兩者彼此必須是反函數。也就是說，若 $H_{pe}(f)$ 代表預加強濾波器的轉換函數，其解加強濾波器之轉換函數 $H_{de}(f)$ 理想上應該是(若忽略傳輸延遲)

$$H_{de}(f) = \frac{1}{H_{pe}(f)}, \quad -W \le f \le W \tag{6.47}$$

適當的選擇轉換函數，可以讓在接收器輸出端之平均訊息功率，和預加強與解加強濾波過程無關。

從我們先前在 FM 系統內的雜訊分析，假定在鑑頻器輸出端有高載波信號雜訊比，其雜訊 $n_d(t)$ 之功率頻譜密度爲

$$S_{N_d}(f) = \begin{cases} \dfrac{N_0 f^2}{A_c^2}, & |f| \le \dfrac{B_T}{2} \\ 0, & \text{其他處} \end{cases} \tag{6.48}$$

因此，在解調變濾波器輸出端之修正功率頻譜密度等於 $|H_{de}(f)|^2\, S_{Nd}(f)$。就如同以前一樣，確認後偵測低通濾波器具有頻寬 W 少於 $B_T/2$ 時，也就是說，我們會發現在接收器輸出端，修正後雜訊之平均功率爲：

$$\left(\text{解加強處之雜訊平均輸出功率}\right) = \frac{N_0}{A_c^2}\int_{-W}^{W} f^2\, |H_{de}(f)|^2\, df \tag{6.49}$$

理想上來說，因爲在接收器輸出端之平均訊息功率應該不會被預加強與解加強過程之影響，因此在傳送器端的預加強與接收器端的解加強過程，其輸出信號雜訊比的改善程度可定義爲

$$I = \frac{\text{無預加強與解加強時之雜訊平均輸出功率}}{\text{有預加強與解加強時之雜訊平均輸出功率}} \tag{6.50}$$

先前我們顯示無預加強與解加強時之雜訊平均輸出功率等於 $(2N_0W^3/3A_c^2)$。因此，在將相同項抵消之後，我們可以將改善係數 I 表示爲

$$I = \frac{2W^3}{3\displaystyle\int_{-W}^{W} f^2\, |H_{de}(f)|^2\, df} \tag{6.51}$$

要特別強調的是，這個改善係數假設是在接收器內鑑頻器輸入端帶有高載波信號雜訊比的情況下才會成立。

範例 6.3

一個簡單預加強濾波器會加強高頻部份，且通常可用一個轉換函數表示之

$$H_{pe}(f) = 1 + \frac{jf}{f_0}$$

我們可以透過用圖 6.17a 之 RC 放大器網路，更深入的了解這個轉換函數，其中在我們有興趣的頻帶內，$R \ll r$ 與 $2\pi fCr \ll 1$。在圖 6.17a 中的放大器是透過 RC 網路而讓低頻部份能量衰減。頻率參數 f_0 爲 $1/(2\pi Cr)$。

在接收器相對應的解加強濾波器可以透過轉換函數來定義

$$H_{de}(f)=\frac{1}{1+jf/f_0}$$

而此函數可透過圖 6.17b 中的簡單 RC 網路來達成。

圖 6.17 中使用預加強與解加強濾波器，在 FM 接收器輸出信號雜訊比的改進係數爲

$$\begin{aligned} I &= \frac{2W^3}{3\int_{-W}^{W}\frac{f^2 df}{1+(f/f_0)^2}} \\ &= \frac{(W/f_0)^3}{3[(W/f_0)-\tan^{-1}(W/f_0)]} \end{aligned} \tag{6.52}$$

在商用 FM 廣播中，我們通常令 $f_0=2.1\text{kHz}$，因此我們可以合理的假設 $W=15\text{kHz}$。上述假設可得到 $I=22$，其在接收器輸出端的輸出信號雜訊比可改進 13dB。而一般無預加強與解加強濾波之 FM 接收器，其輸出信號雜訊比通常爲 40~50dB。因此我們可發現，透過使用如圖 6.17 中的預加強與解加強之簡單濾波器，我們可以顯著的改進在接收器之雜訊表現。

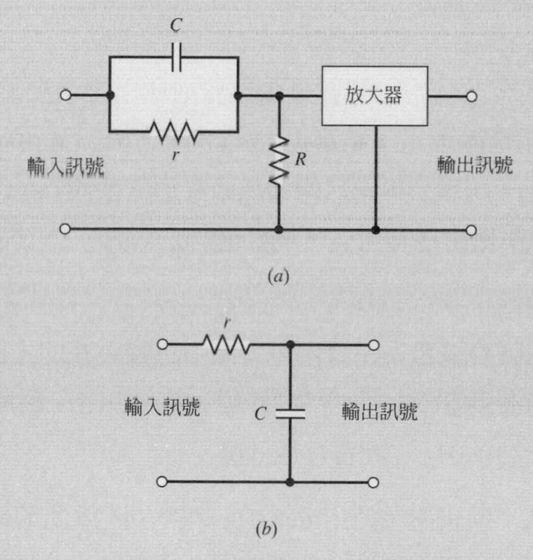

圖 6.17 (a) **預加強濾波器**；(b) **解加強濾波器**

上述使用簡單**線性**預加強與解加強濾波器，是一個很好的範例，用以說明一個 FM 系統可利用系統內訊號與雜訊的差異，來改進其系統之表現。這些簡單的濾波器也應用在錄製聲音時。特別是，非線性預加強與解加強技術已成功的應用在錄音系統中。這些技術[5](通常被稱爲 Dolby-A，Dolby-B，以及 DBX 系統)使用一連串的濾波與動態壓縮法來減低雜訊的影響，特別是當訊號強度很低時。

6.7 主題範例—FM 衛星通訊之通訊鏈路計算

在本章中的前面幾節，我們了解到如何計算出解調變器之輸出信號雜訊比，並且知道在接收器輸入端之信號雜訊比有某些的調變策略。在通訊系統中，在實體設計上最重要部份便是決定在接收器處輸入端之信號雜訊比。在本節中我們會藉由一個同步人造衛星系統的範例，來說明通訊鏈路部份。

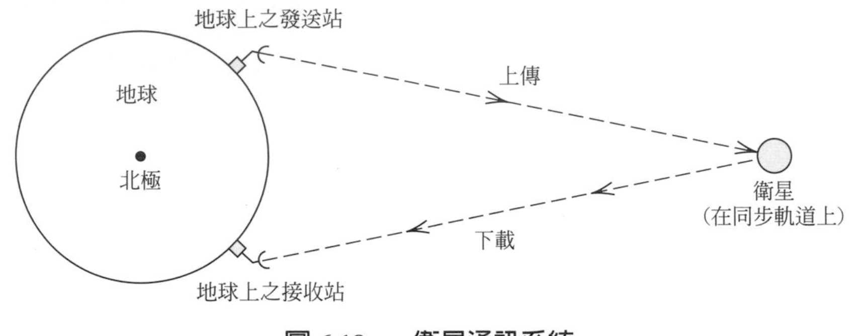

圖 6.18　衛星通訊系統

在一個同步衛星通訊系統中，訊號是由位於地球上之發射站，向上傳輸訊號到衛星；訊號會在衛星中的轉發器(電子電路)中被放大，之後訊號再由衛星下傳到另一個地球上的接收站，如圖 6.18 所示。第一代的通訊衛星通常使用爲 6GHz 之頻帶進行上傳，而用 4GHz 進行下傳。使用這些頻帶有下列好處：

- 較不昂貴的微波設備。
- 對降雨有較低的訊號衰減量——降雨是大氣中訊號衰減的主因。
- 較不明顯之天空背景雜訊——天空背景雜訊(來自宇宙、銀河、太陽與地面上之隨機雜訊輻射)在 1 到 10GHz 之間會有最低值。

然而，無線電干擾限制了通訊衛星使用 6/4GHz 頻帶，因爲此頻帶剛好和某些地面微波系統所使用的頻帶相同。這個問題後來被更厲害之「第二代」通訊衛星解決，其所使用的頻帶是 14/12GHz。此外，使用更高頻的另一好處是可以使用較小與較便宜之天線。

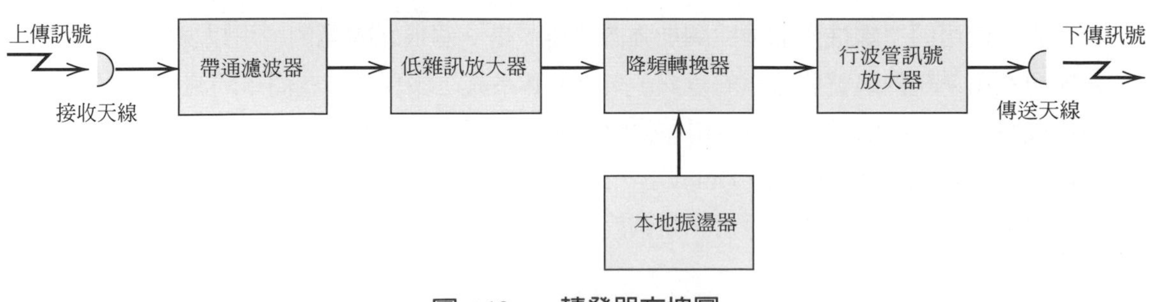

圖 6.19　轉發器方塊圖

圖 6.19 內之方塊圖顯示了一個在簡單通訊衛星上之簡單轉發器內數個基本元件。這個結構有時會被視爲「彎管式(bent-pipe)」衛星，因爲它對輸入訊號僅作放大及改向的處理。許多更先進的衛星會包含數位訊號處理。特別是，上傳的接收天線輸出會以串聯方式連接下列元件：

- 帶通濾波器，主要在不同無線電頻道中用來分離接收到的訊號
- 低雜訊放大器
- 降頻轉換器，其目的爲將原本接收到的射頻(RF)訊號之頻率轉換成所需的下傳頻率
- 放大器，其提供一寬頻之高增益。早期的衛星是使用行波管(TWT)放大器。現代衛星大多使用固態電子放大器。

圖 6.19 中的頻道組態僅使用單一頻率解譯。其他轉發器組態也有可能存在。

無線電鏈路分析

另一個在衛星通訊系統設計時所面臨到的重要問題是鏈路計算。就如同其字面上所示，鏈路計算，或更精確的說「鏈路功率計算」，是當操作某通訊鏈路時，其中所發生的功率增益或損失。特別是其增益表中包含了鏈路分析提供了詳細的下列三個定義項：

1. 傳輸器與接收器之資源分配
2. 訊號功率損失的原因
3. 雜訊來源

將上述的各項放到鏈路分析中，我們最後以一個評估無線電鏈路的程序來結束這一節，此程序可以是衛星通訊系統的上傳或下傳過程。

弗林斯方程式

要進行鏈路計算的第一步，便是計算接收到的功率。無線傳輸的特性，是由一傳輸器中產生的電訊號來代表資訊，在空間中以相對應的無線電波傳遞，以及在接收器端由復原之電訊號評估所傳送之資訊。傳輸系統的特性，是透過天線在電訊號與無線電波之間轉換，以及無線電波在空間中傳遞的狀況來決定。

自由空間傳輸，表示在傳送器與接收器之間，沒有任何阻礙且是一條直線，其接收到之訊號功率可由弗林斯方程式求出

$$P_R = \frac{P_T G_T G_R}{L_p} \tag{6.53}$$

其中 P_T 是傳輸功率而 P_R 是接收到的功率。 G_T 和 G_R 兩個參數分別表示傳送與接收天線的增益。對一短單極天線，其增益通常大約等於 1；然而，通常在衛星通訊裡使用的拋物線(碟型)天線，其增益遠大於 1。式中的分母表示在傳送器與接收器之間的訊號衰減，通常會以**路徑衰減**表示之。對一自由空間傳輸，兩天線間的路徑衰減 L_p 可表爲

$$L_p = \left(\frac{4\pi R}{\lambda}\right)^2 \tag{6.54}$$

其中 R 是傳送器與接收器之間的距離，而 λ 是傳輸波的波長。爲了簡化弗林斯方程式，我們通常會以分貝方式表示上式：

$$P_R(dB) = P_T(dB) + G_T(dB) + G_R(dB) - L_p(dB) \tag{6.55}$$

其中 $X(\text{dB}) = 10\log_{10}(X)$。弗林斯方程式就像是基本的鏈路計算方程式。此方程式將接收到的功率與傳輸出去的功率比，視爲無線電鏈路的傳輸特性。 $P_T G_T$ 此項有時可表示爲

$$\text{EIRP} = P_T G_T \tag{6.56}$$

其中 EIRP 是**由一等同向性無線電波源發射出之有效輻射功率**。等同向性無線電波源會均勻的向四面八方發射電波，而一具有方向性之天線可透過對某方向聚焦而達成增益。因此 EIRP 描述了一天線若均勻地向四面八方傳遞時之等效功率。在方程式(6.55)與(6.56)中有一個暗藏的假設，就是傳送與接收天線彼此相對。

接收器雜訊

爲了完成鏈路計算分析，我們需要計算出在接收到的訊號中的平均雜訊功率。如同在第 5.10 節中所提到的，通常最大的雜訊來源是熱雜訊，其來自於接收器前端之隨機移動電子，其訊號是最弱的。對衛星鏈路來說也是這樣的狀況，而接收器的前端通常會設計包含一非常低雜訊放大器(LNAs)在衛星接收器的雜訊水準，可簡化成這些放大器的雜訊貢獻，而這些放大器的雜訊貢獻可以用等效溫度 T_e 表示之。我們說若一個接收器帶有等效雜訊溫度 T_e，代表來自此接收器的雜訊爲白色雜訊且佈滿整個頻寬，其雜訊密度爲

$$N(f) = kT_e \tag{6.57}$$

既然是白色雜訊，我們可以將它與接收到的訊號合併，並且定義一個比值，稱爲載波信號雜訊比 C/N_0。接收到的 C/N_0 可以用下式表示

$$\frac{C}{N_0} = \frac{P_R}{kT_e} \tag{6.58}$$

載波信號雜訊比常用於說明鏈結計算，因爲它是可以顯示一個系統的表現，其數値不會受到所使用的調變方式與頻寬所影響。這個參數能同時應用在類比與數位系統中。

解調變器之信號雜訊比

通訊系統的其中一個目的便是將訊息以足夠的品質傳遞出去。而我們在本章中用來量測傳輸品質的參數，是在解調變器輸出端之信號雜訊比。一旦我們知道 C/N_0 ，我們便可以使用本章中所提到的 AM 與 FM 調變(或是在後續章節中所提到的數位調變)來計算出輸出 SNR。當知道所需的傳輸品質後，我們便可以決定在解調變器輸入端所需的信號雜訊比；而知道通道頻寬時，則可決定相對應的載波信號雜訊比 C/N_0 。

雜訊指數(Noise Figure)

另一種用來表示放大器或接收器所產生雜訊之方式稱之為**雜訊指數**。雜訊指數 F 可定義為**每單位頻寬中，總輸出雜訊功率對訊號源輸出功率的比值**。一般來說，雜訊指數會隨頻率而有所變化，以數學式表示為

$$F = \frac{S_{NO}(f)}{G(f)S_{NS}(f)}$$

其中 $S_{NO}(f)$ 是在輸出端之雜訊功率， $S_{NS}(f)$ 則是在輸入端之雜訊功率， $G(f)$ 則是器材增益。**可用功率**表示當訊號源與負載阻抗匹配時，所能輸出到外部負載的最大功率。這個定義可以確認一個兩端點之器材，其輸出雜訊會有兩個來源，其中一個是訊號源，一個是器材本身。

許多案例中，訊號源雜訊與器材雜訊通常是白色雜訊，且其在所使用的頻帶內，其器材增益通常會是常數。結果 F 也是個常數，且在一固定頻帶 B 內之雜訊功率可表示為

$$N_0 B = FkT_0 B$$

其中 kT_0 是在某特定溫度 T_0 時之熱雜訊功率密度。而來自於器材的雜訊密度為 $(F-1)kT_0$ ，其會等於 kT_e ，其中 T_e 是**等效雜訊溫度**。

範例：衛星通訊

要了解先前所介紹的無線電鏈路分析，我們用下列的範例來做說明。一個頻寬為 30MHz 的衛星轉發器，其利用 FM 調變來傳遞電視訊號。衛星下傳的 EIRP 為 32 dBW。若我們需要在接收器輸出端提供一信號雜訊比為 36dB 之影像訊號，功率是否足夠？假定地面接收站，其系統雜訊溫度為 100 度 K，並使用一增益為 52 dB 之拋物線碟型天線。

首先我們可利用弗林斯方程式，以計算出所接收到之訊號強度；在方程式(6.55)中唯一的未知數是路徑損失，但它可從方程式(6.54)中得到。對一個同步衛星而言，其從地面接收站到衛星的距離，可從垂直距離 36,000 公里，到衛星具有 10 度偏移的 41,000 公里不等。我們假定最糟狀況相距 41,000 公里。我們同時也假設傳輸頻率為 4GHz，如同第一代使用 FM 傳輸之典型衛星所使用的頻帶。 將以上的數值帶入方程式(6.54)，其中 $\lambda = c/f$，我們可以得到路徑損失為

$$
\begin{aligned}
L_p &= \left(\frac{4\pi R}{\lambda}\right)^2 \\
&= \left(\frac{4\pi(4.1\times 10^7)}{(3\times 10^8/4\times 10^9)}\right)^2 \\
&= 4.7\times 10^{19} \\
&\approx 196.7\text{dB}
\end{aligned}
\tag{6.59}
$$

將此結果帶入弗林斯方程式中[方程式(6.55)]，我們可得到以分貝表示之接收功率為

$$
\begin{aligned}
P_R &= 32+52-196.7 \\
&= -112.7\text{dBW}
\end{aligned}
\tag{6.60}
$$

可根據方程式(6.58)，將 P_R 與接收雜訊合併，便可得到以分貝表示之載波信號雜訊比為

$$
\begin{aligned}
\frac{C}{N_0}(\text{dBHz}^{-1}) &= P_R(\text{dBW}) - 10\log_{10} k(\text{dBWHz}^{-1}\text{K}^{-1}) - 10\log_{10} T_e(\text{dBK}) \\
&= -112.7+228.6-20 \\
&= 95.9\text{dBHz}^{-1}
\end{aligned}
\tag{6.61}
$$

當得到 C/N_0，我們便可使用 FM 方程式[方程式(6.40)]來計算在 FM 解調變器輸出端之影像信號雜訊比為

$$
\begin{aligned}
(\text{SNR})_{O,\text{FM}} &= \frac{3k_f^2 P}{W^3}\left(\frac{A_c^2}{2N_0}\right) \\
&\simeq \frac{3D^2}{W}\left(\frac{C}{N_0}\right)
\end{aligned}
\tag{6.62}
$$

其中偏差比例 D 為[請參閱在方程式(6.42)後的討論]

$$
D = \frac{\Delta f}{W} \approx \frac{k_f P^{1/2}}{W}
\tag{6.63}
$$

為了評估偏差比例，我們回憶第 3.6 節，其類比電視訊號之基頻頻寬 $W = 4.5$ MHz (包含聲音部分)。此外，衛星上之轉發器頻寬為 30 MHz，因此限制了傳輸頻寬 $B_T = 30$ MHz。利用方程式(4.38)之卡森規則，其中 f_m 可以用 W 來取代(請參考範例 4.4 後的討論)，因此藉由以下之方程式，我們可算出偏差峰值 Δf

$$
B_T = 2(W+\Delta f)
\tag{6.64}
$$

為 10.5MHz。因此 $D = \Delta f / W = 2.33$。將 D 與 W 代入方程式(6.62)中，我們可得到影像信號雜訊比為

$$
\begin{aligned}
(\text{SNR})_{O,\text{FM}} &= 10\log_{10}\left(\frac{3D^2}{W}\right) + 95.9 \\
&= 41.5\text{dB}
\end{aligned}
\tag{6.65}
$$

我們將這些有關鏈路計算的過程簡列於表 6.1 中。

由上述鏈路計算可得知，當給予一個衛星 EIRP 時，其解調變影像信號雜訊比需要比所需要信號雜訊比大 5.5dB。此項所需多出來之功率或信號雜訊比通常稱爲**裕度**(margin)。事實上，有數個因素會降低裕度。這些因素包括了：(a)解調變器非理想特性所造成的損失(b)上傳過程中增加的雜訊(c)由於大氣所造成的訊號衰減。在一個更詳細之鏈結計算中，我們將會考慮這些因素。

不用說，這些鏈結計算分析中的必要因素也可以應用到其他無線電鏈結中。因此，在本節中所提到的無線電鏈結分析的步驟通用於所有的狀況。實際上，在給定輸出 SNR 的需求下，這個設計過程通常是重複進行的；同時也需要在衛星 EIRP、天線尺寸、以及系統雜訊溫度等各方面間作權衡，才能達到這個需求。

表 6.1　　FM 衛星下傳過程中之鏈路計算

參數	單位	數值
EIRP	dBW	32
自由空間損失	dB	196.7
接收器天線增益	dB	52
系統雜訊溫度	dBK	20
波茲曼常數	dBW $Hz^{-1}K^{-1}$	-228.6
接收到的 C/N_0	dB Hz^{-1}	95.9
解調變信號雜訊比 SNR	dB	41.5
接收到的影像信號雜訊比 SNR	dB	36

6.8 總結與討論

最後我們做個總結，要對一個連續波調變系統之雜訊表現，我們可利用比較不同調變技術之相對優值。在這個比較中，我們假定這個調變是由一個正弦波產生。爲了使這個比較更有意義，我們也假設這些不同調變系統在相同的頻道信號雜訊比之下工作。爲了進行這些比較，記住在問題中這些調變系統的傳輸頻寬需求會非常重要。此處我們利用一個**正規化之傳輸頻寬**，其定義爲

$$B_n = \frac{B_T}{W} \tag{6.66}$$

其中 B_T 是調變訊號的傳輸頻寬，W 是訊息頻寬。因此我們後續可觀察到下列現象：

1. 在一個利用封波偵測之全 AM 系統中，假設是一個正弦調變，其輸出信號雜訊比爲[請參閱方程式(6.20)]

$$(\mathrm{SNR})_O = \frac{\mu^2}{2+\mu^2}(\mathrm{SNR})_C$$

假設 $\mu = 1$ 時，這個關係式可以用圖 6.20 中的第一條曲線 I 表示。在這條曲線中我們也可以找出 AM 臨界效應。由於是在一全 AM 系統中，因此兩個側頻帶都會被傳送，其正規化之傳輸頻帶 B_n 等於 2。

2. 在利用同調偵測之 DSB-SC 調變系統中，輸出的信號雜訊比為[請參閱方程式(6.10)]

$$(\mathrm{SNR})_O = (\mathrm{SNR})_C$$

其關聯性表示於圖 6.20 中的第二條曲線 II。因此我們可以發現，在一個利用同調偵測的 DSB-SC 系統中，其雜訊表現會比一利用波封偵測之全 AM 系統要好 4.8dB。同時要注意的是，在 DSB-SC 系統中並不會出現臨界效應。

3. 在一個使用傳統鑑頻器之 FM 系統中，假定使用正弦波調變，其輸出信號雜訊比為[請參閱方程式(6.43)]

$$(\mathrm{SNR})_O = \frac{3}{2}\beta^2(\mathrm{SNR})_C$$

其中 β 為調變係數。在圖 6.20 中的第三條曲線 III 與第四條曲線 IV，分別表示當 $\beta = 2$ 與 $\beta = 5$ 時之狀況。在上述兩個情況時，我們均可得到一個 13-dB 的改進，而這個可用第 6.6 節中所提到的在傳送器中使用預加強，與在接收器中使用解加強方式來達到。為了計算出所需的傳送頻寬，我們可使用圖 4.9 中的一般曲線，可發現

$B_n = 8$ 對於 $\beta = 2$

$B_n = 16$ 對於 $\beta = 5$

和 DSB-SC 系統相比，我們可看到使用寬頻 FM 系統時，若正規化頻寬 $B_n = 8$，可得到輸出信號雜訊比為 20.8 dB，而正規化頻寬 $B_n = 16$，可得到輸出信號雜訊比為 28.8 dB。這很明顯的顯示出使用寬頻 FM 系統，在雜訊表現上可以明顯的得到改善。然而，我們所需要付出的代價便是更廣的傳輸頻寬。當然，若此 FM 系統可以在臨界值之上操作的假設成立，便可以達到雜訊改進的功能。

此段討論的一個重要結論是，FM 系統提供了以傳輸頻寬換取雜訊表現的改善這種能力，此點和 AM 系統不同。這種換取能力是依照一個平方律，其為我們對於連續波調變(也就是類比通訊)所能達到的最好效果。下一章我們會開始描述脈衝編碼調變，其主要是藉由數位通訊系統來傳輸一個帶有類比資訊的訊號，而其確實能達到較好效果。

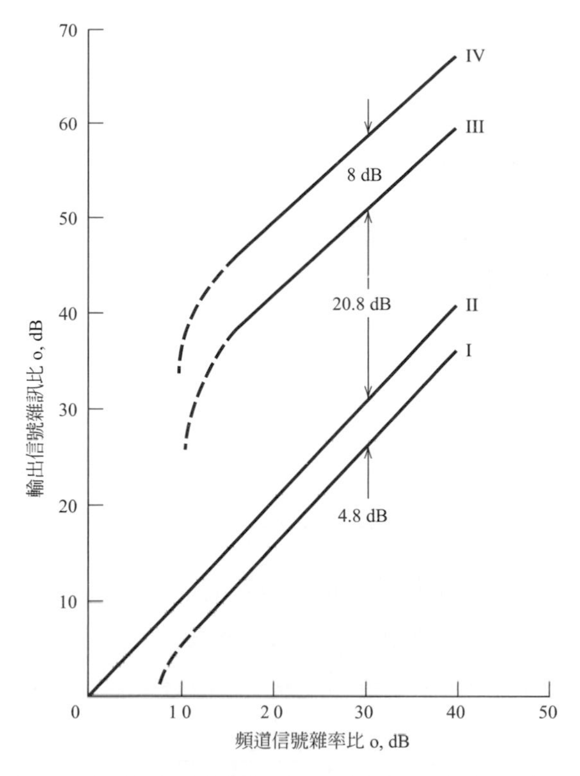

圖 6.20 在不同連續波調變系統中，其雜訊表現之比較。

曲線 I：標準 AM，$\mu = 1$；曲線 II：DSB-SC；

曲線 III：FM，$\beta = 2$；曲線 IV：FM，$\beta = 5$；

(曲線 III 與 IV 包含了一個 13-dB 預加強與解加強之改善)

註解及參考文獻 *Notes and References*

[1] 若要了解更多有關 FM 接收器之臨界效應，請參閱 Rice (1963)與 Schwartz、Bennett、Stein (1966, pp.129-163)等。

[2] 圖 6.12 是 1963 年由 Rice 教授所提出而經由修改的。圖中理論所推導的曲線 II，其可行性已經透過實驗證明；請參閱 Schwartz、Bennett、Stein (1966, p.153)。

[3] 在第 6.5 節中所提到的 FMFB 解調變器方法，主要是依據 Enloe(1962)；同時也可參考 Roberts(1977, pp.166-181)。

[4] 有關鎖相迴路對臨界效應之完整討論，請參考 Gardner (1979, pp.178-196)與 Roberts (1977, pp.200-202)。

[5] 有關在第 6.7 節中後半段所提到的 Dolby 杜比系統，請參考 Stremler(1990, pp.732-734)。

❖本章習題 Problems

6.1 圖 P6.1 中的低通 RC 濾波器之樣本函數爲

$$x(t) = A_c \cos(2\pi f_c t) + w(t)$$

其正弦波成份中的振幅 A_c 與頻率 f_c 均爲常數，而 $w(t)$是均值爲零，功率頻譜密度爲 $N_0/2$ 的白色高斯雜訊。請計算出若將正弦函數成分 $x(t)$作爲訊號時，其輸出之信號雜訊比爲何。

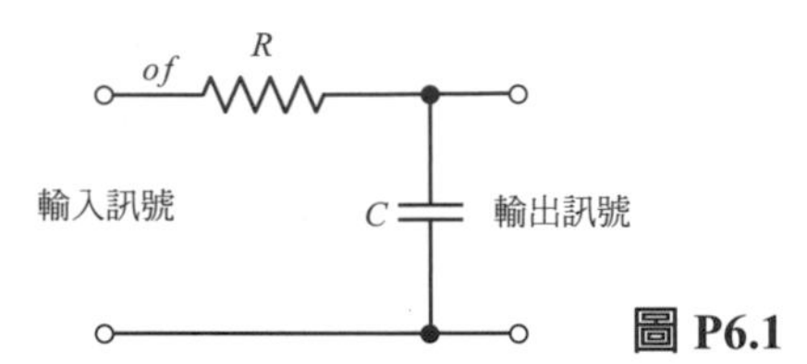

圖 P6.1

6.2 假設在問題 6.1 中，其樣本函數 $w(t)$是應用在如圖 P6.2 中的帶通 LCR 濾波器，其帶通頻率爲正弦波成分的頻率 f_c。假設濾波器的 Q 因素遠大於 1。請計算出若將正弦函數成分 $x(t)$作爲訊號時，其輸出之信號雜訊比爲何。

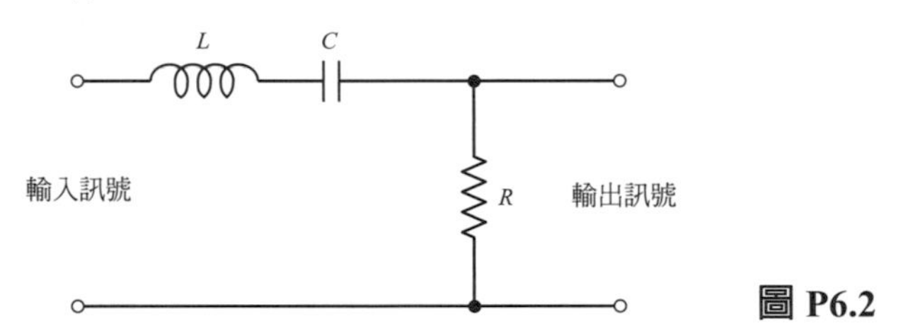

圖 P6.2

6.3 一個 DSB-SC 調變之訊號，經過一個充滿雜訊的頻道，此雜訊之功率頻譜密度如圖 P6.3 所示。其訊息之頻寬爲 4kHz 而載波頻率爲 200kHz。假設調變訊號的平均功率爲 10 瓦，請計算接收器的輸出信號雜訊比。

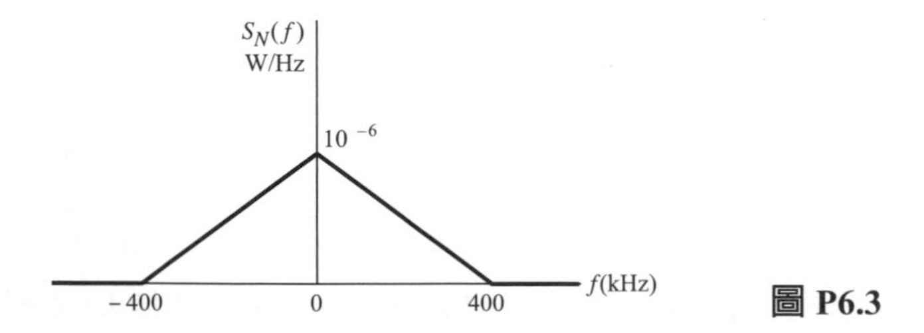

圖 P6.3

6.4 計算在 DSB-SC 系統中，在同調偵測器輸入端的窄頻雜訊，其同相成分與九十度相角成分之自相關函數與交互相關函數。

6.5 在使用同調偵測的接收器中，由本地振盪器所產生之正弦波會和載波 $\cos(2\pi f_c t)$ 有一相位角差異 $\theta(t)$。假定 $\theta(t)$是一個均值爲零，且變異數爲 σ_Θ^2 之高斯程序的樣本函數，且大多數時間內 $\theta(t)$的最大值仍小於 1，請找出在 DSB-SC 調變接收器輸出端之均方誤差。均方誤差的定義是，接收器輸出值本身與輸出值中的訊息訊號分量兩者之差值平方的期望值。

6.6 在 AM 接收器前端，單位頻寬內的平均雜訊功率約爲10^{-3} watt/Hertz。調變波爲正弦波，其載波功率爲 80 千瓦(kilowatts)，而其側頻帶功率爲每頻帶 10 千瓦(kilowatts)。訊息頻帶頻寬爲 4kHz。假定在接收器中使用一波封偵測器，請計算系統的輸出信號雜訊比。相較於 DSB-SC 調變系統，本系統之輸出信號雜訊比差異多少分貝？

6.7 考慮在方程式(6.14)內所定義的波封偵測器輸出，爲了方便起見我們重新撰寫爲：

$$y(t) = \{[A_c + A_c k_a m(t) + n_I(t)]^2 + n_Q^2(t)\}^{1/2}$$

(a) 假定事件發生的機率爲

$$|n_Q(t)| > \varepsilon A_c |1 + k_a m(t)|$$

其等於或小於 δ_1，此時 $\varepsilon \ll 1$。則九十度相角分量 $n_Q(t)$之影響，可被忽略的機率爲何？

(b) 假定 k_a 和訊息訊號 $m(t)$有關，因此事件的發生機率

$$A_c[1 + k_a m(t)] + n_I(t) < 0$$

等於 δ_2。則下式近似式可成立的機率爲何？

$$y(t) \simeq A_c[1 + k_a m(t)] + n_I(t)$$

(c) 在(b)部份，對於當 δ_1 與 δ_2 均小於 1 時，請評論結果的重要程度。

6.8 一個未調變之載波，其振幅爲 A_c，頻率爲 f_c，且加入限制頻帶之白色雜訊，之後通過一個理想波封偵測器。假設雜訊頻譜密度之高度爲 $N_0/2$，頻寬爲 $2W$，其中心頻率爲載波頻率 f_c。假定載波信號雜訊比很高時，請計算出此時的輸出信號雜訊比。

6.9 一個 AM 接收器，以正弦調變訊號工作，且調變比例爲 80%，其輸出信號雜訊比爲 30dB。

(a) 相對應的載波信號雜訊比爲何?

(b) 若欲使系統剛好可在臨界值以上操作，則我們最多可降低載波信號雜訊比多少分貝？

6.10 考慮一個相位調變(PM)系統，其調變波可定義爲

$$s(t) = A_c \cos[2\pi f_c t + k_p m(t)]$$

其中 k_p 爲常數，$m(t)$爲訊息訊號。在相位偵測器輸入端之外加雜訊 $n(t)$爲

$$n(t) = n_I(t)\cos(2\pi f_c t) - n_Q(t)\sin(2\pi f_c t)$$

假定在接收器輸入端，其載波信號雜訊比遠高於 1，請計算(a)輸出信號雜訊比(b)系統之優值。請比較你的結果與一使用正弦波調變之 FM 系統。

6.11 一個 FDM 系統使用單邊頻帶調變，合併了 12 個獨立聲音訊號，並且使用了頻率調變來傳輸合成後之訊號。每個聲音訊號具有平均功率 P，並且頻帶寬度爲 0.3~3.4kHz；其系統之頻寬爲爲 4kHz。對每個聲音訊號，僅有較低旁頻帶可傳輸。副頻帶載波使用在調變的第一階段可定義爲

$$c_k(t) = A_k \cos(2\pi k f_0 t), \quad 0 \le k \le 11$$

接受到的訊號包含了傳輸的 FM 訊號，其包含了均值爲零，功率頻譜密度爲 $N_0/2$ 的白色高斯訊號。

(a) 請畫出在鑑頻器輸出端之功率頻譜密度，並同時顯示出訊號與雜訊的部份。

(b) 請找出副載波振幅 A_k 間的關係，以使調變聲音訊號帶有一樣的信號雜訊比。

6.12 在第 6.5 節中討論到有關 FM 臨界效應，我們描述了會發出正向聲響與負向聲響時，其窄頻雜訊 $n(t)$中的波封 $r(t)$與相位 $\psi(t)$的狀況。請利用 $n(t)$的同相成分 $n_I(t)$與九十度相位差成份 $n_Q(t)$，重新推導出上述狀況。

6.13 藉由使用圖 6.17a 中的預加強濾波器，且將一聲音訊號作爲調變波下，一個 FM 傳送器會產生一個訊號，該訊號基本上是以低音頻進行頻率調變，且以高音頻進行相位調變。請解釋上述現象。

6.14 假定在一 FM 系統中，預加強與解加強濾波器之轉換函數分別爲：

$$H_{pe}(f) = k\left(1 + \frac{jf}{f_0}\right)$$

與

$$H_{de}(f) = \frac{1}{k}\left(\frac{1}{1 + jf / f_0}\right)$$

其比例因子爲 k，以便使預加強之訊息訊號平均功率可以等於原本之訊息訊號 $m(t)$。

(a) 請找出可滿足方程式之 k 值，此時訊息訊號 $m(t)$的功率頻譜密度爲

$$S_M(f) = \begin{cases} \dfrac{S_0}{1 + (f / f_0)^2}, & -W \le f \le W \\ 0, & \text{其他處} \end{cases}$$

(b) 若使用一對預加強與解加強濾波器，其相對應改善係數值 I 爲多少？請比較範例 6.3 中所得到的比例。改善係數 I 在方程式(6.50)中有詳細之定義。

6.15 相位調變(PM)系統使用一對預加強與解加強濾波器，分別可由下列轉換函數表示

$$H_{pe}(f)=1+\frac{jf}{f_0}$$

與

$$H_{de}(f)=\frac{1}{1+jf/f_0}$$

請證明使用此對濾波器，在輸出端信號雜訊比之改善係數為

$$I=\frac{W/f_0}{\tan^{-1}(W/f_0)}$$

其中 W 是訊息頻寬。請評估當 $W=15\text{kHz}$ 與 $f_0=2.1\text{kHz}$ 時，此改善係數的狀況，並且比較你的結果與 FM 系統中的相對應值。

電腦題

6.16 如問題 3.25 中所提到的，利用 Matlab 程式中的 AM 調變器與波封偵測器模型進行下列工作：

(a) 模擬調變與偵側一個 400Hz，調變係數為 50% 之調變波。請保持一份無雜訊解調變器輸出作為參考值。

(b) 在解調變之前加入窄頻雜訊至訊號內，直到頻道信號雜訊比為 30dB。

(c) 比較當有雜訊輸入與無雜訊輸入時，解調變輸出端的差異。請計算這兩者之間的均方差，並且估計輸出的信號雜訊比。

重複上述問題當頻道信號雜訊比(SNR)為 20dB 與 10dB。在何種頻道信號雜訊比 SNR 時，波封偵測會毀壞？

6.17 如問題 4.26 與 4.28 中所提到的，利用 Matlab 程式中的 FM 調變器與濾波器模型計算下列：

(a) 模模擬調變與偵側一個 1kHz，調變係數為 2 之調變波。請保持一份無雜訊解調變器輸出為參考值。

(b) 在解調變之前加入窄頻雜訊至訊號內，直到頻道信號雜訊比為 30dB

(c) 比較當有雜訊輸入與無雜訊輸入時，解調變輸出端的差異。請計算這兩者之間的均方差，並且估計輸出的信號雜訊比。

重複上述問題當頻道信號雜訊比(SNR)為 20dB，15dB 與 10dB。在頻道信號雜訊比為何時，濾頻這個功能會消失？

In questions of science the authority of thousand is not worth the humble reasoning of a single individual.

Galileo Galilei

Chapter 7

DIGITAL REPRESENTATION OF ANALOG SIGNALS

類比信號之數位表示

7.1 簡介

在第三章與第四章中，我們所學到的連續波(CW)調變，其弦波載波的某些參數會隨著信息信號而連續地變化。連續波調變的振幅與相角形式，最早是從 1900 年代早期，以一些如聲音的類比信號源開始發展。隨著 1930 到 1960 年代對於數位傳輸的了解，更加確認了數位傳輸相較於類比傳輸有較多的優點。然而，直到 1970 年代固態電子、微電子與大型積體電路的發展後，我們才擁有適合的技術能力，能以有效與經濟的方式對數位傳輸加以利用。

像聲音與音樂這樣的類比訊號，要轉換到數位傳輸的過程之中，第一步便是以數位方法表示類比訊號。這個類比到數位的轉換，以及如何以一連串的脈衝表示類比資訊，是本章的重點。

由類比到數位的第一步，便是以離散時間方式對類比信號取樣。之後所得到的類比取樣信號可以用類比脈波調變方式傳輸。因此，本章一開始將會描述取樣的過程，之後會討論脈波振幅調變，而這是類比脈波調變的最簡單形式。之後會接著討論脈波位置調變，這也是脈波調變的另一個重要形式。

從類比到數位的第二步則是，我們不僅於離散時間點對類比信號源作取樣，同時也將取樣值本身量化成離散階層(discrete levels)。此時我們的第二步便是討論量化的方式。我們將描述對一個類比信號源的兩種表示方式：脈碼調變(pulse-code)與差異調變(delta)。

傳統上來說，從類比資訊源(如聲音或影像)到數位信號表示的轉換動作以及隨後的傳輸動作，兩者通常是實作在一個單一步驟內完成。這和現今採分層方式的通訊形成對比，後者是把通訊過程中的不同部分清楚地分開處理。以上歷史演進的結果，有時候我們會把這些命名給搞混。比方說，脈碼調變同時描述了一種將類比信號源作數位表示的方法，以及一種將該數位表示資訊透過基頻通道傳輸的方法。為了本章的目的，我們僅考慮上述技術中以數位方式來表示類比信號源的部分。這些數位表示方法，不僅是用在基頻傳輸，同時可以應用在許多調變技術上。

7.2 為何要將類比信號源數位化？

本章一開始的介紹部份會稍微提到數位資訊傳輸相較於類比傳輸的各種優勢。許多在技術細節方面的優勢會在後續章節中陸續提到，在此我們會簡短解釋如下：

- 數位系統相較於類比系統，其較不易受到雜訊的影響。對於長距離傳輸，可以在路徑上的任一點，以無誤差的方式重新產生和原信號一模一樣之信號，並且以原信號傳輸通過剩下的距離。
- 在數位系統當中，要整合不同的服務在相同傳輸架構下傳輸較為容易，例如影像以及伴隨的聲音(音軌)。
- 傳輸系統不需因信號源的性質而變化。比方說，數位傳輸系統可以用 10kbps 的速率來傳輸聲音，也可以用來傳輸電腦資訊。
- 處理數位信號的電路較容易複製，且數位電路對於震動與溫度等物理效應的影響較不敏感。
- 數位信號較容易描述其特徵，而且一般不會有跟類比信號相同的振幅範圍與變化。這也使相關的硬體較容易設計。

雖然幾乎所有的傳遞媒介(例如電纜，無線電波，光纖等)都可以應用在數位或類比信號上，然而數位技術可以提供更多更有效的方式來利用這些媒介：

- 如多工技術等各式各樣媒介分享策略，更容易應用於數位傳輸方式上。
- 有許多技術可以用來移除在數位傳輸系統中的累贅資訊，因此可以降低真正傳輸的資訊數量。這些技術包括了對信號源編碼的各種方法，我們將會在第 10 章中討論這些技術。

- 有許多技術可以將部份累贅資訊加到數位傳輸中，如此可校正接收器端的傳輸誤差，而無需更多的資訊。這些技術將會在被歸類到頻道編碼中，也會在第 10 章中討論。比方來說，一個前端誤差校正技術以今天的技術來說會較爲簡單，此技術可以減少在頻道輸出誤差率達到 7%，而在解碼器輸出小到 0.001%。
- 數位技術讓我們更容易去制訂可供全世界共享的複雜標準及規範。這使得我們可以發展出具有不同特性的通訊元件(如手機)，且各元件與不同製造商生產的不同元件(如基地台)間也有互通性。
- 其他如等化效應之頻道補償技術，特別是適應式版本，更容易應用在數位傳輸技術上。

在這裡要強調的是，上述這些數位傳輸的優點，大多都是仰賴現今低成本的微電子產品才有可能達成。藉此才可和類比傳輸其以極簡單的方式來傳輸大量資訊的這個原始優點相抗衡。

7.3 取樣程序

在大多數介紹信號與系統內的書籍中，會把信號與系統以是連續性的時間與頻率來表示。然而在第 2 章中的許多時候，我們是以週期性信號來考慮。特別是參考方程式(2.88)中，我們可以看到一個週期爲 T_0 的週期性信號，經傅立葉轉換後會成爲一個以頻率爲 $f_0 = 1/T_0$ ，同時出現無窮多倍頻的脈衝函數。由此觀察可知，我們可以說當在時域中有一個週期性信號時，其在頻域中會表現出對此頻譜取樣的效果。我們可以更進一步利用傅立葉轉換的二元性，而得到一個結果就是，在時域中對信號取樣，其效果等於使信號頻譜在頻域中具有週期性。後者便是本節的主要討論重點。

取樣程序通常是在時域中來描述。嚴格說來，對於數位信號處理與數位通訊，這是最基本的操作步驟。透過使用取樣程序，類比信號轉換成一連串間隔時間相等之取樣序列。很明顯，爲了使這樣的程序有實際上的可用性，我們必須正確的選擇取樣頻率，因此這樣取樣序列才能夠正確的定義出原本的類比信號。這便是取樣定理最重要的部份，將在後面章節中推導出來。

考慮一個有限能量之任意信號 $g(t)$ 。圖 7.1a 顯示了部份的 $g(t)$ 信號。假設我們對 $g(t)$ 以每隔 T_s 秒之固定速率取樣。結果我們可以得到一個以 $\{g(nT_s)\}$ 表示之無窮長取樣序列，其間隔爲 T_s 秒，其中 n 代表所有可能之整數值。我們定義 T_s 爲取樣週期，其倒數 $f_s = 1/T_s$ 爲**取樣頻率**。此種理想形式之取樣被稱爲**瞬間取樣**(instantaneous sampling)。

一個以德列克脈衝函數爲元素、且元素間隔爲 T_s 之週期性序列中，各元素個別乘上 $\{g(nT_s)\}$ 此序列中的對應值，如此作權重之後的和以 $g_\delta(t)$ 表示(參考圖 7.1b)：

$$g_\delta(t) = \sum_{n=-\infty}^{\infty} g(nT_s)\delta(t - nT_s) \tag{7.1}$$

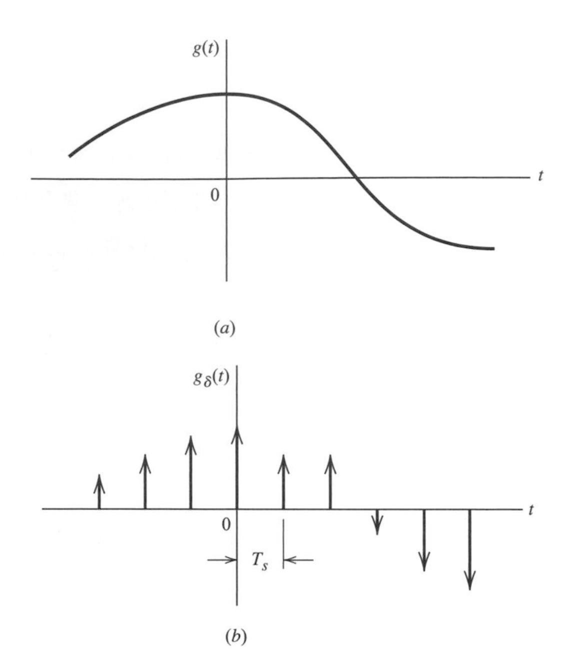

圖 7.1　取樣程序：(a) **類比信號；**(b) **信號經過瞬間取樣之後的情況**

我們將 $g_\delta(t)$ 稱爲理想取樣信號。 $\delta(t-nT_s)$ 此項表示一個位置在 $t=nT_s$ 之脈衝函數。從第 2 章中所提到脈衝函數之定義可知，我們記得此理想函數其面積定義爲 1(單位面積)。我們可以將在方程式(7.1)中 $g(nT_s)$ 這個因子視爲一個脈衝函數 $\delta(t-nT_s)$ 的「質量」。一個具有這樣權重的脈衝函數，可以幾乎利用一個期間爲 Δt，振幅爲 $g(nT_s)/\Delta t$ 的方波來做近似。Δt 越小，所得到的近似值越靠近。

理想取樣信號 $g_\delta(t)$ 其數學式類似週期信號的傅立葉轉換。這可透過比較方程式(7.1)中的 $g_\delta(t)$ ，以及在方程式(2.88)中對一週期性信號進行傅立葉轉換而得知。這個相似性建議我們，若要求出理想取樣信號 $g_\delta(t)$ 的傅立葉轉換，可以藉由利用方程式(2.88)中的傅立葉轉換二元性而得。藉由上述動作以及利用脈衝函數是時間的偶函數這個特性，我們可得到下列結果：

$$g_\delta(t) \rightleftharpoons f_s \sum_{m=-\infty}^{\infty} G(f-mf_s) \tag{7.2}$$

其中 $G(f)$ 是原本信號 $g(t)$ 的傅立葉轉換後函數，而 f_s 是取樣頻率。方程式(7.2)描述了**對一有限能量的連續時間信號作均勻取樣後，可以產生一個其週期等於取樣頻率倒數的週期性頻譜**。

另一個理想信號 $g_\delta(t)$ 的傅立葉轉換的常用表示法，是透過對方程式(7.1)中的兩邊做傅立葉轉換，並且注意脈衝函數 $\delta(t-nT_s)$ 的傅立葉轉換等於 $\exp(-j2\pi nfT_s)$。令 $G_\delta(f)$ 代表 $g_\delta(t)$ 信號的傅立葉轉換。我們便可將其表示爲

$$G_\delta(f)=\sum_{n=-\infty}^{\infty} g(nT_s)\exp(-j2\pi nfT_s) \tag{7.3}$$

這個關係被稱爲**離散時間傅立葉轉換**，我們在第 2 章中有稍微討論到。這可以被視爲週期性頻率函數 $G_\delta(f)$ 的一個複數傅利葉級數展開，其中取樣數列 $\{g(nT_s)\}$ 定義了展開式之係數。

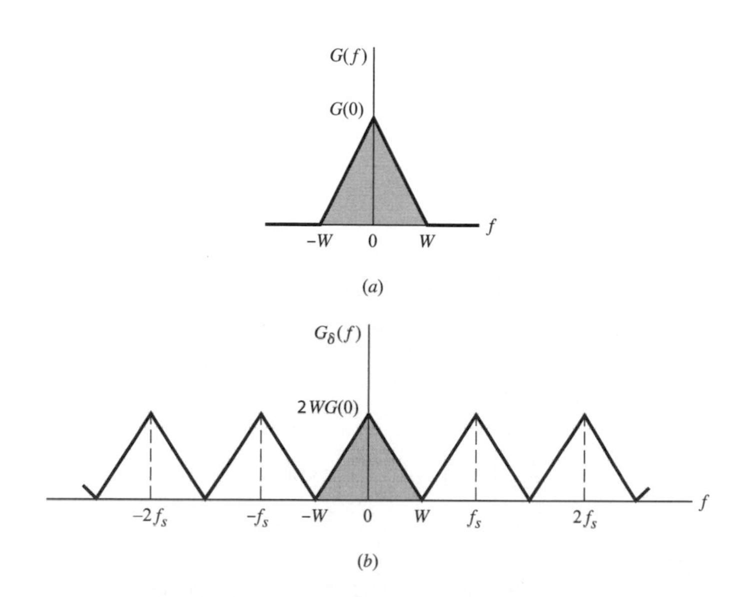

圖 7.2 (a) **一嚴格限制頻帶信號** $g(t)$**之頻譜；**(b) **取樣週期為** $T_s=1/2W$ **之** $g(t)$**信號的頻譜**

這些推導出來的關係式，可以應用在所有有限能量與無限時間的所有連續時間信號 $g(t)$。然而假定信號 $g(t)$ 是一個**嚴格頻帶限制**之信號，此信號並不會帶有高於 W 赫茲的部份。也就是說當 $|f|\geq W$ 時，信號 $g(t)$ 的傅立葉轉換函數 $G(f)$都是零，如圖 7.2a。圖上所顯示的頻譜形狀僅是爲了說明用。假定我們選定取樣週期爲 $T_s=1/2W$。被取樣信號 $g_\delta(t)$ 的相對應頻譜 $G_\delta(f)$ 顯示在圖 7.2b 中。將 $T_s=1/2W$ 放入方程式(7.3)可以得到

$$G_\delta(f)=\sum_{n=-\infty}^{\infty} g\left(\frac{n}{2W}\right)\exp\left(-\frac{j\pi nf}{W}\right) \tag{7.4}$$

從方程式(7.2)中，我們可以得到 $g_\delta(t)$ 的傅立葉轉換表示爲下式：

$$G_\delta(f)=f_sG(f)+f_s\sum_{\substack{m=-\infty\\ m\neq 0}}^{\infty} G(f-mf_s) \tag{7.5}$$

因此當此兩狀況符合時：

1. $G(f)=0$，當 $|f|\geq W$
2. $f_s=2W$

我們可發現方程式(7.5)可表示為

$$G(f)=\frac{1}{2W}G_\delta(f), \quad -W<f<W \tag{7.6}$$

將方程式(7.4)放入方程式(7.6)中，我們可以將方程式重新表示為

$$G_\delta(f)=\frac{1}{2W}\sum_{n=-\infty}^{\infty} g\left(\frac{n}{2W}\right)\exp\left(-\frac{j\pi nf}{W}\right), \quad -W<f<W \tag{7.7}$$

因此，如果我們可定義出信號 $g(t)$的取樣值 $g(n/2W)$，則信號的傅立葉轉換 $G(f)$可以透過方程式(7.7)中的離散時間傅立葉轉換來得到。因為 $g(t)$和 $G(f)$之間的關係是反傅立葉轉換，因此信號 $g(t)$通常可以由 $-\infty<n<\infty$ 時，$g(n/2W)$取樣值來決定。換句話說，$\{g(n/2W)\}$序列擁有 $g(t)$信號內的所有資訊。

接著考慮下個問題，如何由 $[g(n/2W)]$ 取樣值序列來重建信號 $g(t)$。將方程式(7.7)中的 $G(f)$以反傅立葉轉換成 $g(t)$，我們可得到

$$\begin{aligned} g(t) &= \int_{-\infty}^{\infty} G(f)\exp(j2\pi ft)df \\ &= \int_{-W}^{W}\frac{1}{2W}\sum_{n=-\infty}^{\infty} g\left(\frac{n}{2W}\right)\exp\left(-\frac{j\pi nf}{W}\right)\exp(j2\pi ft)df \end{aligned}$$

交換相加與積分的順序：

$$g(t)=\sum_{n=-\infty}^{\infty} g\left(\frac{n}{2W}\right)\frac{1}{2W}\int_{-W}^{W}\exp\left[j2\pi f\left(t-\frac{n}{2W}\right)\right]df \tag{7.8}$$

在方程式(7.8)中的積分項經過計算後，可得到下列結果

$$\begin{aligned} g(t) &= \sum_{m=-\infty}^{\infty} g\left(\frac{n}{2W}\right)\frac{\sin(2\pi Wt-n\pi)}{(2\pi Wt-n\pi)} \\ &= \sum_{n=-\infty}^{\infty} g\left(\frac{n}{2W}\right)\operatorname{sinc}(2Wt-n), \qquad -\infty<t<\infty \end{aligned} \tag{7.9}$$

方程式(7.9)提供了一從$\{g(n/2W)\}$的取樣值來重建原始信號 $g(t)$的**內插公式**，此處以 $\operatorname{sinc}(2Wt)$ 扮演了**內插函數**的角色。每個取樣值均被乘上一個此內插函數中的延遲，而將所有結果波形相加便可得到 $g(t)$。若我們以另一種方式來看方程式(7.9)，這代表了由方程式(7.1)中的脈衝 $g_\delta(t)$ 與 $\operatorname{sinc}(2Wt)$ 函數之捲積(或濾波)。因此，任何脈衝響應扮演和 $\operatorname{sinc}(2Wt)$ 函數相同角色時，也會被視為一重建濾波器。

現在可以對能量有限而且嚴格地帶限之信號，用兩個等效方式來敘述**取樣定律**：

1. **一個有限能量之帶限信號，其頻率均小於 W 赫茲，藉著找出時間位在 $1/2W$ 秒之瞬時信號值，便可完整描述此信號。**
2. **一個有限能量之帶限信號，其頻率均小於 W 赫茲，可以透過以取樣頻率為每秒 $2W$ 次來取樣，而完全回復其信號。**

對一頻寬爲 W 赫茲之信號，若取樣頻率爲每秒 $2W$ 次，此時之頻率稱之爲**奈奎士速率**(Nyquist rate)；其倒數 $1/2W$(單位爲秒)稱之爲**奈奎士間隔**。

在此所推導的取樣定理，是基於假設信號 $g(t)$ 爲一嚴格帶限之信號。但是實際上，一個帶有資訊的信號並不會是嚴格帶限的信號，因此我們會遭遇到某種程度的取樣不足(undersampling)。因此取樣程序會產生某部份的**複合重疊**(aliasing)。複合重疊是指信號譜的高頻成份與取樣板頻譜的低頻成份重疊之現象，如圖 7.3 所示。如圖 7.3b 中之實線曲線所示，複合重疊頻譜是屬於一種如圖 7.3a.中所示之信息信號取樣不足的結果。實際上爲了消除掉複合重疊效應，我們可以用下列兩種修正方式：

1. 在取樣之前，先讓信號通過一個低通**抗複合重疊濾波器**，以衰減信號的高頻成份，這些成份對於要傳輸的資訊並不重要。
2. 以一個略高於奈奎士速率之取樣速率來對濾波後之信號取樣。

使用略高於奈奎士速度的取樣速率還有另一個有利的效果，就是我們可以更容易設計從取樣板回復信號之**重建濾波器**。考慮下面此例，當一個信息信號已經過一前置抗複合重疊(低通)濾波，而產生一如圖 7.4a 所示之頻譜。假設其取樣速率略高於奈奎士速率，此信號瞬間取樣板之相對應頻譜如圖 7.4b 所示。根據圖 7.4b，我們馬上看到重建濾波器的設計如下：(請參閱圖 7.4c)：

- 此重建濾波器爲一低通濾波器，其低通頻帶由 $-W$ 到 W，而其是由前置複合消去濾波器所決定。
- 此濾波器有一過渡頻帶(對正頻率而言)由 W 到 $f_s - W$，其中 f_s 爲取樣速率。

重建濾波器有一良好定義之過渡頻帶的事實意指，其爲可物理實現的。這可跟對應 $\text{sinc}(2Wt)$ 的理想重建濾波器的實作(若信號未過度取樣時就有需要)來作比較。

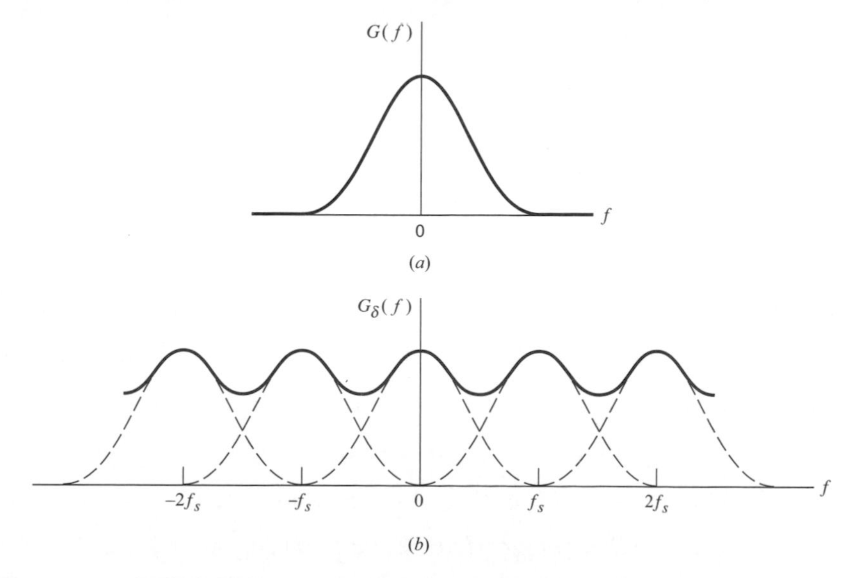

圖 7.3 (a) **信號之頻譜**；(b) **取樣不足之信號頻譜，顯示出複合重疊之現象**

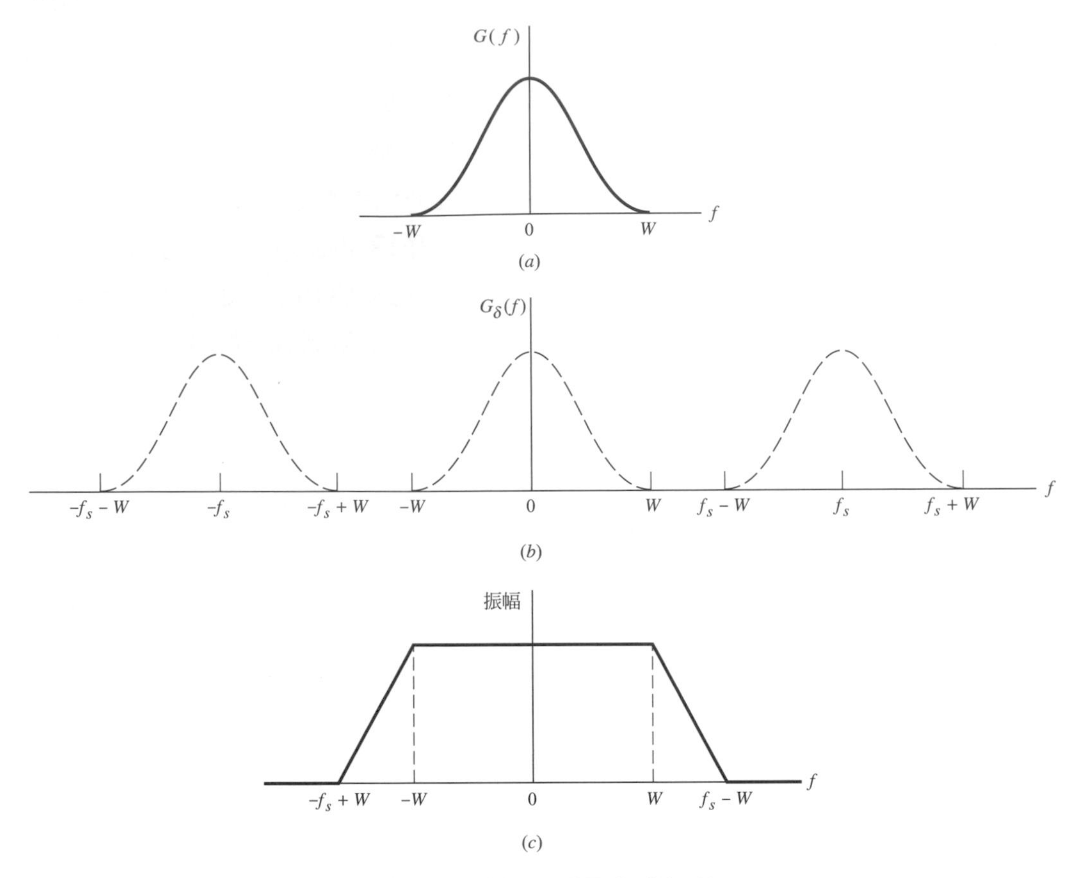

圖 7.4 (a) 一個帶有資訊信號的前置抗複合重疊濾波頻譜；

(b) 信號經過瞬間取樣之後的頻譜，假定所使用的取樣頻率高於奈奎士頻率；

(c) 重建濾波器的振幅響應

Whittakers 父子

取樣定理的真正起源本身是一段奇妙的歷史。最早與最多人引用的論文是 E. T. Whittaker 於 1915 年發表的論文。在這篇論文中，Whittaker 描述了一個概念，並且將它以 **cardinal** 函數表示，隨後在 1929 年，由他的兒子 J. M. Whittaker 重新命名為 **cardinal 級數**。在他的 1915 年論文中，老 Whittaker 提出若一時間函數是帶限，則其 cardinal 係數是可以用在此函數上(這個論點和其他論文中要證明的觀點都存在)。

而**取樣定理**這個名稱，則是在 Shannon 先生 1949 年資訊理論的論文中提出的(或許是首次提出)。若要了解此定律的推導，讀者可以參考 Shannon 在 1949 年發表的另一篇論文"*Communication in the presence of noise*"。在後面提到的這篇論文中，Shannon 確實引用了 J. M. Whittaker 於 1935 所發表的書籍"*Interpolation Function Theory*"。

若想更加了解取樣定理的歷史，請參考由 Marks 之著作(1991)第 1 章，書名" *Introduction to Shannon Sampling and Interpolation Theory*" 。

7.4 脈波振幅調變(波幅調變)

現在我們已了解取樣程序的重要性，我們已經準備好來正式定義脈波振幅調變，其爲類比脈波調變最基本與最簡單的形式。在**脈波振幅調變**中(pulse-amplitude modulation，PAM)，**固定間隔的振幅脈波會隨著一連續性信息信號之相對應取樣值成比例變化**；脈波可以是方波或是其他適當的波形。這裡所定義的波幅調變類似於自然取樣，其中信息信號乘上一週期性的方波序列。然而在自然取樣中，每個被調變的方波頂端將隨著信息信號而變，然而在波幅調變(PAM)時其仍會維持平坦；自然取樣的這個問題將會在習題 7.1 更加深入的討論。

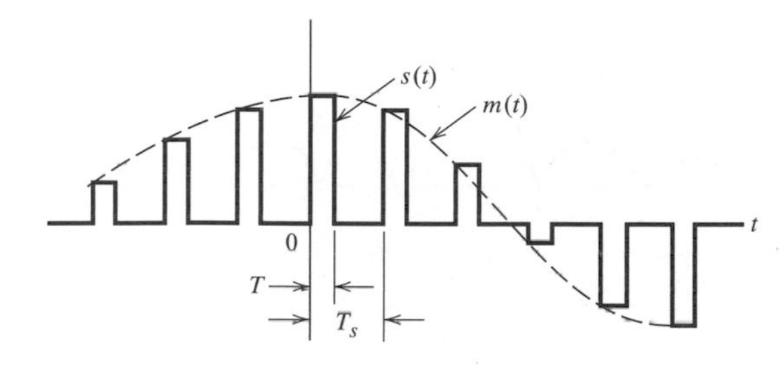

圖 7.5 類比信號之平頂取樣.

圖 7.5 顯示了一個 PAM 信號之波形。圖中的虛線表示信息信號 $m(t)$ 的波形，而實線則表示了波幅調變方波序列所代表的 PAM 信號 $s(t)$。當我們要產生 PAM 信號時，包含了下列兩個步驟：

1. 每隔 T_s 秒對信息信號 $m(t)$ 作**瞬間取樣**，其中取樣速率 $f_s = 1/T_s$ 之選擇是根據取樣定律。
2. **拉長**每個取樣週期到某個常數值 T。

在數位電路技術中，上述兩個動作稱之爲「取樣與保持」。故意加長每個取樣週期的重要理由是避免使用過多通道頻寬，因爲頻寬和脈波寬度成反比。然而，透過下列的分析可知，我們必須要愼重選擇要擷取多長的取樣週期 T。

令 $s(t)$ 代表以圖 7.5 中所描述之方法產生的平頂(flat-top)脈波序列。因此，我們可以將此 PAM 信號表示爲

$$s(t) = \sum_{n=-\infty}^{\infty} m(nT_s)h(t - nT_s) \tag{7.10}$$

其中 T_s 是取樣週期，而 $m(nT_s)$ 是當 $t = nT_s$ 時，對 $m(t)$ 取樣所得到的取樣值。$h(t)$ 是一個標準單位振幅，期間爲 T 的標準方波脈衝，其定義如下(請參考圖 7.6a)：

$$h(t) = \begin{cases} 1, & 0 < t < T \\ \dfrac{1}{2}, & t = 0, t = T \\ 0, & \text{其他處} \end{cases} \tag{7.11}$$

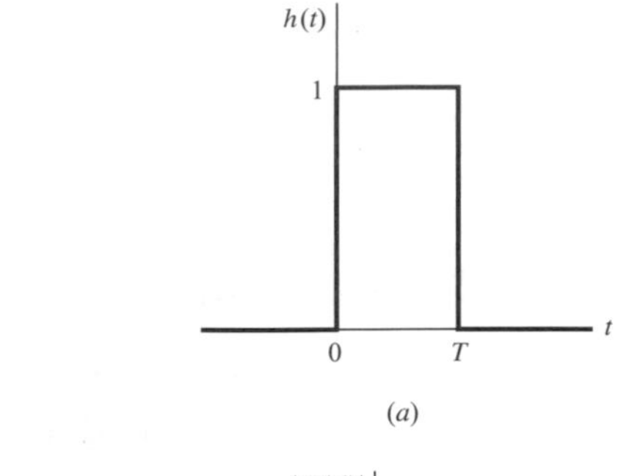

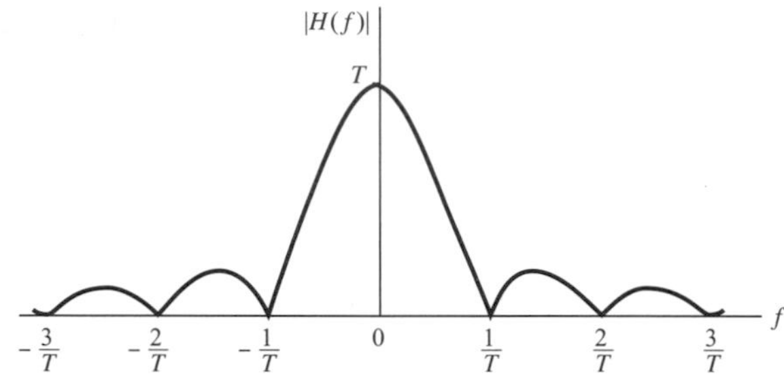

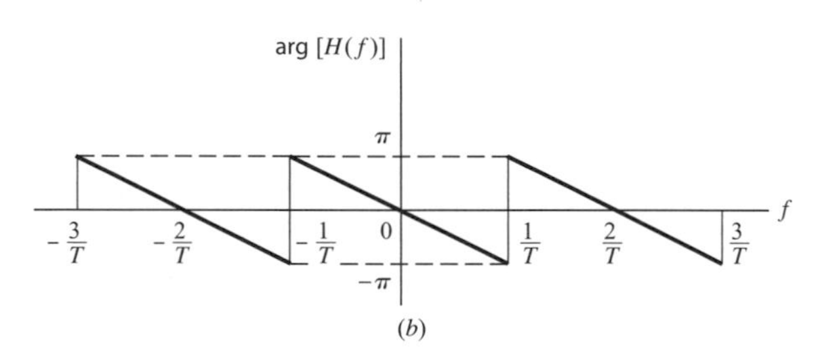

圖 7.6 (a) 方波脈波 $h(t)$；(b) $H(f)$頻譜

由定義可知 $m(t)$ 的瞬間取樣為

$$m_\delta(t) = \sum_{n=-\infty}^{\infty} m(nT_s)\delta(t-nT_s) \tag{7.12}$$

其中 $\delta(t-nT_s)$ 是一個在時間軸上移位過的脈衝函數。因此，對 $m_\delta(t)$ 與脈波 $h(t)$ 做捲積，我們可以得到

$$\begin{aligned} m_\delta(t) \star h(t) &= \int_{-\infty}^{\infty} m_\delta(\tau)h(t-\tau)d\tau \\ &= \int_{-\infty}^{\infty} \sum_{n=-\infty}^{\infty} m(nT_s)\delta(\tau-nT_s)h(t-\tau)d\tau \\ &= \sum_{n=-\infty}^{\infty} m(nT_s)\int_{-\infty}^{\infty} \delta(\tau-nT_s)h(t-\tau)d\tau \end{aligned} \tag{7.13}$$

利用脈衝函數的位移性質，我們可以得到：

$$m_\delta(t) \star h(t) = \sum_{n=-\infty}^{\infty} m(nT_s)h(t-nT_s) \tag{7.14}$$

因此由方程式(7.10)與(7.14)，我們可得知 PAM 信號 $s(t)$ ，在數學上等於 $m(t)$ 的瞬間取樣序列 $m_\delta(t)$ 與脈波 $h(t)$ 的捲積，如下所示

$$s(t) = m_\delta(t) \star h(t) \tag{7.15}$$

將方程式(7.15)兩邊作傅立葉轉換，並且由於兩個時間函數的捲積可以被轉換成個別傅立葉轉換的相乘，因此我們可以得到

$$S(f) = M_\delta(f)H(f) \tag{7.16}$$

如圖 7.7a、b、與 c 中所示， $S(f) = F[s(t)]$ ， $M_\delta(f) = F[m_\delta(t)]$ ， $H(f) = F[h(t)]$ 。由方程式(7.2)，可注意到傅立葉轉換 $M_\delta(f)$ 和傅立葉轉換 $M(f)$ 與原始信息信號 $m(t)$ 之間的關係如下：

$$M_\delta(f) = f_s \sum_{k=-\infty}^{\infty} M(f - kf_s) \tag{7.17}$$

其中 $f_s = 1/T_s$ 是取樣速率。然而將方程式(6.17)帶入方程式(7.16)中可得到

$$S(f) = f_s \sum_{k=-\infty}^{\infty} M(f - kf_s)H(f) \tag{7.18}$$

若已知一個 PAM 信號 $s(t)$，其傅立葉轉換 $S(f)$ 如方程式(7.18)中所定義，我們該如何回復原始信號 $m(t)$ ？重建信號的第一步，我們可以將 $s(t)$ 通過低通濾波器，此濾波器之頻率響應如圖 7.4c 中所定義；在此我們假定信息信號的頻寬限制爲 W，其取樣速率略大於奈奎士速率 $2W$。然後，從方程式(7.18)我們可以發現，濾波器輸出結果之頻譜等於 $M(f)H(f)$ 。此輸出信號等於將原信息信號 $m(t)$ 通過另一轉移函數爲 $H(f)$ 之低通濾波器，如圖 7.7d 中所示。

由方程式(7.11)，我們可以發現方波 $h(t)$ 的傅立葉轉換是

$$H(f) = T\text{sinc}(fT)\exp(-j\pi fT) \tag{7.19}$$

如圖 7.6b 中所示。所以我們看到若用平頂取樣來產生一個 PAM 信號，便會引起**振幅失真**及**延遲** $T/2$ 時間。這個效應更像是在電視中，因爲掃描孔徑大小有限所引起在傳輸時之頻率變化。因此，由於使用波幅調變來傳送類比帶資訊之信號所造成之失眞現象，稱之爲**孔徑效應**(aperture effect)。

如圖 7.8 所示，藉由串聯一個等化器與低通重建濾波器，就可以校正其失眞。當頻率以補償孔徑效應之方式增加時，等化器可以用來降低頻帶中的損失。理想上來說，等化器的振幅響應爲

$$\frac{1}{|H(f)|} = \frac{1}{T\text{sinc}(fT)} = \frac{\pi f}{\sin(\pi fT)}$$

如圖 7.7e 所示。此圖示顯示了一個可以考慮的等化效應理想形式。圖中的虛線曲線顯示了一個實際等化器的架構。

以下是使用此調變方式的一些提醒：傳輸一個 PAM 信號表示對於通道的振幅與相位響應要求相當嚴格，因為被傳送的脈波之期間較短。此外，PAM 系統的雜訊特性表現，不可能會比基頻帶信號傳輸要好。因而，我們發現對於長途傳輸，PAM 只是被用來進行分時多工信息處理的一種方法，從那裡再轉變到脈波調變之其他形式。分時多工的概念將會在下一節討論。

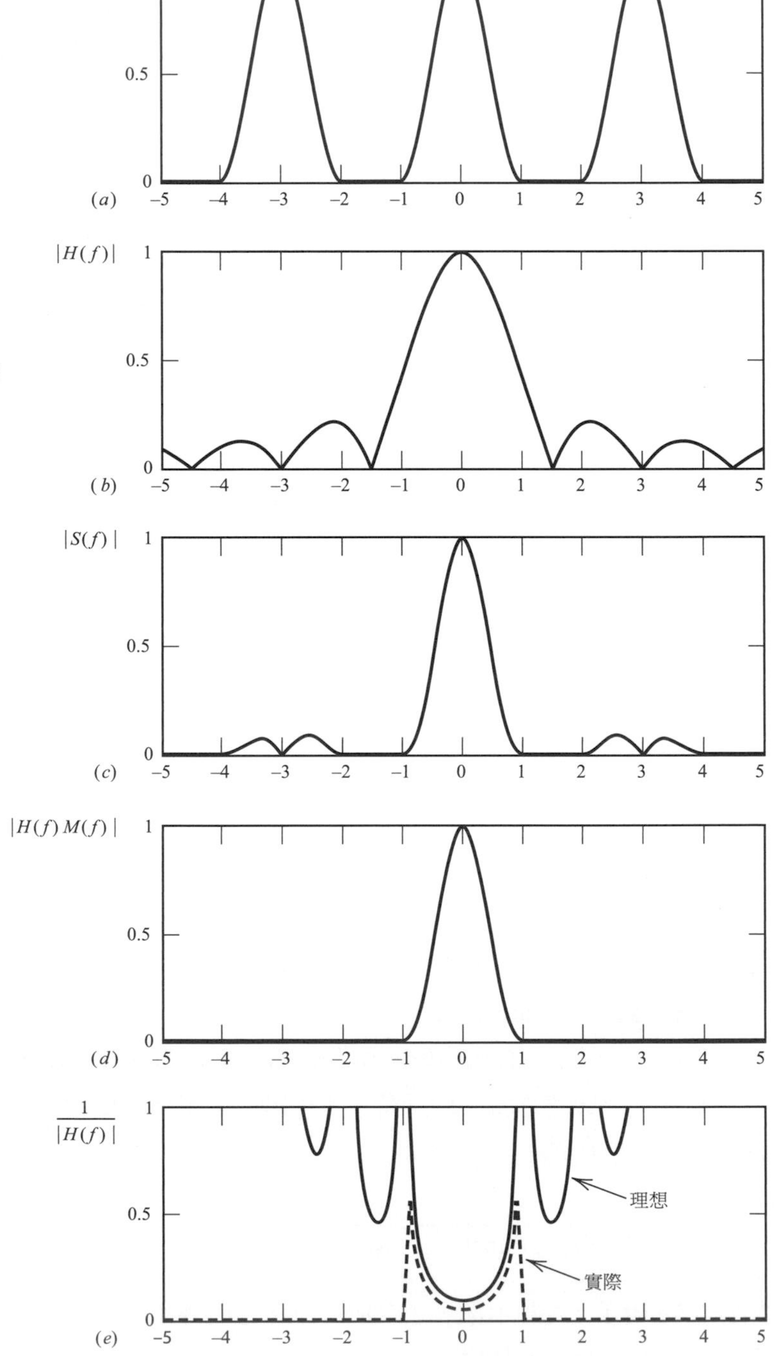

圖 7.7

(a) 取樣信號之頻譜；

(b) 低頻濾波器之頻譜；

(c) 傳輸信號之頻譜；

(d) 經過接受濾波器之頻譜；

(e) 等化器頻譜

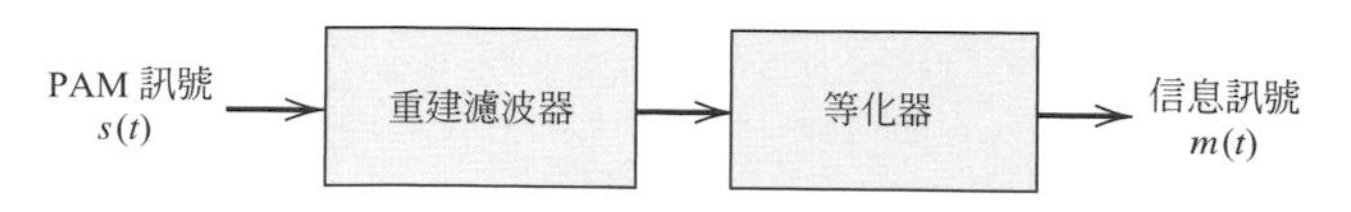

圖 7.8 由 PAM 信號 $s(t)$ 回復到原本信號 $m(t)$

7.5 分時多工

對於如何傳輸包含在帶限信息信號 $m(t)$ 裡之資訊，取樣定理提供了一個基礎，就是將該資訊以 $m(t)$ 的一個取樣序列來傳輸，取樣速率爲均勻且通常略高於奈奎士速率。取樣程序的一個重要特徵是**保持所需時間**。也就是說，信息取樣值的傳輸動作，會以週期性方式佔用通信通道僅一小比例的取樣間隔時間，藉此，相鄰取樣值的間隔時間中的某一部分會被空出來，而被其他的獨立信息源以時間共享方式來使用。因此我們可得到一個**分時多工**(TDM)系統，此系統讓多數個獨立信息源，在互不干擾的情況下共同使用一個傳輸通道。

TDM 之概念可用圖 7.9 中的方塊圖表示。每個輸入信息信號的頻寬被限制，由一個低通前置複合重疊濾波器來去除某些頻率，而這些頻率對於表示信號並不重要。此低通濾波器之輸出被加到一個**換向器**，通常是利用電子交換電路來達成。換向器有兩方面的功能：(1)在 N 個輸入信息中，以略高於 $2W$ 之頻率 f_s 任取一個窄頻取樣，其中 W 是消去複合重疊濾波器的截止頻率以及(2)在取樣週期 T_s 中，依序插入這 N 個取樣值。事實上，後者的功能是分時多工系統最重要的部份。隨著換向過程，多工處理過的信號被加到一個**脈波調變器中**，其目的是將多工信號轉變成爲一個適用於共用通道上傳輸的模式。很明顯地，使用分時多工的技術時，將會引入一個頻寬擴張因素 N，因此系統將會將來自於獨立的 N 個信號源擠壓到一個等於取樣週期的時間內。在系統的接收端，接收到的信號會進入**脈波解調變器**，其功能爲進行和脈波調變器相反的工作。在脈波調變器輸出端所產生的窄取樣值，經由一個**解換向器**，被分配到一適當的重建濾波器，其中解換向器與傳送器內之換向器必須**同步運作**。此同步功能對於系統能正常運作是非常重要的。同步的方式自然依照用來傳送多工的序列樣本之脈波調變方式而決定。

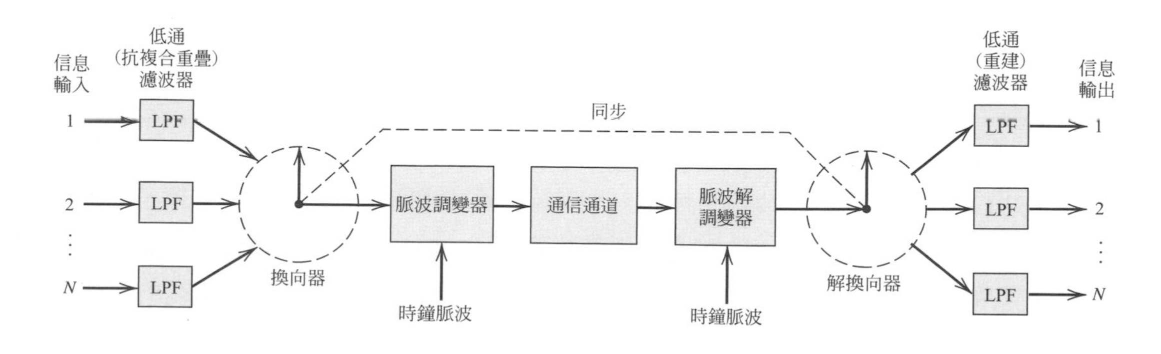

圖 7.9 TDM 系統的方塊圖

7.6 脈位調變

在一個脈波調變系統中，我們可以使用脈波所消耗的增加頻寬，來進行並獲得雜訊表現之改善，而進行方式除了使用脈波振幅來表示信息信號之取樣值外，亦可利用脈波的其它性質來表示。在**脈波調變**(pulse-duration modulation，PDM)，其信息信號的取樣值是用於改變每個單獨脈波的期間。此種調變可被視爲**脈波寬度調變**或**脈波長度調變**。調變信號會隨著時間改變，可能是上升邊緣，下降邊緣與脈波兩邊。在圖 7.10c 中，每個脈波的後緣會根據信息信號而有所改變，如圖 7.10a 中，假定爲正弦波。其週期脈波載波是如圖 7.10b 中所示。

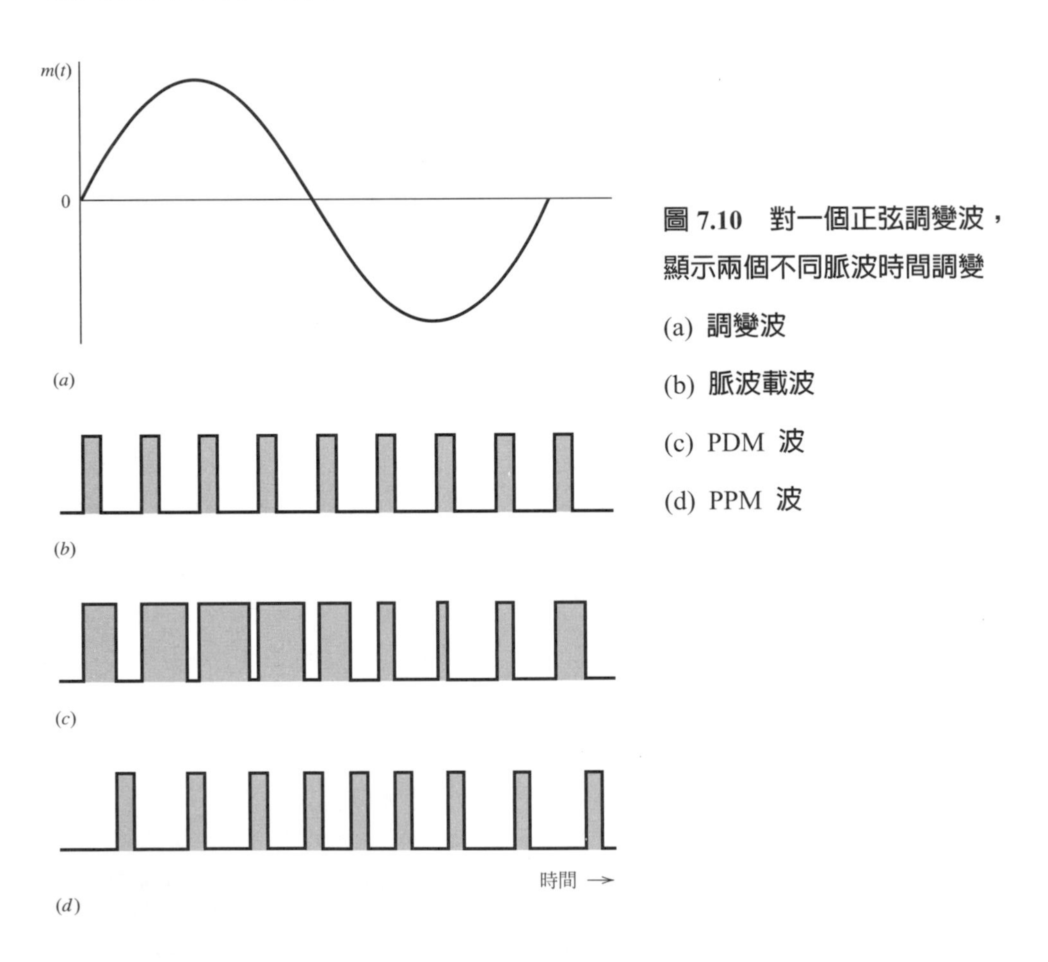

圖 7.10　對一個正弦調變波，顯示兩個不同脈波時間調變

(a) **調變波**

(b) **脈波載波**

(c) PDM **波**

(d) PPM **波**

在 PDM 系統中，即使脈波未帶有額外的資訊，長脈波也會花費可觀的功率。若我們從 PDM 中將未使用的脈波功率減去，此時僅有轉換時間的資訊被保留下來，我們可以獲得更有效的脈波調變形式，稱之爲**脈波位置調變**(PPM)。**在 PPM 系統時，脈波相對於未調變時間的脈波位置會隨著信息信號而變化**，如在圖 7.10d 中一正弦調變的案例中所示。

令 T_s 代表取樣間隔。使用信息信號 $m(t)$ 的取樣 $m(nT_s)$ 來調變第 n 個脈波的位置，我們便可得到 PPM 信號

$$s(t)=\sum_{n=-\infty}^{\infty} g(t-nT_s-k_p m(nT_s)) \tag{7.20}$$

其中 k_p 是脈波位置調變器的**靈敏度**，而 $g(t)$ 代表一我們所想要的標準脈波。很明顯的，組成 PPM 信號 $s(t)$ 的不同脈波必須要嚴格限制不能互相重疊；爲了滿足上面條件，下式必須滿足

$$g(t)=0, \quad |t|>\frac{T_s}{2}-k_p|m(t)|_{\max} \tag{7.21}$$

也就是說，

$$k_p|m(t)|_{\max}<\frac{T_s}{2} \tag{7.22}$$

若 $k_p|m(t)|_{\max}$ 越靠近取樣週期 T_s 的 1/2，則標準脈波 $g(t)$ 就會越窄，以確保 PPM 信號 $s(t)$ 的每個波形不會彼此互相干擾，而每個 PPM 信號所佔據的頻寬就會越來越寬。假定滿足方程式(7.21)，在 PPM 信號 $s(t)$ 相鄰脈波之間不會有干涉，那麼我們可以完整回復信號取樣值 $m(nT_s)$。而且，若信息信號 $m(t)$ 是一嚴格帶限信號，透過取樣定理可知，原始信息信號 $m(t)$ 可以由 PPM 信號 $s(t)$ 回復成無失真的信號。

產生 PPM 波形

在方程式(7.20)中的 PPM 信號可以用圖 7.11 中的系統來產生。首先信息信號 $m(t)$ 透過取樣-保持電路而轉換成 PAM 信號，產生一個階梯式的波形 $u(t)$。注意在取樣保持電路中的取樣週期 T，必須要和取樣週期 T_s 相等。如圖 7.12b 中之操作，可得到如圖 7.12a 中所顯示的信息信號 $m(t)$。下一步，信號 $u(t)$ 加入到一鋸齒波(如圖 7.12c 中所示)，產生一個如圖 7.12d 合併波 $v(t)$。合併信號 $v(t)$ 加入到**閥值偵測器**，每次當 $v(t)$ 橫過零值並且在負向方向時，可以產生一個非常窄之脈波(假設一個脈波)。其所產生之「脈衝序列」$i(t)$ 如圖 7.12e 所示。最後，PPM 信號 $s(t)$ 的產生則可透過使用這一連串脈衝序列來激發一個濾波器，且此濾波器之脈波響應由標準脈波 $g(t)$ 所定義。

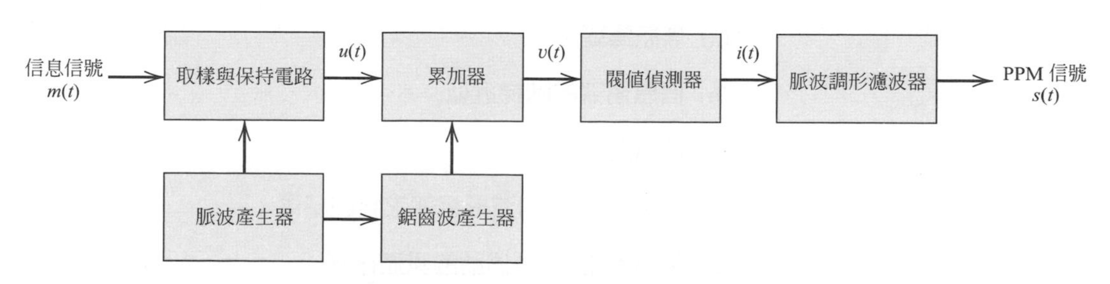

圖 7.11 PPM 波形產生器方塊圖

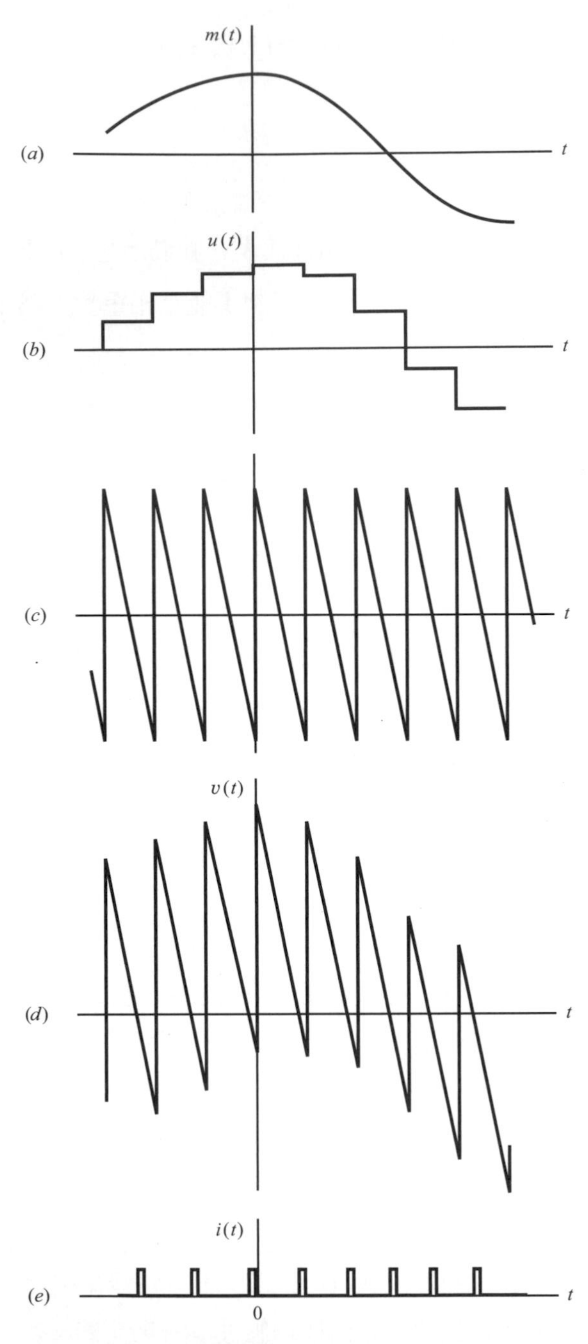

圖 7.12 PPM 信號產生流程：

(a) 信息信號；

(b) 信息信號的階梯近似；

(c) 鋸齒波；

(d) 將(b)與(c)中的波形相加之後的結果；

(e) 用來產生 PPM 信號的脈波序列

偵測 PPM 波形

考慮一個使用均勻取樣之 PPM 波形 $s(t)$，如方程式(7.20)與(7.21)所定義，並且假設信息(調變)信號 $m(t)$ 是一嚴格帶限信號。PPM 接收器的一種操作可能如下所示：

- 以相同的調變將接收到之 PPM 波形轉成 PDM 波形。
- 使用一個具有固定的積分時間之儀器來對這個 PDM 波作積分，然後可以計算 PDM 波形下的區域面積。
- 以一個均勻速率對積分器輸出取樣以產生 PAM 波形，其振幅對原本 PPM 波形 $s(t)$ 之信號取樣 $m(nT_s)$ 成正比。
- 最後，對 PAM 波形解調變，回復成信息信號 $m(t)$ 。

所有我們在這邊描述的操作都是線性操作。此外，一個實際的 PPM 接收器，在其輸入端有一個非線性裝置，稱之爲**切割器**(slicer)。一理想切割器之輸入輸出特性如圖 7.13 所示，其切割位準通常大約設在接收到 PPM 波的波峰脈波振幅之半。切割器的最主要功能是保留接收脈波的邊緣位置(其可能被雜訊所影響)，並且將其他訊息移除。它是藉由在接收到的脈波，與上升與下降脈波同時間處，產生一幾乎是「方波」之脈波，而達成此項功能。因此，切割器可以被視爲是一個「清除雜訊裝置」，藉由消除在接收到的 PPM 波中所有雜訊，

透過此儀器可讓接收器輸出端的最後雜訊程度大幅的下降，除了在波前與波沿邊緣附近。

我們對切割器輸出波形作微分，之後作半波整流，每次便會產生一個超短脈波(幾乎可視爲一個脈衝)，而在接收到的 PPM 波其脈波振幅均可通過切割器的位準。圖 7.14a 顯示了第 n 個 PPM 波形，而圖 7.14b 顯示了當脈波通過切割器的位準後所產生的短脈波(透過前面所提的方式)。在圖 7.14c 中，一個適當的延遲加入到短脈波中，而相對應的 PDM 波形則如圖 7.14d 中所示。

利用相同的調變方式，將接收到的(帶有雜訊的)PPM 波轉換成 PDM 波形，接收器可以透過上述方式重建原始基頻信號 $m(t)$ 。

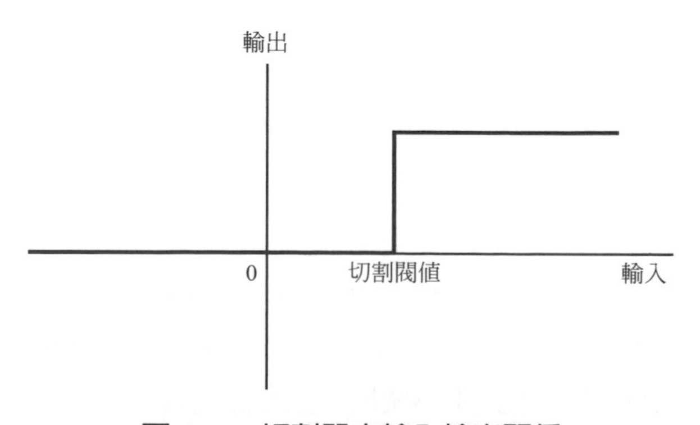

圖 7.13 切割器之輸入輸出關係

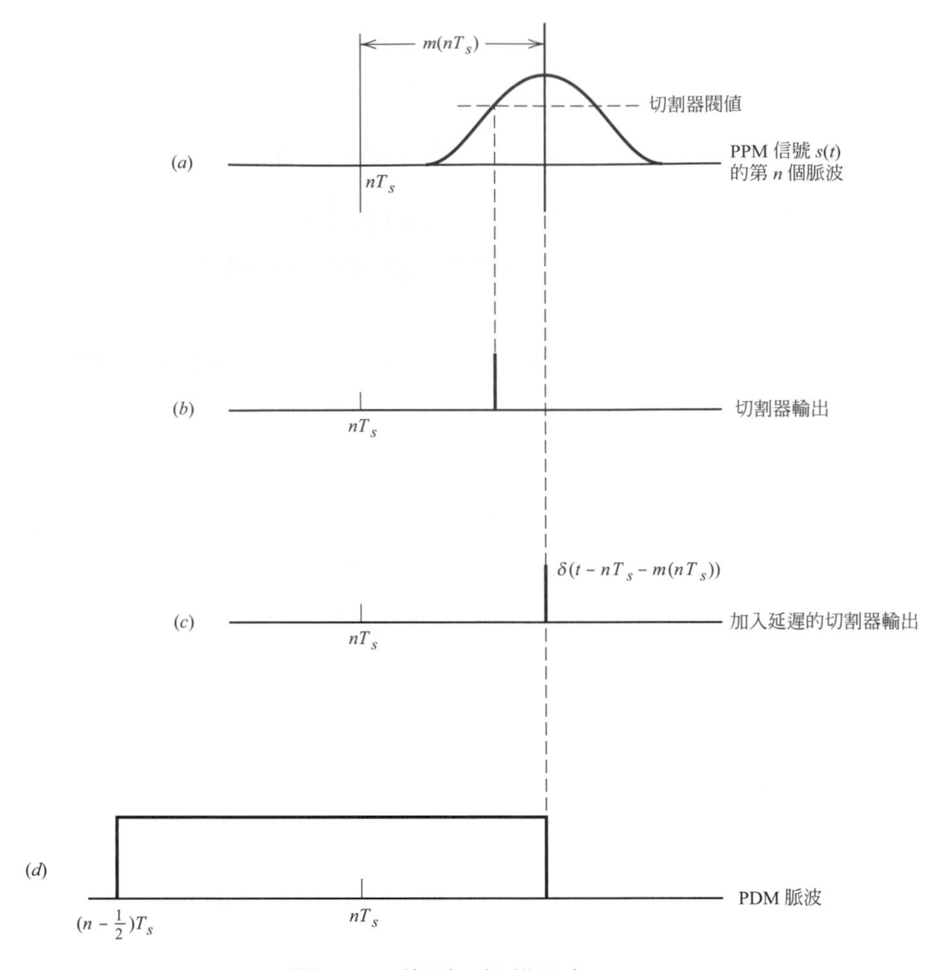

圖 7.14　偵測一無雜訊之 PPM

在脈波位置調變中的雜訊

在一個 PPM 系統中，傳輸資訊包含在調變脈波的相對位置中。外加雜訊會透過搞亂調變脈波出現時間來影響系統表現。我們可經由快速產生脈波來獲得抗雜訊能力，因爲雜訊影響通常也都是在短時間內。的確，如果接收到的脈波是完美方波，那麼外加雜訊並不會對脈波位置有任何影響，因爲雜訊僅會產生垂直方向的擾動。然而，完美方波表示需要有無窮大的頻道頻寬，而這是不可能在現實生活中發生的。因此，在現實頻寬有限的情況下，我們發現接收到的脈波具有一有限上升時間，因此 PPM 接收器效果會被雜訊影響。

在 CW 調變系統中，PPM 系統的雜訊表現可以透過輸出信號雜訊比來比較。此外，要找出一信息信號從原本基頻傳輸到經由 PPM 系統的雜訊改進程度，我們可以使用優值來比較，其定義爲 PPM 系統之輸出信號雜訊比除以頻道信號雜訊比。我們將透過下面這個範例來說明評估的方法，其中爲使用一上升餘弦脈波與正弦調變之 PPM 系統。

範例 7.1 利用弦波調變之 PPM 系統信號雜訊比

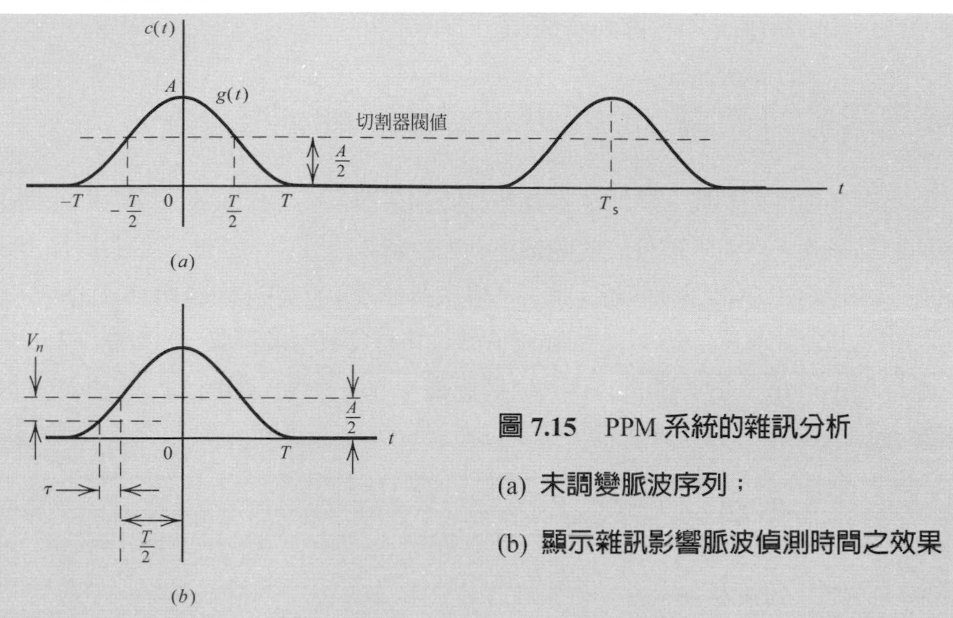

圖 7.15 PPM 系統的雜訊分析

(a) 未調變脈波序列；

(b) 顯示雜訊影響脈波偵測時間之效果

考慮一 PPM 系統其帶有脈波序列，其尚未進行調變，如圖 7.15a 所示。我們假定載波標準脈波爲一上升餘弦脈波，此種脈波是一種較容易分析的脈波。此脈波，其中心位置在 $t = 0$ 處，以 $g(t)$ 表示，其定義爲

$$g(t) = \frac{A}{2}[1 + \cos(\pi B_T t)], \quad -T \le t \le T \tag{7.23}$$

其中 $B_T = 1/T$。脈波的產生時間可由輸入一脈波到理想切割器中，如圖 7.13 所示，之後觀察切割器輸出。我們假定切割器位準設定爲脈波振幅高度的一半，也就是 $A/2$，如圖 7.15a 所示。對於低於切割器位準的輸入信號，其輸出值爲零；反之其輸出值則爲定值。

脈波 $g(t)$ 的傅立葉轉換爲

$$G(f) = \frac{A\sin(2\pi f / B_T)}{2\pi f(1 - 4f^2 / B_T^2)}$$

如圖 7.16 中所示，此傅立葉轉換當 $f = \pm B_T$ 時，其值爲零，且在此範圍之外其值會很小。因此要通過一個這樣的脈波之傳輸頻寬須等於 B_T。

令一個脈波之間峰對峰值變化以 T_s 表示。之後，爲了反應一個全負載正弦調變波，接收器輸出端之峰對峰振幅均爲 KT_s，其中 K 是由接

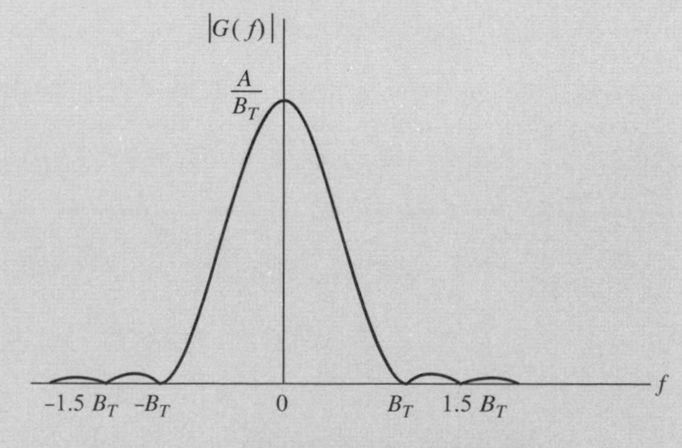

圖 7.16 上升餘弦脈波的振幅頻譜

收器電路所決定的常數。接收器輸出端的均方根值爲 $KT_s/2\sqrt{2}$ ，在接收器輸出端之相對應平均信號功率(假定有一歐姆負載)爲

$$\left(\frac{KT_s}{2\sqrt{2}}\right)^2 = \frac{K^2T_s^2}{8}$$

當有外加性雜訊時，脈波的振幅和位置都會被干擾。在脈波振幅上的隨機擾動可以被切割器移除。然而脈波位置的隨機擾動則會留在信號中，因此在接收器輸出端會有雜訊產生。我們假定在接收器輸入端，其雜訊功率遠小於脈波峰值功率。此時，若在某特定時間，其雜訊振幅等於 V_n ，則脈波偵測時間將會被稍微移動 τ，如圖 7.15b 所示。從一階近似，V_n/τ 大約等於當 $t=-T/2$ 時脈波 $g(t)$ 之斜率。因此，由方程式(7.23)，我們可得到

$$\begin{aligned}\frac{V_n}{\tau} &= \left.\frac{dg(t)}{dt}\right|_{t=-T/2}\\ &= \frac{\pi B_T A}{2}\end{aligned}$$

解上述方程式可得到 τ，我們可得到

$$\tau = \frac{2V_n}{\pi B_T A} \tag{7.24}$$

脈波 $g(t)$ 位置上的誤差 τ，在接收器輸出端會產生一個平均雜訊功率 $K^2\mathbf{E}[\tau^2]$ ，其中 $\mathbf{E}$ 是統計期望運算元。假定在接收器前端的雜訊功率頻譜密度爲 $N_0/2$，我們可發現在頻寬 B_T 內 V_n 的均方值爲

$$\mathbf{E}[V_n^2] = B_T N_0 \tag{7.25}$$

由方程式(7.24)與(7.25)，我們可得到下列結果：

$$\begin{aligned}\text{輸出雜訊的平均功率} &= K^2\mathbf{E}[\tau^2]\\ &= \frac{4K^2N_0}{\pi^2 B_T A^2}\end{aligned} \tag{7.26}$$

當假定爲一全負載正弦調變時，其輸出信號雜訊比爲

$$\begin{aligned}(\text{SNR})_O &= \frac{K^2T_s^2/8}{4K^2N_0/\pi^2B_TA^2}\\ &= \frac{\pi^2 B_T T_s^2 A^2}{32N_0}\end{aligned} \tag{7.27}$$

在 PPM 系統中的平均傳輸功率 P，和所使用的調變方式是無關的。因此，我們可以藉由平均在取樣時間 T_s 內 PPM 波形的單一脈波功率而計算出 P，如下所示

$$
\begin{aligned}
P &= \frac{1}{T_s}\int_{-T_s/2}^{T_s/2} g^2(t)dt \\
&= \frac{3A^2}{4T_sB_T}
\end{aligned}
\tag{7.28}
$$

在信息頻寬 W 內的平均雜訊功率等於 WN_0。其頻道信號雜訊比爲

$$
\begin{aligned}
(\mathrm{SNR})_C &= \frac{3A^2/4T_sB_T}{WN_0} \\
&= \frac{3A^2}{4T_sB_TWN_0}
\end{aligned}
\tag{7.29}
$$

因此使用上升餘弦脈波之 PPM 系統優值如下：

$$
\begin{aligned}
\text{優值} &= \frac{(\mathrm{SNR})_O}{(\mathrm{SNR})_C} \\
&= \frac{\pi^2}{24}B_T^2T_s^3W
\end{aligned}
\tag{7.30}
$$

假定信息信號以奈奎士速率取樣，我們可得到 $T_s = 1/2W$。之後我們發現方程式(7.30)相對應到的優值爲 $(\pi^2/192)(B_T/W)^2$，當 $B_T > 4.41W$ 時其值會大於一。我們同時也看到一個 PPM 系統中，其優值正比於正規化傳輸系統頻寬 B_T/W 之平方值。

對 PPM 系統的雜訊分析，我們假定在接收器前端的外加雜訊平均功率遠小於波峰脈衝功率。特別我們假定每個脈波會通過切割器位準兩次，一次是在上升端，一次則是在下降端。高斯雜訊有時會產生峰值穿過額外的切割器位準，因此有時雜訊峰值會被誤認爲是信息脈波。此分析會忽略高雜訊峰值所產生的**錯誤脈波**。很明顯的，當有高斯雜訊存在時，錯誤脈波的發生機率很有限且很小，不論此機率相較於脈波的峰值振幅有多小。若傳輸頻寬一直增加，其相對應平均雜訊功率的增加可能會造成錯誤脈波頻率增加，因此有可能在接收器輸出端導致想要之信息喪失。因此實際上我們發現，PPM 系統會遭受到一個臨限效應。

頻寬雜訊交換

在雜訊表現環境中，PPM 系統代表了類比脈波調變的最佳狀況。在下列範例中 PPM 系統之雜訊分析，顯示了脈波位置調變(PPM)與頻率調變(FM)系統均有類似的雜訊分析，如下所示：

1. 此兩系統之優值均正比於傳輸頻寬對信息頻寬正規化之平方值
2. 當信號雜訊比下降時，兩個系統都會有臨限效應產生。

第一點的實際意涵是，增加頻寬和改進雜訊表現兩者是互為交換，而在連續波調變(CW)中以及類比脈波調變系統中，我們能做到最好的便是遵循**平方律**。有關這個討論的一個問題是：我們可以得到一個比平方律更好的交換嗎？答案是理論上是可以的，而方法即是**數位脈波調變**。使用這種方法跟連續波調變會有很大的差異。

用數位脈波方式來表示類比信號時，會有兩個基本程序：**取樣**與**量化**。取樣程序主要是將信息信號以離散時間表示；為了讓它能正確的操作，我們需要參考第 7.3 節中的取樣定理。量化程序則是將信息信號的振幅以數位方式表示；量化是一個新的程序，會在第 7.8 節中討論。到目前為止，我們可以說合併使用取樣與量化已經足夠以編碼的方式來傳輸信息信號。因此在 7.8 節中，我們可以了解頻寬雜訊交換的**指數關係**。

7.7 主題範例—在脈衝無線電中之 PPM 系統[1]

傳統的數位傳輸系統均試圖將傳輸信號的頻寬最小化。因此，我們最常使用濾波在方波上，試圖降低被佔據之頻寬。然而，另外一種稱之為**脈衝無線電**(impulse radio)，並不跟隨著上述邏輯同時會導致衰減。應用此技術，資訊可以透過非常窄的脈波傳遞，而時間分布的很廣。既然脈波寬度非常窄，因此所產生信號之頻譜便會非常的廣，此方法是一種超寬頻(ultra-wideband，UWB)**無線電傳輸**或**脈衝無線電**。

脈衝無線電的一種脈波形式為高斯單脈波，其是高斯脈衝的一階微分。高斯單脈波的波形為

$$v(t) = A\frac{t}{\tau}\exp\left\{-6\pi\left(\frac{t}{\tau}\right)^2\right\} \tag{7.31}$$

而 A 是振幅係數因子而 τ 是脈波的時間常數。如圖 7.17 所示，此信號被正規化到一單位振幅。它包含了一個正波谷與負波谷，且總脈波寬度大約等於 τ。對脈波無線電應用來說，脈波寬度 τ 通常介於 0.20 到 1.50 奈秒(ns)。

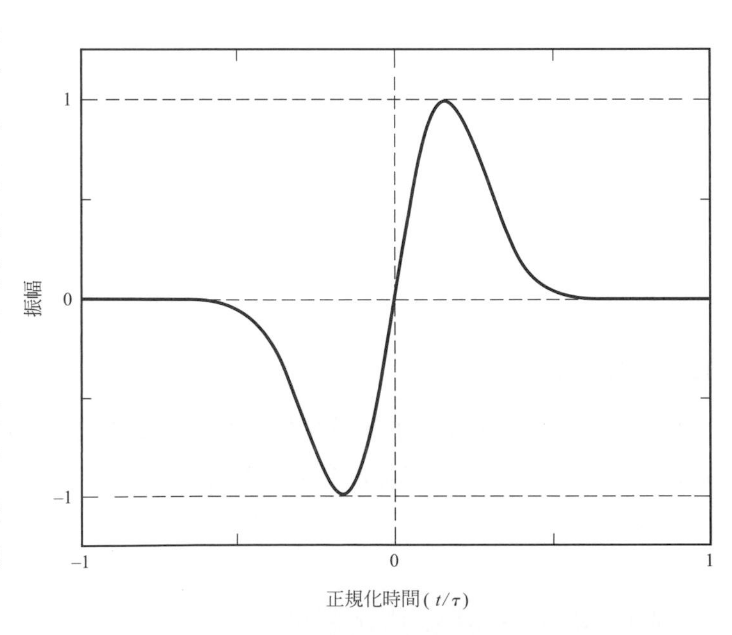

圖 7.17 對脈衝無線電所使用的高斯單脈波

這些脈波序列的頻譜可經由傅立葉轉換後得到，而圖 7.18 可得到一個獨立的脈波與頻譜。圖 7.18 中的頻率軸，是對時間常數 τ 正規化。對 $\tau = 1.0$ 奈秒(ns)時，其頻率軸的範圍是由 0 到 5GHz。

要對此脈衝波進行數位調變有許多方法。其中一個方法如圖 7.19 所示，便是**脈波位置調變**。使用此法，在相鄰的脈波之間會有一個固定的時間間隔 T_p。為了傳輸一個二進位碼中的符號「0」，脈波會早一些些傳遞($-T_c$)。為了傳輸一個二進位碼中的符號「1」，脈波會晚一些些傳遞($+T_c$)。接收器可以偵測如此的**略早**或**略晚時間差異**，並根據此差異來解調變資訊。一般上來說，在脈衝之間的時間差異(T_p)，其範圍從 1000 奈秒(ns)到 25 奈秒(ns)，所對應的資料傳輸速率從每秒 1 到 40 百萬位元(megabits)。

此調變信號的超寬頻特性有好處也有壞處。既然信號功率廣泛的落在一大頻帶中，因此落在每個特定窄頻帶的功率量值很小。然而，在此窄頻頻道中還是會有功率存在。因此，超寬頻無線電有一個考量便是其會干擾目前現存的窄頻無線電服務，且佔據相同無線電頻道。結果，雖然超寬頻無線電允許在不同領域中使用，然而對傳輸功率還是有嚴格的限制。由於這些傳輸功率的限制，超寬頻無線電通常被限制在短距應用，距離通常少於幾百公尺。

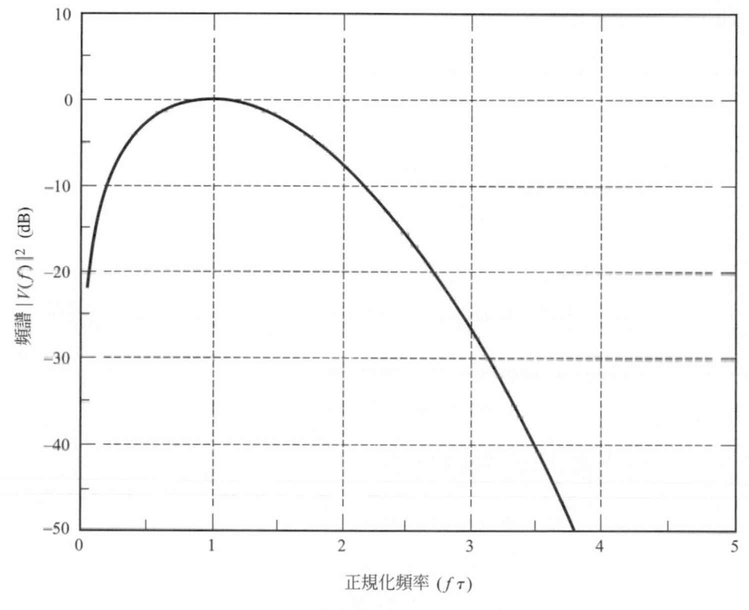

圖 7.18 高斯單脈波之振幅頻譜

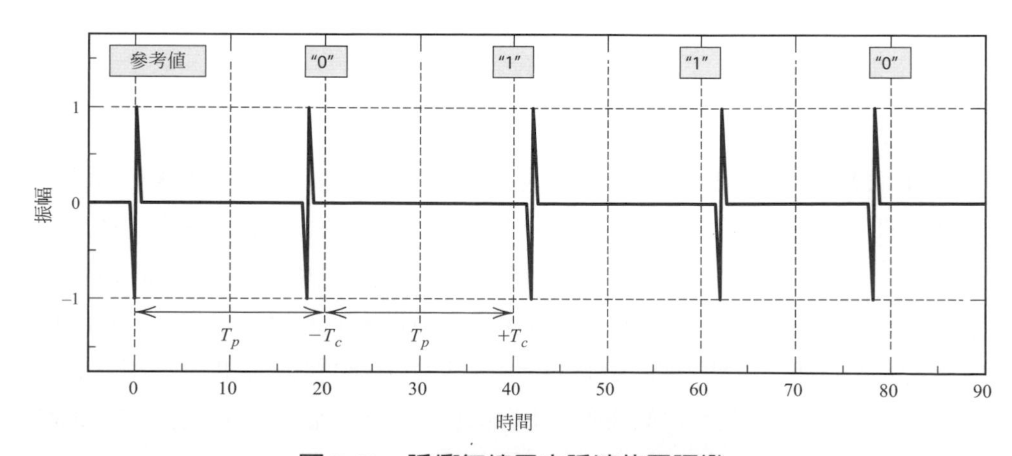

圖 7.19 脈衝無線電之脈波位置調變

7.8 量化過程

一個像聲音的連續信號，其振幅有一個連續範圍，因此其取樣有連續的振幅範圍。換句話說，在信號的有限振幅範圍中，我們可以發現無窮數目的振幅水平。事實上，傳輸準確的取樣振幅數值是沒有必要的。若我們使用任何人類的感官(例如耳朵或眼睛)作一個接收器，其僅能檢測到一個有限程度的差異。這表示原始的連續信號可以經由一個信號來**近似**，此信號是以最少錯誤之基礎上，選自一個可得到的集合之間段性振幅所建構而成。很明顯的，若我們讓這些水平的間隔充分的靠近，就可以使這個近似的信號實際上和原本的信號不會有太大的差異。

振幅量化的定義爲，當 $t = nT_s$ 時對信息信號 $m(t)$ 取樣得到 $m(nT_s)$，轉變成一個取自有限可能振幅之組合的間斷性振幅 $v(nT_s)$。在本書中，我們假定量化過程是**無記憶性**及**瞬時的**，這表示在時間 $t = nT_s$ 時之轉換，不會被信息信號稍早或稍後的樣本所影響。此簡單之量化，雖然不是最佳作法，但是卻是實作上較常使用的。

當我們討論一無記憶性的量化器時，我們可以藉由去掉時間係數來簡化標記。所以我們可以用符號 m 來代替 $m(nT_s)$，如圖 7.20a 中量化器中方塊圖所示。因此，如圖 7.20b 中所示，信號振幅 m 是由 k 決定，若是落在下面的之區間

$$\mathscr{I}_k : \{m_k < m \le m_{k+1}\}, \quad k = 1, 2, \ldots, L \tag{7.32}$$

其中 L 是量化器裡所使用的振幅水平總數目。振幅 m_k, $k = 1, 2, \ldots, L$，稱爲**決定水平**或是**決定臨限**。在量化器輸出端，指數 k 被轉變成一個振幅 v_k，此 v_k 代表所有在區間 $\mathscr{I}_k$ 內的所有振幅；振幅 v_k, $k = 1, 2, \ldots, L$，稱之爲**代表水平**或**重建水平**，而相鄰兩個代表水平之間隔稱爲**量子**(quantum)或**級量**(step-size)因此，如果輸入信號樣本 m 屬於 $\mathscr{I}_k$ 區間的話，量化器輸出 v 會等於 v_k。此對應關係(請參閱圖 7.20a)

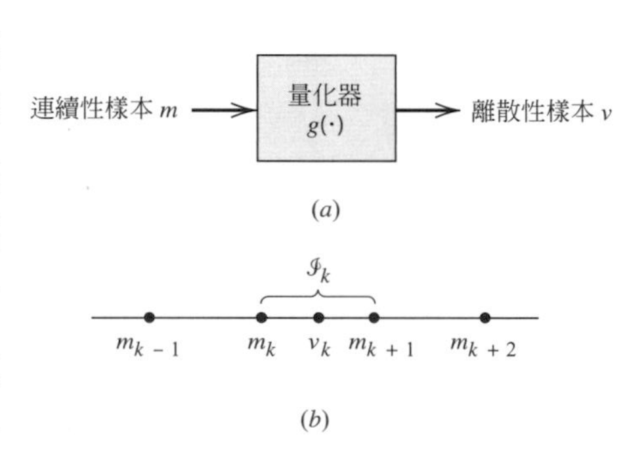

圖 7.20 無記憶性的量化器之描述

$$v = g(m) \tag{7.33}$$

是量化器特性，由定義可知是一階梯函數。

量化器可以是**均匀**式或是**非均匀**式。在一個均匀量化器，這些代表水平是被均匀地間隔開；否則，量化器是非均匀式的。在此節中，我們僅考慮均匀量化器；非均匀量化器會在下節中討論。量化器特性可能是**中梯型**(midtread)或是**中上升型**(midrise)。圖 7.21a 顯示了中梯形均匀量化器之輸入-輸出特性，稱爲中梯級形的原因是因爲，其原點位於一個階梯式圖形的梯之中點。圖 7.21b 顯示了一個中上升型均匀量化器之相對應的輸入輸出特性，其中原點位於此階梯似圖形之上升部份之中點。此處需要注意的是，如圖 7.21 中此兩型之均匀量化器均對稱於原點。

圖 7.21 兩種量化器特性
(a) 中梯型；(b)中上升型

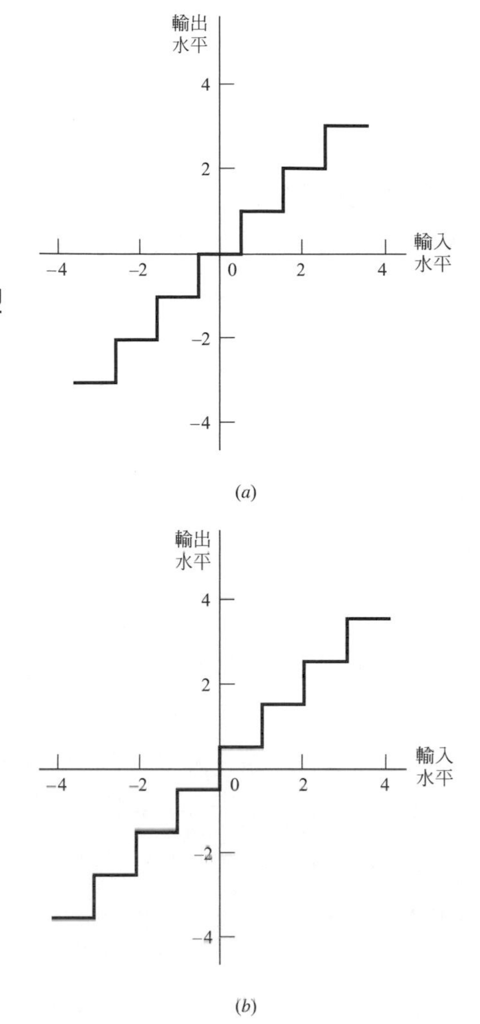

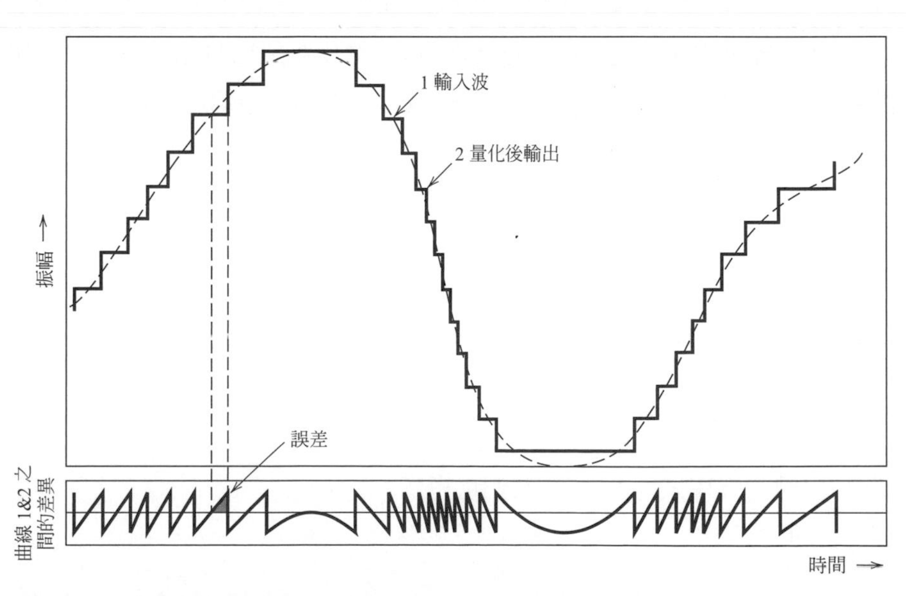

圖 7.22 量化雜訊之圖示(取材自 Bennett，1948，經 AT&T 公司允許使用)

量化雜訊

使用量化將會引入一個誤差，此誤差被定義爲輸入信號 m 與輸出信號 v 之間的差值。此誤差稱之爲**量化雜訊**。圖 7.22 假定使用一中梯級型式之均勻量化器，此圖描述了一個典型的量化雜訊隨時間變化之函數。

令量化器輸入 m 是一個平均值爲零之隨機變數 M 之取樣值。(若輸入信號帶有一非零平均值，我們可以透過減去輸入之平均值來去掉它，而在進行完量化程序後再將其加回去)量化器 $g(\cdot)$將連續性振幅之輸入隨機變數 M，對應到一個離散隨機變數 V；其個別取樣值 m 與 v 之間的關聯性可由方程式(7.33)得知。令量化誤差由隨機變數 Q 之取樣值 q 表示。因此我們可得到

$$q = m - v \tag{7.34}$$

或者，相對應的，

$$Q = M - V \tag{7.35}$$

當輸入信號 M 其平均值爲零，且量化器如圖 7.21 中爲對稱型時，我們可知量化器輸出 V 以及量化誤差 Q，其平均值均爲零。所以，對於用輸出信號雜訊比來找出量化器之部份統計特性，我們僅需要找出量化誤差 Q 的均方根植。

接著我們考慮一個連續性信號 m，其輸入振幅範圍在$(-m_{\max}, m_{\max})$之間。假定有一個如圖 7.21b 中的中上升型均勻量化器，我們可以發現此量化器的級量爲

$$\Delta = \frac{2m_{\max}}{L} \tag{7.36}$$

其中 L 是代表水平之總數目。對一個均勻量化器，其量化誤差 Q 之取樣值會介於 $-\Delta/2 \le q \le \Delta/2$ 之間。若此級量 Δ 夠小(也就是說，水平數目 L 夠大)，那麼假定量化誤差 Q 是一個**均勻分布**的隨機變數應該是合理的，且量化雜訊對量化器輸入之干擾影響是類似於熱雜訊一樣。因此我們可以將量化誤差 Q 之機率密度函數表示如下：

$$f_Q(q) = \begin{cases} \dfrac{1}{\Delta}, & -\dfrac{\Delta}{2} < q \le \dfrac{\Delta}{2} \\ 0, & \text{其他} \end{cases} \tag{7.37}$$

然而，爲了使上式成立，我們必須確保輸入信號**不會**使量化器過載。那麼，由於量化誤差之平均值爲零，因此其方差 σ_Q^2 和均方根値會相同

$$\sigma_Q^2 = \int_{-\Delta/2}^{\Delta/2} q^2 f_Q(q)\,dq = \mathbf{E}[Q^2] \tag{7.38}$$

將方程式(7.37)帶入方程式(7.38)中，我們可得到

$$\begin{aligned} \sigma_Q^2 &= \frac{1}{\Delta}\int_{-\Delta/2}^{\Delta/2} q^2\,dq \\ &= \frac{\Delta^2}{12} \end{aligned} \tag{7.39}$$

一般說來，此 L 維(L-ary)數字 k，代表量化器的第 k 個水平，被以二進位的方式傳送到接收器。以 R 表示用以建構此二進位碼之**每樣本的位元數**。那麼我們可以寫出

$$L = 2^R \tag{7.40}$$

或者，等效為

$$R = \log_2 L \tag{7.41}$$

因此，將方程式(7.40)帶入(7.36)中，我們可以得到級量為

$$\Delta = \frac{2m_{\max}}{2^R} \tag{7.42}$$

此外，將方程式(7.42)帶入(7.39)中可得到

$$\sigma_Q^2 = \frac{1}{3} m_{\max}^2 2^{-2R} \tag{7.43}$$

令 P 代表信息信號 $m(t)$的平均功率。因此可將一均勻量化器之**輸出信號雜訊比**表示為：

$$\begin{aligned}(\mathrm{SNR})_O &= \frac{P}{\sigma_Q^2} \\ &= \left(\frac{3P}{m_{\max}^2}\right) 2^{2R}\end{aligned} \tag{7.44}$$

方程式(7.44)表示量化器之輸出信號雜訊比會隨著每個樣本位元數 R 的增加而呈指數型的增加。我們注意到當 R 增加時，通道(傳輸)頻寬 B_T 也需要成比例增加。因此，我們使用一個二進位制碼來作為一個信息信號的表示(如在脈碼調變內)，提供了一個比調頻(FM)或脈位調變(PPM)更有效的方法，來增加通道頻寬換取雜訊特性表現之改善。在作上述陳述時，我們假定 FM 與 PPM 系統是由接收器雜訊所限制，而二進位碼調變系統是由量化雜訊所限制。關於後續問題，我們在第 7.9 節中會有更多討論。

範例 7.2　弦波調變信號

考慮一個振幅為 A_m 的弦波調變信號之特例，其利用了所有提供的代表水平。其平均信號功率為(假定負載為 1 歐姆)

$$P = \frac{A_m^2}{2}$$

量化器輸入的全部範圍為 $2A_m$，因調變信號在 $-A_m$ 與 A_m 之間擺盪。所以我們可以設定 $m_{max} = A_m$，如此，使用方程式(7.43)可得到此量化雜訊之平均功率(變異數)為

$$\sigma_Q^2 = \frac{1}{3} A_m^2 2^{-2R}$$

因此對一個滿載測試信號，此均勻量化器之輸出信號雜訊比為

$$(\mathrm{SNR})_O = \frac{A_m^2/2}{A_m^2 2^{-2R}/3} = \frac{3}{2}(2^{2R}) \tag{7.45}$$

若以分貝來表示信號雜訊比，我們可得到

$$10\log_{10}(\text{SNR})_O = 1.8 + 6R \tag{7.46}$$

對不同的 L 與 R 值，其相對應的信號雜訊比值列在表 7.1 中。從表 7.1 中我們可以快速的估算出當弦波調變時，要達到所需之輸出信號雜訊比所需要取樣之位元數。

表 7.1　不同水平數目下信號對量化雜訊比

代表水平數目，L	位元數/每樣本，R	信號雜訊比(dB)
32	5	31.8
64	6	37.8
128	7	43.8
256	8	49.8

7.9 脈碼調變[2]

在了解取樣與量化程序後，我們現在已經可以開始描述脈碼調變過程，如同先前所描述的一樣，其爲數位脈波調變之最基本型式。**在脈碼調變(PCM)中，信息信號是由一連串加碼化脈波序列所組成，其透過在時間與振幅兩方面用離散型式表示此信號**。PCM 系統之傳送器所進行之基本動作是**取樣**、**量化**、**編碼**，如圖 7.23a 所示；取樣前的低通濾波器是爲了避免信息信號之複合重疊(aliasing)。量化與編碼動作通常會在同一個電路上完成，其電路通常被稱爲**類比對數位轉換器**。如圖 7.23c 中所示，接收器的基本動作包括了**修復**減弱之信號、**解碼**、**重建**被量化取樣列。如圖 7.23b 中所示，當需要時，重建也可以出現在傳輸途徑的中途點。當我們使用分時多工時，爲了使整個系統工作良好，我們需要將接收器與傳送器同步。我們將在後續章節中討論構成 PCM 系統中的各項操作。

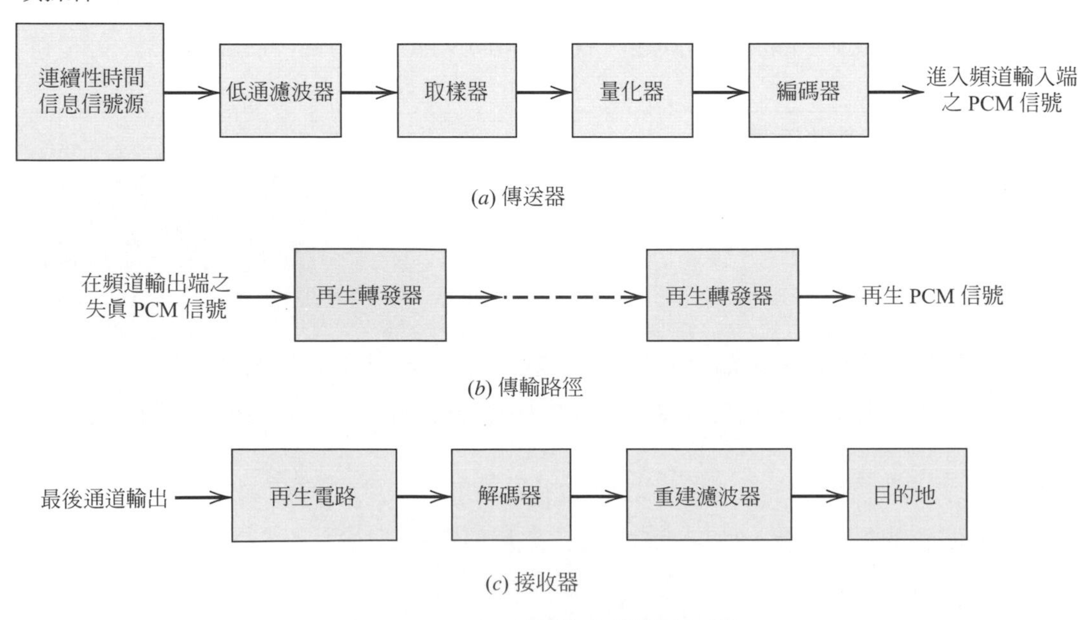

圖 7.23　PCM 系統中的基本元件

取樣

輸入的信息信號是被同一序列窄矩形脈波所取樣，以便接近於瞬間取樣程序。為了確保在接收器端能完美重建信息信號，根據取樣定律，其取樣速率至少需要大於信息信號最高頻成分 W 的兩倍。實際上，在取樣器之前會有一前置複合重疊(低通)濾波器，以便在取樣之前能去除掉高於 W 之頻率。所以取樣的應用允許連續性變動的信息信號(某有限長度)減少到每秒有限的間斷值數目。

量化

信息信號在取樣之後就會進行量化，隨後會產生一個時間與振幅都是間斷性的新信號。如第 7.8 節中所描述，量化過程會按照一個均勻的規律。但是在某些應用上，我們希望用在表示水平間不同的分隔。舉例來說，語音信號所涵蓋的電壓範圍，從大聲談話的峰值到小聲談話的弱值，其比例大約是 1000 比 1 的等級。經由一個**非均勻的等化器**，其特徵是當從輸入-輸出振幅特性之原點的間隔增加時，級量也增加，量化器大的結束步級可以可顧慮到語音信號可進入大的振幅範圍，而這並不經常發生。換句話說，弱音的部份需要較多保護，而犧牲掉強音的部份。以此方式大部份輸入信號振幅範圍，都可以幾乎達到百分之百的精確度，且結果是僅需要比一個均勻量化器使用更少步級。

使用一非均勻量化器，就等同讓基頻信號先通過一個**壓縮器**，然後再讓被壓縮信號通過一個均勻量化器。一個常被使用的特殊形式稱之為 **μ 法則**[3]，其定義為

$$|v|=\frac{\log(1+\mu|m|)}{\log(1+\mu)} \tag{7.47}$$

其中 m 與 v 表示正規化之後之輸入與輸出電壓，而 μ 是一個正值常數。在圖 7.24a 中，我們對不同的 μ 畫出 μ 法則。當 $\mu=0$ 時，表示是均勻量化情況。對一個給定的 μ 值，壓縮曲線之斜率倒數，也就是量化步級，是 $|m|$ 對 $|v|$ 的導數；亦即

$$\frac{d|m|}{d|v|}=\frac{\log(1+\mu)}{\mu}(1+\mu|m|) \tag{7.48}$$

所以我們看到 μ 法則既非嚴格線性或對數，在低輸入水平相對於 $\mu|m|\ll 1$ 時，是近似於線性的；而在高輸入水平相對於 $\mu|m|\gg 1$ ，是近似於對數。

另一個常被用到的壓縮法則被稱之為 **A 法則**，其定義為

$$|v|=\begin{cases}\dfrac{A|m|}{1+\log A}, & 0\le|m|\le\dfrac{1}{A}\\[2ex] \dfrac{1+\log(A|m|)}{1+\log A}, & \dfrac{1}{A}\le|m|\le 1\end{cases} \tag{7.49}$$

如圖 7.24b 所示。A 的實際值(就如同在 μ 法則內的 μ 值)會趨向 100。當均勻量化時，其 $A=1$。壓縮曲線的斜率倒數可由 $|m|$ 的導數除以 $|v|$ 的導數，如下式：

$$\frac{d|m|}{d|v|}=\begin{cases}\dfrac{1+\log A}{A}, & 0\le|m|\le\dfrac{1}{A}\\(1+\log A)|m|, & \dfrac{1}{A}\le|m|\le 1\end{cases} \tag{7.50}$$

遂在中間線性區域的量化步級，其在小信號上會有較大的影響，其比值爲 $A/(1+\log A)$。實際上和均勻量化比較起來大約會有 25dB 的差異。

爲了回復信息信號到它們正確相對之水平量，當然我們需要在接收器的地方使用一個裝置，其特性和壓縮器互補。如此的裝置稱之爲**伸展器**。理想來說，伸展器和壓縮器是完全反向，除了量化效應之外，伸展器之輸出等於壓縮器之輸入。**壓縮器**與**伸展器**之組合稱之爲**壓展器**(compander)。

在一個實際的 PCM 系統中，壓展器電路並不會產生如圖 7.24 中非線性壓縮曲線。然而，它會提供一個**片段式線性近似曲線**。藉由使用夠大量之線性線段，這個近似曲線可以非常接近於眞正的壓縮曲線。此近似曲線型式會在本節末的範例 7.3 中說明。

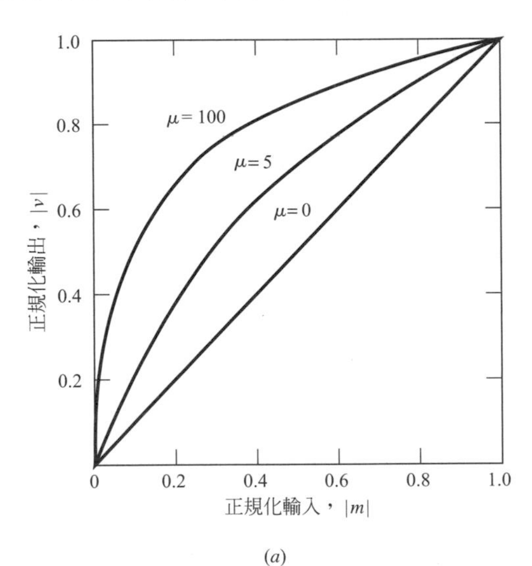

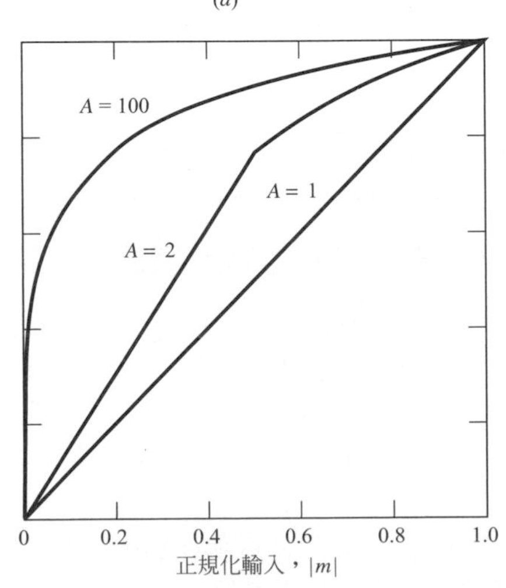

圖 7.24 壓縮定律：
(a) μ 法則；(b) A 法則

編碼

在組合取樣與量化的程序中，連續性信息(基頻帶)信號之規格變成侷限於一間斷性值之集合，但其並不最適合於線上或無線電途徑上傳輸之最佳形式。爲了探索取樣與量化的優點，包括傳輸信號更不會受到干擾，或其他頻道降階等，我們須使用**編碼程序**將此間斷性值集合轉移到一個更適當之信號。任何安排來表示此間斷性值集合當離散事件的一個特別安排，就被稱之爲**碼**。在一個碼內之任何一個離散事件，均稱爲**碼元素**或**碼符號**。比方說，脈波存在或不存在可視爲是一個符號。而一個碼中所使用的符號特殊安排，被稱爲一個**碼語**或是**字元**。

在**二進位碼**，每個符號可以是兩個不同值或不同類中的一個，例如一個脈波的存在或不存在。二進位碼的兩個符號習慣上被稱爲 0 與 1。而在**三元碼**中，各符號可以是三個不同值或不同類中的一個，其他碼依此類推。因此，**我們可藉由在傳輸介質中使用二進位碼，而達成克服雜訊效應，因為二進位符號可以抵抗高雜訊，同時也很容易重建**。假定在二進位碼中，每個碼均擁有 R 位元：位元 **bit** 是二進位數字 **binary digit** 的縮寫；而 R 代表**每取樣之位元數目**。因此，使用這樣的碼，我們總共可以表示 2^R 個不同數目。比方說，一個樣本被量化成 256 個層階中的一個，可以用 8 位元碼表示。

有很多方法來建立代表階層與碼之間的一對一關聯性。一個較方便的方式是將代表層階的序數表示爲二進位數目。在二進位系統中，每個位元會有一個位置值，其爲 2 的指數倍，表 7.2 顯示了每個取樣值中有四個位元(也就是，$R = 4$)。

表 7.2 當 $R = 4$ 時之二進位數目系統

代表階層之序數	階層數目被表示成 2 的指數倍之和	二進位數字
0		0000
1	2^0	0001
2	2^1	0010
3	$2^1 + 2^0$	0011
4	2^2	0100
5	$2^2 + 2^0$	0101
6	$2^2 + 2^1$	0110
7	$2^2 + 2^1 + 2^0$	0111
8	2^3	1000
9	$2^3 + 2^0$	1001
10	$2^3 + 2^1$	1010
11	$2^3 + 2^1 + 2^0$	1011
12	$2^3 + 2^2$	1100
13	$2^3 + 2^2 + 2^0$	1101
14	$2^3 + 2^2 + 2^1$	1110
15	$2^3 + 2^2 + 2^1 + 2^0$	1111

線碼

線碼是一種利用電子方式表示一二進位串流碼的方式。任何一種線碼都可以用電子方式表示一二進位串流碼。圖 7.25 顯示了五種重要線碼的波形，在此處範例中之資料串爲 01101001。線碼通常會使用到下列兩種方式：**不歸零**(NRZ)或**歸零**(RZ)。歸零表示用來表示位元的脈波，當位元結束時，會回到 0 伏特或中間值。不歸零則表示當位元結束時，其脈波並不會回到中間值。圖 7.25 顯示了五種線碼，以下我們將詳加討論：

1. **單極不歸零(Unipolar Nonreturn-to-Zero, NRZ)信號**

   在此線碼中，符號 1 表示在符號期間輸出振幅爲 A 的脈波，而符號 0 則表示將脈波關掉，如圖 7.25a 所示。這個線碼也被稱爲**開-閉信號**。開-閉信號的一個缺點是浪費功率，因爲其會傳送直流電位。

2. **雙極不歸零(NRZ)信號**

   在第二種線碼中，符號 1 和 0 分別由傳送的脈波振幅$+A$ 與 $-A$ 表示，如圖 7.25b 所示。這種線碼很容易產生，同時比單極不歸零信號要更節省功率。

3. **單極歸零(RZ)信號**

   在這線碼中，符號 1 是振幅爲 A，寬度爲半個符號的方波來表示，而符號 0 則不會傳送任何脈波，如圖 7.25c 所示。此種線碼有個吸引人的特性是，其傳送信號的功率頻譜，僅會在 $f = 0$ 與$\pm 1/T_b$ 的地方出現脈衝函數，而這可以在接收器端用來作位元時間恢復。然而，其缺點則是相較於雙級歸零信號，它需要多 3dB 的功率才能達到相同的符號錯誤率。我們會在第 8 章中詳細討論這個議題。

4. **雙極歸零(BRZ)信號**

   如圖 7.25d 所示，此種線碼使用三個振幅階層。相同振幅的正脈波與負脈波(也就是$+A$ 與 $-A$)分別輪流用來表示符號 1，且每個脈波僅擁有半符號寬度。符號 0 則是不會有脈波出現。BRZ 信號的一個有用性質是，當符號 1 和 0 是以相同機率出現時，其傳輸信號的功率頻譜中不會出現直流成分，同時也僅具有非常少量的低頻成分。此種線碼也被稱爲**交替符號反轉**(alternate mark inversion，AMI)信號。

5. **分相(曼徹斯特碼 Manchester Code)**

   如圖 7.25e 中所示，在此種線碼中，符號 1 是由一個振幅爲 A 的正向脈波與緊接著振幅爲 $-A$ 的負向脈波所表示，兩脈波的寬度均爲半符號寬。而對於符號 0，其兩個脈波的極性是相反的。不管信號的統計特性爲何，曼徹斯特碼壓抑了直流成份以及較不重要的低頻成份。此性質在某些應用時相當重要。

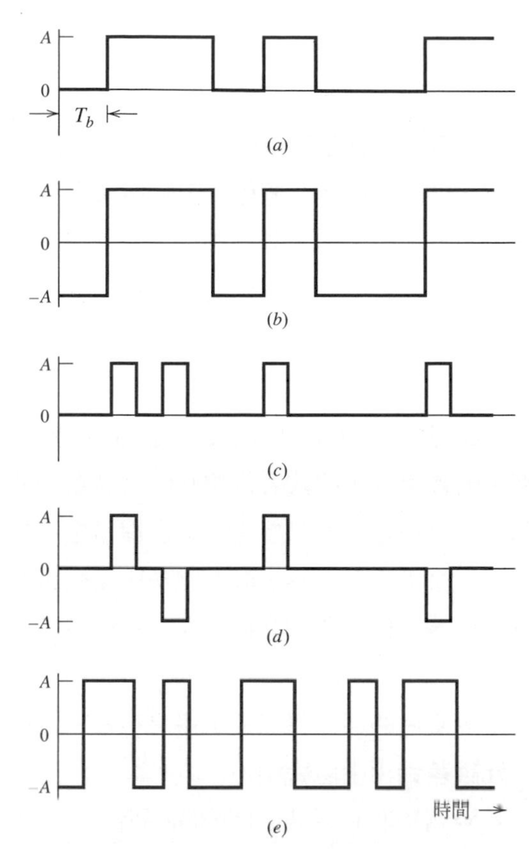

圖 7.25
以不同線碼表示二進位電性資料
(a) 單極不歸零信號；
(b) 雙極不歸零信號；
(c) 單極歸零信號；
(d) 雙極歸零信號；
(e) 分相或曼徹斯特碼

差分編碼

這個方法是用信號的轉換來編碼。例如將輸入資料的轉換當作是符號 0，而將沒有轉換當作是符號 1，如圖 7.26 所示。在圖 7.26b 顯示由圖 7.26a 中的資料經差分編碼後之資料串。這裡的原始資料和圖 7.25 是相同的。圖 7.26c 顯示了差分編碼後之資料波形，我們假定使用單極不歸零信號。由圖 7.26 中，我們可以看到差分編碼信號即使反轉，也不會影響其訊息。原始資料的恢復是靠比較相鄰的二進位符號，看其是否有發現反轉。要注意差分編碼在起始編碼時，必須有一個參考位元。在圖 7.26 中所使用的參考位元是符號 1。

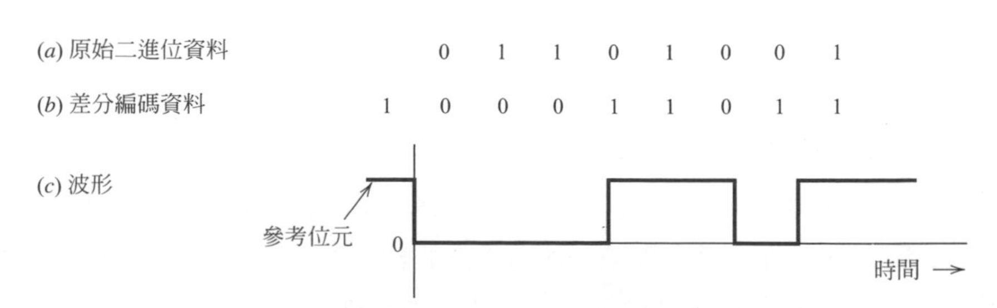

圖 7.26 (a) 原始二進位資料；(b) 差分編碼資料，假定參考位元為 1；(c) 使用單極不歸零信號之差分編碼資料波形

再生

任何數位系統的最重要特徵，便在於其能夠控制因傳送 PCM 信號通過通道所產生的雜訊與失眞的效應。之所以有這個能力，是藉著一連串的**再生轉發器**來重建 PCM 信號，這些重生轉發器均位於傳輸途徑中且彼此間隔很近。如圖 7.27 所示，一個再生轉發器會有三個基本功能：**等化**、**定時**與**決定**。等化器將接收到的脈波整型，以便補償因通道傳輸特性所引起的振幅與相位失眞效應。定時電路提供一個來自接收到之脈波的週期性脈波序列，其用來對等化後脈波在某些時刻，其信號雜訊比爲最大值時進行取樣。依上述方式的所得到之取樣值，在跟決定裝置內預設之**臨界值**做比較。在各個位元期間，輸出信號是由所接收到的符號是 1 或是 0 來作決定，而 1 或 0 的基礎在於是否有超過位準。若超過位準，則一個代表符號 1 的完整新脈波會傳送到下一個轉發器。若沒有超過位準，則會傳送一個代表符號 0 的完整新脈波。由此方式，在轉發器範圍裡的之雜訊與失眞將完全被移除，只要在決定過程當中，其波動沒有大到足以引起錯誤的判斷。理想上來說，除了延遲之外，再生信號與原始訊號應該完全一樣。但是實際上，再生信號會因爲下列的兩個重要因素而和原始信號有差異：

1. 不可避免的通道雜訊及干擾之存在，使再生轉發器偶爾發生錯誤決定，所以引入**位元誤差**到再生信號中。
2. 若兩個接收到脈波之間的間隔偏離了其被指定値，一個**顫動**(jitter)將會被引入再生的脈波位置，因而引起失眞。

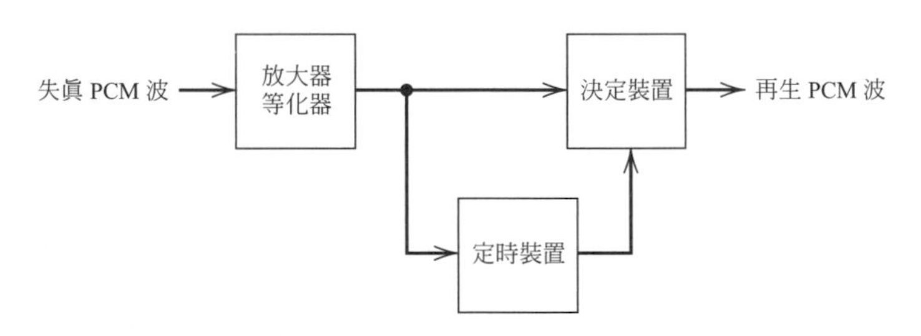

圖 7.27　再生性轉發器的方塊圖

解碼

接收器內的第一個動作是再生(也就是，重建與整理)最後接收到的脈波。這些重整過的脈波，再被重組成碼語並解碼(也就是，反對應)成一個被量化的 PAM 信號。**解碼**過程產生一個脈波，其振幅是在碼語中所有脈波的線性和，其中每個脈波已被其位置値 ($2^0, 2^1, 2^2, 2^3, \ldots, 2^{R-1}$)所加權，其中 R 是每樣本之位元數。

濾波

接收器的最後一個動作是經由解碼器輸出通過低通的重建濾波器，以回復此信息信號波，此濾波器之截止頻率等於信息頻寬 W。若假定傳輸途徑不會引起任何錯誤，那麼除了在量化過程當中所引起的原始失真之外，被回復的信號將沒有任何雜訊。

多工

在使用 PCM 應用時，我們很自然的會對不同的信息源進行多工處理，其中每個信息在傳輸器到接收器的過程中會保持其獨立性。這個獨立性較易說明信息源可以很容易的丟出或重新插入到一分時多工系統中。當獨立信號源的數目增加時，時間間隔會被重新分配，而分配到每個時間源的時間必定會減少，因為所有的時間間隔必須等於取樣速率的倒數。因此，這表示代表取樣樣本的一個碼語，所允許的時間會減少。然而，越短的脈波越難產生。此外，若脈波變的太短時，傳輸介質內的不均勻將會開始干擾系統的正常操作。因此，事實上，我們必須要在一分時群組中限制獨立信息源的數目。

範例 7.3　分時多工，PCM，以及 T1 系統

在此範例中，我們描述一個稱為 T1 載波系統的重要特性，其設計為帶有 24 個聲音頻道，主要應用於都會地區短距高使用量的情況下。T1 系統最早是由美國 Bell 系統公司在 1960 年代早期所開發，也因此開創了數位通信設備與應用的時代。T1 系統目前已廣泛的使用在美國、加拿大與日本。

聲音信號主要頻帶位於 300 到 3100 赫茲，因此在此頻帶之外的頻率對於聲音清晰度並不會有任何貢獻。的確，電話電路的設計也是為了讓此頻帶內的信號得到足夠的服務。因此現在的作法，便是在取樣之前讓聲音信號通過一個截止頻率為 3.1kHz(千赫茲)低通濾波器。當 $W = 3.1\text{kHz}$ 時，故其奈奎士速率名義上至少要等於 6.2kHz。濾波後的聲音信號會以較高的速率作取樣，大約是 8kHz，而這也是電話系統中的標準取樣頻率。

為了展波，T1 系統使用了一個分段線性特性(其中包含了 15 個線性區段)來近似類似對數曲線方程式(7.47) μ-法則，其中 $\mu = 255$。總共有 255 個振幅階層相對應於此展波特性。為了放入所有表示階層，這 24 個聲音頻道使用 8 位元二進位 PCM 信號表示法。

為了合併不同的聲音頻道，我們使用了如第 7.5 節中所討論到的分時多工(TDM)策略。多工信號的每個幅均包含了 24 個 8 位元碼語，每一個均代表一個聲音源，此外為了同步，我們在每幅的最後加上一個信號位元。因此，每個幅包含了$(24 \times 8) + 1 = 193$ 個位元。當每個聲音頻道之取樣頻率為 8kHz 時，這表示每個幅之時間間隔僅有 $125\mu s$ 微秒。因此，每個位元的間隔為 $0.647\mu s$ 微秒，其傳輸速率為每秒 1.544Mbits(百萬位元)。

對於今日的電纜通信標準而言，T1 載波系統是稍嫌慢了一些，但是基本的原則仍然可以適用。今日大都市網路內所使用系統多是光纖傳輸線，而 T1 網路已被同步光學網路(synchronous optical network，SONET)所取代[4]。然而 SONET 是使用一數位分時多工系統，其基本幅大小爲 125μs。基本的一幅圖片包含了 6480 位元，且最小的 SONET 速率爲每秒 51.84 megabits。

7.10 差異調變[5]

在某些應用中，PCM 所需的較大頻寬是需要注意的。在本節中，我們將會討論另一個以數位方式來表示類比資訊源，稱之爲**差異調變**。

在**差異調變**(DM)中，輸入的信號會被過度取樣(例如，一個遠高於奈奎士速率)以故意增加信號之取樣數。此作法允許使用簡單的量化策略以建構此編碼信號。

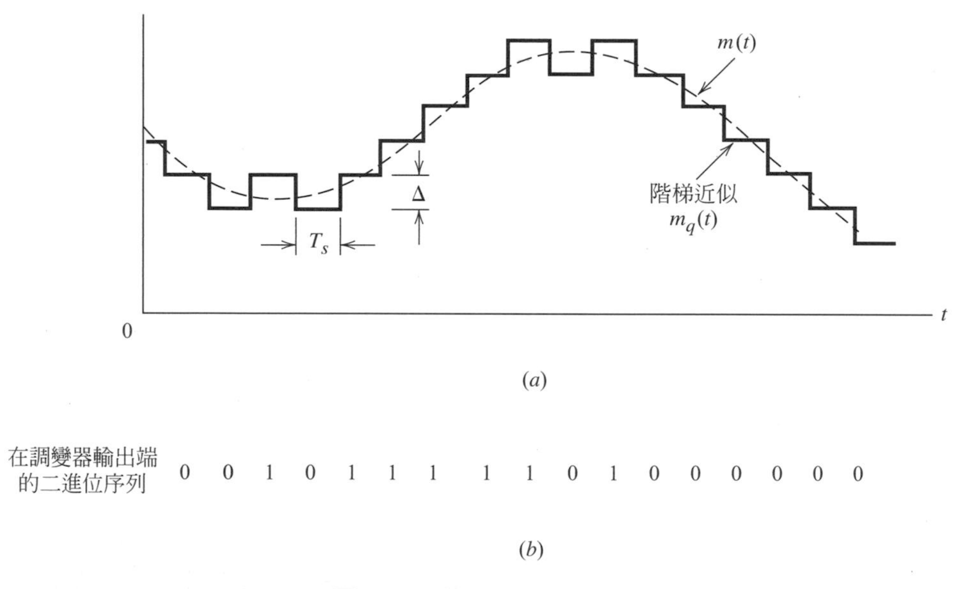

圖 7.28 差異調變之圖示

DM 的基本形式提供了一個對超取樣板的信息信號之**階梯近似**，如圖 7.28a 所示。其輸入與近似值之間的差異，被量化成僅有兩個階層，也就是 ±Δ，分別對應於正差異與副差異。所以在任何取樣時間內，若近似值小於信號，則增加 Δ。另外，若是近似值大於信號，則會減少 Δ。只要兩取樣之間的信號不要改變太快，我們便可發現此階梯近似仍留在輸入信號的 ±Δ 範圍之內。

令輸入信號爲 $m(t)$ ，其階梯近似爲 $m_q(t)$。DM 的基本原則可以用下列三個離散時間關係式表示：

$$e(nT_s) = m(nT_s) - m_q(nT_s - T_s) \tag{7.51}$$

$$e_q(nT_s) = \Delta \operatorname{sgn}[e(nT_s)] \tag{7.52}$$

$$m_q(nT_s) = m_q(nT_s - T_s) + e_q(nT_s) \tag{7.53}$$

其中T_s爲取樣時間；$e(nT_s)$是代表輸入信號$m(nT_s)$與前一個近似值$m_q(nT_s - T_s)$之間的誤差信號；而$e_q(nT_s)$是$e(nT_s)$的量化值。量化器輸出$e_q(nT_s)$最終經過編碼之後可產生所需的 DM 信號。

圖 7.28a 描述了根據方程式(7.51)到(7.53)，階梯近似信號$m_q(t)$隨著輸入信號$m(t)$變化的方式。而圖 7.28b 顯示了在差異調變器中輸出的相對應二進位序列。很明顯的，在一個差異調變系統中，資訊傳輸頻率就等於取樣頻率$f_s = 1/T_s$。

差異調變的主要長處是簡單性。經由將信息信號的取樣值，加入到如圖 7.29a 所示的調變器，便可以產生差異調變信號，此調變器包括一個**比較器**、**量化器**、**累加器**。調變器的細節可以參考方程式(7.51)到(7.53)。比較器是計算兩輸入信號之間的差異。量化器則包含一個**硬性限制器**，其輸入輸出關係等於符號(signum)函數乘上某個常數。量化器的輸出之後會被加到一累加器，而得到下列結果

$$\begin{aligned} m_q(nT_s) &= \Delta \sum_{i=1}^{n} \operatorname{sgn}[e(iT_s)] \\ &= \sum_{i=1}^{n} e_q(iT_s) \end{aligned} \tag{7.54}$$

這是透過解方程式(7.52)與(7.53)而得到$m_q(nT_s)$。因此，在取樣瞬間nT_s，累加器以一個級量Δ在正或負方向增加近似，其方向是根據誤差信號$e(nT_s)$中的符號而決定。若輸入信號$m(nT_s)$大於最近一次的近似$m_q(nT_s)$，則一個正增量$+\Delta$會被加入到近似信號中。相反的，若是輸入信號較小，則會有一負增量$-\Delta$被加入到近似信號中。以此方式，累加器會盡其最大能力，以一次一個級量(振幅爲$+\Delta$或$-\Delta$)來追蹤輸入信號。在圖 7.29b 中所示的接收器，階梯近似信號$m_q(t)$經由將在解碼器輸出的正及負脈波序列通過一個累加器而被回復，其通過的方式類似傳送器裡所使用的方法。在高頻階梯波形信號$m_q(t)$裡的頻帶外量化雜訊，會因經過一低通濾波器被濾除，如圖 7.29b 所示，此濾波器之頻寬等於原來信息之頻寬。

差異調變有兩種量化誤差：(1)斜率超載失真；(2)顆粒雜訊。我們首先討論斜率超載失真，然後是顆粒雜訊。

我們看到方程式(7.53)是積分的數位等效表示，因爲就其意義而言，其代表Δ量的正與負增量之聚集。而且將量化誤差表示成$q(nT_s)$如下，

$$m_q(nT_s) = m(nT_s) + q(nT_s) \tag{7.55}$$

由方程式(7.51)中我們可以看到量化器輸入爲

$$e(nT_s) = m(nT_s) - m(nT_s - T_s) - q(nT_s - T_s) \tag{7.56}$$

所以，除了量化誤差 $q(nT_s - T_s)$，量化器輸入是輸入信號的一個**首背向差**(first backward difference)，此可看為對輸入信號之導數的數位近似，或相等來說，視為數位積分程序的反向。如果我們考慮原始輸入信號 $m(t)$ 的最大斜率，那麼很明顯的為了將增加樣本序列 $\{m_q(nT_s)\}$ 的速率，和在 $m(t)$ 最大斜率區裡的輸入樣本 $\{m(nT_s)\}$ 一樣的快，我們需要下列條件

$$\frac{\Delta}{T_s} \geq \max\left|\frac{dm(t)}{dt}\right| \tag{7.57}$$

被滿足。否則我們發現級量 Δ 太小了，其階梯近似 $m_q(t)$ 會跟隨輸入信號 $m(t)$ 產生一個斜率很陡的部份，以至於 $m_q(t)$ 落在 $m(t)$ 之後，如圖 7.30 所示。此現象稱之為**斜率超載**，而所產生的量化誤差被稱之為**斜率超載失真(雜訊)**。須注意階梯近似 $m_q(t)$ 的最大斜率是由級量 Δ 固定，$m_q(t)$ 的增加與減少會趨向於沿著直線出現。為此理由，一個使用固定級量的差異調變器常被歸類為一個線性差異調變器。

和斜率超載失真相反的，當級量 Δ 相對於輸入波形 $m(t)$ 的本地斜率特性是較大時，將會出現**顆粒雜訊**，所以引起階梯近似信號 $m_q(t)$ 在輸入波形的一個較平坦區段來回跳；此現象如圖 7.30 所示。顆粒雜訊類似在 PCM 系統內的量化雜訊。

因此我們看到需要有一個大的級量來容納大的動態範圍，然而我們仍需要一個小的級量來精準表示較小強度之信號。所以最佳級量的選擇便能將在一個線性差異調變器裡的量化誤差的均方值最小化，將是斜率超載失真與顆粒雜訊之間妥協的結果。為了滿足如此要求，我們必須將差異調變器作成「適應性的」，也就是級量隨著輸入信號而改變。

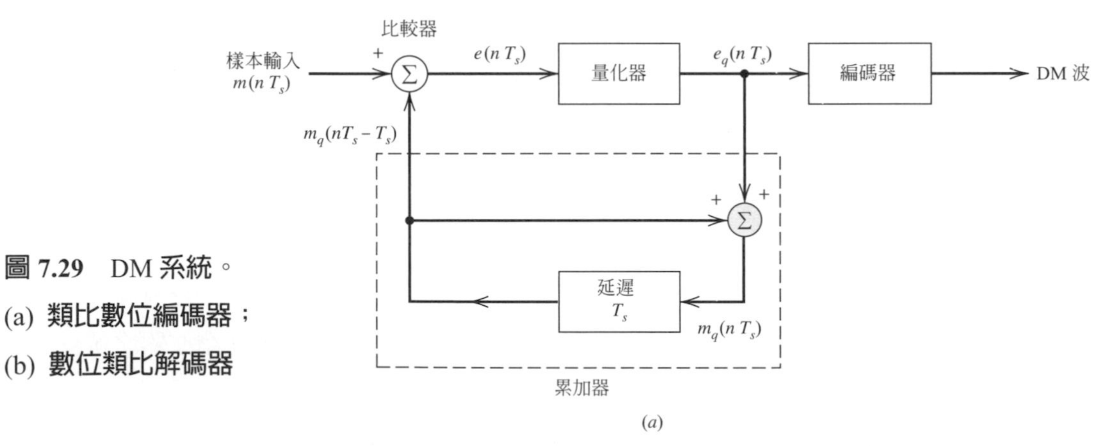

圖 7.29 DM 系統。
(a) **類比數位編碼器**；
(b) **數位類比解碼器**

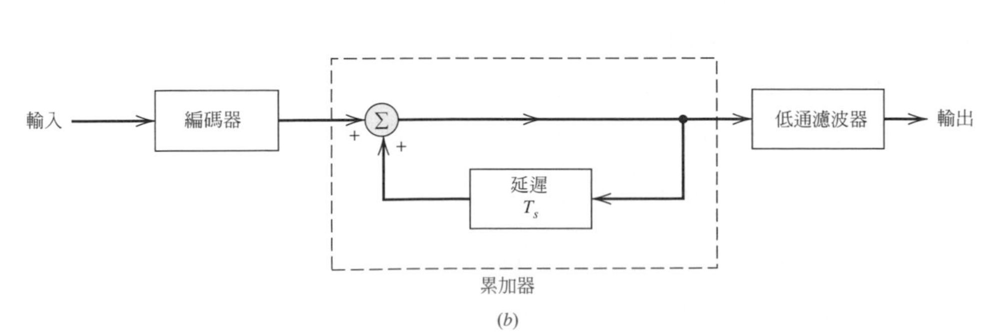

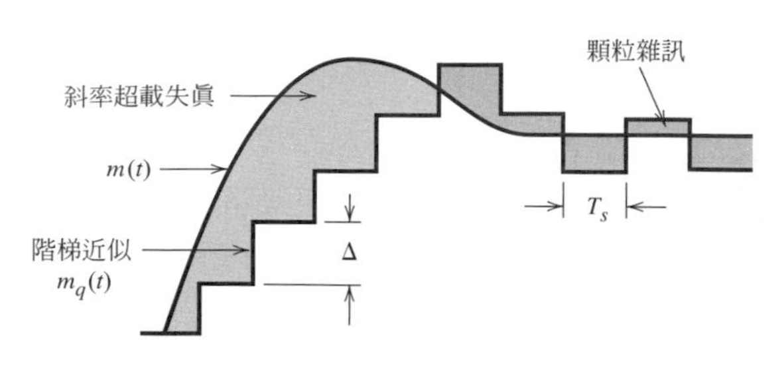

圖 7.30 差異調變的兩種誤差

差異積調變

如先前所示，在傳統型式的差異調變中，量化器輸入可以被視爲對輸入信號之**微分**的一個近似。此行爲導致差異調變的一個缺點，就是當雜訊導致的傳輸信號波動，會導致在解調信號內的的一個累加誤差。這個缺點可以藉由對未進入差異調變的信號作**積分**來克服。使用上述積分方法可以得到下列的數個優點：

- 輸入信號的低頻部份可被前置加強。
- 差異調變器輸入的相鄰樣本之間的相關性增加，其能經由降低在量化器輸入的誤差信號，而改善整體系統表現。
- 可簡化接收器的設計。

一個在輸入端進行積分之差異調變技術被稱爲**差異積調變**(D-ΣM)。然而，更精準一點的說，應該是**積差異調變**，因爲事實上來說，積分是在差異調變前進行的。無論如何，前個術語是在此領域內共用的術語。

圖 7.31a 顯示了差異積調變系統內的方塊圖。在此圖中，信息信號 $m(t)$ 以連續時間方式來定義，這表示其脈波調變器包含了一個硬式限制器與多工器；而多工器中會包含一個可產生 1 個位元編碼信號之外部脈波產生器(時鐘)。在傳送器輸入端進行積分動作，很明顯的需要反向信號強調，也就是在接收器端需要進行微分動作。然而這個微分動作不需要，因爲在傳統的 DM 接收器中會有一個積分。因此，差異積調變系統中的接收器僅是一個低通濾波器，如圖 7.31a 中所示。

此外，我們也注意到基本上來說積分是一個線性運算。因此，我們可以藉由將圖 7.31a 中的積分器 1 與積分器 2 合併成爲一個在比較器之後的單一積分器，來簡化傳送器的設計，如圖 7.31b 中所示。此種差異積調變系統不僅較圖 7.31a 中簡單，同時它也解釋了一個有趣的現象，即差異積調變是單位元脈碼調變的「和緩」版本。**和緩**這個字眼反應了某個事實，比較器的輸出在量化之前就經過積分了，而單一位元是指量化器僅包含一個帶有兩個階層的硬式限制器。

要徹底瞭解差異調變的原因，主要是因爲相較於 PCM 系統而言，它僅需要較少的頻寬。當應用於電話系統中時，典型 PCM 系統需要使用 8kHz 的取樣速率，若使用 8 位元表示時，整體的二進位符號速率爲 64kHz。就如同我們先前所看到的，差異調變僅使用單位元就可以代表整個信號。典型差異調變方法，可以根據所需要的聲音品質，將取樣速率範圍定在 16kHz 到 32kHz，因此相較於 PCM 系統，差異調變可以節省 50%到 75%的頻寬，不過所付出的代價便是較爲複雜的電路設計。

當然，針對像聲音這樣的類比訊號，有其他的方式來轉換成數位信號。比方說，**差異脈碼調變**便是一種結合先前所討論的差異調變與 PCM 系統的技術。所有在此所討論的技術，除了差異調變之外，我們均假定類比訊號的取樣均獨立於其他信號源。一些更先進的聲音編碼或**聲碼器**(vocoder)技術，會使用聲音取樣信號之間的關聯性，來降低更多所需要的頻寬。這些技術通常處理 10 到 30 毫秒(ms)的**聲音脈衝**，並且僅用幾個位元便可以建立一個聲音脈衝模型來傳遞到遠方。藉由此方法，傳統 PCM 系統所需要的 64kbps，可以降到 2.4kbps，而且是在聲音品質可接受的情況下。

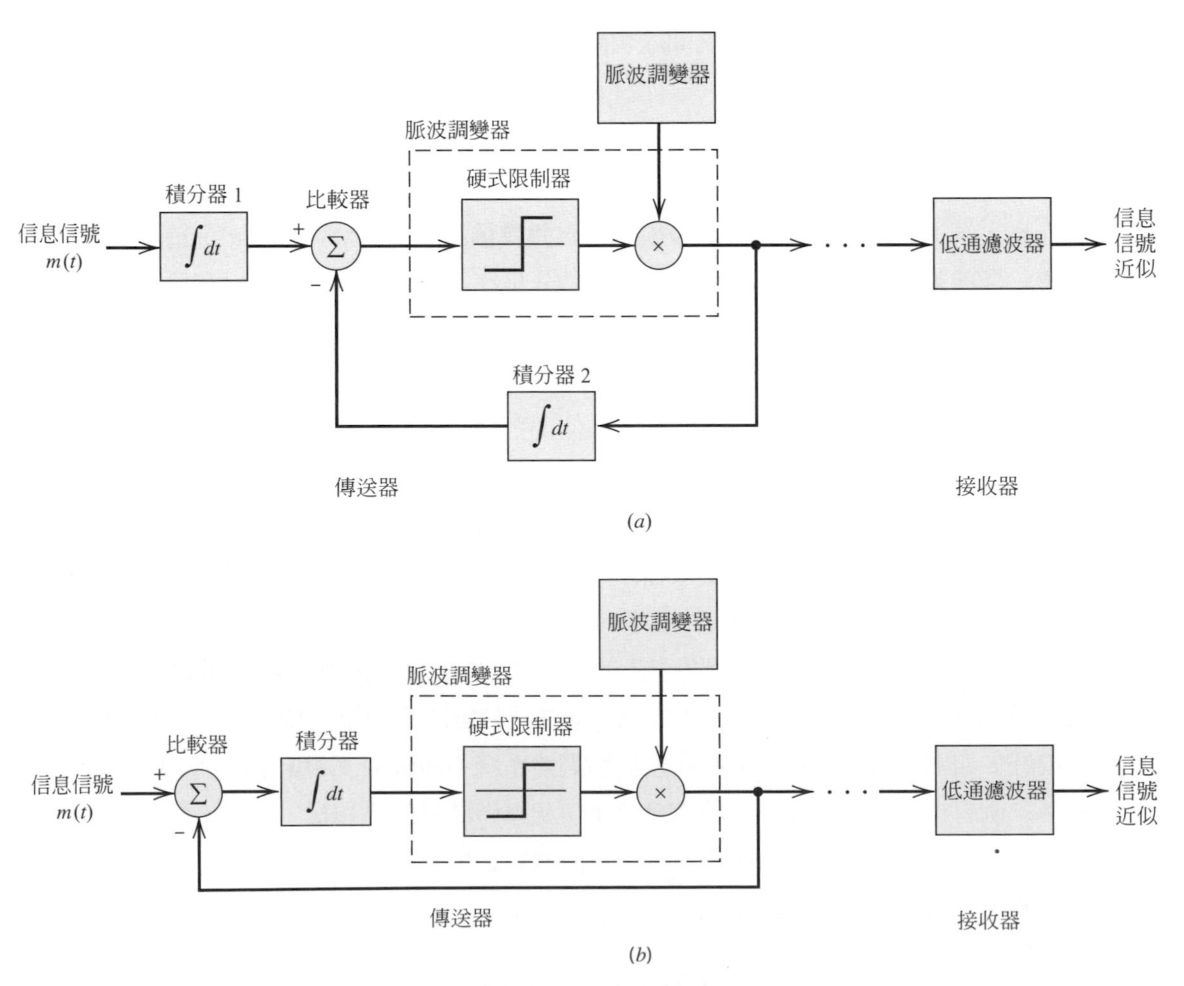

圖 7.31　差異積調變系統的兩種等效表示方式

7.11 主題範例—影像的數位化與 MPEG[6]

就如同先前討論中得知的，當信號源產生相關聯之取樣值時，數位系統便可以利用其之間關聯性使得傳輸更有效率。在這個主題範例中，我們將思考如何將類比影像信號源，有效率的轉換成數位方式，以利後續的數位傳播。

現今的影像壓縮技術提供了一個有效且具有抗錯性的方式來表示影像。以一個簡化的模型來看，影像可以用三個維度來表示。二維影像空間可以表示靜止影像，第三個維度是時間軸，表示影像如何隨著時間而變化。實際上，靜止影像通常以三個維度來表示，包括照度(luminance，或 brightness 亮度)以及兩個色彩成分(chrominance/color)[類似類比影像信號中的三原色，紅綠藍(red-green-blue，RGB)]。MPEG 標準利用了在影像信號中高度的空間與時間關聯性，以降低重現此信號所需要的位元數目。

下面我們所要描述的是簡化描述對於複雜的信號計算發生在 MPEG-1 影像壓縮標準。其說明顯示於圖 7.32 中的方塊圖。在圖 7.32 中處理程序會分別應用到三個成分，照度與兩個彩色成分。

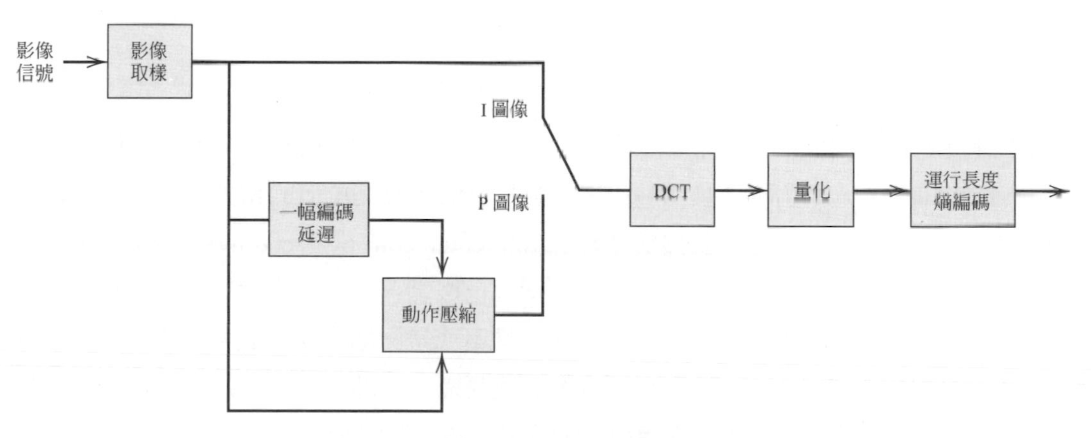

圖 7.32 影像信號處理的簡化方塊圖

第一步是對影像信號取樣。和對聲音信號取樣每單位時間僅有一取樣值有點不同的是，影像樣本是一個 $N \times M$ **像素** (*pels*[7]) 矩陣，或是單位時間所對應之靜止影像。此矩陣取樣會被當成是一個**影像幅**。事實上，我們會得到三個這樣的矩陣，一個是照度或亮度，另外兩個是彩色成分。

如同聲音信號，重建信號品質是由幅速率或取樣速率來決定。然而，信號品質必須和頻寬交換以達成傳輸或儲存信號的目的。MPEG 標準利用人眼對於色彩的變化相較於亮度變化較不敏感，因此在色彩上使用一較低之幅速率。典型亮度信號幅速率是由每秒 15 到 60 幅，而彩色信號大約是上述值的 1/4。在接收器端，解碼器使用內插[8]來重建這些消失的彩色信號並且重建影像信號。

MPEG 編碼演算法是將影像序列中的第一幅編碼，以**幅內編碼模式**(I 圖案)。而每個連續的幅則是以**幅間預測**(P 圖案)來做編碼，其中先前的 I 幅或 P 幅用來預測後續資料。

對第一個幅(I 圖案)，**離散餘弦轉換**(discrete cosine transform, DCT)是應用在每個 8 × 8 的像素格子中。數學上來說，其二維轉換被定義爲

$$X(k_1,k_2)=\sum_{m_1=0}^{M_1-1}\sum_{m_2=0}^{M_2-1}x(m_1,m_2)\cos\left(\frac{k_1\pi}{M_1}(m_1+0.5)\right)\cos\left(\frac{k_2\pi}{M_2}(m_2+0.5)\right) \tag{7.58}$$

其中 (m_1,m_2) 是空間域中的座標，而 (k_1,k_2) 是轉換後域內的座標。對一個 8×8 轉換中，$M_1=M_2=8$，且 k_1 與 k_2 的範圍從 0 到 7。DCT 非常像離散傅立葉轉換，且應用 DCT 的原因是它確實定義在 8×8 格子中的空間關聯性，類似傅立葉轉換如何定義信號的頻率成分。二維 DCT 的輸出看起來如圖 7.33 中所示。由於高度的空間相關，僅有少部份的 DCT 係數是很大的，特別是靠近(0,0)元素的部份。

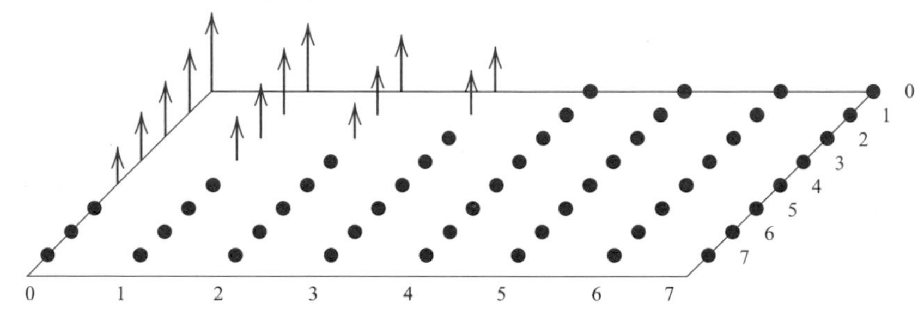

圖 7.33　範例：8 × 8 **離散餘弦轉換**

每個 DCT 格子的係數之後會被量化，並且對於第一幅的各個 8 × 8 格子，僅有量化後不爲零之係數(及其位置)會被傳輸出去。對量化係數及其位置的編碼法使用到一種進階的資訊壓縮技術，稱爲**運行長度熵編碼法**(run-length entropy encoding)(參考第 10 章)。

對於編碼連續 P 圖案，先前的 I 或 P 圖案幅已被儲存。第一步便是確認在時域上的關聯性。在時域上的關聯性可對應到是否單一像素或是一組像素之朝某一方向移動。爲了定義這個動作，圖片被區分成 16 × 16 像素**巨區塊**。已儲存影像和新影像之間有關聯性存在，此外對每個 16 × 16 **巨區塊**均可定義出一個動作向量。

計算動作補償預測誤差時，是把**巨區塊**的各點從前一幅圖案中的動作位移對應部分中減去。當進行完第一個圖案後，後續的預測誤差處理便依循同第一幅圖案的步驟。每個 8 × 8 區塊中均會進行 DCT，且結果可以被量化。由於時域上的關聯性應該會很高，因此預測誤差應該會很小，其量化 DCT 係數應該等於零。而對於 P 圖案，僅有每個區塊中的動作向量與少數非零的 DCT 係數傳輸過去。P 圖案中的傳輸資料通常會比 I 圖案中的少。

MPEG-1, -2, -3 等標準，提供了功能特性來進一步降低位元率，並提供了傳輸的抗錯性(robustness)。比方說：

- 傳輸器可以顯示在一個特別的大區塊中沒有改變，因此並沒有需要傳輸相對應的資訊。
- 在一個低品質的傳輸通道中，傳輸器可以在固定的間隔中傳輸 I 圖案，以彌補在解碼器的任何傳輸誤差累積。

從上述簡單的描述可得知，很明顯的有許多方法可以調整影像品質以適應傳輸時所需要的頻寬。這些方法包括了 $N \times M$ 影像解析度，幅速率，以及 DCT 係數的量化。因此，MPEG 標準提供了不同的影像品質，其位元速率範圍可從 64 kbps 到 10 Mbps。

本主題範例顯示了許多我們在先前與本章中所討論的技術，並且利用傅立葉轉換、量化以及取樣定律來處理信號，此外還有許多的有效的資料表示方法，利用不同的編碼(預測)技術。

7.12 總結與討論

在本章中，我們介紹了兩個基本且互補的程序：

- 在時域內「取樣」。取樣程序是類比波形與其離散時間表示法之間的連結。
- 將振幅「量化」。量化程序是類比波形與其離散振幅表示法之間的連結。

取樣程序是基於**取樣定理**之上，此定理描述一個頻率成分不高於 W 赫茲的嚴格帶限信號，其可用一個高於奈奎士速率(每秒 $2W$ 取樣次數)的均勻取樣序列來代表。量化程序則利用任何人類感官作為最終接收器，其僅能偵測到有限的強度差異的這個事實。

取樣程序是將類比資訊源轉換成數位信號的第一步。**類比脈波調變**是表示取樣信號的最自然方式。類比與數位脈波調變之間的差異特性，在於類比脈波調變可維持一個資訊的連續性振幅表示，而**數位脈波調變**則是用量化方式來表示信息信號的時間與振幅。

類比脈波調變可透過改變某些脈波參數而達成，如振幅、寬度與位置，上述可分別稱為脈波振幅調變(pulse-amplitude modulation，PAM)，脈波寬度調變(pulse-duration modulation，PDM)，或是脈波位置調變(pulse-position modulation，PPM)等。儘管 PPM 是比 PPM 與 PAM 在傳輸資訊時更有效率，不過 PPM 仍然不是一個理想系統，因為其仍需要以傳輸頻寬來交換雜訊表現。

數位脈波調變系統可以透過量化與取樣合併的方式，將類比信息表示為一連串的量化脈衝。脈碼調變通常是將量化信號以二進位碼語表示，其也是一個常用來表示聲音與影像等類比信號的方式。差異調變是利用數位方式表示類比信號的第二種有用的方式，其優點在於可以降低頻寬需求。

嚴格定義來說，「脈波調變」是一用詞不當的說法。在所有不同包括類比以及數位的調變形式中，事實上它們都是**信號源編碼**技術，也都是利用數位方式來表示類比資訊。所產生的數位信號是一個基頻信號，因此可以由一個帶有適當頻寬的基頻頻帶進行傳輸。事實上，這也是為何這些技術中，最常考慮傳輸系統與編碼系統。

確認脈波調變技術會損失資訊的這件事情也是很重要的，因為確實會**損失**某些資訊。比方說，在脈波振幅調變中，在取樣之前常使用前置防複合重疊(低通)濾波器；這樣做的時候，由於濾波器將高頻部份的資訊視為非必須，因此高頻部份的資訊自然會損失。脈波調變的自然損失趨勢，通常在脈碼調變中會被觀察到，其也會被歸因到量化雜訊的產生(也就是失真)。編碼脈波序列不會帶有無窮高的精準度，同時也不需要很精準來表示連續取樣值。儘管如此，使用脈波調變程式所造成資訊的損失是**在設計者控制之下**，所以其損失非常的小，而可以被終端使用者辨識出來。本章簡介了利用數位方法表示類比信號源。在第 8 章中，我們將開始討論在基頻頻道中傳輸數位資訊的方法。

● 註解及參考文獻 *Notes and References*

[1] 若要更深入了解脈衝無線電數學模型，請參閱由 Win and Scholtz (1998)所發表的論文。

[2] 由 Jayant 與 Noll (1984)所發表的書籍，闡述了脈碼調變，差異脈碼調變，差異調變的完整作法，以及它們的各種變化。

[3] 信號壓縮所使用的 μ 法則是由 Smith (1957)所提出來的。μ 法則已經廣泛的使用在美國、加拿大與日本。在歐洲，進行信號壓縮則是使用 A 法則。此壓縮法可參考 Cattermole (1969, pp.133-140)。若要深入瞭解 μ 法則與 A 法則，請參考由 Kaneko (1970)所發表的論文。

[4] 要瞭解更多有關光纖傳輸以及 SONET，請參考 Keiser (2000)。

[5] 參考 Jayant 與 Noll (1984)所發表的書籍，以探討更多差異調變的不同形式。

[6] 對於 MPEG 編碼標準的更詳細敘述，請參考 Sikora (1997)。

[7] 一開始的時候，pixel 是圖案成份(像素)的縮寫。現在更常使用的字是像素(pel)。

[8] 線性內插是一個廣泛使用的評估內部取樣的方法。更複雜的內插策略可以擁有有效的效果例如降低雜訊所造成的傷害。請參考 Crochiere 與 Rabiner (1983)。

❖本章習題 Problems

7.1 一個窄頻信號之頻寬爲 10kHz，其載波爲中心頻率 100kHz。其要分別對其同相與正交成份取樣，將信號表示成離散形式。其可用的最小取樣速率是多少？請說明你的答案。你要如何從取樣的同相與正交成份重建原來的窄頻信號？

7.2 在自然取樣中，一類比信號 $g(t)$ 乘上一個週期性的方波序列 $c(t)$。假定此週期性序列的脈波重複頻率爲 f_s，各方波寬度爲 T(其中 $f_sT \gg 1$)，請進行下列動作：

(a) 請求出使用自然取樣之信號 $s(t)$ 的頻譜。你可以假定當時間 $t = 0$ 時，其對應到 $c(t)$ 中之方波中點。

(b) 請證明只要滿足取樣定理，原始信號 $m(t)$ 可以透過自然取樣而正確的回復。

7.3 其指出滿足下列各個信號之奈奎士速率與奈奎士區間

(a) $g(t) = \text{sinc}(200t)$

(b) $g(t) = \text{sinc}^2(200t)$

(c) $g(t) = \text{sinc}(200t) + \text{sinc}^2(200t)$

7.4 **(a)** 請畫出由下列調變信號所產生的 PAM 之頻譜

$$m(t) = A_m \cos(2\pi f_m t)$$

假定調變頻率 $f_m = 0.25\text{Hz}$，取樣周期爲 $T_s = 1\,\text{s}$，及脈波寬度爲 $T = 0.45\ \text{s}$。

(b) 使用理想的重建濾波器，畫出此濾波器輸出頻譜。請將此結果與假定沒有孔徑效應所得之結果做比較。

7.5 在此問題中，我們將會計算出在 PAM 系統中孔徑效應所需之等化。工作頻率爲 $f = f_s / 2$，這表示信息信號中的最高頻成份會等於奈奎士速率的取樣頻率。請畫出 $1/\text{sinc}(0.5T/T_s)$，對 T/T_s 之關係圖，以及找出當 $T/T_s = 0.1$ 時所需要的等化。

7.6 考慮一 PAM 波通過帶有白色雜訊且頻寬爲 $B_T = 1/2T_s$ 之通道，其中 T_s 爲取樣週期。雜訊之平均爲零，且功率頻譜密度爲 $N_0/2$。PAM 信號使用了一標準脈波 $g(t)$，其傅利葉轉換之定義爲

$$G(f) = \begin{cases} \dfrac{1}{2B_T}, & |f| < B_T \\ 0, & |f| > B_T \end{cases}$$

藉由考慮一個全負載之正弦調變波，請證明在相同的平均被傳送功率下，PAM 與基頻帶信號傳輸會有相同的信號雜訊比。

7.7 24 個語音信號被均勻取樣，之後進行分時多工。取樣是使用寬度爲 $1\mu s$ 的平頂取樣。多工操作包括多提供一個寬度爲 $1\mu s$，且振幅夠大的脈波，此脈波作爲同步用。各語音信號的最高頻率成分爲 3.4kHz。

(a) 假定取樣頻率爲 8kHz，請計算多工信號之相鄰脈波之間的間隔。

(b) 假定取樣頻率等於奈奎士速率，請重複你的計算。

7.8 每個頻寬均爲 10kHz 的 12 個不同的信息信號，將會進行多工處理並傳輸。若多工/調變的方式如下，請分別計算出其所需要的最小頻寬

(a) FDM，SSB。

(b) TDM，PAM。

7.9 一個 PAM 電傳系統包含了以下四個輸入信號的多工：$s_i(t)$, $i = 1, 2, 3, 4$。其中兩個信號 $s_1(t)$與 $s_2(t)$各具有 80Hz 頻寬，而另外兩個信號 $s_3(t)$與 $s_4(t)$各具有 1kHz。$s_3(t)$與 $s_4(t)$信號的取樣速率爲每秒 2400 點。取樣頻率被除以 2^R(也就是 2 的整數次方倍)，以推導出 $s_1(t)$與 $s_2(t)$。

(a) 請找出 R 的最大值。

(b) 請使用在(a)部份中所找到的 R 值，設計一個多工系統，其中 $s_1(t)$與 $s_2(t)$信號會先進入一個新序列 $s_5(t)$，之後對 $s_3(t)$，$s_4(t)$，與 $s_5(t)$進行多工。

7.10 如圖 P7.10 中所示一在 PPM 系統中有未調變之脈波。在接收器的切除階層設定爲 $A/2$。

(a) 假定有一個全負載正弦調變波，其前端接收器雜訊平均值爲零，功率頻譜密度爲 $N_0/2$。請計算出輸出端的信號雜訊比，以及系統的優值。假定有一高峰脈波雜訊比。

(b) 假定以奈奎士速率對信息信號進行取樣，請計算出當系統優值大於一時，其傳輸頻寬之值。

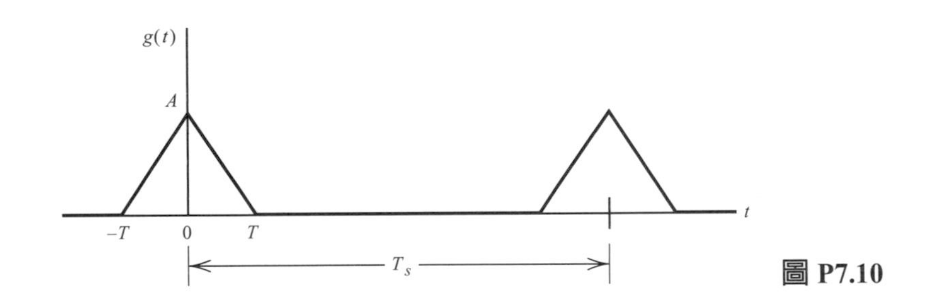

圖 P7.10

7.11 考慮圖 P7.11 中 PDM 脈波的未調變脈波序列。如圖 7.15 中所示，PDM 脈波包含了一寬度爲 D 的方波，其會準確跟隨著 PPM 波之上升與下降波緣。接收器內的切割器，其閥值設定在峰波振幅之半，並且會移除所有的雜訊，除了類似在範例 7.1 中的 PPM 系統會有一個值很小的邊緣偵測時間差異 τ。假定調變後脈波的某一邊是由無雜訊參考邊所產生的。

(a) 請求出 PDM 系統的輸出信號雜訊比。

(b) 請找出其頻道信號雜訊比。

(c) 請比較在 PDM 系統中與相對應 PPM 系統中的優質。

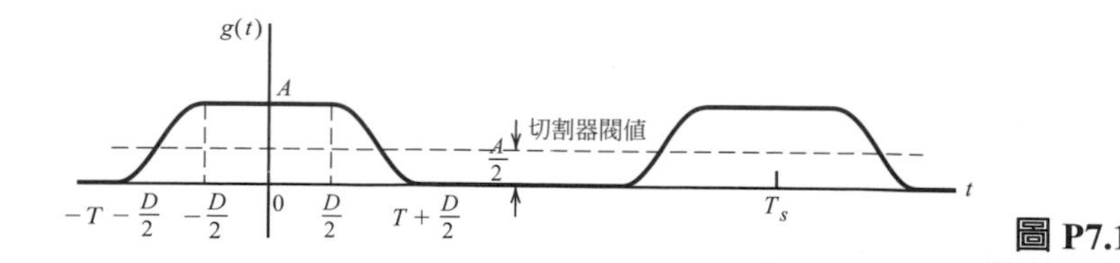

圖 P7.11

7.12 **(a)** 一振幅爲 3.25 伏特的正弦波，進入一中趨勢型之均勻量化器，其輸出值分別爲 0, ±1, ±2, ±3 伏特。請畫出一個完整輸入週期內，上述量化器輸出之波型。

(b) 請重複上題，但此時中升型量化器其輸出值爲±0.5, ±1.5, ±2.5, ±3.5 伏特。

7.13 請考慮下列 1 和 0 的序列：

(a) 一個 1 和 0 的交替序列。

(b) 1 的長序列之後緊跟著 0 的長序列。

(c) 1 的長序列後緊跟著一個 0，後面有一個 1 的長序列。

請依照下列方式代表 1 和 0，分別畫出上述序列：

(1) 開關信號。

(2) 雙級歸零信號。

7.14 信號

$$m(t) = 6\sin(2\pi t) \quad \text{伏特}$$

以 4 位元二進位 PCM 系統進行傳輸。其量化器爲中昇型，其間隔爲 1 伏特。請畫出輸入信號的完整週期 PCM 波形。假定取樣頻率爲每秒 4 次，當 $t = \pm 1/8, \pm 3/8, \pm 5/8, \ldots$ 秒時進行取樣。

7.15 圖 P7.15 顯示一個 PCM 信號，其振幅階層爲+1 伏特與 –1 伏特，分別代表 1 與 0。所使用的編碼包含三個位元。請找出得到此二進位信號之類比信號取樣模式。

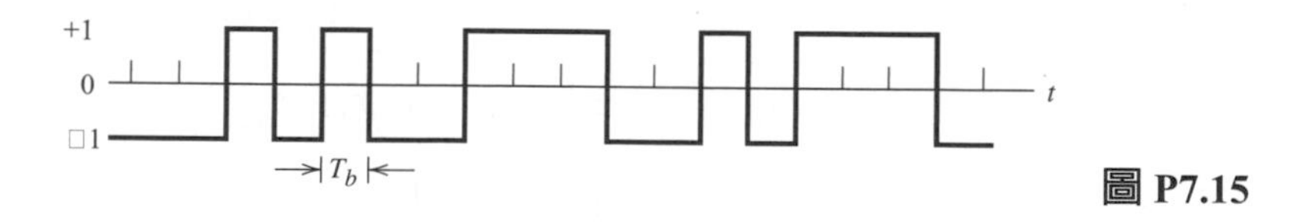

圖 P7.15

7.16 考慮如圖 7.21a 中所顯示輸入輸出關係之均勻量化器。假定輸入量化器的信號，爲一平均爲零、變異數爲 1 的高斯分佈隨機變數。

(a) 輸入信號振幅在 –4 到+4 範圍外的機率爲何？

(b) 使用(a)部份的結果，證明量化器輸出信號之信號雜訊比爲

$$(\text{SNR})_O = 6R - 7.2\text{dB}$$

其中 R 是每個取樣的位元數。此處，你可以特別假設量化器輸入是由 –4 到 +4。請將(b)部份的答案和範例 7.2 的結果做比較。

7.17 一個 PCM 系統使用均勻量化器，隨後跟著一個 7 位元之二進位解碼器。系統的位元速率等於 50×10^6 b/s。

(a) 此系統所能輸入且正常運作的最大信號頻寬爲何？

(b) 當輸入信號爲一個 1MHz 的全負載正弦調變信號波，請計算出輸出信號量化雜訊比。

7.18 證明一個非均勻量化器，其量化誤差的平均平方值大約等於 $(1/12)\sum_i \Delta_i^2 p_i$ ，其中 Δ_i 是第 i 步距，而 p_i 是輸入信號振幅位於第 i 步距之機率。假定步距 Δ 遠小於輸入信號的長度。

7.19 考慮$(n-1)$個重建重發器鏈，一個二進位波的總共有 n 個連續的決定，包含在接收器所接收到的決定。假定傳送過這個系統的任何二進位符號，均有獨立機率 p_1，其反轉任何的重發器。令 p_n 代表二進位符號的機率在錯誤，在傳輸的完整系統。

(a) 請證明下列公式

$$p_n = \frac{1}{2}[1-(1-2p_1)^n]$$

(b) 若 p_1 非常小，且 n 不夠大，其 p_n 相對應的值爲？

7.20 考慮一個測試信號 $m(t)$ ，其被定義爲雙曲正切函數

$$m(t) = A\tanh(\beta t)$$

其中 A 和 β 均是常數。請計算出信號差異調變不會發生斜率過負載的最小步距 Δ。

7.21 考慮一個頻率爲 f_m 與振幅 A_m 的正弦波，進入步距爲 Δ 的差異調變器。請證明若下列情況發生時，會發生斜率過負載失真之現象。

$$A_m > \frac{\Delta}{2\pi f_m T_s}$$

其中 T_s 是取樣週期。當沒有斜率過負載失真時，其可傳輸的最大功率爲何？

7.22 一個線性差異調變器設計成語音信號限制在 3.4kHz。調變器的特性如下：

- 取樣頻率= $10f_{Nyquist}$，其中 $f_{Nyquist}$ 是語音信號的奈奎士速率。
- 步距 $\Delta = 100$ mV。

其調變器會以 1kHz 正弦波信號。請計算出可避免斜率過負載之測試信號的最大振幅。

電腦題

7.23 信號之取樣頻率爲 10kHz。

$$s(t) = \sin(400\pi t) + 0.5\cos(12000\pi t)$$

(a) 取樣後信號的頻譜爲何？

(b) 請利用下列的 Matlab 程式碼來模擬取樣後信號頻譜。請解釋其結果。

```
Fs = 10;                %Sample rate (kHz)
Ts = l/Fs;              %Sample period (ms)

t = [0: Ts: 100];       %Observation period (ms)
s = sin(2*pi*2*t)+ 0.5*cos(2*pi*6*t);

FFTsize = 1024;
spec = fftshift(abs(fft(s,FFTsize)).^2);
freq = [-Fs/2 : Fs/FFTsize: Fs/2];
freq = freq(1:end-1);
plot(freq,spec)
xtabel('Frequency(kHz)')
ylabel('Amplitude Spectrum')
```

(c) 若取樣頻率變爲 11kHz，其取樣後信號頻譜會變成什麼？爲什麼？

7.24 **(a)** 對一個 μ 法則壓展器，請計算出其擴張比例的數學表示式。

(b) 信號爲

$$s(t) = 10\exp(-t) + \sin(2\pi t)$$

其取樣頻率爲 20Hz，在 0 到 20 秒之間距中。此信號之後被量化。

(i) 若在沒有展壓的情況之下進行一個 8 位元的量化，請計算出未量化與量化後之信號的均方根値(rms)誤差。

(ii) 若一個 8 位元之量化，其使用一個 $\mu = 255$ 之 μ-法則壓展器，請計算出當擴張後未量化與量化信號之均方根誤差。

使用下列 Matlab 程式碼作爲範例，計算出均方誤差。

```
Fs = 20;          % Sample rate (Hz)
Ts = l/Fs;        % Sample period (s)

t = [0: Ts: 20]; % Observation period (s)
s = 10*exp(-t) + sin(2*pi*t);

% - - - Compression - - - -
mu = 100;
s = s/max(abs(s)+eps);        % normalize signal level
s_mu = log(1+mu*abs(s))/log(1+mu).* sign(s);
                              % mu-law compression

% - - - Quantization - - - -
Q = 8;                             % number of bits of quantization
s_mu_q = floor(2^(Q-1)*s_mu);   % non-uniform
                            % quantization to 256 levels (-128. . .127)
% - - - Expansion - - - - - -
s_mu_r = (exp(log(1+mu)*abs(s_mu_q)/2^(Q-1))-1)/. . .
   mu.* sign(s_mu_q);

% - - - Compare - - - - - - - -
plots(s-s_mu_r)
rms_mu = sqrt(mean((s-s_mu_r).^2))
```

(c) 若我們減短或增長觀察期間，(b)部份的結果會有什麼變化？爲什麼？這隱喻了展壓有什麼功能？

(d) 若我們減少或增加量化階層，(b)部份的變化爲何？

7.25 使用前兩題中的 Matlab 程式碼，分別計算出下列信號在量化後與未量化時之頻譜

$$s(t) = \sin(2\pi t) + 0.5\cos(\pi t / 2)$$

假定取樣頻率爲 20Hz，8 位元均勻量化，與 20 秒觀察時間。請描述在量化與未量化信號之間頻譜的差異。若將 8 位元量化改成 6 位元時，其結果爲何？若改成 4 位元時？若欲使量化取樣更像原始信號頻譜，可以怎麼做？

7.26 假設我們對習題 7.25 中的信號進行差異調變。取樣頻率增爲原本的四倍 F_s = 80 赫茲。利用前一題的 Matlab 程式碼，請計算出 Matlab 程式碼來決定此信號的差異調變，並且重建此信號。

(a) 當步距爲何時，可以將重建信號與未量化信號之間的均方根誤差縮到最小？

(b) 若觀察窗戶爲 20 秒時，其差異調變的均方根誤差爲何？若均勻量化且取樣頻率 $F_s = 20$ 赫茲時，請比較上述結果與均方根值誤差。

(c) 在什麼取樣頻率時，差異調變的均方根值誤差大約等於均勻取樣？請計算出何種信號，其差異調變會是最適合的。

(d) 若對習題 7.24 中的信號進行差異調變，其困難爲何？

Your theory is crazy, but it's not crazy enough to be true

Niels Bohr

Chapter 8

BASEBAND TRANSMISSION OF DIGITAL SIGNALS

數位信號之基頻帶傳輸

8.1 簡介

在前一章，我們介紹將類比資訊(如語音和視頻)轉換爲數位形式的技術。其他的資訊，如文字、電腦檔案和程式，本來就帶有一個數位(通常爲二進位)表示形式。本章中我們研究在**基頻帶通道**中傳播數位資料(無論來源)[1]，在帶通通道上使用調變傳送資料將在下一章討論。

數位資料爲帶有大量低頻成分的寬廣頻譜。因此數位資料的基帶傳輸需要使用低通通道，其頻寬足以容納資訊串流的主要頻率。然而，此通道爲**分散性**，使得頻率響應會偏離一個理想的低通濾波器。在此通道上之資訊傳輸的結果是每個接收到的脈波多少會被相鄰脈波所影響，所以產生了一個共通的干擾，稱作**符號間干擾**(ISI)。符號間干擾是接收器上被回復資料串流位元錯誤的一個主要來源。爲了更正它，必須試著控制整個系統的脈波形狀。所以本章節大部分教材著重在從一個波形到另一波形的**脈波波形轉換**。

基頻帶資料傳輸系統中另一位元錯誤來源是遍存的**通道雜訊**。自然地，雜訊和 ISI 會同時在系統內產生。然而，爲瞭解它們如何影響系統效能，我們建議分別考慮它們。所以，本章由通訊原理的一個基本結果開始，也就是處理一個沉浸在加法性白雜訊已知波形的偵測。此一脈波之**最佳化偵測器**使用一線性非時變的濾波器，稱做**匹配濾波器**[2]，它的名稱來自濾波器的脈衝響應可以匹配脈波信號。

8.2 基頻帶脈波和匹配濾波器偵測

在第七章，我們介紹許多傳輸二進位資料的線編碼方法。包含開關訊號發送和雙極歸零訊號發送。這些線編碼將在 PCM 裡介紹，但是可能用在任何二進位資料串流裡。每一種線編碼各有優缺點，但是均可視爲不同形式的基頻帶脈波。在下頁圖 8.1 中，展示之前介紹的幾種線編碼的功率頻譜。注意：

- 這些功率頻譜對應 0 和 1 機率相等的線編碼隨機位元長序列。訊號形成隨機過程，且功率頻譜的計算依靠在第五章所介紹的技巧。範例 5.1 是其中一個例子。若要解析計算圖 8.1 的功率頻譜，讀者可參考習題 8.3。
- 功率頻譜的頻率軸對位元週期 T_b 正交，平均功率取爲 1。信號的特徵頻寬跟 $1/T_b$ 的大小級數一樣，中心在原點。

此時，我們假設通道的頻率響應是相對理想且對傳輸脈波的形狀影響很小。也就是，圖 8.1 裡的傳輸訊號頻譜在接收端並不會改變。在短導線中低數據率的傳輸就是一理想基頻帶通道的範例，但是有許多其他情況下，這個模型還是可以適用。在這個理想狀況下，每一位元的傳輸脈波 $g(t)$並不會受到傳輸的影響，除了在接收器前端的額外白雜訊，如圖 8.2。這顯示了偵測的基本問題——脈波在通道傳輸在接受器前端會受到可加性的雜訊而崩壞。

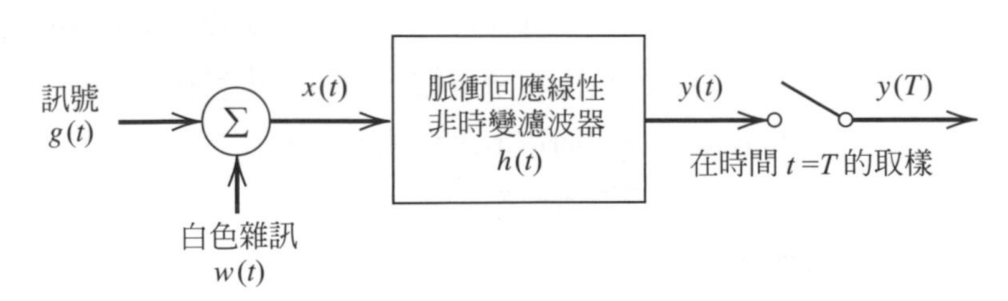

圖 8.2 線性接收器

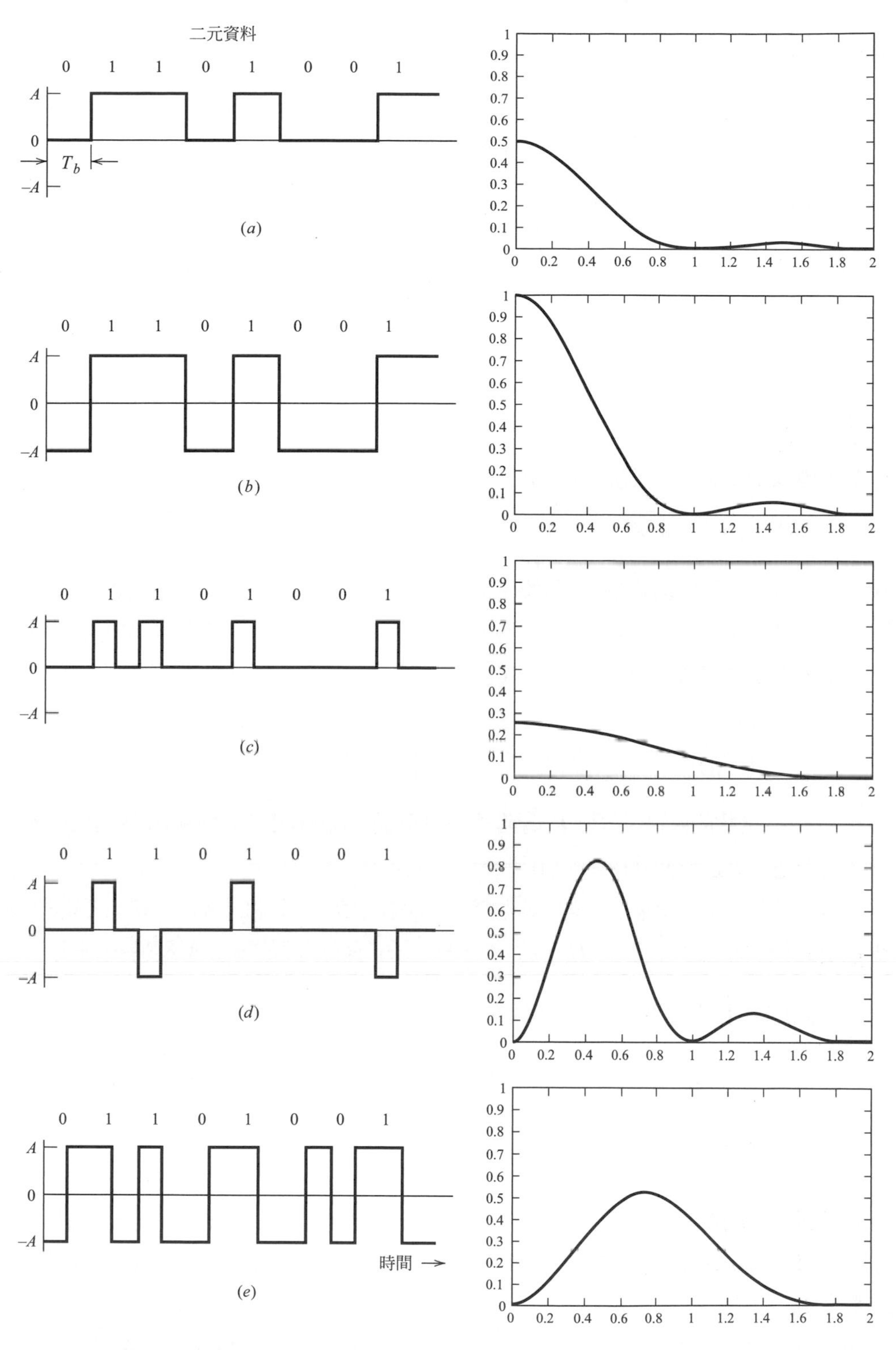

圖 8.1 (a) 單極性不歸零(NRZ)線性碼和其振幅頻譜；(b) 極性不歸零(NRZ)線性碼和其振幅頻譜；(c) 單極性歸零(RZ)線性碼和其振幅頻譜；(d) 雙極性歸零(RZ)線性碼和其振幅頻譜；(e) 曼徹斯特線性碼和其振幅頻譜

匹配濾波器

考慮圖 8.1 的接收器模型，爲一個非時變的濾波器，具有脈波響應 $h(t)$。濾波器輸入 $x(t)$由脈波訊號 $g(t)$被可加性雜訊 $w(t)$破壞所組成，如

$$x(t) = g(t) + w(t) \quad 0 \le t \le T \tag{8.1}$$

T 爲任意觀察區間。脈波訊號 $g(t)$可以代表在數位通訊系統內的二元符號 1 或 0。$w(t)$是個均值爲零、功率頻譜密度爲 $N_0/2$ 的白色雜訊過程的取樣函數。假設對於接收器來說，脈波信號 $g(t)$的波形是已知的。不確定性來自雜訊 $w(t)$。接收器的功能是已知接收訊號 $x(t)$，以最佳的狀態偵測脈波訊號 $g(t)$。爲符合要求，我們必須最佳化濾波器的設計，最小化濾波器輸出端的雜訊效應，增強脈波訊號 $g(t)$的偵測。

既然濾波器爲線性，則輸出 $y(t)$可表示爲

$$y(t) = g_o(t) + n(t) \tag{8.2}$$

$g_o(t)$和 $n(t)$各自爲輸入 $x(t)$的訊號和雜訊產生。一個簡單的辦法就是使濾波器的輸出信號分量 $g_o(t)$在時刻 $t = T$ 的暫態功率值，與輸出雜訊 $n(t)$的平均功率中相比盡可能的大。這等同於將**峰值脈波信噪比最大化**。定義爲

$$\eta = \frac{|g_o(T)|^2}{\mathbf{E}[n^2(t)]} \tag{8.3}$$

$|g_o(T)|^2$ 是輸出訊號的瞬時功率，$\mathbf{E}$ 爲期望運算符號，$\mathbf{E}[n^2(t)]$爲平均輸出雜訊功率。濾波器的脈波響應 $h(t)$必須使式(8.3)輸出訊噪比最大化。

用 $G(f)$表已知信號 $g(t)$的傅立葉轉換，$H(t)$表示該濾波器的轉移函數。那麼，輸出信號 $g_o(t)$的傅立葉轉換就等於 $H(f)G(f)$，則 $g_o(t)$可從下面的傅立葉反轉換得出

$$g_o(t) = \int_{-\infty}^{\infty} H(f)G(f)\exp(j2\pi ft)df \tag{8.4}$$

因此，當對濾波器輸出在 $t = T$ 進行取樣時，有(在不考慮通道雜訊的情況下)

$$|g_o(T)|^2 = \left| \int_{-\infty}^{\infty} H(f)G(f)\exp(j2\pi fT)df \right|^2 \tag{8.5}$$

考慮雜訊 $w(t)$單獨作用時對濾波器輸出的影響。輸出雜訊 $n(t)$的功率頻譜密度 $S_N(f)$等於輸入雜訊 $w(t)$功率頻譜密度乘以轉換函數 $H(f)$的平方(見 4.10 節)$w(t)$爲白色定功率頻譜密度 $N_0/2$，爲

$$S_N(f) = \frac{N_0}{2}|H(f)|^2 \tag{8.6}$$

從而，輸出雜訊 $n(t)$的平均功率爲

$$\mathbf{E}[n^2(t)] = \int_{-\infty}^{\infty} S_N(f)df$$
$$= \frac{N_0}{2}\int_{-\infty}^{\infty} |H(f)|^2 df \tag{8.7}$$

將式(8.5)和式(8.7)代人式(8.3)，可以將峰值脈波信噪比的運算式重寫爲

$$\eta = \frac{\left|\int_{-\infty}^{\infty} H(f)G(f)\exp(j2\pi T)df\right|^2}{\frac{N_0}{2}\int_{-\infty}^{\infty} |H(f)|^2 df} \tag{8.8}$$

現在的問題就是在給定 $G(f)$的情況下，尋找濾波器 $H(f)$運算式，使得 η 取最大值。爲了找到這個最佳化解決方法，我們在式(8.8)的分子中應用了一個稱爲史瓦茲不等式(Schwarz's)的數學式。

史瓦茲不等式假設有兩個複數函數$\phi_1(x)$和$\phi_2(x)$(其中 x 爲實變量)滿足下列

$$\int_{-\infty}^{\infty} |\phi_1(x)|^2 dx < \infty$$

和

$$\int_{-\infty}^{\infty} |\phi_2(x)|^2 dx < \infty$$

則我們可寫成

$$\left|\int_{-\infty}^{\infty} \phi_1(x)\phi_2(x)dx\right|^2 \le \int_{-\infty}^{\infty} |\phi_1(x)|^2 dx \int_{-\infty}^{\infty} |\phi_2(x)|^2 dx \tag{8.9}$$

式(8.9)只有在下列情況成立

$$\phi_1(x) = k\phi_2^*(x) \tag{8.10}$$

其中 k 爲個任意常數，星號代表共軛複數。

回到當前的問題。應用史瓦茲不等式(8.9)，且令$\phi_1(x) = H(f)$，$\phi_2(x) = G(f)\exp(j\pi fT)$，則式(8.8)的分子可寫爲

$$\left|\int_{-\infty}^{\infty} H(f)G(f)\exp(j2\pi fT)df\right|^2 \le \int_{-\infty}^{\infty} |H(f)|^2 df \int_{-\infty}^{\infty} |G(f)|^2 df \tag{8.11}$$

代入式(8.8)，可將峰值脈波信噪比重新定義爲

$$\eta \le \frac{2}{N_0}\int_{-\infty}^{\infty} |G(f)|^2 df \tag{8.12}$$

上式右邊不依賴於濾波器的轉移函數 $H(f)$，而只由信號能量和雜訊功率頻譜密度決定。所以，只要 $H(f)$取適當值，使得等號成立，峰值脈波信噪比 η 就會達到最大值。亦即：

$$\eta_{\max} = \frac{2}{N_0}\int_{-\infty}^{\infty} |G(f)|^2 df \tag{8.13}$$

相應地，設 $H(f)$的最佳值爲 $H_{opt}(f)$。要找到該最佳值，需要用到式(8.10)，此時有

$$H_{opt}(f) = kG^*(f)\exp(-j2\pi fT) \tag{8.14}$$

其中，$G^*(f)$爲輸入信號 $g(t)$的傅立葉轉換的共軛複數，k 爲適當爲度的比例值。這個關係式表示，除了因數 $k \exp(-j2\pi fT)$外，最佳濾波器的轉移函數與輸入信號的傅立葉轉換的共軛複數是相同的。

式(8.14)具體規定了頻域中的最佳化濾波器。爲了在時域中描述最佳化濾放器的特性，式(8.14)中的 $H_{opt}(f)$進行傅立葉反轉換，得到最佳化濾波器的轉移函數爲

$$h_{opt}(f) = k\int_{-\infty}^{\infty} G^*(f)\exp[-j2\pi f(T-t)]df \tag{8.15}$$

對於一個實訊號 $g(t)$來說，$G^*(f) = G(-f)$，因此可將式(8.15)重寫爲

$$\begin{aligned} h_{opt}(f) &= k\int_{-\infty}^{\infty} G(-f)\exp[-j2\pi f(T-t)]df \\ &= kg(T-t) \end{aligned} \tag{8.16}$$

式(8.16)說明，如果去掉比例因數 k，最佳化濾波器的轉移函數就是輸入信號 $g(t)$的時間反轉和延遲，也就是說它與輸入信號相「匹配」。用這種方式定義的線性非時變濾波器稱爲匹配濾波器。值得注意的是，在推導匹配濾波器的過程當中，我們假設輸入雜訊 $w(t)$是平均值零且功率頻譜密度爲 $N_0/2$ 的平穩白色雜訊。

匹配濾波器性質

我們注意到，一個在持續時間 T 內與脈波信號 $g(t)$相匹配的濾波器，其特性是脈衝響應爲輸入 $g(t)$傅立葉的時間反轉和延遲，如下式所示

$$h_{opt} = kg(T-t)$$

換言之，除了時間延遲 T，比例因於 k 之外，脈衝響應 $h_{opt}(t)$是由濾波器所匹配的脈波信號，$g(t)$的波形唯一的。在頻域裡，除延遲因數之外，匹配濾波器的頻率響應，是輸入信號 $g(t)$的傅立葉轉換的共軛複數，即

$$H_{opt}(f) = kG^*(f)\exp(-j2\pi fT)$$

用匹配濾波器的信號處理系統進行性能計算，所得到的最重要的結果爲：

- **匹配濾波器的峰值脈波信噪比僅由濾波器輸入端的信號能量與白雜訊的功率頻譜密度之比例決定。**

爲了證明這個性質，假設有一個與已知信號 $g(t)$相匹配的濾波器。匹配濾波器的輸出信號 $g_o(t)$的傅立葉轉換爲

$$G_o(f) = H_{\text{opt}}(f)G(f)$$
$$= kG^*(f)G(f)\exp(-j2\pi fT) \quad (8.17)$$
$$= k|G(f)|^2 \exp(-j2\pi fT)$$

將式(8.17)代入傅立葉反轉換的公式，得到匹配濾波器在時刻 $t = T$ 的輸出為

$$g_o(T) = k\int_{-\infty}^{\infty} G_o(f)\exp(j2\pi fT)df$$
$$= k\int_{-\infty}^{\infty} |G(f)|^2\, df$$

根據瑞利能量定理，簡化為

$$g_o(T) = kE \quad (8.18)$$

E 是脈波信號 $g(t)$的能量。將式(8.14)帶入式(8.7)，發現平均輸出雜訊功率為

$$\mathbf{E}[n^2(t) = \frac{k^2N_0}{2}\int_{-\infty}^{\infty}|G(f)|^2\, df$$
$$= k^2N_0E/2 \quad (8.19)$$

這裡再次用到了瑞利能量定理。因此，峰值脈波信噪比有如下最大值。

$$\eta_{\max} = \frac{(kE)^2}{(k^2N_0E/2)} = \frac{2E}{N_0} \quad (8.20)$$

由式(8.20)可見，對輸入信號 $g(t)$波形的依賴性，已經完全被匹配濾波器去除。相應地，在評估匹配濾波接收器對抗白高斯雜訊的能力時，我們發現，具有同樣能量的信號都是等效的。需注意，信號能量 E 的單位是焦耳，雜訊功率頻譜密度 $N_0/2$ 的單位是瓦特/赫茲，因此比值 $2E/N_0$ 是無單位的。我們稱 E/N_0 為**信號能量對雜訊功率的比值**。

範例 8.1 矩形脈波匹配濾波器

如圖 8.3(a)所示，設有一個振幅為 A，持續時間為 T 的方波信號 $g(t)$。匹配濾波器的脈衝響應 $h(t)$具有與輸入信號相同的波形。該匹配濾波器輸出信號 $g_o(t)$對輸入信號 $g(t)$的響應，具有三角形的波形，如圖 8.3(b)所示。

輸出信號 $g_o(t)$的最大值等於 kA^2T，即輸入信號 $g(t)$的能量，比例為 k。最大輸出出現在 $t = T$，如圖(8.3b)所示。

對於矩形脈波這樣的特例，匹配濾波器可以用**積傾電路**(integrate-and-dump circuit)來實現，其方塊圖見圖 8.4。這種積分器計算矩形脈波下的面積，輸出結果在 $t = T$ 進行取樣，其中 T 為脈波持續時間。在 $t = T$ 之後的瞬間，積分器回復到初始狀態，電路由此得名。圖 8.3c 顯示了圖 8.3a 中的方波通過該積傾電路後的輸出波形。由圖可以看出，在 $0 \le t \le T$ 內，該電路的輸出與匹配濾波器的輸出具有相同的波形。

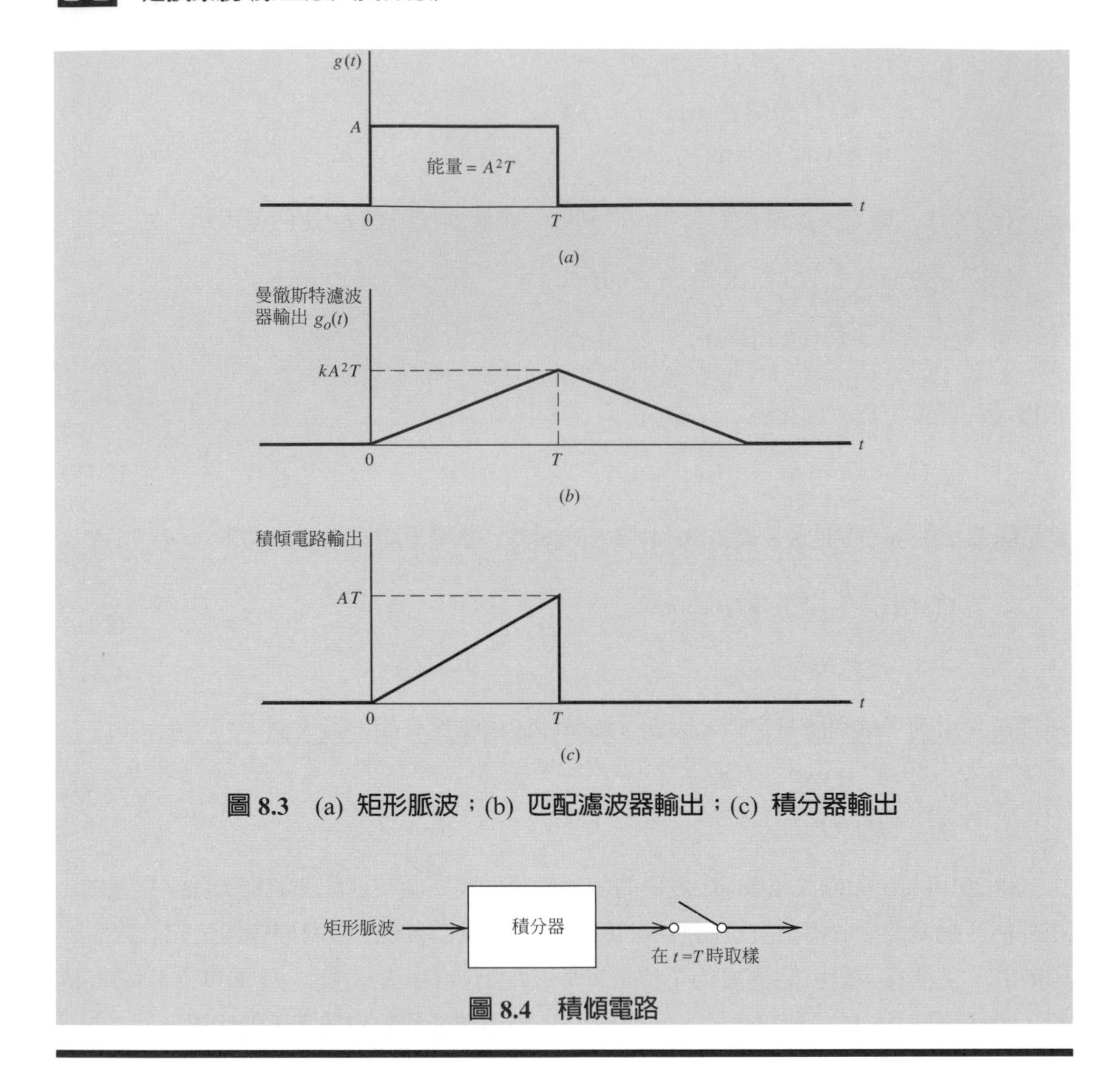

圖 8.3 (a) 矩形脈波；(b) 匹配濾波器輸出；(c) 積分器輸出

圖 8.4 積傾電路

8.3 雜訊造成之錯誤機率

現在我們有一個匹配濾波器當作是具有可加性白雜訊脈波的完美接收器。

考慮一個基於 **NRZ** 信號的二進位 PCM 系統。在該信號形式裡，符號 1 和 0 分別由振幅和持續時間均相等的正、負矩形脈波表示。通道雜訊模型爲具有零均值且功率頻譜密度爲 $N_0/2$ 的**可加性高斯白雜訊** $w(t)$。這樣的假設是爲了以後計算的需要。因此，在信號間隔內 $0 \le t \le T_b$，接收信號可寫爲

$$x(t) = \begin{cases} +A + w(t), & \text{符號 1 被送出} \\ -A + w(t), & \text{符號 0 被送出} \end{cases} \tag{8.21}$$

其中 T_b 爲**位元持續時間**，A 爲**發送脈波振幅**。假設接收端已知每個傳送脈波的起止時間。也就是，接收端具有脈波波形的起始資訊，但不知道其極性。已知雜訊的信號 $x(t)$，接收器要在每個信號時間間隔內決定發送符號是 1 還是 0。

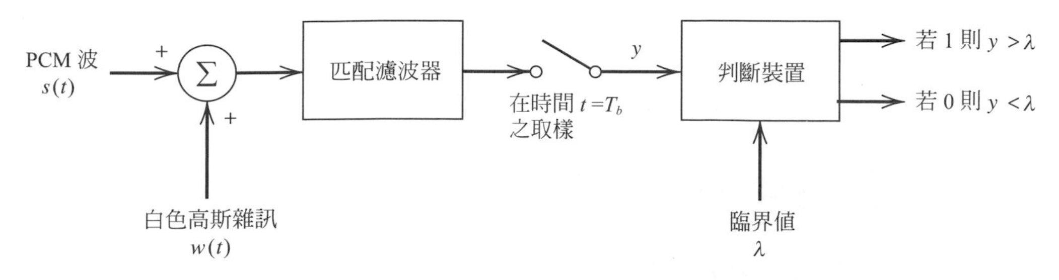

圖 8.5　使用雙極 NRZ 信號法的二制編碼 PCM 波的基頻帶傳輸之接收器

用於完成判斷過程的接收器結構見圖 8.5。由一個匹配濾波器、一個取樣器和一個判斷器組成。匹配濾波器與振幅爲 A、持續時間爲 T_b 的矩形脈波相匹配，並利用了接收器可用的位元定時資訊。在匹配濾波器的每個輸出信號間隔的末端進行取樣。接收器雜訊 $w(t)$的存在增加了濾波器輸出的隨機性。

設 y 表示在信號間隔末端得到的取樣值。取樣值 y 要與預設的**臨界值** λ 進行比較。如果 y 超過臨界值，那麼，接收器判斷輸出信號爲 1；否則，判斷爲 0。當取樣值 y 及臨界值 λ 相等時，我們習慣讓接收器對發送符號進行猜測，這樣的判斷就如同扔一枚硬幣的結果，並不會影響平均錯誤機率。

這裡考慮兩種可能的錯誤：

1. 實際發送爲 0 而判斷爲 1，我們把這類錯誤稱爲**第一類錯誤**。
2. 實際發送爲 1 而判斷爲 0，我們把這類錯誤稱爲**第二類錯誤**。

爲了計算平均錯誤概率，我們分別考慮這兩種情況。

假設送出符號 0。那麼，根據式(8.21)，接收信號爲

$$x(t) = -A + w(t), \quad 0 \le t \le T_b \tag{8.22}$$

相應地，匹配濾波器在取樣時刻 T_b 的輸出爲(爲了表達方便，設範例 8.1 中的 kAT_b 等於 1)，

$$\begin{aligned} y &= \int_0^{T_b} x(t)dt \\ &= -A + \frac{1}{T_b}\int_0^{T_b} w(t)dt \end{aligned} \tag{8.23}$$

這代表了隨機變數 Y 的取樣值。由於雜訊叫 $w(t)$爲高斯白雜訊，因此可將隨機變數 Y 的特性描述如下：

- 隨機變數 Y 爲均值 $-A$ 的高斯分佈。
- 隨機變數 Y 的變動爲

$$
\begin{aligned}
\sigma_Y^2 &= \mathbf{E}[(Y+A)^2] \\
&= \frac{1}{T_b^2}\mathbf{E}\left[\int_0^{T_b}\int_0^{T_b} w(t)w(u)dtdu\right] \\
&= \frac{1}{T_b^2}\int_0^{T_b}\int_0^{T_b} \mathbf{E}[w(t)w(u)]dtdu \\
&= \frac{1}{T_b^2}\int_0^{T_b}\int_0^{T_b} R_W(t,u)dtdu
\end{aligned} \tag{8.24}
$$

其中，$R_W(t, u)$為白雜訊 $W(t)$的自相關函數。由於 $w(t)$是功率頻譜密度為 $N_0/2$ 的白雜訊，所以

$$
R_W(t,u) = \frac{N_0}{2}\delta(t-u) \tag{8.25}
$$

$\delta(t-u)$ 是一個時移的 Dirac delta 函數。將式(8.25)代入式(8.24)得到

$$
\begin{aligned}
\sigma_Y^2 &= \frac{1}{T_b^2}\int_0^{T_b}\int_0^{T_b} \frac{N_0}{2}\delta(t-u)dtdu \\
&= \frac{N_0}{2T_b}
\end{aligned} \tag{8.26}
$$

已知發送符號為 O，則隨機變數 Y 的機率密度函數為

$$
f_Y(y\,|\,0) = \frac{1}{\sqrt{\pi N_0 / T_b}}\exp\left(-\frac{(y+A)^2}{N_0/T_b}\right) \tag{8.27}
$$

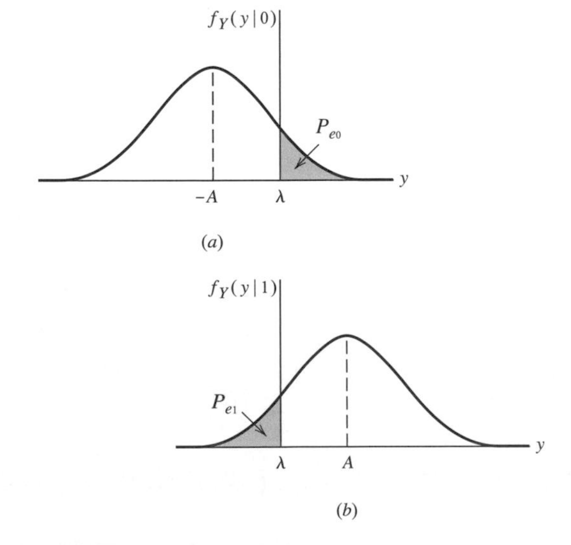

圖 8.6　二元系統通道雜訊效應的分析：

(a) **發送訊號為 0 時，匹配濾波器輸出的隨機變數 Y 的機率密度函數；**

(b) **發送訊號為 1 時，匹配濾波器輸出的隨機變數 Y 的機率密度函數**

上述函數如圖 8.6a 所示。P_{e0} 表示**已知發送符號為 0 時的條件錯誤機率**。該機率由圖中從臨界值 λ 到正無窮大時曲線 $f_Y(y_0)$下方的陰影區域所表示，對應於判斷爲符號 1 時 y 的取值範圍。當不考慮雜訊時，匹配濾波器的輸出在時刻 $t = T_b$的取樣值 y 等於 A。當存在雜訊時，y 偶爾會大於 λ，此時將出錯。在發送符號爲 0 的條件下，該錯誤概率定義爲

$$\begin{aligned} P_{e0} &= P(y > \lambda \mid \text{符號 0 被送出}) \\ &= \int_{\lambda}^{\infty} f_Y(y \mid 0) dy \qquad (8.28) \\ &= \frac{1}{\sqrt{\pi N_0 / T_b}} \int_{\lambda}^{\infty} \exp\left(-\frac{(y+A)^2}{N_0 / T_b}\right) dy \end{aligned}$$

爲了繼續討論，我們必須指定一合適的臨界值 λ。指定時，需要知道二元符號 0 和 1 的先行機率，即爲 p_0 和 p_1。顯然我們必恆有

$$p_0 + p_1 = 1 \qquad (8.29)$$

接下來假設 0 和 1 出現機率相等。

$$p_0 = p_1 = \frac{1}{2} \qquad (8.30)$$

此外，在沒有雜訊的狀況下，匹配濾波器輸出取樣值，在送出 0 時爲$-A$，送出 1 時爲$+A$。因此，令臨界值在兩個值中間是合理的，也就是

$$\lambda = 0 \qquad (8.31)$$

式(8.28)在第一種條件錯誤機率的形式爲

$$P_{e0} = \frac{1}{\sqrt{\pi N_0 / T_b}} \int_{0}^{\infty} \exp\left(-\frac{(y+A)^2}{N_0 / T_b}\right) dy \qquad (8.32)$$

定義一個新變數

$$z = \frac{y+A}{\sqrt{N_0 / 2T_b}} \qquad (8.33)$$

我們可以重寫式(8.32)爲

$$P_{e0} = \frac{1}{\sqrt{2\pi}} \int_{\sqrt{2E_b / N_0}}^{\infty} \exp(-z^2 / 2) dz \qquad (8.34)$$

E_b 爲**每一位元的傳輸信號能量**

$$E_b = A^2 T_b \qquad (8.35)$$

互補錯誤函數

用 Q 函數決定高斯分佈尾端面積常為通訊工程師使用。高斯分佈在許多領域都很重要，互補錯誤函數定義為

$$\text{erfc}(u)=\frac{2}{\sqrt{\pi}}\int_{u}^{\infty}\exp(-z^2)dz$$

也常被使用。互補錯誤函數跟 Q 函數相似，如下所示

$$Q(u)=\frac{1}{2}\text{erfc}\left(\frac{u}{\sqrt{2}}\right)$$

利用這個轉換，erfc(u)的查表和近似都可用來計算 $Q(u)$。

現在所謂 Q 函數可表爲下

$$Q(u)=\frac{1}{\sqrt{2\pi}}\int_{u}^{\infty}\exp(-z^2/2)dz \tag{8.36}$$

錯誤 P_{e0} 的條件機率能以 Q 函數重寫成

$$P_{e0}=Q\left(\sqrt{\frac{2E_b}{N_0}}\right) \tag{8.37}$$

假設符號 1 被傳送。高斯隨機變數 Y，由匹配濾波器的取樣值 y 表示，平均值爲 $+A$，變動爲 $N_0/2T_b$。注意，相較於符號 0 被傳送的情況，隨機變數 Y 的平均值改變，但是變動跟之前一樣。Y 的條件機率密度函數，假設符號 1 送出，得

$$f_Y(y|1)=\frac{1}{\sqrt{\pi N_0/T_b}}\exp\left(-\frac{(y-A)^2}{N_0/T_b}\right) \tag{8.38}$$

如圖 8.6b 所示。令 P_{e1} 爲**錯誤的條件機率，假設符號 1 送出**。這機率定義爲 $f_Y(y|1)$曲線下的區域，範圍從 $-\infty$ 到 λ，其和 y 假設的範圍一致，對應判斷符號 0。沒有雜訊的情況下，匹配濾波器輸出，在 $t=T_b$ 的取樣 y 等於 $+A$。當雜訊存在，y 偶爾假設小於 1，錯誤也因此產生。錯誤的機率，送出符號 1 的條件定義爲

$$\begin{aligned}P_{e1}&=P(y<\lambda\,|\,\text{符號1被傳送})\\&=\int_{-\infty}^{\lambda}f_Y(y|1)dy\\&=\frac{2}{\sqrt{\pi N_0/T_b}}\int_{-\infty}^{\lambda}\exp\left(-\frac{(y-A)^2}{N_0/T_b}\right)dy\end{aligned} \tag{8.39}$$

令臨界值 $\lambda=0$，

$$\frac{y-A}{\sqrt{N_0/2T_b}}=-z$$

我們很容易發現 $P_{e1} = P_{e0}$。這是因爲設定臨界值在$-A$ 和 A 中間才得此結果，之前已假設符號 0 和 1 機率相等驗證過。條件錯誤機率 P_{e1} 和 P_{e0} 相等的通道具有**二元對稱**。

接收器決定符號錯誤的平均機率，我們發現這兩種可能情況是互斥事件，在特定取樣時刻，選擇符號 1，就不會有符號 0 出現，反之亦然。P_{e0} 和 P_{e1} 是條件機率，P_{e0} 假設符號 0 已送出，P_{e1} 假設符號 1 已送出。因此在接收器的符號錯誤 P_e 的平均機率爲

$$P_e = p_0 P_{e0} + p_1 P_{e1} \tag{8.40}$$

p_0 和 p_1 是二元符號 1 和 0 的先行機率。因 $P_{e1} = P_{e0}$，$p_0 = p_1 = \frac{1}{2}$ [和式(8.30)一致]，得

$$P_e = P_{e1} = P_{e0}$$

或

$$P_e = Q\left(\sqrt{\frac{2E_b}{N_0}}\right) \tag{8.41}$$

二元信號符號錯誤的平均機率只跟 E_b/N_0 有關，也就是每位元傳送信號能量對雜訊頻譜密度的比例。

在圖 8.7，我們用式(8.41)裡的符號錯誤 P_e 的平均機率對 E_b/N_0 作圖。由圖知錯誤機率 P_e 隨 E_b/N_0 增加，快速下降。因此到最後，傳送信號能量微小的增加使得二元脈波的接收幾乎沒有錯誤。然而，增加信號能量必須依實際偏壓情況而定。例如，E_b/N_0 在 E_b 值很小時增加 3-dB 比 E_b 值大的時候容易。

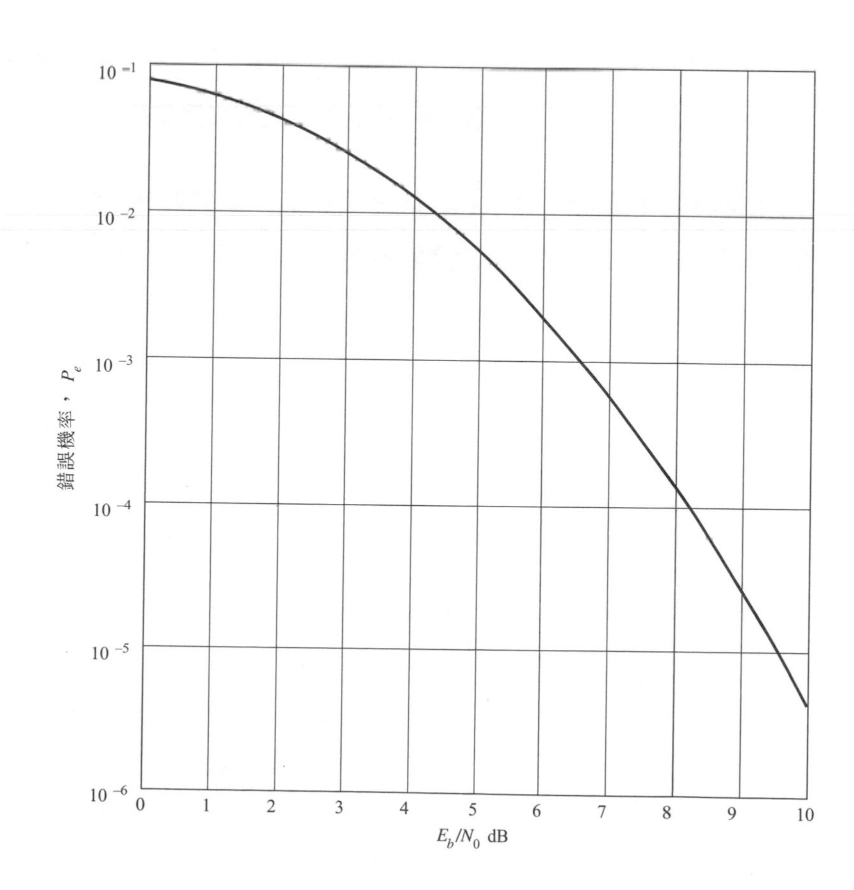

圖 8.7
二元訊號可加性白高斯雜訊的錯誤機率

8.4 符間干擾

在基帶脈波傳輸系統中，另一個造成位元錯誤的原因就是 ISl，ISI 在通信通道呈**發散特性**時就會出現。當我們說通道為發散時，代表通道有一個頻率相關的振幅頻譜。在前一節，我們假設通道為理想，代表在頻域的振幅頻譜為常數。發散通道最簡單的例子就是**有限帶通道**。例如，當一有限帶通道允許所有$|f| < W$通過不失眞，$|f| > W$全部阻擋。當一般通訊媒體不具有如此突兀的性質，有限帶通道在實際應用上為良好的模型，如在許多信號必須共用通訊媒介使用 FDM，每一信號必須限制在頻寬內以避免和頻率相近信號干擾。

這裡首先需要強調一個關鍵問題，已知一個脈波波形，怎樣才能利用它以 M 進制形式傳輸資料？離散脈波調變的振幅、寬度以及位置都根據要傳送的資料串流以**離散方式**變化。對於數位資料的基帶傳輸，就功率和頻寬利用率來說，離散 PAM 是最有效的方法之。因此，我們討論離散 PAM 系統。首先考慮二進位資料的情況。本章的後面部分中，將考慮更常用的 M 進制資料的情況。

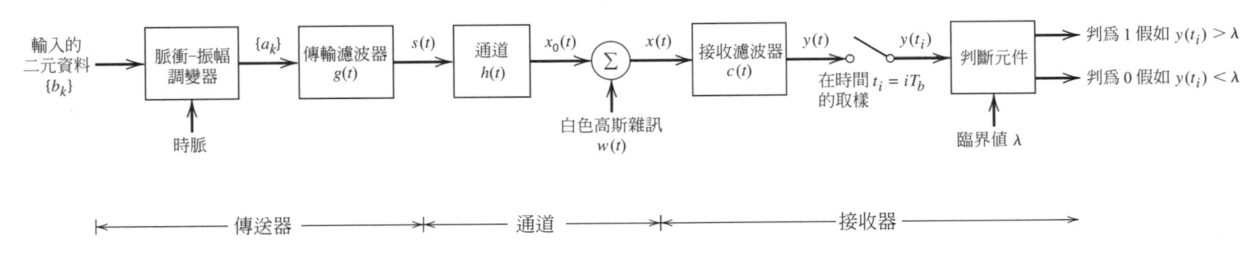

圖 8.8 基頻帶二元資料傳輸系統

接著考慮**基頻帶二元 PAM 系統**，圖 8.8 為一通用型式。二元序列$\{b_k\}$包含符號 1 和 0，持續時間 T_b。**脈波振幅調變器**轉換二元序列為新短脈波序列(單位脈衝)，其振幅 a_k 以極性表示。

$$a_k = \begin{cases} +1 & \text{若 } b_k \text{ 為} 1 \\ -1 & \text{若 } b_k \text{ 為} 0 \end{cases} \tag{8.42}$$

將生成的窄脈波序列送至脈衝響應為 $g(t)$的**發射濾波器**中，得到發射信號

$$s(t) = \sum_k a_k g(t - kT_b) \tag{8.43}$$

$s(t)$ 為脈波響應 $h(t)$通過通道後的結果。此外通道在接收端給信號增加隨機雜訊。雜訊 $x(t)$接著穿過具有脈波響應 $c(t)$的**接收濾波器**。濾波器輸出 $y(t)$跟發送器**同步取樣**，取樣時間由定時器或定時信號決定，其常由接收濾波器輸出得出。最後，取樣序列可用**判斷器**來重建原始資料序列。每個取樣振幅都和**臨界值** λ 比較。若臨界值 λ 超過，判斷偏向 1。若臨界值 λ 未超過，則判斷偏向 0。若取樣振幅剛好等於臨界值，則丟銅板決定哪個符號被傳送。(也就是接收器是猜的)。

接收濾波器輸出可寫成

$$y(t)=\mu\sum_{k}a_k p(t-kT_b)+n(t) \tag{8.44}$$

其中，μ 爲比例因數，脈波 $p(t)$如定義爲了進行準確的描述，式(8.44)中的脈波 $p(t-kT_b)$ 應包含延遲爲 t_0，代表脈波通過系統的傳輸延遲。爲了簡化表達且不失去一般性，在式(8.44)中，將延遲設爲零。

帶有比例因數的脈波 $\mu p(t)$由發射濾波器的脈波響應 $g(t)$，和接收濾波器的脈波響應 $h(t)$，通道的脈波響應 $c(t)$進行兩次褶積而成，即

$$\mu p(t)=g(t)\star h(t)\star c(t) \tag{8.45}$$

星號代表褶積對脈波 $p(t)$進行正交，假設

$$p(0)=1 \tag{8.46}$$

因此，可將 μ 當作比例因數來說明信號通過系統傳輸後發生的振幅變化。

由於時域中的摺積對應於頻域中的乘法，因此可用傅立葉轉換將式(8.45)轉變爲等價形式

$$\mu P(f)=G(f)H(f)C(f) \tag{8.47}$$

$P(f)$、$G(f)$、$H(f)$、$C(f)$爲 $p(t)$、$g(t)$、$h(t)$、$c(t)$的傅立葉轉換。

式(8.44)中的 $n(t)$是由因爲在接收器收入端的額加雜訊 $w(t)$在接收濾波器輸出端產生的雜訊。習慣上稱爲零均值的高斯白雜訊。

對接收濾波器輸出信號 $y(t)$在時刻 $t_i = iT_b$ 進行取樣(i 取整數)，根據式(8.46)，得

$$\begin{aligned}y(t_1)&=\mu\sum_{k=-\infty}^{\infty}a_k p[(i-k)T_b]+n(t_i)\\&=\mu a_i+\mu\sum_{\substack{k=-\infty\\k\neq i}}^{\infty}a_k p[(i-k)T_b]+n(t_i)\end{aligned} \tag{8.48}$$

式(8.48)第一項 μa_i 代表了第 i 個傳輸位元的對應值。第二項代表了對第 i 個位元進行解碼時，對其他傳輸位元的殘留影響，這種由取樣時刻 t_i 對前後的脈波產生的殘留影響就是 ISI。最後一項 $n(t_i)$代表了 i 時刻的雜訊取樣。

若不考慮 ISI 和雜訊的影響，可從式(8.48)中得到

$$y(t_i)=\mu a_i$$

這說明在理想情況下，第 i 個傳輸位元得到正確解碼。然而，系統中不可避免地存在著 ISI 和雜訊，從而在接收器輸出端的判斷器中引入了錯誤。因此，在設計發射和接收濾波器時，目的就是使雜訊和 ISI 的影響最小化，從而以最小的錯誤率將數位資料傳送到目的地。

當信噪比較高時(如在電話系統中)，系統性能更多地受到 ISI 而不是雜訊的影響。換言之，可忽略 $n(t_i)$。在下一節中，我們假設此條件成立，以便能將注意力集中到 ISI 以及相應的控制技術上。特別地，我們最希望的是得到能夠完全消除 ISI 的脈波波形 $p(t)$。在進行之前，我們考慮一個 ISI 範例和表示 ISI 的方法。

範例 8.2　電話通道的發散性質

一個可傳輸資料的基頻帶通訊系統稱作電話通道。電話通道的特徵是高信噪比。然而，在長途連接時通道**頻寬有限**，如圖 8.9 所示。圖 8.9a 通道插入損耗對頻率的作圖，**插入損耗**(dB)定義爲 $10 \log_{10} (P_0 / P_2)$，P_2 是通道傳輸到負載的功率，P_0 是一樣負載但直接連到信息來源的功率(移除通道)。圖 8.9b 爲相位響應和封包延遲對頻率作圖。要決定封包延遲，請見 2.11 節。圖 8.9 清楚描述電話通道的**發散性**。

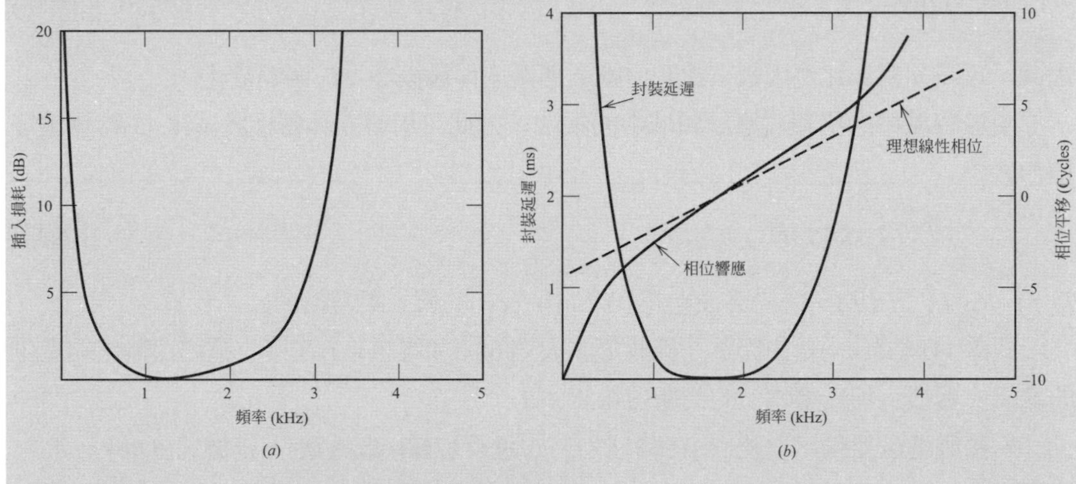

圖 8.9　(a) **傳統電話聯接的振幅響應；**

(b) **傳統電話聯接的封裝延遲與相位響應**(Bellamy, 1982)

發散性質通常會導致 ISI。爲描述方便，考慮選擇前面所述線編碼之一進行通道傳送資料。在選擇線編碼之前，注意圖 8.9 中電話通道的兩個特性：

- 通道通帶在 3.5 kHz 以上急速截止。在窄頻譜內使用線編碼，可極大化資料率。
- 通道不會通過 *dc*。由此可知，使用沒有 *dc* 成分的線編碼較好，如雙極(RZ)訊號或曼徹斯特編碼。

這兩個性質暗示兩種矛盾的線編碼選擇。(a)極性 NRZ，窄頻譜；(b)曼徹斯特編碼，不具有 *DC* 項。圖 8.10a，我們展示使用極性 NRZ 線編碼的原始資料，和其通過無雜訊通道後的結果，傳輸速率 1600bps。信號失眞很明顯，特別是，同極性符號的長字串使得信號飄移到零伏特。飄移是因爲通道不允許 *dc* 通過，然而，傳送信號仍可辨識。當在 1600 bps 使用曼徹斯特線編碼，飄移問題不明顯，但是信號小部分失眞。

在圖 8.11，我們提供兩個相同線編碼的結果，速率為 3200bps。藉由較快的速率，極性 NRZ 線編碼的飄移較不顯著，但仍有明顯信號失真。曼徹斯特線編碼，相較於原始信號有大量失真。這是因為曼徹斯特線編碼的 3200bps 頻譜，有大量的部分在電話通道的有限頻寬外面。

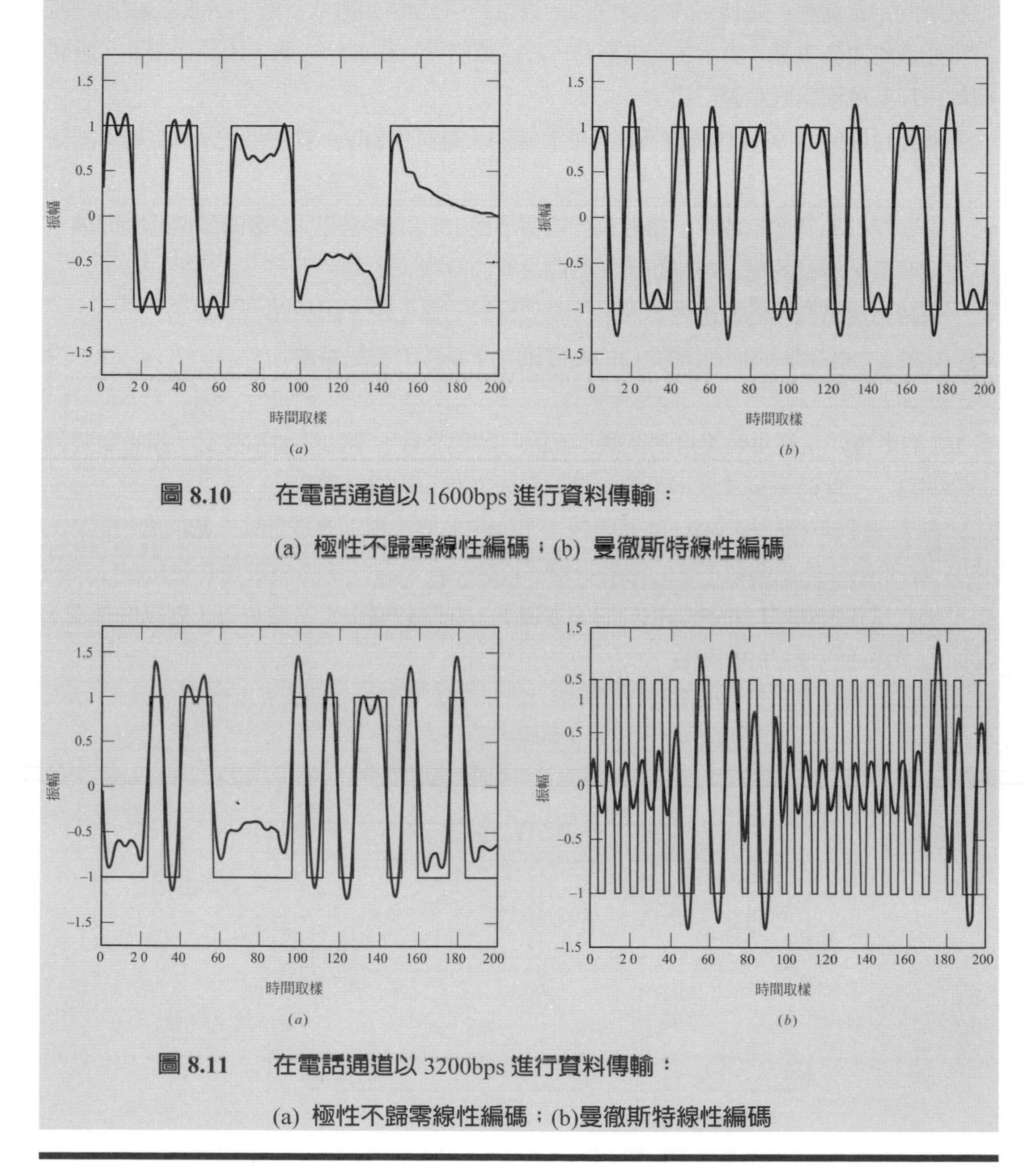

圖 8.10　在電話通道以 1600bps 進行資料傳輸：

(a) 極性不歸零線性編碼；(b) 曼徹斯特線性編碼

圖 8.11　在電話通道以 3200bps 進行資料傳輸：

(a) 極性不歸零線性編碼；(b)曼徹斯特線性編碼

8.5 眼狀圖

在 8.4 節和範例 8.1 中，我們已經討論了為處理通道雜訊和 ISI 對基帶脈波傳輸系統性能影響而採用的各種技術。評估 ISI 對整體系統性能的綜合影響，就是所謂的**眼狀圖**。眼狀圖的定義為在一個特定的信號間隔內觀察到信號(例如接收信號，接收器輸出)的所有可能值的同步重疊。表示二元波形時，眼狀圖的形狀類似於人眼，因此而得名。眼狀圖的內部區域稱為**眼狀開口區**。

圖 8.12 提供了與資料傳輸系統性能有關的大量有用資訊。具體地說，可有如下結論

- 眼睛開口的寬度定義為，**接收信號能夠不受 ISI 引起的錯誤影響的取樣時間間隔**。很明顯，取樣的適當時刻是眼睛張開最寬的時刻。
- **系統對定時錯誤的敏感性**定義為，當取樣時刻變化時，眼睛閉合的速率。
- 在規定的取樣時間，眼睛開口的高度確立了系統的**雜訊容限**。

當 ISI 的影響非常嚴重時來自眼狀圖上部的軌跡與來自下部的軌跡相交叉，結果眼睛就完全閉合了。此時系統中就不可避免地存在因 ISI 而產生的錯誤。

在 M 進制系統的例子中，眼狀圖包含了$(M-1)$個互相垂直堆疊在一起的眼睛開口，其中 M 是用於組成發射信號的離散振幅準位數。在具有真正隨機數據的嚴格線性系統中，所有這些眼睛開口都將是相同的。實際上，在眼狀圖中常常發現有不對稱的情況，其原因來自通訊通道的非線性。

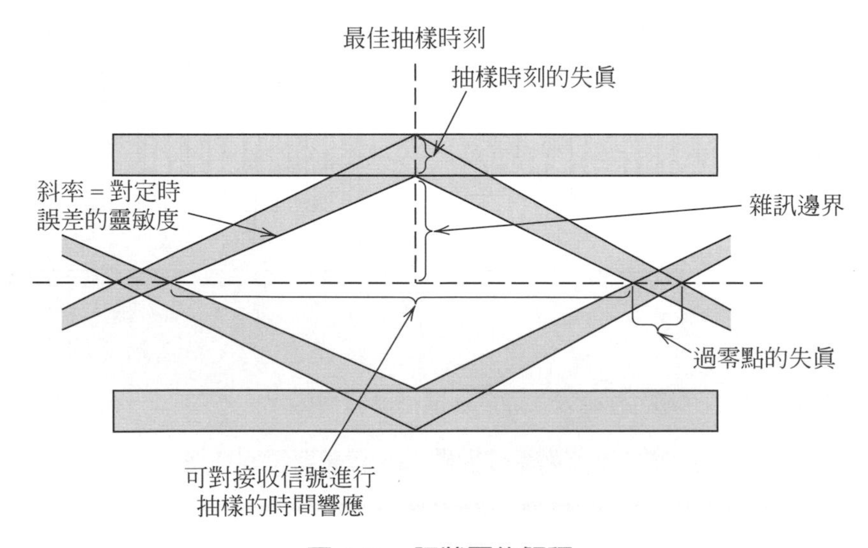

圖 8.12 眼狀圖的解釋

範例 8.3 二元或四元系統眼狀圖

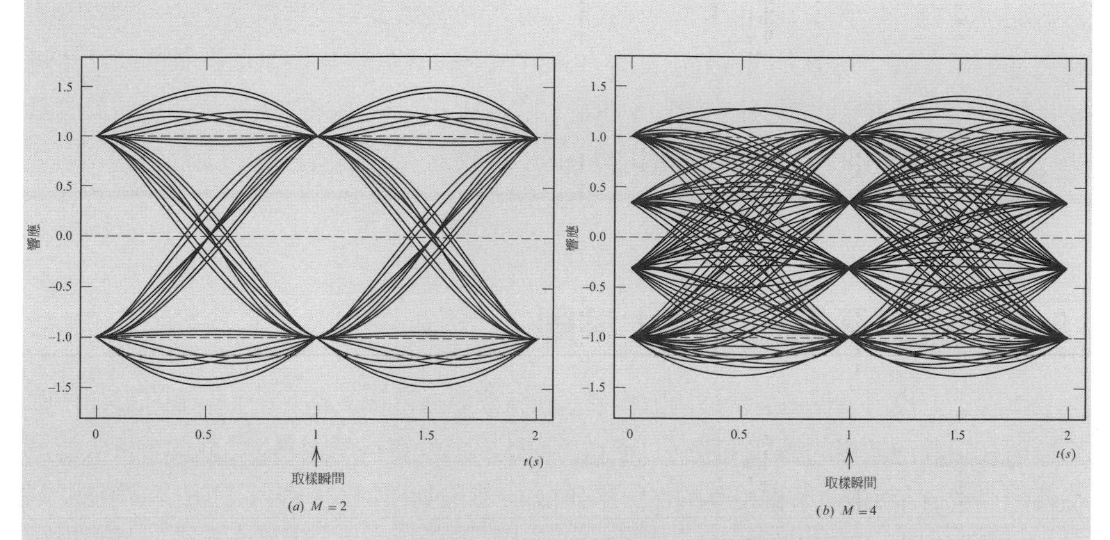

圖 8.13 在沒有頻寬限制下接受到的訊號的眼狀圖

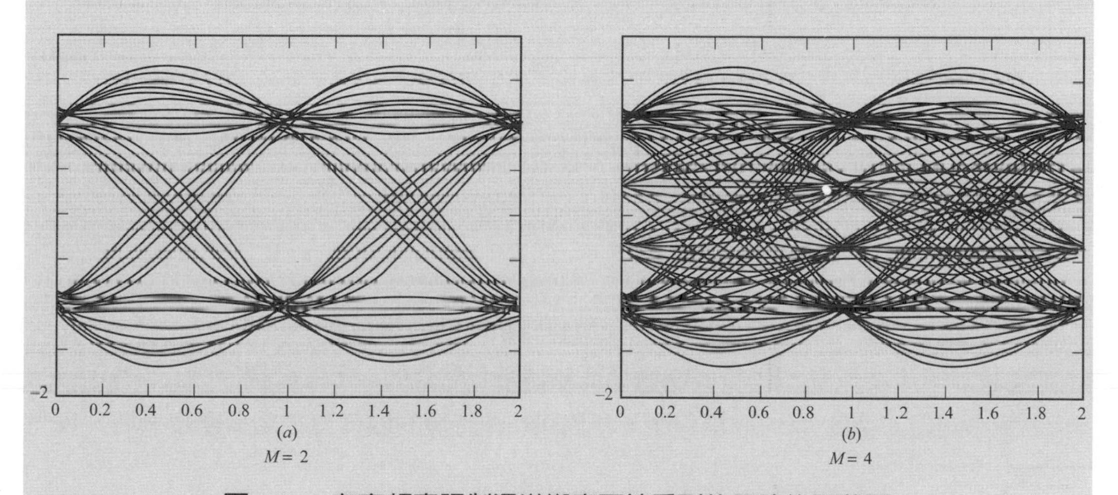

圖 8.14 在有頻寬限制通道響應下接受到的訊號的眼狀圖

圖 8.13a 和 8.13b 為使用 $M=2$ 和 $M=4$ 模擬的基頻帶 PAM 傳輸系統眼狀圖。通道沒有頻寬限制，符號源隨機產生。具有增高餘弦頻譜的脈波在兩者使用。我們會在下章節討論這種脈波。在兩種情況，眼狀圖張開，表示系統的穩定度。事實上，理想取樣點沒有 ISI，也是脈波波形的性質之一。

圖 8.14a 和 8.14b 為同樣系統參數下，基頻帶脈波傳輸系統的眼狀圖，只不過這次是在限制頻寬的狀況下。通道由一個低通 Butterworth 濾波器形成模式，其頻率響應為

$$|H(f)| = \frac{1}{1+(f/f_0)^{2N}}$$

其中，N 爲濾波器的級數，f_0 爲 3-dB 的截止頻率。圖 8.14 的模擬結果，使用五級的濾波器和 f_0 爲百分之五十五的符號率。注意 3-dB 的傳輸脈波頻寬爲符號率的一半。因此雖然通道頻寬截止頻率大於信號頻寬的 3-dB，其在通帶的效用爲眼狀圖張開的尺寸變小。相較於理想取樣時間的分辨值，(如圖 8.13)，現在有模糊的區域。若通道頻寬繼續縮小，則眼狀圖將閉合致無法分辨的地步。

8.6 無失真傳輸奈奎士準則

實際上，我們發現通道轉移函數和發送脈波波形通常都是給定的，問題在於如何確定發射和接收濾波器的轉移函數，以便重組原始二進位資料序列$\{b_k\}$。爲此，接收器是從輸出信號 $y(t)$**萃取**並**解碼**相應的係數序列$\{a_k\}$。**萃取**動作提取包括了對輸出 $y(t)$在時刻 $t = iT_b$ 進行取樣。**解碼**動作要求加權脈波 $a_k\, p(iT_b - kT_b)$，在 $k = i$ 時不受由 $k \neq i$ 的其他加權脈波的尾部重疊所帶來的 ISI 的影響。這就要求我們**能夠**控制整個脈波 $p(t)$，即

$$p(iT_b - kT_b) = \begin{cases} 1, & i = k \\ 0, & i \neq k \end{cases} \tag{8.49}$$

其中，正交 $p(0)=1$。如果 $p(t)$滿足(8.49)的條件，則式(8.48)中的接收器輸出 $y(t_i)$ 可簡化爲(忽略雜訊項)

$$y(t_i) = \mu a_i \text{ 對於所有 } i$$

代表零符號間干擾。因此式(8.49)保證**在沒有雜訊時的理想接收**。

從設計的角度來看，把式(8.49)轉換成頻域是有意義的。考慮取樣序列$\{p(nT_b)\}$，$n = 0, \pm1, \pm2, \ldots$。從第七章的取樣程序，我們回想在時域的取樣會在頻域產生週期。我們可寫成

$$P_\delta(f) = R_b \sum_{n=-\infty}^{\infty} P(f - nR_b) \tag{8.50}$$

其中，$R_b = 1/T_b$ 爲**位元率**(b/s)；$P_\delta(f)$爲週期 T_b 的無限週期 delta 函數序列的傅立葉轉換，其區域用 $p(t)$取樣值加權。$P_\delta(f)$表爲

$$P_\delta(f) = \int_{-\infty}^{\infty} \sum_{m=-\infty}^{\infty} [p(mT_b)\delta(t - mT_b)] \exp(-j2\pi ft)\, dt \tag{8.51}$$

令 $m = i - k$。則，$i = k$ 對應 $m = 0$，同樣的 $i \neq k$，對應 $m \neq 0$。帶入式(8.49)的條件，$p(t)$ 的取樣值，式(8.51)的積分得

$$\begin{aligned} P_\delta(f) &= \int_{-\infty}^{\infty} p(0)\delta(t)\exp(-j2\pi ft)dt \\ &= p(0) \end{aligned} \tag{8.52}$$

其中用到了 delta 函數的延遲特性。由式(8.46)可得 $p(0) = 1$。因此，由式(8.50)和式(8.52)可以得出，要 ISI 爲零，系統滿足的條件爲

$$\sum_{n=-\infty}^{\infty} P(f - nR_b) = T_b \tag{8.53}$$

由此可以闡述在無雜訊時的無失真基帶傳輸的奈奎士準則。頻率函數 $P(f)$，滿足式(8.53)，那麼就能消除以時間間隔 T_b，進行取樣的 ISI。注意到，$P(f)$對應的是整個系統，包括對於式(8.47)的傳送濾波器、通道和接收濾波器。

哈利．奈奎士(Harry Nyquist，1889-1976)

(圖片來源：維基百科)

出生在瑞典，於 1907 年移民美國。在貝爾實驗室期間，他做出許多重要貢獻，如 Johnson–Nyquist 雜訊和放大器穩定(奈奎士穩定理論)。在這兩個領域的重大貢獻，是從他在電話通道傳輸的研究而來。

在 1927 年，奈奎士算出電話通道可傳輸的脈波數目被限制在通道頻寬的兩倍；現在被稱作 Nyquist-Shannon 取樣理論。同樣的研究，奈奎士定出脈波波形必定有其限制，其稱為奈奎士第一，第二和第三準則。奈奎士提出增高餘弦濾波器脈波波形符合第一準則。

奈奎士生涯共有超過 150 個專利。有些人認為他和 Claud Shannon 是現代通訊系統先進理論的主要構築者。

理想奈奎士通道

滿足式(8.53)的最簡單辦法是規定頻率函數 $P(f)$為**矩形函數**的形式，

$$P(f)=\begin{cases}\dfrac{1}{2W}, & -W<f<W\\ 0, & |f|>W\end{cases}$$
$$=\frac{1}{2W}\text{rect}\left(\frac{f}{2W}\right) \tag{8.54}$$

整個系統頻寬 W 定義為

$$W=\frac{R_b}{2}=\frac{1}{2T_b} \tag{8.55}$$

根據式(8.54)跟式(8.55)所描述的解法，絕對值超過位元速率二分之一的頻率就不需要了。因此，無 ISI 時的信號波形，可以由 **sinc 函式**定義

$$p(t)=\frac{\sin(2\pi Wt)}{2\pi Wt}$$
$$=\text{sinc}(2Wt) \tag{8.56}$$

位元速率的特殊值 $R_b=2W$ 稱為**奈奎士速率**，W 稱為**奈奎士頻寬**。相對地，式(8.54)描述的頻域中的理想基帶脈波傳輸系統，或由式(8.56)描述的與之等價的時域系統，就稱為**理想奈奎士通道**。

圖 8.15a 和圖 8.15b 分別為 $P(f)$和 $p(t)$的圖形。圖 8.15a 分別在正、負頻率處畫出頻率函數 $P(f)$的正交化形式。圖 8.15b 的包括了信號間隔以及以取樣時刻為中心的波形。函數 $p(t)$可視為帶通振幅響應為 $1/2W$，頻寬為 W 的理想低通濾波器的脈波響應。函數 $p(t)$在原點有峰值，且在位元持續時間 T_b 的整數倍時通過零點。顯然，如果對接收波形 $y(t)$在 $t=0, \pm T_b, \pm 2T_b$ 取樣，則由 $\mu p(t-iT_b)$(μ 為任意振幅，$i=0, \pm 1, \pm 2, \ldots$)定義的脈波彼此間將不存在干擾。這情況描述在圖 8.16 內的二元序列 1011010 上。

採用理想奈奎士通道，以最小可能頻寬實現零 ISI，從而達到了節約頻寬的目的。但其中存在的兩個實際困難，成為系統設計中不可實現的目標。

1. 採用這種方法，要求 $P(f)$的振幅特性從$-W$ 到 W 是平坦的，而在其他地方為零。即在邊界頻率$\pm W$ 上存在急遽變化，這在物理上是不能實現的。
2. 當 t 較大時，函數 $p(t)$以 $1/|t|$減少，衰減速率緩慢。這也是由 $P(f)$在$\pm W$ 上的不連續性造成的。因此，實際上在接收器的取樣時刻並沒有錯誤振幅。

為了估算這種**定時錯誤**的影響，考慮在時刻 $t=\Delta t$ 的 $y(t)$取樣值。Δt 為定時錯誤為簡便起見，令正確取樣時刻 t_i 為零。沒有雜訊，得到

$$y(\Delta t) = \mu \sum_k a_k p(\Delta t - kT_b)$$
$$= \mu \sum_k a_k \frac{\sin[2\pi W(\Delta t - kT_b)]}{2\pi W(\Delta t - kT_b)} \tag{8.57}$$

既然 $2WT_b = 1$ 可重寫式(8.57)爲

$$y(\Delta t) = \mu a_0 \text{sinc}(2\pi W \Delta t) + \frac{\mu \sin(2\pi W \Delta t)}{\pi} \sum_{\substack{k \\ k \neq 0}} \frac{(-1)^k a_k}{(2w\Delta t - k)} \tag{8.58}$$

上式右邊第一項定義了所需的符號，第二項的級數代表對輸出信號 $y(t)$取樣時由於定時錯誤 Δt 所帶來的 ISI。遺憾的是，由於無法消除這個級數的發散，因此造成了接收器的判斷錯誤。

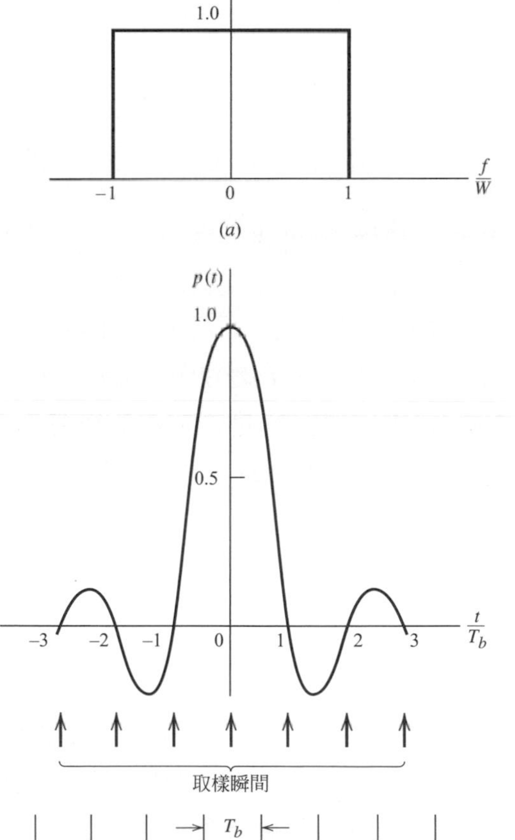

圖 8.15 (a) **理想的振幅響應；**

(b) **理想的基本脈衝形狀**

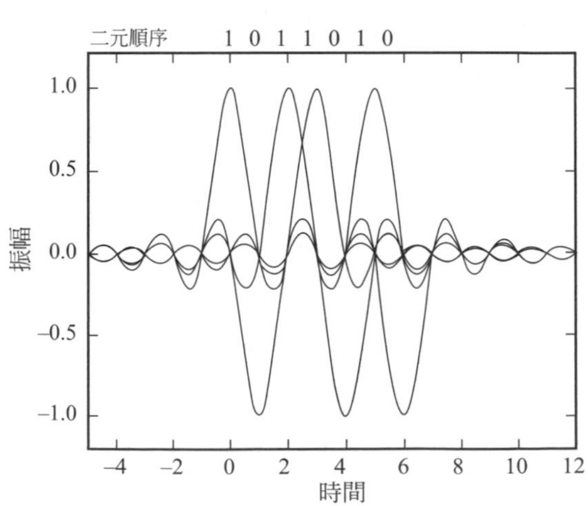

圖 8.16 對應順序為 1011010 的一系列正弦脈衝

增高餘弦頻譜

通過將通道頻寬從最小值 $W = R_b/2$ 擴展到介於 W 和 $2W$ 之間的可調整值，可有效克服理想奈奎士通道所遇到的實際困難。假定一個頻率函數 $P(f)$滿足一個比理想奈奎士通道更為嚴格的條件。保留式(8.53)中的三項並將頻率頻寬限制在$[-W,W]$，表示為

$$P(f)+P(f-2W)+P(f+2W)=\frac{1}{2W},\quad -W \le f \le W \tag{8.59}$$

設計出找到滿足式(8.59)的帶限函數。一個**增高餘弦頻譜**就可以產生一符合條件特別$P(f)$形式。該頻率特徵由一個平坦部分分佈和一個有正弦形式的**下滾部分**組成，即

$$P(f)=\begin{cases}\dfrac{1}{2W}, & 0 \le |f| < f_1 \\ \dfrac{1}{4W}\left\{1-\sin\left[\dfrac{\pi(|f|-W)}{2W-2f_1}\right]\right\}, & f_1 \le |f| < 2W-f_1 \\ 0, & |f| \ge 2W-f_1\end{cases} \tag{8.60}$$

頻率參數f_1和頻寬 W 關係為

$$\alpha = 1-\frac{f_1}{W} \tag{8.61}$$

參數 α 稱為**下滾因數**，表示理想頻寬 W 的**額外頻寬**。傳輸頻寬 B_T 定義為 $2W - f_1 = W(1 + \alpha)$。

對 α 的三個值 0、0.5 和 1，頻率響應 $P(f)$與 $2W$ 相乘可以進行正交化。由圖可知，$\alpha = 0.5$ 或 1 時，與理想奈奎士通道($\alpha = 0$)相比較而言，函數 $P(f)$是逐漸截止的，因而更易於實現。函數 $P(f)$關於奈奎士頻寬 W 呈奇對稱，因此能夠滿足式(8.59)的條件。

時間回應 $p(t)$是 $P(f)$的傅立葉反轉換。因此，用式(8.60)裡的 $P(f)$，可得到結果(見習題 8.10)

$$p(t)=[\text{sinc}(2Wt)]\left(\frac{\cos(2\pi\alpha Wt)}{1-16\alpha^2W^2t^2}\right) \tag{8.62}$$

$\alpha = 0$ 及 0.5，且$|t| < 3T_b$，見圖 8.17b。

$p(t)$為兩個因數的乘積：因數 sinc$(2Wt)$代表理想奈奎士通道，第二個因數在大$|t|$會以$1/|t|^2$ 減少。第一項保證 $p(t)$在 $t = iT$，i 為整數(正或負)，為零交錯。第二個因數使該脈波的尾部衰減至低於從理想奈奎士通道獲得的尾部。因此，用這種脈波進行的二元波形傳輸對取樣定時錯誤就不那麼敏感。實際上，當 $\alpha = 1$ 時，由於 $p(t)$尾部振盪振幅最小，下降也最為平緩。因此，隨著下滾因素 α 從 0 增大到 1，由定時錯誤產生的 ISI 值就會逐漸減小。

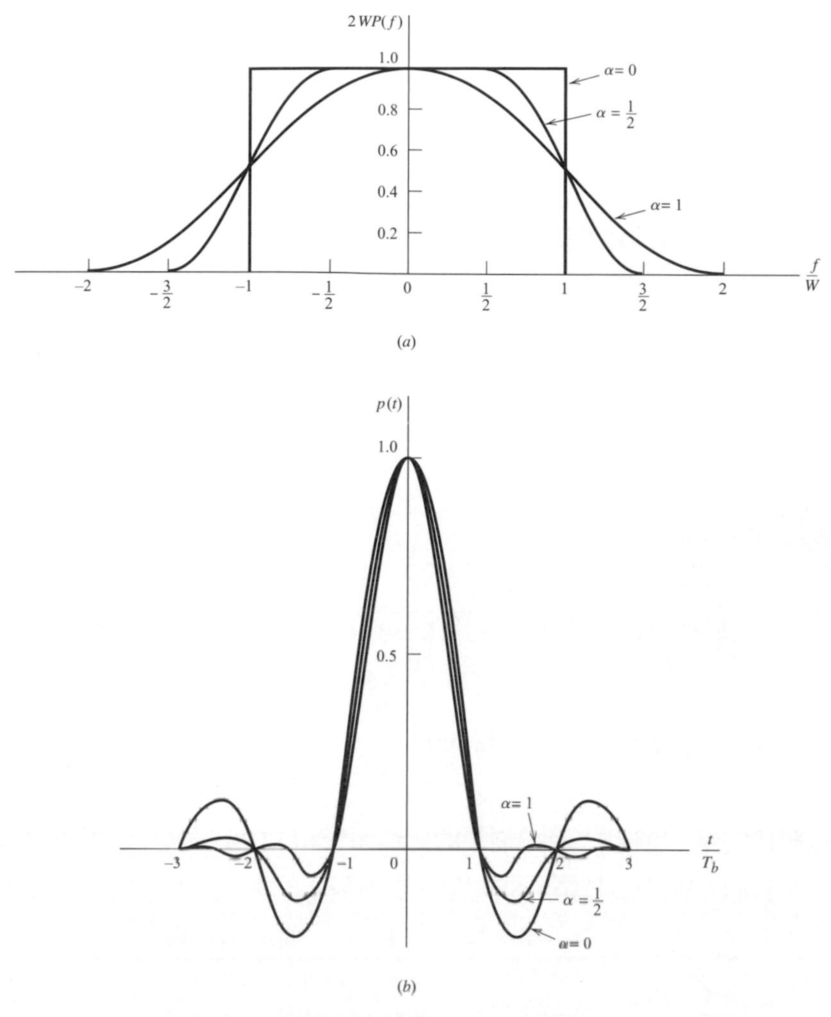

圖 8.17　對不同下滾因素的響應：(a) 頻率響應；(b) 時間響應

$\alpha = 1$(即 f_1=0)時的特例稱爲完全餘弦下滾特性，此時式(8.60)的頻率響應可化簡爲

$$P(f) = \begin{cases} \dfrac{1}{4W}\left[1+\cos\left(\dfrac{\pi f}{2W}\right)\right], & 0<|f|<2W \\ 0, & |f|\geq 2W \end{cases} \tag{8.63}$$

時間響應 $p(t)$簡化爲

$$p(t) = \frac{\text{sinc}(4Wt)}{1-16W^2t^2} \tag{8.64}$$

其具有兩項特性：

1. 在 $t = \pm T_b/2 = \pm 1/4W$，$p(t) = 0.5$；也就是半高寬恰等於位元長度 T_b。
2. 零交錯發生在 $t = \pm 3T_b/2, \pm 5T_b/2$，此外零交錯發生在 $t = \pm T_b, \pm 2T_b,....$。

這兩項性質在需要從接收信號中提取定時信號以進行同步時非常有用。然而，為了獲得這種性質而付出的代價就是，所需的通道頻寬是對應於 $\alpha = 0$ 理想奈奎士通道頻寬的兩倍。

範例 8.4 T1 系統的頻寬需求

在第七章，範例 7.2 描述出了 T1 載波系統的信號形式。該系統用於於 8 位元 PCM 碼字的 24 路獨立語音輸入。分時多工信號(包括一個碼框位元)的位元持續時間為

$$T_b = 0.647\,\mu s$$

假設採用理想奈奎士通道，則 T1 系統的最小傳輸頻寬 B_T，(對於 $\alpha = 0$ 時)為

$$B_T = W = \frac{1}{2T_b} = 772\text{kHz}$$

利用 $\alpha = 1$ 的完全餘弦下滾特性，可得到比必須傳輸頻寬更為眞實的數值。在此，我們發現

$$B_T = W(1+\alpha) = 2W = \frac{1}{T_b} = 1.544\text{MHz}$$

令人感興趣的是，比較 T1 系統需要的傳輸頻寬和 FDM 系統所需的傳輸頻寬。從第三章可知，所有的 CW 調變技術，SSB 調變需要最小的頻寬。FDM 使用 SSB 調變傳輸 24 個獨立語音輸入，每一個語音輸入頻寬為 4 kHz，通道頻寬為

$$B_T = 24 \times 4 = 96\text{kHz}$$

這比 T1 系統所需的頻寬小一個數量級。

控制符間干擾

符間干擾被視為降低系統性能的現象。儘管，我們可以設計**控制符間干擾的系統，使其信號率在頻寬 *W* 赫茲的通道可達到 2*W* 符號/每秒的奈奎士率**。這種方法稱做相關性階層編碼或是部份響應信號。這些設計基於某些前提：既然已知傳輸信號的符間干擾，則其在接收器的效應確定可知。

相關性階層編碼可視為利用真實濾波器達到最大理論信號率的實際方法。

8.7 基頻帶 M 進制傳輸

在圖 8.8 所示的基帶二元 PAM 系統中，脈波振幅調幅器產生二進位脈波，即脈波的準位爲兩個可能的振幅準位之一。而在**基帶 M 進制 PAM 系統**中，脈波振幅調幅器產生的準位爲 M 個可能的振幅準位之一，其中 $M > 2$，如圖 8.18a 所示，**四進位**($M = 4$)系統和二進位資料序列 0010110111。四個可能二元對的電性表示在圖 8.18b。在 M 進位系統，訊息來源發射 M 個符號組成的字元序列。脈波振幅調幅器輸出端的每個振幅準位對應一個不同的符號，因此，在發射端有 M 個不同的振幅準位被發送。接下來考慮一個 M 進制的 PAM 系統。該系統果用一個包含有 M 個相等且統計上獨立的符號的字元，符號持續時間記爲 T 秒。我們稱 $1/T$ 爲系統的**信號速率**，其單位爲**符號每秒**或 **bauds**。

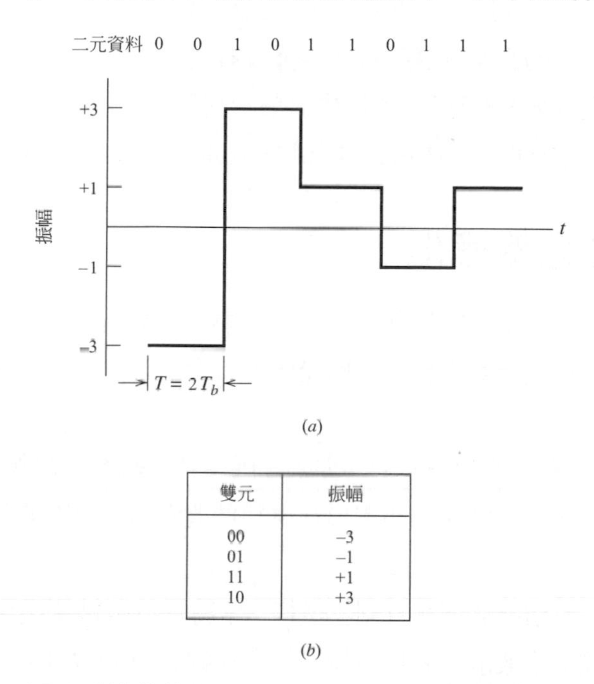

雙元	振幅
00	−3
01	−1
11	+1
10	+3

圖 8.18 四元系統的輸出：(a) **波形**；(b) **四種可能的位元對格式**

將該系統的信號速率與一個等價的二元 PAM 系統的信號速率聯繫在一起進行分析，是很有意義的；該 PAM 系統之 M 值爲 2，而連續的符號 1 及 0 的可能性相同且統計獨立，各符號之持續時間記爲 T_b 秒。在上述條件下，二元 PAM 系統以 $1/T_b$ 位元每秒的速率產生資訊。在四進制 PAM 系統中，四種可能的符號可以由二位元組 00，01，10 和 11 進行標識。因此，每個符號代表 2 個位元的資訊，且 1 baud 等於 2 bps。此結果可概括爲，在一個 M 進制 PAM 系統中。此結果可推廣爲，在一個 M 進制 PAM 系統中，1 baud 等於 $\log_2 M$ bps 且 M 進制 PAM 系統的符號持續時間 T 可等價二元 PAM 系統的位元持續時間，有如下關係：

$$T = T_b \log_2 M \tag{8.65}$$

因此，在一個給定的通道頻寬下，採用 M 進制的 PAM 系統，能夠以比相應的二近制 PAM 系統快 $\log_2 M$ 倍的速率傳輸資訊。但在相同的平均符號錯誤概率下，M 進制 PAM 系統需要更大的發射功率。若 M 遠大於 2，平均符號錯誤機率小於 1，傳輸功率相較於二元 PAM 系統以 $M^2/\log_2 M$ 比例增加。

在基頻 M 進制系統，訊息源發射的符號序列在傳輸器輸入端的脈波振幅調幅器被轉換成 M 級的 PAM 脈波串列。接著，和二元 PAM 系統一樣，該脈波串列由發射濾波器進行整形，並通過通信通道傳輸，通道中的雜訊和失真將破壞信號波形。接收信號通過接收濾波器然後以與發射器同步的速率進行取樣。將每個取樣值與預設的臨界值(也稱爲切割準位)進行比較，以判斷發送的是哪個符號。因此，M 進制 PAM 脈波振幅調幅器及其判斷設備的設計，遠比二元 PAM 系統更爲複雜。ISI、雜訊和不完善的同步系統都會引發接收器輸出端的錯誤。發射和接收濾波器就是爲使這些錯誤最小化而設計的。這些濾波器的設計過程與 8.5 節和 8.6 節中討論的基帶二元 PAM 系統非常相似。增高餘弦脈波波形，在二元信號中是 ISI-free，同樣在 M 進制信號也是 ISI-free。

8.8 跳接延遲線等化

在範例 8.2，電話通道的有限頻寬，可以影響數位資料的高速傳輸。數位資料在這種通道的高速傳輸使用兩種基本信號處理操作。

- 離散 PAM，對週期性連續脈波列的振幅編碼，其振幅準位爲離散。
- 一線性調變方法，其提供保留頻寬以在電話通道傳輸編碼脈波列。

在系統接收端，接收的信號解調變且同步取樣。當特別符號被傳送會產生判斷。有限頻寬通道所引起的脈波波形發散，我們發現可偵測振幅準位的數目通常被 ISI 限制，而不是額加雜訊。原則上，若通道已知，使用適當的傳送跟接收濾波器對，則 ISI 在取樣時刻可以任意小。就如同前面所提，控制全部脈波波形的方法。傳送濾波器直接放在調變器前，接收器放在解調變器後。

事實上，我們不太可能預先知道通道的特性。同樣，在傳送跟接收濾波器的物理應用上都有不可避免的不準確問題。這些效應的淨結果就是某些 ISI 剩餘失真爲系統資料率的限制因數。爲補償原始剩餘失真，我們進行等化的過程。用來進行這種程序的濾波器稱作等化器。

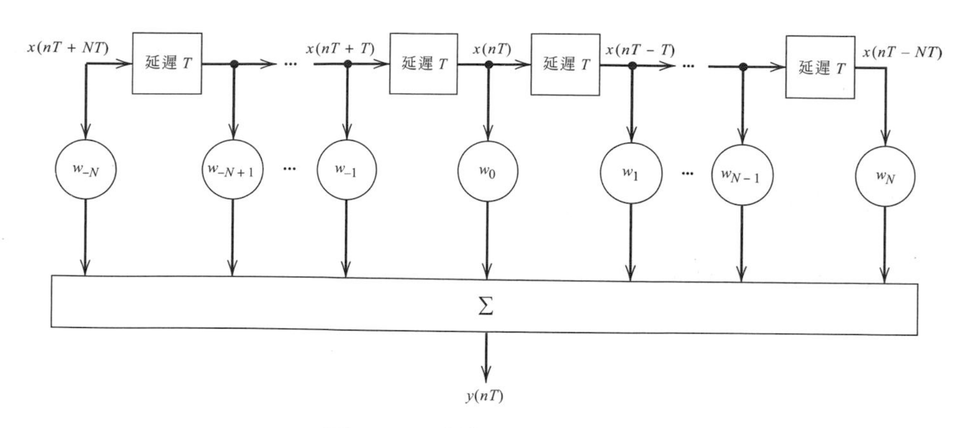

圖 8.19 跳接延遲線濾波器

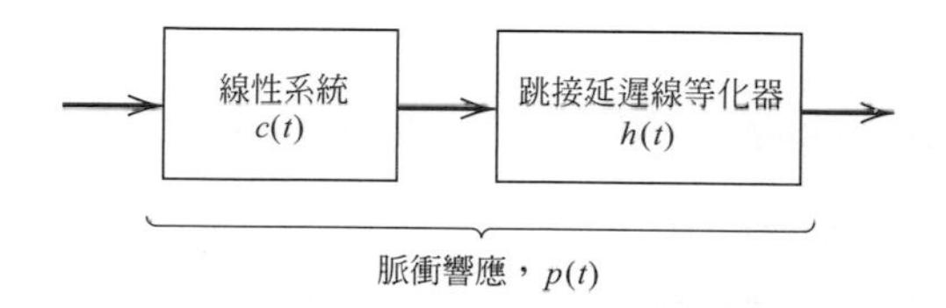

圖 8.20 線性系統層疊式連接和跳接延遲線分化器

圖 8.19 爲一跳接延遲線濾波器，其爲一適當線性等化器。爲了對稱，跳接數目爲$(2N+1)$，權重爲 $w_{-N}, \dots, w_{-1}, w_0, w_1, \dots, w_N$。跳接延遲線等化器的脈衝響應爲

$$h(t) = \sum_{k=-N}^{N} w_k \delta(t-kT) \tag{8.66}$$

$\delta(t)$爲 Dirac delta 函數，延遲 T 等於符號持續時間。

跳接延遲線等化器連接到脈衝響應爲 $c(t)$的線性系統，如圖 8.20。$p(t)$爲等化系統的脈衝響應。$p(t)$爲 $c(t)$和 $h(t)$的摺積，如下所示：

$$\begin{aligned} p(t) &= c(t) \star h(t) \\ &= c(t) \star \sum_{k=-N}^{N} w_k \delta(t-kT) \end{aligned}$$

總和和摺積交換順序：

$$\begin{aligned} p(t) &= \sum_{k=-N}^{N} w_k c(t) \star \delta(t-kT) \\ &= \sum_{k=-N}^{N} w_k c(t-kT) \end{aligned} \tag{8.67}$$

我們利用 delta 函數的篩選性質。計算式(8.67)在 $t = nT$ 的值，得到**離散摺積和**。

$$p(nT) = \sum_{k=-N}^{N} w_k c((n-k)T) \tag{8.68}$$

注意序列$\{p(nT)\}$比$\{c(nT)\}$長。

爲完全消除 ISI，我們必須符合式(8.49)裡不失眞傳輸的奈奎士準則，T 用取代 T_b。$p(t)$這樣定義，使 $p(0) = 1$ 和式(8.46)一致。則，無 ISI，我們需要

$$p(nT) = \begin{cases} 1, & n = 0 \\ 0, & n \neq 0 \end{cases}$$

但是從式(8.68)，我們發現只有$(2N+1)$個可調參數。因此理想狀態大致只符合

$$p(nT) = \begin{cases} 1, & n = 0 \\ 0, & n = \pm 1, \pm 2, \cdots, \pm N \end{cases} \tag{8.69}$$

爲求簡化，我們令第 n 個脈衝響應爲

$$c_n = c(nT) \tag{8.70}$$

然後，帶入式(8.69)到式(8.68)離散摺積和內，得到$(2N+1)$個方程式。

$$\sum_{k=-N}^{N} w_k c_{n-k} = \begin{cases} 1, & n = 0 \\ 0, & n = \pm 1, \pm 2, \cdots, \pm N \end{cases} \tag{8.71}$$

等價地，寫成矩陣形式：

$$\begin{bmatrix} c_0 & \cdots & c_{-N+1} & c_{-N} & c_{-N-1} & \cdots & c_{-2N} \\ \\ c_{N-1} & \cdots & c_0 & c_{-1} & c_{-2} & \cdots & c_{-N-1} \\ c_N & \cdots & c_1 & c_0 & c_{-1} & \cdots & c_{-N} \\ c_{N+1} & \cdots & c_2 & c_1 & c_0 & \cdots & c_{-N+1} \\ \\ c_{2N} & \cdots & c_{N+1} & c_N & c_{N-1} & \cdots & c_0 \end{bmatrix} \begin{bmatrix} w_{-N} \\ \vdots \\ w_{-1} \\ w_0 \\ w_1 \\ \vdots \\ w_N \end{bmatrix} = \begin{bmatrix} 0 \\ \vdots \\ 0 \\ 1 \\ 0 \\ \vdots \\ 0 \end{bmatrix} \tag{8.72}$$

式(8.71)，式(8.72)裡的跳接延遲線，稱爲**零強制等化器**。這種等化器被設計來最小化峰值失眞(ISI)。在應用上也較簡單。理論上，等化器 N 越大(趨近無限大)系統越接近無失眞奈奎士準則的理想狀態。

零強制策略在實驗式運作成功，系統被等化，係數爲 $c_{-N},..., c_{-1}, c_0\, c_1, . . , c_N$爲式(8.72)所需要。在電信網路，通道爲時變，爲實現時變通道的完全傳輸，我們需要**自適應等化**。均衡的過程被稱自適應，是因爲等化器連續且自動調整，其資訊由輸入訊號而來。自適應均衡超過簡介範圍，可是大多數等化器實際應用上就是自適應。

8.9 主題範例 —100BASE-TX—雙絞線上傳輸 100Mbps[3]

100BASE-TX 廣泛應用在快速乙太網路上，在**銅蕊雙絞線**上傳輸可達 100 Mbps，一般稱做 5 類雙絞線。通訊長度最大 100 公尺，每一方向都用一對雙絞線。

在 100BASE-TX，資料串流在傳送前經過許多編碼級處理。在第一級，四位元以二進制編碼成五位元，產生 NRZ 格式。這編碼被稱作 4B5B 編碼，輸出位元被定在 125 MHz 符號率。四位元映射到五位元創造額外的信號轉換，其提供信號的定時訊息。例如，四位元 0000 並沒有轉換訊息，會造成接收器定時問題。4B5B 令四個連續的位元區塊爲一個同義的五位元。.這些五位元會預先定義好，且可以保證在每個傳送區塊最少有一個轉換位元。4B5B 編碼的缺點就是需要更多位元來傳送一樣的訊息。4B5B 編碼的 NRZ 輸出如圖 8.21a 所示。

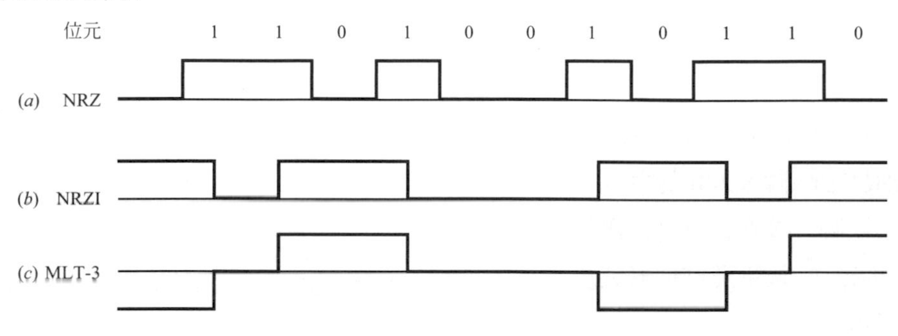

圖 8.21 100BASE-TX 不同線編碼間的轉換

第二級將 NRZ 轉成倒數或 NRZI。利用 NRZI 格式，資訊包含在信號轉換內而不是電壓電位，所以它是微分形式的編碼。利用 NRZI 格式，一個 1 在某電位產生一個矩形脈波的半寬，另外的半寬在其後具有不同電位。0 則是沒有變化圖 8.21b 爲 NRZ 信號的 NRZI 編碼範例。微分編碼代表絕對電位在偵測過程中並不重要，電位變化才會決定傳輸的位元。

在第三編碼級，NRZI 位元被轉換成 MLT-3 格式。利用這個三級編碼，信號零的部分不變。但是 NRZI 信號正的部分，在每個零後面，在正負之間交換。圖 8.21c 爲 NRZI 位元轉換成 MLT-3 格式的範例。這種多電位的格式使得資料基頻從 62.5 MHz 降到 31.25 MHz。信號頻譜的減少使其對通道頻寬的敏感度減少。

以 100 Mbps 或更高速率在**銅蕊雙絞線**上傳輸具有許多挑戰。這些挑戰如下：

- 超過 100 公尺的信號衰減十分巨大，且頻率跟溫度都會使衰減加劇，同時也受磁場的影響。
- 從纜線的另一端可能會有**回波**，降低效能。
- 既然系統爲全雙工，則接收跟傳輸絞線可能會產生串音。若串音耦合靠近接收端，稱作**近端串音**，其餘稱作**遠端串音**。

適當進行如等化，回波和串音消去等訊號處理，許多問題可以被減輕。爲示範這點，以下我們提出經由量化的通道色散性質。

100BASE-TX 的波形是由它的持續時間，升高和下降時間決定，並非類比。脈波爲 16 ns 寬，升降時間在 3ns 和 5ns 之間。升(降)時間定義爲振幅的 10%到 90%之間。圖 8.22 爲其範例。

在 100BASE-TX 上，必須忍受通道(雙絞線)在 100 公尺的纜線上具有圖 8.23 的衰減特性。也就是低頻(用在長距離類比電話通訊)的衰減量小，但是在頻率超過 1MHz 後急遽增加。

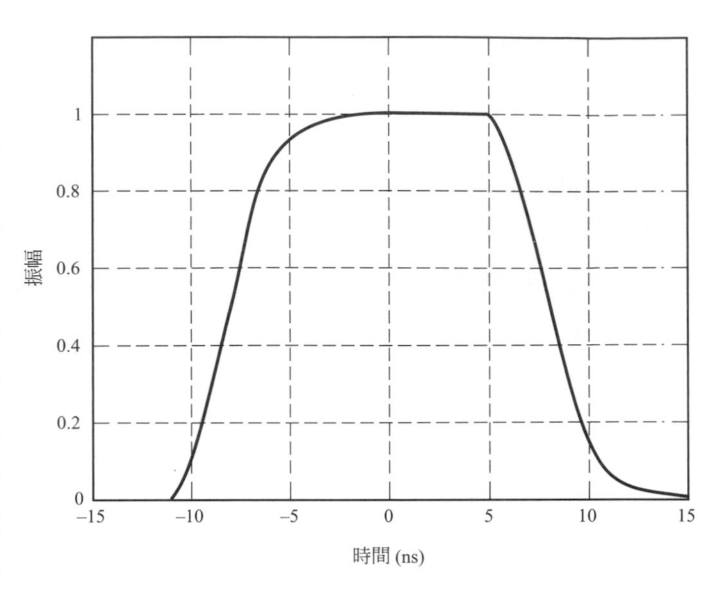

圖 8.22　範例：100BASE-TX 脈波波形

為描述該通道在效能上的影響，我們模擬資料(圖 8.22 的波形)傳送通過具有如圖 8.23 脈衝響應的通道。圖 8.24a 為傳送信號(通道之前)的眼狀圖，圖 8.24b 為穿過通道後的眼狀圖。通道造成眼狀圖明顯閉合，降低對雜訊及其他形式失真的忍受度。

100BASE-TX 標準假設接收器會用等化補償通道效應。例如，我們可以利用 8.8 節的零強制等化器。系統響應僅為傳送脈波波形和通道脈衝響應的摺積。摺積的結果在 T 區間峰值附近取樣，T 為 16ns 的符號週期。取樣產生 $\{c_{-2N}, \ldots, c_0, \ldots, c_{2N}\}$，可用在式(8.72)等化器的計算中。在此範例，我們選擇 $N = 1$ 對應 3-tap 等化器。計算的等化器跳接為 $\{w_{-1}, w_0, w_1\} = \{-0.41, 1.87, -0.39\}$。若將此 3-tap 等化器應用到接收的信號，可得圖 8.24c 的眼狀圖。等化明顯增加眼狀圖開口，藉由增加信噪比和其他失真的容忍度，使資料偵測更加確實。

這個主題範例證實，藉由良好設計和適當的數位信號處理，在非理想通道一樣有高資料傳輸率。

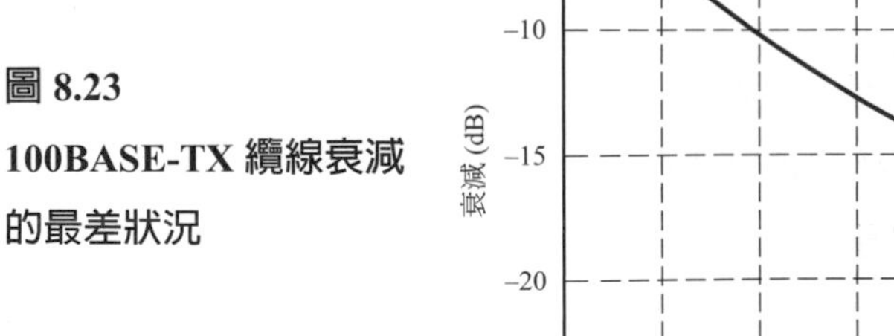

圖 8.23
100BASE-TX 纜線衰減的最差狀況

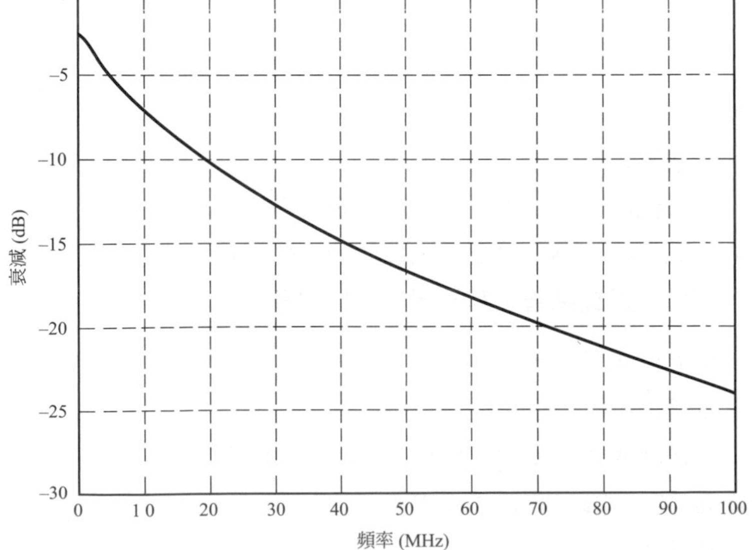

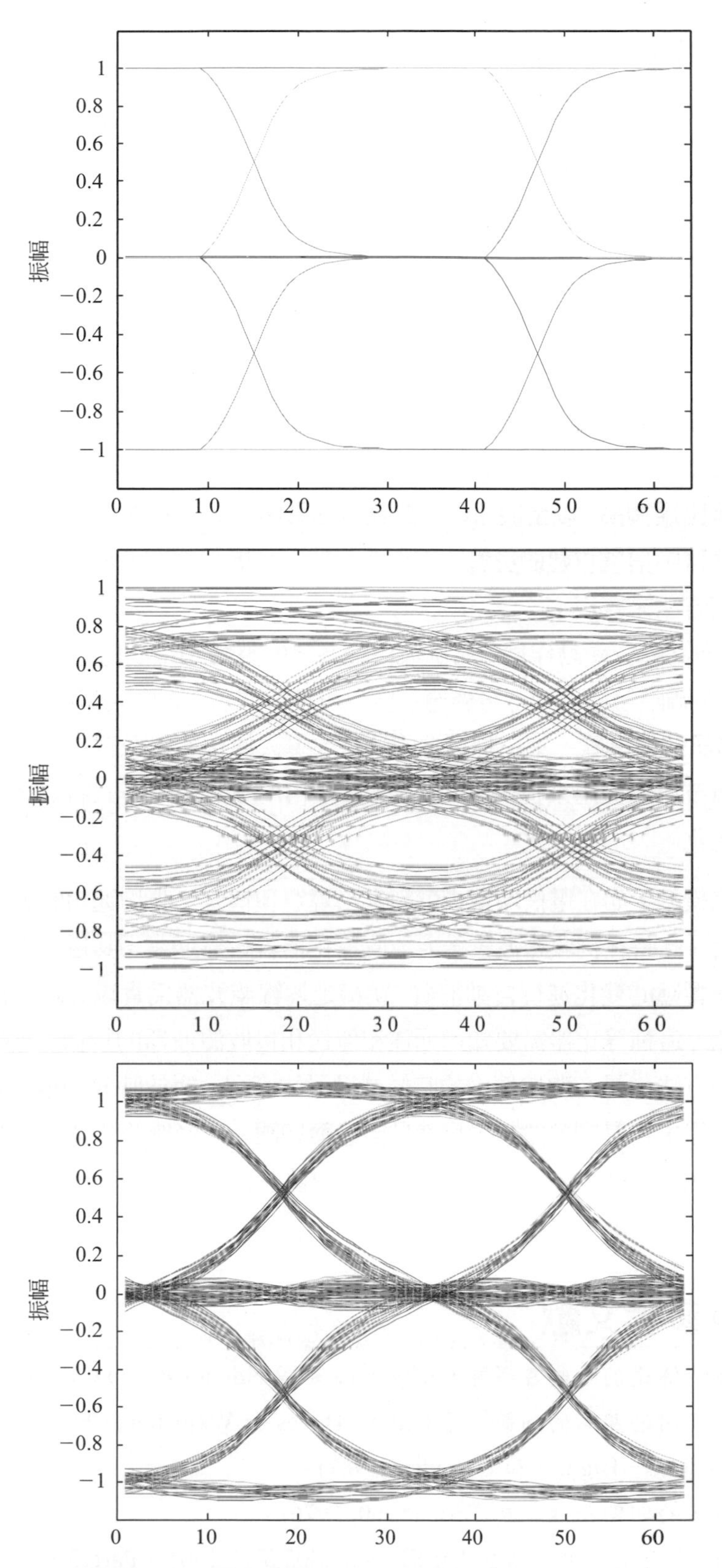

圖 8.24 眼狀圖：(a) 傳送信號；(b) 接收的信號；(c) 均等接收的信號

8.10 總結與討論

在本章中，我們研究了通道雜訊和 ISI 對基帶脈波傳輸系統性能的影響。ISI 不同於雜訊因爲它是由於通道的頻率響應偏離理想低通濾波器(奈奎士通道)而產生的**取決於信號**的干擾形式。當沒有發射信號時，ISI 也就消失了。這種偏離的結果是導致接收脈波要受到(1)先前脈波尾部和(2)後繼脈波前端的影響。

根據接收信噪比，對於具有固定特性的通道，我們可以區分在基帶脈波傳輸系統中所出現的三種情況

1. **相對於通道雜訊而言，ISI 的影響可以忽略**。在這種情況下，合適的辦法就是採用匹配濾波器。匹配濾波器是最大化峰值脈波信噪比下的最佳線性非時變濾波器。
2. **接收信噪比足夠高，以至於可以忽略雜訊的影響**。在這種情況下，我們需要警惕 ISI 對接收器器中信號重建的影響。特別地，必須對接收脈波波形加以控制。這可以用兩種不同方法來實現：
   - 採用增高餘弦頻譜作爲基帶脈波傳輸系統的整體頻率回應。
   - 採用相關階層編碼或部分響應信號以可控方式將 ISI 引入到發射信號中。
3. **ISI 和雜訊都很顯著**。第三種情況的解需要導入傳送和接收器最佳化。簡言之，一合適的脈波波形先用來在使 ISI 爲零，之後再用史瓦茲不等式將取樣瞬間的輸出信噪比極大化。

通道是隨機的，如在電信環境中就經常出現這種情況。平均通道的固定濾波器設計就不是很適合。此時在接收濾波器後方放置等化器就較爲適當。其目的就是對資料傳輸期間通道頻率響應的變化進行自動補償。跳接延遲線濾波器爲實現等化器提供簡單但非常有效的方法。這種等化器需要知道通道和傳送和接收濾波器的特徵。實際上，估計系統複合脈衝的方法就是在開始傳送的時候傳送已知序列。對於時變通道，發展的演算法可以在傳輸過程中自動調整跳接，也就是**自適應均衡**。自適應等化器可以在非穩態環境處理 ISI 和接收器雜訊的複合效應。它的實際價值在於，今日幾乎所有商業化語音電話通道的 Modem 都含有自適應等化器。

註解及參考文獻 *Notes and References*

[1] 基頻帶脈波傳送的古典書籍有 Lucky、Salz 和 Weldon(1968)，以及 Sunde(1969)所著。對於主題不同的觀點的細節，見 Gitlin、Hayes 和 Weinstein(1992)，Proakis(2001)，以及 Benedetto、Biglieri 和 Castellani(1987)。

[2] 匹配濾波器的回顧和性質見 Turin (1960, 1976)。

[3] 100Mbs 網路傳輸的規格請見：IEEE Std .802.3 – 2005，Part 3，和 ANSI X3.263 (1995)。

❖本章習題 *Problems*

8.1 考慮如圖 P8.1 中所示的訊號 $s(t)$。

(a) 確定與該訊號匹配濾波器的脈衝響應會至其時間函數圖形。

(b) 畫出該匹配濾波器輸出的時間函數圖。

(c) 輸出的峰值爲多少？

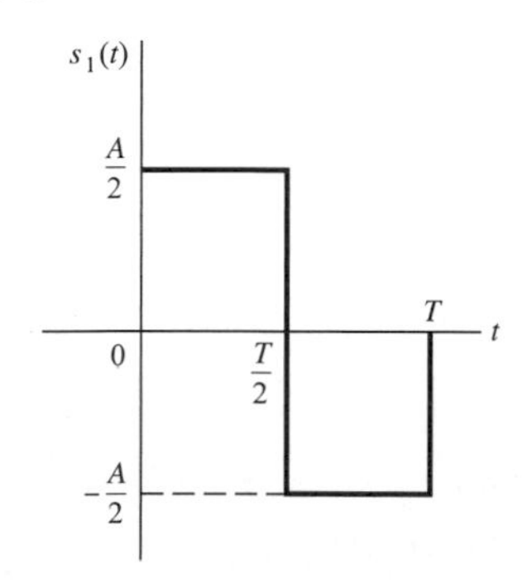

圖 P8.1

8.2 一匹配濾波器具有跳接延遲線濾波器形式器，跳接加權爲$\{w_k, k = 0, 1, ..., K\}$。給定一個在時間區間爲 T 秒且濾波器匹配的訊號 $s(t)$，找出 w_k 的值。假定訊號是均勻的被取樣。

8.3 在這問題中，我們得到的方程式可以用來計算圖 8.1 能量頻譜對於在 8.2 節中所提到的五種線編碼，在每個線編碼例子中的，位元時間爲 T_b，而脈波振幅 A 被假定對使線性碼平均能量作正規化(如圖 8.1)。假設資料序列是隨機產生的，而符號 0 和 1 是均等相同的。

算出以下這些線性碼能量頻譜的密度：

(a) 單極性不歸零(NRZ)訊號：

$$S(f) = \frac{A^2 T_b}{4}\text{sinc}^2(fT_b)\left(1 + \frac{1}{T_b}\delta(f)\right)$$

(b) 極性不歸零(NRZ)訊號：$S(f) = A^2 T_b \text{sinc}^2(fT_b)$

(c) 單極性歸零(RZ)訊號：

$$S(f) = \frac{A^2 T_b}{4}\text{sinc}^2\left(\frac{fT_b}{2}\right)\left[1 + \frac{1}{T_b}\sum_{n=-\infty}^{\infty}\delta\left(f - \frac{n}{T_b}\right)\right]$$

(d) 雙極性歸零(RZ)訊號：$S(f) = \dfrac{A^2 T_b}{4}\text{sinc}^2\left(\dfrac{fT_b}{2}\right)\sin^2(\pi f T_b)$

(e) 曼徹斯特編碼訊號：$S(f) = A^2 T_b \text{sinc}^2\left(\dfrac{fT_b}{2}\right)\sin^2\left(\dfrac{\pi f T_b}{2}\right)$

因此，確認如圖 8.1 所繪的頻譜圖。

8.4 考慮一如下所示之矩形脈衝：

$$g(t)=\begin{cases}A, & 0\le t\le T\\ 0, & \text{其他處}\end{cases}$$

假設用個頻寬爲 B 的理想低通濾波器來近似 $g(t)$對應的匹配濾波器。此題最主要目標爲求峰值脈衝雜信比的最大值。

(a) 確認 B 的最適值，使理想低通濾波器提供對該匹配濾波器的最佳近似。

(b) 理想低通濾波器與該匹配濾波器相差多少 dB？

8.5 一個二進制的 PCM 系統使用非極性 NRZ 信號發送符號 1 和 0；符號 1 由一個振幅爲 A 並持續時間 T_b 的矩形脈衝表示。在接收器輸入是由均值 0 且能量頻譜密度爲 $N_0/2$ 外加白高斯雜訊。假設符號 0 和 1 等機率出現，採用 8.3 節中描述的匹配濾波器，找出接收器輸出端的平均錯誤率的表達式。

8.6 一個使用 NRZ 信號，操作在平均錯誤率爲 10^{-6} 二進制的 PCM 系統。假設信號速率變爲兩倍。找出新的平均錯誤機率。請參考附件計算 Q 函數方法或圖 8.7。

8.7 一個連續信號被當作 PCM 信號抽樣並發送。接收器中判斷裝置輸入端的隨機變量有 0.01V^2 的變化量。

(a) 假設使用 NRZ 信號，確定要使平均錯誤率爲在 10^8 比例中不超過 1 個出錯，發送的脈衝振幅爲多少？

(b) 假如有附加干擾出現，使平均錯誤率增加到在 10^6 的比例中有 1 個出錯，那麼該干擾的變異數爲多少？

8.8 在一個二元的 PCM 系統中，符號 0 和 1，分別具有起始率 p_0 和 p_1。在圖 8.5 由取樣匹配濾波器輸出所得隨機變數 Y(取樣值 y)的條件機率密度函數在已知符號 0 傳送時爲 $f_Y(y|0)$。類似的，若發送的爲符號 1，將該機率密度函數記爲 $f_Y(y|1)$。用 λ 表示爲收收器使用的臨界值，如果抽樣值 $y>\lambda$，則接收器判斷爲符號 1，否則判斷爲符號 0，證明使平均錯誤率最小的最佳臨界值 λ_{opt}，由以下式子給出

$$\frac{f_Y(\lambda_{\text{opt}}\,|\,1)}{f_Y(\lambda_{\text{opt}}\,|\,0)}=\frac{p_0}{p_1}$$

8.9 所有時間內脈衝形狀爲 $p(t)$的基頻二進制 PAM 系統定義如下

$$p(t)=\text{sinc}\left(\frac{t}{T_b}\right)$$

T_b 表示輸入的二進位資料位元持續時間。其脈衝模組器輸出的振幅區間爲 +1 或 −1，其決定再於二進位符號在輸入端爲 1 或 0 畫出接收濾波器輸出在相對應輸入值爲 001101001 的波形。

8.10　決定式(8.60)的傅立葉反轉換的頻率函數 $P(f)$。

8.11　一個類比訊號經取樣，量化後，編碼爲一個二進制 PCM 系統。詳細的 PCM 系統如下所示：

取樣率 = 8 kHz

位階的表示數目 = 64

該 PCM 信號採用離散脈衝-振幅調制並經基帶通道傳輸。如果每個脈衝允許採用的振幅位階爲 2、4、或 8，傳輸該 PCM 信號所需要最小頻寬爲何？

8.12　考慮一個被設計爲具有增高餘弦頻譜 $P(f)$的基帶二進制PAM系統。輸出脈波 $p(t)$ 由式(8.62)定義。要使該系統具有線性相位響應，該脈波應進行怎樣的調整？

8.13　一計算機以 56 kb/s 的速率輸出二進制數據，計算機輸出通過具有增高餘弦頻譜的二進制 PAM 系統發送。求下列各下滾因素所要求的傳輸頻寬：$\alpha = 0.25$，0.5，0.75，1.0。

8.14　重複習題 8.13 計算，其中條件變爲，已知在計算機輸出中的每一組連續三個二進制數字被編碼爲 8 個可能振幅位階之一，且生成信號採用一個具有增高餘弦的 8 位階的 PAM 系統發送。

8.15　一個類比訊號經取樣，量化後，編碼爲一個二進制 PCM 系統。使用的位階的表示數目爲 128。將一個同步脈衝加到每個代表模擬抽樣的編碼字樣的末端。最終的 PCM 信號採用一個具有增高餘弦頻譜的四進制 PAM 系統，經過頻寬爲 12 kHz 的信號通道發送。下滾因素爲 1。

(a) 求信息通過該通道傳輸速率(b/s)。

(b) 求模擬信號的抽樣率。對於該模擬信號的最高頻率分量，抽樣率的最大可能值是多少？

8.16　一個二進制 PAM 信號經過一個絕對最大頻寬爲 75 kHz 的基帶信號通道傳輸。信號持續時間爲 10 μs。求一個滿足上述要求的增高餘弦頻譜。

8.17　一個使用單邊指數爲脈衝形狀傳輸訊號的數位通訊系統如以下

$$p(t) = \begin{cases} 0 & t < 0 \\ \exp(-t/\tau) & t \geq 0 \end{cases}$$

(a) 何爲最差的狀況，其 ISI 脈衝波形在 $\tau = T$，其中 T 爲符號週期？

(b) 假若一個因 ISI 減少 20%眼狀開口爲可容許範圍，則 τ 最適值爲多少？頻寬爲 3-dB 的信號，在時間 t，相較於 $\tau = T$ 的差異爲何？

8.18　結合通道與發報機而產生一脈衝，而脈衝振幅頻譜定義如以下

$$H(f) = \exp(-|f|T)$$

試決定一理想接收濾波器頻譜，其頻譜會消除 ISI。

8.19 有一增高餘弦脈波頻譜，其頻譜不只滿足奈奎士規格。其梯形脈波頻譜也滿足其規格；梯形脈波頻譜如圖 P.8.19。

(a) 計算其時間區域脈波相對於如圖 P8.19 的頻譜。並比較其脈波，增高餘弦脈波，與 sinc 脈波之零點跨越。

(b) 建議另一脈波頻譜，其滿足奈奎士規格。

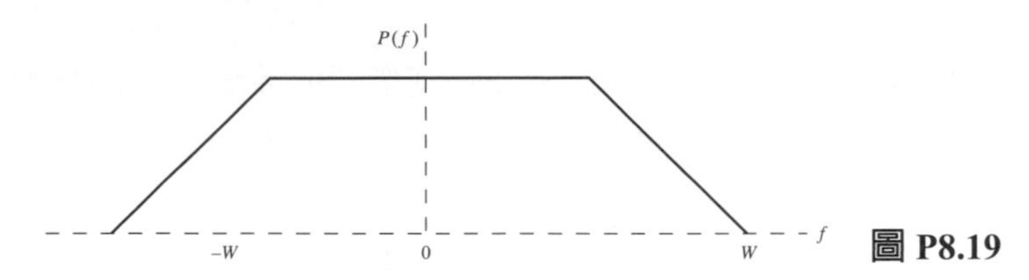

圖 P8.19

8.20 考慮一採用 M 個離散振幅位階的基帶 M 進制系統，接收器模型如圖 P8.20 所示；接收器在如下條件工作：

(a) 接收波形中的信號分量為

$$m(t)=\sum_n a_n \text{sinc}\left(\frac{t}{T}-n\right)$$

其中 $1/T$ 為以 baud 為單位的信號率。

(b) 振幅位階為 $a_n=\pm A/2, \pm 3A/2, \ldots$，如果 M 是偶數，$a_n=\pm(M-1)A/2$；假如 M 為奇數，則 $a_n=0, \pm A, \ldots, \pm(M-1)A/2$。

(c) M 個位階是均等機率的，且在相鄰時間間隙中發送的符號統計獨立。

(d) 信號通道雜訊 $w(t)$ 是均值為零，功率頻譜密度為 $N_0/2$ 的高斯白雜訊。

(e) 該低通濾波器是頻寬 $B=1/2T$ 的理想濾波器。

(f) 若 M 為偶數，則判斷儀器中使用的臨界位階為 $0, \pm A, \ldots, \pm(M-3)A/2$，假若 M 為奇數，則臨界位階為 $\pm A/2, \pm 3A/2, \ldots, \pm(M-3)A/2$。

該系統中的平均符號錯誤機率定義為

$$P_e=2\left(1-\frac{1}{M}\right)Q\left(\frac{A}{2\sigma}\right)$$

其中，σ 為判斷器輸入端雜訊的標準差異。是通過確定 $M=2, 3, 4$ 時的 P_e 來證明該一般公式的正確性：$M=2, 3, 4$。

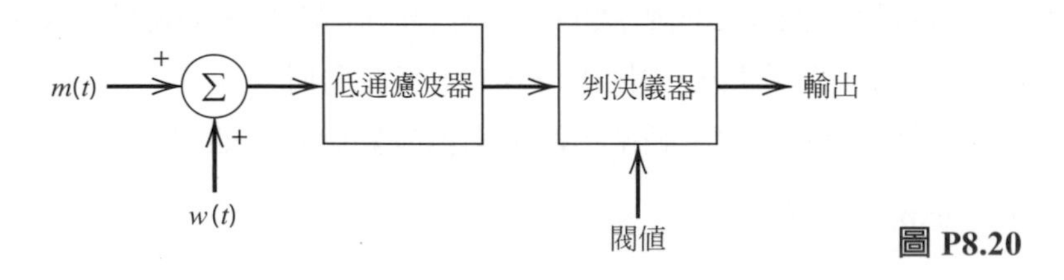

圖 P8.20

8.21 假設在如上題 8.20 所述的具有 M 個等機率振幅位階的基帶 M 進制 PAM 系統中，平均符號錯誤機率 P_e 小於 10^{-6}，因此編譯碼時的錯誤可以忽略不計。證明在該系統中接收信號比的最小值可以進似的表示為

$$(\mathrm{SNR})_{R,\min} \simeq 7.8(M^2-1)$$

8.22 一些無線系統中存在**多徑失真**，多徑失眞是由於發射器和接收器之間存在超過一條的傳播路徑所引起。考慮信號 $s(t)$ 具有如下響應輸出的信號通道(不存在雜訊)

$$x(t) = K_1 s(t-t_{01}) + K_2 s(t-t_{02})$$

其中 K_1 和 K_2 為常數，t_{01} 和 t_{02} 為傳輸延遲。假設採用圖 P8.22 中三個跳接延遲線濾波器來等化該信號通道的轉移函數。

(a) 計算該通道的轉移函數。

(b) 假設 $K_2 \ll K_1$ 且 $t_{02} > t_{01}$。計算該跳接延遲線濾波器的參數 K_1, K_2, t_{01}, t_{02}。

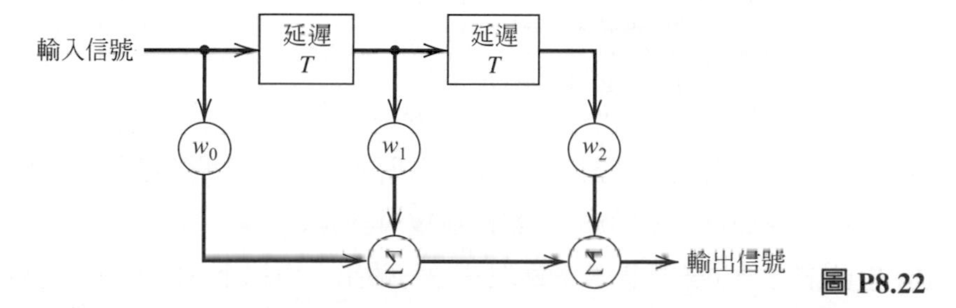

圖 P8.22

8.23 用序列 $\{x(nT)\}$ 表示跳接延遲線等化器的輸入。試證明：如果等化器的頻率響應滿足以下式，那麼 ISI 就可以完全消除

$$H(f) = \frac{T}{\sum_k X(f-k/T)}$$

其中，T 為符號持續時間。

當等化器的跳接數接近無限大時，等化器的頻率響應就成了一個具有實係數的傅立葉級數，從而能夠在間隔 $(-1/2T,\ 1/2T)$ 內逼近任何函數。證明等化器的此一性質。

Not only is the universe stranger than we imagine, it is stranger than we can imagine.

Sir Arthur Eddington

(圖片來源：維基百科)

電腦題

8.24 以下 Matlab 程式模擬範例 8.2 中，使用極性 NRZ 線性碼且符號率爲 1.6 kHz 的電話通道的資料傳輸。

```
Fs  = 32;            % sample rate (kHz)
Rs  = 1.6;           % symbol rate (kHz)
Ns  = Fs/Rs;         % number of samples per symbol
Nb  = 30;            % number of bits to simulate

% - - - Discrete B(z)/A(z) model of telephone channel - - -
A = [1.00,-2.838,3.143,-1.709,0.458,-0.049];
B = 0.l*[l,-l];

% - - - Pulse shape the data - - - - -
pulse = [ones(1,Ns)];   % bipolar NRZ pulse
data = sign(randn(1,Nb));
Sig = pulse' * data;
Sig = Sig(:);

% - - - Pass signal through the channel - - - -
RxSig = filter(B,A,Sig);

% - - - Plot results - - - - - - - - - - - - - - - - - - - - - - -
plot(real(RxSig))
hold on, plot(Sig,'r'). hold off
xtabel ('Time samples'), ylabel('Amplitude')
```

(a) 修改程式使其內容模擬 1.6 kHz 曼徹斯特線性碼傳輸。把你的結果與例 8.2 作比較。增加資料率增爲 3.2 kHz 並重複計算之。

(b) 用匹配濾波器對脈波波形處理其通道輸出。用以下 Matlab 程式畫出信號的眼狀圖。增加模擬位元數，並繪製眼狀圖。當頻率增至 1.6 與 3.2 kHz，眼狀開口如何？

```
function b = ploteye(s,Ns);
% - - - - - - - - - - - - - - - - - - - - - - - - - - - - - - - - - - - - - -
% Inputs
%    s - real signal
%    Ns - oversample rate
% - - - - - - - - - - - - - - - - - - - - - - - - - - - - - - - - - - - - - -
f = mod(length(s), Ns);
s = real(s(l:end-f));   % make length multiple of Ns

%- - - extract individual symbol periods from signal - - -
EyeSigRef    = reshape(s, Ns, length(s)/Ns);   % one
                                                  symbol per column
EyeSigm1     = EyeSigRef(Ns/2;Ns,1:end-2);   % last half
                                                of preceding symbol
EyeSigO      = EyeSigRef(:    , 2;end-1);   % current
                                                           symbol
EyeSigp1     = EyeSigRef(1: Ns/2, 3:end),   % first half of
                                                 following symbol
EyeSig       = [EyeSigm1; EyeSig0; EyeSigp1];   % tack
                                                together for curve

L = size(EyeSig,1);
plot([0:L-1]/Ns,EyeSig)                            % plot multiple curves
```

(c) 修改曼徹斯特編碼去產生一個 $M=4$ 的 M 陣列線性碼。比較當 $M=4$ 且符號率爲 1.6 和 3.2 kHz 的眼狀開口。試描述在較高速率傳輸資料的缺點。

8.25 以下 Matlab 程式在模擬一具有增高餘弦頻譜的脈波傳輸穿越一具以下描述的脈衝響應的通道

$$h(t) = \begin{cases} 0 & t < 0 \\ \exp(-t/\tau) & t \geq 0 \end{cases}$$

```
T      = 1;                    % symbol period
Rs     = l/T;                  % symbol rate
Ns     = 16;                   % number of samples per symbol
Fs     = Rs*Ns;                % sample rate (kHz)
Nb     = 3000;                 % number of bits to simulate
alpha  = 1.0;                  % rolloff of raised cosine

% - - - Discrete model of telephone channel - - -
t = [0: 1/Fs: 5*T];
h = exp(-t / (T/2)) /Fs;   % impulse response scaled for
                           % sample rate

% - - - Pulse shape the data - - - - -
pulse    = firrcos(5*Ns, Rs/2, Rs*alpha, Fs);   % 100
                                             % raised cosine filter
data     = sign(randn(1,Nb));                % random binary data
Udata    = [1; zeros(Fs-1, 1)] * data;       % upsample data
Udata    = Udata(:);                         % "
Sig      = filter (pulse, 1, Udata);         % pulse shape data
Sig      = Sig( (length(pulse)-1)/2: end);   % remove filter
                                             % delay

% - - - Pass signal through the channel - - - -
RxSig = filter(h, 1, Sig);

% - - - Plot results - - - - - - - - - - - - - - - - - - - - -
plot(real(RxSig))
hold on, plot(Sig, 'r'), hold off
xlabel('Time samples'), ylabel('Amplitude')
```

(a) 當 $\tau = T/2$，在此 T 為符號區間，是模擬當下滾因素 $\alpha = 0.5$ 和 1.0 的傳輸。決定在每個情況下眼狀開口閉合的值。

(b) 重複(a)的問題，當 $\tau = T$。

8.26 在(a)的問題中，當 $\alpha = 0.5$，計算一個固定用 8.8 節的方式的跳接等化器。(一組線性方程式 $\mathbf{C}w = b$ 可以在 Matlab 用 $w = \text{inv}(\mathbf{C})b$ 之語法求解。)

(a) 計算 3-tap T-spaced 等化器，將其用在模擬輸出且畫出眼狀圖。用眼狀開口評論改進。

(b) 重複(a)，計算 5-tap 等化器，比較 3-tap 和 5-tap 等化器的優缺點。

Chapter 9

BAND-PASS TRANSMISSION OF DIGITAL SIGNALS

數位信號的帶通傳輸

9.1 簡介

在前一章研究的基帶脈衝傳輸中，資料串流以離散 PAM 信號的形式直接通過低通通道傳輸。基帶脈波傳輸考量脈波成形的設計可使 ISI 的問題受到控制。數位帶通傳輸中，輸入的資料串流必須先被調變到載波(通常是正弦載波)上，而該載波恰能滿足所選擇的帶通傳輸通道的頻率限制。接收器最佳化考量如何在通道雜訊存在的情況下將符號誤差的平均機率最小化。這並不代表在基頻脈波傳輸不用考慮雜訊，也不代表數位載波調變不用考慮 ISI。它僅代表在兩個不同資料傳輸領域中必須優先考慮的問題。

用於帶通資料傳輸的通訊通道，可以是微波無線通道、衛星通道等。在任何情況，調變過程使傳輸變爲可能，包含切換(鍵入)振幅、頻率、正弦載波相位以和輸入數據一致。共有三種基本的信號調變方式，分別是幅移鍵控(ASK)、頻移鍵控(FSK)和相移鍵控(PSK)。FSK 和 PSK 信號的特徵在它們均有固定包封。使其不受在微波和衛星通到振幅非線性的影響。因此之故，實際上，比起 ASK 信號，FSK 和 PSK 信號更適合非線性通道的帶通傳輸。

本章，我們研讀數位載波調變技巧，重點爲：(1)接收器最佳化設計，使其在長時間工作下比其他接收器產生的錯誤更少。(2)在接收器輸出端計算符號錯誤的平均機率。考慮兩個不同情況：同調接收器和非同調接收器。在同調接收器中，接收器和傳送器鎖相，而非同調接收器中，接收器的調變用本地振盪器和正弦載波傳送器中調變正弦載波的振盪器，兩者之相位不同步。

9.2 帶通傳輸模型

在討論帶通傳輸策略之前，讓我們先回顧帶通訊號和系統。在第二章，我們介紹帶通訊號以及如何用其等效**複數封包**表示法來研究。我們展示帶通訊號如何由其低通同相位和正交分量所建構。圖 9.1 重現此建構，圖中的同相和正交分量 $g_I(t)$ 和 $g_Q(t)$ 則是用來調變正交載波 $\cos(2\pi f_c t)$ 和 $\sin(2\pi f_c t)$，以產生帶通訊號 $g(t)$。圖 9.1 左側的信號編碼器將訊息源的資料對應到同相和正交分量。信號對應的執行方式不同時，會決定不同的帶通傳輸策略。

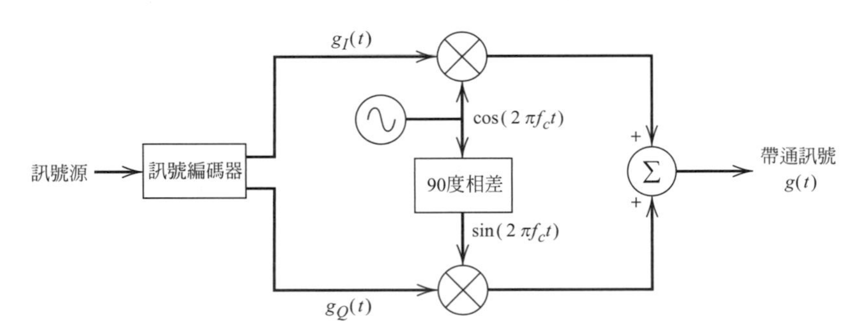

圖 9.1 由同相和正交分量建立帶通訊號的示意方塊圖

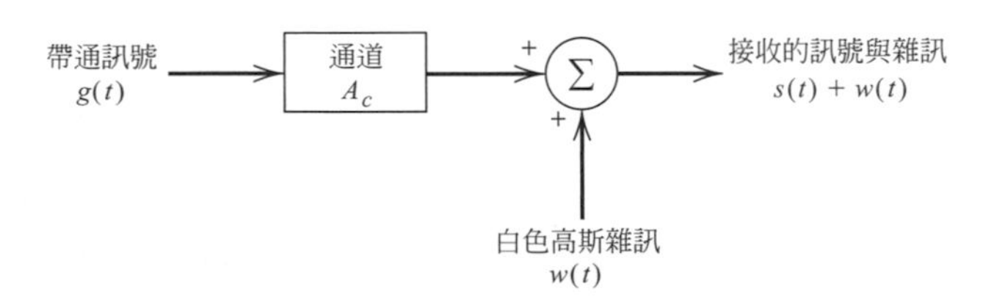

圖 9.2 帶通傳輸通道模型的方塊圖

帶通訊號 $g(t)$ 在到達目的地前經由通訊通道傳輸圖 9.2，大多數情況下，通道會在接收器衰減信號。我們以 A_c 代表。除了衰減，帶通通訊通道耦合傳送器到接收器具有兩項特徵：

1. 通道爲線性。通常我們假設通道頻寬足以傳輸調變信號 $g(t)$，且具有極小的失真。其他情況下，帶通通道的效應，可以直接由信號複數包封的複數基帶脈衝響應模擬，如節 2.10 所示。
2. 接收信號 $s(t)$ 被平均零的加法性穩態白高斯雜訊過程和功率頻譜密度 $N_0/2$ 所干擾。一個雜訊過程函數被指定爲 $w(t)$。

通道僅衰減信號和增加雜訊的情況爲

$$
\begin{aligned}
x(t) &= s(t) + w(t) \\
&= A_c g(t) + w(t)
\end{aligned}
\tag{9.1}
$$

許多眞實通道的合理模型。我們稱該理想通道爲**加法性白高斯雜訊(AWGN)通道**。

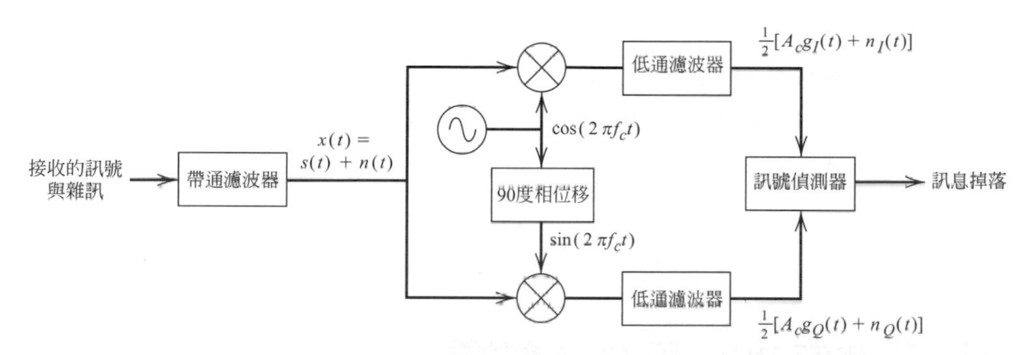

圖 9.3　方塊圖說明當帶通訊號進入同相或正交分量的分析

在圖 9.3，我們展示接收器的帶通傳輸模型。所有接收器在前端包含一個帶通濾波器使信號不失眞通過和轉換白雜訊爲**窄頻雜訊** $n(t)$，如 5.11 節所討論。帶通訊號同相位和正交分量加上窄頻雜訊用 2.9 節的 I-Q 轉換器得出，該轉換器具有一個振盪器，產生兩個局部正弦波和正交載波 $\cos(2\pi f_c t)$ 和 $\sin(2\pi f_c t)$ 同相，其和輸入信號混合。混合器輸出爲低通濾波器移除高頻率分量，分別留下接收同相位和正交信號，$\frac{1}{2}[A_c g_I(t) + n_I(t)]$ 和 $\frac{1}{2}[A_c g_Q(t) + n_Q(t)]$。眞實接收器同樣包含數個放大級，但是既然這些部分同時放大信號和雜訊，我們可以在不影響結果情況下排除它們。

如 5.11 節所示，雜訊 $n_I(t)$ 和 $n_Q(t)$ 本質上爲低通過程。一般來說，若系統的濾波器無失眞通過信號，這些雜訊過程**在信號頻寬為白色**。既然接收器只重視信號，我們可以假設雜訊過程 $n_I(t)$ 和 $n_Q(t)$ 爲白色沒有頻寬限制。分析複數包封類似分析白雜訊基信號接收：差別在複數包封和相關雜訊爲複數過程，基帶信號則爲實數。

帶通接收器的特徵是爲**信號偵測器**，依靠信號如何編碼，也就特定的傳輸方式來決定。接收器的功能就是觀察接收信號的複數形式，$[g_I(t) + n_I(t)] + j[g_Q(t) + n_Q(t)]$ 時間長度爲 T 秒，且估計對應的傳送信號 $g_I(t) + jg_Q(t)$ 或是二進位數據符號 0 或 1。

爲求簡化，我們假設接收器和傳送器**時間同步**，其代表接收器知道調變改變狀態的時刻。實際上，接收器必須包含一個時序回復電路。有時，假設接收器對傳送器鎖相。這種情況下，我們談到**同調偵測**，我們將接收器稱爲**同調接收器**。此外，傳送器和接收器中間也許沒有相位同步。在第二種情況，我們稱做**非同調偵測**，接收器爲非同調接收器。在本章，我們假設時間同步存在。然而，我們必須分辨**同調**和**非同調偵測**。

總結來說，並不是所有的帶通傳送器和接收器都如同圖 9.1 和圖 9.3 所示。依據可用的科技和傳輸策略可以做些簡化和修正例如：

- 某些傳輸策略僅使用同相位發送信號。通常代表正交分量程序的相關硬體被移除。
- 接收器可以進行非同調偵測，和同調偵測相反。非同調偵測代表用來得到同相位和正交分量的振盪器不須和輸入載波鎖相位。事實上，某些非同調偵測，訊息通常從帶通訊號回復，而不需要同相位和正交分量。然而，這種替換方法並不會增加效能。
- 在許多現代接收器，振盪器產生的同相位和正交分量不用和輸入信號鎖相。這代表也許有相位轉向，或者在回復的同相位和正交分量頻率誤差。這些潛在的相位和頻率誤差被數位信號程序演算修正。

如同以下所示，帶通通訊比基帶通訊在正交調變上，提供較多發送信號技術的可能性。

9.3 二進位 PSK 和 FSK 傳輸[1]

需要在帶通通訊通道傳輸二進位數據時(如將聲音或影像信號數位化)，如微波或衛星通道，需要調變信號 在載波(通常爲正弦波)上，由特定通道固定頻率限制。調變過程對應到切換鍵入載波振幅、頻率、或相位，也就是在二進位符號 0 和 1 之間轉換。這產生三種發信號技術，被稱作**振幅鍵移**(ASK)、**頻率鍵移**(FSK)和**相位鍵移**(PSK)：

1. 在 ASK 系統，二進位符號 1 代表傳輸固定振幅和頻率的正弦載波，位元存續時間 T_b 秒，同時，二進位符號 0 代表關掉載波 T_b 秒，如圖 9.4a 所示。例如，ASK 信號可以用輸入二進位數據開-關形式產生，且和載波一起放到乘積調變器上。
2. 在一個 FSK 系統，兩個振幅相同頻率不同的正弦波用來代表二進位符號 1 和 0。一個 FSK 信號可以用雙偶極性形式產生，應用到壓控振盪器，或是在兩個振盪器之間切換產生。這兩種方法數學上的差異在以**連續**或**不連續相位**改變頻率。連續相位 FSK 信號請見圖 9.4b。
3. 在一個 PSK 系統，固定振幅和固定頻率的正弦載波被用來表示符號 1 和 0。除非，符號 0 被傳送時，載波相位偏移 180 度，如圖 9.4c。舉例，PSK 信號可以用輸入二進位數據雙偶極性形式產生，且和載波一起放到乘積調變器上。

因此 ASK、FSK 和 PSK 信號分別爲振幅調變、頻率調變和相位調變波。一般來說，分辨頻率調變和相位調變波並不容易(在示波器上)，但是，FSK 和 PSK 信號並非如此，因爲他們可以從圖 9.4 b 和圖 9.4 c 的波形來比較。

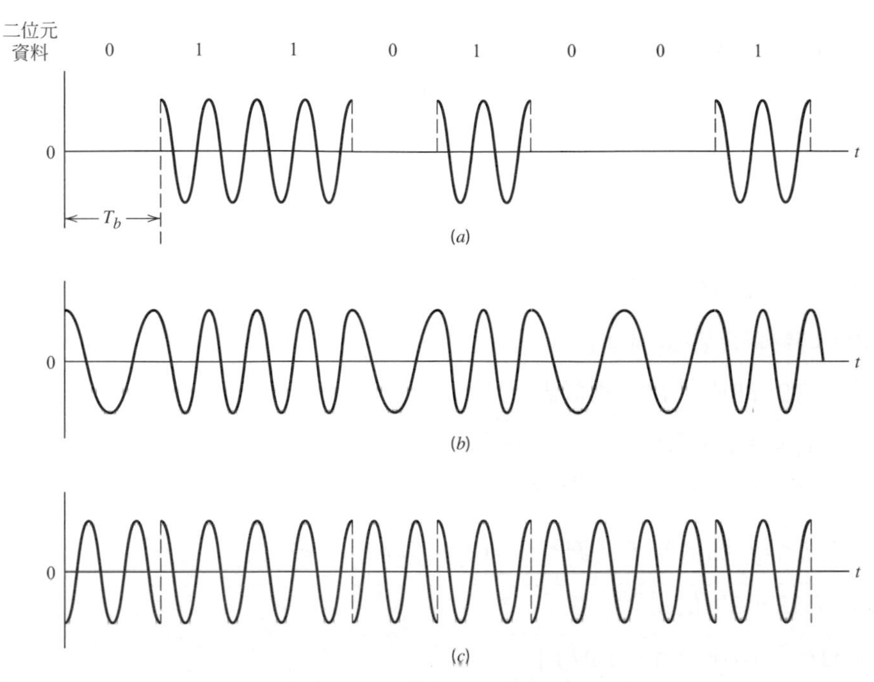

圖 9.4 此圖描述二位元訊號三種基本形式波形：
(a) 振幅鍵移；(b) 帶連續性相位的頻率鍵移；(c) 相位鍵移

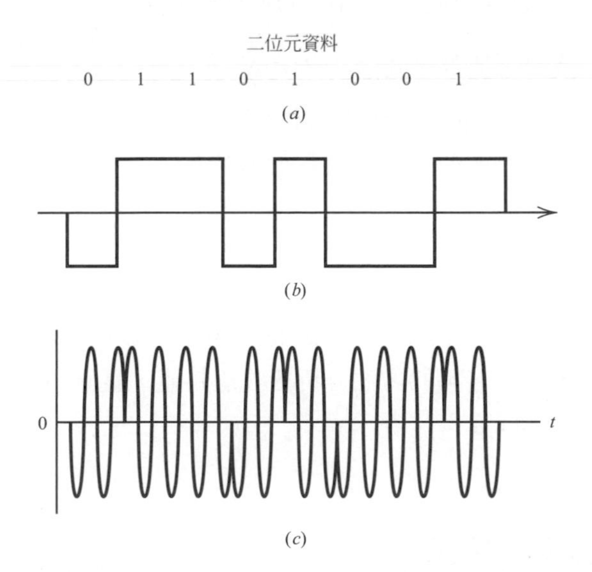

圖 9.5 二位元 PSK 模組的步驟：(a)二位元資料；(b)雙偶極的線性碼；(c)二位元 PSK 波形

對二進位 PSK (BPSK) 調變，調變過程的步驟可能如圖 9.5 一樣失敗。二進位數據用來產生如圖 9.5b 的雙偶極線編碼，其代表基帶信號 $g_I(t)$ 的同相分量。對二進位 PSK 來說，$g_Q(t)=0$。同相分量如圖 9.1 調變載波，產生圖 9.5c 的帶通訊號 $g(t)=g_I(t)\cos(2\pi f_c t)$。特別地，二進位 PSK (BPSK)信號可表示成

$$\begin{aligned} s_1(t) &= A_c\cos(2\pi f_c t) \quad \text{對於符號 1} \\ s_0(t) &= -A_c\cos(2\pi f_c t) \quad \text{對於符號 0} \\ &= A_c\cos(2\pi f_c t+\pi) \end{aligned} \tag{9.2}$$

對二進位 ASK 調變，步驟類似但是以單極線編碼表示基帶數據。

對二進位 FSK 調變，複數基帶等價不能用簡單線編碼表示。二進位 FSK 能以相關線編碼對 $g_I(t)$ 和 $g_Q(t)$ 表示。這比觀察到的 BPSK 和 ASK 複雜。因此，早期 FSK 傳送器使用 FM 調變器而不是圖 9.1 的線性調變。

帶通二進位 FSK 信號可直接表示為

$$\begin{aligned} s_1(t) &= A_c\cos(2\pi f_1 t) \quad \text{對於符號 1} \\ s_0(t) &= A_c\cos(2\pi f_0 t) \quad \text{對於符號 0} \end{aligned} \tag{9.3}$$

若定義載波頻率 f_c 為 f_1 和 f_0 中點，$f_c=(f_1+f_0)/2$，且假設 $f_1>f_0$，定義 $\Delta f=(f_1-f_0)/2$ 則可表示式(9.3)FSK 信號為

$$\begin{aligned} s_1(t) &= A_c\cos[2\pi(f_c+\Delta f)t] \\ &= \mathrm{Re}\{A_c\exp[j2\pi(f_c+\Delta f)t]\} \quad \text{對於符號 1} \end{aligned} \tag{9.4}$$

$$\begin{aligned} s_0(t) &= A_c\cos[2\pi(f_c-\Delta f)t] \\ &= \mathrm{Re}\{A_c\exp[j2\pi(f_c-\Delta f)t]\} \quad \text{對於符號 0} \end{aligned} \tag{9.5}$$

觀察式(9.4)和(9.5)，我們將基帶等價信號表示為

$$\begin{aligned} g_I(t)+jg_Q(t) &= A_c\exp[-j2\pi\Delta f t] \quad \text{對於符號 1} \\ g_I(t)+jg_Q(t) &= A_c\exp[+j2\pi\Delta f t] \quad \text{對於符號 0} \end{aligned} \tag{9.6}$$

當複數基帶等價有一個表示式，則它跟第八章的基帶線編碼形式不同。

接下來，我們在有加法性白高斯雜訊的情況下，評估 FSK 和 PSK 接收器不同的效能。對 BPSK，可直接用 8.3 節基帶分析。然而，如前面所說，該分析不能推論到 FSK。因此，在本節，我們要用更普遍的方法分析接收器效能，且應用到 PSK 和 FSK。分析 ASK 系統，讀者參考問題 9.4。

FSK 和 PSK 信號同調偵測

令 $s_0(t)$ 和 $s_1(t)$ 為二進位符號 0 和 1 信號。可分辨 FSK 和 PSK 信號，如下：

(a) FSK 信號

$$s_1(t) = A_c \cos(2\pi f_1 t) \quad \text{對於符號 1}$$
$$s_0(t) = A_c \cos(2\pi f_0 t) \quad \text{對於符號 0} \tag{9.7}$$

(b) BPSK 信號

$$s_1(t) = A_c \cos(2\pi f_c t) \quad \text{對於符號 1}$$
$$s_0(t) = A_c \cos(2\pi f_c t + \pi) \quad \text{對於符號 0} \tag{9.8}$$

式(9.7)和(9.8)，令 $0 \le t \le T_b$。我們通常會發現，對於 FSK 信號，頻率 f_1 和 f_0 比位元率 $1/T_b$ 大，而 PSK 信號中，f_c 比 $1/T_b$ 大。則 FSK 和 PSK 信號，同樣信號能量 E_b 以時間間隔 T_b 傳送，如下所示 s

$$E_b = \int_0^{T_b} s_0^2(t)dt = \int_0^{T_b} s_1^2(t)dt$$
$$= \frac{A_c^2 T_b}{2} \tag{9.9}$$

假設載波相位和頻率已知，我們可以使用圖 9.6 內的雙軌相關接收器。接收器使用兩個相關器或匹配濾波器，一個用來傳送信號 $s_0(t)$，另一個則傳送 $s_1(t)$。對 FSK 和 PSK 信號，接收器結構如圖 9.7a 和 b 所示。PSK 信號時，接收器減少為單軌，因為 $s_0(t)$ 為 $s_1(t)$ 的負值。在圖 9.7 中是假設積分器知道位元間隔的開始與結束。

要評估圖 9.7a 中接收器的效能，我們假設加法性前端接收器雜訊 $w(t)$ 為白高斯雜訊，平均為零，且頻譜密度 $N_0/2$。則接收信號定義為

$$H_0 : x(t) = s_0(t) + w(t)$$
$$H_1 : x(t) = s_1(t) + w(t) \tag{9.10}$$

H_0 和 H_1 分別對應符號 0 和 1 的傳輸。

接收器輸出表示為

$$l = \int_0^{T_b} x(t)[s_1(t) - s_0(t)]dt \tag{9.11}$$

輸出 l 是和一個零伏特的選擇準位相比。若 l 大於零，接收器選擇符號 1；否則，選擇符號 0。既然雜訊 $w(t)$ 為高斯程序的取樣函數，它遵守高斯程序的定義，也就是接收器輸出 l 為高斯隨機變數。l 的平均值隨傳送符號 1 或 0 改變。假設我們已知符號 1 被傳送。則可以寫出

$$H_1 : \quad l = \int_0^{T_b} s_1(t)[s_1(t) - s_0(t)]dt + \int_0^{T_b} w(t)[s_1(t) - s_0(t)]dt \tag{9.12}$$

既然雜訊 $w(t)$ 的平均為零，由式(9.12)可知隨機變數 L，其值為 l，具有條件平均

$$\mathbf{E}[L|H_1] = \int_0^{T_b} s_1(t)[s_1(t) - s_0(t)]dt$$
$$= E_b(1-\rho) \tag{9.13}$$

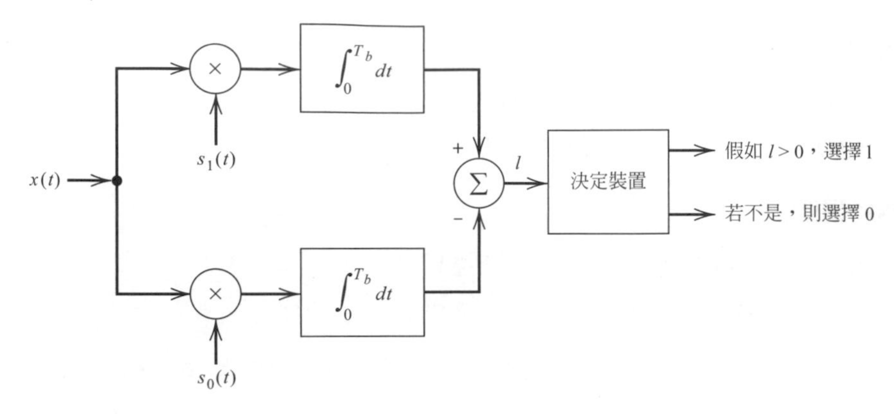

圖 9.6　一般的雙軌相關接收器

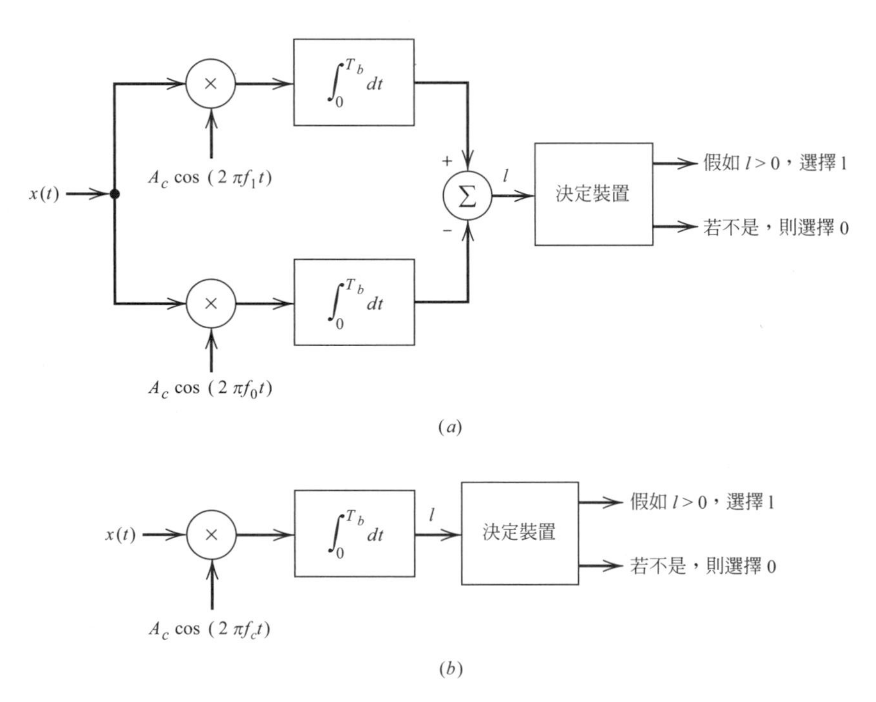

圖 9.7　(a) FSK 訊號同調接收器；(b) PSK 訊號同調接收器

參數 ρ 爲信號 $s_0(t)$ 和 $s_1(t)$ 相關係數，定義爲

$$\begin{aligned}\rho &= \frac{\int_0^{T_b} s_0(t)s_1(t)dt}{\left[\int_0^{T_b} s_0^2(t)dt \int_0^{T_b} s_1^2(t)dt\right]^{1/2}} \\ &= \frac{1}{E_b}\int_0^{T_b} s_0(t)s_1(t)dt\end{aligned} \tag{9.14}$$

其絕對值小於或等於一。類似的，在已知符號 0 被傳送下，L 的條件平均可定義爲

$$\mathbf{E}[L \mid H_0] = -E_b(1-\rho) \tag{9.15}$$

隨機變數 L 有同樣的變化，不論傳送符號 1 或 0，可表示為

$$\begin{aligned}\mathrm{Var}[L] &= \mathbf{E}[\{L-E[L]\}^2] \\ &= \mathbf{E}\left[\int_0^{T_b}\int_0^{T_b} w(t)w(u)[s_1(t)-s_0(t)][s_1(u)-s_0(u)]dtdu\right] \\ &= \int_0^{T_b}\int_0^{T_b}[s_1(t)-s_0(t)][s_1(u)-s_0(u)]R_W(t,u)dtdu\end{aligned} \tag{9.16}$$

其中，$R_W(t,u)=\mathbf{E}[W_tW_u]$ 為 $w(t)$ 的自相關函數。既然 $w(t)$ 為頻譜密度 $N_0/2$ 的白雜訊程序，可得到

$$R_W(t,u)=\frac{N_0}{2}\delta(t-u) \tag{9.17}$$

因此將式(9.17)替換入式(9.16)，且利用 delta 函數的篩選性，我們得到

$$\begin{aligned}\mathrm{Var}[L] &= \frac{N_0}{2}\int_0^{T_b}\int_0^{T_b}[s_1(t)-s_0(t)][s_1(u)-s_0(u)]\delta(t-u)dtdu \\ &= \frac{N_0}{2}\int_0^{T_b}[s_1(t)-s_0(t)]^2dt \\ &= N_0E_b(1-\rho)\end{aligned} \tag{9.18}$$

假設符號 1 和 0 發生機率相同。當傳送符號 0，但接收器的輸出 l 比零伏特大，因此接收器選擇符號 1，這就會產生**第一種錯誤**。當我們傳送符號 1，但接收器的輸出 l 比零伏特小，因此接收器選擇符號 0，這就會產生**第二種錯誤**。從圖 9.6a 接收器的對稱性來看，兩個錯誤產生的機率相等。因此，因為 l 為一個具有平均 $\pm E_b(1-\rho)$ 及變異數 $N_0E_b(1-\rho)$ 的高斯隨機變數，我們發現在圖 9.6 接收器的平均錯誤機率為 Q 函數表示式(如 8.3 節)

$$\begin{aligned}P_e &= P(l>0\mid H_0)=P(l<0\mid H_1) \\ &= Q\left(\sqrt{\frac{E_b(1-\rho)}{N_0}}\right)\end{aligned} \tag{9.19}$$

在同調 PSK 接收器的情況，從式(9.8)知道 $s_0(t)=-s_1(t)$。帶入式(9.14)，我們得到 $\rho=-1$。信號 $s_0(t)$ 和 $s_1(t)$ 其相關係數 $\rho=-1$ 稱作反極信號。因此，$\rho=-1$ 帶入式(9.19)得到 PSK 系統內使用同調偵測的錯誤機率，如下：

$$P_e=Q\left(\sqrt{\frac{2E_b}{N_0}}\right) \tag{9.20}$$

在另一方面，同調 FSK 接收器，其載波頻率 f_0 和 f_1 間隔大到可以令 $s_0(t)$ 和 $s_1(t)$ 為正交信號，可得 $\rho=0$ (見習題 9.8)。因此，$\rho=0$ 帶入式(9.19)，我們發現 FSK 系統同調偵測的錯誤機率為

$$P_e=Q\left(\sqrt{\frac{E_b}{N_0}}\right) \tag{9.21}$$

基於相位解碼的連續相位頻率移動鍵控(CPFSK)信號的同調偵測

在前面提到的 FSK 信號的同調偵測，包含在接收信號內的相位訊息除了提供接收器到傳送器同步外，並沒有完全的探討。我們利用**連續相位頻率鍵移**(CPFSK)信號且妥善運用包含在信號內的相位訊息，可以明顯增進接收器的雜訊能力，代價是接收器的複雜度。

令 CPFSK 信號為

$$s(t) = A_c \cos[2\pi f_c t + \phi(t)] \tag{9.22}$$

其中，相位 $\phi(t)$ 為在時間 t 的連續函數。額定載波頻率 f_c 等於頻率 f_1 和 f_0 的算術平均，其代表符號 1 和 0；也就是，

$$f_c = \frac{1}{2}(f_1 + f_0) \tag{9.23}$$

CPFSK 信號分成二進位符號 1 和 0：

$$s(t) = \begin{cases} A_c \cos[2\pi f_1 t + \phi(0)], & \text{對於符號 } 1 \\ A_c \cos[2\pi f_0 t + \phi(0)], & \text{對於符號 } 0 \end{cases} \tag{9.24}$$

其中，$0 \le t \le T_b$。相位 $\phi(0)$，即 $\phi(t)$ 在 $t = 0$ 的值，跟調變過程的過去歷史有關。比較式(9.22)和(9.24)，且使用(9.23)，我們發現在 $0 \le t \le T_b$ 區間，相位 $\phi(t)$ 為時間的線性函數，如下

$$\phi(t) = \phi(0) \pm \frac{\pi h}{T_b} t \tag{9.25}$$

正號代表符號 1 ，負號代表符號 0。h 參數定義為

$$h = T_b(f_1 - f_0) \tag{9.26}$$

我們稱 h 為頻率鍵移信號的**飄移比率**，其值相對於位元率 $1/T_b$。

當相位 $\phi(t)$ 為時間的連續函數，CPFSK 信號 $s(t)$ 也為連續，包含位元間切換的時刻。由隨機二進位序列產生的 CPFSK 信號頻譜密度，會隨著頻率功率的(至少)指數四次方反比衰減，頻率從遠離信號帶中央開始。另一方面，在一不連續相位 FSK 信號中，頻譜密度最終隨頻率平方反比衰減。**因此，CPFSK 信號不會像不連續相位 FSK 信號在信號帶以外產生干涉**。這在有限頻寬操作時是有用的特性。

從式(9.25)，我們發現在 $t = T_b$ 時

$$\phi(T_b) - \phi(0) = \begin{cases} \pi h, & \text{對於符號 } 1 \\ -\pi h, & \text{對於符號 } 0 \end{cases} \tag{9.27}$$

也就是，符號 1 的傳輸增加了 CPFSK 信號 $s(t)$ 的相位有 πh 弳度，同時符號 0 的傳輸減少同樣的量。$\phi(t)$ 的可能值見圖 9.8。因此，CPFSK 信號的相位位移為 πh 的單倍數或雙倍數，分別在 T_b 的單倍數或雙倍數情況下。既然所有相位位移為除以 2π 取餘數的運算，$h = 1/2$ 特別有趣，因為相位在 T_b 單倍數的情況下僅有 $\pm\pi/2$ 值，而在 T_b 雙倍數下只有 0 和 π。此描述在圖 9.9 內，示有 t 等於 $-T_b, 0, T_b, 2T_b$。此特例 $h = 1/2$ 稱做**最小鍵移**(MSK)[2]。從左到右穿過格狀結構的每條路徑對應一特定二進位序列輸入。例如，圖 9.9 的粗體線對應二進位序列 011，其中 $\phi(-T_b) - \phi(0) = \pi / 2$。

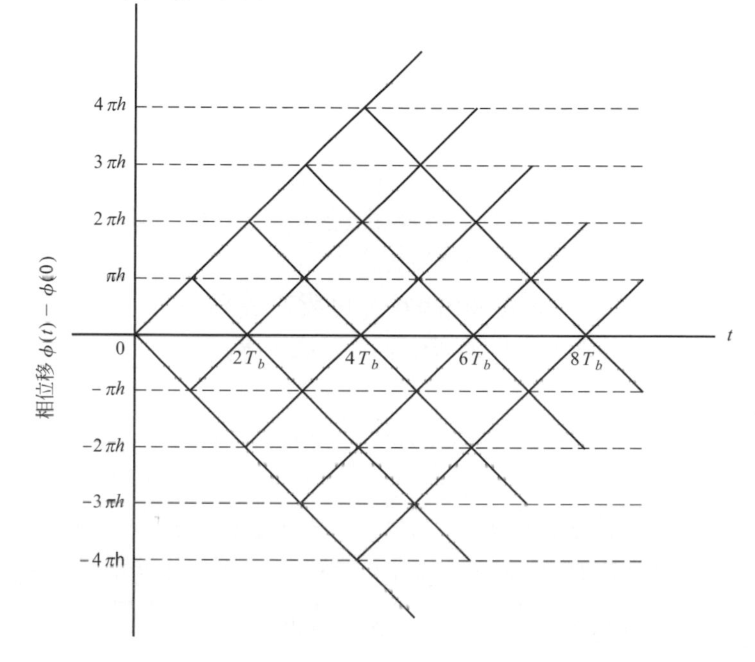

圖 9.8
相位移 $\phi(t) - \phi(0)$ 可能的值

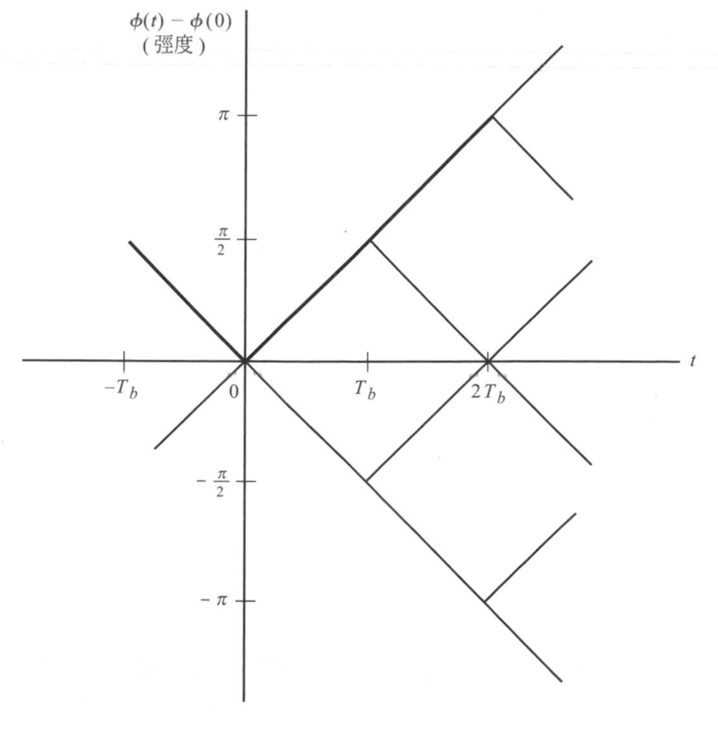

圖 9.9
在特別情況下當 h=1/2 所產生可能的相位移 $\phi(t) - \phi(0)$

利用式(9.22)，MSK 信號$s(t)$可表為其同相和正交分量項次：

$$s(t) = A_c \cos[\phi(t)]\cos(2\pi f_c t) - A_c \sin[\phi(t)]\sin(2\pi f_c t) \tag{9.28}$$

首先考慮同相分量$A_c \cos[\phi(t)]$。飄移率$h = 1/2$，從式(9.25)可得

$$\phi(t) = \phi(0) \pm \frac{\pi}{2T_b} t, \quad 0 \le t \le T_b \tag{9.29}$$

其中，正號定義為符號 1，負號定義為符號 0。對$\phi(t)$來說，類似結果存在$-T_b \le t \le 0$區間，其算數符號不必相同。既然相位$\phi(0)$為 0 或π，依據調變過程的過去歷史，我們發現，在$-T_b \le t \le T_b$區間，$\cos[\phi(t)]$的極性僅跟$\phi(0)$有關，跟$t = 0$前後傳輸的 1 和 0 序列無關。因此，同相分量包含半餘弦脈波，定義為：

$$A_c \cos[\phi(t)] = \pm A_c \cos\left(\frac{\pi}{2T_b} t\right), \quad -T_b \le t \le T_b \tag{9.30}$$

其中，正號定義為$\phi(0) = 0$，負號定義為$\phi(0) = \pi$。同樣，在$0 \le t \le 2T_b$，正交分量$A_c \sin[\phi(t)]$由半正弦脈波組成，其極性僅跟$\phi(T_b)$有關，如下：

$$A_c \sin[\phi(t)] = \pm A_c \sin\left(\frac{\pi}{2T_b} t\right), \quad 0 \le t \le 2T_b \tag{9.31}$$

其中，正號定義為$\phi(T_b) = \pi/2$，負號定義為$\phi(T_b) = -\pi/2$。圖 9.10 描述的是，對於輸入二進位序列 011010 的$s(t)$的同相和正交分量波形，其假設$\phi(-T_b) = \pi/2$。注意兩個分量具有位元率，其等於二進位序列的一半。

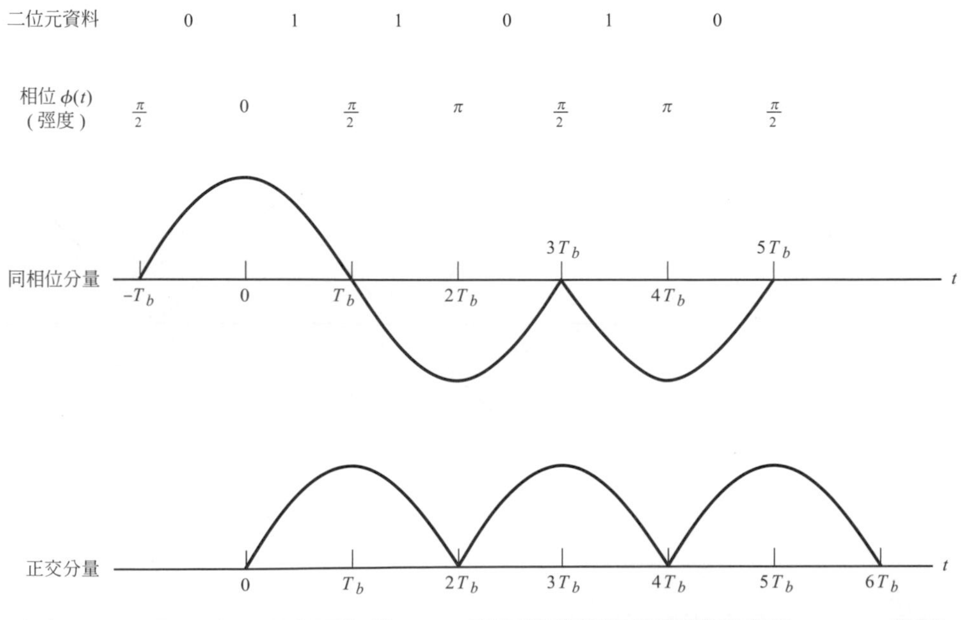

圖 9.10　圖中波形所表現為當 h=1/2 時同相位與隔絕區域組成的 CPFSK 訊號

我們假設接收器輸入端的加法性雜訊 $w(t)$ 爲白高斯，平均爲零，頻譜密度 $N_0/2$。則接收的 MSK 信號 $x(t)$ 可表爲：

$$x(t) = \pm A_c \cos\left(\frac{\pi}{2T_b}t\right)\cos(2\pi f_c t) \pm A_c \sin\left(\frac{\pi}{2T_b}t\right)\sin(2\pi f_c t) + w(t) \tag{9.32}$$

在式(9.32)右邊，若 $\phi(0)=0$，第一個算數符號爲正，若 $\phi(0)=\pi$，則爲負。若 $\phi(T_b)=-\pi/2$，第二個算數符號爲正，若 $\phi(T_b)=\pi/2$，則爲負。對相位 $\phi(0)$ 和 $\phi(T_b)$ 的最佳化偵測，我們使用一對匹配濾波器或相關器，如圖 9.11。在同相通道的相關器將 $x(t)$ 與同調參考信號 $\cos(\pi t/2T_b)\cos(2\pi f_c t)$ 在 $-T_b \le t \le T_b$ 比較，得到輸出

$$l_1 = \int_{-T_b}^{T_b} x(t)\cos\left(\frac{\pi}{2T_b}t\right)\cos(2\pi f_c t)dt \tag{9.33}$$

若 $l_1 > 0$，接收器選擇：$\phi(0)=0$；否則它選擇 $\phi(0)=\pi$。在正交通道的相關器將 $x(t)$ 與同調參考信號在 $\sin(\pi t/2T_b)\sin(2\pi f_c t)$ 在 $0 \le t \le 2T_b$ 比較，得到輸出

$$l_2 = \int_{0}^{2T_b} x(t)\sin\left(\frac{\pi}{2T_b}t\right)\sin(2\pi f_c t)dt \tag{9.34}$$

若 $l_2 > 0$，接收器選擇 $\phi(T_b)=-\pi/2$；否則它選擇 $\phi(T_b)=\pi/2$。原始二進位序列可經由適當交錯在同相和正交相關器輸出的相位判定來重建。

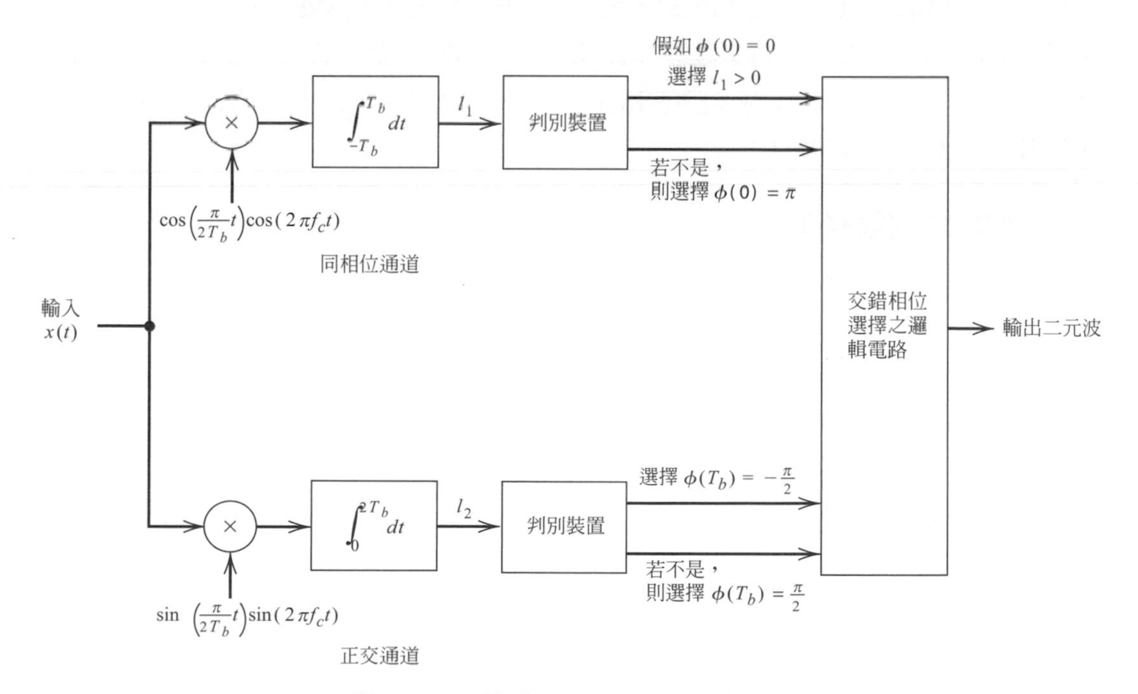

圖 9.11　偵測 MSK 的一致性接受器

從式(9.32)，我們注意到$\phi(0)=0$和$\phi(0)=\pi$由一對反極信號表示，其信號能量等於$A_c^2T_b/2$(時間長度$2T_b$)，跟每位元輸入MSK信號的能量E_b(時間長度T_b)相同。我們假設$\phi(0)$的兩個值出現機率相等。然後，$\rho=-1$帶入式(9.19)，我們發現在同相相關器輸出的錯誤機率爲

$$P_{e1}=Q\left(\sqrt{\frac{2E_b}{N_0}}\right) \tag{9.35}$$

類似地，假設$\phi(T_b)=-\pi/2$和$\phi(T_b)=\pi/2$發生機率相同，在正交相關器輸出的錯誤機率P_{e2}跟P_{e1}相同

隨機變數L_1和L_2，其值表爲l_1和l_2，爲非相關。它們均爲高斯函數，因爲由高斯雜訊過程$w(t)$的線性濾波操作而來。因此，它們爲統計上獨立。這代表兩相關器輸出的錯誤同樣爲獨立。

因此，比較式(9.20)和(9.35)，我們發現MSK系統的平均錯誤機率跟同調PSK系統一樣。注意MSK信號比傳統FSK信號占用較少頻寬。特別地，假設所有基帶信號脈波相同，且不同時間傳送的符號在統計上獨立且平均分布，我們發現對於方波信號，MSK信號的平均功率有百分之九十九包含在$1.17/T_b$的頻寬內。結果是，MSK是其他FSK信號傳送數據速度的兩倍。

圖9.11的接收器假設同調參考信號$\cos(\pi t/2T_b)\cos(2\pi f_c t)$和$\sin(\pi t/2T_b)\sin(2\pi f_c t)$的可行。參考信號對可從接收信號以多種方式回復，然而，若調變方式成功運用，我們必須提供有效且正確的方法，以建立接收器的參考信號，而其本質獨立於調變。除了180度相位模糊，這要求可以用**載波回復電路**達成，其組成爲平方器，一對鎖相迴路，一對除頻器，一個加法器和減法器。

FSK 信號非同調偵測

當需要接收器簡單化時，我們完全不考慮接收信號的相位訊息且使用非同調偵測。簡化可以達到，然而，卻會犧牲系統的雜訊效能。FSK信號的非同調偵測，接收器由一對匹配濾波器跟隨著包封偵測器組成，如圖9.12。包封每T_b秒取樣一次。令l_0和l_1代表接收器上下路徑的包封取樣。若$l_1>l_0$，接收器選擇符號1。否則，選擇符號0。

FSK非同調偵測錯誤率的計算包含Rayleigh和Rician分布函數[3]；這些分布各自與l_0和l_1隨機變數有關。計算請見問題9.23，但我們引用非同調二進位FSK的平均錯誤機率。

$$P_e=\frac{1}{2}\exp\left(-\frac{E_b}{2N_0}\right) \tag{9.36}$$

式(9.36)和非同調FSK對應一個特別的非同調正交調變。

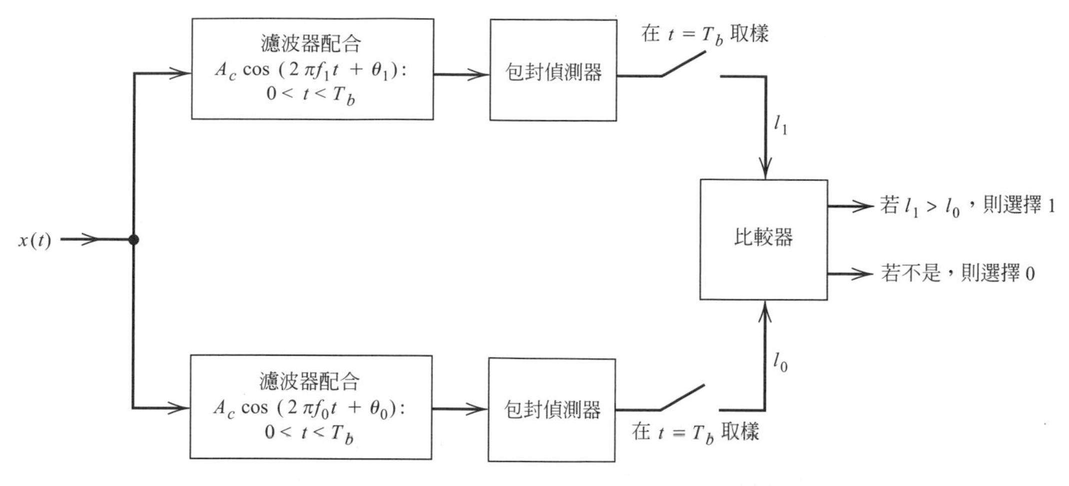

圖 9.12　偵測 FSK 訊號的非一致性接受器

微分相位移動鍵控(DPSK) [4]

在圖 9.4c 的同調 PSK 接收器，我們假設接收器完美同步於頻率且知道傳送載波相位。雖然可以對正確相位的某些 θ 強度建立相位參考，然而實際上，我們常發現接收器並不切確知道載波相位。假設 θ 兩位元間隔始終保持常數，我們也許可以用**微分編碼**解決相位模糊。如同在 7.9 節，在微分編碼，我們將二進位波的數位訊息編碼成信號轉變。例如，我們可以使用符號 0 表示已知二進位序列的轉變(將較於前一位元)，符號 1 代表沒有轉變。結合微分編碼和相位鍵移的方法被稱作**微分相位鍵移**(DPSK)。因此，利用 DPSK，數位資訊被編碼，但不是由具有符號 1 零載波相位和具有符號 0 的 180 度相位完成，而是由已知二進位數據流之接連脈波的相位變化完成。例如，符號 1 代表二進位序列中，相較前一脈波沒有相位變化，符號 0 代表相位變化 180 度，如圖 9.13。我們任意選擇零相位以代表參考位元。

圖 9.13　圖中顯示二位元序列與其微分編碼器和 DPSK 版本之間的關係

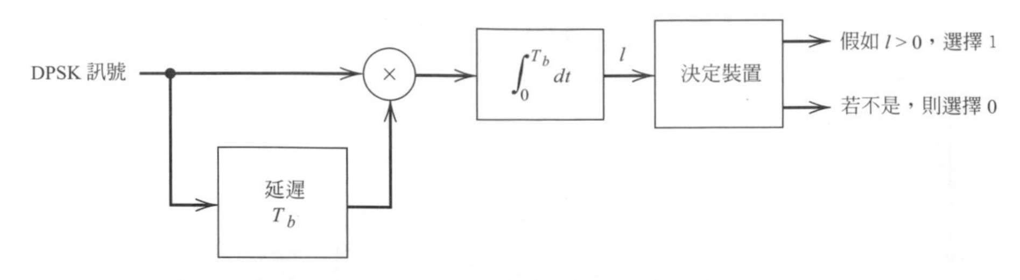

圖 9.14　用來偵測 DPSK 訊號的接受器

對 DPSK 信號的微分同調偵測，我們使用圖 9.14 的接收器。在任何特定時刻，接收到的 DPSK 信號當作乘法器的輸入，且一延遲 T_b 的信號被當作另一輸入端。積分器輸出正比於 $\cos\phi$ ，ϕ 爲接收 DPSK 信號載波相位角度和其延遲版本的差値，量測位元間隔相等。因此，當 $\phi = 0$ (對應符號 1)，積分器輸出爲正，另一方面，當 $\phi = \pi$ (對應符號 0)，積分器輸出爲負。因此，藉由比較積分器輸出，其判定水平爲零伏特，圖 9.14 的接收器可以重建二進位序列，在沒有雜訊下，就跟原始二進位數據輸入一樣。

DPSK 系統和同調 PSK 系統的主要差別不在微分編碼，而是在參考信號是從接收信號的相位偵測而來。特別是在 DPSK 接收器，參考信號會如同訊息脈波被加法性雜訊干擾，導致兩者都有同樣的信號-雜訊比。這使得用微分編碼 PSK 信號的微分同調偵測決定全部錯誤機率變得困難。因此，在這裡並不使用。然而其結果爲

$$P_e = \frac{1}{2}\exp\left(-\frac{E_b}{N_0}\right) \tag{9.37}$$

注意，因在 DPSK 接收器中，判定是基於在兩連續位元間隔的信號接收，因此會產生成對位元錯誤。

9.4　*M* 進制傳輸系統

在前面章節的二進位數據傳輸系統，每位元間隔 T_b ，我們僅傳送可能信號 $s_0(t)$ 或 $s_1(t)$ 其中之一。另一方面，在 M 進制數據傳輸系統，在每個信號間隔 T，我們將 M 個可能信號 $s_0(t), s_1(t), s_2(t), \ldots, s_{M-1}(t)$ 送出其中一。對大多數應用來說，可能信號 $M = 2^n$ ，其中 n 爲整數，信號間隔爲 $T = nT_b$ 。二進位數據傳輸系統爲 M 進制數據傳輸系統的特例。每一 M 信號 $s_0(t), s_1(t), s_2(t), \ldots, s_M(t)$ 被稱作系統的一個**符號**。符號傳輸通過通訊通道的速率以 baud 爲單位。

如前所見，二進位 PSK 和 ASK 在複數基帶代表簡單二階線編碼。我們可以將複數基帶表成信號點，圖 9.15a 代表二進位 ASK，圖 9.15b 代表二進位 PSK。在複數基帶，M 進制 ASK 對應 M 進制 PAM，見圖 9.15c。

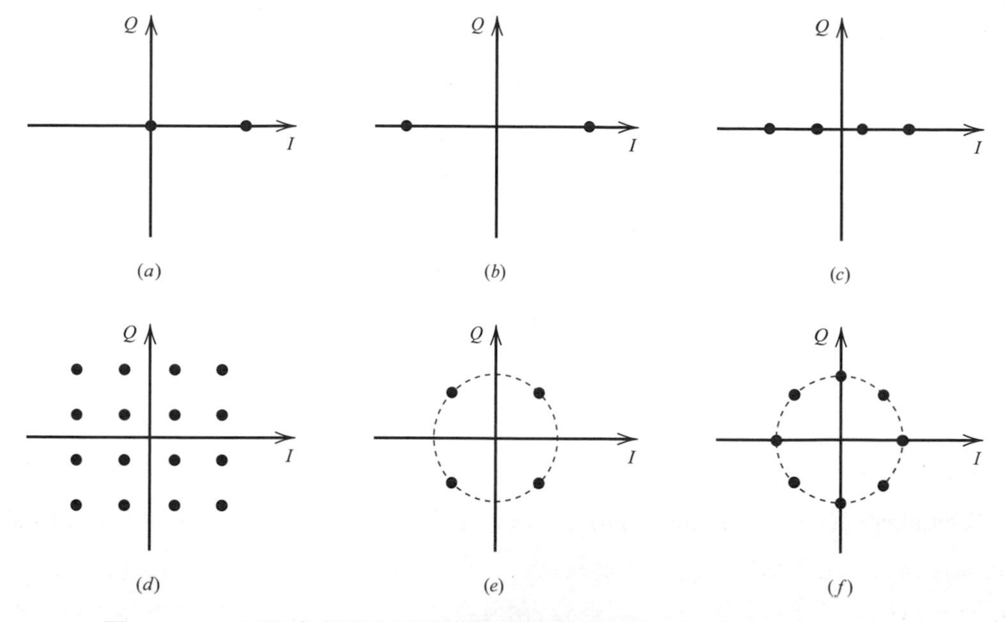

圖 9.15 在訊號空間內不同帶通調變的表示：

(a) 二位元 ASK；(b) 二位元 PSK；(c) M-ASK ($M = 4$)；
(d) M-QAM ($M = 16$)；(e) 4-QAM 和 QPSK；(f) M-PSK ($M = 8$)

考慮對同相和正交分量 $g_I(t)$ 和 $g_Q(t)$ 使用獨立 M 進制 PAM 序列的調變方式。其可用圖 9.15d 的二維信號空間圖來代表。這種帶通調變稱做正交振幅調變(QAM)。類比信號的正交調變在 3.3 節有討論。圖 9.15d 為 16 進制 QAM(16-QAM)的範例。因此對這種調變方式，有 $M = 16$ 的不同信號 $s_i(t)$ ，每一個都代表圖上每個點，且每個信號代表四位元。

若考慮圖 9.15e 的 4-QAM，可觀察到所有點相較原點都有同樣振幅。固定振幅代表僅有載波相位改變，因此此圖可視為正交相位鍵移或 QPSK。從圖 9.15e 可經小處理過程即變成圖 9.15f。明顯地，M 進制 PSK，就像 FSK 並沒有簡單的線編碼表示式。

數位信號以幾何空間上的點來表示稱做信號空間表示式。類似使用一個向量來代表傳統電路分析的正弦曲線。定義調變技術的點集合稱做該種調變的星座圖。

FSK 也有 M 進制形式，但不能一樣作簡單幾何表示。M-FSK 具有 M 個可能信號 $s_i(t) = A_c\cos(2\pi f_i t)$ ，每個信號對應不同頻率 f_i 。通常頻率間距為符號率的倍數。

$$\begin{aligned}\Delta f &= f_{i+1} - f_i \\ &= \frac{n}{T_b}\end{aligned} \tag{9.38}$$

這種選擇具有偵測上的優勢。

Vladimir Kotelnikov (1908-2005)

（圖片來源：維基百科）

Kotelnikov，俄國人，是訊號和偵測理論的先鋒。在 1933 年，他獨立於其他人(例如，Whittaker、Nyquist、和 Shannon)發現取樣理論。他是第一個寫出關於信號傳輸理論正確描述的人。他是調變和通訊信號理論的先鋒，他的工作是信號幾何描述和信號空間使用的基礎，其用來發展雷達和通訊的偵測器結構。在他的雜訊抗擾性最佳化理論中有所啟發。Kotelnikov 在電波天文學同樣具有領導地位。在 1961 年，他監督第一個用雷達探索火星的計畫。

四階相移鍵控(QPSK)

在一四階相位鍵移系統，四個可能信號之一在每個信號間隔 T 被送出，每個信號唯一對應到位元對。例如，四個可能位元對 10、00、01、11 可表示成如下：

$$
\begin{aligned}
s_0(t) &= \sqrt{2}A_c \cos\left(2\pi f_c t + \frac{\pi}{4}\right), \quad \text{對於位元對 11} \\
s_1(t) &= \sqrt{2}A_c \cos\left(2\pi f_c t + \frac{3\pi}{4}\right), \quad \text{對於位元對 01} \\
s_2(t) &= \sqrt{2}A_c \cos\left(2\pi f_c t + \frac{5\pi}{4}\right), \quad \text{對於位元對 00} \\
s_3(t) &= \sqrt{2}A_c \cos\left(2\pi f_c t + \frac{7\pi}{4}\right), \quad \text{對於位元對 10}
\end{aligned}
\tag{9.39}
$$

其中，$0 \le t \le T$ 。也就是，載波爲以四種可能相位其中之一傳送，其值$\pm\pi/4$ 及$\pm 3\pi/4$，每個相位對應唯一位元對，如圖 9.16。

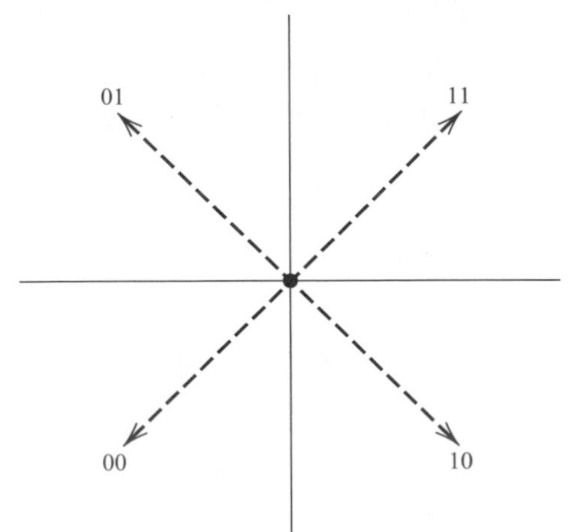

圖 9.16

圖中表示四個可能相位的數值，而每一相位對應於一個獨特的位元

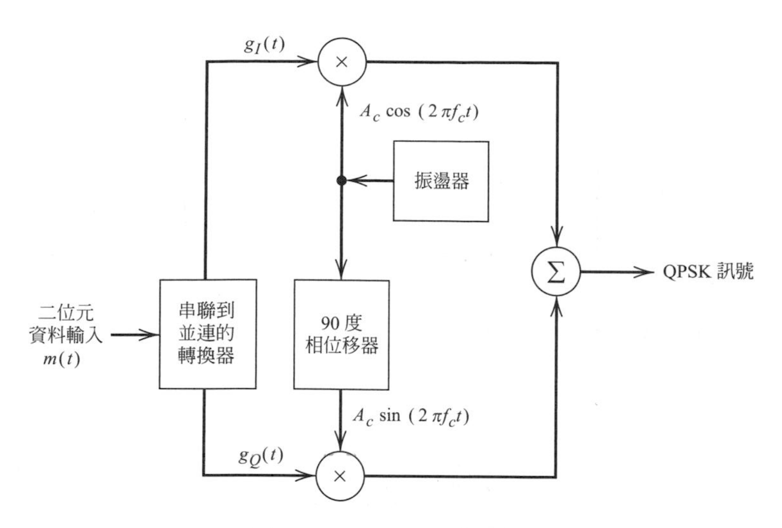

圖 9.17 QPSK 發報器

圖 9.17 為 QPSK 傳送器方塊圖，由**串聯/並聯轉換器**，一對**乘法調變器**，一個振盪器和相位調整器(產生相位正交之兩載波)，和一個**加法器**組成。串聯/並聯轉換器的功能是將輸入二進位數據流 $m(t)$ 每個連續位元對轉成並聯形式。標準信號波形見圖 9.18。QPSK 系統的信號間隔 T 為輸入端二進位數據流 $m(t)$ 位元時間 T_b 的兩倍。也就是，對已知位元率 $1/T_b$，QPSK 系統需要對應二進位 PSK 系統一半的傳輸頻寬。同樣，對一已知傳輸頻寬，QPSK 系統比二進位 PSK 系統攜帶兩倍的位元資訊。QPSK 接收器由兩二進位偵測器或相關器平行連接在一起，如圖 9.19。一相關器計算載波相位餘弦，另一相關器載波相位的正弦。藉由計算兩相關器的輸出，可以得到傳輸相位角唯一解析。因此，QPSK 系統可視為兩二進位 PSK 系統並聯操作，其兩載波的相位正交。在第三章有**正交多工**的例子。

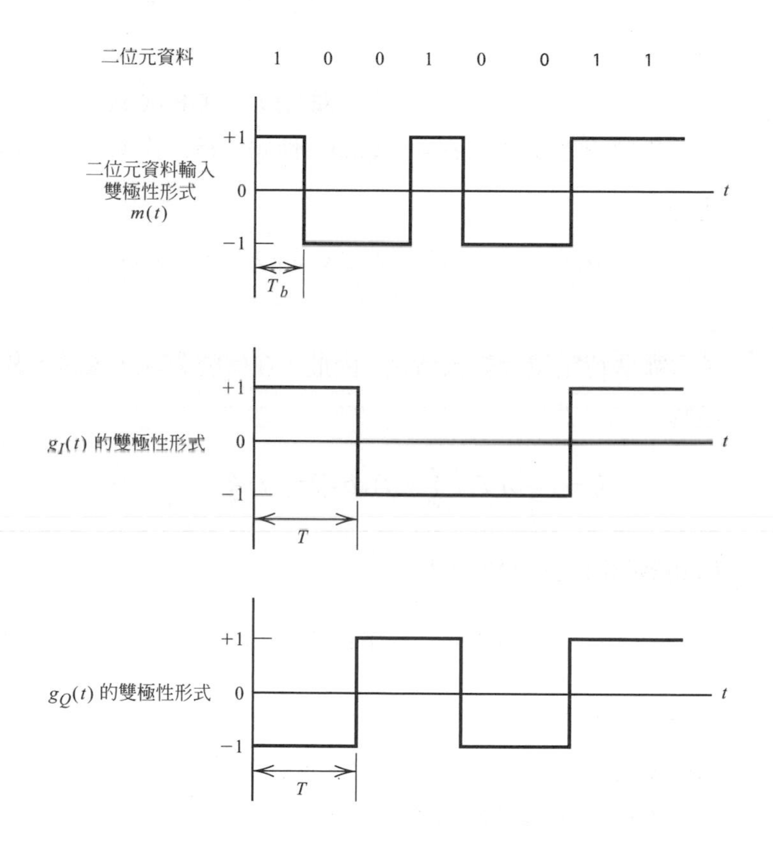

圖 9.18 圖中表示串聯到並聯轉換的過程

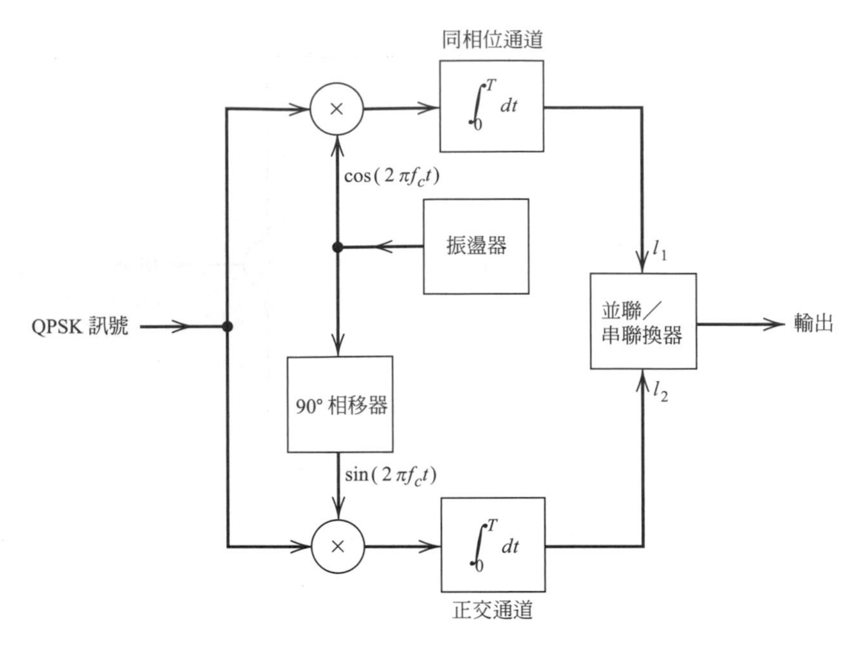

圖 9.19　QPSK 接受器

我們假設在接收器輸入端加法性雜訊爲白高斯，平均零，頻譜密度 $N_0/2$。接收信號可表爲

$$x(t) = \pm A_c \cos(2\pi f_c t) \pm A_c \sin(2\pi f_c t) + w(t), \quad 0 \le t \le T \tag{9.40}$$

端看哪個特定位元對被傳送。因此，在信號間隔 T 末端，我們發現相關器輸出在同相通道爲

$$l_1 = \pm\frac{1}{2}A_c T + \int_0^T w(t)\cos(2\pi f_c t)dt \tag{9.41}$$

相關器輸出在正交通道爲

$$l_2 = \pm\frac{1}{2}A_c T + \int_0^T w(t)\sin(2\pi f_c t)dt \tag{9.42}$$

隨機變數 L_1 和 L_2，其值爲 l_1 和 l_2，爲非相關。且均爲高斯，因爲都是從線性濾波器操作的高斯過程 $w(t)$ 產生。因此，在統計上獨立。

L_1 的平均表爲期望值

$$\mathbf{E}[L_1] = \pm\frac{A_c T}{2}, \tag{9.43}$$

取決於圖 9.14 傳送器上部乘法調變器的輸入端，我們有二進位符號 1 或 0。L_1 變異數爲

$$\begin{aligned}\mathrm{Var}[L_1] &= \mathbf{E}\left[\left(\int_0^T w(t)\cos(2\pi f_c t)dt\right)^2\right] \\ &= \mathbf{E}\left[\int_0^T\int_0^T w(t)w(u)\cos(2\pi f_c t)\cos(2\pi f_c u)dtdu\right] \\ &= \int_0^T\int_0^T \frac{N_0}{2}\delta(t-u)\cos(2\pi f_c t)\cos(2\pi f_c u)dtdu \\ &= \frac{N_0}{2}\int_0^T \cos^2(2\pi f_c t)dt \\ &= \frac{N_0 T}{4}\end{aligned} \tag{9.44}$$

類似地，對 L_2

$$\mathbf{E}[L_2] = \pm\frac{A_c T}{2} \tag{9.45}$$

$$\mathrm{Var}[L_2] = \frac{N_0 T}{4} \tag{9.46}$$

令 P_{e1} 代表圖 9.19 中第 i 相關器輸出的錯誤機率，$i=1$ 對應上部相關器和 $i=2$ 對應下部。發現

$$P_{e1} = P_{e2} = Q\left(\sqrt{\frac{A_c^2 T}{N_0}}\right) \tag{9.47}$$

運用類似 8.3 節的分析。

從式(9.39)，每符號信號能量

$$E = A_c^2 T \tag{9.48}$$

因此可重寫式(7.124)為

$$P_{e1} = P_{e2} = Q\left(\sqrt{\frac{E}{N_0}}\right) \tag{9.49}$$

在 QPSK 系統，每符號有二位元。因此，每符號信號能量是每位元信號能量的兩倍，也就是

$$E = 2E_b \tag{9.50}$$

因此，位元錯誤平均機率以 E_b / N_0 表示，得

$$P_e = Q\left(\sqrt{\frac{2E_b}{N_0}}\right) \tag{9.51}$$

為適當操作圖 9.19 接收器，我們需要一個有效的載波回復電路，其可以追蹤載波相位，而不用擔心數據信號相位會調變載波。符合需求(除了相位模糊)的載波回復電路為**四相位 Costas 迴路**，其為第二章有討論的傳統 Costas 迴路的延伸。我們可以用**四次方迴路**，可將接收信號提升四次方，接著用鎖相迴路追蹤載波產生的第四諧頻。

9.5 各種 PSK 及 FSK 系統之雜訊效能比較

綜觀本章，我們利用位元錯誤機率當作衡量數位通訊系統雜訊效能的指標。然而，即使兩系統產出相同符號錯誤機率，在使用者眼裡，效能卻可能相當不一樣。特別是，每符號位元越多，位元錯誤聚集越多。例如，若符號錯誤機率為10^{-3}，預期發生在任意兩錯誤符號的符號值為 1000。若每個符號代表一位元(如在二進位 PSK 或二進位 FSK 系統)，分離兩錯誤位元位元期望值為 1000。另一方面，若每符號 2 位元(如同 QPSK 系統)，預期為 2000 位元。當然，符號錯誤通常會產生更多位元錯誤。儘管，群聚效應在符號錯誤率相同的情況下，使一個系統比另外一個更具吸引力。在最後的分析中，哪個系統較適合則必須依據特定情況決定。

兩系統具有不相等符號數量，只有用相同能量傳送每個資訊位元時，比較才有意義。傳送全部訊息的所需的能量才是傳輸的成本，而不是傳送特定符號所需能量來決定。因此，比較以上不同的數據傳輸系統時，我們的比較基礎會使用位元錯誤機率，其表示為信號能量每位元/均值雜訊功率的每單位頻寬比率：也就是，E_b / N_0。

表 9.1　對於不同資料傳輸系統的位元誤差可能性 P_e 的形式摘要

	P_e
同調 PSK	$Q\left(\sqrt{\frac{2E_b}{N_0}}\right)$
同調 FSK(具 1-位元解碼)	$Q\left(\sqrt{\frac{E_b}{N_0}}\right)$
MSK	$Q\left(\sqrt{\frac{2E_b}{N_0}}\right)$
QPSK	$Q\left(\sqrt{\frac{2E_b}{N_0}}\right)$
非同調 FSK	$\frac{1}{2}\exp\left(-\frac{E_b}{2N_0}\right)$
DPSK	$\frac{1}{2}\exp\left(-\frac{E_b}{N_0}\right)$

在表 9.1，我們歸納了同調 PSK、傳統同調 FSK(具有 1-位元解碼)、同調 MSK、非同調 FSK、DPSK、和 QPSK 等六者的位元錯誤機率 P_e。在圖 9.20 我們將 P_e 表為 E_b / N_0 函數。實際上，錯誤機率為10^{-5}等級。基於圖 9.20 曲線，可做出以下陳述：

1. 系統錯誤率隨 E_b / N_0 增加而減少。
2. 對任意 E_b / N_0 值，同調 BPSK、QPSK、和 MSK 產生較少錯誤率。
3. 同調 PSK 和 DPSK 需要的 E_b / N_0 值，在同樣錯誤率條件下，要比同調 FSK 和非同調 FSK 小 3 dB。
4. E_b / N_0 值大時，DPSK 和非同調 FSK 各自的表現幾乎和同調 PSK 及傳統同調 FSK 一樣(小於 1 dB)，就同樣位元率和每位元信號能量。
5. QPSK 系統，在固定頻寬比傳統同調 BPSK 系統傳送兩倍位元訊息，錯誤率效能相等。再次我們發現 QPSK 系統比 BPSK 系統更需要複雜的載波回復電路。

從圖 9.20，在 E_b / N_0 值大時，最佳信號方法和最差信號方法中間有 4-dB 的差值。代表在信號-雜訊比率的小幅增進，代價是接收器從非同調 FSK 到同調 PSK 的複雜度增加。然而，在某些應用中，功率卻很重要(如數位衛星通訊)，即使是信號-雜訊比率上有 1-dB 的節省，也值得去努力。

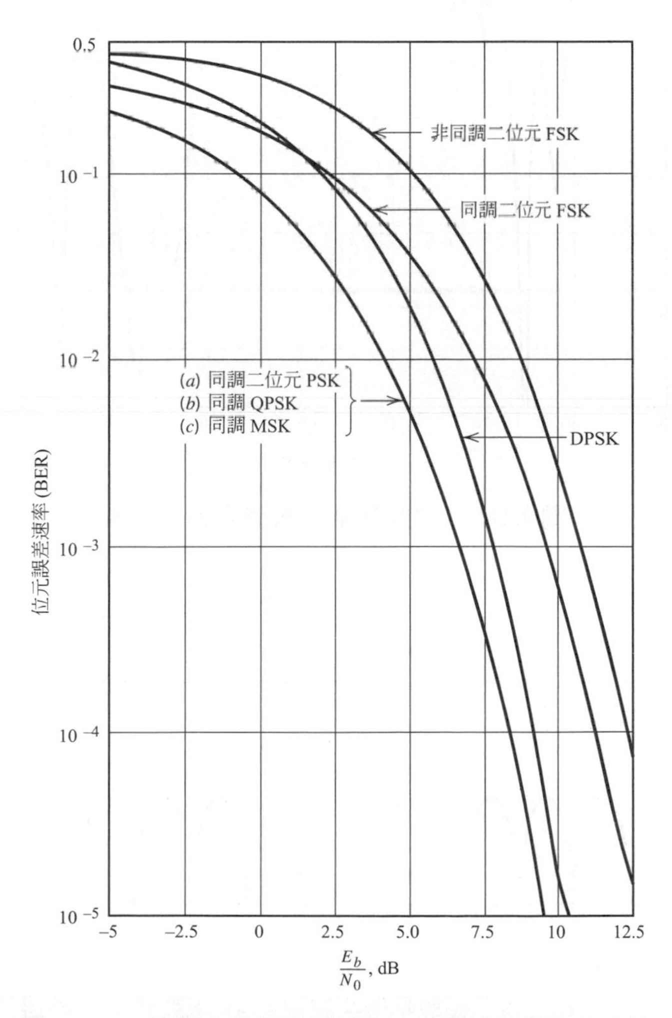

圖 9.20　比較在不同 PSK 與 FSK 系統下雜訊的表現

9.6 主題範例—正交分頻多工(OFDM)

本章開始的假設之一就是帶通通道為線性且信號不失真。的確，本章的分析均是基於這個假設。實際上，假設的正確性跟應用有關，且當信號頻寬增加就越不準確。其中一例子就是提供 WiFi 服務的無線區域網路(WLAN)。

信號通過通道不失真的假設，代表通道振幅響應在頻域是平坦的。圖 9.21 為標準 WLAN 通道的振幅響應。WiFi 網路設計承載高數據率，可達 54 Mb 以上。結果，信號設計占用 20 MHz 的頻寬。超過 20 MHz 頻寬，圖 9.21 內的振幅響應，明顯不是常數。然而，我們可以觀察到在小頻寬時(比如 300 kHz)，振幅響應幾乎是常數。

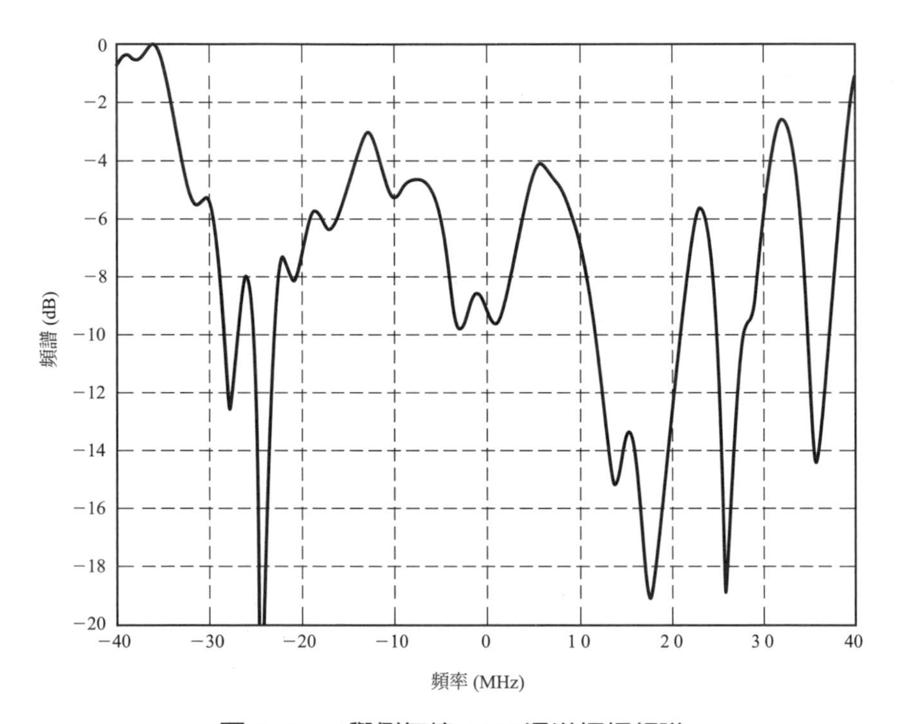

圖 9.21　舉例無線 LAN 通道振幅頻譜

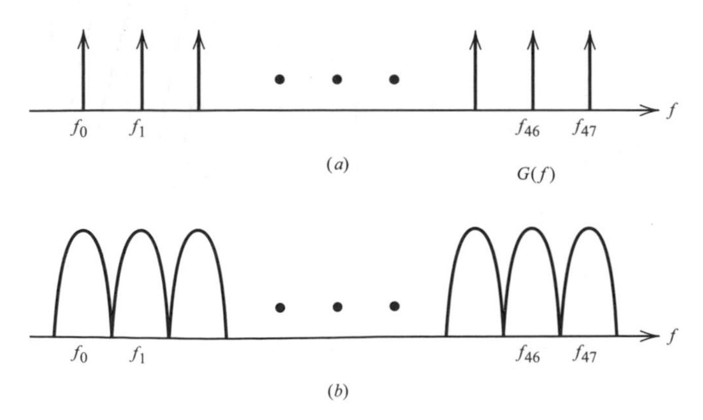

圖 9.22　概念表示複數基帶次載波：(a) 未調變；(b)經過調變

上段最後所述爲一種稱作**多載波調變**的方法。用這種調變技術，可以同步傳送多個載波。圖 9.22a 爲未調變載波，圖 9.22b 爲調變載波。爲了清楚，我們將這些個別載波視爲具有頻率 f_i 的**次載波**，且保留條件載波，用在集合信號的中央頻率，f_c，被調變成帶通訊號上。若調變次載波頻寬爲 300 kHz 或更小，則其行爲將類似在本章的分析。

假設有 48 個次載波。這些次載波的調變頻寬設爲 312.5 kHz。次載波頻率爲 $f_0, f_1, \ldots, f_{47}$，且考慮所有次載波的複數形式

$$\tilde{c}_n(t) = \exp(j2\pi f_n t) \quad n = 0, 2, \ldots, 47 \tag{9.52}$$

一般來說，第 n 個次載波複數包封可寫成

$$\tilde{g}_n(t) = b_{k,n} p(t - kT), \quad (k-1)T \le t < kT \tag{9.53}$$

其中，$p(t)$ 爲方形脈波，T 爲符號周期。複數參數 $b_{k,n}$ 和選擇的群集一致。例如，對每個次載波，調變可以是 BPSK、QPSK、或 M 進制 QAM。若調變爲 16-QAM，則 $b_{k,n}$ 就從這 16 個值的集合中選取

$$\{\pm 1 \pm j, \pm 3 \pm j, \pm 1 \pm 3j, \pm 3 \pm 3j\};$$

在每個符號時間 kT，不同符號被選擇並傳送。

實際上，輸入數據流 $\{d_l\}$ 被解多工成 48 個平行數據流 $\{b_{k,n}\}_{n=1}^{48}$，以輸入數據 1/48 的速率運行。接著數據調變和次載波調變結合成複數包封形式如下：

$$\left.\begin{array}{l} \vdots \\ \tilde{s}_n(t) = b_{k,n} p(t - kT) \exp(j2\pi f_n t) \\ \tilde{s}_{n+1}(t) = b_{k,n+1} p(t - kT) \exp(j2\pi f_{n+1} t) \\ \vdots \end{array}\right\} \text{對 } (k-1)T \le t < kT, n = 0, 1, \ldots, 47 \tag{9.54}$$

式(9.54)每一項均貢獻帶通訊號，總和就是通過無線通道的總信號。複數包封代表一個符號週期 T 內，48 個次載波的總和。

$$\tilde{s}(t) = \sum_{n=0}^{47} \tilde{s}_n(t) \tag{9.55}$$

此過程見圖 9.23。輸入數據流爲 16-QAM 調變，且解多工成 48 個分離數據流。在調變個別次載波後，個別數據流會再次合併。

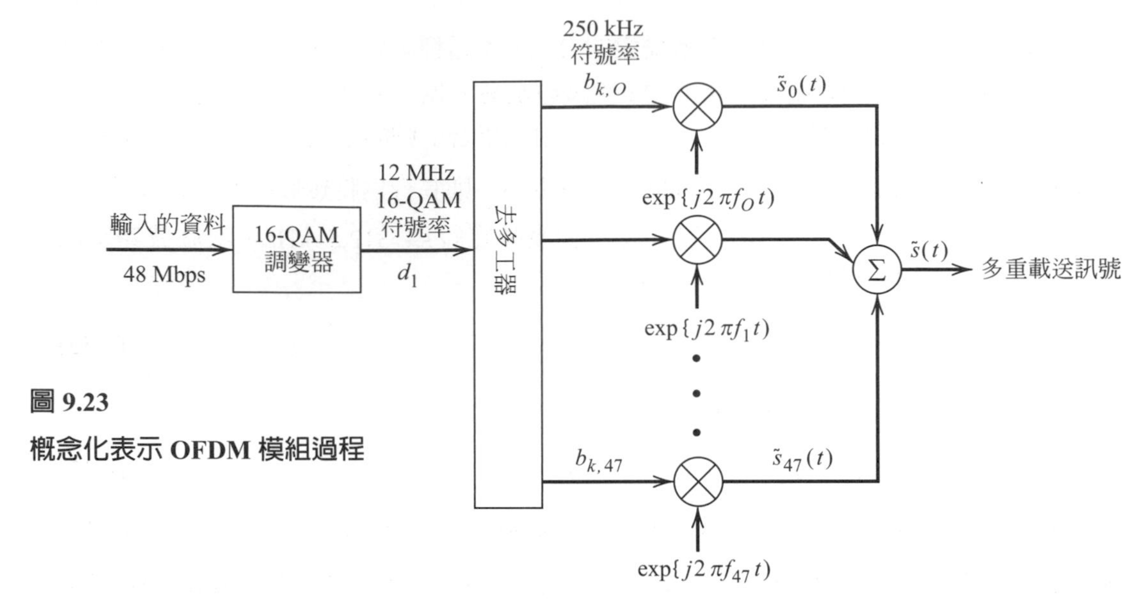

圖 9.23

概念化表示 OFDM 模組過程

總和複數基帶信號接著被轉換成帶通訊號(見圖 9.1a)，數學表示式為

$$s(t) = \text{Re}[\tilde{s}(t)\exp(j2\pi f_c t)] \tag{9.56}$$

其中，$\tilde{s}(t)$ 為複數包封。注意用多載波調變方法，每符號週期 T 傳送的位元數為次載波數乘以每調變符號位元數。例如 16-QAM，每調變符號位元數為 $48 \times 4 = 192$ 位元。

式(9.54)和(9.55)結合，乍看之下是複雜的調變機制。然而，回顧第二章離散傅立葉轉換(DFT)。DFT 將時域取樣集合轉換成頻域。離散傅立葉反轉換(IDFT)則是逆向操作。數學表示為

$$\left.\begin{aligned} \text{DFT}: \quad & b_n = \sum_{m=0}^{M-1} B_m \exp(-j2\pi mn/M) \qquad n = 0,1,\ldots,M-1 \\ \text{IDFT}: \quad & B_m = \frac{1}{M}\sum_{n=0}^{M-1} b_n \exp(j2\pi mn/M) \quad m = 0,1,\ldots,M-1 \end{aligned}\right\} \tag{9.57}$$

序列{ b_n }和{ B_m }分別為頻域和時域的取樣序列。考慮式(9.54)的 IDFT，假設：

1. 脈波 $p(t)$ 為方波

$$p(t) = \begin{cases} 1, & 0 \le t < T \\ 0, & \text{其他處} \end{cases}$$

2. 次載波頻率為

$$f_n = \frac{n}{T}, \quad \text{對於 } n = 0,1,2,\ldots,47$$

3. 每個次載波和輸出每符號間隔取樣 M 次，也就是在 $0 \le t < T$，取樣為

$$t = \frac{m}{M}T, \quad \text{對於 } m = 0,1,2,\ldots,M-1$$

結合三個假設和式(9.54)與(9.55)，對第 k 個符號週期，調變波形的 M 個取樣

$$\tilde{s}\left(\frac{mT}{M}\right)=\sum_{n=0}^{47} b_{k,n}\exp(j2\pi mn/M),\quad m=0,1,...,M-1 \tag{9.58}$$

要證明式(9.57)對稱性，我們應該選擇 $M=48$。然而，只要 M 爲 2 的冪次，DFT 可變成快速傅立葉轉換(FFT)。在眞實系統，次載波數可增加到 64 以提供：(a)前面所提的 48 個數據次載波；(b)額外次載波用來在接收器同步；(c)零載波提供保護頻帶以防止相鄰通道干擾。

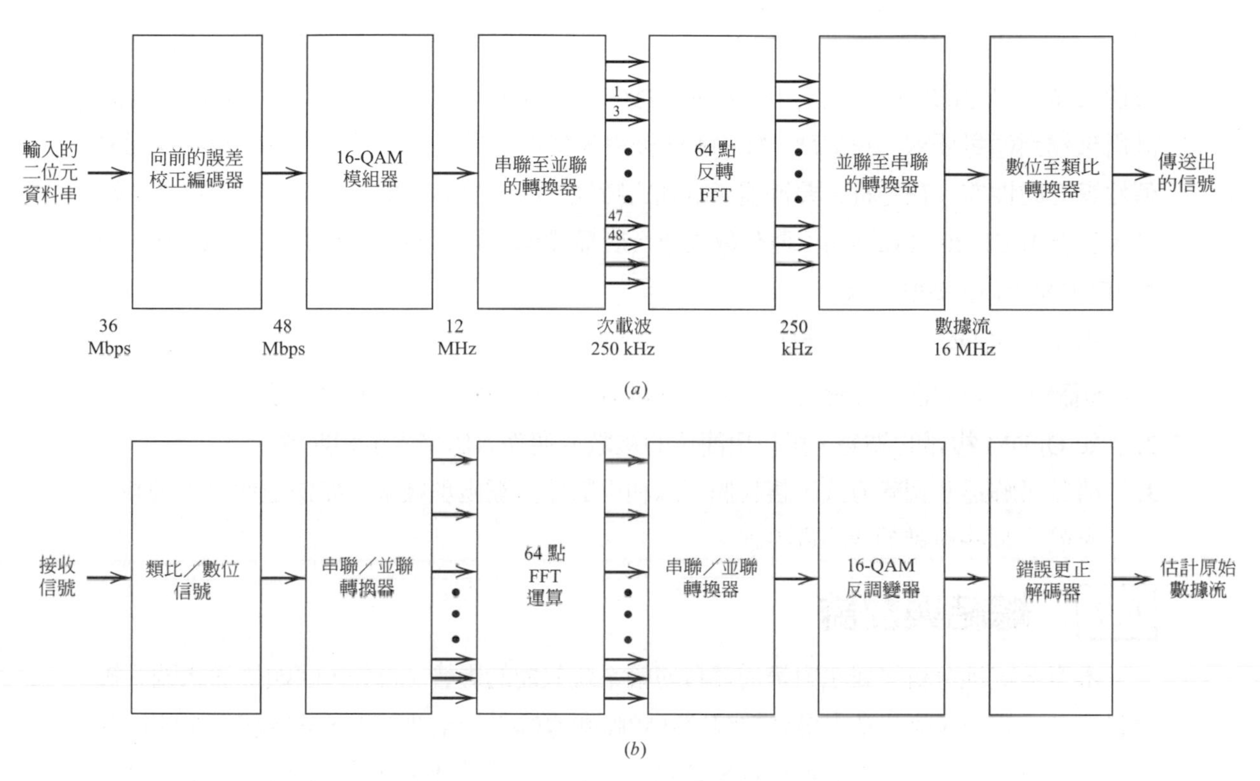

圖 9.24　圖示為：(a) OFDM **傳輸器**；(b) OFDM **接受器**

總結，多載波信號複數包封取樣由次載波 IDFT 得出。標準傳送器應用見圖 9.24a。首先，輸入二進位數據流是正向錯誤更正編碼(第 10 章討論)，接著是 16-QAM 調變。數據流經過串聯/並聯轉換產生 48 個獨立數據流。下一步，獨立數據流用快速傅立葉反轉換(IFFT)合併。IFFT 演算輸出包含通道傳輸時域取樣。除了展現 48 個數據承載次載波，圖 9.24a 還有被接收器使用的額外次載波，目的爲同步、追蹤、和保護頻帶。

IFFT 運算輸出包含每週期 T 對複數包封 64 次的取樣，取樣再被進行並聯/串聯轉換，且最後進行類比/數位轉換，以幫助多載波信號在無線通道傳輸。圖 9.24b 代表的接收器操作，其爲圖 9.24a 傳送器的反向操作。特別是，爲回復輸入端二進位數據流，接收信號經過以下流程：

- 類比數位轉換器。
- 串聯/並聯轉換器。
- 64-point FFT 運算。
- 並聯/串聯轉換器。
- 16-QAM 解調變器。
- 正向錯誤更正解碼器。

本例所描述的調變方法具有分頻多工的層面，見圖 9.20。個別次載波爲正交，此留做讀者的練習題。結合這兩個概念，圖 9.24 的通訊系統可稱作**正交分頻多工**(OFDM)系統。

OFDM 爲多層調變的範例。在第一層，次載波對信號空間產生正交基底。在第二層，每個次載波自己的信號空間爲 16-QAM 調變。多層調變系統是相當常見的。其中一層設計用來達到通量要求。在這裡，16-QAM 被用來提供通量。第二層設計用來利用或補償傳輸媒介的性質。在這裡，要補償無線通道特性。OFDM 調變被應用在許多 WLAN 標準，包含 IEEE 802.11a, g, n；還有數位語音廣播標準。範例的一些參數由 IEEE 802.11a 和 IEEE 802.11g 標準而來。

總結，OFDM 具有以下特性：

1. 頻譜上有效的數位調變方法，如 16-QAM，可用簡單的複數低通等效值來表示。
2. 如 OFDM 複雜的調變，可以用簡單的複數低通等效值來表示和理解。
3. 清楚了解這些調變方式，讓我們可以利用數位信號處理技術，如快速傅立葉運算，來簡化某些複雜調變的實際應用。

9.7 總結與討論

本章系統地分析了雜訊對帶通資料傳輸系統效能的影響。首先，回顧帶通訊號的複數封包表示式。從第八章中得到的關於基頻脈衝傳輸之一重要結果，其內容爲相關性的接收器的概念，或是一個在 AWGVN 通道已知訊號的最佳化偵測的匹配濾波器接收器。這個結果直接延伸到帶通系統，而在此帶通系統有較大的調變方法。特別地，我們闡述對於在 AWGN 通道中一些重要的數位調變技術，上述基本原則如何應用至其位元錯誤率效能分析：

1. 同調調變技術：
   - 同調二元相移鍵入(BPSK)。
   - 同調二元頻移鍵入(BFSK)。
   - 同調最小移動鍵入(MSK)。
   - 同調四分相移鍵入(QPSK)。
2. 非同調二元調變技術：
   - 非同調二進位頻率鍵移。
   - 微分相位鍵移(DPSK)。

上述內容之後，接著簡單討論了同調 M 進制調變技術：M 進制相位鍵移、M 進制正交振幅調變、和 M 進制頻率鍵移。

從這些討論中顯示在本章，我們得到一個結論爲，其爲在一有加法性白高斯雜訊(AWGN)一效能分析帶通數據傳輸系統中其同調和非同調接收器是被理解的。一般來說，我們可以知道說位元錯誤率對信號-雜訊，E_b / N_0 在 AWGN 通道上升時爲指數函數下降。同調技術提供效能的好處在超越一到三個分貝非同調配對，但在增加的複數的犧牲需要一接收器去回復在接收到信號的同步資料。

最後的評論如下：當一帶通傳送系統的詳盡效能分析與一滿足的解法衝突時，例如，當一非理想化效能(如符號間的干涉或是鄰近通道上的干擾)出現，則利用電腦模擬的方法則提供一交錯的接近法到一眞正的硬體上的評估。模擬過程包含系統複數基帶等效模型的公式化，如同在第二章所示。

● 註解及參考文獻 *Notes and References*

[1] 不同數位調變(ASK、FSK、和 PSK)的詳細介紹，見 Arthurs 和 Dym 於 1962 年的著作。或以下參考書目：

Proakis(2001, Chapter 5), Sklar(2001, Chapter 4)

Gibson(1989, Chapter 11)

Viterbi 和 Omura(1979, pp.47-127)

[2] MSK 信號首先由 Doelz 和 Heald(1961)提出。MSK 的簡介和與 QPSK 的比較，見 Pasupathy(1979)。因頻率間隔是傳統 $1/T_b$ (用於二進位 FSK 信號同調偵測)的一半，此信號被稱作快速 FSK。見 deBuda(1972)。

[3] 非同調二進位 FSK 推導得到位元錯誤率的標準方法，見 Whalen(1971)；以及對微分相位鍵移的推導方法見 Arthurs 和 Dym(1962)，其使用 Rician 分布。這種分布的討論請見第五章。

[4] 微分相位鍵移最佳化接收器的討論見 Simon 和 Divsalar(1992)。

❖本章習題 *Problems*

9.1 用一個序列 101101011 去調變一個帶通載波器。畫出以下三個二元 ASK、FSK、和 PSK 調變的波形。

9.2 一帶通載波 $\cos(2\pi f_c t)$ 用一眞值數位訊號 $g(t)$ 的線性混合器作調變。如果訊號 $g(t)$ 有一基帶頻譜 $G(f)$，則調變頻譜的頻譜爲何？當 $g(t)$ 爲雙偶極性 NRZ 線性碼時，畫出其頻譜。

9.3 一對正交的載波 $\cos(2\pi f_c t)$ 和 $\sin(2\pi f_c t)$ 用數位基帶訊號 $g_I(t)$ 和 $g_Q(t)$ 作線性調變之後再結合。

(a) 發展出一套帶通訊號的頻譜表示法當 $G_I(f)$ 和 $G_Q(f)$ 爲相對應的基帶頻譜。

(b) 設 $g_I(t)$ 和 $g_Q(t)$ 爲獨立的雙偶極性 NRZ 線性碼。畫出相對應的帶通頻譜。

(c) 假設 $g_I(t)=-g_Q(t)$。則如何影響帶通頻譜？

(d) 假設 $g_I(t)$ 和 $g_Q(t)$ 對應到獨立的脈衝序列，而每一個脈衝有一滾降因子爲 1.0 的升餘弦脈衝形狀。畫出相對應的帶通頻譜。

9.4 在一個開-關版本 ASK 系統，符號 1 用一振幅爲 $\sqrt{2E_b/T_b}$ 的正弦曲線載波器傳輸來表示，在此 E_b 爲每位元訊號能量，T_b 爲位元存在時間。符號 0 以開關爲關的載波器表示。假設符號 1 和 0 出現的機率相同。對一個 AWGN 通道而言：

(a) 畫出一個對此 ASK 訊號的同調接收器的區塊圖。

(b) 決定出對於此有同調接收器 ASK 系統的誤差平均機率。

(c) 假設符號 1 出現的機率爲 2/3，且符號 0 出現的機率爲 1/3。假如此物件目的爲將所有的誤差機率最小化，則接收器設計爲何？且誤差機率如何變化？

9.5 一個 PSK 訊號應用在一同調器上，且提供此同調器一個在正確載波相位爲 ϕ 弧度的相位參考。試決定誤差相位 ϕ 在接收器誤差平均機率上的的影響。

9.6 同調 PSK 系統的信號部分是定義爲

$$s(t)=A_c k\sin(2\pi f_c t)\pm A_c\sqrt{1-k^2}\cos(2\pi f_c t)$$

而 $0\le t\le T_b$，正號由符號 1 表示，負號由符號 0 表示。第一項表示一載波部分包含接收器到傳送器同步的目的。

(a) 畫出在此方案描述的信號空間圖；在此圖內你觀察到什麼？

(b) 試證明當外加的白色高斯雜訊期望値爲 0 且功率頻譜密度爲 $N_0/2$，則誤差平均機率爲

$$P_e=\frac{1}{2}Q\left(\sqrt{\frac{2E_b}{N_0}(1-k^2)}\right)\quad 其中\quad E_b=\frac{1}{2}A_c^2T_b$$

(c) 假設百分之十的傳送功率傳送載波。求 E_b/N_0，當錯誤機率爲 10^{-4}。

(d) 和傳統計 PSK 信號在相同錯誤機率下 E_b/N_0。

9.7 一個 FSK 系統傳送二元資料以每秒 2.5×10^6 位元率。在傳送期間，信號加入 0 期望值和功率頻譜密度為 10^{-20} W/Hz 的白色高斯雜訊，在沒有雜訊情況下接收正弦波振幅對數字 1 及 0 是一微伏。求如下系統的平均符號錯誤機率：

(a) 同調二元 FSK。

(b) 同調 MSK。

(c) 非同調二元 FSK。

9.8 **(a)** 在同調 FSK 系統，信號 $s_1(t)$ 及 $s_0(t)$ 代表符號 1 及 0，定義為

$$s_1(t), s_0(t) = A_c \cos\left[2\pi\left(f_c \pm \frac{\Delta f}{2}\right)t\right], \quad 0 \le t \le T_b$$

假設 $f_c > \Delta f$ ，證明信號 $s_1(t)$ 及 $s_0(t)$ 的相關係數近似為

$$\rho = \frac{\int_0^{T_b} s_1(t)s_0(t)dt}{\int_0^{T_b} s_1^2(t)dt} \simeq \mathrm{sinc}(2\Delta f T_b)$$

(b) 會使信號 $s_1(t)$ 及 $s_0(t)$ 成正交的最小平移頻率 Δf 為多少？

(c) 最小化符號誤差平均機率的 Δf 為多少？

(d) 對於(c)的 Δf 值，求所需的 E_b / N_0 增加量使同調 FSK 系統會和同調二元 PSK 系統有相同的雜訊動作。

9.9 一個非連續相位的二元 FSK 信號是定義為

$$s(t) = \begin{cases} \sqrt{\dfrac{2E_b}{T_b}} \cos\left[2\pi\left(f_c + \dfrac{\Delta f}{2}\right)t + \theta_1\right] & \text{對於符號 1} \\ \sqrt{\dfrac{2E_b}{T_b}} \cos\left[2\pi\left(f_c + \dfrac{\Delta f}{2}\right)t + \theta_2\right] & \text{對於符號 0} \end{cases}$$

而 E_b 是每位元的能量，T_b 是位元期間，θ_1 及 θ_2 是在區間 0 到 2π 無變化分布隨機變數的取樣值。事實上是供應傳送頻率 $f_c \pm \Delta f / 2$ 的兩個振盪器互相獨立運作。假設 $f_c \gg \Delta f$ 。

(a) 計算信號 FSK 的功率頻譜密度。

(b) 證明對頻率載波器 f_c 遠離，其功率頻譜密度以和頻率平方成反比之趨勢下滑。

9.10 用以下的表示式來對 CPFSK 訊號 $s(t)$ 的產生畫出方塊圖：

$$s(t) = \sqrt{\frac{2E_b}{T_b}} \cos\left(\frac{\pi t}{T_b}\right)\cos(2\pi f_c t) \mp \sqrt{\frac{2E_b}{T_b}} \sin\left(\frac{\pi t}{T_b}\right)\sin(2\pi f_c t)$$

9.11 二元資料傳送於微波鏈路，以 10^6 每秒每位元及在接收端輸入之雜訊功率頻譜密度是 10^{-10} W/Hz。求要維持平均錯誤率在 $P_e \le 10^{-4}$ 的平均載波功率，對於(a) 同調二元 PSK；(b) DPSK。

9.12 要使用同調二元 PSK 及同調 FSK(傳統)系統來實現出平均位元錯誤機率為 $P_e = 10^{-4}$ 時，所需的 E_b / N_0 之值各等於 7.2 及 13.5。利用近似值

$$Q(u) \approx \frac{1}{\sqrt{2\pi}u}\exp\left(-\frac{u^2}{2}\right)$$

求出在 $P_e = 10^{-4}$ 時，使用下述方式的 E_b / N_0 值之差，

(a) 同調二元 PSK 及 DPSK。

(b) 同調二元 PSK 及 QPSK。

(c) 同調二元 PSK(傳統的)及非同調 FSK。

(d) 同調二元 FSK(傳統的)和同調 MSK。

9.13 一個使用開-關訊號的二元 ASK 系統，畫出一個偵測此訊號的接收器方塊圖。

9.14 畫出一個 DPSK 傳送器的方塊圖，其對應到圖 9.14 的 DPSK 接收器。再來如以下所描述：

(a) 在此傳輸器上使用一個二元序列 1100100010，畫出在此傳輸器輸出波形。

(b) 應用此波形在圖 9.14 的 DPSK 接收器，並且證明在當在無雜訊干擾時，原始的二元序列是接收器輸出重建。

9.15 **(a)** 已知輸入二元序列 1100100010，對於使用 QPSK 所得的調變波，試描繪其同相及正交部分波形。

(b) 描繪(a)部分說明的二元序列 QPSK 本身波形。

9.16 P_{eI} 及 P_{eQ} 為窄頻帶系統相同及正交通道之符號錯誤機率。證明整個系統的平均符號錯誤機率為

$$P_e = P_{eI} + P_{eQ} - P_{eI}P_{eQ}$$

9.17 MSK 訊號有兩種檢測方法。一種是使用同調接收器包含 MSK 信號的相位資料內容。另一種方法是使用一個非同調接收器及濾掉相位信息。第二種方法提供實作上的簡化優點，但會犧牲雜訊效能。要增加多少分貝的 E_b / N_0，才能在兩種方法下，均實現出等於10^{-5}的平均符號錯誤機率？

9.18 **(a)** 描繪反應至輸入二元序列 1100100010MSK 信號的同相及正交部分波形。

(b) 描繪(a)部分說明的二元序列 MSK 本身之波形。

9.19 在 9.5 節中我們使用位元錯誤機率的基本比較來比較同調二元 PSK、同調二元 FSK、QPSK、MSK、DPSK 及非同調 FSK 的雜訊動作。在這問題中我們以不同的觀點及用平均符號錯誤機率 P_e 來做比較。畫出這些情形的 P_e 對 E_b / N_0 圖形，及評論你的結果。

9.20 圖 P9.20a 顯示利用匹配濾波器去檢測知道頻率但隨機相位(出現於可加性白色高斯雜訊)的正弦波信號之非同調接收器。這交替完成的接收器是如圖 P9.20b，他的機械化在頻域如同一**頻譜接收器**。而相關器計算有限時間自相關函數 $R_x(\tau)$ 定義為

$$R_x(\tau) = \int_0^{T-\tau} x(t)x(t+\tau)dt, \quad 0 \le \tau \le T$$

證明圖 P9.20a 平方封波檢測器輸出在 $t = T$ 取樣是圖 P9.20b 的兩倍傅立葉頻譜輸出(取樣於 $f = f_c$)。

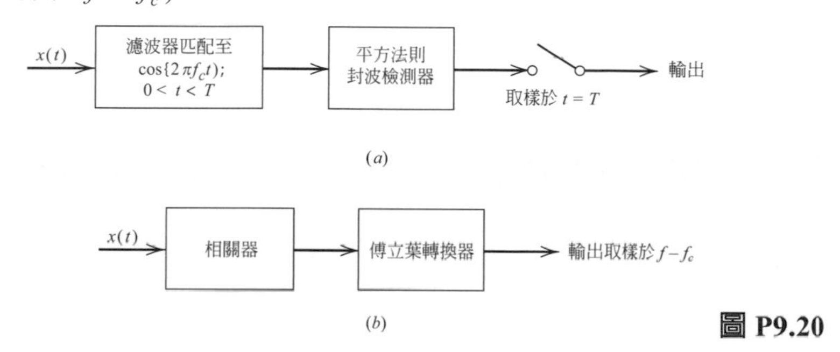

圖 P9.20

9.21 **(a)** 對於一基帶相當於二元 PSK 訊號的頻譜，試表示之。(假設一雙偶極性 NRZ 線性碼被作為模組化。)

(b) 對此 MSK 脈衝形狀的分析表示法為何？假設一 MSK 訊號的同相及正交組成為獨立的，則此 MSK 訊號頻譜的分析表示法為何？

9.22 一個帶通訊號的**雜訊等效頻寬**之定義為其值滿足如下之關係

$$2BS(f_c) = P/2$$

此處 $2B$ 是中心在中頻帶頻率 f_c 的等效雜訊頻寬，$S(f_c)$ 是信號在 $f = f_c$ 的功率頻譜最大化。P 是信號平均功率。證明二元 PSK、QPSK 及 MSK 的雜訊等效頻寬如下所示：

條變類型	雜訊頻寬/位元比
二元 PSK	1.0
QPSK	0.5
MSK	0.62

9.23 在圖 9.12，對一個非同調性 FSK 偵測器，假設訊號率 f_0 和 f_1 在符號區間 T_b 為正交。則當接收的信號為 $x(t) = A_c \cos(2\pi f_1 t) + n(t)$，在此 $n(t)$ 為白高斯雜訊，其密度為 $N_0/2$，則：

(a) 較低的封波檢測器輸出具有雷利(Rayleigh)密度函數如下

$$P_{L_0}(l_0) = \begin{cases} \dfrac{2l_0}{N_0}\exp\left(-\dfrac{l_0^2}{N_0}\right) & l_0 \ge 0 \\ 0 & \text{其他處} \end{cases}$$

(b) 較高的封波檢測器輸出具有 Rician 分布如下

$$P_{L_1}(l_1) = \begin{cases} \dfrac{2l_1}{N_0}\exp\left(-\dfrac{l_1^2 + A_c^2}{N_0}\right) I_0\left(\dfrac{2A_c l_1}{N_0}\right) & l_1 \geq 0 \\ 0 & \text{其他處} \end{cases}$$

(c) 試表示

$$P(L_0 > L_1) = \int_0^\infty P(L_0 > l_1 \mid l_1) p_{L1}(l_1) dl_1$$
$$= \frac{1}{2}\exp\left(-\frac{A_c^2}{4N_0}\right)$$

提示：利用複數基帶等價值，$l_0^2 = x_I^2 + x_Q^2$ 和 $l_I^2 = (x_I + A_c)^2 + x_Q^2$。

We have to remember that what we observe is not nature herself, but nature exposed to our method of questioning.

Werner Heisenberg

Chapter 10

INFORMATION AND FORWARD ERROR CORRECTION

資訊與前向錯誤更正

10.1 簡介

如同第一章所述，通訊系統的目的在於將基頻訊號，透過一個通訊的通道將訊息從一個地方傳遞至另一方。在本書先前的章節中，我們已經描述了許多用以實現這個目的調變方法。但是，何謂「資訊」？爲了說明這個概念，我們必須引用到「資訊理論」[1]。這門基於數學的理論，不僅止於通訊，連同電腦科學、統計物理、統計推論與機率學都有相當的貢獻

對於通訊方面，資訊理論對於通訊系統進行數學模型化與分析，而非針對實體訊號源以及實體通道。特別是資訊理論提供了下列兩個對於基本問題的答案：

- 訊號在複雜度多少的時候將無法被壓縮？
- 在雜訊通道中，可靠通訊的最終傳輸速率爲多少？

對於這些問題的答案分別是訊號源的**熵**(Entropy)與訊號通道的容量。熵是根據訊號源統計特性來做定義。這個名稱同樣地也用在熱力學上。通訊容量定義爲通道傳輸資訊的能力。通道容量與通道的雜訊特性有關。由資訊理論可得到一個結論，若訊號源的熵小於通道的容量，則無錯誤通訊就可能實現。

本章專述兩個主題：資訊理論和錯誤控制編碼。資訊理論提供了通訊系統的效能極限的基礎研究，最少需要多少個位元符號完整地代表來源，並且將資訊由一個地方傳至另一方，最大可達多少的傳輸率。

基於資訊理論，錯誤控制編碼這個研究，提供了幾個方法將資訊由系統的一端，以一定的速度與品質讓另一端使用者也可確實接收到。最後，錯誤控制編碼的目的在於趨近資訊理論的極限，但仍受限於幾個條件。對於設計人員，存在著訊號傳輸功率和通道頻寬這兩個關鍵的系統參數。這兩個參數和接收雜訊的功率頻譜密度，共同決定了每位元訊號能量與雜訊功率密度的比值 E_b/N_0。在前面的章節中，我們指出了對於特定的調變方式，這個比值是位元錯誤率的唯一決定性因素。在部分應用中，當確定了 E_b/N_0 比值後通常會給定一個限制。然而在實際上，我們常會碰到這樣的情況，調變方式無法提供足夠的資料量(意即足夠低的錯誤率)對於固定的 E_b/N_0 比值，將資料量由不可接受變成可接受，其中一種選擇就是使用**錯誤控制編碼**。

使用編碼的另一個目的，在於固定的位元錯誤率之下，降低所需要的 E_b/N_0 比值。E_b/N_0 比值的降低，以無線電通訊爲例，可減低所需的傳輸功率，也可以說是藉以使用較小尺寸的天線以降低硬體成本。

爲了資料的完整性，錯誤控制藉助**前向錯誤更正**(Forward Error Correction，FEC)的方法來實現。發射端中前向錯誤更正編碼器接收到位元訊息，而後依據規則加上冗餘，而以更高的位元率產生編碼資料。前向錯誤更正在接收端充分地利用這些冗餘，來判斷實際傳輸的位元訊息。通道編碼器與解碼器的組合目的，就是爲了降低通道雜訊所帶來的影響。

有數種不同的錯誤更正編碼(源自於不同的數學方法)可以使用。在這一個章節裡面，我們將介紹四個前向錯誤更正方法：段碼、迴旋碼、格子編碼調變和渦輪碼。前向錯誤更正並非是唯一一種可改善傳輸品質的方法；另外也有自動重複請求(Automatic Repeat Request，ARQ)亦廣泛地被使用在解決錯誤控制問題上。自動重複請求的基本概念與前向錯誤更正大相逕庭。具體來說，自動重複請求使用冗餘僅爲了錯誤偵測。根據偵測，接收端會要求重新傳送，而這就需要一個回送的路徑(回饋通道)。

10.2 不確定性、資訊和熵

假設一個**機率實驗**包含了每單位時間(訊號間隔)，對於離散訊號源輸出所做的觀察。訊號源輸出被塑模為一個離散隨機變數「S」，而 S 是一個有限的**字符集合**。

$$\mathscr{S} = \{s_0, s_1, ..., s_{K-1}\} \tag{10.1}$$

而其中各字符機率為

$$P(S = s_k) = p_k, \quad k = 0,1,...,K-1 \tag{10.2}$$

當然，這些機率值必須滿足下列的條件。

$$\sum_{k=0}^{K-1} p_k = 1 \tag{10.3}$$

假設相鄰訊號間隔內，訊號輸出字符是統計上獨立的。具有上述特徵的訊號稱為**離散無記憶訊號**，無記憶即是指在任何時刻輸出符號都與前面的選擇無關。

我們是否可找出方法來度量訊號產生的資訊？為了回答這個問題，我們必須注意到，資訊是與不確定性或意外所緊密相關的，後面則會接著繼續探討。

假設事件 $S = s_k$，訊號輸出符號為 s_k，相對應的機率為 p_k，如同式 10.2 所定義的。當然，如果 $p_k = 1$ 及 $p_i = 0$ 對於所有 $i \neq k$，則當傳送符號 s_k 的時候，不存在著意外與資訊，因為我們已知道由來源發出的訊息確定是什麼。如果訊號源發出的符號具有不同的機率，且機率 p_k 較低，則訊號源發出的符號 s_k 所存在的意外與資訊的量，就會多於其他具有較高機率的符號 s_i (其中 $i \neq k$) 時的相對應值。因此，不確定性、意外和資訊都具有相關性了。在事件 $S = s_k$ 發生之前，具有許多不確定性。當事件 $S = s_k$ 發生時，就會有許多的意外存在著。當事件 $S = s_k$ 發生之後，資訊量增加，實質上可以視為**不確定性的分解**。此外，訊息量與事件發生機率的倒數相關。

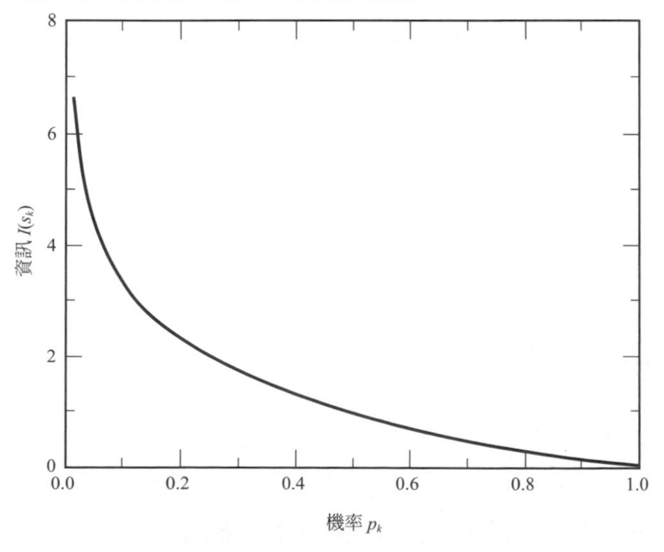

圖 10.1　資訊與事件 $S = s_k$ 的機率 p_k 的相關性

以**對數**函數定義事件 $S = s_k$ 依照機率 p_k 發生後的資訊增量，即是

$$I(s_k) = \log\left(\frac{1}{p_k}\right) \tag{10.4}$$

如同圖 10.1 所介紹到的。這個式 10.4 的定義於直觀上應滿足下列重要特徵：

1. $I(s_k) = 0 \quad 對於 \quad p_k = 1$ (10.5)

   當然，若在事件發生之前，就可以確定其結果，則就不具備資訊增量。

2. $I(s_k) \ge 0 \quad 對於 \quad 0 \le p_k \le 1$ (10.6)

   也就是說，當事件 $S = s_k$ 的發生會提供一些資訊或無資訊，但絕不會有任何的資訊遺失。

3. $I(s_k) > I(s_i) \quad 對於 \quad p_k < p_i$ (10.7)

   意味著當一個事件發生的機率越小，當發生時我們可以得到的訊息越多。

4. $I(s_k s_l) = I(s_k) + I(s_l)$，如果 s_k 和 s_l 是統計獨立的。

式 10.4 中對數的底數是任意的。但是，現行的標準是以 2 爲基底的對數。因此就將資訊單位稱爲 **bit** 即**位元**(binary digit 的簡稱)。即是

$$\begin{aligned} I(s_k) &= \log_2\left(\frac{1}{p_k}\right) \\ &= -\log_2 p_k \qquad 對於\ k = 0,1,\ldots,K-1 \end{aligned} \tag{10.8}$$

當 $p_k = 1/2$ 時，得到 $I(s_k) = 1$ 位元。因此，**一個位元是當兩個相同可能(或一樣的機率)事件發生時，所得到的資訊量**。注意，資訊 $I(s_k)$爲正，這是因爲從一個小於 1 的數字，所得到的對數值會是負的。

在任意訊號間隔中，訊號所提供的資訊量 $I(s_k)$取決於當前時刻訊號源發送的符號 s_k。實際上 $I(sk)$是一個離散隨機變量，分別以機率 $p_0, p_1, \ldots, p_{K-1}$ 對應於 $I(s_0), I(s_1), \ldots, I(s_{K-1})$。在訊號字符集 $\mathscr{S}$ 上，$I(s_k)$ 的平均值爲：

$$\begin{aligned} H(\mathscr{S}) &= \mathbf{E}[I(s_k)] \\ &= \sum_{k=0}^{K-1} p_k I(s_k) \\ &= \sum_{k=0}^{K-1} p_k \log_2\left(\frac{1}{p_k}\right) \end{aligned} \tag{10.9}$$

$H(\mathscr{S})$是一個重要的量，稱之爲字符 $\mathscr{S}$ 的離散無記憶訊號源的**熵**[2]。熵是**每個訊號源符號所包含的平均量**。注意熵 $H(\mathscr{S})$只取決於訊號字符 $\mathscr{S}$ 中符號的發生機率。所以，符號 $\mathscr{S}$ 在 $H(\mathscr{S})$之中不是一個函數的參數，而只是訊號源的一個標示。

熵的一些性質

考慮一個離散無記憶訊號源，其中的數學模型已如等式(10.1)和(10.2)所定義。此訊號的熵 $H(\mathscr{S})$的取值有著下列所列出的限制：

$$0 \le H(\mathscr{S}) \le \log_2 K \tag{10.10}$$

其中 K 為訊號源字符 $\mathscr{S}$ 的符號數量。因此我們可以提出兩個結論：

1. 若且唯若對於某些 k 值對應的機率 $p_k = 1$，而當其他機率均為零，則 $H(\mathscr{S}) = 0$，這樣的下限並無存在著**不確定性**。
2. 若且唯若對於所有的 k 都存在 $p_k = 1/K$ 時(即是字符集 $\mathscr{S}$ 中所有的機率都是相等的)，即 $H(\mathscr{S}) = \log_2 K$，此上限對應著**最大不確定性**。

範例 10.1　二進位制無記憶訊號源的熵

為了說明 $H(\mathscr{S})$，我們考慮一個二進位制的訊號源，其中符號「0」的機率為 p_0，而符號「1」的機率為 $p_1 = 1 - p_0$。假設訊號是無記憶性，因此發出的相鄰符號都是機率獨立。

訊號源的熵為

$$\begin{aligned} H(\mathscr{S}) &= -p_0 \log_2 p_0 - p_1 \log_2 p_1 \\ &= -p_0 \log_2 p_0 - (1-p_0)\log_2(1-p_0) \text{ bits} \end{aligned} \tag{10.11}$$

因此我們得到下面的結論：

1. 當 $p_0 = 0$ 時，熵 $H(\mathscr{S}) = 0$。而這是因為 $x \to 0$ 時，$x \log x \to 0$。
2. 當 $p_0 = 1$ 時，熵 $H(\mathscr{S}) = 0$。
3. 當 $p_1 = p_0 = 1/2$，即符號「0」與符號「1」出現的機率相等時，熵 $H(\mathscr{S})$達到最大值 $H_{\max} = 1$ bit。

式 10.11 第二列的 p_0 函數，會經常出現在資訊理論的問題中。因此訂一個特別的符號代表這個函數，特別定義如下

$$\mathscr{H}(p_0) = -p_0 \log_2 p_0 - (1-p_0)\log_2(1-p_0) \tag{10.12}$$

我們稱 $\mathscr{H}(p_0)$ 為**熵函數**。式(10.11)與(10.12)之間的差異必須特別注意。式(10.11)的 $H(\mathscr{S})$ 所給的是具有訊號源字符集的離散無記憶訊號源的熵。而式(10.12)中的 $\mathscr{H}(p_0)$ 是定義於[0, 1]區間，先行驗證 p_0 機率的函數。依此我們可以繪出熵函數 $\mathscr{H}(p_0)$ 對於 p_0 機率於[0, 1]區間的曲線，如同圖 10.2 所見。圖 10.2 中的曲線證實了上述 1、2 與 3 的三個結論。

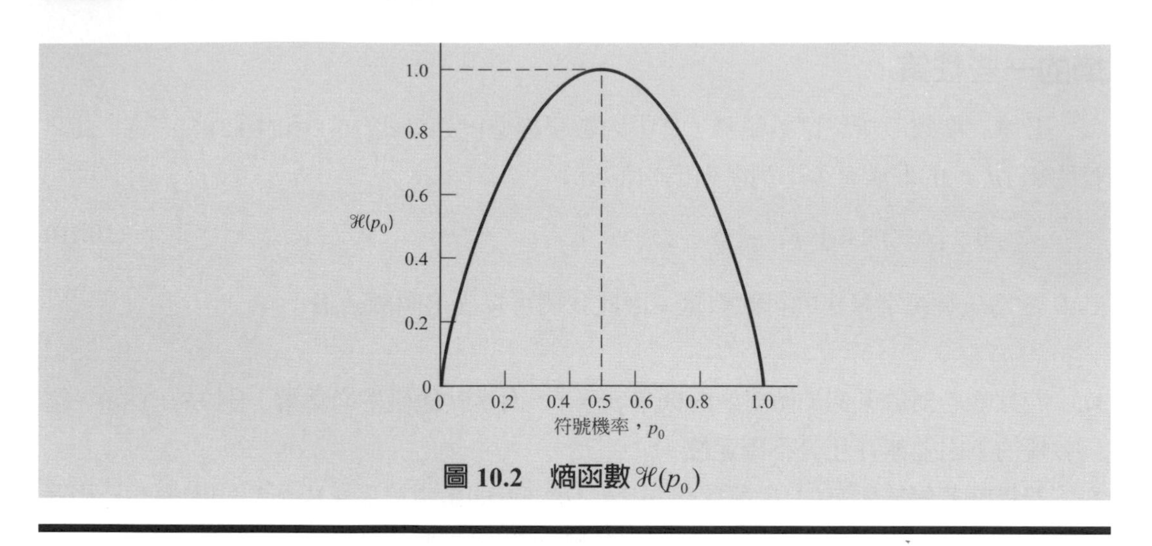

圖 10.2　熵函數 $\mathscr{H}(p_0)$

離散無記憶訊號源的延伸

在提到資訊理論時，探討**區塊**(block)遠比個別符號有用，每個區塊是由 n 個連續訊號的符號所構成。我們可將每個區塊視爲由**延伸訊號**所提供，訊號源字符集 $\mathscr{S}^n$ 有 K^n 個**不同的**區塊，在此 K 是原始訊號源字符集 $\mathscr{S}$ 中不同符號的個數。在離散無記憶訊號源這個情況中，每個訊號符號間都是統計獨立。因此，訊號源字符集 $\mathscr{S}^n$ 中每個訊號符號的機率，等於原始訊號源字符集 $\mathscr{S}$ 中構成 $\mathscr{S}^n$ 的 n 個訊號符號的機率乘積。可以從直觀上將延伸訊號源的熵 $H(\mathscr{S}^n)$，等於 n 倍的原始訊號源的熵 $H(\mathscr{S})$。因此可表示爲：

$$H(\mathscr{S}^n) = nH(\mathscr{S}) \tag{10.13}$$

範例 10.2　二階延伸離散無記憶訊號源

考慮一個離散無記憶訊號源，其中字符集 $\mathscr{S} = \{s_0, s_1, s_2\}$ 各別具有如下列的機率

$$p_0 = \frac{1}{4}$$

$$p_1 = \frac{1}{4}$$

$$p_2 = \frac{1}{2}$$

在此使用式(10.9)所得到的訊號源的熵爲

$$\begin{aligned} H(\mathscr{S}) &= p_0 \log_2\left(\frac{1}{p_0}\right) + p_1 \log_2\left(\frac{1}{p_1}\right) + p_2 \log_2\left(\frac{1}{p_2}\right) \\ &= \frac{1}{4}\log_2(4) + \frac{1}{4}\log_2(4) + \frac{1}{2}\log_2(2) \\ &= \frac{3}{2} \text{ bits} \end{aligned}$$

接下來考慮延伸訊號源的二階延伸。訊號源符號集 $\mathscr{S}$ 是由 3 個符號所構成，則延伸訊號源符號集 $\mathscr{S}^2$ 有 9 個符號。於表 10.1 中第一列表示了 $\mathscr{S}^2$ 的 9 個符號，分別表示爲 σ_0、σ_1、...、σ_8。表中第二列表示這 9 個符號以訊號源符號 s_0、s_1 和 s_2 相對應的順序，每次取兩個符號表示。這 9 個延伸訊號源符號的機率則列在表最下一列。根據式 10.9 所得到延伸訊號源的熵爲

$$
\begin{aligned}
H(\mathscr{S}^2) &= \sum_{i=0}^{8} p(\sigma_i)\log_2 \frac{1}{p(\sigma_i)} \\
&= \frac{1}{16}\log_2(16) + \frac{1}{16}\log_2(16) + \frac{1}{8}\log_2(8) + \frac{1}{16}\log_2(16) \\
&\quad + \frac{1}{16}\log_2(16) + \frac{1}{8}\log_2(8) + \frac{1}{8}\log_2(8) + \frac{1}{8}\log_2(8) + \frac{1}{4}\log_2(4) \\
&= 3 \text{ bits}
\end{aligned}
$$

我們可以根據式 10.13 得到 $H(\mathscr{S}^2) = 2H(\mathscr{S})$ 。

表 10.1 二階延伸離散無記憶訊號源字符集

$\mathscr{S}^2$ 的符號	σ_0	σ_1	σ_2	σ_3	σ_4	σ_5	σ_6	σ_7	σ_8
$\mathscr{S}$ 的對應符號序列	s_0s_0	s_0s_1	s_0s_2	s_1s_0	s_1s_1	s_1s_2	s_2s_0	s_2s_1	s_2s_2
機率 $p(\sigma_i), i = 0, 1, \ldots, 8$	$\frac{1}{16}$	$\frac{1}{16}$	$\frac{1}{8}$	$\frac{1}{16}$	$\frac{1}{16}$	$\frac{1}{8}$	$\frac{1}{8}$	$\frac{1}{8}$	$\frac{1}{4}$

10.3 訊號源編碼理論

在通訊中的一個重要問題是離散訊號源產生的資料的**有效**表示方法。這個步驟可由**訊號源編碼**來完成。完成訊號源編碼的裝置稱之爲**訊號源編碼**器(source encoder)。爲了讓訊號源編碼器**有所效用**，必須具備訊號統計相關的基礎。尤其可將統計特性應用到**訊號源編碼**中，訊號源符號**常出現者用短字碼代表，較少出現的則用長字碼代表**。這種訊號源編碼方式稱爲**可變長度編碼**。**摩斯碼**即是其中一例。在摩斯編碼中，字元表中的字母與數字都以橫線與空格代表，分別註記爲點「.」和橫線「–」。在英語中，舉例來說字元 E 比字元 Q 更常出現，則摩斯碼將 E 編碼爲單一個點「.」，爲編碼中最短的字碼，而 Q 則被編碼爲「--.-」，爲最長的字碼。

我們的主要目的是在於發展一套有效率的編碼，且必須滿足下列兩個基本要求：

1. 編碼器產生的字碼爲**二進位格式**。
2. 訊號源碼必須是**唯一可被解碼**，因此原始訊號序列才可以由被編碼的二元序列還原。

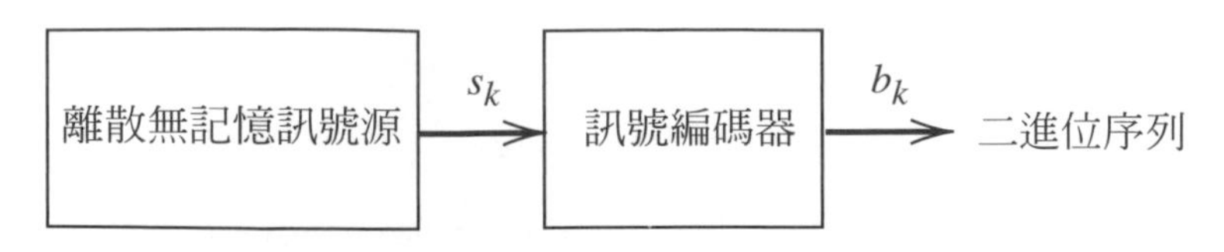

圖 10.3　訊號源編碼

參考圖 10.3，為一個輸出為 s_k 的離散無記憶訊號源，而 s_k 被訊號源編碼器轉換為「0」與「1」組合成的區塊，標記為 b_k。假設訊號源字符集有 K 個不同的符號，第 k 個符號 s_k 發生的機率為 p_k，其中 $k = 0$、1、...、$K - 1$。編碼器分配給符號 s_k 的二進位字碼長度為 l_k，以位元為單位。而定義訊號源編碼器的平均字碼長度 $\bar{L}$ 為

$$\bar{L} = \sum_{k=0}^{K-1} p_k l_k \tag{10.14}$$

參數 $\bar{L}$ 表示訊號的源編碼過程中，**每個訊號符號平均的位元數**；以 $L_{\min}$ 來表示 $\bar{L}$ 可能的**最小值**。則我們可以定義訊號源編碼器的**編碼效率**為

$$\eta = \frac{L_{\min}}{\bar{L}} \tag{10.15}$$

而 $\bar{L} \geq L_{\min}$ 我們可以清楚地知道 $\eta \leq 1$。當 η 越接近於 1，則訊號源編碼器可稱為是有效的。

但該如何確定 $L_{\min}$ 是最小值？這個基本問題的答案就包含在謝農(Shannon)的第一定理：**訊號源編碼理論**，敘述如下：

給定一個熵為 $H(\mathscr{S})$ 的離散無記憶訊號源，任意無失真訊號源編碼方式的平均字碼長度 $\bar{L}$ 上限為

$$\bar{L} \geq H(\mathscr{S}) \tag{10.16}$$

根據訊號源編碼定理，熵 $H(\mathscr{S})$ 表示了一個離散無記憶訊號源中，每個訊號源符號平均位元數的**基本限制**，即為該位元數限制不可小於熵 $H(\mathscr{S})$。所以當 $L_{\min} = H(\mathscr{S})$ 時，我們可將訊號源編碼器效率公式以熵 $H(\mathscr{S})$ 表示為

$$\eta = \frac{H(\mathscr{S})}{\bar{L}} \tag{10.17}$$

10.4 無失真資料壓縮

物理訊號源產生的訊號都有一個共同特性，它們的原始資料型態都包含著大量的**冗餘資訊**，對於這些冗餘資訊的傳輸會浪費主要的通訊資源。為了訊號傳輸**效率**，在訊號**傳輸之前必須去除掉冗餘資訊**。這通常在訊號為數位格式下進行，在此我們稱之為**無失真資料壓縮**。經過這樣壓縮處理的編碼輸出，因為可以將原始資料無失眞地重建，對於符號的平均位元數都是有效率且準確。訊號源的熵確立了資料中去除冗餘的基本限制。基本上，無失眞訊號源的資訊壓縮均是透過對於訊號源輸出，常出現的符號賦予短字碼，較不經常出現的符號則賦予長字碼。

在這一節我們將探討資料壓縮的訊號編碼方法。下一段將以一種稱為「前綴碼」(prefix code)的訊號源編碼作為開始，前綴碼並非可譯碼，並且可能將平均字碼長度接近於訊號源的熵。

前綴編碼

取一個離散無記憶訊號源，其中的字符集為$\{s_0, s_1, \ldots, s_{K-1}\}$，訊號源統計量為$\{p_0, p_1, \ldots, p_{k-1}\}$。由於表示訊號輸出的訊號源編碼是需實際使用，所以每個字碼必須是單一可譯的。這樣的限制可確保每個由訊號源發出的有限序列訊息，其字碼對應的序列與其它的序列都不相同。我們對於這樣特殊類型編碼，滿足這些的限制稱之為**前綴條件**。為了定義前綴條件，將分配給訊號源符號 s_k 的字碼表示為$(m_{k_1}, m_{k_2},\ldots, m_{k_n})$，其中個別元素 $m_{k_1},\ldots, m_{k_n}$ 非「0」即「1」，n 為字碼長度。字碼的前一部份由 $m_{k_1},\ldots, m_{k_i}$ 來表示，其中 $i \leq n$。由字碼前一部份所構成的序列稱為該字碼的**前綴**。**前綴碼**中，沒有一個字碼可做為其他任何字碼的前綴。

為了說明前綴碼的含意，參考表 10.2 中所記載的三個訊號源編碼。編碼 I 並非前綴碼，由於位元 0 是 s_0 的字碼，也是 00 的前綴，即 s_2 的字碼。同樣地，位元 1 是 s_1 的字碼，也是 11 的前綴，s_3 的字碼。以此類推，我們可以看出來編碼 III 也並非前綴碼，但編碼 II 卻是。

對前綴訊號源編碼產生的字碼序列進行解碼時，**訊號源解碼器**將從序列的起始端，逐次解譯一個字碼。解碼器建立一個**決策樹**，決策樹是對於特定的訊號源編碼中的字碼，做圖形化的描述。例如，圖 10.4 為表 10.2 編碼 II 的決策樹。此決策樹有一**初始狀態**，四個**終端狀態**分別對應訊號源符號 s_0、s_1、s_2 和 s_3。解碼器通常是由初始狀態開始。如果第一個接收到的位元為「0」，則解碼器會轉變到最終狀態至 s_0，或者接收位元為「1」則轉移到第二決策點。在後者情況下，第二個接收位元將解碼器往決策樹的下一個狀態移動，若接收為「0」則轉移至終端狀態 s_1，或是轉移至第三決策點當接收位元為「1」，以此類推。當每一個終端狀態都接收到相應的符號，則解碼器會重置回初始狀態。注意每一個接收到的位元於解碼序列僅被處理一次。例如編碼序列 1011111000…就被逐步解譯為訊號源序列 $s_1s_3s_2s_0s_0\ldots$。讀者可自行推演一次這個解碼流程。

表 10.2 前綴碼的定義說明

訊號源符號	出現機率	編碼 I	編碼 II	編碼 III
s_0	0.5	0	0	0
s_1	0.25	1	10	01
s_2	0.125	00	110	011
s_3	0.125	11	111	0111

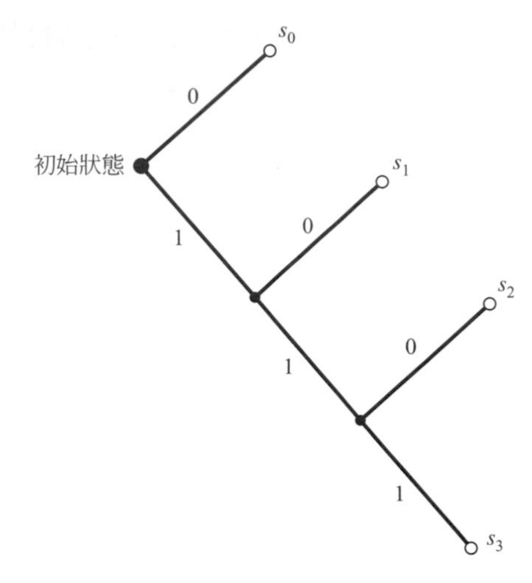

圖 10.4 表 10.2 對於編碼 II 的決策樹

前綴碼的一個重要特性爲它**恆為**單一可解譯的。實際上，如果前綴碼將被用在建構一個離散無記憶訊號源，其字符集爲$\{s_0, s_1, \dots, s_{K-1}\}$而訊號統計値爲$\{p_0, p_1, \dots, p_{K-1}\}$且符號$s_k$的字碼長度爲$l_k$, $k = 0, 1, \dots, K-1$，則字碼長度通常滿足一個稱爲 Kraft–McMillan 不等式。以數學方式表示，我們可得到

$$\sum_{k=0}^{K-1} 2^{-l_k} \le 1 \tag{10.18}$$

其中因數 2 是二進制字符集的基數(符號個數)。相反地，我們可以知道離散無記憶訊號源的字碼長度是否滿足 Kraft-McMillan 不等式，則字碼的前綴碼可能爲可被建構的。

即使所有的前綴碼都是單一可解譯的，但是反之並不是如此。舉例來說，表 10.2 的編碼 III 由於位元「0」在編碼中是每一個字碼的起始，並非滿足前綴碼條件，但卻也是單一可解譯。

前綴碼有別於其他單一可解譯碼，每個字碼的末尾都可被辨識出。所以，當訊號源符號的二進位序列都被完整接收後，前綴碼的解譯也都完成。正因爲如此，前綴碼也稱作爲即時碼。

給定一個離散無記憶訊號源的熵 $H(\mathscr{L})$，前綴碼的平均字碼長度 $\bar{L}$ 的邊界限制如下：

$$H(\mathscr{L}) \le \bar{L} < H(\mathscr{L}) + 1 \tag{10.19}$$

將不等式(10.19)的左邊取等號，而訊號源送出的符號 s_k 機率爲下

$$p_k = 2^{-l_k} \tag{10.20}$$

其中 l_k 爲分配個訊號源符號 s_k 的字碼長度。則可以得到

$$\sum_{k=0}^{K-1} 2^{-l_k} \le \sum_{k=0}^{K-1} p_k = 1$$

於此條件之下，根據式(10.18)的 Kraft–McMillan 不等式，可以建構一個前綴碼，而分配給訊號源符號 s_k 的字碼字碼長度爲 l_k。對於這樣的編碼，平均字碼長度爲

$$\bar{L} = \sum_{k=0}^{K-1} \frac{l_k}{2^{l_k}} \tag{10.21}$$

且相對應訊號源的熵爲

$$\begin{aligned} H(\mathscr{L}) &= \sum_{k=0}^{K-1} \left(\frac{1}{2^{l_k}}\right) \log_2(2^{l_k}) \\ &= \sum_{k=0}^{K-1} \frac{l_k}{2^{l_k}} \end{aligned} \tag{10.22}$$

這是屬於一種少見的特殊情況(rather meretricious)，由式(10.21)和式(10.22)得知因爲 $\bar{L} = H(\mathscr{L})$，前綴碼與訊號源匹配。

霍夫曼編碼

接下來討論另一類重要的編碼，稱爲**霍夫曼編碼**(Huffman codes)。霍夫曼編碼的基本概念是爲每個字符分配一個二進位序列符號，其長度大致上與按照字符傳送的訊息量相當。最後得到的訊號源編碼平均字碼長度，接近於離散無記憶訊號源的熵的基本限制值，命名爲 $H(\mathscr{L})$。用於合成霍夫曼編碼的**演算法**，本質上是將預設的離散無記憶訊號源以較簡單的形式替換。**簡化**的過程是一步步進行，直到剩下最後兩個訊號統計量(或符號)，其中(0, 1)是最佳碼。由這個碼開始，我們可以逆向建構給定訊號源的霍夫曼編碼。

具體來說，霍夫曼的**編碼演算法**流程如下：

1. 將訊號源符號依照機率次序做遞減排列。機率最低的兩個訊號源符號分別指定爲「0」與「1」。這個步驟稱爲**分裂階段**(splitting stage)。
2. 將兩個訊號源符號**合併**爲新的訊號源符號，其機率等於兩個原始機率的和。(訊號源符號列表及訊號源統計量皆會**減少**一個)新符號的機率置於清單中相對應的列表位置上。
3. 重複這個程序，直到最後訊號統計量(或符號)剩下兩個，分別指定爲「0」與「1」。

通過反向回溯「0」與「1」的序列，即可得到每個原始訊號源編碼符號。

範例 10.3 霍夫曼演算法

離散無記憶訊號源的五個字符及其機率在圖 10.5a 的最左邊兩欄。依照霍夫曼演算法，經過了四次運算即可得到結果，如圖 10.5a 所表示的霍夫曼樹。將該訊號的霍夫曼編碼的字碼表列於如圖 10.5b 所示。平均字碼長度爲

$$\begin{aligned}\bar{L} &= 0.4(2) + 0.2(2) + 0.2(2) + 0.1(3) + 0.1(3) \\ &= 2.2\end{aligned}$$

離散無記憶訊號源的熵爲[參考式(10.9)]：

$$\begin{aligned}H(\mathscr{L}) &= 0.4\log_2\left(\frac{1}{0.4}\right) + 0.2\log_2\left(\frac{1}{0.2}\right) + 0.2\log_2\left(\frac{1}{0.2}\right) \\ &\quad +0.1\log_2\left(\frac{1}{0.1}\right) + 0.1\log_2\left(\frac{1}{0.1}\right) \\ &= 0.52877 + 0.46439 + 0.46439 + 0.33219 + 0.33219 \\ &= 2.12193\end{aligned}$$

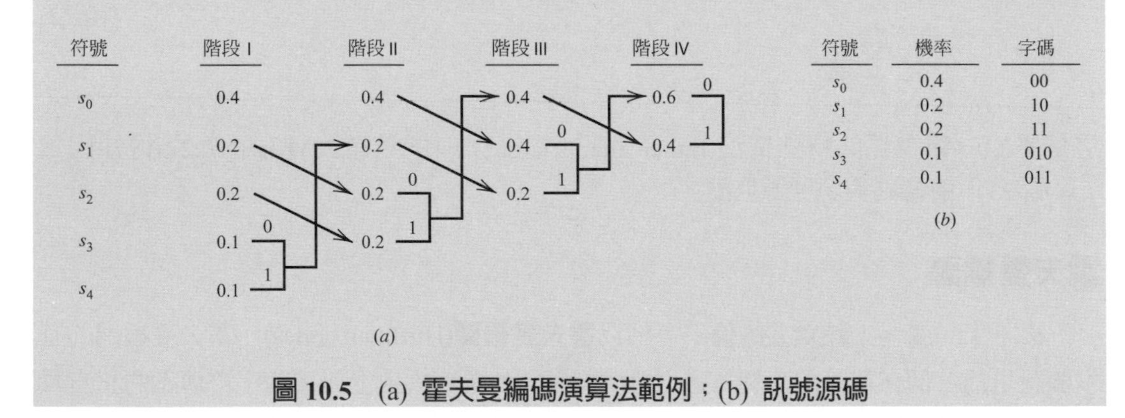

圖 10.5 (a) **霍夫曼編碼演算法範例；**(b) **訊號源碼**

由這個範例，我們可以得到以下判斷：

1. 平均碼長 $\bar{L}$ 比熵 $H(\mathscr{L})$ 大 3.67%。
2. 平均碼長 $\bar{L}$ 滿足式(10.19)。

值得注意的是，霍夫曼編碼程序(即霍夫曼樹)並非唯一的。造成霍夫曼編碼並非唯一的原因有兩個。首先，在建構霍夫曼編碼的每個分裂過程中，最後指定兩個訊號源「0」與「1」有任意性。無論是哪個被指定，然而，最後的差異是最微小的。第二，**合成**符號的機率(透過將選定的操作步驟的最後兩個機率相加而得)可能會與表中的另一個機率相同。我們可將新符號的機率置於**較高**的位置，如同範例 10.3。同樣地，也可以放置於**較低**的位置 (無論設定置於高或低，在編碼的過程中是不變的)。但此時，這樣的差異於最後造成不同的字碼長度。但無論如何，平均碼的長度是一樣的。

對訊號源編碼的字碼長度差異的測量，透過整個訊號源字符定義平均字碼長度 $\overline{L}$ 的差平方為

$$\sigma^2 = \sum_{k=0}^{K-1} p_k (l_k - \overline{L})^2 \tag{10.23}$$

其中 $p_0, p_1, \ldots, p_{K-1}$ 為訊號統計量，l_k 為分配給訊號源符號 s_k 的字碼長度。通常將合成符號盡可能移動較高所得到的霍夫曼編碼的差平方 σ^2，會較盡可能移動較低的小得多。據此選擇前一種霍夫曼編碼會較後者合理。

在範例 10.3，將合成符號盡可能移高。在範例 10.4，置於後例，將合成符號移往低處。因此，比較此兩範例的結果，我們可較明確地瞭解兩種霍夫曼編碼的差異與相同之處。

範例 10.4 非唯一的霍夫曼演算法

再次提及於範例 10.3 的離散無記憶訊號源。此次，將合成符號的機率移至較低位。最後結果的霍夫曼樹於圖 10.6a。藉由這個樹回溯與追蹤各個步驟，可以得到訊號源的第二個霍夫曼編碼的字碼列於圖 10.6b。前述的第二個霍夫曼編碼的平均字碼長度為

$$\begin{aligned}\overline{L} &= 0.4(1) + 0.2(2) + 0.2(3) + 0.1(4) + 0.1(4) \\ &= 2.2\end{aligned}$$

此結果正好等於範例 10.3 的第一種霍夫曼編碼。然而，如同先前標記，於第二種霍夫曼編碼，個別的字碼有不同的長度，相較於第一種霍夫曼編碼相對應的字碼。

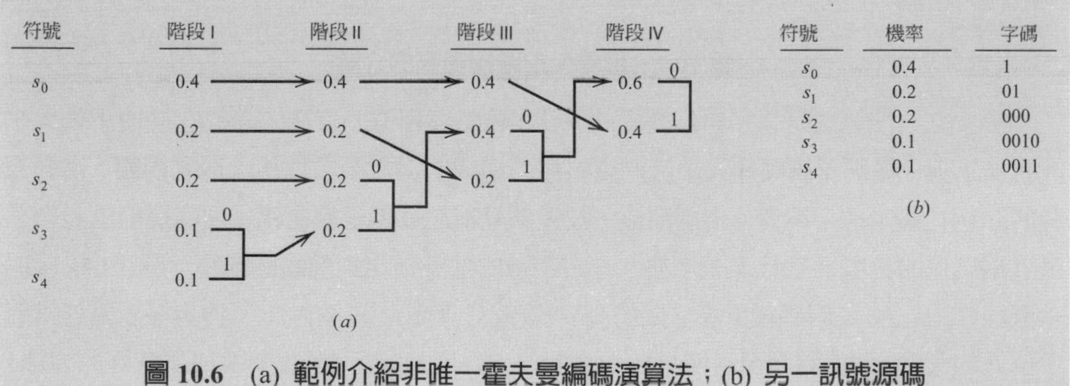

圖 10.6 (a) 範例介紹非唯一霍夫曼編碼演算法；(b) 另一訊號源碼

使用式(10.30)計算第一種霍夫曼編碼於範例 10.3 如下

$$\sigma_1^2 = 0.4(2-2.2)^2 + 0.2(2-2.2)^2 + 0.2(2-2.2)^2 + 0.1(3-2.2)^2 + 0.1(3-2.2)^2 = 0.16$$

另一方面，於此例用式(10.30)第二種霍夫曼編碼計算此範例所得爲：

$$\sigma_2^2 = 0.4(1-2.2)^2 + 0.2(2-2.2)^2 + 0.2(3-2.2)^2 + 0.1(4-2.2)^2 + 0.1(4-2.2)^2 = 1.36$$

由移動合併符號的機率至高位，這些結果簡化了霍夫曼編碼的變異。

10.5 主題範例—藍波立夫演算法與檔案壓縮[3]

如同霍夫曼演算法的缺點在於它需要完整的機率模型。不幸地，訊號源統計不會事先知道。此外，在塑模文中儲存的限制，阻礙霍夫曼演算法獲得字與短句中的高階關係，也在編碼效率上有所妥協。爲了克服這樣的限制，採用**藍波立夫演算法**(Lempel-Ziv algorithm)來達成。

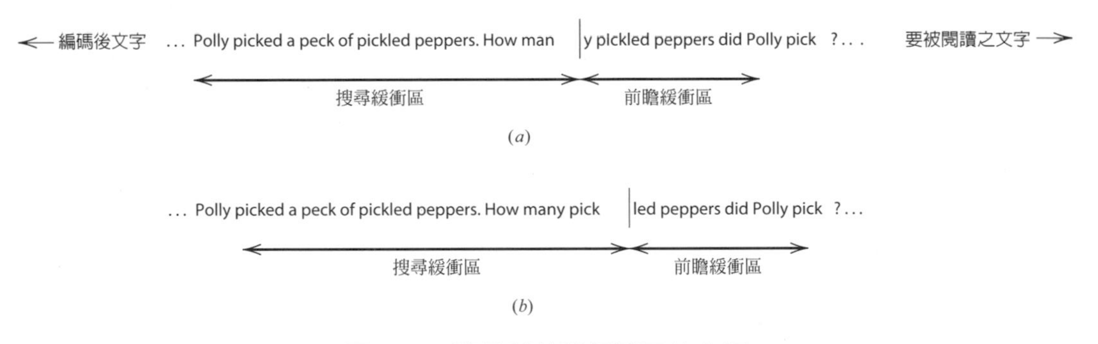

圖 10.7 搜尋與前瞻緩衝區的介紹

藍波立夫演算法是以字典爲基礎的方法，雖然與相似的方法的差異在於使用輸入串流當作字典。編碼器維護輸入串流的資料序列構成的從左至右位移之**滑動視窗**。滑動視窗的介紹在圖 10.7。視窗分爲兩部分，左邊部分稱之爲**搜尋緩衝區**，搜尋緩衝區包含著最近編碼過的符號，它代表著字典。在右手邊的部分稱之爲**前瞻緩衝區**。圖 10.7a 中的垂直線條「｜」是兩個緩衝區之間的分界線(或分界點)。在實際上，搜尋緩衝區通常有千位元的長度，而前瞻緩衝區僅只有十幾個位元長度。以範例解說演算法爲較好的方法。

- 編碼器由前瞻緩衝區讀到的第一個符號，此例中爲「**y**」。而編碼器掃描搜尋緩衝區，察看是否有符合。
- 當編碼器找到與「**y**」相符，將測量這個符合的長度爲多少。在本例中，找到第一個符合於第 43 個偏移的點，此符合的長度爲 6：**y pick**。
- 編碼器爲了比對與紀錄比對後最長字串，持續地掃描搜尋緩衝區。在這例子中，搜尋緩衝區僅有 47 位元組長度，且最長符合字串由指標偏移 43 點。

當搜尋緩衝區已經完成掃描後，編碼器產生的字碼由三個部分組成：

- 從點至符合於搜尋緩衝區中的最長字串的**偏移**。
- 最長符合字串的**長度**
- 於比對後輸入字串的**下一個符號**。

滑動視窗進一步地指標定位於一個字元，並最長符合字串示於圖 10.7b。實際上，搜尋緩衝區可能有 4 千位元組的長度；而最大需要 12 位元來表示**偏移量**。發現的最大符合可會佔滿前瞻緩衝區。假設前瞻緩衝區大小限制於 64 位元組，則可由 6 位元來表示長度。對於字元應用上，下一個符號通常為 1 位元組或 8 個位元。所以，對於固定長度爲 26 位元的字碼，可表示高達 64 位元組的輸入文字。

以下舉出有數種不同狀況在上列的演算法中敘述被忽略的：

- 若第一個字元在前瞻緩衝區中沒有被檢查過，即沒有被置於搜尋緩衝區中，則字碼簡單地表示爲偏移量，長度 0 且下一個符號爲新的字元。
- 最大長度的符合序列可能會重複地出現於搜尋緩衝區的數個位置中。任何一個位置可用於字碼。對於解碼器沒有任何影響。任何一種都會產生相同的輸出序列。(部分進階演算法使用第一個發現的，通常可用較少的位元做代表。)

解碼演算法會比編碼演算法來得簡單，因爲解碼器僅是在解碼串流中(或搜尋緩衝區)找尋符合字串。而解碼器起始於空的搜尋緩衝區(全爲 0)：

- 對於每個接收字碼，解碼器由搜尋緩衝區的代表位置與長度讀取字串，並附加於搜尋緩衝區的右方尾端。
- 下一個字元附加於搜尋緩衝區。
- 搜尋緩衝區則移動至右方，則指標在最後一個認識的符號後很快地比對並且重複這流程。

從這個例子所述，我們可以得到相較於霍夫曼編碼，藍波立夫使用固定長度碼來表示各種訊號源符號。若錯誤於資料序列傳輸中發生且被以藍波立夫演算法編碼，則解碼容易受錯誤的傳播所影響。對於短序列的字元，這位於搜尋緩衝區中的符合字串可能非常地長。以這狀況，藍波立夫演算法可能會是個組合的序列，將比輸入序列還來得長。藍波立夫演算法只有在處理長資料字串出現優勢，例如像是大的檔案的處理。

在過去，霍夫曼編碼被廣泛使用於無耗損資料壓縮。然而在檔案壓縮方面，藍波立夫演算法幾乎取代了霍夫曼演算法。近年來更多的進階資料壓縮演算法，都基於霍夫曼、藍波和立夫的概念來發展。這些技術部分以適應性與統計模型來處理輸入文字，並有點類似於霍夫曼編碼基於最小化熵所建構字碼。這些新的改良在部分情況，可比原始的藍波立夫演算法多一倍的壓縮，但在編碼與解碼會增加較多的記憶空間與處理需求及消耗上。

10.6 離散無記憶通道

到目前爲止我們僅討論到離散無記憶信號源，接下來將討論資訊傳輸的問題，特別是傳輸可靠度。首先探討離散無記憶通道，相對於離散無記憶訊號源。

離散無記憶通道是一個統計模式，它描述一個輸入信號 X 通過後產生輸出信號 Y，已經附上雜訊，X 與 Y 都是隨機變數。在每單位時間，通道接收由字母 $\mathscr{X}$ 選擇的輸入符號「X」，相對地由字母 $\mathscr{Y}$ 送出輸出符號「Y」。當字母 $\mathscr{X}$ 和 $\mathscr{Y}$ 爲**有限**的大小，通道則稱爲離散。而當現在輸出符號**僅**和輸入符號有關，與前一次**無**相關則稱爲無記憶性。

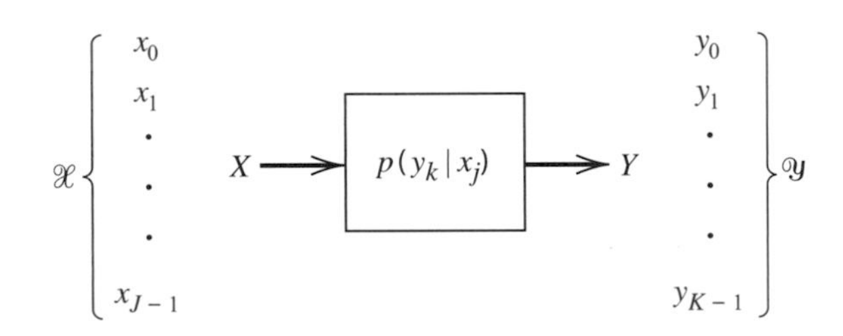

圖 10.8 離散無記憶通道

圖 10.8 說明一個離散無記憶通道這通道的**輸入字母**爲

$$\mathscr{X} = \{x_0, x_1, \dots, x_{J-1}\} \tag{10.24}$$

而輸出字母爲，

$$\mathscr{Y} = \{y_0, y_1, \dots, y_{K-1}\} \tag{10.25}$$

且各集合的**轉移機率**爲

$$p(y_k \mid x_j) = P(Y = y_k \mid X = x_j) \quad \text{對於所有 } j \text{ 及 } k \tag{10.26}$$

自然地我們得到

$$0 \le p(y_k \mid x_j) \le 1 \quad \text{對於所有 } j \text{ 及 } k \tag{10.27}$$

並且，輸入字母$\mathscr{X}$和輸出字母$\mathscr{Y}$不一定要有相同大小。舉例來說，在通道編碼中，大小爲 K 的輸出字母$\mathscr{Y}$可大於大小爲 J 的輸入字母$\mathscr{X}$，故 $K \geq J$。在另一方面，也有可能的狀況是當兩者其中之一的輸入符號被傳送，通道釋出相同的符號，在這裡就會得到$K \leq J$。

描述離散無記憶通到的一個便利方法，即是將各個通道轉移機率排列成矩陣格式，如下：

$$\mathbf{P} = \begin{bmatrix} p(y_0 \mid x_0) & p(y_1 \mid x_0) & \cdots & p(y_{K-1} \mid x_0) \\ p(y_0 \mid x_1) & p(y_1 \mid x_1) & \cdots & p(y_{K-1} \mid x_1) \\ \vdots & & & \vdots \\ p(y_0 \mid x_{J-1}) & p(y_1 \mid x_{J-1}) & & p(y_{K-1} \mid x_{J-1}) \end{bmatrix} \tag{10.28}$$

這 $J \times K$ 矩陣 $\mathbf{P}$ 稱之爲**通道矩陣**。需注意的是通道矩陣 $\mathbf{P}$ 的每**列**對應**固定通道輸入**，矩陣中的每一**欄**則對應到**固定通道輸出**。通道矩陣的基本特性也必須注意，如同定義於此，矩陣中任何一列的每個元素總和皆會等於 1，即是

$$\sum_{k=0}^{K-1} p(y_k \mid x_j) = 1 \quad 對於所有\ j \tag{10.29}$$

假設離散無記憶通道的**輸入機率分佈**爲$\{p(x_j), j = 0, 1,..., J-1\}$。換言之，通道輸入$X = x_j$的事件發生機率爲

$$p(x_j) = P(X = x_j) \quad 對於\ j = 0,1,\cdots,J-1 \tag{10.30}$$

以隨機變數 X 標示通道輸入，第二個隨機變數 Y 標示爲通道輸出。隨機變數 X 與 Y 的**聯合機率分佈**爲

$$\begin{aligned} p(x_j, y_k) &= P(X = x_j, Y = y_k) \\ &= P(Y = y_k \mid X = x_j) P(X = x_j) \\ &= p(y_k \mid x_j) p(x_j) \end{aligned} \tag{10.31}$$

輸出隨機變數 Y 的**邊際機率分佈**，由 $p(x_j, y_k)$在 x_j 上的平均來獲得的，如下

$$\begin{aligned} p(y_k) &= P(Y = y_k) \\ &= \sum_{j=0}^{J-1} P(Y = y_k \mid X = x_j) P(X = x_j) \\ &= \sum_{j=0}^{J-1} p(y_k \mid x_j) p(x_j) \qquad 對於\ k = 0,1,...,K-1 \end{aligned} \tag{10.32}$$

機率 $p(x_j)(j = 0, 1,..., J-1)$被當作各輸入符號的**先前機率**。式(10.32)說明了若給定輸入先前機率 $p(x_j)$和通道矩陣(即轉移機率爲 $p(y_k|x_j)$的矩陣)，則我們可以計算出輸出符號的機率 $p(y_k)$。

範例 10.5　二進制對稱通道

二進制對稱通道有相當重要的理論與實用價值。它是離散無記憶通道當 $J = K = 2$ 時的特例。通道有兩個輸入符號($x_0 = 0, x_1 = 1$)和兩個輸出符號($y_0 = 0, y_1 = 1$)。由於發送 1 接收 0 的機率與發送 0 接收到 1 的機率相同，所以通道為對稱。此時錯誤的條件機率為「p」。而二進制對稱通道的機率轉移圖如圖 10.9 所示。

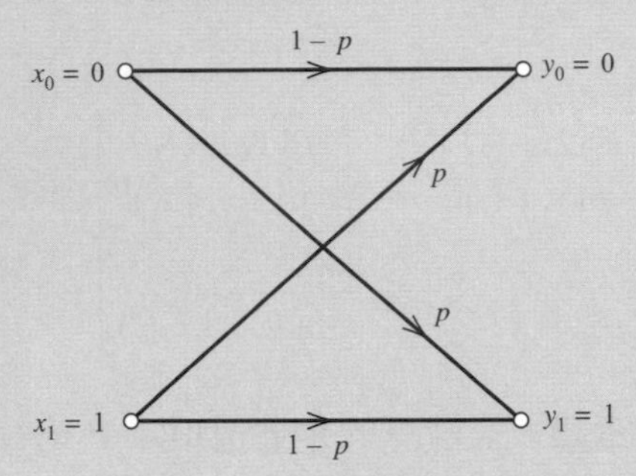

圖 10.9　二進制對稱通到的機率轉移圖

10.7　通道容量

在許多通訊應用中，實際關注的部分在於透過通訊通道的可靠地傳輸率。在這個章節中，將提出一個**通道容量**的理論定義，但在此之前必須先定義**相關熵**與**互斥資訊**。

假設通道輸出 Y(源自於字母 $\mathscr{Y}$)為訊號輸入 X(源自於字母 $\mathscr{X}$)的包含雜訊型態，而熵 $H(\mathscr{X})$ 是 X 的一個先前不確定的度量，如何測量得到 Y 之後得到 X 的不確定性？為回答這個問題，我們延伸於章節 10.2 提出的想法，透過定義當 $Y = y_k$，且 X 的條件熵選自於字母 $\mathscr{X}$。如下所述

$$H(\mathscr{X} \mid Y = y_k) = \sum_{j=0}^{J-1} p(x_j \mid y_k)\log_2\left[\frac{1}{p(x_j \mid y_k)}\right] \tag{10.33}$$

上式之量本身是一個隨機變數，其值可為 $H(\mathscr{X}|Y=y_0), \ldots, H(\mathscr{X}|Y=y_{K-1})$ 且機率分別為 $p(y_0), \ldots, p(y_{K-1})$。輸出字母 $\mathscr{Y}$ 中，熵 $H(\mathscr{X}|Y=y_k)$ 的平均為

$$\begin{aligned} H(\mathscr{X}|\mathscr{Y}) &= \sum_{k=0}^{K-1} H(\mathscr{X} \mid Y = y_k)p(y_k) \\ &= \sum_{k=0}^{K-1}\sum_{j=0}^{J-1} p(x_j \mid y_k)p(y_k)\log_2\left[\frac{1}{p(x_j \mid y_k)}\right] \\ &= \sum_{k=0}^{K-1}\sum_{j=0}^{J-1} p(x_j, y_k)\log_2\left[\frac{1}{p(x_j \mid y_k)}\right] \end{aligned} \tag{10.34}$$

上述的最後一行，使用關係式

$$p(x_i, y_k) = p(x_i \mid y_k)p(y_k) \tag{10.35}$$

度量 $H(\mathscr{X}|\mathscr{Y})$ 稱之為**條件熵**，表示了**當輸出訊號確定時，對於輸入訊號不確定性的度量**。

由於熵 $H(\mathscr{X})$ 表示確定通道輸出**前**的通道輸入不確定性，條件熵 $H(\mathscr{X}|\mathscr{Y})$ 表示通道輸出**後**通道輸入的不確定性，則 $H(\mathscr{X})-H(\mathscr{X}|\mathscr{Y})$ 得到的差，表示透過觀察通道輸出而消除通道輸入的不確定性。這個重要的度量稱爲通道的**互資訊**(mutual information)。互資訊標示爲 $I(\mathscr{X};\mathscr{Y})$，可得到如下的等式

$$I(\mathscr{X};\mathscr{Y}) = H(\mathscr{X}) - H(\mathscr{X}|\mathscr{Y}) \tag{10.36}$$

同理得到

$$I(\mathscr{Y};\mathscr{X}) = H(\mathscr{Y}) - H(\mathscr{Y}|\mathscr{X}) \tag{10.37}$$

其中 $H(\mathscr{Y})$ 爲通道輸出的熵而 $H(\mathscr{Y}|\mathscr{X})$ 爲給定通道輸入時通道輸出的條件熵。

互資訊具有下列特性：

- 非負數

$$I(\mathscr{X};\mathscr{Y}) \geq 0 \tag{10.38}$$

- 爲對稱

$$I(\mathscr{X};\mathscr{Y}) = I(\mathscr{Y};\mathscr{X}) \tag{10.39}$$

- 合併 $H(\mathscr{X})$ 和 $H(\mathscr{X}|\mathscr{Y})$ 可以改寫爲

$$\begin{aligned} I(\mathscr{X};\mathscr{Y}) &= \sum_{j=0}^{J-1}\sum_{k=0}^{K-1} p(x_j, y_k)\log_2\left[\frac{p(x_j \mid y_k)}{p(x_j)}\right] \\ &= \sum_{j=0}^{J-1}\sum_{k=0}^{K-1} p(x_j, y_k)\log_2\left[\frac{p(y_k \mid x_j)}{p(y_k)}\right] \end{aligned} \tag{10.40}$$

訊號源的熵 $H(\mathscr{X})$、條件熵 $H(\mathscr{X}|\mathscr{Y})$ 與互資訊 $I(\mathscr{X};\mathscr{Y})$ 之間的關係如同在圖 10.10 所表示。

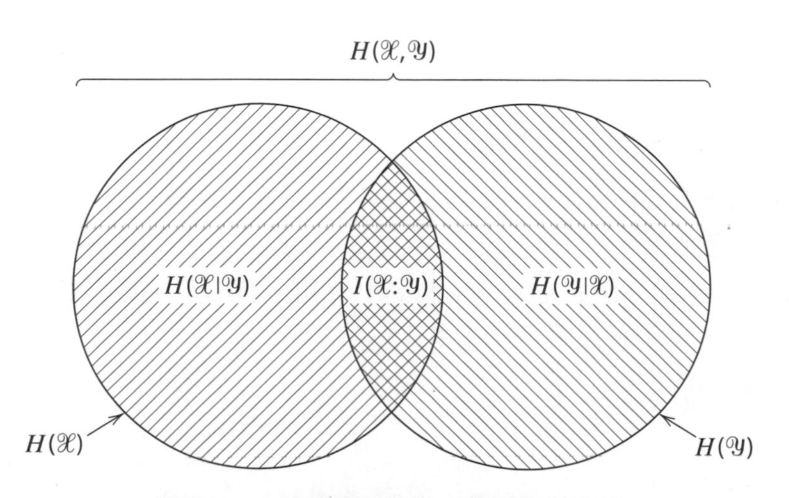

圖 10.10　各種通道參數之間的關係介紹

考慮一個離散無記憶通道，其中輸入字母爲 $\mathscr{X}$ 、輸出字母爲 $\mathscr{Y}$ 而轉移機率爲 $p(y_k|x_j)$。通道的互資訊如同式(10.40)所得的。在此爲(參考式(10.31))

$$p(x_j, y_k) = p(y_k \mid x_j)p(x_j) \tag{10.41}$$

同樣地從式(10.32)得到

$$p(y_k) = \sum_{j=0}^{J-1} p(y_k \mid x_j)p(x_j) \tag{10.42}$$

從等式(10.40)、(10.41)和(10.42)所我們知道輸入的機率分佈$\{p(x_j)|\ j = 0, 1,..., J-1\}$則可以計算出互資訊 $I(\mathscr{X};\mathscr{Y})$ 。通道的互資訊不僅與通道相關，而且也和通道的使用有關。

輸入的機率分佈$\{p(x_j)\}$很顯然是獨立於通道。因此可讓互資訊 $I(\mathscr{X};\mathscr{Y})$ 對於$\{p(x_j)\}$最大化。在此定義離散無記憶通道的通道容量，在任何合單一使用通道(即訊號間隔)的最大互資訊 $I(\mathscr{X};\mathscr{Y})$，最大化於字母 $\mathscr{X}$ 任何可能的輸入機率分佈$\{p(x_j)\}$進行。通道容量通常註記爲「C」表示，則可以寫爲

$$C = \max_{\{p(x_j)\}} I(\mathscr{X};\mathscr{Y}) \tag{10.43}$$

通道容量 C 是由每通道測到的位元數。

注意通道容量 C 僅爲一個表示轉移機率 $p(y_k|x_j)$的函數。通道容量 C 的計算爲透過 J 個變數的最大化的互資訊 $I(\mathscr{X};\mathscr{Y})$ [其中 J 個變數即是輸入資訊 $p(x_0),\ldots,\ p(x_{J-1})$]滿足下列兩項限制：

$$p(x_j) \geq 0 \quad 對於所有\ j$$

和

$$\sum_{j=0}^{J-1} p(x_j) = 1$$

一般而言，求解通道容量 C 的變分法問題(variational problem)是一項挑戰。

範例 10.6　二進位對稱通道(回顧)

再次考慮**二進位對稱通道**，在圖 10.9 所描述的**機率轉移圖**。這個通道被錯誤 p 的條件機率所唯一定義的。

當通道輸入機率爲 $p(x_0) = p(x_1) = 1/2$，其中 x_0 和 x_1 分別是 0 或 1，熵 $H(X)$爲最大化。而互資訊 $I(\mathscr{X};\mathscr{Y})$ 同樣取最大值，所以是

$$C = I(\mathscr{X};\mathscr{Y})\Big|_{p(x_0)=p(x_1)=\frac{1}{2}}$$

從圖 10.9，可得到

$$p(y_0 \mid x_1) = p(y_1 \mid x_0) = p$$

和

$$p(y_0 \mid x_0) = p(y_1 \mid x_1) = 1 - p$$

因此，將通道轉移機率和 $J = K = 2$ 代換至式(10.40)，且根據式(10.43)設定輸入機率 $p(x_0) = p(x_1)$，可得出二進制對稱通道的容量爲

$$C = 1 + p\log_2 p + (1-p)\log_2(1-p) \tag{10.44}$$

使用於式(10.12)所定義的熵函數，可簡化式(10.44)成爲

$$C = 1 - H(p)$$

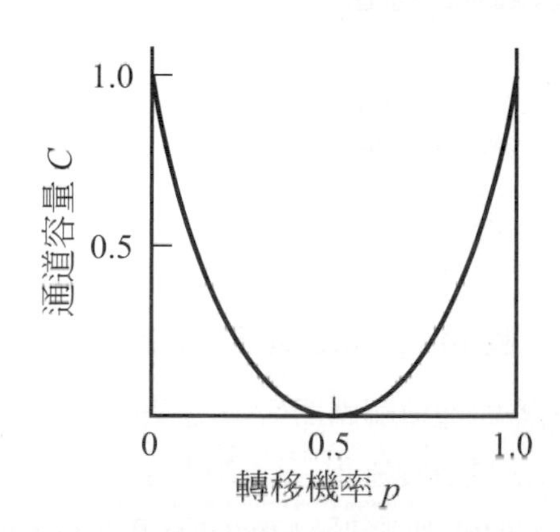

圖 10.11　轉移機率為 p 的二進制對稱通道的通道容量變化曲線

通道容量 C 隨著錯誤率(轉移機率) p 變化，如同圖 10.11，當 $p = 1/2$ 爲對稱。連同圖 10.2 對曲線進行比較，可以得到下列的結論：

1. 當通道是**無雜訊**，此時可容許 $p = 0$，則通道容量以位元通道比達到最大值，這個值正是每個通道輸入的資訊量。在這個 p 的值，熵函數 $H(p)$達到最小的值 0。
2. 當由雜訊產生的錯誤條件機率 p 爲 1/2 時，通道容量 C 達到最小的值 0，熵函數 $H(p)$ 達到最大值 1，在這個情況下通道可說是無用的。

10.8 通道編碼定理

通道中的**雜訊**是無可避免的，這就造成數位通訊系統中輸出與輸入的資料序列差異或錯誤。對於一個相對多雜訊的通道，錯誤率可能會高達 10^{-2}，這就代表著當 100 個位元傳送過後，僅 99 個被正確地接收。在許多的應用上，這種等級的**可靠度**是遠遠無法被接受的。通常要求的錯誤率相當於 10^{-6} 或是更小。爲了達到如此高標準的效果，必須採用通道編碼。

通道編碼的目的在於增加數位通訊系統中抵抗通道雜訊的能力。**通道編碼**包含了將輸入資料序列**對映**至通道輸入序列，以及將通道輸出序列**反對映**爲輸出資料序列，整體的效果在於將系統中通道雜訊降至最低。第一個對應作業由傳送器的通道編碼器完成，反向的對應作業則是由接收器的通道解碼器負責，如圖 10.12 的方塊圖。爲了簡化表示，在圖 10.12 沒有包含訊號源編碼(在通道編碼之前)與訊號源解碼(於通道解碼之後)。

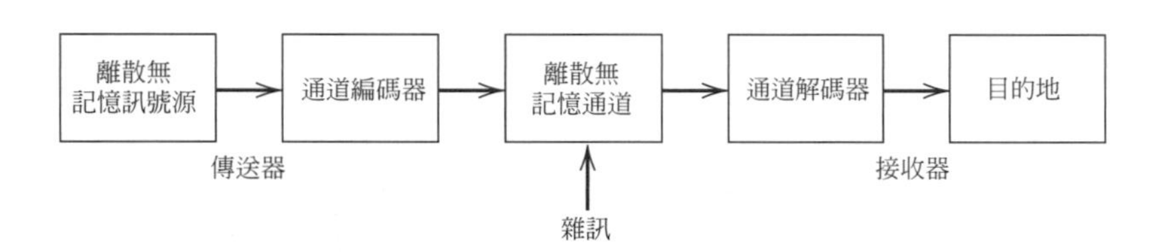

圖 10.12　數位通訊系統方塊圖

圖 10.12 中的通道編碼器與通道解碼器皆是由設計者所控制，並且設計讓通訊系統的可靠度最佳化。採取的方法是將**冗餘**加入通道編碼器，盡可能精確地重建原始訊號序列。以更廣義來說，可將通道編碼視爲訊號源編碼的**重複**，前者加入冗餘以提高可靠度，後者去除冗餘以提高效率。

通道編碼的討論至目前爲止，將焦點轉移至**區塊碼**。在這類的編碼中，訊息序列被劃分爲 k 位元長度的區塊序列，每個 k 位元區塊**對應**至 n 位元區塊，其中 $n > k$。每個傳送區塊中，由編碼器加入的冗餘位元爲 $n - k$ 位元。比率 k/n 稱之爲**編碼率**。用 r 標記編碼率，則可以得到

$$r = \frac{k}{n}$$

很顯然地 r 會小於 1。

在目的地端，原始訊號序列要被精確地重建，則需要讓**符號平均錯誤機率**盡可能地減小。這引發了下列重要問題：是否存在一種通道編碼原理，使得訊息位元發生錯誤的機率小於任何一個正數(即到達我們要求的程度)，這個通道編碼原理又有效率地不至於讓編碼率太低？對這個基本問題，答案是肯定的。實際上，關於通道容量 C 的謝農第二定理已經回答了這個問題。到目前爲止仍並沒有對通道容量的討論涉及到**時間**的部分。假設在圖 10.12 離散無記憶訊號源有訊號源字母 $\mathcal{S}$ 且每個訊號源符號包括熵 $H(\mathcal{S})$ 位

元。假定訊號源每 T_s 秒鐘發出符號。則訊號源的平均資訊率為每秒 $H(\mathscr{S})/T_s$ 位元。編碼器以訊號源字母集 $\mathscr{S}$ 將編碼過的符號傳送至目的地，且與同樣的傳輸率每個符號以 T_s 秒傳送。離散無記憶通道的通道容量為 C 位元/每個使用通道。假設通道的使用週期為每 T_c 秒鐘。所以每時間單位的通道容量為每秒 C/T_c 位元，這表示透過此通道的資訊傳送最大傳輸率。在此準備好介紹謝農第二定理，也就是通道編碼定理。

離散無記憶通道的通道編碼定理分述於下列兩部分。

(a) **具有字符集為 $\mathscr{S}$ 的離散無記憶訊號源的熵為 $H(\mathscr{S})$，每 T_s 秒鐘發送一個符號。離散無記憶通道的容量為 C，且利用率週期為每 T_c 秒。若是**

$$\frac{H(\mathscr{S})}{T_s} \le \frac{C}{T_c} \tag{10.45}$$

則存在著編碼定理，訊號源輸出可透過通道傳輸並以任意小錯誤機率下被重建。參數 C/T_c 稱之為臨界率。當以等號滿足式(10.45)，則系統被稱為以臨界率傳送訊號。

(b) **相反地如果，**

$$\frac{H(\mathscr{S})}{T_s} > \frac{C}{T_c}$$

則是沒有辦法在通道上傳送資訊，且無法在任意小的錯誤機率下重建資訊。

通道編碼定理是資訊理論中一個很重要的結論。定理指出通道容量 C 在離散無記憶通道上，無誤可靠地傳送訊息的**基本速率限制**。

值得注意的是，通道編碼定理並未指出該如何建構出一個好的編碼。因此定理僅為一個**存在性證明**，若滿足式(10.45)，則存在一個較好的編碼。

通道編碼定理於二進制對稱通道的應用

考慮一個離散無記憶訊號源，每 T_s 秒傳送一次二進位符號 0 與 1。訊號源的熵等於一位元每個訊號源符號(見範例 10.1)，則訊號源的資訊發送率為 $1/T_s$ 位元每秒。訊號源序列為**編碼率** r 的通道編碼器的輸入。通道編碼器每 T_c 秒送出一個符號。因此，**編碼符號的傳輸率**為每秒 $1/T_c$ 個符號。通道編碼器每個 T_c 秒鐘傳送至二進制對稱通道一次。故單位時間通道容量為每秒 C/T_c 位元，其中，C 是根據式(10.44)由預設的通道轉移機率 p 定的。通道編碼定理的第一部份表明若

$$\frac{1}{T_s} \le \frac{C}{T_c} \tag{10.46}$$

選用適當的通道編碼方法可將錯誤率降至任意地小。而 T_c/T_s 等於通道編碼器的碼率：

$$r = \frac{T_c}{T_s} \tag{10.47}$$

因此可將式(10.46)表示爲

$$r \le C \tag{10.48}$$

所以對於 $r \le C$ 則存在一種編碼(編碼率小於或等於 C)，使得系統得到任意小的錯誤機率。

範例 10.7　重複碼

在這個例子，將提出一個通道編碼定理的圖形表達方式。透過簡單的編碼方法，可以對該定理有更多發現。

首先考慮一個轉移機率 p 爲 10^{-2} 的二進制對稱通道。根據這個 p 的值，從式(10.44)得到通道容量 $C=0.9192$。因此，從通道編碼定理可得到，對於 $\varepsilon > 0$ 且 $r \le 0.9192$ 時，存在一個具有夠大長度爲 n 且編碼率 r 的編碼，以及一個相對應的解碼演算法，使得當編碼位元流傳送到指定通道，通道編碼錯誤機率的平均小於 ε。結果如同圖 10.13 所示，描繪出平均錯誤機率對應於編碼率 r。從這個圖可以得到極限值 $\varepsilon = 10^{-8}$。

爲了證明這個結果的重要性，接下來以一個簡單的編碼方法，其中包含**重複碼**的使用，即是訊息的每個位元重複數次。假設每個位元(0 或 1)重複 n 次，其中 $n = 2m + 1$ 且 n 爲奇數。舉例來說，當 $n = 3$，0 與 1 的對應編碼爲 000 和 111。直觀地，使用**多數法則**編碼較合理，步驟如下：**假設一個區塊中有 n 個接收位元(即訊息的 1 個位元)，0 的個數超過 1 的個數，則編碼器判定為 0，否則為 1**。所以當 $n = 2m + 1$ 位元中，有 $m + 1$ 或更多的位元接收不正確，就會發生錯誤。因爲通道的對稱特性，**平均錯誤機率** P_e 獨立於 0 與 1 的先前機率。因此得到下列式子(見問題 10.24)

$$P_e = \sum_{i=m+1}^{n} \binom{n}{i} p^i (1-p)^{n-i} \tag{10.49}$$

其中 p 爲通道的轉移機率

表 10.3 給出了重複碼的平均錯誤機率 P_e，使用式(10.49)對應不同編碼率 r 所計算得到的。假設通道的轉移機率爲 $p = 10^{-2}$ 的二進制對稱通道。於表 10.3 中所見，可靠度的提升相對地必須付出編碼率的降低爲代價。這個由表格得到的結論也可從圖 10.13 標示著重複碼的曲線得到。這個曲線表示，**由編碼率換取訊息可靠度**是重複碼的一個特徵。

這個例子讓我們對通道編碼原理有更深的認識。這個結論指出不需要求編碼率 r 接近 0(以重複碼爲例)來獲得越來越高的通訊連線可靠度。通道編碼定理僅要求編碼率小於通道容量 C。

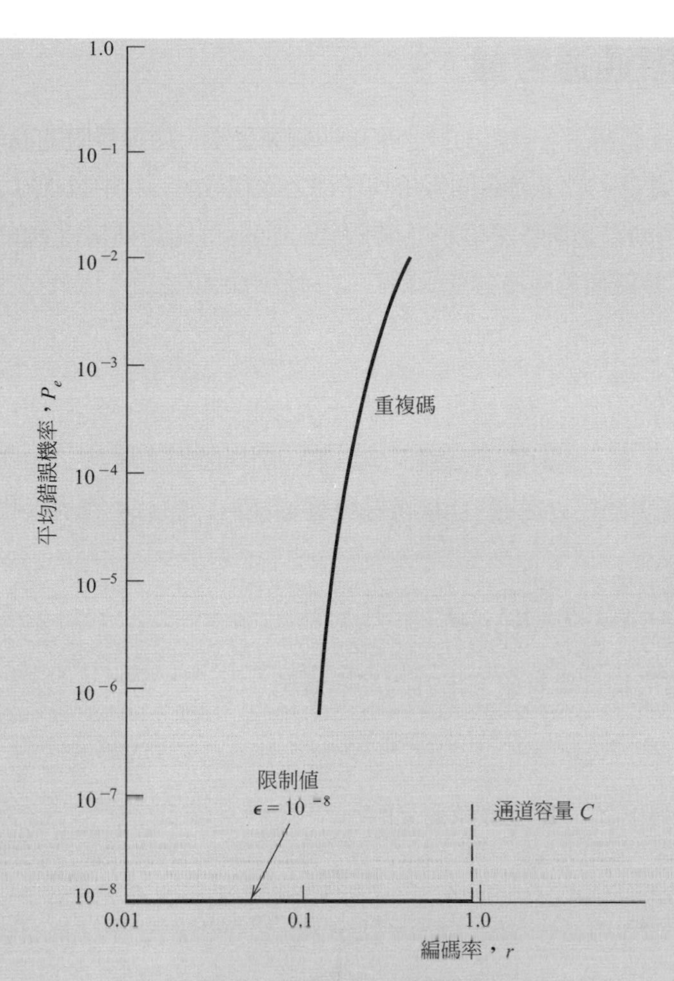

圖 10.13 通道編碼定理的重要性

表 10.3 重複碼的平均錯誤機率

編碼率 $r = 1/n$	平均錯誤機率 P_e
1	10^{-2}
$\frac{1}{3}$	3×10^{-4}
$\frac{1}{5}$	10^{-6}
$\frac{1}{7}$	4×10^{-7}
$\frac{1}{9}$	10^{-8}
$\frac{1}{11}$	5×10^{-10}

10.9 高斯通道容量

在本節中，我們利用互資訊的概念來說明**頻寬受限、功率受限的高斯通道**的資訊容量定理。假設頻寬受限於 B 赫茲的零平均值穩定過程 $X(t)$。其中以 $X_k(k = 1, 2,..., K)$表示以每秒 $2B$ 取樣率的奈奎斯特速率，對隨機過程 $X(t)$進行均勻抽樣得到的連續隨機變數。這些抽樣點以 T 秒鐘通過同爲頻寬受限於 B 赫茲的雜訊通道。因此樣本數量 K 可由下列式子得到

$$K = 2BT \tag{10.50}$$

X_k 稱爲**信號發射**樣本。通道輸出受到平均爲零、功率頻譜密度爲 $N_0/2$ 的**高斯白雜訊**的干擾。雜訊的頻寬限制爲 B 赫茲。連續隨機變數 $Y_k, k = 1, 2,..., K$ 表示接收訊號的取樣點，可表示爲

$$Y_k = X_k + N_k, \quad k = 1, 2, ..., K \tag{10.51}$$

雜訊取樣 N_k 爲零平均且具有如下平方的高斯雜訊

$$\sigma^2 = N_0 B \tag{10.52}$$

假設取樣點 $Y_k, k = 1, 2,..., K$ 是統計獨立的。

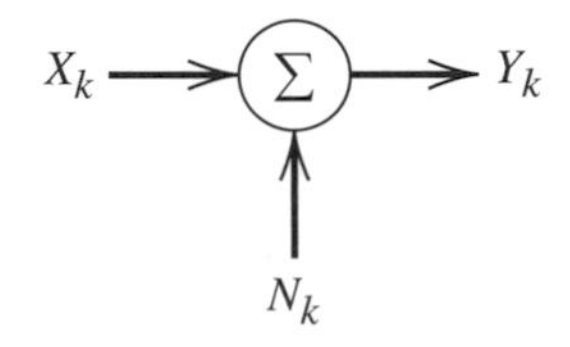

圖 10.14 離散時間無記憶高斯通道的模型

雜訊與接收訊號分別如式(10.51)與式(10.52)所描述的通道稱爲**離散時間無記憶高斯通道**。模型如圖 10.14。爲了讓通道有合理的定義，將每個通道輸入分配值。通常傳輸端有**功率限制**，所以合理的定義輸入值爲

$$\mathbf{E}[X_k^2] = P, \quad k = 1, 2, ..., K \tag{10.53}$$

在此 P 爲**平均傳輸功率**。描述的**功率限制高斯通道**在理論與實際應用都是相當重要，其中包括了無線電與衛星連線。

通道的**資訊容量**的定義爲，在輸入 X_k 滿足式(10.53)的功率限制下，所有通道輸入 X_k 與通道輸出 Y_k 之間的互資訊最大值。以 $I(X_k;Y_k)$表示 X_k 與 Y_k 之間的平均互資訊。可以將通道的資訊容量定義爲

$$C = \max_{f_{X_k}(x)} \{I(X_k; Y_k) : \mathbf{E}[X_k^2] = P\} \tag{10.54}$$

其中最大化是對於 X_k 的機率密度函數 $f_{X_k}(x)$ 所進行的。

將此最佳化透過這章所提到的可改寫爲

$$C = \frac{1}{2}\log_2\left(1+\frac{P}{\sigma^2}\right) \text{ bits /每次使用} \tag{10.55}$$

使用通道 K 次，透過程序 $X(t)$ 在 T 秒鐘傳輸 K 個樣本，可以發現**每單位時間的資訊容量**爲式(10.55)所得結果的(K/T)倍。如同式(10.50)，K 等於 $2BT$。因此可將每次傳輸的資訊容量表示成

$$C = B\log_2\left(1+\frac{P}{N_0B}\right) \text{ bits /每秒} \tag{10.56}$$

其中應用了式(10.52)，雜訊變異爲 σ^2。

基於式(10.56)的方程式，可將謝農第三定理，即資訊容量定理敘述如下：

受到功率頻譜密度為 $N_0/2$ 且限制頻寬為 B 的相加白高斯雜訊，頻寬為 B 赫茲的連續通道的資訊容量為

$$C = B\log_2\left(1+\frac{P}{N_0B}\right) \text{ bits /每秒}$$

其中 P 為平均傳輸功率。

資訊容量定理爲資訊理論中最重要的一個結論，因爲以一個方程式總結了三個關鍵的系統參數：通道頻寬、平均傳輸功率(或是平均訊號接收功率)和通道輸出的雜訊功率頻譜密度。

如同式(10.56)所定義，定理所指出，給定平均傳輸功率 P 和通道頻寬 B，能以每秒 C 位元的速率傳送資訊，並通過採用足夠複雜的編碼系統來得到任意小的誤差機率。編碼系統不可能以超過每秒 C 位元的傳輸速率傳送而沒有一定的誤差機率。因此通道容量定理定義了一個**基本極限**於無錯誤傳輸且功率、頻寬限制的高斯通道。爲了達到這個基本極限，傳送訊號必須具備和白高斯雜訊接近的統計特性。

對於資訊容量定理有直觀地瞭解後，接下來可以繼續討論對於在功率與頻寬限制的高斯通道的應用。首先需要一個用體評估實際通訊系統效能的**理想框架**。因此介紹一個理想系統(ideal system)，其中資料位元傳送率爲 R_b、訊息容量 C。此系統的平均傳送功率爲

$$P = E_bC \tag{10.57}$$

其中 E_b 爲每位元的傳送能量。因此，理想系統亦可定義爲

$$\frac{C}{B} = \log_2\left(1+\frac{E_b}{N_0}\frac{C}{B}\right) \tag{10.58}$$

同樣地，**可根據理想系統的頻寬效率 C/B，來定義位元能量與雜訊功率頻譜密度的比值 E_b/N_0 為**

$$\frac{E_b}{N_0} = \frac{2^{C/B} - 1}{C/B} \tag{10.59}$$

頻寬效率 R_b/B 對於 E_b/N_0 的曲線稱爲**頻寬效率圖**。圖形大致上如同圖 10.15 所表示，在理想系統中標是有容量邊界的曲線對應於 $R_b = C$ 的理想系統。根據圖 10.15 可以得到以下結論：

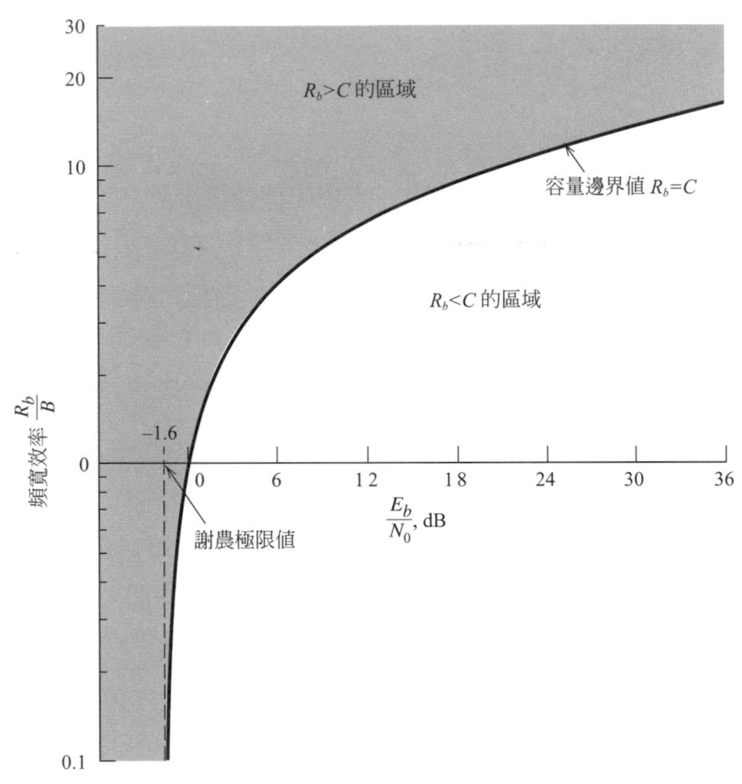

圖 10.15　頻寬效率圖

1. 對於**無限制頻寬**，比率的趨近極限值 E_b/N_0 爲

$$\left(\frac{E_b}{N_0}\right)_\infty = \lim_{B\to\infty}\left(\frac{E_b}{N_0}\right) = \ln 2 = 0.693 \tag{10.60}$$

此值稱爲**謝農極限值**。以分貝表示，則爲−1.6 dB。相對應的通道容量極限值可在式(10.56)將通道頻寬 B 趨近於無窮大得到，則有

$$C_\infty = \lim_{B\to\infty} C = \frac{P}{N_0}\log_2 e \tag{10.61}$$

2. 容量邊界由臨界位元率 $R_b = C$ 對應的曲線所定義，邊界的作用在於區分系統參數支援無錯誤傳輸($R_b < C$)與無錯誤傳輸為不可能的($R_b > C$)。後者於圖 10.15 的陰影部分所表示。
3. 此圖間接強調出 E_b/N_0，R_b/B 和錯誤符號機率 P_e 之間的權衡。特別地，對於固定的 R_b/B，可以將操作點沿著水平線的移動視為 P_e 與 E_b/N_0 之間的折衷。另一方面，對於固定的 E_b/N_0，可以將操作點沿垂直線的移動視為 P_e 與 R_b/B 之間的折衷。

範例 10.8 M 元相位鍵移(M-ary PSK)和 M 元頻率鍵移(M-ary FSK)

在這個範例中，將根據謝農資訊容量定理比較 M 元相位鍵移與 M 元頻率鍵移的頻寬功率交換能力。首先考慮連續 M 元相位鍵移系統，為了傳輸二進制資料，此系統使用一種 M 組相位偏移訊號的非正交集。每個訊號表示 $\log_2 M$ 位元的符號。使用零-零頻寬的定義，可將 M 元相位鍵移的頻寬效率表示為如下

$$\frac{R_b}{B} = \frac{\log_2 M}{2}$$

圖 10.16a 表示各種不同相位等級個數 $M = 2, 4, 8, 16, 32, 64$ 的不同操作點。每一點對應的平均符號錯誤機率 $P_e = 10^{-5}$。在此圖中也包含了理想系統的容量邊界。由圖 10.16 得知隨著 M 值的增加，頻寬效率也同時增加，但無錯誤傳輸所需的 E_b/N_0 值也就偏離了謝農極限值。

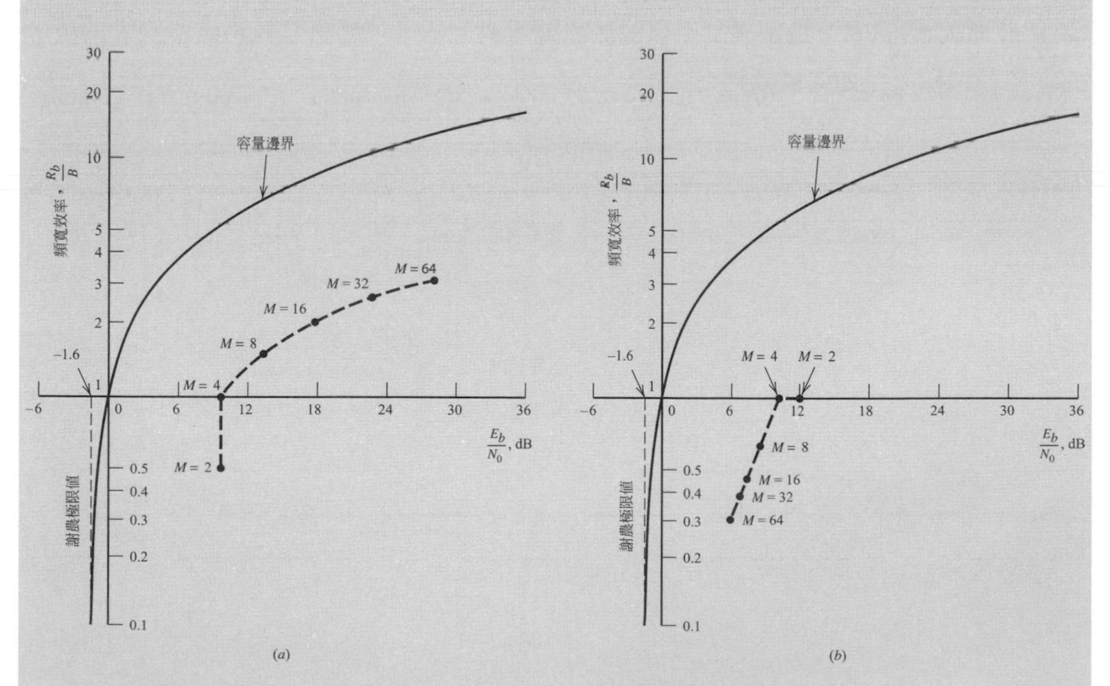

圖 10.16 (a) 當 $P_e = 10^{-5}$ 時，對 M 元相位鍵移與理想系統的比較；(b) 當 $P_e = 10^{-5}$ 時，對 M 元頻率鍵移與理想系統的比較

接下來考慮 M 元頻率鍵移系統，爲了傳輸二進制資料，使用 M 組頻率位移訊號的**正交集**，相鄰訊號頻率之間的間隔爲 $B = 1/2T$，其中 T 爲符號週期。M 元頻率鍵移系統的頻寬等比於頻率 M。與 M 元相位鍵移類似，每個訊號表示 $\log_2 M$ bits 位元的符號。M 元頻率鍵移的頻寬效率如下

$$\frac{R_b}{B} = \frac{2\log_2 M}{M}$$

於圖 10.16b 表示頻率等級個數 $M = 2, 4, 8, 16, 32, 64$ 的各個不同操作點，每個點對應的平均符號錯誤機率 $P_e = 10^{-5}$。在這個圖中也表示了理想系統的容量邊界。可以看出增加(正交)M 元頻率鍵移的 M 值，會有和(非正交)M 元相位鍵移相反的效果。特別地隨著 M 值的增加，頻寬需求也同樣地增加，而操作點逐漸接近謝農極限值。現在已瞭解了通道編碼定理及其意涵，以此作爲錯誤控制編碼技術的準備，將會在接下來的章節中討論。

10.10 錯誤控制編碼[4]

通道編碼定理指出，當離散無記憶通道的通道容量爲 C，且訊號源的資訊產生比率低於 C，則存在一個編碼技術可使得透過通道傳輸的訊號源輸出，具有盡可能小的錯誤機率。.

通道編碼定理說明了通道容量 C 的**基本限制**，在於透過離散無記憶通道能夠傳送可靠(正確無誤)的訊息。這個機制不取決於訊號雜訊比率，只要訊號雜訊比率夠大即可，而在於通道輸入是如何被編碼。

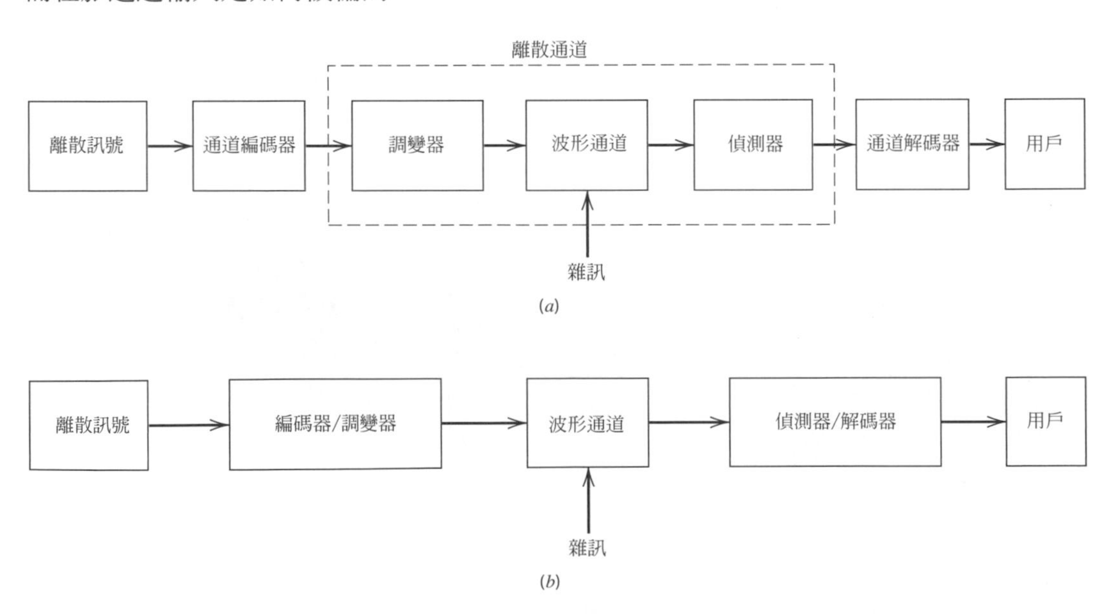

圖 10.17　數位通訊系統的簡易模型：

(a) **各別地編碼與調變**；(b) **合併編碼與調變**

圖 10.17a 表示了在數位通訊系統中包含的編碼(與相對地解碼)模型，並且採用**前向錯誤更正**(Forward Error Correction，FEC)。

離散訊號源產生二進制符號資訊。傳送器的**通道編碼器**接收了位元訊息並依照指定規則附加上**冗餘**，進而產生更高位元率的編碼資料。接收器的**通道解碼器**利用冗餘來決定訊息位元是否確實地被傳送。通道編碼器與解碼器的組合目的，是為了將通道雜訊降至最低。因此，由訊號源傳遞的通道編碼輸入與傳遞至用戶的通道編碼輸出之間的錯誤量會被降至最低。

在編碼訊息中增加冗餘也意味地必須增加傳送頻寬。此外，使用錯誤控制編碼也增加了系統的**複雜度**，特別是接收器端解碼作業的建構。因此，為了達到可接受錯誤效能時，使用錯誤控制編碼也必須考慮到頻寬與系統複雜度。

在圖 10.17a 描述的模型中，通道編碼與調變的作業是分開進行的。當頻寬效率是主要的考量時，最有效的方法是將前向錯誤控制更正編碼與調變合併為同一個功能，如同圖 10.17b。這樣的方法，將編碼過程改為將某種圖樣疊加在傳送的訊號上。

通道編碼定理最不足的特徵為非建設性的特性。此定理僅指出**存在一個好的編碼**，而非指出該如何找出編碼。我們仍然要面對找出好的編碼，以確保透過通道可靠的資訊傳輸。本章節中提到的錯誤控制編碼技術，提供不同的方法達成這項重要的系統需求。

回到圖 10.17a 的模型，若在給定的區間中偵測輸出僅相關於訊號傳輸，與前先前的傳輸無關，則波形通道稱為無記憶性。在這個條件下，我們可以將調變器、波形通道和偵測器塑模為**離散無記憶通道**。離散無記憶通道可完全由傳輸機率的集合 $p(j|i)$來描述，其中 i 為調變輸入符號，j 為解調變輸出符號，且 $p(j|i)$為已知傳送符號 i 下而接收符號 j 的機率。(離散無記憶通道已於章節 10.6 描述過。)

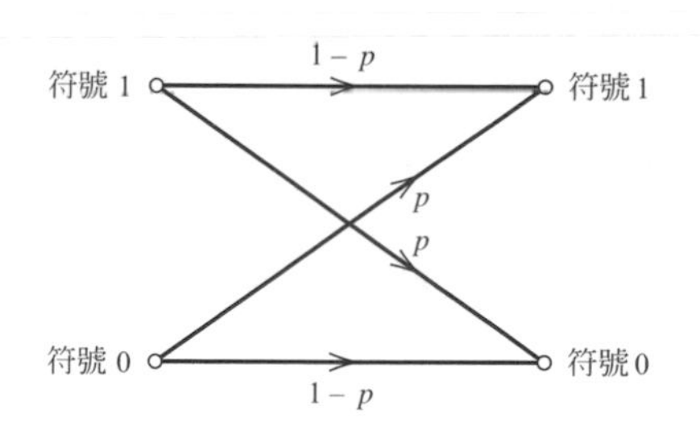

圖 10.18 二進制對稱通道的轉移機率

最簡單的離散無記憶通道為使用二位元輸出入符號。當使用二進位編碼，則調變器僅有二進位符號「0」和「1」為輸入。同樣地，若解調變器輸出是以二進位量化，則解碼器僅有二進位輸入，亦即，針對實際被傳輸的符號為何，對調變器輸出採用**硬性決定**。在此情況下，圖 10.18 為**二進制對稱通道**(Binary Symmetric Channel，BSC)的**轉移機率圖**。假設二進制對稱通道的雜訊模型為加成性白高斯雜訊(Additive White Gaussian Noise，AWGN)，則可用**轉移機率** p 完全描述。

在接收端解碼前使用硬性決定，將造成無法回復的資訊損失。爲了減低損失而採用**軟性決定**編碼。因此可藉著在解調變輸出增加多級量化器，如同圖 10.19 介紹的二進位相位鍵移訊號爲例。量化器的輸出入特性如圖 10.20a 所示。調變器僅以二進位 0 與 1 爲輸入，但解調變器的輸出則是有 Q 個符號輸出的字符集。假設使用圖 10.20a 中描述的量化器，得到 $Q = 8$。這樣的通道稱爲**二元輸入 Q 元輸出離散無記憶通道**。圖 10.20b 表示相對應的通道轉移機率圖。這種分佈形式與解碼器效能，取決於量化器所表示的階層位置，其次相關於訊號階層和雜訊變化。因此若要實現有效多階層量化器，解調變器加入自動增益控制。此外，使用軟性決定使得解碼器的實現更爲複雜。然而，軟性決定相對於硬性決定在效能上有顯著的增進。

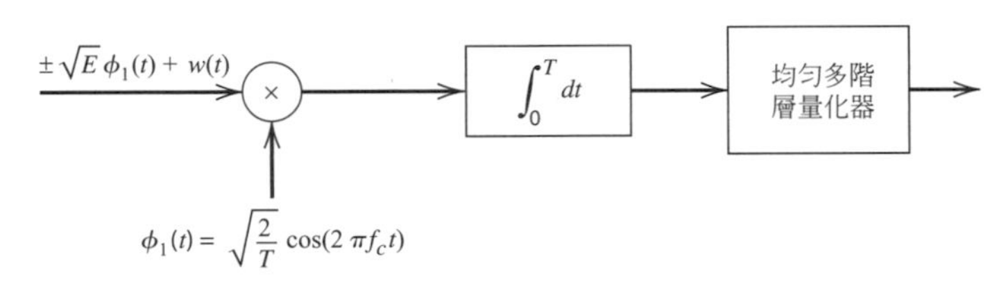

圖 10.19　二元輸入 Q 元輸出離散無記憶通道

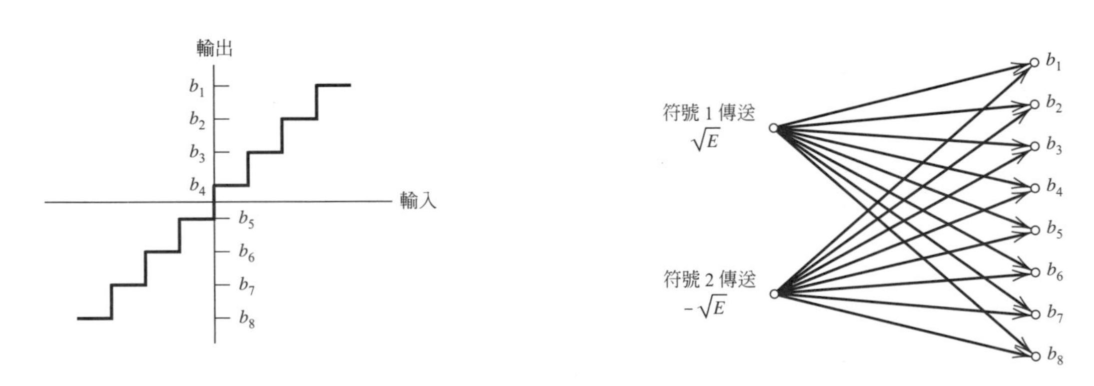

圖 10.20　(a) **多階層量化器的傳輸特性**；(b) **通道轉移機率圖**

10.11 線性區塊碼

假設任意兩個字碼以相加運算後，得到的第三個字碼仍是該組編碼，則該編碼稱之爲**線性**。一個(n, k)的線性區塊碼，n 位元編碼中的 k 個位元總是與要發送的訊息序列完全相同。剩餘部分的 $n - k$ 位元都是經由訊息位元根據指定的編碼方式得到，編碼規則決定了這個碼的數學結構。因此，$n - k$ 位元稱爲**廣義同位檢查位元**或簡單地說**同位位元**。區塊碼在訊息位元被傳送時，不發生變化的部分稱爲**系統碼**。對於**同時**需要錯誤偵測與錯誤更正的應用，系統碼的使用可以簡化解碼器的建構。

取 $m_0, m_1, \ldots, m_{k-1}$ 組成任意 k 個訊息位元的區塊。則可以得到 2^k 不同的訊息區塊。將這個訊息位元序列輸入線性區塊編碼器，產生 n 位元字碼，各個元素分別為 $c_0, c_1, \ldots, c_{n-1}$。以 $b_0, b_1, \ldots, b_{n-k-1}$ 代表字碼的$(n-k)$個同位位元。由於碼具有系統結構，一個字碼可以劃分為兩個部分，一部份為訊息位元而其他為同位位元。顯然地，可以選擇傳送訊息位元後再傳送同位位元，反之亦然。前者如圖 10.21 所表示。

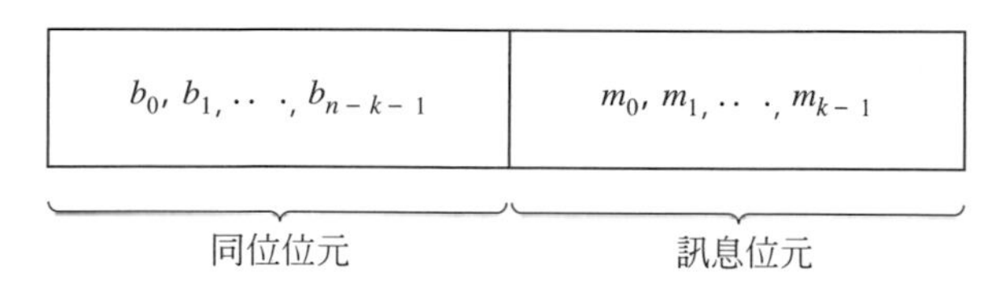

圖 10.21　字碼的結構

根據圖 10.21 的表示，字碼的最左邊$(n-k)$位元與相對應的同位位元相同，而最右邊的 k 個位元則與相對應的訊息位元相符。因此得到下列

$$c_i = \begin{cases} b_i, & i = 0,1,\ldots,n-k-1 \\ m_{i+k-n}, & i = n-k, n-k+1, \ldots, n-1 \end{cases} \tag{10.62}$$

$(n-k)$個同位位元是 k 個訊息位元的**線性和**，可以下列一般的關係式來表示，其中 + 代表模數相加運算

$$b_i = p_{0i}m_0 + p_{1i}m_1 + \cdots + p_{k-1,i}m_{k-1} \tag{10.63}$$

係數的定義如下：

$$p_{ij} = \begin{cases} 1 & \text{若 } b_i \text{ 取決於 } m_j \\ 0 & \text{其他} \end{cases} \tag{10.64}$$

係數 p_{ij} 的選擇條件為要使得生成矩陣線性的各列獨立，且同位等式**唯一**。

式(10.62)和式(10.63)定義了(n, k)線性區塊碼的數學結構。這兩個等式組合可用矩陣格式重新表示一個更精簡的格式。為了進行再次的方程式化，定義一個 $1\times k$ 的訊息向量 **m**、一個 $1\times(n-k)$同位向量 **b** 和 $1\times n$ 編碼向量 **c**，形式如下：

$$\mathbf{m} = [m_0, m_1, \ldots, m_{k-1}] \tag{10.65}$$

$$\mathbf{b} = [b_0, b_1, \ldots, b_{n-k-1}] \tag{10.66}$$

$$\mathbf{c} = [c_0, c_1, \ldots, c_{n-1}] \tag{10.67}$$

注意三個向量皆為**列向量**。本章採用的列向量表示法與編碼相關文獻中的格式相同。如此可將定義同位位元的聯立等式改寫成較精簡的矩陣格式為：

$$\mathbf{b} = \mathbf{mP} \tag{10.68}$$

其中 **P** 為 $k\times(n-k)$的係數矩陣定義如下

$$\mathbf{P}=\begin{bmatrix} p_{00} & p_{01} & \cdots & p_{0,n-k-1} \\ p_{10} & p_{11} & \cdots & p_{1,n-k-1} \\ \vdots & \vdots & & \vdots \\ p_{k-1,0} & p_{k-1,1} & \cdots & p_{k-1,n-k-1} \end{bmatrix} \tag{10.69}$$

而 p_{ij} 為 0 或 1。

由式(10.65)至(10.66)的定義可知，**c** 可表示為由向量 **m** 與 **b** 組成的分隔列向量：

$$\mathbf{c}=[\mathbf{b}\,|\,\mathbf{m}] \tag{10.70}$$

在此將式(10.68)代入式(10.70)並提出共同訊息向量 **m** 為公因式得到

$$\mathbf{c}=\mathbf{m}[\mathbf{P}\,|\,\mathbf{I}_k] \tag{10.71}$$

其中 $\mathbf{I}_k$ 為 $k\times k$ 單位矩陣：

$$\mathbf{I}_k=\begin{bmatrix} 1 & 0 & \cdots & 0 \\ 0 & 1 & \cdots & 0 \\ \vdots & & & \vdots \\ 0 & 0 & \cdots & 1 \end{bmatrix} \tag{10.72}$$

定義 $k\times n$ 的生成矩陣為

$$\mathbf{G}=[\mathbf{P}\,|\,\mathbf{I}_k] \tag{10.73}$$

式(10.73)的生成矩陣 **G** 被稱作**簡約標準梯型**(echelon canonical form)，因為矩陣 k 列間為線性獨立，也就是說矩陣 **G** 的任何一列都無法以其他列的線性組合表示。利用生成矩陣 **G** 的定義可簡化式(10.71)為

$$\mathbf{c}=\mathbf{mG} \tag{10.74}$$

藉由式(10.74)且讓訊息向量 **m** 落於所有 2^k 個二進制 k 元組($1\times k$ 向量)，即可生成所有字碼集合(僅稱為**碼**)。其中任兩個字碼的和為另一個字碼。線性區塊碼的這種基本特性稱為封閉性。為了證明這個特性的正確性，找一對向量碼 $\mathbf{c}_i$ 和 $\mathbf{c}_j$，對應的訊息碼分別為 $\mathbf{m}_i$ 和 $\mathbf{m}_j$。依照式(10.74)，$\mathbf{c}_i$ 與 $\mathbf{c}_j$ 的和可表示為

$$\begin{aligned}\mathbf{c}_i+\mathbf{c}_j&=\mathbf{m}_i\mathbf{G}+\mathbf{m}_j\mathbf{G}\\&=(\mathbf{m}_i+\mathbf{m}_j)\mathbf{G}\end{aligned}$$

將 $\mathbf{m}_i$ 和 $\mathbf{m}_j$ 的模數 2 之和表示成新的訊息向量。相對應地，$\mathbf{c}_i$ 和 $\mathbf{c}_j$ 的模數 2 之和也可表示為新的碼向量。

另外有一個方法也可將訊息位元與同位位元的關係表示為線性區塊碼。令 **H** 為 $(n-k)\times n$ 的矩陣，定義為

$$\mathbf{H} = [\mathbf{I}_{n-k} \mid \mathbf{P}^T] \tag{10.75}$$

其中 $\mathbf{P}^T$ 爲一個$(n-k) \times k$ 矩陣，表示係數矩陣 $\mathbf{P}$ 的轉置，$\mathbf{I}_{n-k}$ 爲$(n-k) \times (n-k)$的單位矩陣。因此可將分隔矩陣以乘法運算如下：

$$\begin{aligned}\mathbf{HG}^T &= [\mathbf{I}_{n-k} \mid \mathbf{P}^T]\left[\frac{\mathbf{P}^T}{\mathbf{I}_k}\right] \\ &= \mathbf{P}^T + \mathbf{P}^T\end{aligned}$$

在此用到方陣的一個性質，即是方陣乘以維度相同的單位矩陣後，其值不變。以模數 2 運算後，得到 $\mathbf{P}^T + \mathbf{P}^T = \mathbf{0}$，$\mathbf{0}$ 表示爲$(n-k) \times k$ 零矩陣(即是一個矩陣其中所有元素皆爲零)。因此

$$\mathbf{HG}^T = \mathbf{0} \tag{10.76}$$

同樣地得到 $\mathbf{GH}^T = \mathbf{0}$。將式(10.74)的等號兩邊皆乘上 $\mathbf{H}$ 的轉置矩陣 $\mathbf{H}^T$，再以式(10.76)代換得到

$$\begin{aligned}\mathbf{cH}^T &= \mathbf{mGH}^T \\ &= \mathbf{0}\end{aligned} \tag{10.77}$$

矩陣 **H** 稱爲線性區塊碼的**同位檢查矩陣**，式(10.77)的等式稱爲**同位檢查等式**。

生成等式(10.74)與同位檢查偵測等式(10.77)爲線性區塊碼的描述與運算基本方程式。這兩個等式可分別用圖 10.22a 和 10.22b 的區塊圖來表示

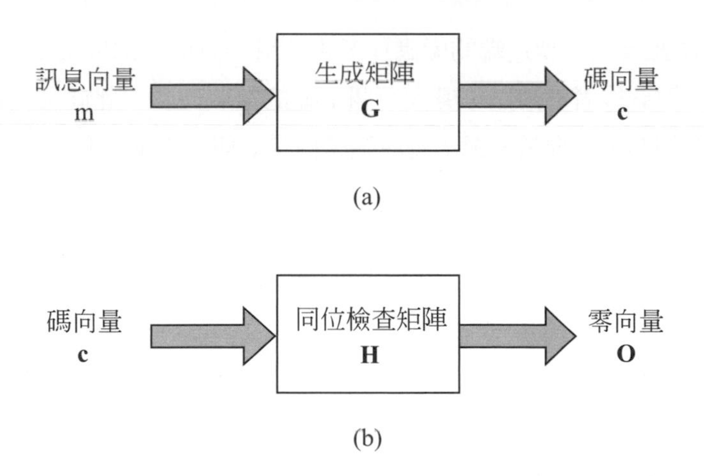

圖 10.22　生成等式(10.74)和同位檢查等式(10.77)的方塊圖

範例 10.9 重複碼

重複碼爲線性區塊碼的最簡單型態。特別地，單個訊息位元被編碼爲 n 個相同位元的區塊，產生一個$(n, 1)$的區塊碼。這種編碼允許不同數目的冗餘，且僅包含兩種字碼：全爲 0 字碼和全爲 1 字碼。

例如假設一個重複碼，其中 $k = 1$ 而 $n = 5$。在這個例子中，可以得到 4 個與訊息位元相同得同位位元。因此，單位矩陣 $\mathbf{I}_k = 1$ 且係數矩陣 $\mathbf{P}$ 由一個 1×4，其中元素全爲 1 的向量所構成。同樣地，生成矩陣爲一個全爲 1 的列向量，如下所見：

$$\mathbf{G} = [1 \quad 1 \quad 1 \quad 1 \quad | \quad 1]$$

係數矩陣 $\mathbf{P}$ 的轉置矩陣 $\mathbf{P}^T$，由一個 4×1 元素全爲 1 的向量。單位矩陣 $\mathbf{I}_{n-k}$ 爲一個 4×4 矩陣。因此，同位檢查矩陣爲

$$\mathbf{H} = \begin{bmatrix} 1 & 0 & 0 & 0 & | & 1 \\ 0 & 1 & 0 & 0 & | & 1 \\ 0 & 0 & 1 & 0 & | & 1 \\ 0 & 0 & 0 & 1 & | & 1 \end{bmatrix}$$

由於訊息向量由單一的二進制符號組成，由式(10.74)得知，如同預期地(5, 1)重複碼中僅有兩種字碼：00000 和 11111。此外與式(10.76)相同，$\mathbf{HG}^T = \mathbf{0}$ 模數 2 運算亦爲 0。

徵狀解碼—I

生成矩陣 $\mathbf{G}$ 被使用在傳送端的編碼作業中。另一方面，同位檢查矩陣 $\mathbf{H}$ 用在接收端的接碼作業。對於後者的動作，導入一個 $1\times n$ 的接收向量，此向量爲傳送碼向量 $\mathbf{c}$，通過雜訊通道得到的。將向量 $\mathbf{r}$ 表示爲原始碼向量 $\mathbf{c}$ 與向量 $\mathbf{e}$ 的和，如下

$$\mathbf{r} = \mathbf{c} + \mathbf{e} \tag{10.78}$$

向量 $\mathbf{e}$ 稱之爲**錯誤向量**或**錯誤圖樣**。若 $\mathbf{r}$ 中的第 i 個元素與 $\mathbf{c}$ 中相對應的第 i 個元素相同，則 $\mathbf{e}$ 之中對應的元素爲 0。另一方面，若 $\mathbf{r}$ 與 $\mathbf{c}$ 對應的第 i 個元素不相同，則 $\mathbf{e}$ 之中第 i 個元素爲 1，這種情況即可說是在第 i 個位置發生了錯誤碼。也就是說，對於 $i = 1, 2, \ldots, n$，可得到

$$e_i = \begin{cases} 1 & \text{若於第}i\text{個位置發生一錯誤} \\ 0 & \text{其他} \end{cases} \tag{10.79}$$

接收器的任務爲將接收的向量 $\mathbf{r}$ 解碼爲碼向量 $\mathbf{c}$。演算法通常用於解碼作業，由計算 $1\times(n-k)$向量開始，稱之爲**錯誤徵狀向量**或簡單地稱爲**徵狀**[5]。徵狀的重要之處在於它由錯誤圖樣所決定。

給定一個 $1 \times n$ 接收向量 $\mathbf{r}$，對應的徵狀可定義為

$$\mathbf{s} = \mathbf{r}\mathbf{H}^T \tag{10.80}$$

因此，徵狀具有下列重要性質。

性質 1

徵狀僅取決於錯誤圖樣，與傳送的字碼無關。

為了證明這個特性，首先使用式(10.78)和式(10.80)再代入式(10.77)得到

$$\begin{aligned}\mathbf{s} &= (\mathbf{c} + \mathbf{e})\mathbf{H}^T \\ &= \mathbf{c}\mathbf{H}^T + \mathbf{e}\mathbf{H}^T \\ &= \mathbf{e}\mathbf{H}^T\end{aligned} \tag{10.81}$$

因此，只要知道同位檢查矩陣 $\mathbf{H}$ 就可以計算出徵狀 $\mathbf{s}$，而徵狀 $\mathbf{s}$ 只與錯誤圖樣 $\mathbf{e}$ 相關。

性質 2

不同字碼所有錯誤圖樣皆有相同的徵狀。

對於 k 個訊息位元，則有 2^k 不同的碼向量 c_i，其中 $i = 1,..., 2^k$。相對應地，對於任意錯誤圖樣 $\mathbf{e}$，可定義 2^k 不同向量 $\mathbf{e}_i$ 為

$$\mathbf{e}_i = \mathbf{e} + \mathbf{c}_i, \quad i = 1, ..., 2^k \tag{10.82}$$

向量$\{\mathbf{e}_i, i = 1,..., 2^k\}$的集合稱為該碼的**陪集**。換而言之，陪集正好包含 2^k 個元素，這些元素至多有一個碼向量的誤差。因此，一個(n, k)線性區塊碼有 2^{n-k} 可能的陪集。在式(10.82)的兩邊乘上矩陣 $\mathbf{H}^T$ 得到

$$\begin{aligned}\mathbf{e}_i\mathbf{H}^T &= \mathbf{e}\mathbf{H}^T + \mathbf{c}_i\mathbf{H}^T \\ &= \mathbf{e}\mathbf{H}^T\end{aligned} \tag{10.83}$$

此結果與指標 i 無關。根據結果可指出，字碼的每個陪集都有唯一的徵狀。

將式(10.81)展開可理解性質 1 與性質 2。特別地，當矩陣 $\mathbf{H}$ 具有式(10.75)的系統格式時，其中矩陣 $\mathbf{P}$ 於式(10.69)所定義。從式(10.81)發現徵狀 $\mathbf{s}$ 的$(n-k)$元素為 n 個元素中錯誤圖樣 $\mathbf{e}$ 的線性組合，即

$$\begin{aligned}s_1 &= e_0 + e_{n-k}p_{00} + e_{n-k+1}p_{10} + \cdots + e_{n-1}p_{k-1,1} \\ s_2 &= e_1 + e_{n-k}p_{01} + e_{n-k+1}p_{11} + \cdots + e_{n-1}p_{k-1,2} \\ &\vdots \\ s_{n-k} &= e_{n-k} + e_{n-k}p_{0,n-k+1} + \cdots + e_{n-1}p_{k-1,n-k}\end{aligned} \tag{10.84}$$

$(n-k)$的線性方程組說明了徵狀包含錯誤圖樣的資訊，且可用於錯誤偵測。然而，必須注意的是聯立方程**仍無法確定解**，因爲未知數多於方程式的個數。因此，對於錯誤圖樣**沒有**唯一的解。滿足式(10.84)的錯誤圖樣有 2^k 個，而根據性質 2 與式(10.83)有相同的徵狀。眞實的錯誤圖樣即爲 2^k 個可能解之中的一個。換言之，在包含徵狀 $\mathbf{s}$ 中關於錯誤圖樣 $\mathbf{s}$ 的資訊，仍**不足**以被解碼器計算出傳輸碼向量的精確值。但是，徵狀 $\mathbf{s}$ 的瞭解減少了從 2^n 到 2^{n-k} 可能的眞實錯誤圖樣 $\mathbf{e}$ 的搜尋。尤其，解碼器的任務就是對於對應於 $\mathbf{s}$ 的陪集中找出最佳選擇。

最小距離考量

假設一對碼向量 $\mathbf{c}_1$ 與 $\mathbf{c}_2$ 具有相同數量的元素。將一對碼向量中相對應不同元素位置數目，定義爲**漢明距離**(Hamming distance)，標記爲 $d(\mathbf{c}_1,\mathbf{c}_2)$。

碼向量中非零元素的數量定義爲碼向量 $\mathbf{c}$ 的**漢明重量**(Hamming weight) $w(\mathbf{c})$。同樣地，可以將碼向量的漢明重量當作碼向量與全零碼向量的距離。

線性區塊碼的**最小距離** $d_{\min}$ 定義爲碼中的任意一對碼向量之間的最小漢明距離。因此，最小距離等於任一兩碼向量之差的最小漢明重量。由線性區塊碼的封閉性質可知，兩個向量碼的和或差得到另一個向量碼。**因此表示線性區塊碼的最小距離為碼之中的非零碼向量的最小漢明碼重量**。

基本上而言，最小距離 $d_{\min}$ 與碼中的同位檢查矩陣 $\mathbf{H}$ 的結構有關。從式(10.77)可知，線性區塊碼是由滿足 $\mathbf{c}\mathbf{H}^T=\mathbf{0}$ 的所有碼向量所組成，其中 $\mathbf{H}^T$ 爲同位檢查矩陣 $\mathbf{H}$ 的轉置矩陣。將矩陣 $\mathbf{H}$ 表示爲行向量表示，如下：

$$\mathbf{H}=[\mathbf{h}_1,\mathbf{h}_2,\ldots,\mathbf{h}_n] \tag{10.85}$$

而後，對於滿足條件 $\mathbf{c}\mathbf{H}^T=\mathbf{0}$ 的碼向量 $\mathbf{c}$，必須有部分位置爲 1，因此在這些位置上的 $\mathbf{H}^T$ 中對應列的和爲零的零向量。然而根據定義，碼向量中 1 的數量爲碼向量的漢明重量。且線性區塊碼中非零碼向量的最小漢明重量等於該碼的最小距離。因此，**線性區塊碼的最小距離可定義為矩陣 $\mathbf{H}^T$ 中列的最小數量，其中的和等於零向量**。

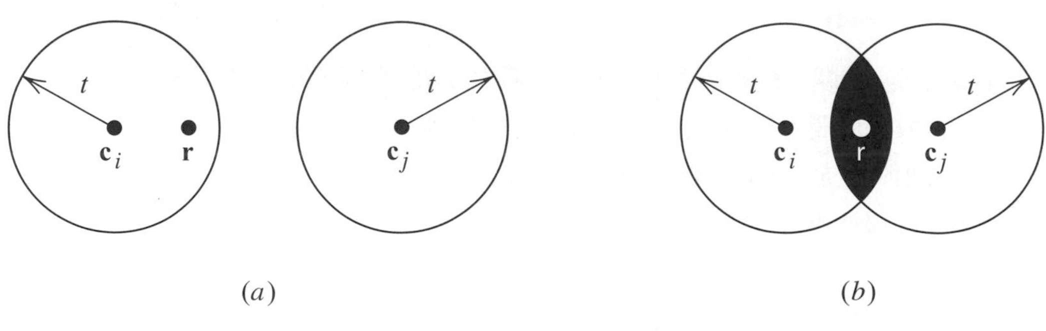

圖 10.23 (a) **漢明距離** $d(c_ic_j)$；(b) **漢明距離** $d(c_ic_j)$

線性區塊碼的最小距離 $d_{\min}$，爲該碼的一重要參數，特別是它決定了該碼的錯誤更正能力。假設一個(n, k)的線性區塊碼，被要求可檢測並更正所有通過二進制對稱通道的錯誤圖樣，其中漢明重量小於或等於 t。也就是說，該碼中傳送的碼向量 $\mathbf{c}_i$，接收向量 $\mathbf{r}$ 爲 $\mathbf{r} = \mathbf{c}_i + \mathbf{e}$，則當要求錯誤圖樣 $\mathbf{e}$ 的漢明重量 $w(\mathbf{e}) \leq t$，解碼輸出爲 $\hat{\mathbf{c}}=\mathbf{c}_i$。假設碼中的 2^k 碼向量以相同的機率傳送。解碼器可採用的最佳方法爲取用向量碼中最接近接收向量 $\mathbf{r}$ 的碼向量，即是選取漢明距離 $d(\mathbf{c}_i, \mathbf{r})$中最小的碼向量。採用此方法，該碼最小距離等於或大於 $2t + 1$，解碼器將可以偵測並更正所有漢明重量 $w(\mathbf{e}) \leq t$ 中的錯誤圖樣。以下將透過幾個問題的幾何解釋證明上述條件的正確性。尤其 $1\times n$ 的碼向量與 $1\times n$ 的接收向量可以 n 維空間的點表示。假設合成了兩個球，每個半徑爲 t，碼向量 $\mathbf{c}_i$ 和 $\mathbf{c}_j$ 分別表示爲球心。如圖 10.23a 表示，兩個球不相交。爲了滿足這個條件，則要求 $d(\mathbf{c}_i,\mathbf{c}_j) \geq 2t + 1$。若傳送碼向量 $\mathbf{c}_i$ 而漢明距離 $d(\mathbf{c}_i,\mathbf{r}) \leq t$，則解碼器將選取 $\mathbf{c}_i$ 爲最接近接收向量 $\mathbf{r}$ 的碼向量。另一方面，漢明距離 $d(\mathbf{c}_i,\mathbf{c}_j) \leq 2t$ 圍繞著 $\mathbf{c}_i$ 和 $\mathbf{c}_j$ 的兩個球心之重疊部分則於圖 10.23b 可看到。因此，若傳送 $\mathbf{c}_i$ 則存在一個接收向量 $\mathbf{r}$，漢明距離 $d(\mathbf{c}_i, \mathbf{r}) \leq t$ 且 $\mathbf{r}$ 與 $\mathbf{c}_i$ 及 $\mathbf{c}_j$ 的距離相等。顯然地此時解碼器也有可能選擇到錯誤的向量 $\mathbf{c}_j$。因此得到一個結論爲，**(n, k)線性區塊碼具有更正所有距離等於或小於 t 的錯誤圖樣的充分必要條件為**

$$d(\mathbf{c}_i,\mathbf{c}_j) \geq 2t+1 \quad \text{對於所有 } \mathbf{c}_i \text{ 及 } \mathbf{c}_j$$

根據定義，碼之中任意一對碼向量的最小距離爲該碼的最小距離，$d_{\min}$ 因此，可以說是**最小距離 $d_{\min}$ 的(n, k)線性區塊碼，至多可更正 t 個錯誤的充分必要條件為**

$$t \leq \left\lfloor \frac{1}{2}(d_{\min} - 1) \right\rfloor \tag{10.86}$$

其中$\lfloor \ \rfloor$表示小於或等於內部數量的**最大整數**。等式(10.86)定量說明了線性區塊編碼的錯誤更正能力。

徵狀解碼—II

以下將探討對於線性區塊碼基於徵狀解碼的方法。假設 $\mathbf{c}_1, \mathbf{c}_2, \ldots, \mathbf{c}_{2^k}$ 表示(n, k)線性區塊碼的 2^k 碼向量，$\mathbf{r}$ 表示爲接收向量，其中有 2^n 個可能值。接收器的任務爲將 2^n 個可能接收向量，劃分於 2^k 個互不相交的子集合 $D_1, D_2, \ldots, D_{2^k}$，而第 i 個子集合 D_i 對應於碼向量 $\mathbf{c}_i$，對於 $1 \leq i \leq 2^k$。若接收向量 $\mathbf{r}$ 落於第 i 個子集合中，則被解碼爲 $\mathbf{c}_i$。爲了正確地解碼，接收向量 $\mathbf{r}$ 必須爲落於實際傳送的碼向量 $\mathbf{c}_i$ 所屬的子集合中。

在此所述的 2^k 個子集合組成一個線性區塊碼的標準矩陣。爲了建構這個標準矩陣，可利用編碼的線性結構，並依照下列的處理步驟：

1. 2^k 個碼向量排成一列，全爲零的碼向量 $\mathbf{c}_1$ 置於元素的最左側。
2. 選取一個錯誤圖樣 $\mathbf{e}_2$ 置於 $\mathbf{c}_1$ 之下，將 $\mathbf{e}_2$ 加入第一列剩餘碼的向量，而可以生成第二列。且重要的是，於一列中的第一個元素的錯誤圖樣不能於標準矩陣中出現過(注意 $\mathbf{e}_1 = 0$)。
3. 重複第二步驟直到所有可能的錯誤圖樣皆被處理。

圖 10.24 表示於上述步驟被建構的標準矩陣。矩陣的 2^k 行表示互不相交子集合 $D_1, D_2, \ldots, D_{2^k}$。矩陣的 2^{n-k} 列表示該碼的陪集，且陪集的第一個元素 $\mathbf{e}_2, \ldots, \mathbf{e}_{2^{n-k}}$ 稱爲**陪集首**。

$$
\begin{array}{cccccc}
\mathbf{c}_1 = \mathbf{0} & \mathbf{c}_2 & \mathbf{c}_3 & \cdots & \mathbf{c}_i & \cdots & \mathbf{c}_{2^k} \\
\mathbf{e}_2 & \mathbf{c}_2 + \mathbf{e}_2 & \mathbf{c}_3 + \mathbf{e}_2 & \cdots & \mathbf{c}_i + \mathbf{e}_2 & \cdots & \mathbf{c}_{2^k} + \mathbf{e}_2 \\
\mathbf{e}_3 & \mathbf{c}_2 + \mathbf{e}_3 & \mathbf{c}_3 + \mathbf{e}_3 & \cdots & \mathbf{c}_i + \mathbf{e}_3 & \cdots & \mathbf{c}_{2^k} + \mathbf{e}_3 \\
\\
\mathbf{e}_j & \mathbf{c}_2 + \mathbf{e}_j & \mathbf{c}_3 + \mathbf{e}_j & \cdots & \mathbf{c}_i + \mathbf{e}_j & \cdots & \mathbf{c}_{2^k} + \mathbf{e}_j \\
\\
\mathbf{e}_{2^{n-k}} & \mathbf{c}_2 + \mathbf{e}_{2^{n-k}} & \mathbf{c}_3 + \mathbf{e}_{2^{n-k}} & \cdots & \mathbf{c}_i + \mathbf{e}_{2^{n-k}} & \cdots & \mathbf{c}_{2^k} + \mathbf{e}_{2^{n-k}}
\end{array}
$$

圖 10.24 (n, k)**區塊碼的標準矩陣**

對於給定的通道，當最有可能的錯誤圖樣(即是出現機率最大的)被選爲陪集首，解碼錯誤通道的機率爲最小化。於二進制對稱通道中，錯誤圖樣的漢明重量越小，則其發生的可能性則越大。因此，標準矩陣的陪集首必須由漢明重量較小的陪集首來建構

線性區塊碼的解碼步驟敘述如下：

1. 對於接收向量 $\mathbf{r}$，計算徵狀爲 $\mathbf{s} = \mathbf{r}\mathbf{H}^T$。
2. 以徵狀 $\mathbf{s}$ 爲特徵的陪集中，標示出陪集首(亦即發生機率最大的錯誤圖樣)$\mathbf{e}_0$。
3. 計算出碼向量

$$\mathbf{c} = \mathbf{r} + \mathbf{e}_0 \tag{10.87}$$

作爲接收向量 $\mathbf{r}$ 的解碼版本。

這樣的步驟稱之爲**徵狀解碼**。

理查・衛斯理・漢明 (Richard W. Hamming，1915-1998)

(圖片來源：維基百科)

當理查衛斯理漢明加入貝爾實驗室時，與謝農共用一個辦公室。正當謝農在研究資訊理論時，漢明於同一時間、同一地點也正在研究編碼理論。

在 1977 年錄製的一段訪談中(恰於發現第一個二進位碼的 30 年後)，漢明回憶起使用機械式繼電器電腦的懊惱，當時他僅能在每週末使用這部電腦：「連續兩個週末就是我進來之後，結果發現我所有東西都被停擺(dumped)，什麼也沒完成...於是我說：『該死，要是機器可以偵測到一個錯誤，為何機器不能確定出錯誤的位置並把它更正？』」就是這個問題引導著漢明發現第一個二進制錯誤更正碼。

關於編碼理論的由來歷史，本身存在一個爭議。漢明一篇 1949 年在貝爾系統技術期刊上的論文，當時因為專利的關係而延緩一段時間才發表。同年，格雷(Golay)於 IRE 會議(之後更名為 IEEE)發表了一篇論文，其中敘述了其(23,12)和(11,6)碼。對於此爭議如何結束，可參考 Thompson 的書(1983)，第 1 章最後一節，當中作了有趣的揭露。[**編註**：即本書末「參考書目」中所列的 T. M. Thompson, *From Error-correcting Codes through Sphere Packing to Simple Groups* (The Mathematical Association of America, 1983)。可 Google 搜尋後，試閱其中的 Chapter 1：The Origin of Error-Correcting Codes 中的 Section 6：The Priority Controversy]。

範例 10.10 漢明碼

考量一組具備下列參數的(n, k)線性區塊碼：

區塊長度： $n = 2^m - 1$

訊息位元數量： $k = 2^m - m - 1$

同位位元數量： $n - k = m$

其中 $m \geq 3$。這種碼稱之爲漢明碼(Hamming codes)。

例如，$n = 7$ 且 $k = 4$ 的(7, 4)漢明碼對應 $m = 3$。該碼的生成矩陣必須具備如同式(10.73)的結構。下列的矩陣即表示一個正確的(7, 4)漢明碼生成矩陣。

$$\mathbf{G} = \left[\begin{array}{ccc|cccc} 1 & 1 & 0 & 1 & 0 & 0 & 0 \\ 0 & 1 & 1 & 0 & 1 & 0 & 0 \\ 1 & 1 & 1 & 0 & 0 & 1 & 0 \\ \underbrace{1 \quad 0 \quad 1}_{\mathbf{P}} & & & \underbrace{0 \quad 0 \quad 0 \quad 1}_{\mathbf{I}_k} & & & \end{array}\right]$$

而相符的同位檢查矩陣則為

$$\mathbf{H} = \left[\begin{array}{ccc|cccc} 1 & 0 & 0 & 1 & 0 & 1 & 1 \\ 0 & 1 & 0 & 1 & 1 & 1 & 0 \\ \underbrace{0 \quad 0 \quad 1}_{\mathbf{I}_{n-k}} & & & \underbrace{0 \quad 1 \quad 1 \quad 1}_{\mathbf{P}^T} & & & \end{array}\right]$$

如同表 10.4 所列出，當 $k = 4$ 時共有 $2^k = 16$ 種相異訊息字元。對於給定的訊息字元，根據式(10.74)可得到相對應字碼。因此，應用這個的結果可得到表 10.4 所列的 16 種字碼。

表 10.4 (7, 4)漢明碼的字碼

訊息字元	字碼	字碼重量	訊息字元	字碼	字碼重量
0000	0000000	0	1000	1101000	3
0001	1010001	3	1001	0111001	4
0010	1110010	4	1010	0011010	3
0011	0100011	3	1011	1001011	4
0100	0110100	3	1100	1011100	4
0101	1100101	4	1101	0001101	3
0110	1000110	3	1110	0101110	4
0111	0010111	4	1111	1111111	7

於表 10.4 也列出了(7, 4)漢明碼中個別字碼的漢明重量。非零字碼的最小漢明重量為 3，且碼之中最小距離也是 3。實際上，漢明碼有如下的性質，最小距離 $d_{\min} = 3$ 且獨立於同位位元之位元數 m。

為表達最小距離 $d_{\min}$ 與同位檢查矩陣 **H** 結構的關係，假設一個字碼為 0110100。按照式(10.77)定義的矩陣乘法，以字碼的非零元素過濾出矩陣 **H** 的第二、第三、第五行得到

$$\begin{bmatrix} 0 \\ 1 \\ 0 \end{bmatrix} + \begin{bmatrix} 0 \\ 0 \\ 1 \end{bmatrix} + \begin{bmatrix} 0 \\ 1 \\ 1 \end{bmatrix} = \begin{bmatrix} 0 \\ 0 \\ 0 \end{bmatrix}$$

剩餘的 14 個非零字碼也可進行類似的計算法則。因此發現矩陣 **H** 中和為零的最小行數目為 3，證明了前面所提到的 $d_{\min} = 3$ 論點。

漢明碼具有一個最重要性質，假設 $t = 1$，則漢明碼滿足式(10.86)取等號時的對應條件。也就是說漢明碼為**單一錯誤更正的二進位完備碼**。

假定單一錯誤圖樣，我們可將列出如表 10.5 中右側一行表示的 7 個陪集首。列於左側一行是根據式(10.81)計算得到的相對應徵狀。零徵狀意味著無傳輸錯誤。

例如假設傳送的碼向量爲[1110010]，接收向量爲[1100010]且在第三位元發生錯誤。根據式(10.80)計算出的徵狀爲

$$\mathbf{s}=[1100010]\begin{bmatrix}1&0&0\\0&1&0\\0&0&1\\1&1&0\\0&1&1\\1&1&1\\1&0&1\end{bmatrix}$$

$$=[0\quad 0\quad 1]$$

由表 10.5 可知相對應的陪集首(錯誤圖樣發生機率最高的)爲[0010000]，指出接收向量的第三位元爲錯誤的。於是，根據式(10.87)於接收向量增加錯誤位元圖樣，即能的到實際發送的正確碼向量。

表 10.5　表 10.4 中的(7, 4)漢明碼的解碼表

徵狀	錯誤圖
000	0000000
100	1000000
010	0100000
001	0010000
110	0001000
011	0000100
111	0000010
101	0000001

對偶碼。給定一個線性區塊碼，可依照下列方式定義其**對偶**。將式(10.76)兩端同時轉置可得到

$$\mathbf{G}\mathbf{H}^T=0$$

其中 $\mathbf{H}^T$ 爲同位檢查矩陣的轉置矩陣，而 **0** 爲新的零矩陣。這個等式說明了生成矩陣爲 **G**、同位檢查矩陣爲 **H** 的(n, k)線性區塊碼，均存在一個參數爲$(n, n-k)$、生成矩陣爲 H 且同位檢查矩陣爲 **G** 的**對偶碼**。

循環碼

線性區塊碼的集合相當廣。線性區塊碼其中一個重要的子類別爲**循環碼**，其中一個特徵爲字碼經過任意循環位移後仍然是一個字碼。循環碼的重要例子如下：

- 漢明碼，如同已經提過的範例。
- 最大長度碼，具有良好的自動自相關特性且有許多應用於前向錯誤更正。
- 循環冗餘檢查(CRC)碼，其加入同位位元於傳輸以增加接收端的可靠度，若在傳送中發生錯誤可偵測出。因此，這些是**錯誤偵測碼**。
- Bose-Chaudhuri-Hocquenghem(BCH)碼是個循環碼的大家族。BCH 碼提供選擇碼參數的彈性，也就是區塊長度和編碼率。
- Reed-Solomon(RS)碼為一個非二進制 BCH 碼的重要子類別。RS 碼的編碼器與二進制編碼器的不同點在於，RS 碼編碼器操作於多重位元非個別位元。RS(n, k)恆滿足條件 $n-k=2t$，這樣的特性讓 RS 碼這一類編碼於錯誤更正具有效果。

這些循環碼的技術細節差異未列入現在的討論[6]。

範例 10.11 循環碼的位元錯誤率之效率

圖 10.25 比較三個循環編碼技術當應用二進制相位鍵移透過高斯通道傳輸的位元錯誤率之效率。這三種編碼為(7,4)漢明碼、(31,16)BCH 碼和(31,15)RS 碼。先前已討論過(7,4)漢明碼。(31,15)BCH 碼加入 15 同位位元於 16 個資訊位元，增加碼的更正能力到 $t=3$ 個錯誤。(31,15)RS 碼增加 16 個同位符號於 15 個資訊符號，而非位元，其中每個符號代表 5 個位元，以 $n-k=16$ 產生碼。因此，此 RS 碼的更正 $t=8$ 錯誤符號(非位元)於一個字碼中。

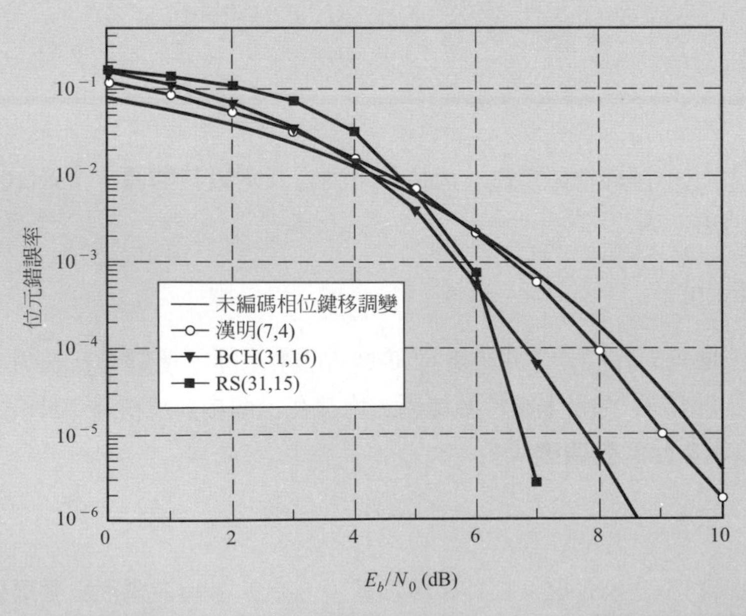

圖 10.25 未編碼 BER 效能模擬與通過高斯通道 FEC 編碼相位鍵移調變

由圖 10.25 觀察到前向錯誤更正並非總是增進效能。在低訊號雜訊比情況，前向錯誤更正確實降低位元錯誤率效能，使用更強健的編碼例如(31,15)RS 碼比起較弱的編碼更會降低效能。連帶著足夠的訊雜比，FEC 則提供優勢。訊雜比的瓶頸取決於碼與解碼技數交互決定，如同後續將提到的。FEC 技術在於解碼時使用軟性決定，比起區塊碼有較少的交叉點，而區塊碼通常使用硬性決定。

關於訊雜比的瓶頸，參考三個未編碼的相位鍵移調變相對於位元錯誤比率效能的發展改進。三個的編碼率分別是 4/7、16/31、15/31，也就是所有的編碼率都趨近於 1/2。因此，對於每種編碼趨近於相同比率的冗餘被加入傳輸。即使三種碼皆有相近的編碼率，這個效能的增進取決於字碼長度。三個碼中每個字碼的位元數分別是 7、31、155。根據通道特性統計，搭配恰當地設計，較長碼具有等比例的錯誤更正能力。如此的效能增進也增加了解碼器的複雜度。

在此謹慎地說明圖 10.25 的垂直軸。在處理未編碼調變，E_b 的量總是表示能量單位位元。當使用編碼調變有兩種位元的類型：資訊位元輸入至 FEC 編碼器，通道位元由 FEC 編碼器輸出。基本上對於資訊的關注，將 E_b 表示爲能量單位資訊位元。每個通道位元能量則爲由 $E_c = r E_b$，其中 r 爲編碼率。對於未編碼調變，資訊位元與通道位元相同。根據同樣的定義，令 E_b/N_0 爲垂直軸提供未編碼調變的位元錯誤率效能與不同編碼率的 FEC 碼一個公正的比較。

當說明根據圖 10.15 的容量曲線，三種碼有相近編碼率符合垂直常數線 $r/B = 0.5$，於未編碼線 $r/B = 1$ 之下。不同碼的效能增進意味著相對於理論容量極限移動至線的左方。

於上述例子，並未完全使用 Reed–Solomon 編碼方法，由於它是非二進制編碼方法應用於二進制調變方法。假設例如，應用(31,16)RS 碼於 M 元調變方法像是 32-頻率鍵移調變，其中每單位頻率鍵移調變基調具有 5 個位元，則位元錯誤率較大增進得以實現。

10.12 卷積碼[7]

在區塊碼中，編碼器接收一個 k 位元的訊息並產生 n 位元的字碼。因此字碼即是這樣一個區塊一個區塊產生的。很清楚地，在產生相關字碼之前，編碼器必須緩衝儲存整個訊息區塊。有種應用，訊息位元由**串列**傳送而非以區塊方式，依此例緩衝區可以是不需要的。在這種情況，採用**卷積碼**是較好的方法。卷積碼編碼器以串列方式處理持續接收的訊息序列。

編碼率爲 $1/n$ 以位元表示每個符號，則二進制卷積碼編碼器可視爲**有限狀態機**，其中編碼器由 M 級的移位暫存器構成，每級移位暫存器分別與模數加法器連結，而多工器將加法器的輸出做串聯。一個長度 L 位元的訊息序列經過編碼產生的輸出序列爲 $n(L + M)$位元。因此**編碼率**爲

$$r = \frac{L}{n(L+M)} \quad 位元/符號 \tag{10.88}$$

通常，取 $L \gg M$。因此，編碼率可簡化為

$$r \simeq \frac{1}{n} \quad 位元/符號 \tag{10.89}$$

卷積碼的**額定長度**由訊息位元表示，可定義為單一位元影響編碼器輸出的位移個數。在具有 M 級移位暫存器的編碼器中，記憶容量為 M 個位元訊息，且訊息位元輸入移位暫存器至輸出需要經過 $K = M + 1$ 次位移。因此，編碼器的額定長度為 K。

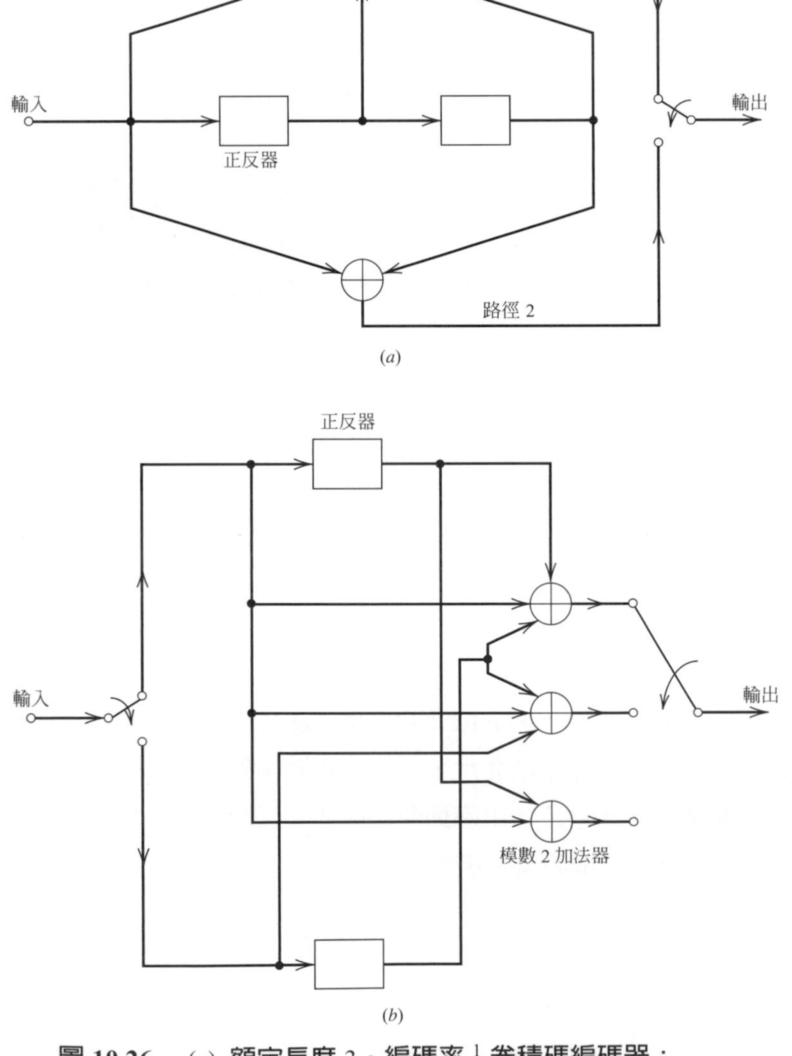

圖 10.26 (a) 額定長度 3，編碼率 $\frac{1}{2}$ 卷積碼編碼器；

(b) 額定長度 2，編碼率 $\frac{2}{3}$ 卷積碼編碼器

圖 10.26a 顯示 $n = 2$ 及 $K = 3$ 的卷積碼編碼器。在此編碼器的編碼率為 1/2。圖 10.26a 所表示的編碼器每次處理輸入位元序列中的一個位元。

可使用連接 k 個獨立移位暫存器、n 個模數為 2 的加法器、輸入多工器與輸出多工器來產生編碼率為 k/n 的二進制捲積碼。圖 10.26b 即為這種編碼器的一個例子，其中 $k = 2$ 及 $n = 3$ 在兩個移位暫存器皆為 $K = 2$，編碼率為 2/3。在這第二個例子，編碼器一次處理 2 個位元的輸入訊息序列。

圖 10.26 中編碼器產生的卷積碼為**非系統碼**。與區塊碼不同，在卷積碼中非系統碼的使用一般多過於系統碼。

卷積碼編碼器中，每一個連接輸出至輸入的路徑特性，皆可根據每個正反器被初始化為零的狀態後，該路徑的**脈衝反應**來表示。脈衝反應即是對該路徑輸入符號 1 時，所得到的反應。相同地，若是用**生成多項式**來表示每條路徑的特徵，路徑特性可定義為脈衝反應的**單位時間延遲轉換**。具體來說，取生成序列($g_0^{(i)}, g_1^{(i)}, g_2^{(i)}, \ldots, g_M^{(i)}$)表示第 i 條路徑的脈衝反應，其中係數 $g_0^{(i)}, g_1^{(i)}, g_2^{(i)}, \ldots, g_M^{(i)}$ 等於 0 或 1。對應的第 i 條路徑的生成多項式定義為

$$g^{(i)}(D) = g_0^{(i)} + g_1^{(i)}D + g_2^{(i)}D^2 + \cdots + g_M^{(i)}D^M \tag{10.90}$$

其中，D 表示單位延遲變數且＋為模數 2 的加法。完整的卷積碼編碼器可用一組生成多項式 $\{g^{(1)}(D), g^{(2)}(D), \ldots, g^{(n)}(D)\}$ 來描述。傳統地，卷積碼與循環碼使用不同的變數來表示，一般以 D 表示卷積碼，X 表示循環碼。

範例 10.12

假設一個卷積碼編碼器如圖 10.26a，為了方便參考，將兩個路徑標示為 1 和 2。路徑 1 的脈衝反應為(1, 1, 1)。因此，相對應的生成多項式為

$$g^{(1)}(D) = 1 + D + D^2$$

路徑 2 的脈衝反應為(101)。則相對應的生成多項式為

$$g^{(2)}(D) = 1 + D^2$$

對於訊息序列(10011)可以得到多項式表示為

$$m(D) = 1 + D^3 + D^4$$

從傅立葉轉換得知，時域的卷積可以變換為 D 域的乘積。因此路徑 1 的輸出多項式為

$$\begin{aligned} c^{(1)}(D) &= g^{(1)}(D)m(D) \\ &= (1 + D + D^2)(1 + D^3 + D^4) \\ &= 1 + D + D^2 + D^3 + D^6 \end{aligned}$$

由此可立即推出路徑 1 的輸出序列爲(1111001)。相似地，圖 10.26a 路徑 2 的輸出序列爲

$$\begin{aligned} c^{(2)}(D) &= g^{(2)}(D)m(D) \\ &= (1+D^2)(1+D^3+D^4) \\ &= 1+D^2+D^3+D^4+D^5+D^6 \end{aligned}$$

路徑 2 的輸出序列則是(1011111)。最後，將路徑 1 與路徑 2 的輸出序列結合，可以得到編碼輸出序列如下

$$\mathbf{c} = (11, 10, 11, 11, 01, 01, 11)$$

注意，長度 $L = 5$ 位元的訊息序列編碼後產生長度爲 $n(L + K - 1) = 14$ 位元的輸出序列，另外由於移位暫存器被回復至零的初始狀態，訊息序列的最後輸入位元附加了由 $K - 1 = 2$ 個零組成的終端序列。$K - 1$ 個零的終端序列被稱爲**訊息尾**或**沖積位元**。

卷積碼編碼器的結構特性可以格狀圖的圖形型態表示。格狀圖的表示方式可讓卷積碼編碼器更明顯地看出爲一個有限狀態機。定義卷積碼編碼器的編碼率爲 $1/n$，編碼器的移位暫存器儲存$(K - 1)$個位元訊息。於時刻 j，訊息序列包含的 K 個訊息位元爲$(m_{j-K+1}, \ldots, m_{j-1}, m_j)$，其中 m_j 爲最近的一個位元。編碼器於時間 j 的$(K - 1)$位元狀態可簡單地表示爲$(m_{j-1}, \ldots, m_{j-K+2}, m_{j-K+1})$。於圖 10.26a 所示的簡單卷積編碼器之情況下得到$(K - 1) = 2$。因此，編碼器的狀態可爲四種可能狀態的其中任何一種，如表 10.6 中列出的。格狀圖包含$(L + K)$**階**，其中 L 爲輸入訊息序列之長度，K 爲碼的額定長度。圖 10.27 中格狀圖的階層分別標記爲 $j = 0, 1, \ldots, L + K - 1$ 其中 $K = 3$。階層 j 同樣也可視爲深度 j。這兩種概念可以互換。前$(K - 1)$階對應於編碼器離開初始狀態 a 的過程，後$(K - 1)$對應表示編碼器回至初始狀態 a 的過程。顯然地，並非所有的狀態都可以到達這個格狀圖的兩部分。然而，於格狀圖的中間部分，也就是 j 位於 $K - 1 \le j \le L$ 的範圍內時，編碼器的所有狀態都是可到達的。注意由中間部分表現出格狀圖具有固定的週期性結構。

表 10.6　圖 10.26*a* 中卷積碼編碼器的狀態表

狀態	二進制表示
a	00
b	10
c	01
d	11

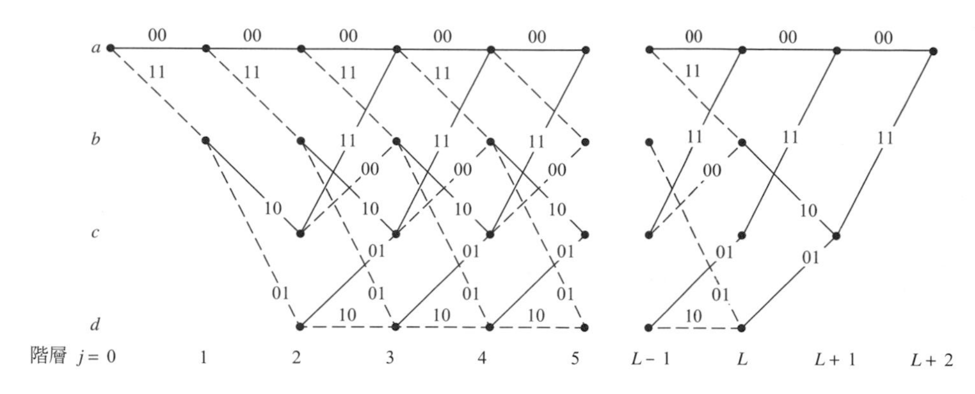

圖 10.27 圖 10.26a 的卷積碼編碼器之格狀圖。

卷積碼的解碼

目前已經瞭解了卷積碼編碼器的運作，接下來將討論卷積碼的解碼。令 **m** 爲訊息向量，**c** 表示透過編碼器輸入至離散無記憶通道的對應碼向量。令 **r** 爲接收向量，則由於不同的通道雜訊影響，可能會與傳送的碼不一致。給定一個接受向量 **r**，解碼器根據接收的向量來計算出一個訊息向量的估計值 $\hat{\mathbf{m}}$。由於訊息向量 **m** 與碼向量 **c** 爲一對一，所以解碼器可以等效地產生碼向量的估計值 $\hat{\mathbf{c}}$ 。當 $\hat{\mathbf{m}} = \mathbf{m}$ 時，若且唯若 $\hat{\mathbf{c}} = \mathbf{c}$ 。

解碼器的目標在於降低解碼錯誤的機率。對於二進制對稱通道最佳解碼法則爲：**選取估計值 $\hat{\mathbf{c}}$ ，使得與接收向量 r 的漢明距離為最小**。這通常作爲**最小距離解碼器**且是直觀上的。這樣的解碼策略也可能對於相似是最佳地，在此也是**最大相似解碼器**。

維特比演算法

回憶一下前面的章節所提到卷積碼的格狀圖描述。格狀圖中字碼透過一條經過每個節點轉換輸出的路徑來表示。對於二進制對稱通道中最大相似解碼與最小距離解碼之間同等，表示當要藉由選定格狀圖碼的路徑解一個卷積碼，其中碼的序列與接收序列於少數位置號碼不相同。因此，格狀圖表示的碼中限制對可能的路徑選擇。

例如，圖 10.27 的格狀圖來說，對於一個編碼率 $r = 1/2$、額定長度 $K = 3$ 的卷積碼。發現於格狀圖中，階層 $j = 3$ 的四個節點各有兩條路徑可進入。而且兩條路徑皆由這個點向前延伸。顯然，最小距離編碼必須在這個點進行抉擇，這兩條路徑哪一條要被保留且不能減低任何系統效能。另一個相似的判斷於階層 $j = 4$，以此類推。這樣的決定序列正是**維特比演算法**行經格狀圖時的運作內容。此演算法的運作藉由計算格狀圖中每條可能的路徑的度量或變異。介於由路徑表示的編碼序列與接收序列之間特定路徑的度量，定義爲漢明距離。因此，對於圖 10.27 中格狀圖的每個節點(或狀態)，演算法比較進入節點的兩條路徑。較小度量的路徑將被保留，而另一條路徑則被忽略。如此於格狀圖的每一階層 j 反覆計算，範圍是 $M \le j \le L$，其中 $M = K - 1$ 是編碼器記憶體且 L 爲輸入訊息序列的長度。經由演算法保留的路徑稱之爲**存活路徑**或**動態路徑**。對於額定長度 $K = 3$ 的卷積碼，例如僅有 $2^{K-1} = 4$ 存活路徑與其度量被保存。 2^{K-1} 條路徑總是保證具有最大相似的選擇。

維特比演算法亦可用於透過通道的卷積碼演算法，例如高斯通道。對於高斯通道，距離是以藉由傳送符號與估計的接收符號的幾何距離被測量，而非漢明距離。維特比演算法被廣泛地用於數位通訊系統。事實上，許多數位訊號處理器包含支援維特比解碼的特別指令。

卷積碼的自由距離與漸進編碼增益

卷積碼的位元錯誤率效能不只與所使用之解碼演算法相關，且與碼的距離性質有關。在這段內容，對於卷積碼對抗雜訊通道能力的最重要訊號測量爲**自由距離**，標記爲 d_{free}。卷積碼的自由距離定義爲藉由碼中的任意兩個字碼最小漢明距離。相似地於區塊碼，具有自由距離 d_{free} 的卷積碼可更正 t 個錯誤若 d_{free} 大於 $2t$。研究指出自由距離的系統卷積碼通常小於同一個例子中的非系統卷積碼，如表 10.7 所表示。

表 10.7　於編碼率 $\frac{1}{2}$，系統、非系統卷積碼之最大自由距離

額定長度 *K*	系統	非系統
2	3	3
3	4	5
4	4	6
5	5	7
6	6	8
7	6	10
8	7	10

卷積碼的錯誤位元率的邊界爲可分析的，然而估算的細節已超過現在所討論的範圍。在此簡單地總結二進制輸入附加白高斯雜訊通道(AWGN)，假設使用包含檢測的二進制相位鍵移調變(PSK)。在例子中的無記憶二進制輸入附加白高斯雜訊通道不具有量化輸出，理論顯示對於大的 E_b/N_0 比值，具有卷積碼編碼之二進制 PSK 的位元錯誤率由指數因子 $\exp(-d_{free}rE_b/N_0)$決定，其中的參數先前已定義過。因此在這個例子中，可以找出漸進編碼增益，也就是說在高訊雜比情況下利用未編碼傳輸，定義爲

$$G_a = 10\log_{10}(d_{free}r)\text{dB} \tag{10.91}$$

如同前述，這結果假設爲未量化解調變輸出。假設在解碼前硬性決定了通道輸出，則兩種理論與實際顯示效能上趨近於 2dB 的損失。未量化解調變輸出具有改善，然而會增加解碼器複雜度，因爲需要接收類比輸入。在二進制輸入、Q 進制輸出之離散無記憶通道的情況，其中 $Q = 8$，二進制輸入 AWGN 通道的漸進編碼增益趨近於 0.25dB。也就是說，可藉由使用軟性決定解碼器(通常 $Q = 8$)來避免類比解碼器的使用，同時也可實現將效能趨近於最佳值。

範例 10.13 卷積碼的位元錯誤率效能

爲介紹這些漸進結論，我們描繪出卷積碼於各額定長度的模擬效能：於圖 10.28 中以未編碼效能比較額定長度爲 3、5、7、9。所有碼的編碼率爲 1/2 假設比較於低位元錯誤率例如 10^{-5} 中，使用這些未編碼效能的碼，當使用由表 10.7 且 $r = \frac{1}{2}$ 相符的值時，可得到由式(10.91)預測的增益趨近值。注意 E_b 表示於範例 10.11 描述的每個資訊位元的能量。在低訊號雜訊比中卷積碼的效能曲線交會，且弱的編碼比複雜的編碼較佳，如此類型的行爲通常可在低訊雜比條件下看到。在非常低訊雜比的情況，前向錯誤編碼表現較未編碼 PSK 來得差。

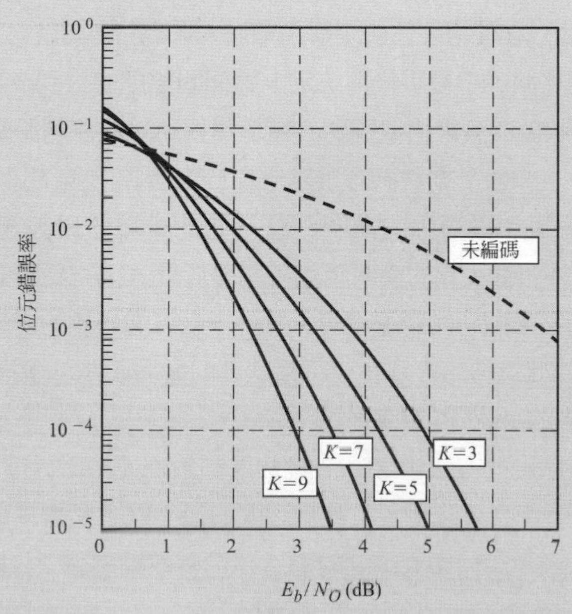

圖 10.28 卷積碼以額定長度 3、5、7、9 **的位元錯誤率效能模擬。同樣地包含未編碼** PSK **的位元錯誤率。(未編碼位元錯誤率為** 10^{-5}**，於** E_b/N_0 **等於** 9.6 dB。)

10.13 格狀編碼調變[8]

於本章所討論之各種常用通道編碼中，編碼與傳送器中的調變分開處理，類似地在接收端解碼與偵測也是如此。錯誤控制由增加冗餘位元於傳送的碼中，因此降低每個通道頻寬的資訊位元率。意即，功率效能提高的代價爲犧牲頻寬效率。

爲讓現有的頻寬與功率更有效地利用，編碼與調變必須以一個整體單元來評估。在這情況下，如此一來必須要重新定義**編碼流程為將發射訊號上加入某種圖樣**。實際上，這樣的定義包含了同位編碼的基本概念。

頻寬限制通道的**格狀編碼**即是將調變與編碼單元合併，而非兩者分別處理。如此的合併稱爲**格狀編碼調變**(TCM)。這種訊號格式包含三種基本特徵：

1. 在一個系列中使用訊號點的數量要大於相通資料率之下，所使用的調變格式所需的訊號點數。多餘的訊號點在不犧牲頻寬條件下，可作爲前向錯誤控制編碼的冗餘。
2. 卷積碼被用於連續訊號點之間導入某些相關性，因此僅有部分**圖樣**或**序列**才允許採用卷積碼。
3. 接收端採用軟性決定解碼，如此可將允許的訊號序列建構爲格狀結構的模型，因此稱之爲格狀碼。

這是使用較大訊號系列的結果。隨著系列的增大，在固定訊雜比的條件下，符號錯誤的機率也隨之增加。因此，在使用硬性決定解調變時，開始解碼前就必須面臨訊息的遺失。於合併編碼與調變的格狀碼中使用軟性決定，這個問題則會得到改善。

在 AWGN 中格狀碼的最大相似解碼，在於尋找與接收序列距離之間**最小歐式平方距離特殊路徑**。因此，當設計格狀碼時重點應在於兩個碼向量(或相同地爲字碼)最大的歐式距離，而非錯誤更正碼最大的漢明距離。如此實現的原因在於除了傳統的二進制 PSK 與 QPSK 之外，最大化的漢明距離不同等於歐式平方距離的最大化。以下將說明歐式距離才是我們必須關切的距離度量。此外，當可通用化的處理時，將討論**訊號點的二維系列**的情況。如此選擇的含意在於將格狀碼的發展限制於多級調幅(AM)或是相位調變(PM)，如 M 進制的 PSK 和 M 進制的 QAM。

用在設計這類格狀碼的方法包含將一個 M 進制系列連續區分爲 2, 4, 8, … 個大小爲 $M/2$, $M/4$, $M/8$, … 的子集合，且將各訊號點之間的最小歐式距離逐漸增大。如此的由分割集合的設計方法，表示對於頻寬限制的通道建構有效編碼調變技數的關鍵概念。

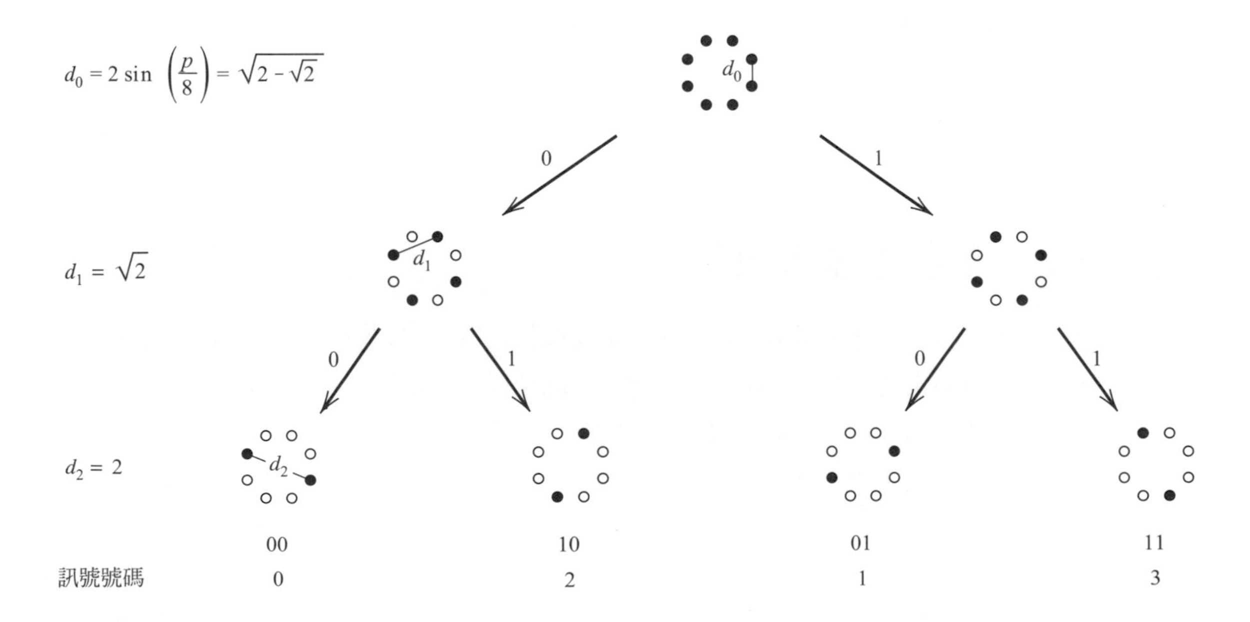

圖 10.29 8-PSK 系列的分割

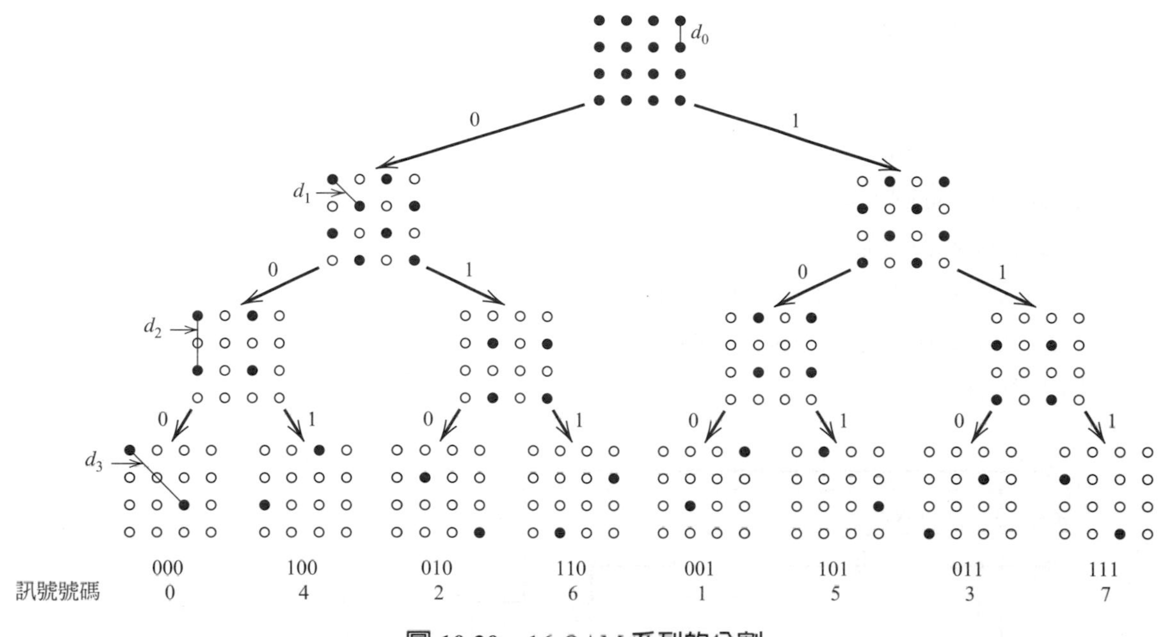

圖 10.30 16-QAM 系列的分割

在圖 10.29 中，以 8-PSK 的圓形系列來說明分割流程。圖中描述系列本身與經過兩級分割得到的 2 個子集合與 4 個字集合。這些子集合的共同特性爲個別點之間的最小歐式距離依照下列的規律增加：$d_0 < d_1 < d_2$。

圖 10.30 介紹 16-QAM 對應的方形系列的分割情況。在此可看到子集合內的歐式距離也是如此逐漸增加：$d_0 < d_1 < d_2 < d_3$。

基於由二維系列連續劃分得到的子集合，可以設計出相對簡單且具高效率編碼方法。特別地，以正交調變(即是同相且正交組合)傳送 n 位元/符號的訊號，由具有 2^{n+1} 訊號點的二維系列開始分割爲調變格式。圓形網格用於 M 進制 PSK 而方形網格用於 M 進制 QAM。系列被分割成 4 或 8 個子集合。輸入的每個符號中 1 或 2 個輸入位元，分別地送入編碼率爲 1/2 或 2/3 的二進制卷積碼編碼器，依照每個符號經過編碼後得到 2 或 3 個位元，決定選擇特定的子集合。剩餘未編碼資料位元決定選定子集合中部分的點作爲傳送訊號。此類的格狀碼稱爲**翁格博克碼**(Ungerboeck codes)。

由於調變器中有記憶體，可於接收端使用維特比演算法進行最大相似序列偵測。翁格博克碼的格狀圖中每個分支對應於一個子集合，而非個別的訊號點。偵測的第一步即是確定每個子集合中，在歐式距離上最接近接收訊號點的訊號點。確定訊號點且確定每個分支的度量(訊號點與接收訊號點之間的歐式平方距離)後，維特比演算法始可正常進行。

8-PSK 的翁格博克碼

圖 10.31a 表示的方法是傳輸 2 位元/符號之最簡單 8-PSK 翁格博克碼。此方法使用編碼率 1/2 的卷積碼編碼器。相對應碼的格狀圖如圖 10.31b 所表示，其中包含 4 個狀態。注意輸入的二進制字元中最重要位元未被編碼。因此，格狀圖每個分支皆對應於 8-PSK 調變器中兩個不同輸出，或是等效地對應於圖 10.29 中 4 個 2 點子集合的其中之一。圖 10.31b 的格狀圖也包含了最小距離路徑。

圖 10.31b 和 10.32b 也包含了編碼器狀態。於圖 10.31，編碼器的狀態由 2 級位移暫存器之內容所定義。

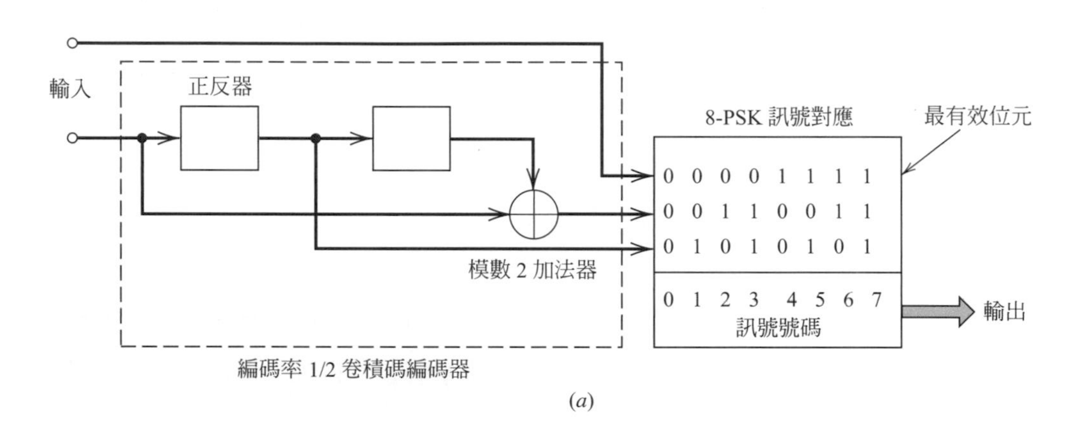

(*a*)

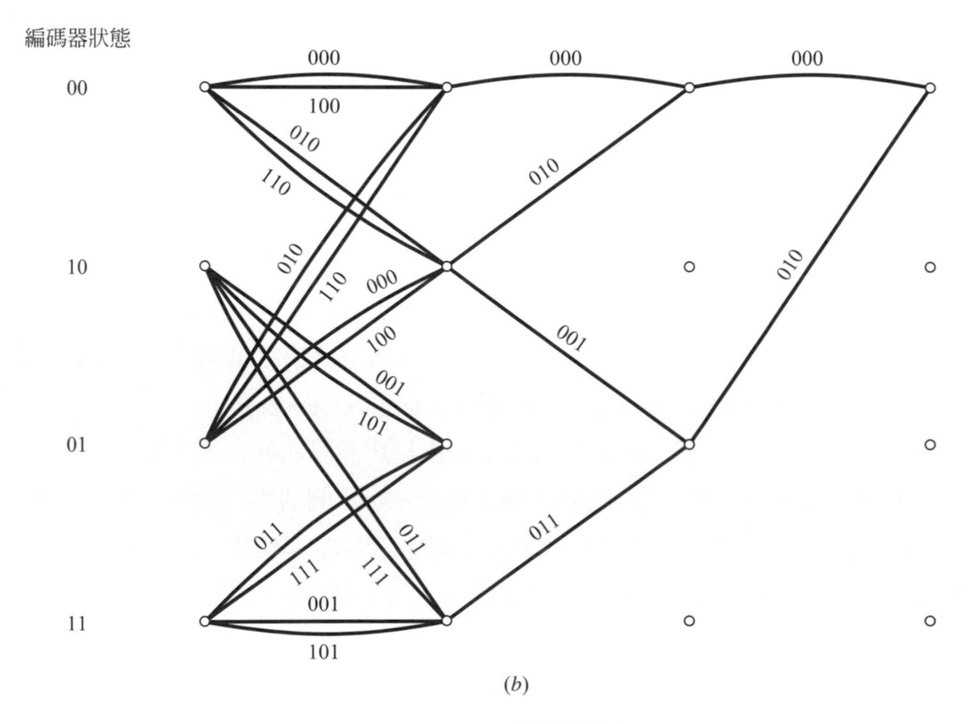

(*b*)

圖 10.31 (a) 4 個狀態的 8-PSK 翁格博克碼；(b) 格狀圖

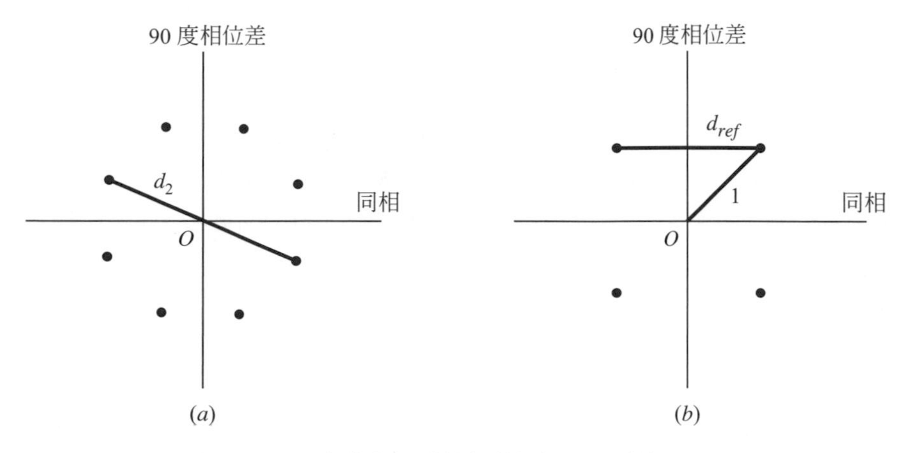

圖 10.32　漸進編碼增益計算出的訊號空間圖

漸進編碼增益

根據 10.12 節的討論，將翁格博克碼的**漸進編碼增益**定義為

$$G_a = 10\log_{10}\left(\frac{d_{\text{free}}^2}{d_{\text{ref}}^2}\right) \tag{10.92}$$

其中 d_{free} 為該碼的**自由歐式距離**，且 d_{ref} 為具有相同單位位元訊號能量的未編碼調變方法的最小歐式距離。例如，於圖 10.31a 表示 8-PSK 翁格博克碼的應用中，訊號系列包含 8 個訊號點，傳送 2 個訊息位元至每一個訊號點。因此，未編碼傳輸的條件下需要具有 4 個訊息點的訊號系列。可將未編碼 4-PSK 作為圖 10.31a 表示的 8-PSK 翁格博克碼的參考。

圖 10.31a 之中的 8-PSK 翁格博克碼可得到 3dB 的漸進編碼增益，其計算方式如下：

1. 圖 10.31b 中格狀圖的分支對應於 2 個相對訊號點的子集合。因此，碼的自由歐式距離 d_{free} 不可能大於這個子集合中，兩個相對訊號點之間的歐式距離 d_2。因此得到

   $$d_{\text{free}} = d_2 = 2$$

   其中，距離 d_2 的定義於圖 10.32a，亦可見圖 10.29。
2. 未編碼 QPSK 的最小歐式距離，可做為以相同每位元訊號能量的參考，等於(見圖 10.32b)

   $$d_{\text{ref}} = \sqrt{2}$$

因此，如前所述，由式(10.92)可知漸進編碼增益為 $10\log_{10} 2 = 3$ dB。

10.14 加速碼[9]

通常，一個好的編碼設計透過大量代數結構的碼來完成，這些碼對應於可能的編碼方法。這一點於前述的線性區塊碼和卷積碼在討論中都得到了證實。但是傳統的編碼方法皆存在一個困難，即是爲了儘量趨近於謝農通道容量的理論極限，必須增加線性區塊碼的字碼長度或卷積碼的額定長度，這將使得最大相似解碼器的計算複雜度以指數型態增加。最後將因爲解碼器的複雜度過高，而無法實現。

對於具有大的等效區塊長度(以解碼可分割成數個可控制步驟的方式構成)的強力有效的編碼，已提出種種方法來處理。以這些方法爲基礎，加速碼的發展得到空前的成功。實際上，因此進而開闢了令人振奮的建構一個好的編碼方式，並且以可執行的複雜度進行解碼。

加速碼的編碼

加速碼最基本的格式爲兩個交錯器連接的系統編碼器所組成，如同圖 10.33 介紹。

交錯器爲輸出入對應裝置，這種裝置能夠根據一個固定字元集，以完全確定的方式改變符號序列的順序。也就是說，根據輸入符號，於輸出端產生相同符號但以不同的排列順序。交錯器可有很多種類型，其中兩種爲週期性交錯器與僞隨機交錯器。加速碼採用的是僞隨機交錯器，也僅作用於系統位元。於加速碼中，使用交錯器的理由有兩個：

- 將一半的加速碼中容易發生錯誤的碼與另一半特別不容易發生錯誤的碼聯合起來。實際上這也是加速碼的性能優於傳統編碼的主要原因。
- 爲了提供強健的效能卻以相對的不匹配解碼，這是在通道統計中未知或是被指定錯誤之情況下出現的問題。

一般但非必要的方法，將相同的碼輸入圖 10.33 中構成的編碼器。加速碼所推薦使用的組成碼是短的**額定長度遞迴系統卷積碼**(RSC 碼)。使卷積碼遞迴(將一個或多個移位暫存器的輸出反饋回輸入端)的目的在於將內部狀態與過去的輸出相關。這將影響到錯誤圖樣的行爲(系統位元的單個錯誤將產生無窮多個同位錯誤)，進而達到更好的整體編碼策略有更佳的效能。

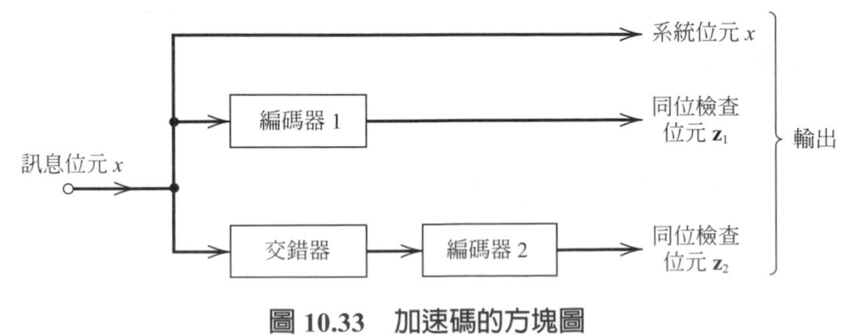

圖 10.33 加速碼的方塊圖

範例 10.14　8 狀態的 RSC 編碼器

圖 10.34 表示爲一個 8 狀態 RSC 編碼器。這個遞迴卷積碼的生成矩陣爲

$$g(D)=\left[1,\frac{1+D+D^2+D^3}{1+D+D^3}\right] \tag{10.93}$$

其中 D 是延遲變數。矩陣 $g(D)$的第二項爲迴授移位暫存器的轉移函數，定義爲輸出的轉換除以輸入的轉換。令 $X(D)$爲訊息序列$\{x_i\}$的轉移，$Z(D)$爲同位序列$\{z_i\}$的轉移。根據定義得到

$$\frac{Z(D)}{X(D)}=\frac{1+D+D^2+D^3}{1+D+D^3}$$

交叉相乘可得到

$$(1+D+D^2+D^3)X(D)=(1+D+D^3)Z(D)$$

而將其反轉換到時域則得到

$$x_i+x_{i-1}+x_{i-2}+x_{i-3}+z_i+z_{i-1}+z_{i-3}=0 \tag{10.94}$$

其中加法爲模數 2。式(10.94)爲同位檢查等式，於每個時間點 t 滿足圖 10.34 的卷積碼編碼器。

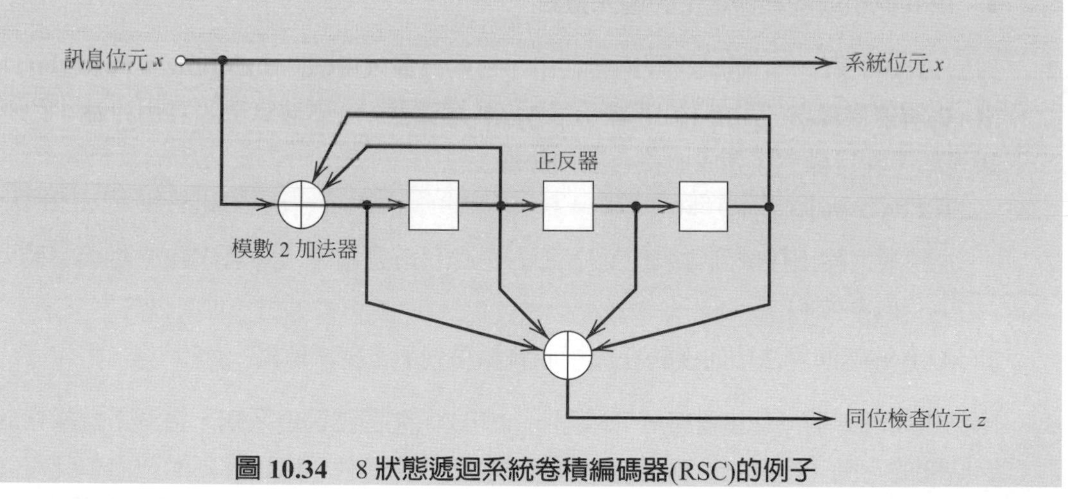

圖 10.34　8 狀態遞迴系統卷積編碼器(RSC)的例子

於圖 10.33 中，輸入資料串流直接輸入至編碼器 1，而將相同的資料串流，經由僞隨機重新排序後的結果輸入至編碼器 2。系統位元(即原始訊號位元)由兩組編碼器產生同位檢查位元組成了加速編碼器的輸出。雖然組成碼爲卷積的，但加速碼實際上爲區塊碼，並且區塊長度取決於交錯器的大小。進一步地，由於圖 10.33 中的兩個 RSC 編碼器爲線性，因此可將加速碼當作爲**線性區塊碼**。

在加速碼編碼器的原始模型中，爲保持$\frac{1}{2}$的編碼率，在資料透過通道傳輸前，需對圖 10.33 中的兩個編碼器產生的同位檢查位元進行壓縮。藉由刪除某些同位檢查位元建構**壓縮碼**，進而提高資料率。值得強調的是，對於加速碼的產生而言壓縮並不是必須的。

圖 10.33 表示的平行編碼方法的新穎之處在於使用遞迴的系統卷積碼(RSC)，並且在兩個編碼器之間導入了僞隨機交錯器。因此，由於僞隨機交錯器使得加速碼對於通道實際上表現出隨機的特性，同時這樣的處理結構也讓解碼實際可實現。編碼理論主張若區塊足夠大時，隨機選取的碼可接近謝農通道容量。

加速碼的解碼

加速碼的名稱源自於如此的解碼演算法類似於加速引擎原理。圖 10.35 表示疊代加速解碼器的基本結構，對應於圖 10.33 顯示的平行加速編碼器。基本上，加速解碼器由兩個組成解碼器所構成，藉由交錯器和解交錯器以閉迴路結構互相連結。

舉出下列加速解碼器的相異特徵，以驗證如此的結構：

1. 每個組成解碼器以三端輸入運作：
- 雜訊**系統位元**(或**訊息**)。
- 由相對應的組成編碼器產生的雜訊**同位檢查位元**。
- 由其他組成解碼器產生的**優先資訊**。

2. 對於這樣的運作，兩個組成解碼器利用一種稱爲**最大後驗(Maximum A Posteriori，MAP)解碼演算法**，在圖 10.35 標示爲 **MAP 解碼器**。解碼演算法設計用以縮小位元錯誤率，其目標爲了達成並符合下列標準：

> 令 $P(\hat{m}_l = m_l|\mathbf{r})$ 註記爲條件機率，其中經過解碼位元 $\hat{m}_l$ 與原始訊息位元 m_l 相等，且由通道輸出接收到雜訊位元序列 $\mathbf{r}$。MAP 解碼演算法的需求在於將機率最大化 $P(\hat{m}_l = m_l|\mathbf{r})$ 。

於 MAP 解碼演算法中的後驗在於接收雜訊序列 $\mathbf{r}$ 之後才解碼。

3. 兩個組成解碼器、交錯器與解交錯器，以組成了**閉迴路迴授系統**，這個系統操作於跨時間的互動。換言之，解碼程序持續基於疊代再疊代，直到解碼的訊息位元沒有產生顯著調整，此時解碼程序結束且**硬性決定**已經產生於解碼位元 $\hat{m}_l$ ，無論 $\hat{m}_l$ 表示位元 0 或 1。

MAP 解碼器通常也稱作爲**軟式輸出入**(soft-input soft-output，SISO)解碼器，概念上爲輸出入訊號經過解碼程序仍保留其**類比(未量化)**特徵。使用**硬性決定**，在於經過一連串疊代與解碼過程，於最後恢復原始訊息位元。實際上，通常會發現經過 5 至 10 次的疊代後，解碼流程即結束。

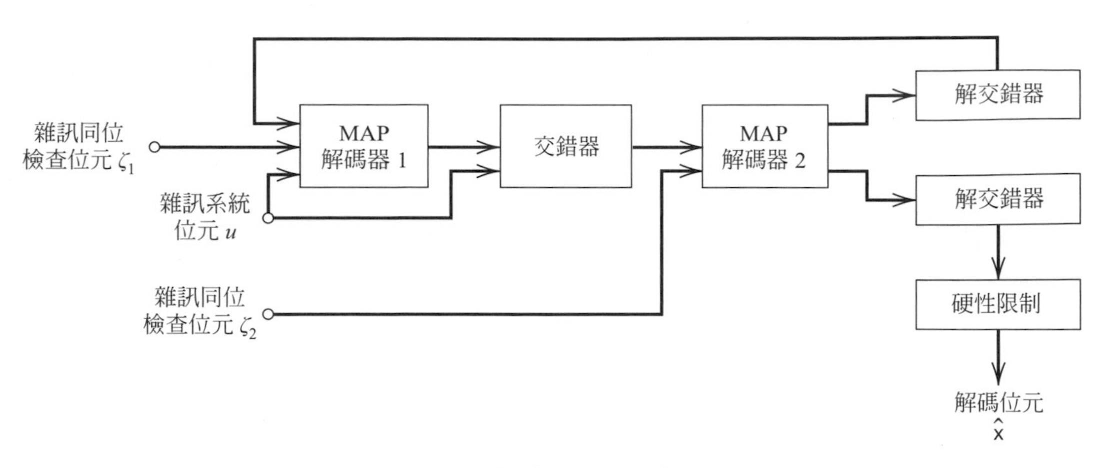

圖 10.35 加速解碼器的方塊圖

對數相似比率

加速解碼的運作基礎概念爲對數相似比率(log-likelihood ratio，LLR)。字面上對數相似比率爲兩個條件機率的自然對數，其中資訊位元假設爲兩個值的其中之一，+1 或 −1。給定完整的接收位元序列 $\mathbf{r}$，令 u_l 標示爲將解碼成 $\hat{m}_l$ 的資訊位元。則資訊位元 u_l 的**對數相似比率**或簡稱 ***L* 值**正式地定義爲

$$L(u_l \mid \mathbf{r}) = \ln\left[\frac{P(u_l = +1 \mid \mathbf{r})}{P(u_l = -1 \mid \mathbf{r})}\right] \tag{10.95}$$

其中，由機率論中條件機率得知，分子的範圍如下表示

$$0 \le P(u_l = +1 \mid \mathbf{r}) \le 1 \quad \text{對於所有 } \mathbf{r} \tag{10.96}$$

且總和爲

$$P(u_l = +1 \mid \mathbf{r}) + P(u_l = -1 \mid \mathbf{r}) = 1 \quad \text{對於所有 } \mathbf{r} \tag{10.97}$$

注意資訊位元 u_l 的值設定爲+1 或 −1，而非 1 或 0。

圖 10.36 描繪出 L 值 $L(u_l = +1|\mathbf{r})$對於使用式(10.95)的條件機率 $P(u_l = +1|\mathbf{r})$的圖形。由這個圖可以立即得到兩個部分觀察結論：

1. L 值 $L(u_l|\mathbf{r})$的符號表示無論以任何的資訊位元 u_l 可能的值皆爲+1 或−1。
2. L 值的重要性意指值爲+1 或−1 之資訊位元 u_l 的相似。

將式(10.95)重寫爲

$$\frac{P(u_l = +1 \mid \mathbf{r})}{P(u_l = -1 \mid \mathbf{r})} = \exp[L(u_l \mid \mathbf{r})]$$

在此，以式(10.95)和式(10.97)簡化 $P(u_l = +1|\mathbf{r})$得到

$$P(u_l=+1\,|\,\mathbf{r})=\frac{\exp[L(u_l\,|\,\mathbf{r})]}{1+\exp[L(u_l\,|\,\mathbf{r})]}$$
$$=\frac{1}{1+\exp[-L(u_l\,|\,\mathbf{r})]} \tag{10.98}$$

同樣地可得到

$$P(u_l=-1\,|\,\mathbf{r})=\frac{1}{1+\exp[L(u_l\,|\,\mathbf{r})]} \tag{10.99}$$

兩個定義於式(10.98)和(10.99)被稱之為資訊位元 u_l 的**後驗機率**。

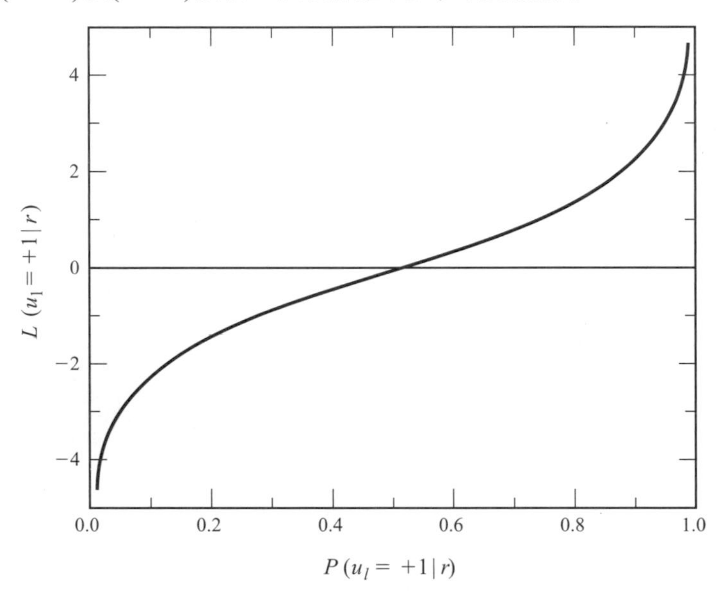

圖 10.36　對數相似比率與位元機率

外部資訊

考慮一個於圖 10.35 描述的狀況，包含使用 MAP(即 SISO)解碼器。**外部資訊**[由 MAP 解碼器對於給定的系統(或訊息)位元集合所產生]其定義為利用 MAP 解碼器輸出所計算的對數相似比率，以及由輸入計算出的**內部資訊**，這兩者的差。實際上，由 MAP 解碼器產生的外部資訊是個增加的資訊，藉由發現關注的訊息位元和被解碼器處理的輸入訊息位元之存在關係。

以下為兩個包含於 MAP 解碼器運作的基本步驟：

步驟 1

例如，考慮一個 MAP 解碼器 1 的運作。對於首次疊代，沒有由 MAP 解碼器 2 提供的外部資訊。對於第二及後續的疊代，外部資訊由 MAP 解碼器 2 產生，以偽隨機重新排序並且交錯導入加速編碼器。除外，來自於編碼器 1 所接收到的(雜訊)同位檢查位元用於輸入。依此合併的輸入，MAP 解碼器 1 被致能用來處理訊息位元之精確的軟性估計。

步驟 2

當 MAP 解碼器 2 用來處理解碼程序，訊息位元的估計則更精確。在此時刻，外部資訊由 MAP 解碼器 1 產生(與接收的系統位元)，而在應用於 MAP 解碼器 2 之前的外部資訊為交錯的。交錯完成後，結果的資訊序列與原使用於編碼器 2 的訊息符合。因此，由編碼器 2 接收到的(雜訊)同位檢查位元作為附加輸入，則實現對訊息位元後續的精確化。

因此，兩個 MAP 解碼器以加速引擎般地協同處理，個別加強了效能。

加速碼的總結

加速碼具有令人驚訝的效能，其具備兩個新穎特徵，其中之一在傳送器而另一個在接收器：

1. 使用平行編碼器，包含一組被交錯器分開的編碼器。訊息位元經過偽隨機編碼產生並透過通道傳送。
2. 巧妙地使用迴授於相對應的一對解碼器，由原始訊息位元估計產生最大後驗(MAP)機率。

最重要的，在可實現的計算條件下加速碼具有趨近謝農極限的能力。

10.15 總結與討論

本章中，由建立兩個基礎限制於通訊系統的不同層面開始。這樣的限制包含了訊號源編碼定理與通道編碼定理。

訊號源編碼定理，謝農第一定理提供了由離散無記憶訊號源產生的無耗損壓縮資料的評估用數學工具。這個定理指出了可達成將每單位訊號源符號的平均位元儘可能地縮小，但無法小於以位元為測量單位之訊號源的熵。訊號源的熵為由字母組成之訊號源的函數機率。既使熵的測量為非確定，但熵的最大值為其相關機率分佈產生最大不確定的時候。

通道編碼定理，謝農第二定理為資訊理論中最令人驚訝的一個最重要結論。通道編碼定理指出對於任何編碼率 r 小於或等於通道容量 C，則該編碼存在個所要求最小的錯誤平均機率。對於所有重要的高斯通道，這個定理指出通道容量與通道頻寬成等比例且趨近於對數型態的訊號雜訊比。當系統運作於超過通道容量的比率，則存在高的錯誤率，無論任何用來傳送的訊號集或接收器處理的接收訊號。

通道編碼定理自然地導入錯誤控制編碼的研究。這些技術表示了現在對於透過雜訊通道的可靠數位通訊，運用通道容量定理趨近極限的方法。藉由錯誤控制碼，在傳送之前將加入冗餘於資料中，經由傳輸所發生的錯誤影響將降低。冗餘在接收端啓動解碼器偵測並更正錯誤。

錯誤控制編碼技術可分爲兩個廣大的族群：

1. **代數碼**，以結構化代數實現碼，用在接收端解碼之設計。代數碼包含漢明碼、最大長度碼、BCH 碼和 RS(Reed–Solomon)碼。
2. **機率碼**由機率方法實現接收器的解碼。機率碼包括卷積碼與加速碼。特別地，這個解碼基於其中之一或兩個基本方法，總結如下：
   - **軟式輸入硬式輸出**，以維特比演算法爲例，以格狀爲基礎編碼之解碼採用最大相似序列估計。
   - **軟式輸出入**，以**最大後驗(MAP)演算法**爲例，爲基於加速碼之解碼以逐位元基礎的最大後驗估計。當 MAP 演算法使用時，以疊代方式則軟式輸出爲必須的。

格狀碼調變將線性卷積編碼與調變合併，透過卷積未編碼多級調變得到顯著的編碼增益卻不犧牲頻寬效益。加速碼的特徵使類線性區塊隨機編碼，與通道容量中以實體可實現化方式趨近謝農理論極限的錯誤效能。

實際上，加速碼使得數量級 10dB 的編碼增益變成可能，這在過去無法達成的。這些編碼增益可用以顯著地提升數位通訊接收的動態範圍，主要由增加數位通訊的位元比率，或使得每個符號的傳送訊號能量明顯降低。這些優點對於數位通訊的兩像重要應用，即無線通訊和深空間通訊之設計具有重大的意義。事實上，加速碼在深空間通訊連線及無線通訊系統已經被標準化。

註解及參考文獻 *Notes and References*

[1] 根據 Lucky (1989)，謝農第一次提出資訊理論是在 1945 年的一個備忘函中，標題為「密碼學的數學理論」。但令人好奇地，資訊理論於謝農的 1948 年經典論文並未用到，此論文訂定了資訊理論的基礎。關於資訊理論的概述可參考 Lucky (1989)的第二章與 Wyner (1981)的論文。也可參考幾本書例如 Ada′mek (1991)，Hamming (1980)和 Abramson (1963)。對於其他進階額外的主題，可從 Thomas (2006)，Blahut (1987)和 McEliece (1977)做為參考。對主題的進階版本，可參考 Cover 與 Thomas (2006)，Blahut (1987)和 McEliece (1977)。

[2] 於實體統計，實際系統的熵於(Reif, 1967, p.147)定義

$$\mathscr{L} = k \ln\Omega$$

其中 k 為波茲曼常數，Ω 為系統存取的狀態數量，而 ln 標示為自然對數。由於定義中包含常數 k，熵具備能量的維度。特別地，其提供**系統的隨機等級之計量測量**。基於資訊理論對於統計物理的熵的比較，可看到它們具有相似型態比較詳細的相關討論可以參考 Pierce (1961, pp.184-207)和 Brillouin (1962)。

[3] 對於藍波立夫演算法與資料壓縮方法更進一步的描述，請參考 Salomon (2006)。

[4] 關於錯誤更正碼的介紹性討論可參見 Lucky (1989)的第 2 章，也可參考 Ada′mek (1991)和 Bhargava (1983)的論文。錯誤控制編碼的經典書籍為 Peterson 和 Weldon (1972)之著作。Lin 和 Costello (2004)，Micheleson 和 Levesque (1985)，MacWilliams 和 Sloane (1977)以及 Wilson (1996)的書皆對於錯誤控制編碼有所描述。

[5] 於醫學上，**綜合病症**(syndrome)一詞是用以描述那些幫助疾病診斷的症狀。於編碼學中，錯誤圖樣扮演著疾病的角色而同位檢查錯誤則為症狀。**徵狀**是由 Hagelbarger 所發明的。

[6] 對於循環碼更進一步的資訊有興趣的讀者，可以參考 Lin 和 Costello (2004)，與 Blahut (1987)。

[7] 卷積碼作為區塊碼的替代，由 P. Elias 所首次提出。更多有關卷積碼敘述可於 Proakis (2001)中看到。

[8] 格狀編碼調變由 G. Ungerboeck 所發明。對於這個技術更多的討論可在 Lee 和 Messerschmitt (1994)，Biglieri、Divsalar、McLane 和 Simon (1991)，以及 Schlegel (1997)中參照。

[9] 加速碼由 C. Berrou 和 A. Glavieux 所創。對加速碼的研究工作，動機則肇始於兩篇關於錯誤更正碼的論文：Battail (1987)，以及 Hagenauer 和 Hoeher (1989)。對加速碼的首次論述採試探論證法(heuristic arguments)，是在一篇由 Berrou、Glavieux 和 Thitamajshima (1993)的研討會論文中提出；亦可參考 Berrou 和 Glavieux (1996)。

❖本章習題 *Problems*

10.1 以 p 表示事件的機率，對於 $0 \leq p \leq 1$，試繪出資訊量對事件的變化曲線。

10.2 每個訊號區間內，訊號源發出四個可能符號其中之一，其機率分別爲：

$$p_0 = 0.4$$
$$p_1 = 0.3$$
$$p_2 = 0.2$$
$$p_3 = 0.1$$

求透過觀察訊號源發出每個符號所得到的資訊量。

10.3 訊號源分別以 1/3, 1/6, 1/4, 1/4 的機率發出四個符號 s_0, s_1, s_2, s_3 其中的一個。這些連續符號是機率獨立。計算該訊號源的熵。

10.4 令 X 表示單次擲一個公平骰子的結果，則 X 的熵為多少？

10.5 具有零平均值與單位差的高斯過程的樣本函數被均勻取樣，並且送至如圖 P10.5 所表示的輸入–輸出振幅特性的均勻量化器。計算出量化器輸出的熵。

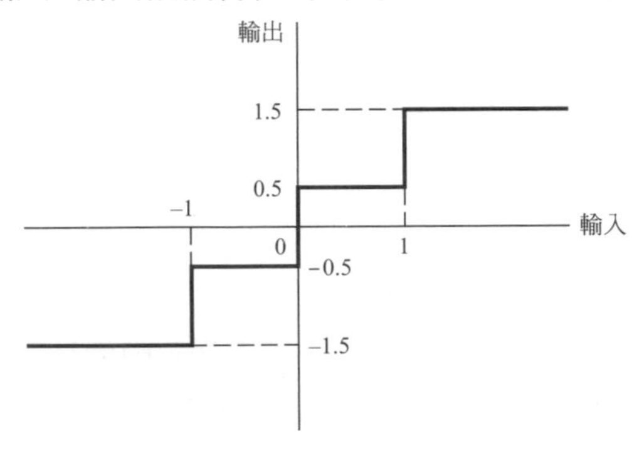

圖 P10.5

10.6 考慮一個離散無記憶訊號源，其訊號源字符集為 $\mathscr{L}=\{s_0, s_1, s_2\}$ 且訊號源統計為 $\{0.7, 0.15, 0.15\}$。

(a) 計算訊號源的熵。

(b) 計算訊號源的二階延伸的熵。

10.7 考慮下列四組編碼：

符號	碼 I	碼 II	碼 III	碼 IV
s_0	0	0	0	00
s_1	10	01	01	01
s_2	110	001	011	10
s_3	1110	0010	110	110
s_4	1111	0011	111	111

四組碼中的兩組為前綴碼。辨識出這兩組碼並且建構個別的決策樹。

10.8 考慮一組由英文字母組成的字母序列，每個字母的發生機率如下：

字母	a	i	l	m	n	o	p	y
機率	0.1	0.1	0.2	0.1	0.1	0.2	0.1	0.1

計算出兩組相異的這些字母的霍夫曼編碼。因此對於這兩組碼，對於個別的碼，找出平均字碼長度且平均字碼長度超過全體字母。

10.9 字母集由 7 個符號構成的離散無記憶訊號源，每個符號的發生機率如下：

符號	s_0	s_1	s_2	s_3	s_4	s_5	s_6
機率	0.25	0.25	0.125	0.125	0.125	0.0625	0.0625

計算出此訊號源的霍夫曼編碼，當合併符號於盡可能高的位置。解釋為何計算得到的訊號源碼具有 100%的效率。

10.10 考慮離散無記憶訊號源具有字母集$\{s_0, s_1, s_2\}$且其輸出統計爲$\{0.7, 0.15, 0.15\}$。

(a) 將霍夫曼演算法用於此訊號源。證明霍夫曼編碼的平均字碼長度等於每符號1.3位元。

(b) 將此訊號源延伸爲二階，使用霍夫曼演算法用於此延伸訊號源，並證明新的字碼平均長度等於每個符號1.1975位元。

(c) 將(b)之中計算得到的平均字碼長度與原始訊號源的熵作比較。

10.11 一台計算機執行四個指令，分別由字碼(00, 01, 10, 11)所表示。假設獨立使用每個指令的機率分別是(1/2, 1/8, 1/8, 1/4)，計算採用最佳訊號源編碼時，所使用指令對應的位元數可降低至多少比率。並建構霍夫曼編碼實現之。

10.12 考慮下列二進位制序列

11101001100010110100…

使用藍波立夫演算法對此序列進行編碼，假設二進制符號0與1已於此編碼中。

10.13 考慮圖10.9所表示的二進制對稱通道的轉移機率圖。二進制輸入符號0與1以同等的機率出現。找出二進制符號0與1於通道輸出的機率。

10.14 重複計算問圖10.13，假設二進制符號0與1發生的機率分別爲1/4與3/4。

10.15 考慮一個通道編碼與解碼採用重複碼的數位通訊系統。每次的傳輸重複n次，其中$n = 2m + 1$，而n爲奇數。解碼的運作如下，若於一個n個接收位元的區塊中，0的個數遠超過1的個數，解碼器則解譯爲0，反之則解譯爲1。當$n = 2m + 1$中有$m + 1$或更多的輸出爲不正確的，則會發生錯誤。假設通道爲一個二進制對稱通道。

(a) 對於$n = 3$，證明平均錯誤機率爲

$$P_e = 3p^2(1-p) + p^3$$

其中p爲通道轉移機率。

(b) 對於$n = 5$，證明平均錯誤機率爲

$$P_e = 10p^3(1-p)^2 + 5p^4(1-p) + p^5$$

(c) 對於一般的情況，證明平均錯誤機率爲

$$P_e = \sum_{i=m+1}^{n} \binom{n}{i} p^i (1-p)^{n-i}$$

10.16 電話網路的一個語音通道的頻寬爲3.4 kHz。

(a) 計算電話通道的資訊容量，其訊雜比爲30dB。

(b) 計算出讓電話通道中資訊傳輸能以9600b/s的速率傳輸，其所需最小的訊號雜訊比。

10.17 包含字母和數字的資料自遠端透過語音電話通道傳送至電腦。通道頻寬為 3.4 kHz，輸出訊雜比為 20 dB。終端共有 128 個符號。假設這些符號皆為相等機率，且連續傳輸為統計獨立。

(a) 計算通道的資訊容量。

(b) 計算透過通道無錯誤傳輸所允許的最大符號速率。

10.18 於單一同位檢查碼中，將一個單獨同位位元附加於 k 個訊息位元($m_1, m_2, \ldots, m_k$)的區塊中。單一訊息位元 b_1 的選取要使得字碼滿足於偶同位法則：

$$m_1 + m_2 + \cdots + m_k + b_1 = 0, \quad \text{mode } 2$$

對於 $k=3$，設定依據此法則定義 2^k 種可能的字碼。

10.19 試比較於範例 10.10 中所討論的(7, 4)漢明碼的同位檢查矩陣與(4, 1)反覆碼的同位檢查矩陣。

10.20 考慮範例 10.10 中的(7, 4)漢明碼，其中生成矩陣為 G，同位檢查矩陣為 H，證明這兩個矩陣滿足以下條件

$$\mathrm{HG}^T = 0$$

10.21 **(a)** 對於範例 10.10 中的(7, 4)漢明碼，建構其為對偶碼的 8 個字碼。

(b) 求(a)中對偶碼的最小距離。

10.22 考慮範例 10.9 中的(5, 1)反覆碼，試估計以下兩種錯誤圖樣的徵狀 s：

(a) 5 個所有的單項錯誤圖樣

(b) 10 個所有的單項錯誤圖樣

10.23 一個卷積碼編碼器包含 1 個兩級移位暫存器(額定長度 $K=3$)，3 個模數 2 加法器與 1 個輸出多工器。編碼器的生成序列如下：

$$g^{(1)} = (1,0,1)$$
$$g^{(2)} = (1,1,0)$$
$$g^{(3)} = (1,1,1)$$

試繪出編碼器 H 的方塊圖。

10.24 考慮圖 P10.24 的一個卷積碼編碼器，其中編碼率 $r = 1/2$，額定長度 $K = 2$。此碼為系統碼，求出訊息序列 10111 經過編碼器後產生的輸出。

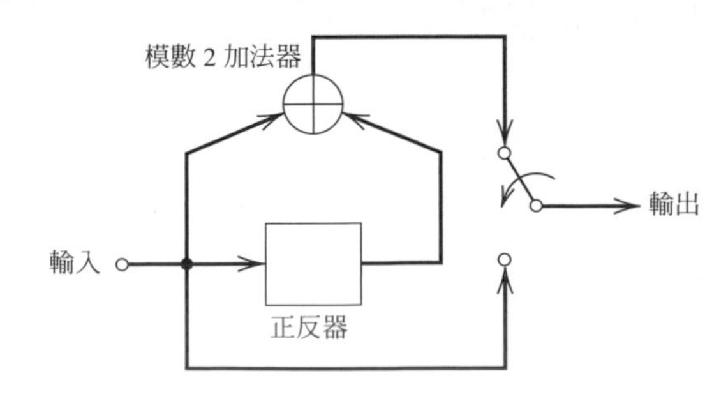

圖 P10.24

10.25 圖 P10.25 表示一個編碼率 $r = 1/2$，額定長度 $K = 4$ 之卷積碼編碼器。求出編碼器輸入訊息序列 10111 後的輸出。

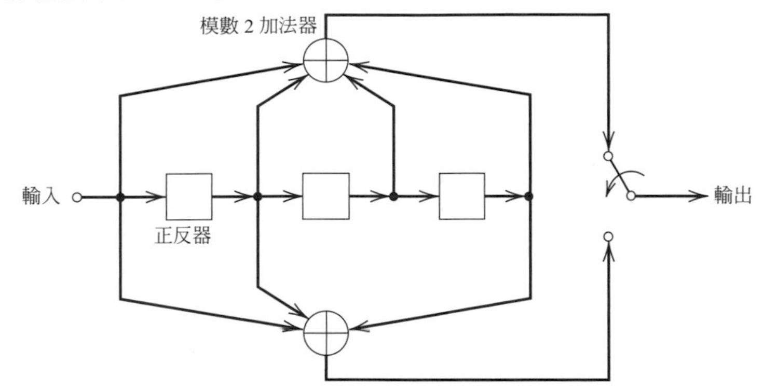

圖 P10.25

10.26 考慮圖 10.26b 的一個編碼率 $r = 2/3$，額定長度 $K = 2$ 的卷積碼編碼器。試求出以訊息序列 10111…輸入編碼器後產生的輸出碼序列。

10.27 一個編碼率爲 1/2，額定長度爲 7 的卷積碼，其自由距離 $d_{\text{free}} = 10$，計算以下兩個通道的漸進編碼增益：

(a) 二進制對稱通道。

(b) 二進制輸入之 AWGN 通道。

10.28 令 $r_c^{(1)} = p/q_1$ 和 $r_c^{(2)} = p/q_2$ 分別爲圖 10.33 的加速碼編碼器中的 RSC 編碼器 1 和編碼器 2 的編碼率。求出此加速碼之編碼率

10.29 圖 10.33 表示的加速碼編碼器中組成碼的迴授特性具下列含意：單一位元錯誤符合通道錯誤的無限序列試以一個由符號 1 和無限多個符號 0 所組成的訊息序列來說明此一現象。

10.30 考慮一個編碼率爲 1/2 的加速碼的生成矩陣分別爲：

4狀態編碼器：　$g(D) = \left[1, \dfrac{1 + D + D^2}{1 + D^2}\right]$

8狀態編碼器：　$g(D) = \left[1, \dfrac{1 + D^2 + D^3}{1 + D + D^2 + D^3}\right]$

16狀態編碼器：　$g(D) = \left[1, \dfrac{1 + D^4}{1 + D + D^2 + D^3 + D^4}\right]$

(a) 建構出這些 RSC 編碼器個別的方塊圖。

(b) 求出各編碼器對應的同位檢查等式。

In science one tries to tell people, in such a way as to be understood by everyone, something that no one ever knew before. But in poetry, it's the exact opposite.

P.A.M Dirac

附錄：實用數學查表

表 A.1　傅立葉轉換的性質摘要

性質	數學敘述
1. 線性	$ag_1(t)+bg_2(t) \rightleftharpoons aG_1(f)+bG_2(f)$ 其中 a 及 b 爲常數
2. 時間比例調整	$g(at) \rightleftharpoons \frac{1}{\lvert a\rvert}G\left(\frac{f}{a}\right)$ 其中 a 爲常數
3. 對偶性	若 $g(t) \rightleftharpoons G(f)$，則 $G(t) \rightleftharpoons g(-f)$
4. 時間移位	$g(t-t_0) \rightleftharpoons G(f)\exp(-j2\pi ft_0)$
5. 頻率移位	$\exp(j2\pi f_c t)g(t) \rightleftharpoons G(f-f_c)$
6. $g(t)$下面積	$\int_{-\infty}^{\infty} g(t)dt = G(0)$
7. $G(f)$下面積	$g(0) = \int_{-\infty}^{\infty} G(f)df$
8. 時域中作微分	$\frac{d}{dt}g(t) \rightleftharpoons j2\pi fG(f)$
9. 時域中作積分	$\int_{-\infty}^{t} g(\tau)d\tau \rightleftharpoons \frac{1}{j2\pi f}G(f)+\frac{G(0)}{2}\delta(f)$
10. 共軛函數	若 $g(t) \rightleftharpoons G(f)$，則 $g^*(t) \rightleftharpoons G^*(-f)$
11. 時域中作相乘	$g_1(t)g_2(t) \rightleftharpoons \int_{-\infty}^{\infty} G_1(\lambda)G_2(f-\lambda)d\lambda$
12. 時域中作迴旋	$\int_{-\infty}^{\infty} g_1(\tau)g_2(t-\tau)d\tau \rightleftharpoons G_1(f)G_2(f)$
13. Rayleigh 能量定理	$\int_{-\infty}^{\infty} \lvert g(t)\rvert^2 dt = \int_{-\infty}^{\infty} \lvert G(f)\rvert^2 df$

表 A.2 傅立葉轉換對照表

時間函數	傅立葉轉換
$\text{rect}\left(\frac{t}{T}\right)$	$T\text{sinc}(fT)$
$\text{sinc}(2Wt)$	$\frac{1}{2W}\text{rect}\left(\frac{f}{2W}\right)$
$\exp(-at)u(t), \quad a>0$	$\frac{1}{a+j2\pi f}$
$\exp(-a\|t\|), \quad a>0$	$\frac{2a}{a^2+(2\pi f)^2}$
$\exp(-\pi t^2)$	$\exp(-\pi f^2)$
$\begin{cases} 1-\frac{\|t\|}{T}, & \|t\|<T \\ 0, & \|t\|\ge T \end{cases}$	$T\text{sinc}^2(fT)$
$\delta(t)$	1
1	$\delta(f)$
$\delta(t-t_0)$	$\exp(-j2\pi ft_0)$
$\exp(j2\pi f_c t)$	$\delta(f-f_c)$
$\cos(2\pi f_c t)$	$\frac{1}{2}[\delta(f-f_c)+\delta(f+f_c)]$
$\sin(2\pi f_c t)$	$\frac{1}{2j}[\delta(f-f_c)-\delta(f+f_c)]$
$\text{sgn}(t)$	$\frac{1}{j\pi f}$
$\frac{1}{\pi t}$	$-j\,\text{sgn}(f)$
$u(t)$	$\frac{1}{2}\delta(f)+\frac{1}{j2\pi f}$
$\sum_{i=-\infty}^{\infty}\delta(t-iT_0)$	$\frac{1}{N_0}\sum_{n=-\infty}^{\infty}\delta\left(f-\frac{n}{T_0}\right)$

注意： $u(t)=$ 單位步級函數

$\delta(t)=$ 狄拉克 Delta 函數

$\text{rect}(t)=$ 矩形函數

$\text{sgn}(t)=$ 符號函數

$\text{sinc}(t)=$ sinc 函數

表 A.3 Bessel 函數的性質摘要

第一類 Bessel 函數

1. 等價表示

$$J_n(x) = \frac{1}{2\pi}\int_{-\pi}^{\pi}\exp(jx\sin\theta - jn\theta)d\theta$$

$$= \frac{1}{\pi}\int_{0}^{\pi}\cos(x\sin\theta - n\theta)d\theta$$

$$= \sum_{m=0}^{\infty}\frac{(-1)^m\left(\frac{1}{2}x\right)^{n+2m}}{m!(n+m)!}$$

2. 性質

a. $J_n(x) = (-1)^n J_{-n}(x)$

b. $J_n(x) = (-1)^n J_n(-x)$

c. $J_{n-1}(x) + J_{n+1}(x) = \frac{2n}{x}J_n(x)$

d. 對於小的 x，

$$J_n(x) \approx \frac{x^n}{2^n n!}$$

e. 對於大的 x，

$$J_n(x) \approx \sqrt{\frac{2}{\pi x}}\cos\left(x - \frac{\pi}{4} - \frac{n\pi}{2}\right)$$

f. 對於實數 x，

$$\lim_{n\to\infty} J_n(x) = 0$$

g. $\sum_{n=-\infty}^{\infty} J_n(x)\exp(jn\phi) = \exp(jx\sin\phi)$

h. $\sum_{n=-\infty}^{\infty} J_n^2(x) = 1$

i. Matlab 函數呼叫

$J_n(x) =$ besselj(n,x)

第一類修正 Bessel 函數

1. 等價表示

$$I_n(x) = \frac{1}{2\pi}\int_{-\pi}^{\pi}\exp(x\cos\theta)\cos(n\theta)d\theta$$

$$= \sum_{m=0}^{\infty}\frac{\left(\frac{1}{2}x\right)^{n+2m}}{m!(n+m)!}$$

$$= j^{-n}J_n(jx)$$

2. 性質

a. 對於小的 x，

$$I_0(x) \approx 1$$

b. 對於大的 x，

$$I_0(x) \approx \frac{\exp(x)}{\sqrt{2\pi x}}$$

c. Matlab 函數呼叫

$I_n(x) =$ besseli(n,x)

表 A.4 Q 函數的性質摘要

1. 等價表示

$$Q(x)=\frac{1}{\sqrt{2\pi}}\int_x^{\infty}\exp(-z^2/2)dz$$
$$=\frac{1}{2}erfc\left(\frac{x}{\sqrt{2}}\right)$$

其中 $erfc(x)=\frac{2}{\sqrt{\pi}}\int_x^{\infty}\exp(-z^2)dz$

2. 性質

a. $Q(-x)=1-Q(x)$

b. 對於小的 x，

$$\lim_{x\to 0}Q(x)=0.5$$

c. 對於大的 x，

$$Q(x)\approx\frac{1}{\sqrt{2\pi}x}\exp(-x^2/2)$$

d. Matlab 函數呼叫

$$Q(x)=0.5*\mathrm{erfc}(\mathrm{x}/\mathrm{sqrt}(2))$$

表 A.5 三角恆等式

$\exp(\pm j\theta)=\cos\theta\pm j\sin\theta$	$2\sin\theta\cos\theta=\sin(2\theta)$
$\cos\theta=\frac{1}{2}[\exp(j\theta)+\exp(-j\theta)]$	$\sin(\alpha\pm\beta)=\sin\alpha\cos\beta\pm\cos\alpha\sin\beta$
	$\cos(\alpha\pm\beta)=\cos\alpha\cos\beta\mp\sin\alpha\sin\beta$
$\sin\theta=\frac{1}{2j}[\exp(j\theta)-\exp(-j\theta)]$	$\tan(\alpha\pm\beta)=\frac{\tan\alpha\pm\tan\beta}{1\mp\tan\alpha\tan\beta}$
$\sin^2\theta+\cos^2\theta=1$	$\sin\alpha\sin\beta=\frac{1}{2}[\cos(\alpha-\beta)-\cos(\alpha+\beta)]$
$\cos^2\theta-\sin^2\theta=\cos(2\theta)$	
$\cos^2\theta=\frac{1}{2}[1+\cos(2\theta)]$	$\cos\alpha\cos\beta=\frac{1}{2}[\cos(\alpha-\beta)+\cos(\alpha+\beta)]$
$\sin^2\theta=\frac{1}{2}[1-\cos(2\theta)]$	$\sin\alpha\cos\beta=\frac{1}{2}[\sin(\alpha-\beta)+\sin(\alpha+\beta)]$

表 A.6　級數展開

泰勒級數

$$f(x)=f(a)+\frac{f'(a)}{1!}(x-a)+\frac{f''(a)}{2!}(x-a)^2+\cdots+\frac{f^{(n)}(a)}{n!}(x-a)^n+\cdots$$

其中

$$f^{(n)}(a)=\left.\frac{d^n f(x)}{dx^n}\right|_{x=a}$$

MacLaurin 級數

$$f(x)=f(0)+\frac{f'(0)}{1!}x+\frac{f''(0)}{2!}x^2+\cdots+\frac{f^{(n)}(0)}{n!}x^n+\cdots$$

其中

$$f^{(n)}(0)=\left.\frac{d^n f(x)}{dx^n}\right|_{x=0}$$

二項式級數

$$(1+x)^n=1+nx+\frac{n(n-1)}{2!}x^2+\cdots,\quad |nx|<1$$

指數級數

$$\exp(x)=1+x+\frac{1}{2!}x^2+\cdots$$

對數級數

$$\ln(1+x)=x-\frac{1}{2}x^2+\frac{1}{3}x^3-\cdots$$

三角函數級數

$$\sin x=x-\frac{1}{3!}x^3+\frac{1}{5!}x^5-\cdots$$

$$\cos x=1-\frac{1}{2!}x^2+\frac{1}{4!}x^4-\cdots$$

$$\tan x=x+\frac{1}{3}x^3+\frac{2}{15}x^5+\cdots$$

$$\sin^{-1}x=x+\frac{1}{6}x^3+\frac{3}{40}x^5+\cdots$$

$$\tan^{-1}x=x-\frac{1}{3}x^3+\frac{1}{5}x^5-\cdots,\quad |x|<1$$

$$\mathrm{sinc}x=1-\frac{1}{3!}(\pi x)^2+\frac{1}{5!}(\pi x)^4-\cdots$$

表 A.7 總和公式

$\sum_{k=1}^{K} k = \frac{K(K+1)}{2}$	$\sum_{k=1}^{K} k^3 = \frac{K^2(K+1)^2}{4}$
$\sum_{k=1}^{K} k^2 = \frac{K(K+1)(2K+1)}{6}$	$\sum_{k=1}^{K} x^4 = \frac{(x^K-1)}{x-1}, \quad \lvert x \rvert \neq 1$

表 A.8 積分

不定積分

$$\int x\sin(ax)dx = \frac{1}{a^2}[\sin(ax) - ax\cos(ax)]$$

$$\int x\cos(ax)dx = \frac{1}{a^2}[\cos(ax) + ax\sin(ax)]$$

$$\int x\exp(ax)dx = \frac{1}{a^2}\exp(ax)(ax-1)$$

$$\int x\exp(ax^2)dx = \frac{1}{a^2}\exp(ax^2)$$

$$\int \exp(ax)\sin(bx)dx = \frac{1}{a^2+b^2}\exp(ax)[a\sin(bx) - b\cos(bx)]$$

$$\int \exp(ax)\cos(bx)dx = \frac{1}{a^2+b^2}\exp(ax)[a\cos(bx) + b\sin(bx)]$$

$$\int \frac{dx}{a^2+b^2x^2} = \frac{1}{ab}\tan^{-1}\left(\frac{bx}{a}\right) \quad 及 \quad \int \frac{x^2dx}{a^2+b^2x^2} = \frac{x}{b^2} - \frac{a}{b^3}\tan^{-1}\left(\frac{bx}{a}\right)$$

定積分

$$\int_0^\infty \frac{x\sin(ax)}{b^2+x^2}dx = \frac{\pi}{2}\exp(-ab), \quad a>0, b>0$$

$$\int_0^\infty \frac{\cos(ax)}{b^2+x^2}dx = \frac{\pi}{2b}\exp(-ab), \quad a>0, b>0$$

$$\int_0^\infty \frac{\cos(ax)}{(b^2-x^2)^2}dx = \frac{\pi}{4b^3}[\sin(ab) - ab\cos(ab)], \quad a>0, b>0$$

$$\int_0^\infty \mathrm{sinc}x dx = \int_0^\infty \mathrm{sinc}^2 x dx = \frac{1}{2}$$

$$\int_0^\infty \exp(-ax^2)dx = \frac{1}{2}\sqrt{\frac{\pi}{a}}, \quad a>0 \quad 及 \quad \int_0^\infty x^2\exp(-ax^2)dx = \frac{1}{4a}\sqrt{\frac{\pi}{a}}, \quad a>0$$

表 A.9 實用常數

物理常數	
波茲曼常數	$k = 1.38 \times 10^{-28}$ joule/degree Kelvin $= -228.6\text{dBW K}^{-1}$
普朗克常數	$h = 6.626 \times 10^{-34}$
電子(基本)電荷	$q = 1.602 \times 10^{-19}$
眞空中的光速	$c = 2.998 \times 10^{8}$
標準(絕對)溫度	$T_0 = 273$
熱電壓	$V_T = 0.026$
標準溫度時的熱能 kT	$kT_0 = 3.77 \times 10^{-21}$ joule $= -204.2$ dBW Hz^{-1}
1 赫茲(Hz) = 1 周/秒；1 周 = 2π 弳度	
1 瓦(W) = 1 J/s	
數學常數	
自然對數基底	$e = 2.7182818$
以 2 爲底時 e 的對數	$\log_2 e = 1.442695$
以 e 爲底時 2 的對數	$\ln 2 = 0.693147$
以 10 爲底時 2 的對數	$\log_{10} 2 = 0.30103$
Pi	$\pi = 31415927$

表 A.10 建議的單位字首

乘倍	字首	符號
10^{12}	tera	T
10^{9}	giga	G
10^{6}	mega	M
10^{3}	kilo	K(k)
10^{-3}	milli	m
10^{-6}	micro	μ
10^{-9}	nano	n
10^{-12}	pico	p

術語表

習慣用法及符號

1. 符號 $|\ |$ 表示取複數的大小。
2. 符號 arg( ) 表示取複數的相角。
3. 符號 Re[ ] 表示「實部」，Im[ ] 表示「虛部」。
4. ln( ) 代表取自然對數，而以 a 爲底的對數寫爲 $\log_a(\ )$。
5. 把星號寫在上標表示共軛複數，例如 x^* 是 x 的共軛複數。
6. 符號 $\rightleftharpoons$ 表示傅立葉轉換對，例如 $g(t) \rightleftharpoons G(f)$，其中小寫字母表示時域函數，相對的大寫字母則表示頻域函數。
7. 符號 $F[\ ]$ 表示傅立葉轉換運算，例如 $F[g(t)] = G(f)$；符號 $F^{-1}[\ ]$表示反傅立葉轉換運算，例如 $F^{-1}[G(f)] = g(t)$。
8. 符號★表示迴旋運算，例如：

$$x(t) \star h(t) = \int_{-\infty}^{\infty} x(\tau)h(t-\tau)d\tau$$

9. 符號 $\oplus$ 代表模數-2 加法；只有在第 10 章是例外，模數-2 加法用平常的加號表示。
10. 下標 T_0 表示函數，如 $g_{T_0}(t)$ 是時間的週期性函數，且其週期爲 T_0。
11. 在函數上方的帽子符號表示對未知參數的估測值，例如 $\hat{\alpha}(\mathbf{x})$ 是根據觀察到的向量 $\mathbf{x}$，對未知參數 α 的估測值。
12. 函數上方的波線符號代表窄頻訊號的複波封，例如 $\tilde{g}(t)$ 是窄頻訊號 $g(t)$的複波封。
13. 下標 I 與 Q 表示載波爲 $\cos(2\pi f_c t)$ 的窄頻信號、窄頻隨機程序、或窄頻濾波器脈衝響應的同相與正交成分。
14. 對低通信號而言，W 表示其最高頻率成分或信號頻寬。信號頻譜佔據頻率範圍 $-W \le f \le W$，且在其它地方爲零。對載波頻率等於 f_c 的帶通信號而言，信號頻譜佔據頻率範圍 $f_c - W \le f \le f_c + W$ 及 $-f_c - W \le f \le -f_c + W$，因此信號頻寬寫爲 2W。此帶通信號之(低通)複波封的頻譜佔據頻率範圍 $-W \le f \le W$。

    低通濾波器的頻寬符號爲 B。其濾波器頻寬的常用定義之一，是幅度響應比中心頻率減少 3 分貝處的頻率。對於以 f_c 爲中心的帶通濾波器，其頻寬寫爲 $2B$，中心爲 fc。帶通濾波器之複數低通等效的頻寬爲 B。

    傳輸一個調變後的信號所需的通道頻寬符號爲 B_T。
15. 隨機變數和隨機向量用大寫表示 (如 X 或 $\mathbf{X}$)，它們的取樣值則用小寫表示 (如 x 或 $\mathbf{x}$)。

16. 在式子中的垂直線表示「已知條件」，例如 $f_x(x|H_0)$ 是已知假設 H_0 成立的情況下，隨機變數 X 的機率密度函數。
17. 符號 $\mathbf{E}[\ ]$ 代表計算隨機變數的期望值。
18. 符號 var[ ] 代表計算隨機變數的變異數。
19. 符號 cov[ ] 代表計算兩個隨機變數的共變異數。
20. 符元平均錯誤機率寫為 P_e。

    在二元信號系統中，P_{e0} 代表當傳送符號為 0 情況下的條件錯誤機率，P_{e1} 代表當傳送符號為 1 情況下的條件錯誤機率。符號 0 與 1 的事前機率分別寫為 p_0 及 p_1。
21. 粗體字代表向量或矩陣。方形矩陣 $\mathbf{R}$ 的反矩陣寫為 $\mathbf{R}^{-1}$。向量 $\mathbf{w}$ 的轉置寫為 $\mathbf{w}^T$。
22. 向量 $\mathbf{x}$ 的長度寫為 $\|\mathbf{x}\|$。兩個向量 $\mathbf{x}_i$ 與 $\mathbf{x}_j$ 間的距離寫為 $d_{ij}=\|\mathbf{x}_i-\mathbf{x}_j\|$。
23. 兩個向量 $\mathbf{x}$ 與 $\mathbf{y}$ 的內積寫為 $\mathbf{x}^T\mathbf{y}$，它們的外積寫為 $\mathbf{x}\mathbf{y}^T$。

函數

1. 矩形函數：
$$\mathrm{rect}(t)=\begin{cases}1, & -\frac{1}{2}<t<\frac{1}{2}\\ 0, & |t|\geq\frac{1}{2}\end{cases}$$

2. 單位步級函數：
$$u(t)=\begin{cases}1, & t\geq 0\\ 0, & t<0\end{cases}$$

3. 符號函數：
$$\mathrm{sgn}(t)=\begin{cases}1, & t>0\\ -1, & t<0\end{cases}$$

4. 狄瑞克-得他函數：
$$\delta(t)=0,\quad t\neq 0$$
$$\int_{-\infty}^{\infty}\delta(t)dt=1$$
或寫為
$$\int_{-\infty}^{\infty}g(t)\delta(t-t_0)dt=g(t_0)$$

5. 辛克 (sinc) 函數：
$$\mathrm{sinc}(x)=\frac{\sin(\pi x)}{\pi x}$$

6. Q 函數：
$$Q(u)=\frac{1}{\sqrt{2\pi}}\int_u^{\infty}\exp(-z^2/2)dz$$
互補誤差函數：
$$\mathrm{erfc}(u)=1-\mathrm{erf}(u)$$

7. 第一類 n 階貝色函數：
$$J_n(x)=\frac{1}{2\pi}\int_{-\pi}^{\pi}\exp(jx\sin\theta-jn\theta)d\theta$$

8. 第一類零階之修正貝色函數：
$$I_0(x)=\frac{1}{2\pi}\int_{-\pi}^{\pi}\exp(x\cos\theta)d\theta$$

9. 二項式係數
$$\binom{n}{k}=\frac{n!}{(n-k)!k!}$$

縮寫

ac：	交流電	alternating current
ANSI：	美國國家標準學會	American National Standards Institute
AM：	調幅	amplitude modulation
ARQ：	自動重送要求	automatic-repeat-request
ASCII：	資訊交換之美國國家標準碼	American National Standard Code for Information Interchange
ASK：	幅移調變	amplitude-shift keying
ATM：	不同步轉換模式	asynchronous transfer mode
BER：	位元錯誤率	bit error rate
BPF：	帶通濾波器	band-pass filter
BPSK：	二元相移調變	binary phase shift keying
BSC：	二元對稱通道	binary symmetric channel
CCD：	電荷耦合元件	charge-coupled device
CCITT：	國際電話及電報諮詢委員會	Consultative Committee for International Telephone and Telegraph
CPFSK：	相位連續之頻移調變	continuous-phase frequency-shift keying
CW：	連續波	continuous wave
dB：	分貝	decibel
dc：	直流電	direct current
DFT：	離散傅立葉轉換	discrete Fourier transform
DM：	差異調變	delta modulation
DPCM：	差分式脈碼調變	differential pulse-code modulation
DPSK：	差分式相移調變	differential phase-shift keying
DSB-SC：	雙邊帶抑制載波	double sideband-suppressed carrier
exp：	指數	exponential
FDM：	分頻多工	frequency-division multiplexing
FDMA：	分頻多重存取	frequency-division multiple access
FFT：	快速傅立葉轉換	fast Fourier transform
FMFB：	回饋式調頻器	frequency modulator with feedback
FSK：	頻移調變	frequency-shift keying
HDTV：	高畫質電視	high definition television
Hz：	赫	Hertz
IDFT：	反離散傅立葉轉換	inverse discrete Fourier transform
IF：	中頻	intermediate frequency
I/O：	輸入/輸出	input/output
ISI：	符間干擾	intersymbol interference
ISO：	國際標準組織	International Organization for Standardization
LAN：	區域網路	local-area network
LED：	發光二極體	light emitting diode
LMS：	最小均方	least-mean-square
ln：	自然對數	natural logarithm
log：	對數	logarithm
LPF：	低通濾波器	low-pass filter
MAP：	最大事後機率	maximum a posteriori probability
ms：	毫秒	millisecond
μs：	微秒	microsecond
ML：	最大可能性	maximum likelihood

modem：	調變器-解調器	Modulator-demodulator
MSK：	最小相移調變	minimum shift keying
nm：	奈米	nanometer
NRZ：	不歸零	nonreturn-to-zero
NTSC：	國家電視系統委員會	National Television Systems Committee
OOK：	開-關調變	on–off keying
OSI：	開放系統連結	open systems interconnection
PAM：	脈幅調變	pulse-amplitude modulation
PCM：	脈碼調變	pulse-code modulation
PCN：	個人通信網路	personal communication network
PLL：	鎖相迴路	phase-locked loop
PN：	假雜訊	pseudo-noise
PSK：	相移調變	phase-shift keying
QAM：	正交振幅調變	quadrature amplitude modulation
QOS：	服務品質	quality of service
QPSK：	四分相移調變	quadriphase-shift keying
RF：	射頻	radio frequency
rms：	均方根值	root-mean-square
RS：	里德–所羅門	Reed–Solomon
RS-232：	建議標準-232 (埠)	Recommended standard-232 (port)
RZ：	歸零	return-to-zero
s：	秒	second
SDH：	同步數位架構	synchronous digital hierarchy
SDR：	訊號對失眞比	signal-to-distortion ratio
SONET：	同步光纖網路	synchronous optical network
SNR：	訊雜比	signal-to-noise ratio
TCM：	格子-編碼調變	trellis-coded modulation
TDM：	分時多工	time-division multiplexing
TDMA：	分時多重存取	time-division multiple access
TV：	電視	television
UHF：	超高頻	ultra high frequency
VCO：	壓控震盪器	voltage-controlled oscillator
VHF：	極高頻	very high frequency
VLSI：	超大型積體電路	very-large-scale integration

參考書目

書籍

- N. Abramson, *Information Theory and Coding* (New York: McGraw-Hill, 1963).
- J. Adamek, *Foundations of Coding* (New York: Wiley, 1991).
- Bell Telephone Laboratories, *Transmission Systems for Communications* (1971).
- S. Benedetto, E. Biglieri, and V. Castellani, *Digital Transmission Theory* (Englewood Cliffs, N.J.: Prentice-Hall, 1987).
- W. R. Bennett, *Introduction to Signal Transmission* (New York: McGraw-Hill, 1970).
- R. E. Best, *Phase-locked Loops: Design, simulation and applications*, 5th ed. (New York: McGraw-Hill, 2003).
- E. Biglieri, D. Divsalar, P. J. Mclane, and M. K. Simon, *Introduction to Trellis-Coded Modulation with Applications* (New York: Macmillan, 1991).
- H. S. Black, *Modulation Theory* (Princeton, N.J.: Van Nostrand, 1953).
- R. E. Blahut, *Principles and Practice of Information Theory* (Reading, Mass: Addison-Wesley, 1987).
- G. E. P. Box and G. M. Jenkins, *Time Series Analysis: Forecasting and Control* (San Francisco: Holden-Day, 1976).
- R. N. Bracewell, *The Fourier Transform and Its Applications*, 2nd ed., rev. (New York: McGraw-Hill, 1986).
- L. Brillouin, *Science and Information Theory*, 2nd ed. (New York: Academic Press, 1962).
- K. W. Cattermole, *Principles of Pulse-code Modulation* (New York: American Elsevier, 1969).
- D. C. Champeney, *Fourier Transforms and Their Physical Applications* (London: Academic Press, 1973).
- L. Cohen, *Time-frequency analysis* (New Jersey: Prentice Hall, 1994).
- T. M. Cover and J. B. Thomas, *Elements of Information Theory* (New York: Wiley, 1991).
- R. E. Crochiere and L. R. Rabiner, *Multirate Digital Signal Processing* (Englewood Cliffs, N.J.: Prentice-Hall, 1983).
- W. F. Egan, *Phase-Lock Basics* (New York: Wiley, 1998).
- D. F. Elliott and K. R. Rao, *Fast Transforms: Algorithms, Analyses, Applications* (New York: Academic Press, 1982).
- L. E. Franks, *Signal Theory* (Englewood Cliffs, N.J.: Prentice-Hall, 1969).
- R. G. Gallagher, *Information Theory and Reliable Communication* (New York: Wiley, 1968).

- F. M. Gardner, *Phaselock Techniques*, 2nd ed. (New York: Wiley, 1979).
- J. D. Gibson, *Principles of Digital and Analog Communications* (New York: Macmillan, 1989).
- R. D. Gitlin, J. F. Hayes, and S. B. Weinstein, *Data Communications Principles* (New York: Plenum, 1992).
- R. M. Gray and L. D. Davisson, *Random Processes: A Mathematical Approach for Engineers* (Englewood Cliffs, N.J.: Prentice-Hall, 1986).
- M. S. Gupta (editor), *Electrical Noise: Fundamentals and Sources* (New York: IEEE Press, 1977).
- R. W. Hamming, *The Art of Probability for Scientists and Engineers* (Reading, Mass.: Addison-Wesley, 1991).
- R. W. Hamming, *Coding and Information Theory* (Englewood Cliffs, N.J.: Prentice-Hall, 1980).
- S. Haykin. *Adaptive Filter Theory*, 2nd ed. (Englewood Cliffs, N.J.: Prentice-Hall, 1991).
- S. Haykin, *Communication Systems* 4th ed. (New York: Wiley, 2001).
- S. Haykin and M. Moher, *Introduction to Analog and Digital Communications*, 2nd ed. (New Jersey: Wiley, 2007).
- S. Haykin and M. Moher, *Modern Wireless Communications* (New Jersey: Prentice Hall, 2005).
- S. Haykin and B. Van Veen, *Signals and Systems* 2nd ed., (New York: Wiley, 2003).
- C. Heegard and S. B. Wicker, *Turbo Coding* (Boston: Kluwer, 1999).
- C. W. Helstrom, *Probability and Stochastic Processes for Engineers*, 2nd ed. (New York: Macmillan, 1990).
- N. S. Jayant and P. Noll, *Digital Coding of Waveforms: Principles and Applications to Speech and Video* (Englewood Cliffs, N.J.: Prentice-Hall, 1984).
- M. C. Jeruchim, B. Balaban, and J. S. Shanmugan, *Simulation of Communication Systems* (New York: Plenum, 1992).
- S. M. Kay, *Modern Spectral Estimation: Theory and Applications* (Englewood Cliffs, N.J.: Prentice-Hall, 1988).
- G. Keiser, *Optical Fiber Communications*, 3rd ed. (New York: McGraw-Hill, 2000).
- E. A. Lee and D. G. Messerschmitt, *Digital Communications*, 2nd ed. (Boston: Kluwer Academic, 1994).
- A. Leon-Garcia, *Probability and Random Processes for Electrical Engineering* (Reading, Mass.: Addison-Wesley, 1989).
- S. Lin and D. J. Costello, Jr., *Error Control Coding: Fundamentals and Applications*, 2nd ed. (Englewood Cliffs, N.J.: Prentice-Hall, 2004).
- W. C. Lindsey, *Synchronization Systems in Communication and Control* (Englewood Cliffs, N.J.: Prentice-Hall, 1972).
- R. W. Lucky, *Silicon Dreams: Information, Man, and Machine* (New York: St. Martin's Press, 1989).

- R. W. Lucky, J. Salz, and E. J. Weldon, Jr., *Principles of Data Communication* (New York: McGraw-Hill, 1968).
- F. J. MacWilliams and N. J. A. Sloane, *The Theory of Error-correcting Codes* (Amsterdam: North-Holland, 1977).
- R. J. Marks, *Introduction to Shannon Sampling and Interpolation Theory* (New York/Berlin: Springer-Verlag, 1991).
- S. L. Marple, *Digital Spectral Analysis with Applications* (Englewood Cliffs, N.J.: Prentice-Hall, 1987).
- R. J. McEliece, *The Theory of Information and Coding*, 2nd ed. (Cambridge: Cambridge University Press, 2002).
- A. M. Michelson and A. H. Levesque, *Error-control Techniques for Digital Communication* (New York: Wiley, 1985).
- A. V. Oppenheim, R. W. Schafer, and J. R. Buck, *Discrete-Time Signal Processing*, 2nd ed. (New Jersey: Prentice Hall, 1999).
- A. V. Oppenheim and R. W. Schafer, *Digital Signal Processing* (Englewood Cliffs, N.J.: Prentice-Hall, 1975).
- A. Papoulis, *Probablity, Random Variables, and Stochastic Processes*, 2nd ed. (New York: McGraw-Hill, 1984).
- J. D. Parsons, The Mobile Radio Propagation Channel (New York: Wiley, 1992).
- W. W. Peterson and E. J. Weldon, Jr., *Error Correcting* Codes, 2nd ed. (Boston: MIT Press, 1972).
- J. R. Pierce, *Symbols, Signals and Noise: The Nature and Process of Communication* (New York: Harper 1961).
- W. H. Press, B. P. Flannery, S. A. Teukolsky, and W. T. VeHerling, (editors), *Numerical Recipes in C: The Art of Scientific Computing* (New York: Cambridge University Press, 1988).
- J. G. Proakis, *Digital Communications*, 2nd ed. (New York: McGraw-Hill, 1989).
- L. R. Rabiner and B. Gold, *Theory and Application of Digital Signal Processing* (Englewood Cliffs, N.J.: Prentice-Hall, 1975).
- J. H. Reed, *Software Radio: A Modern Approach to Radio Engineering* (New Jersey: Prentice Hall, 2002).
- J. H. Roberts, *Angle Modulation: The Theory of System Assessment*, IEE Communication Series 5 (London: Institution of Electrical Engineers, 1977).
- H. E. Rowe, *Signals and Noise in Communication Systems* (Princeton, N.J.: Van Nostrand, 1965).
- T. S. Rzeszewski (editor), *Television Technology Today* (New York: IEEE Press, 1985).
- D. Salomon, G. Motta, and D. Bryant, *Data Compression: The Complete Reference*, 4th ed., (London: Springer, 2006).
- C. Schlegel, *Trellis Coding*, (New Jersey: IEEE Press, 1997).

- M. Schwartz, W. R. Bennett, and S. Stein, *Communication Systems and Techniques* (New York: McGraw-Hill, 1966).
- J. M. Senior, *Optical Fiber Communications: Principles and Practice*, 2nd ed. (Englewood Cliffs, N.J.: Prentice Hall, 1992).
- B. Sklar, *Digital Communications: Fundamentals and Applications* 2ed. (New Jersey: Prentice Hall, 2001).
- F. G. Stremler, *Introduction to Communication Systems*, 3rd ed. (Reading, M. A.: Addison-Wesley, 1990).
- E. D. Sunde, *Communication Systems Engineering Theory* (New York: Wiley, 1969).
- A. S. Tannenbaum, *Computer Networks*, 3rd ed. (Englewood Cliffs, N.J.: Prentice Hall, 2005).
- T. M. Thompson, *From Error-correcting Codes through Sphere Packing to Simple Groups* (The Mathematical Association of America, 1983).
- A. Van der Ziel, *Noise: Source, Characterization, Measurement* (Englewood Cliffs, N.J.: Prentice-Hall, 1970).
- H. F. Vanlandingham, *Introduction to Digital Control Systems* (New York: Macmillan, 1985).
- A. J. Viterbi and J. K. Omura, *Principles of Digital Communication and Coding* (New York: McGraw-Hill, 1979).
- A. D. Whalen, *Detection of Signals in Noise* (New York: Academic Press, 1971).
- B. Widrow and S. D. Stearns, *Adaptive Signal Processing* (Englewood Cliffs, N.J.: Prentice-Hall, 1985).
- S. G. Wilson, *Data Modulation and Coding* (Englewood Cliffs, N.J.: Prentice Hall, 1996).
- C. R. Wylie and L. C. Barrett, *Advanced Engineering Mathematics*, 5th ed. (New York: McGraw-Hill, 1982).
- R. E. Ziemer and W. H. Tranter, *Principles of Communications*, 3rd ed. (Boston: Houghton Mifflin, 1990).

論文/報告/專利

- E. Arthurs and H. Dym, ''On the optimum detection of digital signals in the presence of white Gaussian noise—A geometric interpretation and a study of three basic data transmission systems,'' *IRE Trans. on Communication Systems*, vol. CS-10, pp. 336–372, 1962.
- G. Battail, ''Ponde´ration des symbols de´code´s par l'algorithme de Viterbi,'' *Ann. Te´le´communication*, vol. 42, pp. 31–38, 1987.
- C. Berrou, A. Glavieux, and P. Thitmajshima, ''Near Shannon limit error-correction coding and decoding: turbo codes,'' *Int. Conf. Communications*, pp.1064–1090,Geneva,Switzerland,May1993.
- C. Berrou and A. Glavieux, ''Near optimum error correction coding and decoding: turbo codes,'' *IEEE Trans. Communications*, vol. 44, pp. 1261–1271, 1996.
- V. K. Bhargava, ''Forward error correction schemes for digital communications,'' *IEEE Communications Magazine*, vol. 21, no. 1, pp. 11–19, 1983.
- D. R. Brillinger, ''An introduction to polyspectra,'' *Annals of Mathematical Statistics*, pp. 1351–1374, 1965.
- D.Cassioli,M.Z.Win,andA.F.Molisch,''TheUltra-WideBandwidthIndoorChannel:FromStatisticalModel toSimulations,'' *IEEE J. Selected Areas in Commun.*, vol.20,pp.1247–1257,2002.
- K. Challapali, X. Lebegue, J. S. Lim, W. H. Paik, and P. A. Snopko, ''The Grand Alliance system for US HDTV,'' Proc. IEEE, Vol. 83, No. 2, February 1995, Pages: 158–174.
- J. W. Cooley and J. W. Tukey, ''An algorithm for the machine calculation of complex Fourier series,'' *Math. Comput.*, vol. 19, pp. 297–801, 1965.
- R. deBuda, ''Coherent demodulation of frequency-shift keying with low deviation ratio,'' *IEEE Trans. on Communications*, vol. COM-20, pp. 429–535, 1972.
- M. I. Doelz and E. H. Heald, ''Minimum shift data communication system,'' U.S. Patent No. 2977417, March 1961.
- L. H. Enloe, ''Decreasing the threshold in FM by frequency feedback,'' *Proceedings of the IRE*, vol. 50, pp. 18–30, 1962.
- W. A. Gardner and L. E. Franks,''Characterization of cyclostationary random signal processes,'' *IEEE Transactions on Information Theory*, vol. IT-21, pp. 4–14, 1975.
- J. Hagenauer and P. Hoeher, ''A Viterbi algorithm with soft-decision outputs and its applications,'' *IEEE Globecom 89*, pp. 47.11–47.17, November 1989, Dallas, Texas.
- F. S. Hill, Jr., ''On time-domain representations for vestigial sideband signals,'' *Proceedings of the IEEE*, vol. 62, pp. 1032–1033, 1974.
- H. Kaneko, ''A unified formulation of segment companding laws and synthesis of codes and digital companders,'' *Bell System Tech. J.*, vol. 49, pp. 1555–1588, 1970.

- C. F. Kurth, ''Generation of single-sideband signals in multiplex communication systems,'' *IEEE Transactions on Circuits and Systems*, vol. CAS-23, pp. 1–17, Jan. 1976.
- C. L. Nikas and M. R. Raghuveer, ''Bispectrum estimation: A digital signal processing framework,'' *Proceedings of the IEEE*, vol. 75, pp. 869–891, 1987.
- S. Pasupathy, ''Minimum shift keying—A spectrally efficient modulation,'' *IEEE Communications Magazine*, vol. 17, no. 4, pp. 14–22, 1979.
- S. O. Rice, ''Noise in FM receivers,'' in M. Rosenblatt, (editor), *Proceedings of the Symposium on Time Series Analysis* (New York: Wiley, 1963), pp. 395–411.
- T. Sikora, ''MPEG Digital Video-coding standards,'' *IEEE Signal Processing Magazine*, pp. 82– 99, September 1997.
- M. K. Simon and D. Divsalar, ''On the implementation and performance of single and double differential detection schemes,'' *IEEE Trans. on Communications*, vol. 40, pp. 278–291, 1992.
- B. Smith, ''Instantaneous compounding of quantized signals,'' *Bell System Tech, J.*, vol. 36, pp. 653–709, 1957.
- G. L. Turin, ''An introduction to matched filters,'' *IRE Transactions on Information Theory*, vol. IT-6, pp. 311–329, 1960.
- G. L. Turin, ''An introduction to digital matched filters,'' *Proceedings of the IEEE*, vol. 64, pp. 1092–1112, 1976.
- M. Z. Win and R. A. Scholtz, ''Impulse radio: how it works,'' *IEEE Comm. Letters*, vol. 2, pp. 36–38, 1998.
- A. D. Wyner, ''Fundamental limits in information theory,'' *Proceedings of the IEEE*, vol. 69, pp. 239–251, 1981.

（請由此線剪下）

歡迎加入 全華會員

● 會員獨享

會員享購書折扣、紅利積點、生日禮金、不定期優惠活動…等。

● 如何加入會員

掃 QRcode 或填妥讀者回函卡直接傳真（02）2262-0900 或寄回，將由專人協助登入會員資料，待收到 E-MAIL 通知後即可成為會員。

如何購買 全華書籍

1. 網路購書

全華網路書店「http://www.opentech.com.tw」，加入會員購書更便利，並享有紅利積點回饋等各式優惠。

2. 實體門市

歡迎至全華門市（新北市土城區忠義路 21 號）或各大書局選購。

3. 來電訂購

(1) 訂購專線：(02) 2262-5666 轉 321-324
(2) 傳真專線：(02) 6637-3696
(3) 郵局劃撥（帳號：0100836-1　戶名：全華圖書股份有限公司）
※　購書未滿 990 元者，酌收運費 80 元。

OpenTech 全華網路書店 .com.tw

全華網路書店 www.opentech.com.tw
E-mail: service@chwa.com.tw

※ 本會員制如有變更則以最新修訂制度為準，造成不便請見諒。

廣　告　回　信
板橋郵局登記證
板橋廣字第540號

行銷企劃部　收

23671 新北市土城區忠義路21號
全華圖書股份有限公司

（請由此線剪下）

讀者回函卡

掃 QRcode 線上填寫 ▶▶▶

姓名：＿＿＿＿＿＿ 生日：西元＿＿＿年＿＿＿月＿＿＿日 性別：□男 □女

電話：（ ）＿＿＿＿＿＿ 手機：＿＿＿＿＿＿

e-mail：（必填）＿＿＿＿＿＿

註：數字零，請用 Φ 表示，數字 1 與英文 L 請另註明並書寫端正，謝謝。

通訊處：□□□□□＿＿＿＿＿＿

學歷：□高中・職 □專科 □大學 □碩士 □博士

職業：□工程師 □教師 □學生 □軍・公 □其他

學校／公司：＿＿＿＿＿＿ 科系／部門：＿＿＿＿＿＿

・需求書類：

□A. 電子 □B. 電機 □C. 資訊 □D. 機械 □E. 汽車 □F. 工管 □G. 土木 □H. 化工 □I. 設計

□J. 商管 □K. 日文 □L. 美容 □M. 休閒 □N. 餐飲 □O. 其他

・本次購買圖書為：＿＿＿＿＿＿ 書號：＿＿＿＿＿＿

・您對本書的評價：

封面設計：□非常滿意 □滿意 □尚可 □需改善，請說明＿＿＿＿＿＿

內容表達：□非常滿意 □滿意 □尚可 □需改善，請說明＿＿＿＿＿＿

版面編排：□非常滿意 □滿意 □尚可 □需改善，請說明＿＿＿＿＿＿

印刷品質：□非常滿意 □滿意 □尚可 □需改善，請說明＿＿＿＿＿＿

書籍定價：□非常滿意 □滿意 □尚可 □需改善，請說明＿＿＿＿＿＿

整體評價：請說明＿＿＿＿＿＿

・您在何處購買本書？

□書局 □網路書店 □書展 □團購 □其他＿＿＿＿＿＿

・您購買本書的原因？（可複選）

□個人需要 □公司採購 □親友推薦 □老師指定用書 □其他＿＿＿＿＿＿

・您希望全華以何種方式提供出版訊息及特惠活動？

□電子報 □DM □廣告（媒體名稱＿＿＿＿＿＿）

・您是否上過全華網路書店？（www.opentech.com.tw）

□是 □否 您的建議＿＿＿＿＿＿

・您希望全華出版哪方面書籍？＿＿＿＿＿＿

・您希望全華加強哪些服務？＿＿＿＿＿＿

感謝您提供寶貴意見，全華將秉持服務的熱忱，出版更多好書，以饗讀者。

填寫日期： / /

2020.09 修訂

親愛的讀者：

感謝您對全華圖書的支持與愛護，雖然我們很慎重的處理每一本書，但恐仍有疏漏之處，若您發現本書有任何錯誤，請填寫於勘誤表內寄回，我們將於再版時修正，您的批評與指教是我們進步的原動力，謝謝！

全華圖書 敬上

勘誤表

書號		書名		作者	
頁數	行數	錯誤或不當之詞句		建議修改之詞句	

我有話要說：（其它之批評與建議，如封面、編排、內容、印刷品質等・・・）